Burkhard Schiek

Grundlagen der Hochfrequenz-Messtechnik

Springer

*Berlin*
*Heidelberg*
*New York*
*Barcelona*
*Hongkong*
*London*
*Mailand*
*Paris*
*Singapur*
*Tokio*

Burkhard Schiek

# Grundlagen der Hochfrequenz-Messtechnik

Mit 261 Abbildungen

Springer

Professor Dr.-Ing. Burkhard Schiek
Ruhr-Universität-Bochum
Institut für Hochfrequenztechnik
Universitätsstraße 150
44780 Bochum

Die Deutsche Bibliothek - CIP-Einheitsaufnahme

**Schiek, Burkhard:**
Grundlagen der Hochfrequenz-Messtechnik / Burkhard Schiek. -
Berlin; Heidelberg; New York; Barcelona; Hongkong; London;
Mailand; Paris; Singapur; Tokio: Springer, 1999
ISBN 3-540-64930-1

ISBN 3-540-64930-1 Springer-Verlag Berlin Heidelberg NewYork



Umschlag-Entwurf: MEDIO GmbH, Berlin
Satz: Reproduktionsfertige Vorlage des Autors
SPIN: 12087907 62/3180 - 5 4 3 2 1 Gedruckt auf säurefreiem Papier

# Vorbemerkungen

Die Hochfrequenz-Messtechnik hat in den letzten Jahren eine rasche Wandlung erfahren. Die Entwicklung geht zu Geräten, die sich leichter bedienen lassen oder sogar gänzlich automatisch arbeiten und häufig eigene Systemfehler selbstständig korrigieren können. Bei einem automatischen Gerät wird im Allgemeinen ein Rechner den Ablauf der Messungen steuern und die gewonnenen Messdaten weiter verarbeiten.

Trotz des Bedienungskomforts moderner Geräte sollte der Benutzer jedoch möglichst genau mit den angewandten Messprinzipien vertraut sein, um prinzipielle Messfehler, die sich auch bei stark automatisierten Messgeräten einstellen können, zu vermeiden. Einige Beispiele mögen dies verdeutlichen.

Man möchte ein Bandsperrfilter mit 70 dB Sperrdämpfung bei der Mittenfrequenz ausmessen. Als Sender hat man eine Wobbelquelle zur Verfügung und als Empfänger eine breitbandige Detektordiode. Die Wobbelquelle enthält anharmonische Nebenlinien, die zum Beispiel 50 dB unter dem Trägersignal liegen. Dadurch wird eine scheinbare Sperrdämpfung des Filters von etwa 50 dB vorgetäuscht. Die tatsächliche Sperrdämpfung kann jedoch größer sein.

Man möchte mit einem automatischen Rauschzahl-Messplatz die Rauschzahl eines Empfangsmischers bestimmen und verwendet als Mischoszillator einen Synthesegenerator. Es ergeben sich möglicherweise zu hohe Rauschzahlen. Eine denkbare Ursachen dafür ist, dass eine der stets vorhandenen kohärenten Nebenlinien in den Zwischenfrequenzbereich fällt und dadurch das Messergebnis verfälscht.

Auf einem Spektrumanalysator soll die Zuordnung von einigen Spektrallinien richtig vorgenommen werden. Auf Grund von Nichtlinearitäten in einem vorgeschalteten Bauelement und auf Grund der Vieldeutigkeit des verwendeten Spektrumanalysators erscheinen weitere Linien auf dem Bildschirm. Die richtige Deutung der Spektrallinien setzt eine gewisse Kenntnis über die prinzipielle Funktionsweise des Spektrumanalysators voraus. Solche Beispiele lassen sich beliebig fortsetzen.

Eine Vermittlung der Grundlagen und ein vertieftes Verständnis der Hochfrequenz-Messtechnik und der ihr zu Grunde liegenden Prinzipien ist daher ein Anliegen des Autors.

Darüber hinaus kann die Entwicklung neuer Messgeräte oder Messsyteme oder auch Messprinzipien ein interessantes Tätigkeitsfeld für einen künftigen Ingenieur sein, wobei das zu bearbeitende System vielleicht nur einige hochfrequenztechnische Aspekte aufweist. Die Mitarbeit an der Entwicklung von Messsystemen kann besonders reizvoll sein, weil man zumeist Einfluss auf das gesamte Systemkonzept nehmen kann und damit über einen großen Freiraum an Möglichkeiten verfügt. Häufig wird auch die Aufgabe auftreten, ein vorhandenes System um einige messtechnische Zusatzeinrichtungen zu erweitern. Auch diese fordert im Allgemeinen eine Kenntnis des Gesamtsystems.

Das vorliegende Buch erhebt kein Anspruch darauf, vollständig im Sinne eines Nachschlagewerks zu sein. Entstanden ist es aus einer Vorlesung *Hochfrequenz-Messtechnik*, die der Autor seit 1978 regelmäßig an der Fakultät für Elektrotechnik der Ruhr-Universität-Bochum für Hörer vom 7. Semester an hält. Zu diesen Vorlesungen entstanden zunächst Vorlesungsskripte. Hierauf aufbauend schrieb der Autor einen Fernstudienkurs, der seit 1982 an der Fernuniversität Hagen eingesetzt wird, sowie ein Lehrbuch [35].

Inhaltlich haben vor allem Themenbereiche wie Korrekturverfahren bei der Netzwerkanalyse, Etablierung der komplexen Messfähigkeit bei homodynen Netzwerkanalysatoren, Realisierung von Synthesegeneratoren und das Doppel-Sechstor-Verfahren eine deutliche Erweiterung erfahren. Auch Forschungsergebnisse aus der Arbeitsgruppe des Verfassers sind in den Kurstext wesentlich eingeflossen.

An diesem Buch haben mit Diskussionen, Anregungen, Korrekturlesungen, Rechnung der Übungsaufgaben sowie Schreiben des Textes und Zeichnen der Bilder eine große Zahl von Personen mitgewirkt. Für ihre Mithilfe möchte ich ihnen herzlich danken. Namentlich erwähnen möchte ich Dr. Ing. O. Ostwald, Dr. Ing. Heinz-Jürgen Siweris, Prof. Dr. Ing. Uwe Gärtner, Dr. Ing. E. Menzel, Dr. Ing. G. Krekels, Dr. Ing. H. Heuermann, Dipl. Ing. Th. Musch, Dipl. Ing. R. Stolle, Dipl. Ing. I. Rolfes, Dipl. Ing. A. Gronefeld, Dipl. Ing. A. Lange und cand. Ing. H. Reinke.

Namentlich unerwähnt bleiben hier Studenten aus Vorlesungen, die mir durch kritische Fragen, durch direkte Anregungen, auch durch ihre Antworten bei Prüfungen sehr geholfen haben, weniger verständliche Darstellungen durch, wie ich hoffe, verständlichere zu ersetzen.

Mein Dank gilt auch meinen Kollegen Prof. Dr. Ing. R. Pregla von der Fernuniversität Hagen und Prof. Dr. Ing. E. Voges von der Universität Dortmund für ihre stetige Förderung und Anteilnahme beim Entstehen dieses Textes.

Bochum, im Juli 1998 *Burkhard Schiek*

# Inhaltsverzeichnis

## 3 Mischer, Phasenregelkreise und Schrittgeneratoren ... 83



## 4 Grundlagen der Systemfehlerkorrektur von Netzwerkanalysatoren ... 141

## 6 Frequenzmessungen und Spektrumanalysatoren ..................241



## 7 Zeitbereichsmessungen ..................269

# 1 Einige Komponenten der Hochfrequenz-Messtechnik

## Vorbemerkungen

In diesem Kapitel sollen für die Hochfrequenz-Messtechnik wichtige Komponenten wie Dämpfungsglieder, Phasenschieber, Koppler, Detektoren und Leistungsmesser besprochen werden. Dabei wird die Bedeutung von einigen dieser Komponenten vermutlich erst in späteren Kapiteln deutlich werden. Weitere Komponenten wie Phasenkomparatoren, Frequenzkonverter und abstimmbare Filter werden folgen. Möglicherweise wird man daher dieses erste Kapitel später noch einmal mit erhöhtem Interesse lesen.

Die hier besprochenen Komponenten sind Ein-, Zwei- und Viertore, die man durch Matrizen beschreibt. Einige der gebräuchlichen Matrizenbeschreibungen werden vorgestellt und es wird gezeigt, wie man Matrixelemente auf möglichst einfache Weise aus Ersatzschaltbildern berechnen kann. Bei Viertoren werden Symmetrieeigenschaften ausgenutzt, um sie auf Zweitore zu reduzieren und sie auf diese Weise leichter berechnen zu können.

Einen besonders breiten Raum nehmen Richtkoppler ein. Koppler sind sehr nützliche Bauelemente mit einer Reihe von interessanten Eigenschaften, die man gerade auch in der Messtechnik gut ausnutzen kann. Dabei stehen Leitungskoppler im Vordergrund, die über einen weiten Frequenzbereich arbeiten, verlustarm und kompakt sind. Die größten Bandbreiten erreicht man jedoch mit resistiven Kopplern, die zwar Verluste aufweisen, aber dennoch besonders häufig in der Messtechnik eingesetzt werden. Die Forderung nach Breitbandigkeit steht auch bei Leistungsmessern und Detektoren im Vordergrund.

## 1.1 Wichtige Matrixbeschreibungen von Vierpolen

### 1.1.1 Die Streumatrix [*S*]

In der Hochfrequenztechnik werden lineare Vierpole am häufigsten durch die Streumatrix beschrieben. Diese Darstellung ist dem Leitungscharakter der meisten Hochfrequenzschaltungen besonders gut angepasst. Man kann daher sagen, dass eine zentrale Aufgabe der Hochfrequenz-Messtechnik darin besteht, die vier im Allgemeinen komplexen Elemente der Streumatrix eines linearen Vierpols mög-

lichst genau in Abhängigkeit von der Frequenz zu messen. Der Lösung dieser Messaufgabe wird deshalb in diesem Text ein breiter Raum gewidmet werden. Die Streumatrix verknüpft in Form linearer Gleichungen oder in der Form einer Matrizengleichung die auf den betrachteten Vierpol zulaufenden Wellen $a_1$ und $a_2$ mit den vom Vierpol rücklaufenden Wellen $b_1$ und $b_2$
Es gilt:

$$\begin{aligned} b_1 &= S_{11}\, a_1 + S_{12}\, a_2 \,, \\ b_2 &= S_{21}\, a_1 + S_{22}\, a_2 \end{aligned} \tag{1.1}$$

oder in Matrixform

$$\begin{bmatrix} b_1 \\ b_2 \end{bmatrix} = [S] \begin{bmatrix} a_1 \\ a_2 \end{bmatrix} \tag{1.2}$$

oder in noch abgekürzterer Schreibweise

$$[b] = [S][a] \quad \text{oder} \quad \mathbf{b} = \mathbf{S\,a}\ . \tag{1.3}$$

Den Elementen der Streumatrix lässt sich eine anschauliche Bedeutung geben:

$$S_{11} = \left.\frac{b_1}{a_1}\right|_{a_2=0}$$ Eingangsreflexionsfaktor bei angepasstem Ausgang

$$S_{22} = \left.\frac{b_2}{a_2}\right|_{a_1=0}$$ Ausgangsreflexionsfaktor bei angepasstem Eingang

$$S_{21} = \left.\frac{b_2}{a_1}\right|_{a_2=0}$$ Vorwärtsübertragungsfaktor bei angepasstem Ausgang

$$S_{12} = \left.\frac{b_1}{a_2}\right|_{a_1=0}$$ Rückwärtsübertragungsfaktor bei angepasstem Eingang

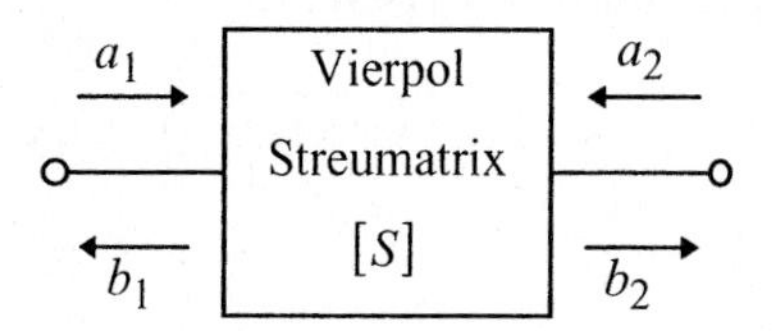


*Bild 1.1: Streumatrixdarstellung eines Vierpols*

Auch den Betragsquadraten der hin- und rücklaufenden Wellen und der Streumatrixelemente lässt sich eine anschauliche Bedeutung geben:

| | |
|---|---|
| $\lvert a_1 \rvert^2$ | am Eingang des Vierpols einfallende = verfügbare Leistung eines Generators mit einem Innenwiderstand gleich dem Bezugswiderstand $Z_0$, |
| $\lvert a_2 \rvert^2$ | am Ausgang einfallende Leistung, |
| $\lvert b_1 \rvert^2$ | am Eingang des Vierpols reflektierte Leistung, |
| $\lvert b_2 \rvert^2$ | am Ausgang austretende Leistung, |
| $10 \log \lvert S_{11} \rvert^2$ | Reflexionsdämpfung am Eingang, |
| $10 \log \lvert S_{22} \rvert^2$ | Reflexionsdämpfung am Ausgang, |
| $10 \log \lvert S_{21} \rvert^2$ | Einfügungsdämpfung vorwärts, |
| $10 \log \lvert S_{12} \rvert^2$ | Einfügungsdämpfung rückwärts. |

Die Streumatrix hat den Nachteil, dass man für mehrere hintereinandergeschaltete Vierpole nicht auf einfache Weise die resultierende Streumatrix angeben kann.

### 1.1.2 Die Transmissionsmatrix $[\Sigma]$

Zugeschnitten auf diesen Zweck ist die Transmissionsmatrix $\Sigma$. Sie ist ebenfalls über eine lineare Verknüpfung der hin- und rücklaufenden Wellen definiert, aber in einer anderen Zuordnung. Diese ist so gewählt, dass die Ausgangsgrößen des einen Vierpols zugleich die Eingangsgrößen des nachgeschalteten Vierpols sind. Es gilt:

$$\begin{bmatrix} b_1 \\ a_1 \end{bmatrix} = [\Sigma] \begin{bmatrix} a_2 \\ b_2 \end{bmatrix} = \begin{bmatrix} \Sigma_{11} & \Sigma_{12} \\ \Sigma_{21} & \Sigma_{22} \end{bmatrix} \begin{bmatrix} a_2 \\ b_2 \end{bmatrix} . \tag{1.4}$$

Daher ist die Transmissionsmatrix mehrerer hintereinander geschalteter Vierpole $\Sigma_p$ gleich dem Produkt der einzelnen $\Sigma$-Matrizen, z. B. $\Sigma_1$, $\Sigma_2$, $\Sigma_3$ etc.

$$[\Sigma_p] = [\Sigma_1][\Sigma_2][\Sigma_3] . \tag{1.5}$$

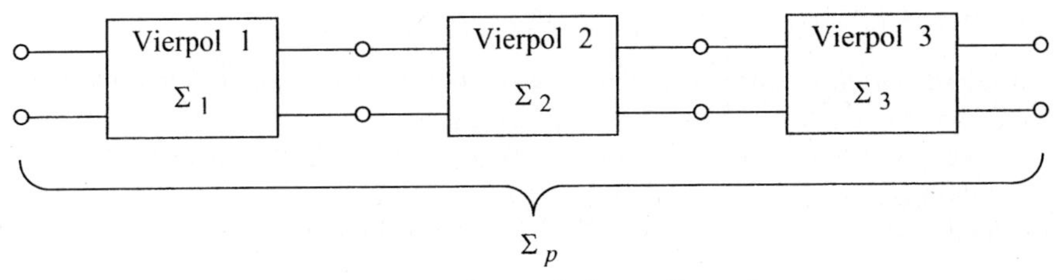


*Bild 1.2: Σ-Matrix von hintereinandergeschalteten Vierpolen*

Weil die Transmissionsmatrix die hin- und rücklaufenden Wellen nur in einer anderen linearen Weise verknüpft als die Streumatrix, ist es möglich, die Elemente der Streumatrix in die Elemente der Transmissionsmatrix umzurechnen und umgekehrt. Man erhält:

$$\Sigma_{11} = -\frac{\Delta_s}{S_{21}}, \quad \Sigma_{12} = \frac{S_{11}}{S_{21}},$$

$$\Sigma_{21} = -\frac{S_{22}}{S_{21}}, \quad \Sigma_{22} = \frac{1}{S_{21}}, \qquad \text{mit} \quad \Delta_s = S_{11}\,S_{22} - S_{12}\,S_{21}$$

oder

$$[\Sigma] = \frac{1}{S_{21}} \begin{bmatrix} -\Delta_s & S_{11} \\ -S_{22} & 1 \end{bmatrix} \tag{1.6}$$

und

$$S_{11} = \frac{\Sigma_{12}}{\Sigma_{22}}, \quad S_{12} = \frac{\Delta_\Sigma}{\Sigma_{22}},$$

$$S_{21} = \frac{1}{\Sigma_{22}}, \quad S_{22} = -\frac{\Sigma_{21}}{\Sigma_{22}}, \qquad \text{mit} \quad \Delta_\Sigma = \Sigma_{11}\,\Sigma_{22} - \Sigma_{12}\,\Sigma_{21}$$

oder

$$[S] = \frac{1}{\Sigma_{22}} \begin{bmatrix} \Sigma_{12} & \Delta_\Sigma \\ 1 & -\Sigma_{21} \end{bmatrix}. \tag{1.7}$$

---

**Übungsaufgabe 1.1**

Leiten Sie die Umrechnungsbeziehungen zwischen Streumatrix und Transmissionsmatrix ab. Siehe Gln. (1.6) und (1.7).

---

Wir wollen uns um die physikalische Bedeutung der Transmissionsmatrix nicht weiter kümmern, sondern benutzen sie lediglich als ein Rechenhilfsmittel bei der Berechnung der Streumatrix von mehreren hintereinander geschalteten Vierpolen. Es soll die Vorgehensweise noch einmal beschrieben werden:

Zunächst werden die Streumatrizen der einzelnen Vierpole mit Hilfe der Gl. (1.6) in die Form der Transmissionsmatrix umgerechnet.

1. Danach werden die Σ-Matrizen unter Beachtung der Reihenfolge miteinander multipliziert.
2. Schließlich wird mit Hilfe der Gl. (1.7) die resultierende Streumatrix berechnet.

### 1.1.3 Die Kettenmatrix oder *ABCD*-Matrix

Häufig stellt sich die Aufgabe, für eine gegebene Ersatzschaltung aus Wirk- und Blindwiderständen, Leitungen usw. die Streumatrix zu berechnen. Dazu erweist es sich oft als zweckmäßig, zunächst für diese Ersatzschaltungen die Kettenmatrix zu berechnen und daraus dann die Streumatrix. Die Kettenmatrix verknüpft Ströme und Spannungen in einer solchen Form, dass die Ausgangsgrößen zugleich die Eingangsgrößen eines nachgeschalteten Vierpols sind. Daher ist die Kettenmatrix mehrerer hintereinander geschalteter Vierpole gleich dem Produkt der einzelnen Kettenmatrizen. Die Vorzeichenfestlegung für die Ströme und Spannungen geht aus Bild 1.3 hervor.

Die Elemente der Kettenmatrix $A$, $B$, $C$ und $D$, werden über die folgende Gleichung definiert:

$$\begin{bmatrix} u_1 \\ i_1 \end{bmatrix} = \begin{bmatrix} A & B \\ C & D \end{bmatrix} \begin{bmatrix} u_2 \\ -i_2 \end{bmatrix} . \tag{1.8}$$

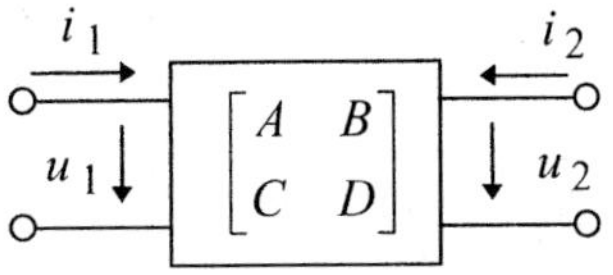

*Bild 1.3: Zählpfeile für Ströme und Spannungen bei der Kettenmatrix*

In Gl. (1.8) sind normierte Ströme und Spannungen gemeint. Die Normierung ist so gewählt, dass $u$ und $i$ die gleiche Dimension erhalten wie die Wellen $a$ und $b$. Außerdem wird damit die Dimension von $u$ und $i$ gleich und die Elemente der Kettenmatrix $A$, $B$, $C$ und $D$, werden dimensionslos. Es seien $U$ und $I$ die physikalischen Spannungen und Ströme und $Z_0$ der Bezugswiderstand. Dann soll gelten:

$$u = \frac{U}{\sqrt{Z_0}} \qquad i = I\sqrt{Z_0} . \tag{1.9}$$

Der Zusammenhang zwischen den normierten Spannungen und Strömen der Kettenmatrix $u$ und $i$ und den hin- und rücklaufenden Wellen der Streumatrix $a$ und $b$ kann in der Theorie der Leitungen nachgelesen werden.

$$u_{1,2} = a_{1,2} + b_{1,2} \qquad i_{1,2} = a_{1,2} - b_{1,2} \tag{1.10}$$

Mit den Gln. (1.1), (1.8) und (1.10) ergibt sich der Zusammenhang zwischen den Elementen der Streumatrix und der Kettenmatrix:

$$S_{11} = \frac{A+B-C-D}{A+B+C+D}, \quad S_{12} = \frac{2\Delta_A}{A+B+C+D}, \quad \text{mit } \Delta_A = AD - BC$$

$$S_{21} = \frac{2}{A+B+C+D}, \quad S_{22} = \frac{-A+B-C+D}{A+B+C+D}. \tag{1.11}$$

und

$$A = \frac{-\Delta_S + S_{11} - S_{22} + 1}{2S_{21}}, \quad B = \frac{+\Delta_S + S_{11} + S_{22} + 1}{2S_{21}},$$

$$C = \frac{+\Delta_S - S_{11} - S_{22} + 1}{2S_{21}}, \quad D = \frac{-\Delta_S - S_{11} + S_{22} + 1}{2S_{21}}. \tag{1.12}$$

---

**Übungsaufgabe 1.2**

Rechnen Sie die Verknüpfung zwischen der Streumatrix und der Kettenmatrix nach.

---

Die Kettenmatrizen von häufig vorkommenden ganz elementaren Ersatzschaltungen lassen sich einfach angeben und im Bedarfsfall nachschlagen. Kompliziertere Ersatzschaltungen lassen sich oft durch eine Hintereinanderschaltung von Elementarschaltungen beschreiben, wie wir noch an Beispielen sehen werden. Für die Rechnung bedeutet dies, dass man mehrere Kettenmatrizen miteinander multiplizieren muss.

### 1.1.4 Die Kettenmatrizen von häufig auftretenden Ersatzschaltungen

Der Bezugswiderstand sei $Z_0$.

1.

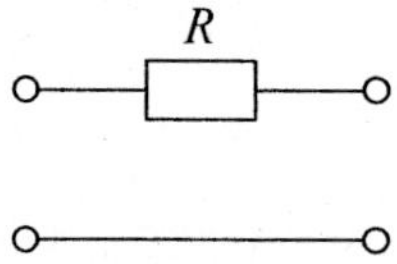

$R$

Längswiderstand

$$\begin{bmatrix} A & B \\ C & D \end{bmatrix} = \begin{bmatrix} 1 & R/Z_0 \\ 0 & 1 \end{bmatrix} \tag{1.13}$$

2.

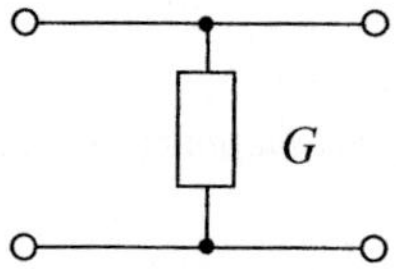

$G$

Querleitwert

$$\begin{bmatrix} A & B \\ C & D \end{bmatrix} = \begin{bmatrix} 1 & 0 \\ G Z_0 & 1 \end{bmatrix} \tag{1.14}$$

3. Eine verlustlose Leitung mit dem Wellenwiderstand $Z_1$, der elektrischen Länge $\beta l$ und der geometrischen Länge $l$:

$$\begin{bmatrix} A & B \\ C & D \end{bmatrix} = \begin{bmatrix} \cos\beta l & j\dfrac{Z_1}{Z_0}\sin\beta l \\ j\dfrac{Z_0}{Z_1}\sin\beta l & \cos\beta l \end{bmatrix} \tag{1.15}$$

4. Eine verlustbehaftete Leitung mit der komplexen Ausbreitungskonstanten $\gamma$ und dem komplexen Wellenwiderstand $Z_1$:

$$\begin{bmatrix} A & B \\ C & D \end{bmatrix} = \begin{bmatrix} \cosh\gamma l & \dfrac{Z_1}{Z_0}\sinh\gamma l \\ \dfrac{Z_0}{Z_1}\sinh\gamma l & \cosh\gamma l \end{bmatrix} \tag{1.16}$$

5. Ein verlustloser Übertrager mit dem Windungszahlverhältnis $1:n$:

$$\begin{bmatrix} A & B \\ C & D \end{bmatrix} = \begin{bmatrix} 1/n & 0 \\ 0 & n \end{bmatrix} \tag{1.17}$$

6. Eingangswiderstand $Z_{in}$ eines Vierpols, der mit $Z_0$ abgeschlossen ist:

$$Z_{in} = \frac{A+B}{C+D} Z_0 \tag{1.18}$$

7. Eingangswiderstand $Z_{in}^K$ eines Vierpols, der am Ausgang kurzgeschlossen ist ($u_2 = 0$):

$$Z_{in}^K = \frac{B}{D} Z_0 \tag{1.19}$$

8. Eingangswiderstand $Z_{in}^L$ eines Vierpols, der am Ausgang offen ist ($i_2 = 0$):

$$Z_{in}^L = \frac{A}{C} Z_0 \tag{1.20}$$

9. Eingangswiderstand $Z_{in}$ eines Vierpols, der am Ausgang mit der Impedanz $Z_l$ abgeschlossen ist:

$$\tilde{Z}_{in} = \frac{A Z_l + B Z_0}{C Z_l + D Z_0} . \tag{1.21}$$

**Übungsaufgabe 1.3**

Prüfen Sie die Beziehung in Gl. (1.13) nach.

**Übungsaufgabe 1.4**

Ein 10-dB-Dämpfungsglied sei in der Form eines π-Gliedes aus konzentrierten Widerständen realisiert worden, wie in dem unten stehenden Ersatzschaltbild angedeutet. Das Dämpfungsglied sei beidseitig angepasst, also $S_{11} = S_{22} = 0$. Die Werte für $G_1$ und $R_2$ sind zu bestimmen. Dabei sollten Sie die Kettenmatrix benutzen.

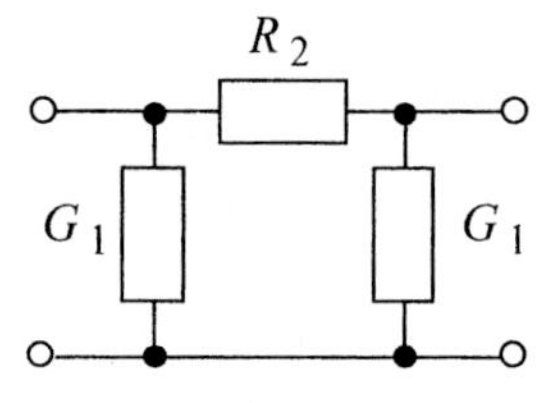


**Übungsaufgabe 1.5**

In der unten stehenden Schaltung befinden sich am Anfang und Ende einer Leitung der elektrischen Länge $\beta l$ und dem Wellenwiderstand $Z_1$ jeweils Querkapazitäten $C$. Es soll der Abstand $\beta l$ so bestimmt werden, dass der Vierpol angepasst ist.

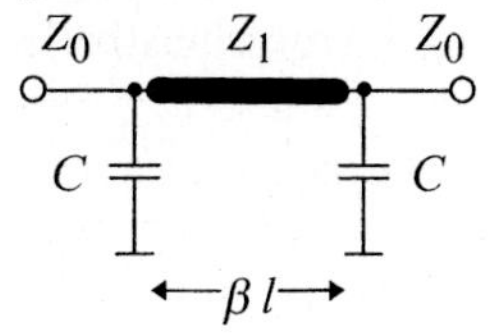


## 1.2 Einstellbare Dämpfungsglieder

Feste und einstellbare, beidseitig gut angepasste und in ihrem Dämpfungswert frequenzunabhängige Dämpfungsglieder werden in der Hochfrequenztechnik häufig benötigt. Mit Hilfe von festen Dämpfungsgliedern in π- oder T-Form lassen sich durch Hintereinanderschaltung in Stufen schaltbare Dämpfungsglieder aufbauen. Dabei kann man zwischen manuell schaltbaren und elektromechanisch schaltbaren Dämpfungsgliedern unterscheiden. Es soll hier eine Ausführungsform beschrieben werden, die besonders für elektromechanisch schaltbare Dämpfungsglieder geeignet ist. Das Widerstandsnetzwerk ist in Dickfilm- oder Dünnfilm-Technik auf ein Keramik-Substrat aufgebracht.

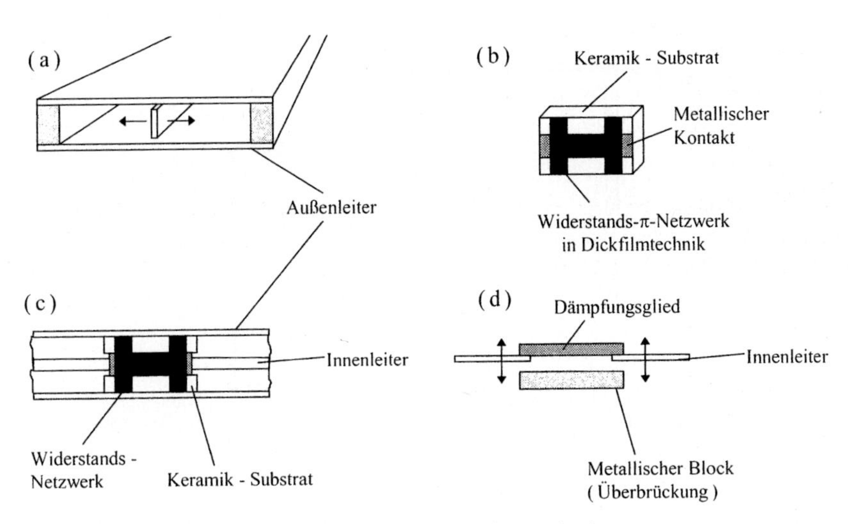


*Bild 1.4: Mechanisch überbrückbares Dämpfungsglied*

Der Innenleiter befindet sich zwischen zwei parallelen, leitenden Platten, den Außenleitern (a). Der Innenleiter ist mechanisch oder elektromechanisch seitlich verschiebbar. Dabei kann der unterbrochene Innenleiter entweder ein Dämpfungsglied oder einen metallischen Block kontaktieren, wodurch das Dämpfungsglied überbrückt wird (c), (d).

Das Dämpfungsglied ist aus Gründen der höheren Symmetrie als Doppel-π-Schaltung ausgeführt (b). Schaltet man auf die gleiche Weise Dämpfungsglieder mit den Werten 10 dB, 20 dB und 40 dB hintereinander, dann erhält man ein Dämpfungsglied, das in 10 dB-Stufen von 0 dB bis 70 dB einstellbar ist. Ebenso gibt es Dämpfungsglieder, die in 1 dB-Schritten schaltbar sind. Dämpfungsglieder dieser Art werden z. B. für den Frequenzbereich von 0 bis 40 GHz angeboten.

### 1.2.1 Ein Hohlleiter-Dämpfungsglied

In Hohlleitungstechnik lässt sich mit verhältnismäßig einfachen Mitteln ein kontinuierlich einstellbares Dämpfungsglied realisieren. Ein Rechteckhohlleiter in der Grundmode, der so genannten $H_{10}$-Mode, erweitert sich allmählich auf einen Rundhohlleiter mit einer ähnlichen Feldverteilung wie im Rechteckhohlleiter, nämlich der $H_{11}$-Mode. Im Rechteckhohlleiter und teilweise im Rundhohlleiter befindet sich eine dünne, fest angeordnete Dämpfungsfolie senkrecht zu den elektrischen Feldlinien. Durch diese Dämpfungsfolie wird die eintretende Mikrowelle nur ganz unwesentlich gedämpft. Im Zentrum und im Bereich des Rundhohlleiters befindet sich eine um die Hohlleiterlängsachse drehbare, dünne Dämpfungsfolie. Im anschließenden Rechteckhohlleiter befindet sich dann wieder eine feste Dämpfungsfolie senkrecht zu den elektrischen Feldlinien. Die ganze Anordnung ist symmetrisch.

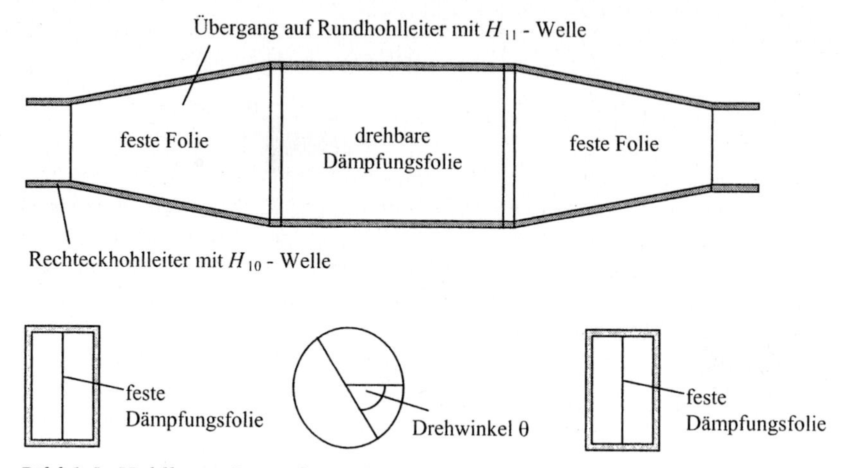


*Bild 1.5: Hohlleiter-Dämpfungsglied*

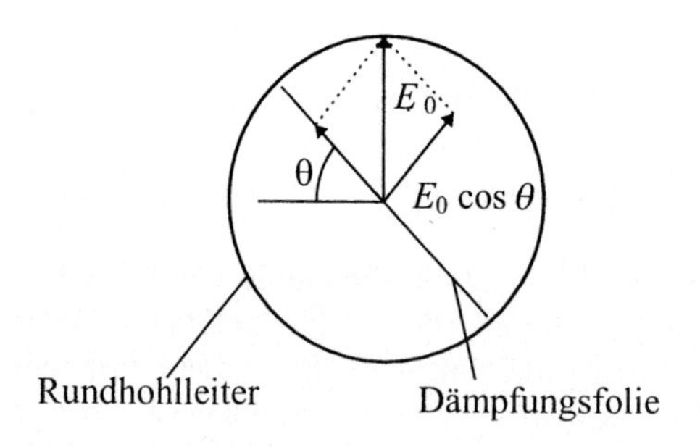


*Bild 1.6: Zeigerdiagramm zur Erläuterung des Hohlleiter-Dämpfungsgliedes*

Auch im Bereich des Rundhohlleiters ist das elektrische Feld linear polarisiert. Dieses linear polarisierte Feld lässt sich in zwei Teilfelder zerlegen, das eine parallel und das andere senkrecht zur drehbaren Dämpfungsfolie. Die Dämpfungsfolie ist ausreichend lang, so dass die Teilwelle mit einem elektrischen Feld parallel zur Folie eine große Dämpfung erfährt und vollständig weggedämpft wird. Die Teilwelle mit dem elektrischen Feld senkrecht zur Folie wird so gut wie nicht gedämpft. Die auf die ausgangsseitige feste Dämpfungsfolie auftreffende Teilwelle $E_0$ ist deshalb in der Polarisationsebene um den Winkel $\theta$ gedreht und in der Amplitude um $\cos\theta$ abgeschwächt, wie man auch dem Bild 1.6 entnehmen kann.

In dem anschließenden Abschnitt mit fester Dämpfungsfolie tritt wiederum eine vollständige Dämpfung der Teilwelle auf, deren elektrisches Feld parallel zur Dämpfungsfolie liegt. Wie man sich anhand eines Vektordiagramms überlegen kann, wird dadurch der Pegel noch einmal um $\cos\theta$ abgeschwächt. Dadurch findet eine Pegelabschwächung um insgesamt $\cos^2\theta$ statt und die Dämpfung $\alpha$ in dB wird

$$\alpha\,[dB] = 20\log\left(\cos^2\theta\right) = 40\log\left(\cos\theta\right). \tag{1.22}$$

Die Dämpfung ist unabhängig von der Frequenz, solange die Teilwelle mit dem elektrischen Feld parallel zur drehbaren Dämpfungsfolie vollständig weggedämpft wird. Außerdem ist die Phasenverschiebung für eine feste Frequenz weitgehend konstant und unabhängig von dem eingestellten Dämpfungswert. Solche Hohlleiterdämpfungsglieder gibt es für typische Bandbreiten von 40 % etwa zwischen 2 und 100 GHz. Der Dämpfungsbereich ist typisch 0 bis 50 dB.

## 1.3 Reflektometerschaltungen

Reflektometerschaltungen dienen dazu, die hin- und rücklaufenden Wellen $a$ und $b$ zu trennen, um sie dann auch getrennt messen zu können. Bei niedrigen Frequenzen besteht eine vergleichbare Aufgabe darin, Strom und Spannung getrennt zu messen. Eine Klasse von passiven Bauelementen, mit denen sich die hin- und rücklaufenden Wellen trennen lassen, sind Richtkoppler. Als erstes soll der Leitungskoppler besprochen werden.

### 1.3.1 Leitungskoppler

Bei einem Leitungskoppler werden die Innenleiter, die zunächst zu zwei verschiedenen Leitungssystemen gehören, über eine gewisse Strecke $l$ mit der elektrischen Länge $\beta l$ einander angenähert bzw. parallel geführt. Man verwendet für diesen Kopplertyp fast ausschließlich TEM-Leitungen, also Leitungen mit transversalem elektrischen und magnetischen Feld. Der Grund hierfür ist darin zu sehen, dass für Mehrleitersysteme mit TEM-Wellen die Phasengeschwindigkeiten der verschiedenen Eigenwellen gleich sind. Diese Eigenschaft wird beim Leitungskoppler benötigt. Wir wollen uns im Folgenden Leitungssysteme mit einem Innenleiter zwischen zwei Platten vorstellen.

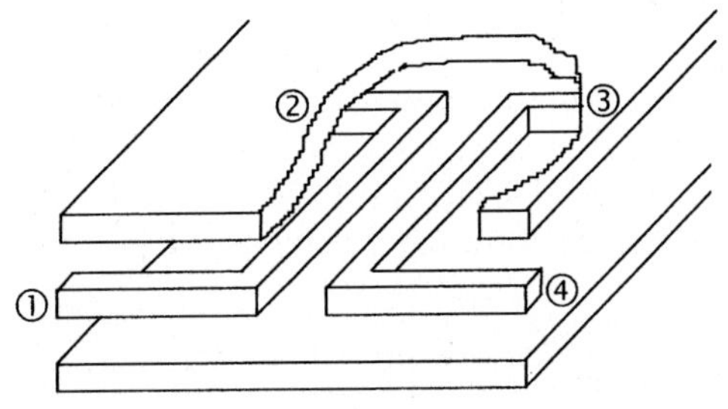


*Bild 1.7: Perspektivische Darstellung eines Leitungskopplers*

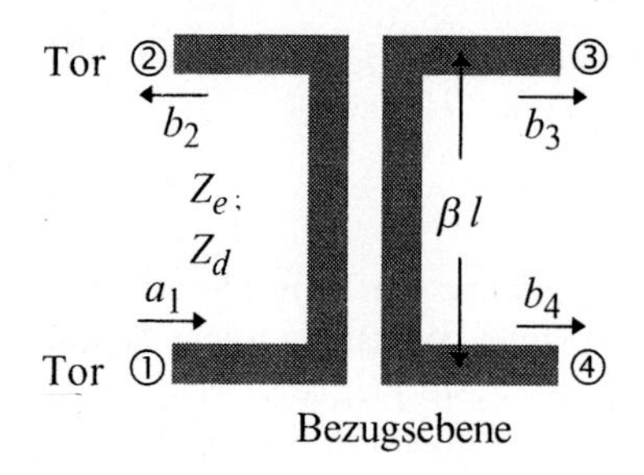


*Bild 1.8: Aufsicht auf einen Leitungskoppler, gezeichnet ist nur der Innenleiter*

Zwischen den Platten soll sich Luft oder ein anderes homogenes Dielektrikum befinden. Der Leitungskoppler ist eigentlich ein Viertor oder Achtpol. Wir werden ihn jedoch unter Ausnutzung von Symmetrieeigenschaften auf einen Vierpol zurückführen. In dem Bereich, wo die Innenleiter einander angenähert sind, haben wir es mit einem Mehrleitungssystem zu tun.

Es ist üblich, die Leitungseigenschaften über die beiden Eigenwellen zu beschreiben, nämlich die Gleich- und Gegentaktwelle und die zugehörigen charakteristischen Impedanzen $Z_e$ und $Z_d$.

Der Index $e$ steht für „even mode", $d$ für „odd mode". Die Phasenkonstante $\beta$ ist für beide Eigenwellen gleich, solange es sich um ein reines TEM-System handelt. Dazu müssen das Dielektrikum homogen und streng genommen die Leiter ideal sein.

Wir wollen annehmen, dass der Koppler verlustlos ist. Die Gleichtaktwelle mit der charakteristischen Impedanz $Z_e$ wird angeregt, wenn man etwa an Tor ① und Tor ④ gleichzeitig Signale gleicher Amplitude und gleicher Phase anlegt (gekennzeichnet durch ein Pluszeichen), also z. B. ansetzt:

$$a_1^+ = \frac{1}{2} a_1 \,, \qquad a_4^+ = \frac{1}{2} a_1 \,. \tag{1.23}$$

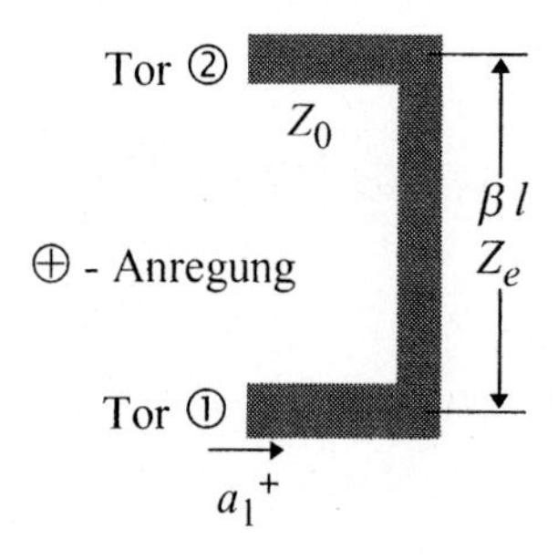


*Bild 1.9: Teilvierpol des Leitungskopplers bei gleichphasiger Anregung*

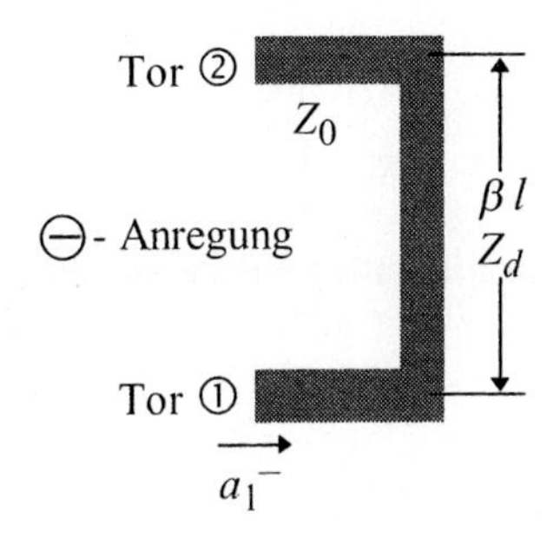


*Bild 1.10: Teilvierpol des Leitungskopplers bei gegenphasiger Anregung*

Als Bezugsebene für die Wellen wollen wir den Anfang des Koppelbereiches wählen (Bild 1.8). Bei der Gleichtaktanregung liegen die beiden Innenleiter im koppelnden Bereich auf jeweils gleichem Potential. Für eine gleichphasige Anregung lässt sich der Achtpol in zwei gleiche und entkoppelte Vierpole zerlegen. Gezeigt ist in Bild 1.9 der Teilvierpol zwischen Tor ① und Tor ②.

Ähnliche Überlegungen gelten für die Gegentaktwelle. Diese wird im Koppelbereich angeregt, wenn man an Tor ① und Tor ④ gleichzeitig Signale gleicher Amplitude aber entgegengesetzter Phase anlegt, also ansetzt:

$$a_1^- = \tfrac{1}{2} a_1 \;, \quad a_4^- = -\tfrac{1}{2} a_1 \;. \tag{1.24}$$

Für eine gegenphasige Anregung lässt sich der betrachtete Achtpol wiederum in zwei gleiche und entkoppelte Vierpole zerlegen, allerdings muss im Koppelbereich die charakteristische Impedanz $Z_d$ angesetzt werden. Gezeigt ist in Bild 1.10 der Teilvierpol zwischen den Toren ① und ②. Die Zahlenwerte für die charakteristischen Impedanzen $Z_e$ und $Z_d$ kann man bei vorgegebener Geometrie aus Tabellen entnehmen. Wir wollen sie im Folgenden als bekannt voraussetzen.
Die Abschluss- oder Bezugsimpedanz sei $Z_0$. Zur Vereinfachung wollen wir normierte Impedanzen einführen.

$$z_e = \frac{Z_e}{Z_0} \,, \quad z_d = \frac{Z_d}{Z_0} \,. \tag{1.25}$$

Eine lineare Superposition der Gleich- und Gegentaktanregung entspricht einer Anregung nur an Tor ①, also mit $a_1$ und

$$a_2 = a_3 = a_4 = 0 \,. \tag{1.26}$$

Diese Aussage wollen wir heranziehen, um die Streumatrix [S] des Leitungskopplers zu berechnen. Wir können schreiben:

$$b_1 = b_1^+ + b_1^- = S_{11}^+ \, a_1^+ + S_{11}^- \, a_1^- = \tfrac{1}{2}\left[S_{11}^+ + S_{11}^-\right] a_1 \,,$$

$$b_2 = b_2^+ + b_2^- = S_{21}^+ \, a_1^+ + S_{21}^- \, a_1^- = \tfrac{1}{2}\left[S_{21}^+ + S_{21}^-\right] a_1 \,,$$

$$
\begin{aligned}
b_3 &= b_3^+ + b_3^- = S_{21}^+ a_4^+ + S_{21}^- a_4^- = \tfrac{1}{2}\left[S_{21}^+ - S_{21}^-\right] a_1 , \\
b_4 &= b_4^+ + b_4^- = S_{11}^+ a_4^+ + S_{11}^- a_4^- = \tfrac{1}{2}\left[S_{11}^+ - S_{11}^-\right] a_1 .
\end{aligned} \tag{1.27}
$$

Durch einen Vergleich mit der Definition der Streumatrix erhalten wir daraus die Streumatrixelemente $S_{ij}$ des Leitungskopplers.

$$
\begin{aligned}
S_{11} &= S_{22} = S_{33} = S_{44} = \tfrac{1}{2}\left[S_{11}^+ + S_{11}^-\right], \\
S_{21} &= S_{12} = S_{43} = S_{34} = \tfrac{1}{2}\left[S_{21}^+ + S_{21}^-\right], \\
S_{31} &= S_{13} = S_{42} = S_{24} = \tfrac{1}{2}\left[S_{21}^+ - S_{21}^-\right], \\
S_{41} &= S_{14} = S_{32} = S_{23} = \tfrac{1}{2}\left[S_{11}^+ - S_{11}^-\right].
\end{aligned} \tag{1.28}
$$

Die Streumatrixelemente der Teilvierpole gemäß Bild 1.9 und Bild 1.10 berechnet man am bequemsten über die entsprechenden Kettenmatrizen, die wir ebenfalls durch + und – charakterisieren wollen. Da wir die Matrizenelemente lediglich für ein Stück Leitung benötigen, können wir die folgende Gleichung heranziehen.

$$
\begin{aligned}
\begin{bmatrix} A^+ & B^+ \\ C^+ & D^+ \end{bmatrix} &= \begin{bmatrix} \cos\beta l & j\, z_e \sin\beta l \\ j\dfrac{1}{z_e}\sin\beta l & \cos\beta l \end{bmatrix}, \\
\begin{bmatrix} A^- & B^- \\ C^- & D^- \end{bmatrix} &= \begin{bmatrix} \cos\beta l & j\, z_d \sin\beta l \\ j\dfrac{1}{z_d}\sin\beta l & \cos\beta l \end{bmatrix}.
\end{aligned} \tag{1.29}
$$

Die zugehörigen Streuparameter ergeben sich dann aus den Gleichungen

$$
S_{11}^+ = \frac{j\left(z_e - \dfrac{1}{z_e}\right)\sin\beta l}{2\cos\beta l + j\left(z_e + \dfrac{1}{z_e}\right)\sin\beta l},
$$

$$
S_{21}^+ = \frac{2}{2\cos\beta l + j\left(z_e + \dfrac{1}{z_e}\right)\sin\beta l},
$$

$$
S_{11}^- = \frac{j\left(z_d - \dfrac{1}{z_d}\right)\sin\beta l}{2\cos\beta l + j\left(z_d + \dfrac{1}{z_d}\right)\sin\beta l},
$$

$$S_{21}^{-} = \frac{2}{2\cos\beta l + j\left(z_d + \frac{1}{z_d}\right)\sin\beta l} . \tag{1.30}$$

Es zeigt sich, dass man $S_{11}$ und $S_{31}$ identisch zu Null machen kann, und zwar unabhängig von der Frequenz, wenn man die Wahl trifft

$$z_e z_d = 1 . \tag{1.31}$$

Dies ist jedoch nur möglich, wenn die Phasengeschwindigkeiten für die Gleichtakt- und Gegentaktwelle gleich sind, wie es in der obigen Rechnung vorausgesetzt wurde. Das ist der Grund, warum Leitungskoppler vorzugsweise in reinen TEM-Systemen realisiert werden. Es sei noch einmal betont: Ein an Tor ① gespeister idealer Leitungskoppler lässt sich frequenzunabhängig an allen Toren anpassen und ein Tor, hier das Tor ③, lässt sich unabhängig von der Frequenz entkoppeln. Wegen dieser besonderen Eigenschaften kommt dem Leitungskoppler auch eine besondere Bedeutung zu.

Mit den Gln. (1.7), (1.29), (1.30) und (1.31) kann man die Koppelgrößen $S_{21}$ und $S_{41}$ berechnen:

$$S_{21} = \frac{2}{2\cos\beta l + j\left(z_e + \frac{1}{z_e}\right)\sin\beta l} ,$$

$$S_{41} = \frac{j\left(z_e - \frac{1}{z_e}\right)\sin\beta l}{2\cos\beta l + j\left(z_e + \frac{1}{z_e}\right)\sin\beta l} . \tag{1.32}$$

Wir können beobachten, dass sich die Phasen von $S_{21}$ und $S_{41}$ frequenzunabhängig, d. h. unabhängig von $\beta l$, um 90° unterscheiden. Diese Eigenschaft gilt für alle verlustfreien und angepassten Koppler mit doppelter Symmetrie, wie sie der hier beschriebene Leitungskoppler aufweist. Sie folgt aus der so genannten UNITARITÄT der Streumatrix, die für verlustlose und passive Vierpole gilt:

$$[S]^{\mathrm{T}}\,[S]^{*} = [1] . \tag{1.33}$$

Die transponierte Streumatrix multipliziert mit der konjugiert komplexen Streumatrix ist gleich der Einheitsmatrix. Angewandt auf den Leitungskoppler mit $S_{31} = 0$ und unter Verwendung der Symmetrieeigenschaften gemäß Gl. (1.28) erhält man aus der Unitarität die Beziehungen

$$\mathrm{Re}\left(S_{11}\,S_{12}^{*}\right) = 0 , \quad \mathrm{Re}\left(S_{12}\,S_{14}^{*}\right) = 0 , \quad \mathrm{Re}\left(S_{11}\,S_{14}^{*}\right) = 0 . \tag{1.34}$$

Diese Gleichungen haben eine nichttriviale Lösung, nämlich $S_{11} = 0$ und der Winkel zwischen $S_{12}$ und $S_{41}$ ist gleich $\pm 90°$.

Ein beliebiger Koppler mit den vorausgesetzten Symmetrieeigenschaften und perfekter Isolation zu einem Tor, z. B. $S_{31} = 0$, ist gleichzeitig allseitig angepasst. Auch die umgekehrte Aussage ist gültig: Ein allseitig angepasster Koppler weist an einem Tor perfekte Isolation auf.

Ein einstufiger Leitungskoppler, wie wir ihn bisher besprochen haben, ist etwa über eine Frequenzoktave zu gebrauchen. Bild 1.11 skizziert den Frequenzgang von $|S_{21}|$ und $|S_{41}|$. Bei der Mittenfrequenz beträgt die Koppellänge $l$ gerade eine Viertelwellenlänge, bzw. die elektrische Länge $\beta l$ ist 90°.
Eine größere Bandbreite lässt sich mit einem mehrstufigen Leitungskoppler realisieren. In Bild 1.12 ist ein dreistufiger Koppler skizziert. Alle Sektionen sind dabei gleich lang und ihre Längen betragen bei der Mittenfrequenz wieder eine Viertelwellenlänge. Für jede Sektion soll Gl. (1.31) erfüllt sein. Der Koppler soll außerdem eine doppelte Symmetrie aufweisen, genauso wie der einstufige Leitungskoppler.

Die der Gl. (1.29) entsprechende ABCD-Matrix, die wir mit $M^+$ abkürzen wollen, berechnet sich als Produkt von drei Kettenmatrizen, $M_1{}^+$, $M_2{}^+$ und $M_1{}^+$.

$$\begin{aligned}\left[M^+\right] &= \left[M_1{}^+\right]\left[M_2{}^+\right]\left[M_1{}^+\right] \\ &= \begin{bmatrix} \cos\beta l & j z_{e1} \sin\beta l \\ j\dfrac{1}{z_{e1}}\sin\beta l & \cos\beta l \end{bmatrix} \cdot \begin{bmatrix} \cos\beta l & j z_{e2} \sin\beta l \\ j\dfrac{1}{z_{e2}}\sin\beta l & \cos\beta l \end{bmatrix} \cdot \\ &\quad \cdot \begin{bmatrix} \cos\beta l & j z_{e1} \sin\beta l \\ j\dfrac{1}{z_{e1}}\sin\beta l & \cos\beta l \end{bmatrix} .\end{aligned} \tag{1.35}$$

Die zugehörige $M^-$-Matrix wird wegen der Gültigkeit von Gl. (1.31) für jede Stufe zu

$$\left[M^-\right] = \left[M_1{}^+\right]^{\mathrm{T}} \left[M_2{}^+\right]^{\mathrm{T}} \left[M_1{}^+\right]^{\mathrm{T}} , \tag{1.36}$$

wobei der hochgestellte Index T die transponierte Matrix bezeichnet. Nach einem Satz der Matrizenrechnung gilt für Matrizen R, S, T usw.

$$[R]^{\mathrm{T}} [S]^{\mathrm{T}} [T]^{\mathrm{T}} = \left\{[T][S][R]\right\}^{\mathrm{T}} . \tag{1.37}$$

Wenden wir diesen Satz auf die Gl. (1.36) an, dann erhalten wir

$$\left[M^-\right] = \left\{\left[M_1{}^+\right]\left[M_2{}^+\right]\left[M_1{}^+\right]\right\}^{\mathrm{T}} = \left[M^+\right]^{\mathrm{T}} . \tag{1.38}$$

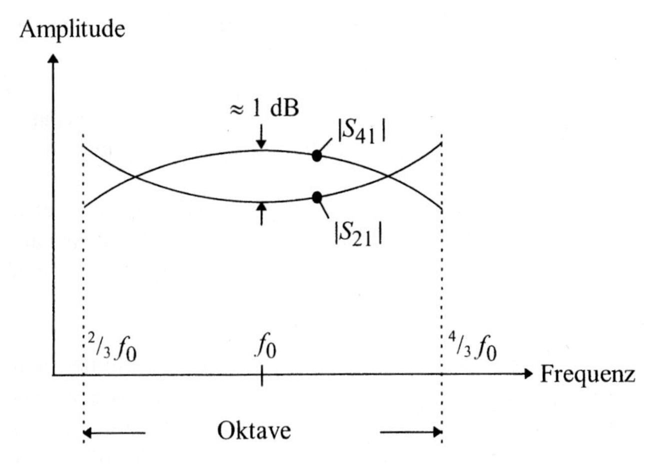


*Bild 1.11: Frequenzgang von $|S_{21}|$ und $|S_{41}|$ beim einstufigen Leitungskoppler*

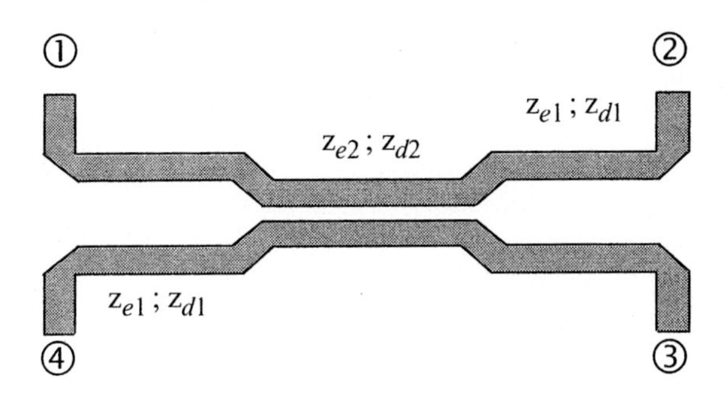


*Bild 1.12: Ein dreistufiger Leitungskoppler*

Die Summe der Elemente einer transponierten Matrix bleibt aber unverändert und deshalb wird nach Gl. (1.11) und (1.28) $S_{31} = 0$ für den dreistufigen und ebenso für den vielstufigen Koppler. Wir hatten bereits früher überlegt, dass wegen der Unitarität der Streumatrix, der doppelten Symmetrie und $S_{31} = 0$ auch $S_{11} = S_{22} = S_{33} = S_{44} = 0$ werden müssen. Dies gilt wiederum unabhängig von der Frequenz. Die Mehrstufigkeit des Kopplers kann dazu genutzt werden, die Bandbreite zu erhöhen. Zum Beispiel kann die Kopplung einen Tschebyscheff-Verlauf annehmen, wie in Bild 1.13 skizziert.

Die für die Hochfrequenz-Messtechnik wichtigste Eigenschaft eines Kopplers ist die, dass man damit die hin- und rücklaufenden Wellen auf einer Leitung getrennt messen kann. Wir möchten etwa den unbekannten Reflexionsfaktor Γ eines

Zweipoles mit dem Koppler in Bild 1.14 bestimmen. Wir speisen an Tor ① eine Welle $a_1$ ein, deren Größe wir an Tor ④ bestimmen, indem wir $b_4$ messen.

$$a_1 = \frac{b_4}{S_{41}} \tag{1.39}$$

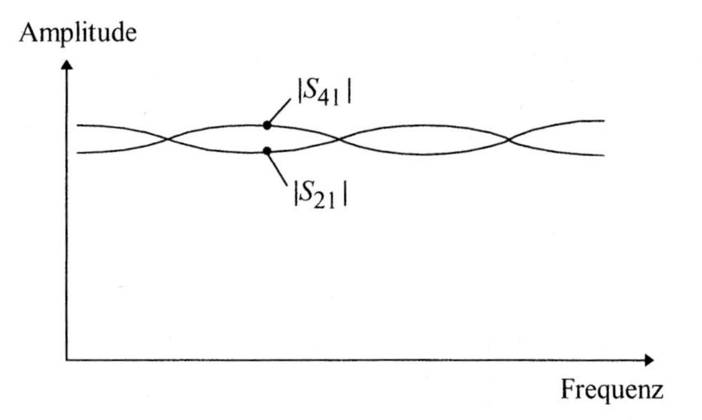


*Bild 1.13: Grundsätzlicher Verlauf der Kopplung bei einem dreistufigen Leitungskoppler mit Tschebyscheff-Charakter*

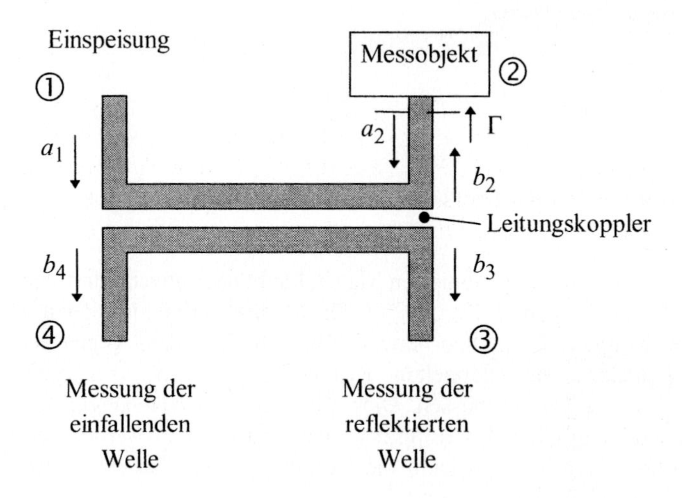


*Bild 1.14: Messung eines Reflexionsfaktors Γ mit einem Leitungskoppler*

Auf das Messobjekt gelangt die Welle

$$b_2 = S_{21}\, a_1 \;, \tag{1.40}$$

die am Messobjekt entsprechend der Größe des Reflexionsfaktors $\Gamma$ reflektiert wird

$$a_2 = b_2\, \Gamma = S_{21}\, \Gamma\, a_1 \;. \tag{1.41}$$

Die Welle $a_2$ gelangt unter anderem auf den Ausgang des Tores ③, also auf das Tor, welches ursprünglich bei der Einspeisung an Tor ① entkoppelt war.

$$b_3 = S_{32}\, a_2 = S_{32}\, \Gamma\, b_2 = S_{21}\, S_{32}\, \Gamma\, a_1 = \frac{S_{21}\, S_{32}}{S_{41}}\, \Gamma\, b_4 \tag{1.42}$$

Das Verhältnis von $b_3 / b_4$ ist also bis auf einen konstanten Faktor, $(S_{21}\, S_{32}) / S_{41}$, dem Reflexionsfaktor $\Gamma$ proportional. Der konstante Faktor lässt sich durch eine Eichmessung bzw. Kalibriermessung mit einem Kurzschluss oder Leerlauf, also $|\Gamma| = 1$, bestimmen. In der Praxis ist $S_{31}$ nicht genau gleich Null, wodurch, wie wir später noch sehen werden, Messfehler entstehen. Es sei noch erwähnt, dass die Tore ③ und ④ sorgfältig mit dem Bezugswiderstand $Z_0$ abgeschlossen werden müssen, damit an diesen Toren keine Reflexionen auftreten.

Darüber hinaus lassen sich Koppler für eine definierte Signalabschwächung oder -dämpfung einsetzen.

Koppler werden außerdem dazu verwendet, Signale auf mehrere Tore aufzuteilen. Schließlich werden Leitungskoppler dafür eingesetzt, zwei Signale mit breitbandig 90° Phasenunterschied zu erzeugen. Von dieser Eigenschaft werden wir noch mehrfach Gebrauch machen.

**Übungsaufgabe 1.6**

Die unten stehende Schaltung wird häufig als Ringkoppler bezeichnet. Gezeichnet ist eine Aufsicht auf die Innenleiter. Berechnen Sie die charakteristischen Impedanzen $Z_1$ und $Z_2$ für 3-dB-Kopplung und für $l_1 = l_2 = \lambda / 4$. Bei einer Einspeisung in Arm ① soll der Arm ④ entkoppelt sein.

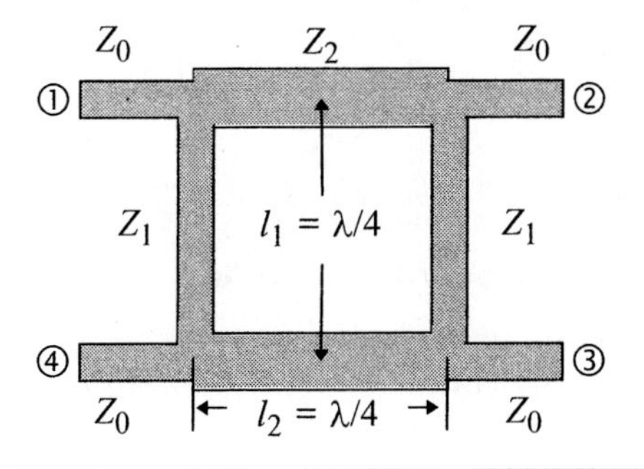

### 1.3.2 Ein resistiver Koppler

Auch die in Bild 1.15 dargestellte Schaltung lässt sich als Koppler auffassen. Versieht man die vier Tore mit Abschlusswiderständen vom Wert $Z_0$ und zeichnet die Schaltung etwas um, dann erkennt man die Schaltung als Wheatstone-Brücke wieder.

Die Analyse der Schaltung kann nach dem gleichen Schema wie für den Leitungskoppler erfolgen, also insbesondere durch eine gleich- und gegenphasige Anregung an den Toren ① und ④. Für die gleich- und gegenphasige Anregung erhält man die in Bild 1.17 skizzierten Teilersatzschaltbilder.

Für $R_1\,R_2 = Z_0{}^2$ wird $S_{11} = S_{22} = S_{33} = S_{44} = 0$ und außerdem $S_{31} = S_{42} = 0$. Für die Kopplungen erhält man:

$$S_{21} = \frac{Z_0}{Z_0 + R_2} \qquad S_{41} = \frac{R_2}{Z_0 + R_2} . \tag{1.43}$$

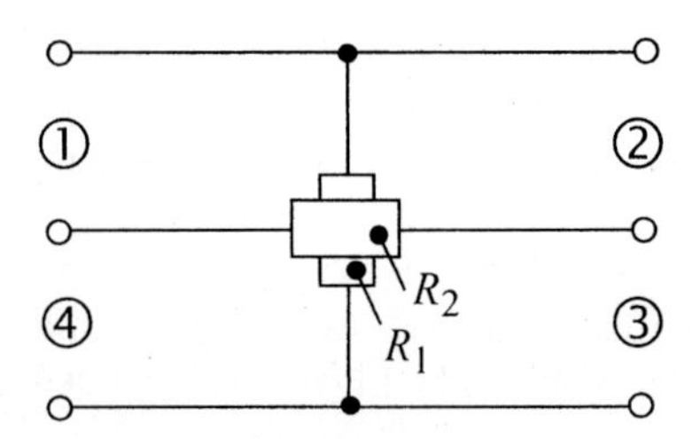


*Bild 1.15: Koppler mit zwei Wirkwiderständen*

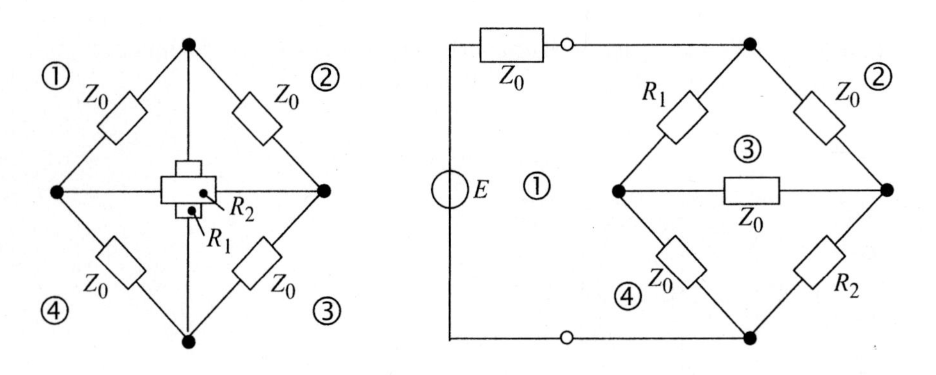


*Bild 1.16: Umformung der Schaltung aus Bild 1.15 in die Form einer Wheatstone-Brücke*

Für die häufigste Wahl von $R_1$ und $R_2$, nämlich $R_1 = R_2 = Z_0$, beträgt die Dämpfung nach Tor ② bzw. Tor ④ jeweils 6 dB und ist theoretisch von der Frequenz unabhängig. Die Kopplerwiderstände können aber auch komplex sein. Zum Beispiel kann man folgende Wahl treffen:

$$R_1 = j\omega L \qquad R_2 = \frac{1}{j\omega C} \qquad R_1 R_2 = Z_0^2 . \tag{1.44}$$

Dann ist der Koppler zwar verlustlos und breitbandig zu Tor ③ entkoppelt, aber die Kopplung selbst wird frequenzabhängig.

Bei dem resistiven Koppler in der Form einer Wheatstone-Brücke ist darauf zu achten, dass man nur einen Punkt erden darf. Häufig enthält der resistive Koppler daher zusätzlich ein Symmetrierglied, welches die erreichbare Bandbreite begrenzt. In Bild 1.18 ist dieses Symmetrierglied durch einen idealen Transformator symbolisiert. Tor ③ wird durch einen $Z_0$-Widerstand bereits intern abgeschlossen, so dass keine der Klemmen des Tores ③ geerdet zu werden braucht. Der resistive Koppler kann auch als 0°-Koppler bezeichnet werden, weil die Phasen von $S_{21}$ und $S_{41}$ gleich sind.

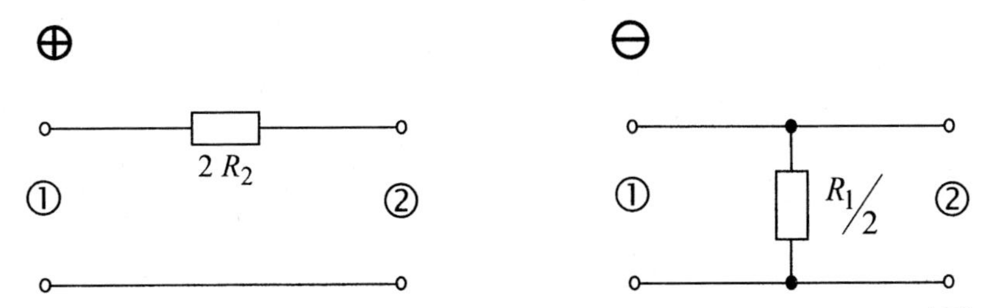


*Bild 1.17: Teilersatzschaltbilder für den resistiven Koppler bei gleich- (⊕) und gegenphasiger (⊖) Anregung an Tor ① und ④*

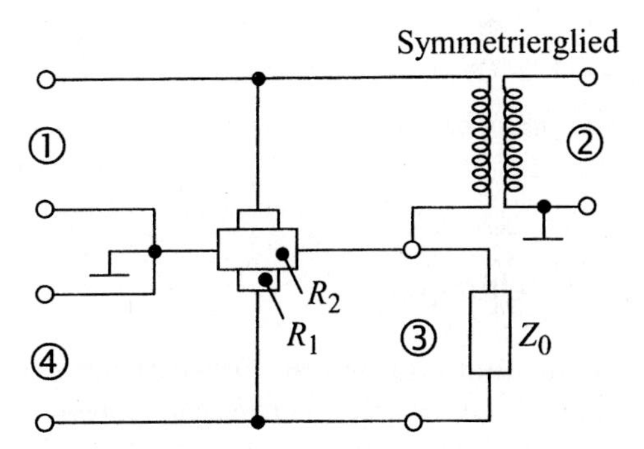


*Bild 1.18: Ersatzschaltbild eines resistiven Kopplers, der an drei Ausgängen geerdet ist*

### 1.3.3 Ein Transformatorkoppler

Auch mit einem Transformator mit Mittelanzapfung kann man einen Koppler aufbauen. Im Ersatzschaltbild Bild 1.19 soll man sich den gezeichneten Transformator als ideal vorstellen. Die Tore ① und ④ sind bereits aus Symmetriegründen entkoppelt. Ein Signal, das an Tor ① eingespeist wird, erscheint an Tor ② und Tor ③ in Gegenphase, wenn man den in Bild 1.19 eingezeichneten Massepunkt als gemeinsamen Bezugspunkt annimmt.

Andererseits erscheint ein an Tor ④ eingespeistes Signal in Phase an Tor ② und an Tor ③. Deshalb kann man diesen Koppler auch als 180°-Koppler bezeichnen. Wie man zeigen kann, sind die Tore ② und ③ entkoppelt, wenn man Tor ④ mit $Z_0 / 2$ abschließt. Auch die in Bild 1.19 gezeigte Schaltung kann zur Messung eines Reflexionsfaktors eingesetzt werden. Es wird z. B. an Tor ① eingespeist, an Tor ② wird das Messobjekt angebracht und an Tor ④, dem ursprünglich entkoppelten Arm, wird gemessen. Solche Transformatorkoppler werden bis etwa 1 GHz gebaut. Äquivalente Koppler gibt es auch in anderen Schaltungstechniken, z. B. in Hohlleiterschaltungstechnik wird ein solcher Koppler als MAGISCHES-T bezeichnet.

**Übungsaufgabe 1.7**

Es soll gezeigt werden, dass beim Transformatorkoppler die Tore ② und ③ entkoppelt sind, wenn das Tor ④ geeignet abgeschlossen ist.

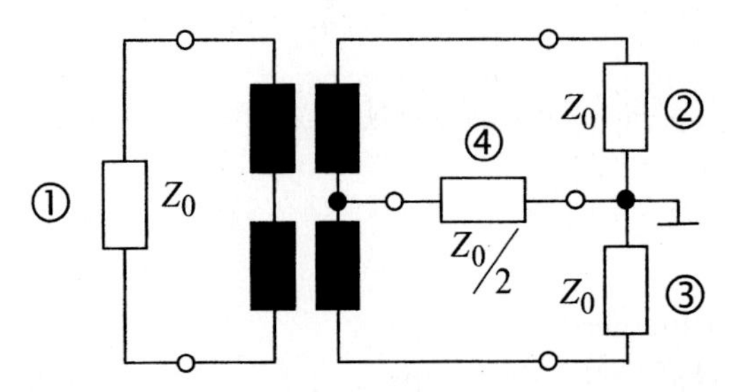


*Bild 1.19: Ersatzschaltbild eines Transformatorkopplers*

### 1.3.4 Ein Null-Grad-Koppler mit λ/4-Leitungen

Ein einstufiger Koppler dieses Typs ist in Bild 1.20 gezeigt. Dabei ist nur der Innenleiter gezeichnet, der z. B. die Form eines Streifens aufweisen kann. Der Innenleiter befindet sich beispielsweise zwischen parallelen Leiterplatten, die senkrecht zur Zeichnungsebene angeordnet sind.

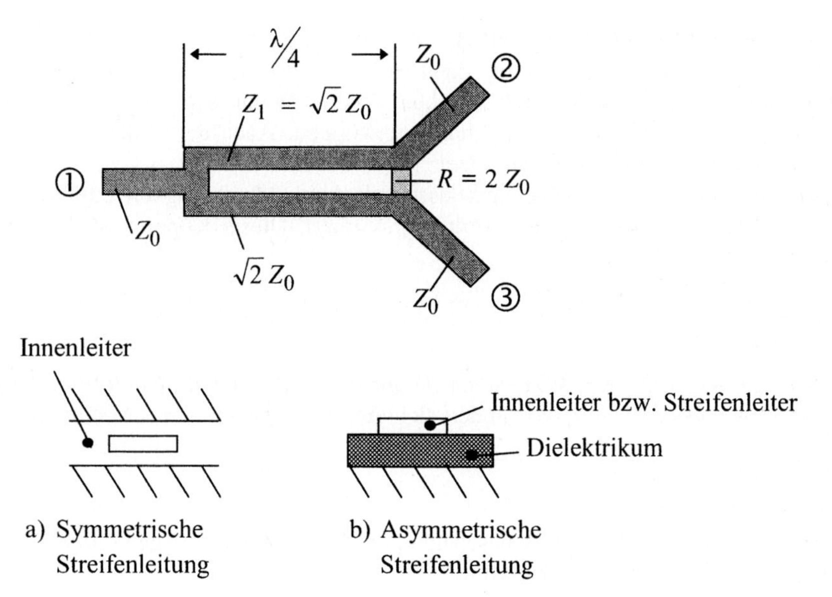


*Bild 1.20: 0°-Koppler oder Signalteiler mit λ/4-Leitungen*

Bei einer asymmetrischen Streifenleitung, kurz Streifenleitung genannt, sind die Streifenleiter und die metallische Massefläche im Allgemeinen durch eine dielektrische Schicht getrennt. An Tor ① möchte man Anpassung erzielen. Dazu ist es erforderlich, dass der Wellenwiderstand des λ / 4-Zwischenstückes eine Leitungsimpedanz $Z_1$ von $\sqrt{2}\; Z_0$ aufweist.

Bei gekoppelten Leitungen ist $Z_1$ die Leitungsimpedanz der Gleichtaktwelle. Speist man an Tor ① ein, dann erscheinen an den Toren ② und ③ Signale von gleicher Amplitude und Phase. Daher wird dieser Koppler auch Signalteiler oder 0°-Koppler genannt.

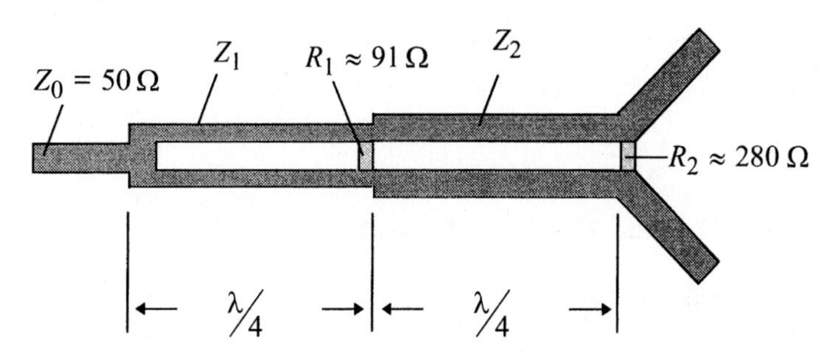


*Bild 1.21: Zweistufiger 0°-Koppler; $Z_1 \approx 84\,\Omega$, $Z_2 \approx 60\,\Omega$*

In den Widerstand $R$, der zwischen den Innenleitern angeordnet ist, gelangt dabei idealerweise keine Leistung, denn weil er sich zwischen Punkten gleichen Potentials befindet, fließt durch ihn kein Strom. Wählt man den Widerstand $R = 2Z_0$, dann sind die Tore ② und ③ entkoppelt. Auch der 0°-Koppler lässt sich für Reflexionsmessungen einsetzen.

Die Bandbreite des 0°-Kopplers lässt sich durch Mehrstufigkeit erhöhen. In Bild 1.21 ist eine zweistufige Anordnung skizziert. Dieser Koppler ist etwa für eine Frequenzoktave geeignet.

---

**Übungsaufgabe 1.8**

Warum muss man den Widerstand $R$ gleich $2Z_0$ wählen, damit die Tore ② und ③ entkoppelt sind? Wie ändert sich die Entkopplung über der Frequenz?

---

**Übungsaufgabe 1.9**

Wie muss man den 0°-Koppler beschalten, um Reflexionsmessungen durchzuführen? Wie groß ist die Grunddämpfung?

---

## 1.4 Phasenschieber

Wie wir noch sehen werden, benötigt man Phasenschieber, und zwar sowohl feste als auch elektronisch oder mechanisch einstellbare, in vielen Messschaltungen. Vielfach eingesetzt werden TEM-Ausziehleitungen in der Form einer Posaune, um die elektrische Länge einer Leitung zu verändern.

Man benutzt dazu im Allgemeinen eine TEM-Leitung mit einem Innenleiter zwischen zwei parallelen Platten. Auf diese Weise braucht man nur am Innenleiter Schleifkontakte vorzusehen. Allerdings ist die Ausziehleitung kein echter Phasenschieber, denn die Phasenschiebung ist nicht frequenzunabhängig. Vielmehr kann mit der Ausziehleitung eine Verzögerungszeit fest eingestellt werden.

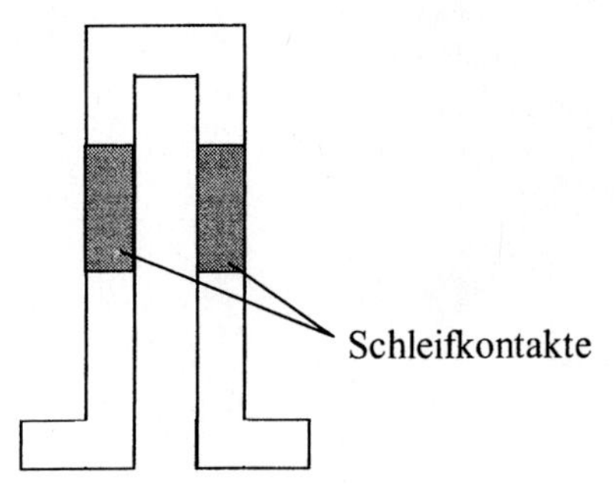


*Bild 1.22: Ausziehleitung in Form einer Posaune, gezeichnet ist der Innenleiter*

Ein echter Phasenschieber lässt sich in Hohlleitungstechnik aufbauen. Im Hohlleitungs-Phasenschieber befindet sich, ähnlich wie beim Hohlleitungs-Dämpfungsglied, ein Übergang von einem Rechteckhohlleiter ($H_{10}$- Mode) auf einen Rundhohlleiter ($H_{11}$- Mode).

Die $\lambda/4$- Platten am Eingang und am Ausgang sind unter 45° geneigte, dielektrische Scheiben, die eine einfallende linear polarisierte Welle in eine zirkular polarisierte Welle umwandeln. Am Ausgang wird die zirkular polarisierte Welle in eine linear polarisierte Welle zurückverwandelt. Die Neigungsebene der $\lambda/4$- Platten ist am Eingang und am Ausgang die gleiche. Die dielektrischen Scheiben der $\lambda/4$- Platten sind gerade so lang, dass die Teilwelle mit einem parallelen elektrischen Feld - wegen der größeren dielektrischen Wirksamkeit - eine um 90° größere Phasendrehung erfährt als die senkrechte Teilwelle. Durch eine besondere Formgebung der $\lambda/4$- Platte erreicht man, dass die 90°-Phasendrehung auch breitbandig aufrecht erhalten wird. Zwischen den $\lambda/4$- Platten befindet sich eine drehbare $\lambda/2$- Platte. Diese weist eine Phasendrehung der beiden Teilwellen von 180° auf. Die $\lambda/2$- Platte hat folgende Eigenschaften, wie man sich auch anhand des Bildes 1.24 und eines Zeigerdiagramms überlegen kann:

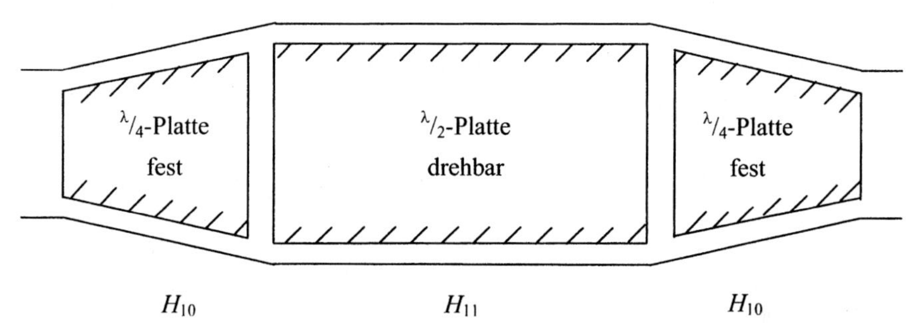


*Bild 1.23: Prinzipbild zum Hohlleitungs-Phasenschieber (echter Phasenschieber)*

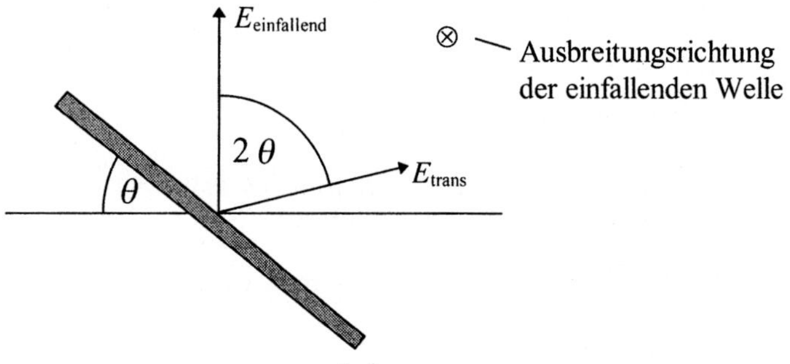


*Bild 1.24: Erläuterung zur $\lambda/2$ - Platte*

Eine senkrecht einfallende linear polarisierte Welle bleibt linear polarisiert, aber die Polarisationsebene wird um $2\,\theta$ gedreht. Eine dazu senkrechte linear polarisierte Welle wird um $2\,\theta + \pi$ in der Polarisationsebene gedreht.

Infolgedessen wird eine einfallende zirkular polarisierte Welle um $2\,\theta$ zusätzlich in der Polarisationsebene gedreht und im Drehsinn umgekehrt.

Diese zusätzliche Drehung der Polarisationsebene führt bei der Rückumwandlung der zirkular polarisierten Welle in eine linear polarisierte Welle zu einer entsprechenden Phasendrehung der linear polarisierten Welle. Solche Hohlleitungs-Phasenschieber werden üblicherweise für Frequenzbänder mit etwa 40 % relativer Bandbreite angeboten. Die Phasenfehler werden mit betragsmäßig kleiner 3° angegeben.

## 1.5 Breitbanddetektoren

Außer passiven Komponenten, von denen einige bereits besprochen wurden, benötigen wir in der Messtechnik vor allem Detektoren, um ein Signal anzeigen zu können. Am häufigsten führt man eine Gleichrichtung des Hochfrequenzsignals mit SCHOTTKY-DIODEN durch. Diese beruhen im Unterschied zu pn-Dioden auf einem Majoritätsträgereffekt und sind daher sehr schnell. Die nichtlineare Strom-Spannungs-Kennlinie einer Schottky-Diode, die im Wesentlichen aus einem Metall-Halbleiter-Übergang besteht, kann in guter Näherung durch die folgende Gleichung beschrieben werden:

$$i(t) = I_{SS} \left\{ \exp\left[ \frac{1}{U_T} u(t) \right] - 1 \right\} \quad \text{und} \quad U_T = \frac{n\,k\,T}{q} . \tag{1.45}$$

Dabei bedeuten

| | |
|---|---|
| $i(t);\ u(t)$ | Strom bzw. Spannung an der Schottky-Diode |
| $I_{SS}$ | Sättigungsstrom |
| $U_T$ | Temperaturspannung (25,9 mV für $n = 1$ und $T = 300$ K) |
| $T$ | Temperatur der Sperrschicht |
| $k$ | Boltzmannkonstante |
| $n$ | Idealitätsfaktor, typisch 1,05...1,15 |
| $q$ | Elementarladung |

Eine Detektordiode soll im Allgemeinen ohne Vorspannung betrieben werden. Der Kleinsignal-Leitwert $G_j$ bei der Vorspannung Null ist:

$$G_j = \left. \frac{d\,i}{d\,u} \right|_{u=0} = \frac{I_{SS}}{U_T} . \tag{1.46}$$

Der Leitwert $G_j$ soll möglichst groß sein, damit möglichst viel Hochfrequenzleistung in die Sperrschicht gelangt. Dazu gibt es nur die Möglichkeit, den Sättigungsstrom $I_{SS}$, der im Wesentlichen nur durch das Kontaktpotential zu beeinflussen ist, möglichst groß zu machen. Das Kontaktpotential $\phi_B$ hängt vor allem von dem verwendeten Metall ab und von den Bedingungen, unter denen es aufgebracht wird. Praktisch kann $\phi_B$ so klein werden, dass $1/G_j$ statt der üblichen MΩ einige kΩ annimmt. Damit lässt sich aber noch keine Anpassung an ein übliches 50 Ω-Leitungssystem erreichen, es sei denn mit einer schmalbandigen Transformationsschaltung. Daher sieht man im Allgemeinen eine Zwangsanpassung mit einem 50 Ω-Widerstand vor, wie in der Ersatzschaltung in Bild 1.25 skizziert.

Der Zwangsanpassungswiderstand $R_1$ schließt zugleich den Gleichstrompfad. Der Kondensator $C_1$ soll das Hochfrequenzsignal hindurchlassen und die Gleichspannung abblocken, der Kondensator $C_2$ soll das Hochfrequenzsignal kurzschließen. Solche Detektoren werden z. B. für den Frequenzbereich 10 MHz bis 50 GHz angeboten. Die untere Frequenzgrenze wird dabei im Wesentlichen durch $C_1$ und $C_2$ festgelegt, die obere Frequenzgrenze durch parasitäre Elemente der Schottky-Diode. Dazu gehören der Bahnwiderstand $R_S$, die Sperrschichtkapazität $C_j$, die Zuleitungsinduktivität $L_S$ und die Gehäusekapazität $C_S$. Man sieht daher in einer praktischen Detektorschaltung einige Kompensationselemente vor (s. Bild 1.26), um den Frequenzgang bis zu einer gewünschten oberen Grenzfrequenz möglichst glatt zu gestalten.. Man erreicht z. B. im Bereich von 10 MHz bis 50 GHz eine Pegelabweichung von $\pm 0{,}5$ dB.
Für den Fall, dass das Messsignal amplitudenmoduliert ist, lassen sich durch einen Vorstrom, der durch die Detektordiode fließt, die Empfindlichkeit und die inhärente Anpassung des Detektors verbessern. Allerdings wird dies mit einer Verschlechterung des Rauschverhaltens und der Notwendigkeit einer Stromversorgung erkauft. Im Falle eines unmodulierten Messsignals lässt sich der gleichgerichtete Strom nicht mehr vom Vorstrom trennen.

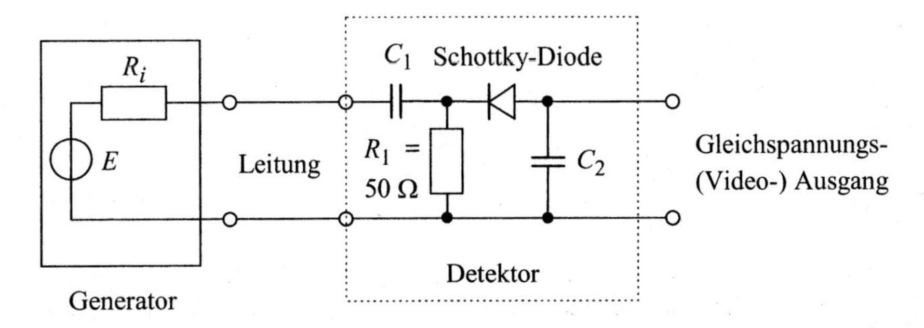


*Bild 1.25: Detektor mit Zwangsanpassungswiderstand $R_1$*

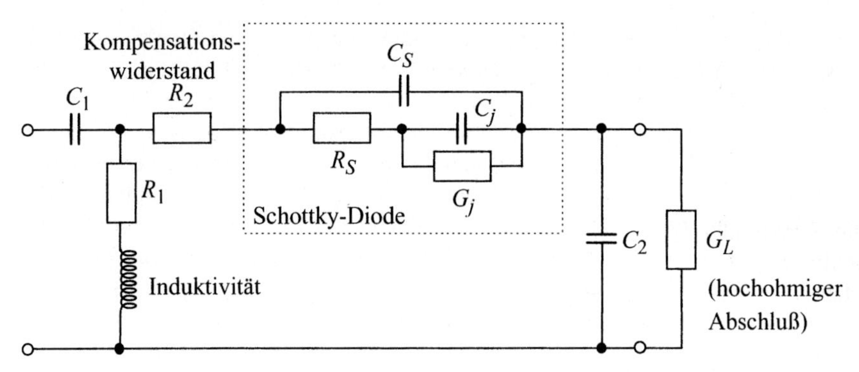


*Bild 1.26: Vollständiges Ersatzschaltbild eines Breitbanddetektors mit Zwangsanpassung*

Bei kleinen Eingangspegeln bis etwa -20 dBm ist die anstehende Videospannung, wie noch gezeigt werden wird, der einfallenden Hochfrequenzleistung proportional. Für genügend kleine Pegel kann die Kennlinie der Schottky-Diode quadratisch angenähert werden. Bei höheren Eingangspegeln treten deutliche Abweichungen von der Linearität auf. Nimmt man an, dass die Hochfrequenzsignale sinusförmig sind, kann man die Linearitätsabweichungen mit einem nachgeschalteten logarithmischen Verstärker kompensieren.

Quantitativ kann man die Abhängigkeit des Videosignals von der Hochfrequenz-eingangsleistung auf folgende Weise beschreiben. Das Hochfrequenzsignal sei sinusförmig. Dann wird auch der Spannungsverlauf an der Schottky-Sperrschicht weitgehend sinusförmig sein, weil die Einspeisung niederohmig erfolgt. Es kann daher mit guter Näherung angenommen werden, dass der zeitliche Verlauf der Spannung $u(t)$ an der Sperrschicht durch den folgenden Ausdruck gegeben ist:

$$u(t) = U_0 + \hat{U}_1 \cos \Omega t \ . \tag{1.47}$$

Dabei ist $U_0$ die anliegende Gleichspannung. Man erhält für den Stromverlauf $i(t)$, wenn man den Spannungsverlauf gemäß Gl. (1.47) in die Gl. (1.45) einsetzt:

$$i(t) = I_{SS} \left\{ \exp\left(\frac{U_0}{U_T}\right) \exp\left(\frac{\hat{U}_1}{U_T} \cos \Omega t\right) - 1 \right\} . \tag{1.48}$$

Für uns ist der Gleichstrom $I_0$ von Interesse, also der zeitliche Mittelwert von $i(t)$. Wir nutzen dazu aus, dass sich $\exp[(U_1/U_T)\cos \Omega t]$ in eine Fourierreihe entwickeln lässt:

$$\exp\left(\frac{\hat{U}_1}{U_T}\cos\Omega t\right) = J_0\left(\frac{\hat{U}_1}{U_T}\right) + 2\,J_1\left(\frac{\hat{U}_1}{U_T}\right)\cos\Omega\,t + 2\,J_2\left(\frac{\hat{U}_1}{U_T}\right)\cos 2\Omega t + \cdots \tag{1.49}$$

Die Funktionen $J_0$, $J_1$, $J_2$ sind MODIFIZIERTE BESSELFUNKTIONEN. Unter der Bedingung $1/G_L >> R_1$, $R_2$, $R_S$ ergibt sich für die Gleichanteile die Maschengleichung

$$I_0 = -G_L\,U_0 = I_{SS}\left\{\exp\left(\frac{U_0}{U_T}\right)J_0\left(\frac{\hat{U}_1}{U_T}\right) - 1\right\}. \tag{1.50}$$

Diese Gleichung beschreibt, wenn auch in impliziter Form, den Zusammenhang zwischen der Detektorspannung $U_0$ und der Hochfrequenzamplitude $\hat{U}_1$ in Abhängigkeit von dem Lastwiderstand $R_L = 1/G_L$.

Wie man Bild 1.27 entnimmt, lässt sich $R_L$ so wählen, dass die Abweichung von der Linearität möglichst gering ausfällt.

Für kleine Pegel ist es günstig, die Gl. (1.50) in eine Reihe zu entwickeln. Es gilt für die modifizierte Besselfunktion $J_0$ die Entwicklung

$$J_0(y) = 1 + \frac{1}{1!}\left(\frac{y}{2}\right)^2 + \frac{1}{2!}\left(\frac{y}{4}\right)^4 + \cdots\,. \tag{1.51}$$

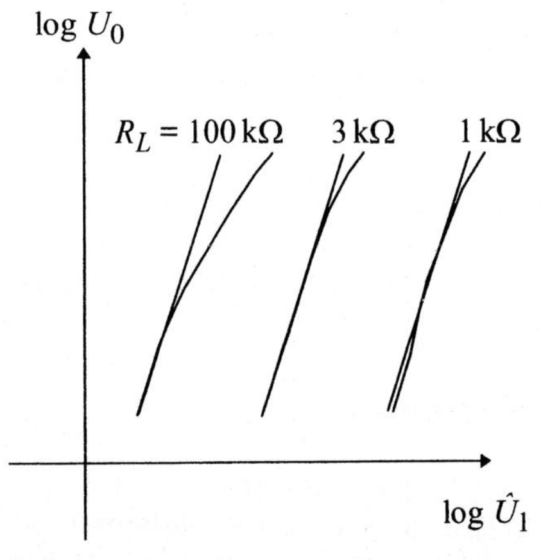


*Bild 1.27: Detektorausgangsspannung $U_0$ als Funktion des HF-Pegels $\hat{U}_1$ für verschiedene Lastwiderstände $R_L$*

Setzt man diese und die für die Exponentialfunktion bekannte Reihenentwicklung in Gl. (1.50) ein, dann erhält man:

$$-\frac{(G_L + G_j)\,U_0}{I_S} = \frac{1}{4}\left(\frac{\hat{U}_1}{U_T}\right)^2 + \underbrace{\frac{1}{2}\left(\frac{U_0}{U_T}\right)^2 + \frac{1}{4}\frac{U_0}{U_T}\left(\frac{\hat{U}_1}{U_T}\right)^2 + \cdots}_{\text{Korrekturterme, die Abweichungen vom quadratischen Zusammenhang beschreiben}} \qquad (1.52)$$

Für $U_1 \,/\, U_T << 1$ gilt also ein quadratischer Zusammenhang zwischen $U_0$ und $U_1$.

---

**Übungsaufgabe 1.10**

Die Gl. (1.52) soll abgeleitet werden. Wie groß ist die Abweichung vom quadratischen Zusammenhang für $1 \,/\, G_j = 2{,}5\,\mathrm{k\Omega}$, wenn $U_1$ über eine Hochfrequenzleistung von - 30 dBm an 50 Ω gegeben ist?

---

## 1.6 Leistungsmessung

Leistungsmessungen werden durchgeführt, um von Hochfrequenzquellen abgegebene Leistungen zu bestimmen. Darüber hinaus kann man Leistungsmesser aber auch verwenden, um Vierpolparameter zu bestimmen. Dies wird im Kap. 2 ausführlicher diskutiert werden. Es sollen hier die vier wichtigsten Verfahren zur Hochfrequenzleistungsmessung besprochen werden, nämlich

- die Messung einer Temperaturerhöhung mit Hilfe von Thermoelementen,
- die Messung einer Temperaturerhöhung mit Thermistoren, die einen negativen Temperaturkoeffizienten aufweisen,
- die Messung der gleichgerichteten Spannung an Schottky-Kontakten im quadratischen Teil der Kennlinie und
- die Messung der gleichgerichteten Spannung mit Feldeffekttransistor-Schaltungen (Abschnitt 1.7).

### 1.6.1 Leistungsmessung mit Thermoelementen

Ein Thermoelement soll durch Hochfrequenzleistung aufgeheizt werden. Die Temperaturerhöhung verursacht eine Gleichspannung (auch Seebeck-Effekt genannt), die zur Anzeige gebracht wird und die der empfangenen Hochfrequenzleistung proportional ist. Anfänglich wurden dazu Metalle verwendet, z. B. die Kombination Bismut-Antimon (Bi-Sb), mit Gold als Zuleitungsmaterial, wie es in Bild 1.28 skizziert ist.

Im thermodynamischen Gleichgewicht, d. h., wenn alle Kontaktflächen - und nur auf diese kommt es an - sich auf gleicher Temperatur befinden, heben sich alle

Kontaktspannungen auf. Man misst keine resultierende Gleichspannung an den äußeren Klemmen. Wird jedoch die Bi-Sb-Kontaktfläche aufgeheizt (auf die Temperatur $T_1$) und bleiben die Kontaktflächen Sb-Au auf gleicher Temperatur $T_0$ (Umgebungstemperatur), dann misst man an den äußeren Klemmen eine Thermospannung, die der Temperaturdifferenz $T_1$ - $T_0$ proportional ist. Die Proportionalitätskonstante wird thermoelektrischer Koeffizient genannt. Für die Kombination Bi-Sb ist er besonders groß und beträgt $110\,\mu\text{V}/\text{K}$. Offensichtlich muss die Kontaktfläche Bi-Sb einen hohen thermischen Widerstand zur Umgebung aufweisen, damit sich überhaupt eine erhöhte Temperatur aufbauen kann.

Andererseits muss die Wärmekapazität genügend klein sein, damit sich ein Temperaturgleichgewicht genügend rasch einstellt. Deshalb benutzt man dünne Metallbänder, die am aufgeheizten Kontakt keine Berührung mit dem Substratmaterial aufweisen. Das zumeist verwendete Saphir-Substrat hat eine gute Wärmeleitfähigkeit und sorgt dafür, dass die beiden kalten Kontaktflächen auf möglichst genau gleicher Temperatur bleiben.

Die Metallbänder sind so ausgelegt, dass sie möglichst frequenzunabhängig einen reellen $100\,\Omega$-Hochfrequenzwiderstand aufweisen. Die aufgenommene Hochfrequenzenergie wird in Wärme umgesetzt und heizt die Bi-Sb-Kontaktfläche auf.

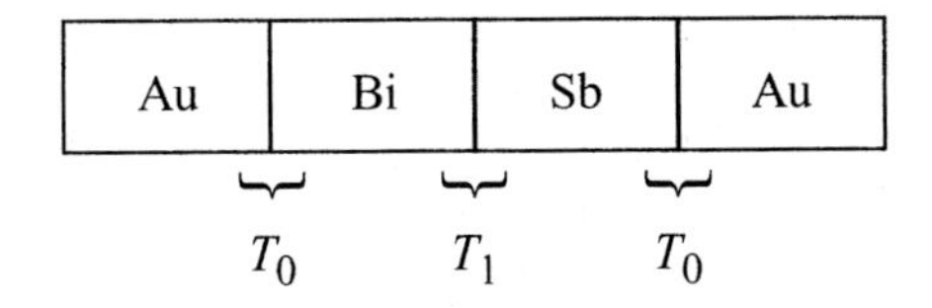


*Bild 1.28: Anordnung der Metalle bei einem Thermoelement*

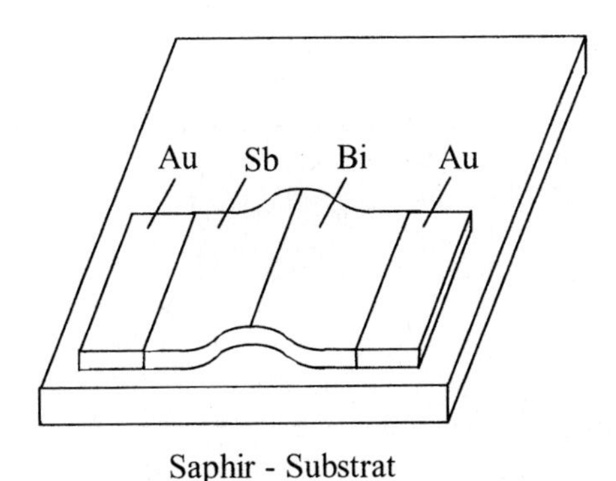


*Bild 1.29: Thermoelement aus Metallbändern auf einem Saphir-Substrat*

Die komplette Schaltung sieht dann zumeist wie im Bild 1.30 aus. Man verwendet vorzugsweise zwei Thermoelemente, die gleichspannungsmäßig in Serie, hochfrequenzmäßig aber parallel geschaltet sind. Daher die Verwendung von 100 Ω-Widerständen, wenn man an ein 50 Ω-Leitungssystem möglichst gut anpassen will.

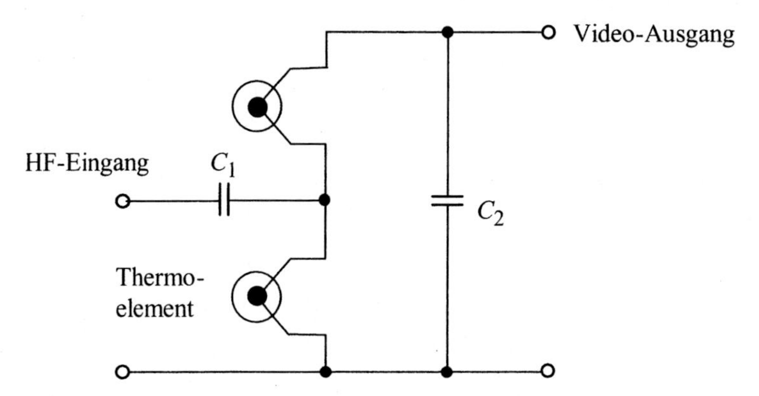


*Bild 1.30: Leistungsmessung mit zwei Thermoelementen*

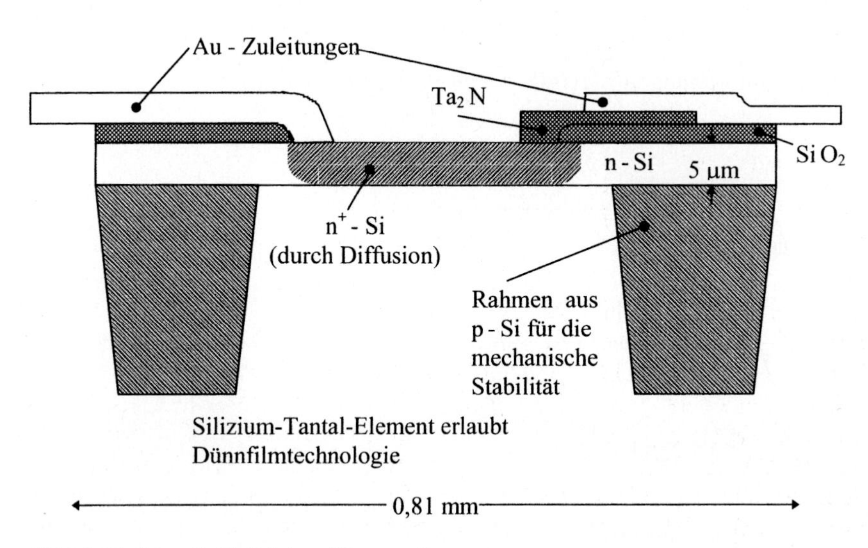


*Bild 1.31: Metall-Halbleiter-Thermoelement*

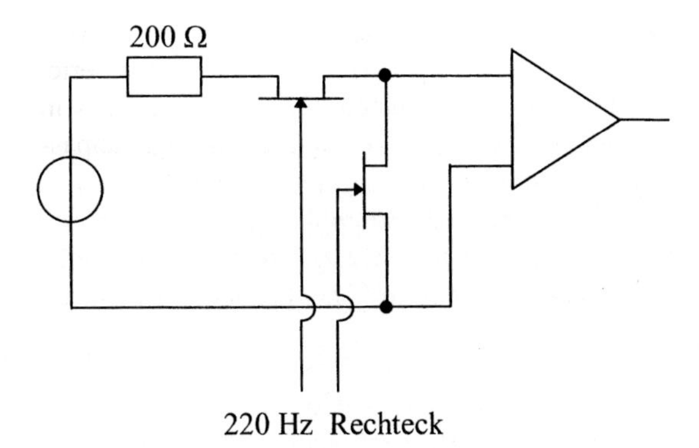


*Bild 1.32: Prinzipschaltbild eines Zerhackers (Verstärkung direkt am Thermoelement)*

Durch die Verwendung von zwei Thermoelementen vermeidet man eine andernfalls notwendige Drossel, die schwieriger breitbandig herzustellen ist als ein Kondensator. Allerdings hat das Bi-Sb-Thermoelement eine Reihe von Nachteilen, wie schlechte Reproduzierbarkeit, schlechte Anpassung und geringe Überlastbarkeit.

Üblich sind heutzutage in Dünnfilmtechnik hergestellte Metall-Halbleiter-Thermoelemente mit besseren Eigenschaften. Eine Struktur, wie sie von der Fa. HEWLETT-PACKARD entwickelt wurde, ist in Bild 1.31 skizziert.

Bei dieser Anordnung wird eine Kombination aus hochdotiertem Silizium und Tantalnitrid ($n^+$-Si / $Ta_2N$) als Thermoelement verwendet. Der $Ta_2N$-Film dient zugleich als 100 Ω-Hochfrequenzwiderstand. Die $n^+$-Si-Schicht weist eine Dotierung von $10^{19}$ bis $10^{20}\,cm^{-3}$ auf.

Der thermoelektrische Koeffizient ist etwas dotierungsabhängig. Deshalb muss für eine gute Reproduzierbarkeit eine bestimmte Dotierung möglichst genau eingehalten werden. Der thermoelektrische Koeffizient beträgt etwa 250 μV / K, ist also größer als bei Bi-Sb. Es besteht eine gewisse Abhängigkeit der Thermospannung von der absoluten Temperatur, die kompensiert wird. Der Messbereich reicht z. B. von 3 μW bis 100 mW, die zu messende Gleichspannung beträgt 480 nV bis 16 mV. Die thermische Zeitkonstante hat einen Wert von 0,12 ms. Um die niedrigen Gleichspannungen zu messen, wird das Gleichspannungssignal mit Hilfe von Feldeffekttransistoren im Takt von z. B. 220 Hz zerhackt und verstärkt. Das geschieht in unmittelbarer Nähe des Thermoelementes auf dem gleichen Substrat. Um zusätzliche unerwünschte Thermospannungen auszuschalten, sind alle Leiterbahnen aus Gold. Das 220-Hz-Wechselsignal, das gerade zwischen den Oberwellen von 50 Hz liegt, wird über ein Kabel zu einem Anzeigegerät geführt, wo es weiter verstärkt, phasenempfindlich gleichgerichtet und angezeigt wird.

### 1.6.2 Thermistormessbrücke

Thermistormessbrücken waren in der Vergangenheit die am häufigsten verwendeten Hochfrequenzleistungsmessgeräte. Thermistoren sind kleine Perlen aus gesinterten Metalloxiden mit Zuführungsdrähten auf gegenüberliegenden Seiten. Der Widerstand $R_{th}$ dieses Materials ist stark temperaturabhängig, und zwar fällt er mit wachsender Temperatur (NTC-Widerstände = negative temperature coefficient). In einer Brückenschaltung befinden sich zwei Thermistoren, wie in der Ersatzschaltung in Bild 1.33 gezeigt.

Eine große Verstärkung und starke Gegenkopplung bewirkt, dass $E_1$ nahezu Null bleibt. Dies bedeutet, dass die Brücke sich selbsttätig abgleicht, was nur möglich ist, wenn $2\,R_{th0} = R$ wird. Das erfordert einen genügend großen Strom durch den Thermistor, so dass über eine Gleichstromaufheizung der Widerstand $R_{th}$ des Thermistors klein wird. Die Spannung $E_2$ an der Brücke sei für diesen Zustand ohne Hochfrequenzleistung $E_{20}$. Dann ist die an die beiden Thermoelemente abgegebene Gleichstromleistung $P_{th0}$ gerade

$$P_{th0} = \frac{1}{4}\frac{E_{20}^2}{R} \,. \tag{1.53}$$

Wird Hochfrequenzleistung eingestrahlt, dann wird wegen der Gegenkopplung wieder $2\,R_{th1} = R$ erzwungen, aber der Gleichstrom $I_{th}$ nimmt ab. Die neue an die Thermoelemente abgegebene Gleichstromleistung ist jetzt

$$P_{th1} = \frac{1}{4}\frac{E_{21}^2}{R} \,. \tag{1.54}$$

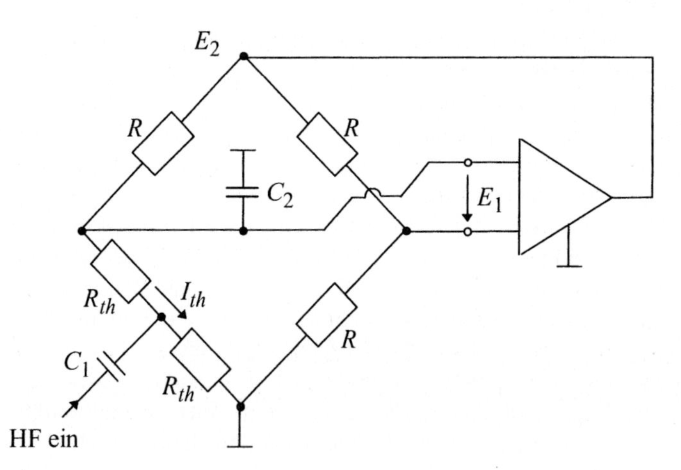


*Bild 1.33: Thermistorbrückenschaltung*

Der Minderbetrag in der Gleichstromleistung muss gleich der zugeführten Hochfrequenzleistung $P_L$ sein.

$$P_L = P_{th0} - P_{th1} = \frac{1}{4R}\left( E_{20}^{\;2} - E_{21}^{\;2} \right). \tag{1.55}$$

Um Schwankungen der Umgebungstemperatur auszugleichen, wird $E_{20}$ an einer zweiten, gleichartigen Brücke gemessen, auf die keine Hochfrequenzleistung einfällt.

Die Thermistorbrücke weist eine Reihe von Nachteilen gegenüber dem Thermoelement auf. Die Überlastbarkeit und Dynamik sind geringer, die thermische Drift ist größer und die breitbandige Anpassung ist schlechter. Ein Vorteil ist darin zu sehen, dass eine absolute Leistungsmessung durchgeführt wird, weil die Hochfrequenzleistungsmessung auf eine Gleichleistungsmessung zurückgeführt wird.

---

**Übungsaufgabe 1.11**

Wie verändert sich qualitativ die Spannung $E_1$ in Abhängigkeit von der Spannung $E_2$, wenn die Rückkopplung aufgehoben ist?

---

### 1.6.3 Leistungsmessung mit Schottky-Dioden

Ein Detektor mit Schottky-Diode, der mit genügend kleinen Pegeln angesteuert wird und damit im quadratischen Teil der Kennlinie arbeitet, kann auch zu einer besonders empfindlichen Leistungsmessung herangezogen werden. Dazu empfiehlt es sich wiederum, die kleinen auftretenden Gleichspannungen mit einem Zerhacker in ein Wechselsignal umzuformen und in unmittelbarer Nähe der Schottky-Diode zu verstärken. Auch hier müssen unerwünschte Thermospannungen klein gehalten werden. Die Weiterverarbeitung des Wechselsignals kann dann mit dem gleichen Grundgerät erfolgen, welches auch für das Thermoelement verwendet wird. Der Messbereich für den „Schottky-Diodenkopf" kann z. B. - 70 bis - 20 dBm betragen.

---

**Übungsaufgabe 1.12**

Es sei $R_L = 1 / G_j = 2{,}5\,\mathrm{k\Omega}$, $Z = 50\,\Omega$.
Wie viel liegt die empfangene Gleichstromleistung $P_0$ an einer Schottky-Diode bei $-70\,\mathrm{dBm}$ Hochfrequenzleistung noch über dem thermischen Rauschen von 1 Hz Bandbreite? Der thermische Rauschpegel bei 1 Hz Bandbreite beträgt $-174\,\mathrm{dBm}$.

---

## 1.7 Detektoren mit Feldeffekttransistoren

Feldeffekttransistoren werden in ihren verschiedenen Ausführungsformen in zahlreichen Schaltungen der Hochfrequenztechnik eingesetzt. Verstärker bilden das Hauptanwendungsgebiet dieser Bauelemente, ebenso eignen sie sich zur Realisierung von Oszillatoren, Schaltern, Mischern oder Detektoren. Feldeffekttransistoren aus Galliumarsenid mit einem Metall-Halbleiter-Kontakt als Gate (GaAs-MESFET, GaAs-metal-semiconductor field effect transistor) werden bis zu Frequenzen im Millimeterwellenbereich (> 30 GHz) verwendet. Aufgrund der größeren Bedeutung für die Hochfrequenztechnik wird hier nur dieser Typ von Feldeffekttransistor behandelt.

### 1.7.1 Statische Kennlinien und Kleinsignalverhalten

Bild 1.34 zeigt den prinzipiellen Aufbau eines Sperrschicht-Feldeffekttransistors. Auf einem Substrat befindet sich die aktive Schicht, die bei Hochfrequenztransistoren fast immer n-dotiert ist. Über diese Schicht fließt ein Strom vom Drain- zum Sourcekontakt. Der Gateanschluss bildet mit dem n-leitenden Kanal eine Sperrschicht, entweder als pn-Übergang (JFET, junction FET) oder als Schottky-Kontakt (MESFET). Dadurch kann über das Potential am Gate der Stromfluss zwischen Drain und Source gesteuert werden. Die genaue Analyse wird zweckmäßigerweise auf den Bereich unmittelbar unter dem Gatekontakt, den sog. inneren FET, beschränkt.

Bild 1.35 zeigt einen Querschnitt des inneren FET, dessen Abmessungen durch die Länge $l$ und Breite $a$ des Gates sowie die Dicke $d$ der aktiven Schicht festgelegt sind.

Die Berechnung des Drainstromes $I_d$ als Funktion der Gate-Source-Spannung $U_g$ und der Drain-Source-Spannung $U_d$ wurde zuerst von SHOCKLEY 1952 durchgeführt. Die Theorie von SHOCKLEY basiert auf zwei Annahmen.

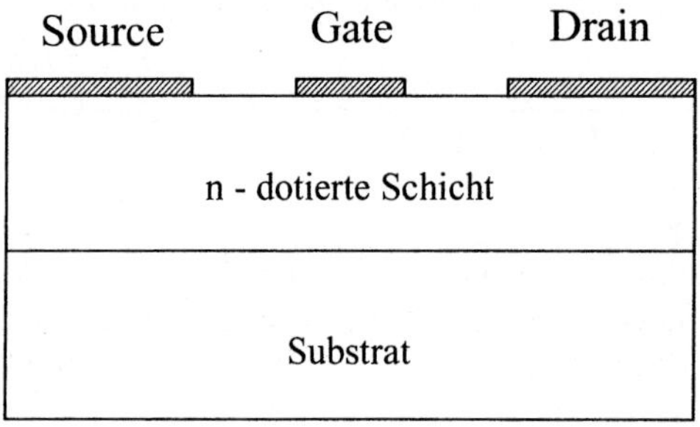

Source Gate Drain

n - dotierte Schicht

Substrat

*Bild 1.34: Prinzipieller Aufbau eines n-Kanal-Sperrschicht-Feldeffekttransistors*

Die sog. *gradual channel approximation* geht davon aus, dass sich die Sperrschicht $w(x)$ längs des Kanals nur allmählich verändert und daher die elektrische Feldstärke $E$ in der Sperrschicht näherungsweise nur eine y-Komponente und im Kanal nur eine $x$-Komponente (s. Bild 1.35) aufweist. Ferner wird angenommen, dass im leitenden Kanal das Ohmsche Gesetz gilt, d. h., dass Stromdichte und elektrische Feldstärke zueinander proportional sind. Für die n-dotierte Halbleiterschicht bedeutet dies, dass die Beweglichkeit $\mu$ der Elektronen konstant sein muss. Insbesondere die zweite Voraussetzung für die Gültigkeit der Shockleyschen Theorie ist bei Galliumarsenid-Feldeffekttransistoren nicht mehr erfüllt. Es wurden daher verschiedene Modelle entwickelt, um die Abhängigkeit der Beweglichkeit von der Feldstärke zu berücksichtigen. Auf diese Modelle wird hier nicht eingegangen, da eine geschlossene Theorie nur für das Shockley-Modell existiert.

Mit den Annahmen des Shockley-Modells gilt für den Drainstrom $I_d$ der Ansatz

$$I_d = -q\,\mu\,N_D\,a\big[d - w(x)\big]E_x(x)\,, \tag{1.56}$$

mit $q$ als Elementarladung und $N_D$ als Dotierungsdichte. Die Feldstärke $E_x$ in $x$-Richtung und die Sperrschichtweite $w$ hängen vom Spannungsabfall $U(x)$ im Kanal ab:

$$E_x(x) = -\frac{d\,U(x)}{dx}\,, \tag{1.57}$$

$$w(x) = \sqrt{\frac{2\,\varepsilon_0\,\varepsilon_r}{q\,N_D}\Big[U_{Df} - U_g + U(x)\Big]}\,, \tag{1.58}$$

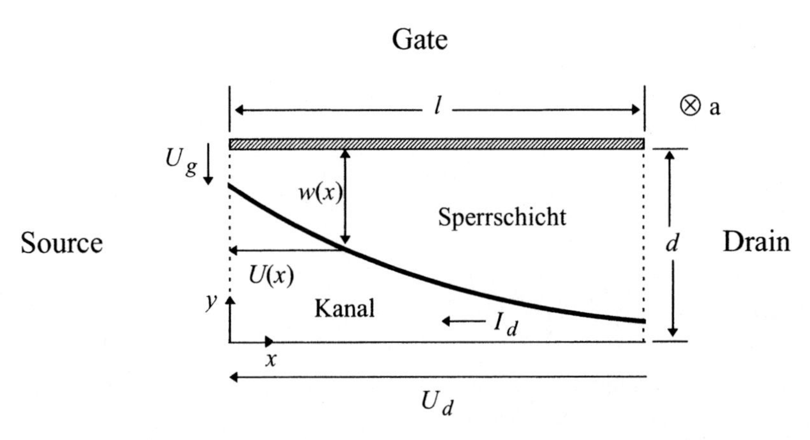


*Bild 1.35: Querschnitt durch den inneren FET*

mit $\varepsilon_0$ und $\varepsilon_r$ als absoluter bzw. relativer Dielektrizitätszahl des Halbleitermaterials und $U_{Df}$ als Diffusionsspannung des Gatekontaktes.
Mit den Definitionen für die Pinchoff- oder Abschnürspannnung

$$U_p = \frac{q\, N_D\, d^2}{2\,\varepsilon_0\, \varepsilon_r} \tag{1.59}$$

sowie für die normierte Spannung $V(x)$ gemäß

$$V(x) = \frac{U_{Df} - U_g + U(x)}{U_p} \tag{1.60}$$

folgt für Sperrschichtweite und Drainstrom:

$$w(x) = d\,\sqrt{V(x)}\ , \tag{1.61}$$

$$I_d = q\,\mu\, N_D\, a\, d\, U_p \left(1 - \sqrt{V(x)}\right) \frac{d\,V(x)}{dx}\ . \tag{1.62}$$

Die Lösung der Differentialgleichung (1.61) lautet:

$$I_d = G_0\, U_P\, F_1(V_d)\ . \tag{1.63}$$

Dabei ist

$$G_0 = q\,\mu\, N_D\, \frac{a\,d}{l} \tag{1.64}$$

der Leitwert des Kanals bei verschwindender Sperrschicht ($w(x) \equiv 0$) und $F_1$ eine Abkürzung für die Funktion

$$F_1(V) = V\left(1 - \frac{2}{3}\sqrt{V}\right) - V_g\left(1 - \frac{2}{3}\sqrt{V_g}\right). \tag{1.65}$$

Die Größen $V_g$ und $V_d$ sind die normierten Spannungen am Anfang und am Ende des leitenden Kanals:

$$V_g = V(x=0) = \frac{U_{Df} - U_g}{U_p}\ , \tag{1.66}$$

$$V_d = V(x=l) = \frac{U_{Df} - U_g + U_d}{U_p}\ . \tag{1.67}$$

Bei konstanter Gatespannung $U_g$ nimmt der Drainstrom $I_d$ mit wachsender Drainspannung $U_d$ solange zu, bis $U_d$ den Wert

$$U_{dsat} = U_p - U_{Df} + U_g \tag{1.68}$$

erreicht. Für $U_d = U_{dsat}$ ist $V(l) = 1$ und damit $w(l) = d$. Am Ende des Kanals erstreckt sich dann die Sperrschicht über die gesamte Dicke $d$ der aktiven Schicht. Beim einfachen Shockley-Modell wird angenommen, dass dadurch eine weitere Zunahme des Drainstroms nicht möglich ist und $I_d$ auch für $U_d > U_{dsat}$ den konstanten Wert

$$I_{dsat} = I_d(U_{dsat}) = G_0\, U_p\, F_1(1) \tag{1.69}$$

beibehält.

Der Drainstrom $I_d$ lässt sich über die Gatespannung $U_g$ steuern. Er nimmt ab, wenn $U_g$ zu negativeren Werten verändert wird. Für $U_g = U_{Df} - U_p$ wird schließlich $I_d = 0$, unabhängig von der Drainspannung. Der Transistor ist dann vollständig gesperrt. Für $U_g = U_{Df}$ und $U_d = U_p$ erhält man den maximalen Drainstrom $I_d = G_0\, U_p / 3$. Es ist dann $w(0) = 0$ und bei weiterer Erhöhung der Gatespannung fließt auch über das Gate ein Strom. Dieser Zustand wird bei Schaltungsanwendungen in der Regel durch geeignete Wahl des Arbeitspunktes vermieden.

Als Beispiel zeigt Bild 1.36 das theoretische Kennlinienfeld eines Feldeffekttransistors mit $U_{Df} = 0{,}7\,\text{V}$, $U_p = 3\,\text{V}$ und $G_0 = 50\,\text{mS}$. Der Bereich mit $U_d < U_{dsat}$ wird als linearer oder ohmscher Bereich bezeichnet; das Kennliniengebiet für $U_d > U_{dsat}$ nennt man Sättigungsbereich. Für Verstärker werden immer Arbeitspunkte im Sättigungsbereich gewählt.

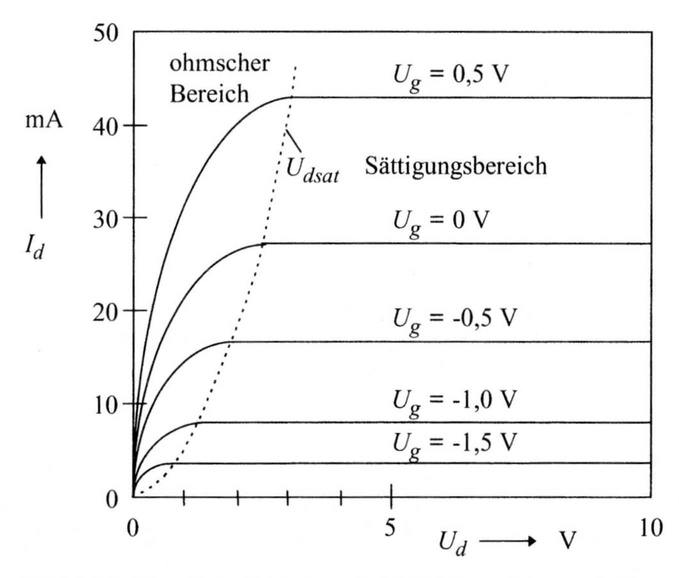


*Bild 1.36: Kennlinienfeld eines Feldeffekttransistors mit $U_{Df} = 0{,}7\,V$, $U_p = 3\,V$, $G_0 = 50\,mS$*

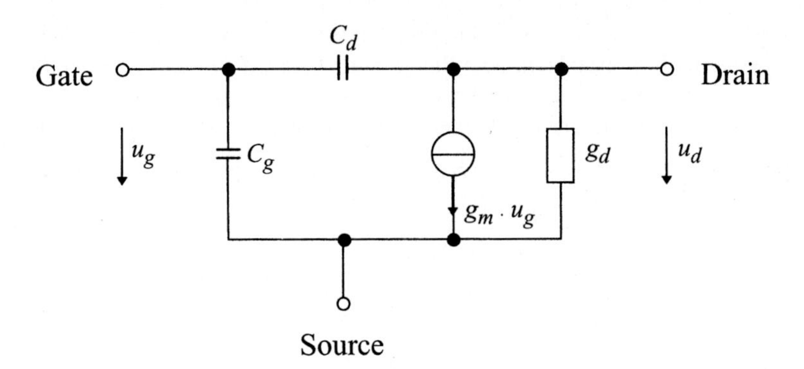


*Bild 1.37: Vereinfachtes Kleinsignalersatzschaltbild des inneren FET*

Die mit dem Shockley-Modell berechneten Kennlinien stimmen recht gut mit Messwerten für Silizium-Feldeffekttransistoren überein. Abweichend vom Modell nimmt allerdings der Drainstrom auch im Sättigungsbereich bei steigender Drainspannung noch geringfügig zu. Die Kennlinien von Galliumarsenid-Transistoren haben zwar qualitativ denselben Verlauf wie in Bild 1.36, doch eine quantitativ genaue Rechnung ist mit dem Shockley-Modell nicht möglich.

Werden den Gleichspannungen $U_g$ und $U_d$ kleine Wechselspannungen $u_g$ und $u_d$ überlagert, so lässt sich das Verhalten des inneren FET für diese Kleinsignale durch das Ersatzschaltbild in Bild 1.37 beschreiben. Die Steilheit $g_m$ und der Ausgangsleitwert $g_d$ können durch partielle Ableitungen der Gl. (1.63) berechnet werden:

$$g_m = \frac{\partial I_d}{\partial U_g} = G_0 \left( \sqrt{V_d} - \sqrt{V_g} \right), \tag{1.70}$$

$$g_d = \frac{\partial I_d}{\partial U_d} = G_0 \left( 1 - \sqrt{V_d} \right). \tag{1.71}$$

In ähnlicher Weise erhält man die Gate-Source-Kapazität $C_g$ und die Drain-Gate-Kapazität $C_d$ aus der Ladung $Q_g$ auf dem Gatekontakt. Diese Ladung ist betragsmäßig gleich der Raumladung in der Sperrschicht:

$$Q_g = -Q_0 \frac{F_2(V_d)}{F_1(V_d)}, \tag{1.72}$$

mit

$$Q_0 = q\, N_D\, a\, d\, l \tag{1.73}$$

und der Funktion

$$F_2(V) = V\left(\frac{2}{3}\sqrt{V} - \frac{1}{2}V\right) - V_g\left(\frac{2}{3}\sqrt{V_g} - \frac{1}{2}V_g\right). \tag{1.74}$$

Über die partiellen Ableitungen von Gl. (1.72) nach $U_g$ und $U_d$ findet man für die Kapazitäten:

$$C_g = 2C_0 \frac{1-\sqrt{V_g}}{F_1(V_d)}\left[\frac{F_2(V_d)}{F_1(V_d)} - \sqrt{V_g}\right], \tag{1.75}$$

$$C_d = 2C_0 \frac{1-\sqrt{V_d}}{F_1(V_d)}\left[\sqrt{V_d} - \frac{F_2(V_d)}{F_1(V_d)}\right], \tag{1.76}$$

mit

$$C_0 = \varepsilon_0\,\varepsilon_r \frac{a\,l}{d} = \frac{Q_0}{2U_p}. \tag{1.77}$$

Alle Elemente des Kleinsignalersatzschaltbildes sind Funktionen der Spannungen $U_g$ und $U_d$. Von besonderem Interesse sind die Werte für $U_d = U_{dsat}$, d. h. an der Grenze zum Sättigungsbereich. Wie beim Drainstrom kann auch bei $g_m$, $g_d$, $C_g$ und $C_d$ angenommen werden, dass sich die für $U_d = U_{dsat}$ berechneten Werte nicht mehr wesentlich mit weiter steigender Drainspannung ändern. Mit $V_d = 1$ folgt aus den Gln. (1.70), (1.71), (1.75) und (1.76):

$$g_m(U_{dsat}) = G_0\left(1-\sqrt{V_g}\right), \tag{1.78}$$

$$g_d(U_{dsat}) = 0, \tag{1.79}$$

$$\begin{aligned} C_g(U_{dsat}) &= 2C_0 \frac{1-\sqrt{V_g}}{F_1(1)}\left[\frac{F_2(1)}{F_1(1)} - \sqrt{V_g}\right] \\ &= 3C_0 \frac{1+\sqrt{V_g}}{\left(1+2\cdot\sqrt{V_g}\right)^2}, \end{aligned} \tag{1.80}$$

$$C_d(U_{dsat}) = 0. \tag{1.81}$$

Bei Betrieb im Sättigungsbereich reduziert sich das Kleinsignalersatzschaltbild des inneren FET also näherungsweise auf die Kapazität $C_g$ am Eingang und die gesteuerte Stromquelle mit der Steilheit $g_m$. Das Verhältnis beider Werte ist als Transit- oder Grenzfrequenz $\omega_0$ des Transistors definiert:

$$\omega_0 = \frac{g_m}{C_g} . \tag{1.82}$$

Bei der Frequenz $\omega_0 / 2\pi$ ist die Stromverstärkung des inneren FET auf eins gesunken.

## 1.7.2 Gleichrichtung an der Drain-Source-Strecke

Die nichtlineare Strom-Spannungs-Kennlinie der Drain-Source-Strecke bei konstanter Gatespannung kann als Detektor für ein Hochfrequenzsignal eingesetzt werden. Die Drain-Source-Strecke wird dazu ohne Vorspannung, also im ohmschen Bereich betrieben.

Die Gatevorspannung wird so gewählt, dass der Gleichrichter möglichst empfindlich ist oder Anpassung zeigt. Quantitativ ergeben sich für das Shockley-Modell entsprechend Gl. (1.63) und für eine Beschaltung des Transistors wie in die in Bild 1.38b gezeigten Kennlinien-Scharen für die gleichgerichtete Spannung $U_0$ in Abhängigkeit der hochfrequenten Signalamplitude $\hat{U}_1$ mit der Gatespannung $U_g$ als Parameter. Die Spannungen sind dabei auf die Abschnürspannung $U_p$ normiert, die Leitwerte auf den Kanalleitwert $G_0$. Die Sättigung des Detektors setzt üblicherweise bei höheren Pegeln ein als beim Schottky-Dioden-Detektor. Dies liegt im Wesentlichen daran, dass die Abschnürspannung typisch einige Volt beträgt, während die Temperaturspannung $kT / q$ deutlich kleiner als 1 Volt ist.

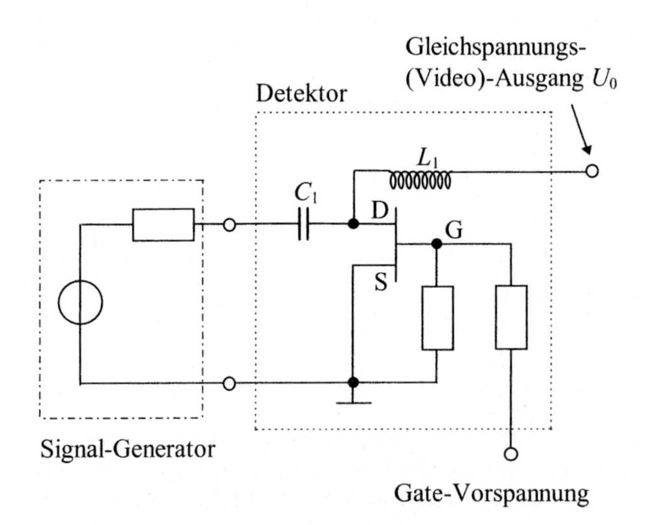


*Bild 1.38a: Detektor mit Feldeffekttransistor*

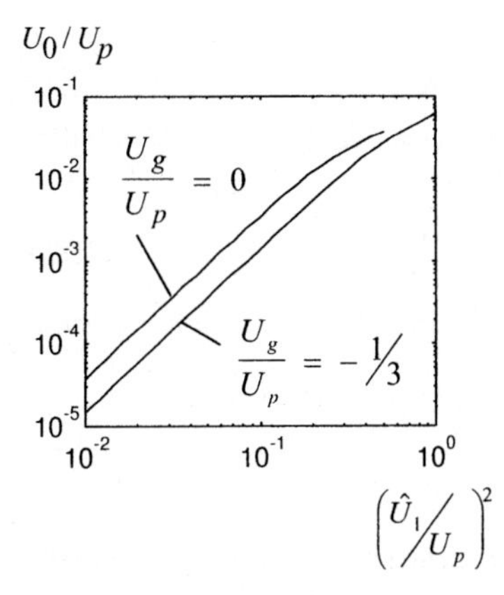


*Bild 1.38b: Kennlinien des FET-Transistors*

---

**Übungsaufgabe 1.13**

Zeigen Sie, dass für den FET-Detektor nach Bild 1.38a für kleine Pegel der Zusammenhang zwischen Videosignal $U_0$ und HF-Amplitude $\hat{U}_1$ durch

$$U_0 = \frac{\hat{U}_1{}^2}{8U_p\sqrt{V_g}\left(1+\frac{G_L}{G_0}-\sqrt{V_g}\right)}$$

gegeben ist, wenn am Kanal die Überlagerung der cosinusförmigen Spannung $U_1\cos(\omega t)$ und der gleichgerichteten Spannung $U_0$ vorliegt. $G_\mathrm{L}$ sei der Leitwert der Last am Ausgang des Detektors. Sie können die Reihenentwicklung

$$f(x) = x_0{}^{3/2} + \frac{3}{2}x_0{}^{1/2}\left(x-x_0\right)+\frac{3}{8}x_0{}^{-1/2}\left(x-x_0\right)^2 - \ldots$$

der Funktion $f(x) = x^{3/2}$ verwenden. Bestimmen Sie dann die Last $G_L$ für größtmögliche Ausgangsleistung.

---

## 1.7.3 Gesteuerte Gleichrichtung

Ein Detektor mit einem Feldeffekttransistor lässt sich noch in einem anderen Betriebsmode betreiben, der als phasenempfindliche Gleichrichtung oder gesteuerte Gleichrichtung bezeichnet wird. Dazu wird ein Teil des hochfrequenten Signals zusätzlich auf das Gate gegeben.

Anhand der Schaltung in Bild 1.39 soll das Prinzip erläutert werden. Es ändere sich die Generatorspannung $E$ cosinusförmig über der Zeit, $E = \hat{E}\cos\omega t$. Der Widerstand $R(U_R)$ sei um einen Ruhewert $R_0$ linear von der Spannung $U_R$ abhängig,

$$R(U_R) = R_0 + R_1 \cdot U_R \,. \tag{1.83}$$

Bei kleinen Signalpegeln kann man näherungsweise ansetzen, dass sich die Steuerspannung $U_{RSt}$ aus dem Ruhewert $R_0$ berechnen lässt:

$$U_{RSt} \approx \frac{R_0}{Z_0 + R_0} \cdot E(t)\,; \qquad I(t) \approx \frac{E(t)}{Z_0 + R_0} \,. \tag{1.84}$$

Die Gleichspannung $U_0$ ergibt sich dann aus dem mittleren Spannungsabfall an $R(U_R)$

$$U_0 \approx \overline{R(U_R(t)) \cdot I(t)} = R_1 \cdot \frac{R_0}{\left(Z_0 + R_0\right)^2} \cdot \overline{E^2(t)} = \frac{R_1\, R_0}{\left(Z_0 + R_0\right)^2} \cdot \frac{1}{2}\hat{E}^2 \tag{1.85}$$

und

$$U_{l0} \approx \frac{R_l}{R_0 + R_l} \cdot U_0 \,. \tag{1.86}$$

Eine vergleichbare Situation liegt beim Feldeffekttransistor vor. Ein Wechselsignal am Gate steuert den Widerstand der Drain-Source-Strecke.

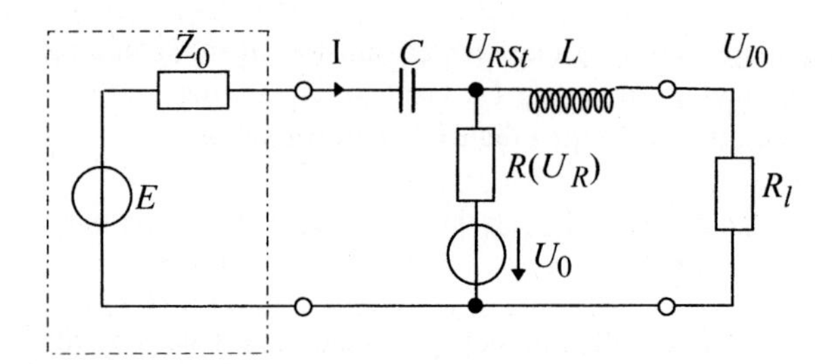


*Bild 1.39: Gleichrichtung an einem spannungsgesteuerten Widerstand $R(U_R)$*

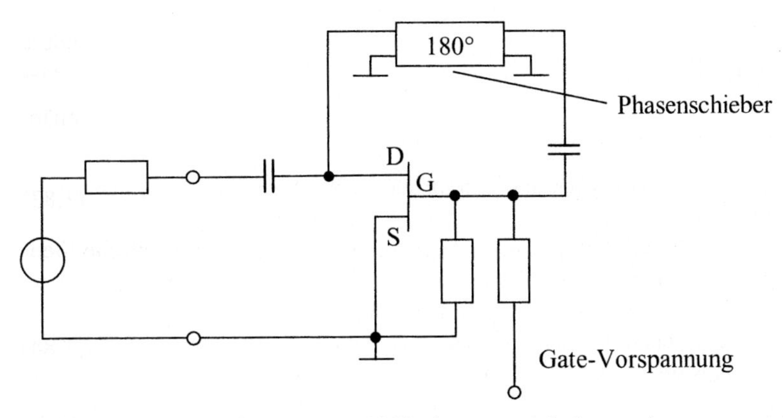


*Bild 1.40: FET-Detektor mit um 180° phasenverschobener Ansteuerung des Gates*

Das gleichzurichtende hochfrequente Signal wird auf Drain und Gate aufgeteilt. Allerdings kann das hochfrequente Signal an der Nichtlinearität der Drain-Source-Strecke auch direkt gleichgerichtet werden, wie wir in Abschnitt 1.7.2 gesehen hatten, denn der Widerstand der Drain-Source-Strecke ist nicht nur vom Gate aus steuerbar, sondern darüber hinaus auch nichtlinear. Durch das Anlegen eines hochfrequenten Signals entstehen daher zwei Gleichanteile, nämlich durch phasenempfindliche Gleichrichtung einerseits und nichtlineare Gleichrichtung andererseits. Die beiden Anteile weisen jedoch, wie sich herausstellt, ein unterschiedliches Vorzeichen auf und kompensieren sich. Für einen wirkungsvollen Detektor muss man deshalb für die Gateansteuerung eine 180° Phasenverschiebung des hochfrequenten Signals vorsehen, wie sie in der Schaltung in Bild 1.40 durch einen 180° Phasenschieber angedeutet wird.

Eine genauere Analyse der Schaltung in Bild 1.40 kann wiederum mit der Gl. (1.63) als Ausgangspunkt starten.

Die Empfindlichkeit des Detektors lässt sich steigern, wenn man für die 180° Phasenverschiebung einen Transformator verwendet, den man zusätzlich zur Spannungsüberhöhung benutzt. Dieser Effekt lässt sich ausnutzen, weil das Gate sehr hochohmig ist und idealerweise eine leistungslose Steuerung möglich ist. Die Steigerung der Empfindlichkeit wird im Allgemeinen nur auf Kosten einer geringeren Bandbreite möglich sein. Benötigt man sehr große Bandbreiten und hohe Grenzfrequenzen, dann wird man auf eine direkt gleichrichtende Schaltung wie in Bild 1.38a zurückgreifen.

---

**Übungsaufgabe 1.14**

Wie ändert sich in Übungsaufgabe 1.13 die Gleichung für $U_0$, wenn zusätzlich an das Gate die HF-Spannung $a \cdot \hat{U}_1 \cdot \cos(\omega t)$ geführt wird (a reell)?

---

## Studienziele

Nach dem Durcharbeiten dieses Kapitels sollten Sie

- einige der für die Hochfrequenztechnik wichtigen Matrixbeschreibungen wiedererkennen;
- in der Lage sein, für Vierpol-Ersatzschaltbilder die zugehörigen Streumatrixelemente anzugeben;
- die Wirkungsweise einiger Phasenschieber und Dämpfungsglieder kennen;
- einige Kopplertypen kennen und angeben können, wie man sie beschalten muss, um beispielsweise den Reflexionsfaktor eines Messobjektes zu bestimmen;
- eingesehen haben, dass eine Leistungsmessung auf eine quadratische Mittelwertbildung hinausläuft, ein Detektor aber meist für eine Pegelmessung eingesetzt wird und daher im Allgemeinen einen sinusförmigen Signalverlauf voraussetzt;
- die Wirkungsweise von Detektoren auf der Basis von Feldeffekttransistoren kennen.

# 2 Skalare Vierpolmessungen

## Vorbemerkungen

In vielen Fällen ist es ausreichend, wenn man nur die Beträge oder Betragsquadrate der Streumatrixelemente eines Vierpols bestimmt, also die Reflexionsdämpfung am Eingang und Ausgang eines Vierpols und die Transmissionsdämpfung vorwärts und rückwärts. Dabei erhält man keine Information über den Phasenverlauf, der aber oft nicht von so großem Interesse ist. Betragsmessungen haben den Vorteil, dass sie zumeist einfacher als komplexe Messungen sind und sich besonders leicht über sehr große Bandbreiten durchführen lassen. Ein Nachteil der reinen Betragsmessungen ist, dass sich im Allgemeinen Systemfehler nicht korrigieren lassen. Diese treten auf, weil die verwendeten Reflektometer, Detektoren, Generatorinnenwiderstände und Wellenabschlüsse unvollkommen sind. Solche Systemfehler lassen sich korrigieren, wenn man komplexe Messungen durchführt. Wie man solche Systemfehler korrigieren kann, wird in Kapitel 4 besprochen. Bei skalaren Messungen kann man bestenfalls Fehlerabschätzungen vornehmen.

Die Sechstormethode erlaubt dagegen in der Tat, komplexe Messungen durchzuführen. Außerdem werden von vornherein alle Systemfehler berücksichtigt. Praktisch angewendet werden dürfte sie jedoch überwiegend für genaue Betragsmessungen und weniger für Phasenmessungen. Deswegen wurde die Methode in dieses Kapitel aufgenommen.

## 2.1 Messung skalarer Vierpolparameter

Nachdem wir einige wichtige Komponenten behandelt haben, die man für einfache Messschaltungen benötigt, wollen wir besprechen, wie man die Beträge der Streumatrixelemente eines Vierpols, $|S_{11}|$, $|S_{22}|$, $|S_{21}|$, $|S_{12}|$, bestimmen kann. Der Detektor soll durch das Symbol [⊢◁⊣] dargestellt werden. Er ist im Allgemeinen ein Schottky-Dioden-Gleichrichter, wie wir ihn bereits kennen gelernt haben. Wie wir sehen werden, benötigt man mehrere Detektoren in einer Schaltung. Diese sollen dann vor allem einen guten Gleichlauf über der Frequenz und über dem HF-Eingangspegel aufweisen.

### 2.1.1 Transmissions- und Reflexionsmessungen

Bei Transmissionsmessungen sollen die Beträge der Streumatrix $|S_{21}|$ und $|S_{12}|$ eines Vierpols als Funktion der Frequenz gemessen werden. Das Messobjekt wird mit MO bezeichnet.

a) Wie in Bild 2.1 skizziert, kann in einem Substitutionsverfahren das Messobjekt entweder in eine Messstrecke eingefügt oder herausgenommen werden. Die Leistung am Ausgang eines Detektors und eventuell eines logarithmischen Verstärkers wird mit $P_1$, $P_2$ etc. bezeichnet.

Das Verhältnis $P_1 / P_2$ ist ein Maß für die Einfügungsdämpfung vorwärts, $|S_{21}|^2$. Wird das Messobjekt umgedreht, dann kann die Einfügungsdämpfung rückwärts, $|S_{12}|^2$, gemessen werden. Es gibt verschiedene Möglichkeiten, um das Verhältnis $P_1 / P_2$ zu bilden:

1. Auf einem Schreiber oder einem Speicheroszillographen wird $P_1$ als Funktion der Frequenz aufgezeichnet. Weiterhin wird, wie in Bild 2.2 gezeigt, statt des Messobjektes MO ein geeichtes Dämpfungsglied eingefügt und es werden Eichlinien $P_2'$, $P_2''$ etc. mit verschiedenen Dämpfungswerten aufgezeichnet, z. B. 1 dB, 2 dB, 3 dB etc.

Dieses Verfahren ist auch dann noch gut geeignet, wenn die Anzeige des Detektors über der Frequenz schwankt oder wenn die Kennlinie des Detektors nichtlinear ist, also z. B. keine Dekompression vorgenommen worden ist. Hat man einen kalibrierten Detektor zur Verfügung, dann kann man ein Eichlinienfeld auch direkt ohne Zuhilfenahme eines kalibrierten Dämpfungsgliedes darstellen.

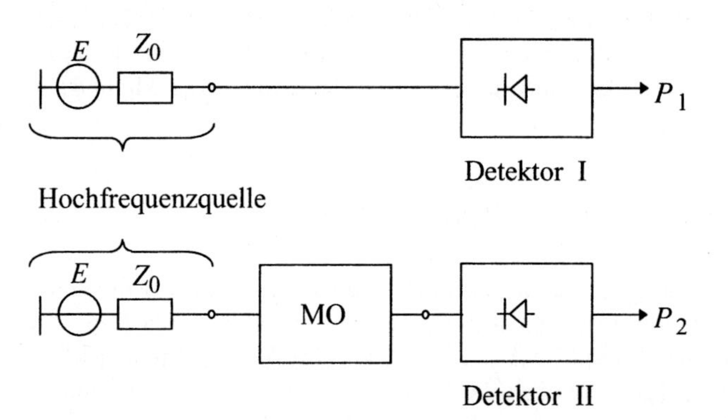


*Bild 2.1: Substitutionsmessung zur Bestimmung der Einfügungsdämpfung*

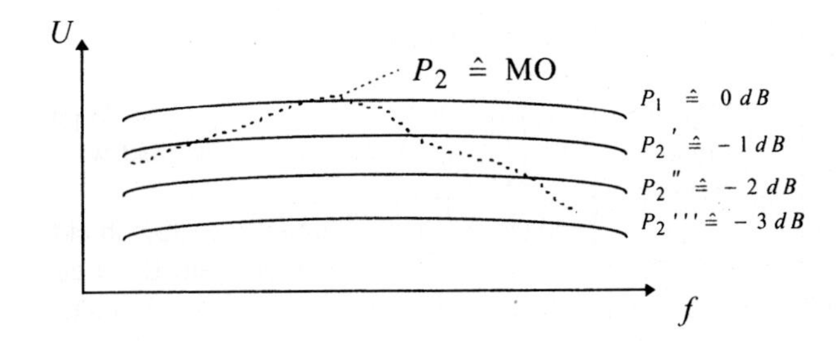


*Bild 2.2: Darstellung der Messgröße $P_2$ in einem Eichlinienfeld*

2. Eine weitere Möglichkeit besteht darin, die Größe $P_1$ zunächst als Funktion der Frequenz abzuspeichern, um anschließend rechnerisch das Verhältnis $P_1 / P_2$ zu bilden und darzustellen. Diese Vorgehensweise setzt voraus, dass der Detektor kalibriert ist.

Der Komfort dieser Messungen lässt sich noch weiter erhöhen, wenn man elektromechanische Schalter verwendet, mit deren Hilfe man das Messobjekt automatisch zuschalten oder Eingang und Ausgang vertauschen kann.

b) Auch bei der Schaltung gemäß Bild 2.3 ist $P_1 / P_2$ ein Maß für die Einfügungsdämpfung, wie im Folgenden gezeigt werden soll. Der in Bild 2.3 gestrichelt umrahmte Signalteiler erlaubt in einfacher Weise, die auf das Messobjekt zulaufende Welle zu messen. Dazu betrachten wir die Schaltung in Bild 2.4.

In Serie zum Innenleiter eines TEM-Systems befindet sich ein konzentrierter Widerstand $Z_0$, durch den der Strom $I_1'$ fließt. Es gilt für einen Spannungsumlauf:

$$E_1 = Z_0 I_1' + E_2 , \tag{2.1}$$

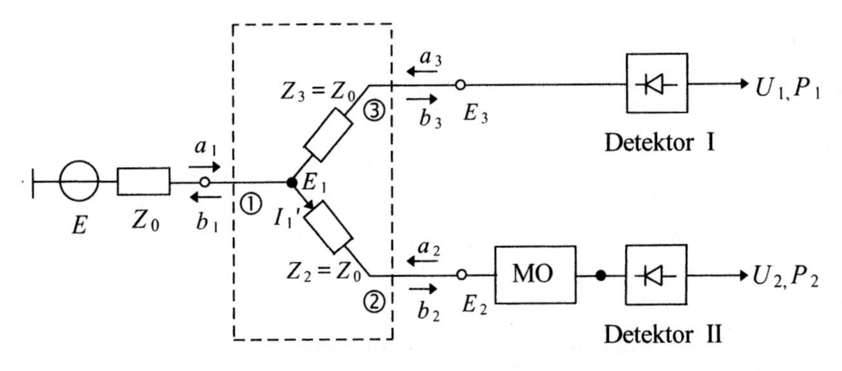


*Bild 2.3: Messung der Einfügungsdämpfung mit einem Signalteiler*

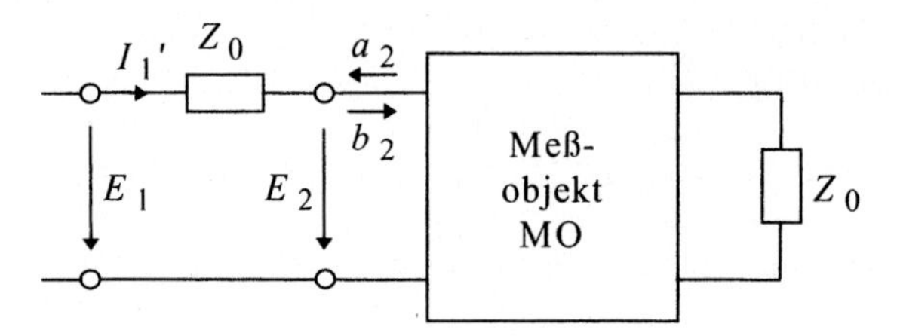


*Bild 2.4: Erläuterung zum Signalteiler*

$$\frac{E_1}{\sqrt{Z_0}} = I_1' \sqrt{Z_0} + \frac{E_2}{\sqrt{Z_0}} \quad ,$$

oder in normierter Form

$$e_1 = i_1' + e_2 \ . \tag{2.2}$$

Es gilt für die Verknüpfung der normierten Ströme und Spannungen $i_1'$, $e_2$ mit den hin- und rücklaufenden Wellen $b_2$ und $a_2$

$$i_1' = b_2 - a_2 \ , \qquad e_2 = b_2 + a_2 \ ,$$

also

$$\frac{E_1}{\sqrt{Z_0}} = e_1 = 2b_2 \ . \tag{2.3}$$

Die normierte Spannung $e_1$ vor dem Serienwiderstand $Z_0$ ist der auf das Messobjekt zulaufenden Welle $b_2$ proportional. Es ist üblich, einen Signalteiler zu verwenden (s. Bild 2.3), der außer dem Serienwiderstand $Z_2 = Z_0$ noch einen zweiten Serienmeßwiderstand $Z_3 = Z_0$ enthält. Am Detektor I, der ebenfalls die Eingangsimpedanz $Z_0$ aufweisen soll, wird die Leistung $P_1$ gemessen. Wegen der Spannungsteilung gilt:

$$E_3 = \frac{E_1}{2} = b_2 \sqrt{Z_0} \ . \tag{2.4}$$

Das am Detektor gemessene Signal $U_1$ bzw. die Leistung $P_1$ ist daher ein Maß für die auf das Messobjekt zulaufende Welle $b_2$ bzw. für die verfügbare Leistung

$$\frac{|E_1|^2}{4Z_0} = |b_2|^2 \ ,$$

während $U_2$ bzw. $P_2$ die durch das Messobjekt transmittierte Welle beschreiben. Daher ist $P_1 / P_2$ ein Maß für die Einfügungsdämpfung des Messobjektes, wenn die Detektoren I und II einen genauen Gleichlauf aufweisen. Die Anordnung mit den beiden Serienmesswiderständen $Z_2 = Z_0$ und $Z_3 = Z_0$ wird gewählt, um bei einem angepassten Messobjekt eine Anpassung der gesamten Messanordnung zu erreichen. Die Anordnung weist zwar 6 dB Verluste auf, ist aber sehr breitbandig. Die verfügbare Leistung kann gleichzeitig mit der transmittierten Leistung gemessen werden. Die Proportionalität von $P_1$ zu $|b_2|^2$ ist jedoch für eine beliebige Impedanz $Z_3$ gegeben.

Bisweilen möchte man bei einer Messung die verfügbare Leistung konstant halten. Dann kann man die Amplitude des Generators so regeln, dass $U_1$ konstant ist.

---

**Übungsaufgabe 2.1**

Es soll die Streumatrix des gestrichelt eingerahmten Signalteilers mit den Toren ①, ② und ③ in Bild 2.3 analytisch bestimmt werden. Woran erkennt man, dass am Detektor I die auf das Messobjekt zulaufende Welle gemessen wird und zwar unabhängig von der Reflexion des Messobjektes an Tor ②?

---

Der Signalteiler in Bild 2.4 stellt nicht die einzige Schaltung mit der Eigenschaft dar, dass die Spannung $E_1$ proportional zur Welle $b_2$ ist, welche auf das Messobjekt zuläuft.

In Bild 2.5 ist ein allgemeines lineares Netzwerk mit N bezeichnet, das diese Eigenschaft aufweist. Es soll in Kettenparametern dargestellt sein.

Für die Schaltung in Bild 2.5 gilt in Kettenparametern und mit den bezogenen Spannungen $e_{1,2} = E_{1,2} / \sqrt{Z_0}$ und den bezogenen Strömen $i_1' = I_1' \cdot \sqrt{Z_0}$ bzw. $i_2 = I_2 \cdot \sqrt{Z_0}$, wobei $Z_0$ der Bezugswiderstand ist:

$$\begin{bmatrix} e_1 \\ i_1' \end{bmatrix} = \begin{bmatrix} N_{11} & N_{12} \\ N_{21} & N_{22} \end{bmatrix} \cdot \begin{bmatrix} e_2 \\ -i_2 \end{bmatrix}. \tag{2.5}$$

Mit Gl. (1.10) wird daraus:

$$\begin{bmatrix} e_1 \\ i_1' \end{bmatrix} = [N] \cdot \begin{bmatrix} a_2 + b_2 \\ -a_2 + b_2 \end{bmatrix}. \tag{2.6}$$

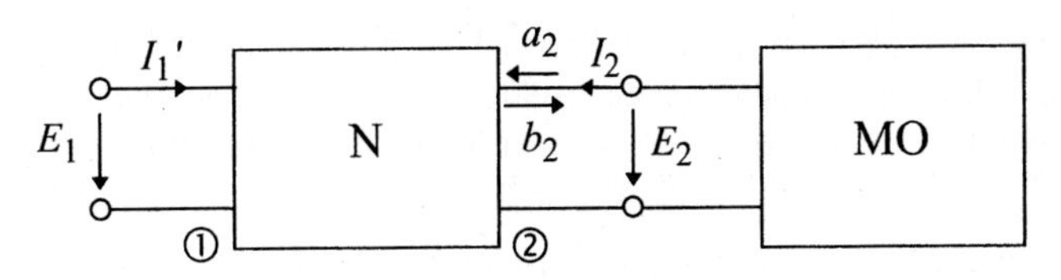


*Bild 2.5: Bestimmung der Vorwärtswelle $b_2$ mit allgemeinem Netzwerk N*

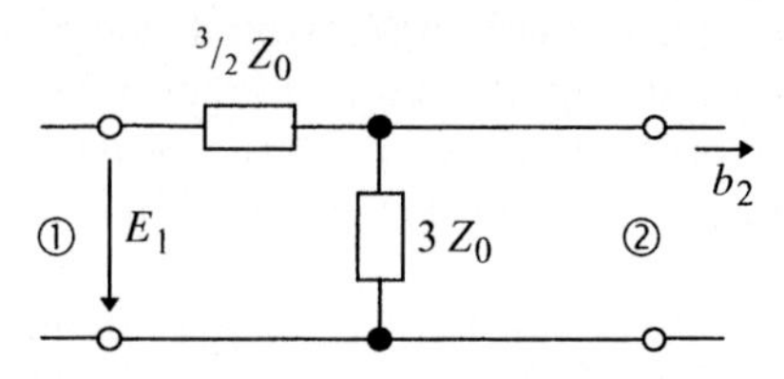


*Bild 2.6: Möglicher Vorwärtskoppler mit $E_1 \sim b_2$*

Wenn die normierte Spannung $e_1$ proportional zu $b_2$ und unabhängig von $a_2$ sein soll, muss gelten:

$$N_{11} - N_{12} = 0\,. \tag{2.7}$$

Das Verhältnis $N_{12} / N_{11}$ ist aber gerade der bezogene Eingangswiderstand $z_{in}$ an Tor ②, wenn man sich an Tor ① einen Kurzschluss gegen Masse denkt.

$$z_{in} = \left.\frac{e_2}{i_2}\right|_{e_1=0} = \frac{N_{12}}{N_{11}}\,. \tag{2.8}$$

Wählt man bei virtuellem Kurzschluss an Tor ① den bezogenen Eingangswiderstand $z_{in} = 1$, also absolut zu $Z_0$, dann ist $N_{12} = N_{11}$ und Gl. (2.7) ist erfüllt. Man erkennt, dass der Signalteiler in Bild 2.3 das Kriterium Gl. (2.7) erfüllt. Es gibt aber viele weitere Schaltungen, welche ebenfalls das Kriterium (2.7) erfüllen. In Bild 2.6 ist eine andere mögliche Schaltung skizziert.

---

**Übungsaufgabe 2.2**

Weisen Sie nach, dass auch für die in Bild 2.6 dargestellte Schaltung $E_1 \sim b_2$ gilt.

---

**Übungsaufgabe 2.3**

In der nachstehenden Schaltung sind die Innenleiter gezeichnet. Wie muss man die konzentrierten reellen Widerstände $Z_1$, $Z_2$ und $Z_3$ wählen, damit Tor ① (bzw. Tor ② oder ③) angepasst ist, wenn die verbleibenden Tore mit $Z_0$ abgeschlossen sind? Die Schaltung kann als breitbandiger Signalteiler verwendet werden, z. B. mit Einspeisung an Tor ① und gleicher Übertragung an die Tore ② und ③, die beide mit gleichen Impedanzen abgeschlossen sein müssen. Die Tore ② und ③ sind jedoch nicht gut entkoppelt. Wie groß ist die Entkopplung zwischen Tor ② und ③, wenn alle Tore mit $Z_0$ abgeschlossen sind?

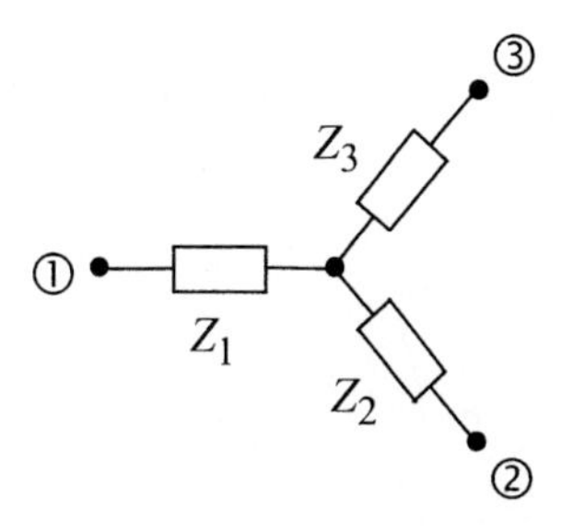


c) Die mit dem Signalteiler einhergehenden Verluste lassen sich verringern, wenn man stattdessen Leitungskoppler verwendet, um ein Maß für die zulaufende Welle zu gewinnen. In Bild 2.7 ist eine Messanordnung skizziert, bei der die auf das Messobjekt zulaufende Welle mit einem Leitungskoppler gemessen wird. Die Einfügungsdämpfung des Messobjektes in dB ist $P_1 - P_2 - 10\log(K_0/(1-K_0))$, wobei $P_1$ und $P_2$ Leistungen in logarithmischem Maßstab beschreiben. Dabei ist $K_0$ die Leistungskopplung des Kopplers $K_0 < 1$.

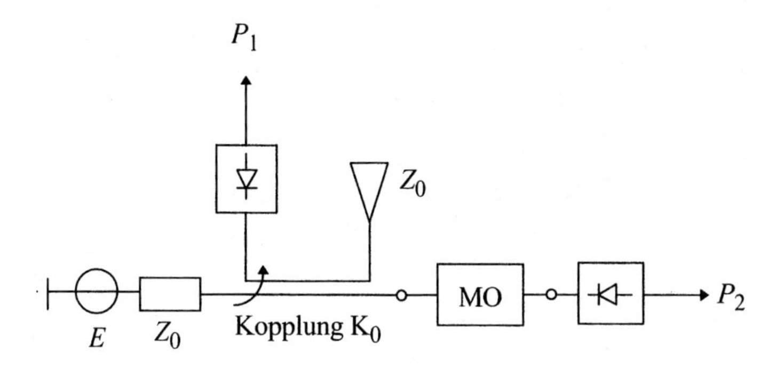


*Bild 2.7: Messung der Einfügungsdämpfung mit einem Richtkoppler (Leitungskoppler)*

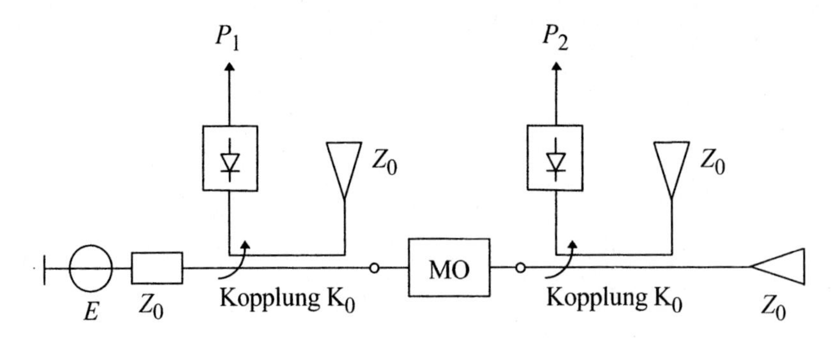


*Bild 2.8: Verbesserung des Gleichlaufs über der Frequenz bei einer Transmissionsmessung durch die Verwendung von zwei Richtkopplern (Leitungskoppler)*

Verwendet man wie in Bild 2.8 zwei identische Koppler, dann lässt sich dadurch der Gleichlauf über der Frequenz und die Anpassung verbessern, allerdings auf Kosten der Empfindlichkeit. Die Einfügungsdämpfung des Messobjektes ist $P_1 - P_2 - 10\log(1/(1 - K_0))$.

d) Die Schaltungen gemäß Bild 2.7 und 2.8 lassen sich mit einem weiteren Koppler derart erweitern, dass auch die vom Messobjekt reflektierte Welle gemessen werden kann. Man wird entweder wie in Bild 2.9 zwei Koppler hintereinander schalten oder einen Zweifachkoppler wie in Bild 2.10 verwenden, der einen besonders guten Gleichlauf aufweist.

Bei dem Zweifach-Leitungskoppler ist die Reflexionsdämpfung bei identischen Detektoren $P_1 - P_3 - 10\log(1/(1 - 2K_0))$. Wenn die Reflexionsdämpfung, wie im Allgemeinen bei aktiven Bauelementen, pegelabhängig ist, dann wird man vorzugsweise die Reflexionsmessungen bei konstantem $P_1$ durchführen, also bei konstanter einfallender Welle bzw. konstanter verfügbarer Leistung.

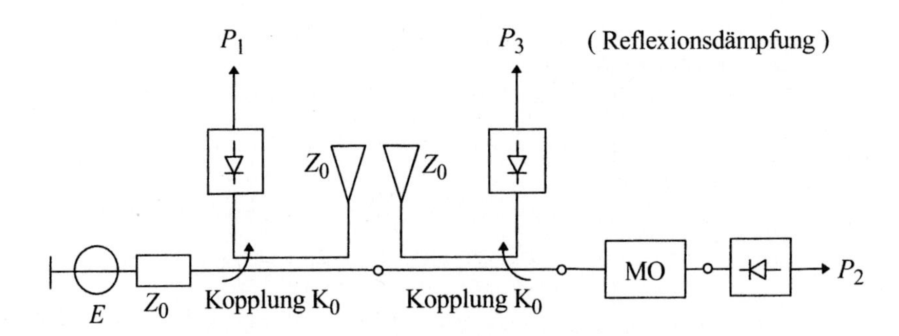


*Bild 2.9: Messung der Reflexionsdämpfung mit einem weiteren Leitungskoppler*

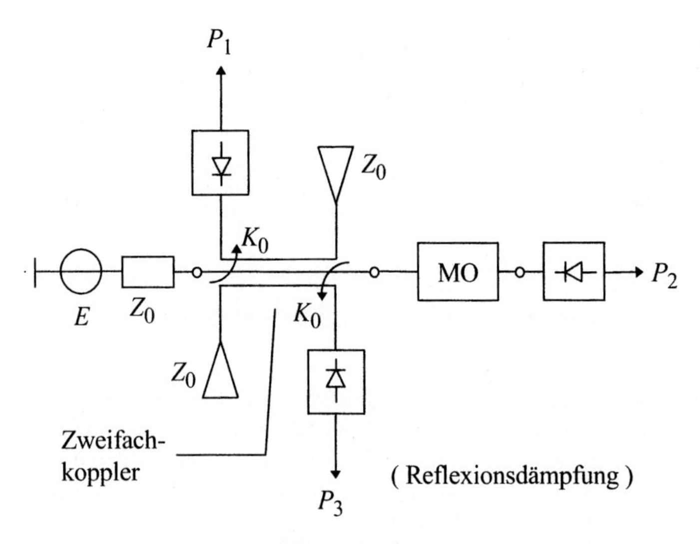


*Bild 2.10: Messung der Reflexionsdämpfung mit einem Zweifachkoppler*

e) Auch mit dem resistiven Koppler (bzw. der Widerstandsbrücke), wie er uns aus dem ersten Kap. bekannt ist, lassen sich Transmissions- und Reflexionsmessungen durchführen. In Bild 2.11 ist die Schaltung mit Zweidrahtleitungen gezeichnet.

Ist das Messobjekt genau angepasst, d. h. die Eingangsimpedanz des Messobjektes $Z_{in} = Z_0$, dann sollte auch die Leistungsanzeige $P_3$ am Detektor III (Bild 2.11) gerade Null oder möglichst klein sein. Wir können für diesen Fall sagen, dass die Direktivität der Reflektometerschaltung hoch ist. Wir entnehmen Bild 2.12, dass der Detektor III in der Brückendiagonale einer Brückenschaltung angeordnet ist. Die Brückendiagonalspannung $U_3$ wird für ein angepasstes Messobjekt, also $Z_{in} = Z_0$, Null, wenn die Brücke abgeglichen ist.

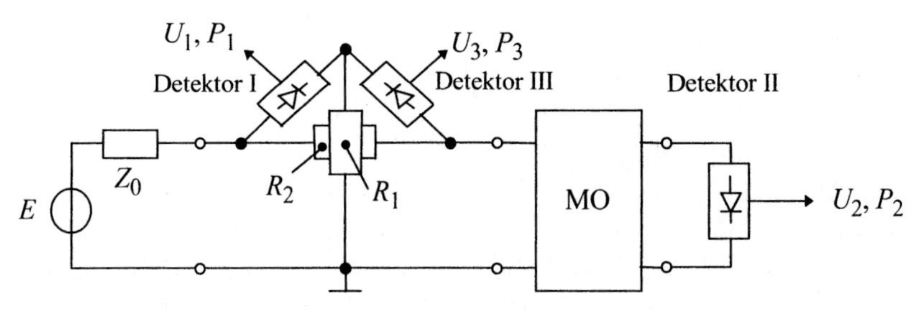


*Bild 2.11: Messung der hin- und rücklaufenden Wellen mit einem resistiven Koppler*

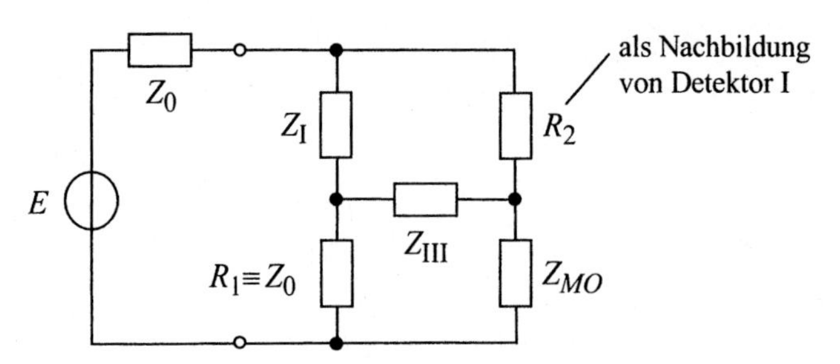


*Bild 2.12: Brückenschaltung mit Detektor III in der Brückendiagonale*

Der Brückenabgleich ist auch dadurch zu bewerkstelligen, dass $R_1 = Z_0$ durch einen Präzisionsmesswiderstand realisiert wird (im Allgemeinen als 50 Ohm-Widerstand) und $R_2$ die Impedanz des Detektors I aufweist. Praktisch wird $R_2$ daher als Nachbildung des Detektors I ausgeführt werden. Diese Form des Brükkenabgleichs ist technisch leichter und breitbandiger zu realisieren, als wenn der Detektor I und $R_2$ exakt die Impedanz $Z_0$ darstellen müssen. Bild 2.12 veranschaulicht die Brückenschaltung.

Aus praktischen Gründen und um eine bessere Anpassung und Direktivität zu erreichen, wird man mit einer Brückenschaltung wie in Bild 2.11 oft nur die rücklaufende Welle am Detektor III messen und für die Messung der hinlaufenden einen zusätzlichen Signalteiler wie in Bild 2.13 skizziert verwenden.

In der Schaltung in Bild 2.13 muss man lediglich dafür sorgen, dass die Impedanz $Z_d$ und der Widerstand $R_2$ möglichst im gesamten Frequenzbereich gleich sind. Außerdem sollte für eine möglichst hohe Direktivität $R_1 = Z_0$ sein.

Solche Brückenschaltungen lassen sich mit sehr großer Bandbreite realisieren (z. B. von 0 bis 20 GHz), wenn die Detektoren erdfrei in die Brückenschaltung eingebaut werden können. Sollen die Detektoren (oder Mischer, s. Kap. 3 und 4) von außen zugeschaltet werden, dann benötigt man Symmetrierglieder, welche die nutzbare Bandbreite begrenzen. In Bild 2.14 ist ein Symmetrierglied in Form eines Transformators skizziert.

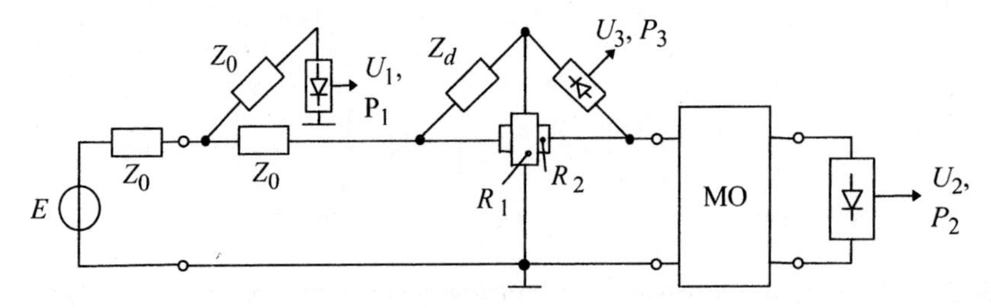


*Bild 2.13: Reflektometer mit Signalteiler und Brücke*

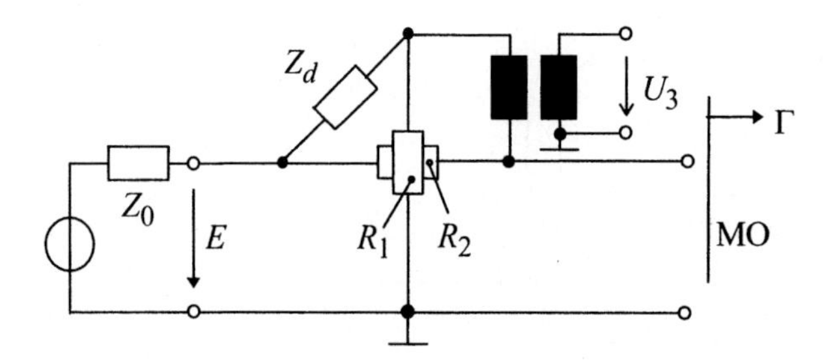


*Bild 2.14: Brückenschaltung mit Transformator als Symmetrierglied*

Dabei ist der Transformator nur ausgangsseitig geerdet. Weitere häufig angewendete Symmetrieübertrager mit dünnen Koaxialleitungen (Außendurchmesser z. B. kleiner als 2 mm) zeigt Bild 2.15. Die Ferritringe mit hoher Permeabilität und verhältnismäßig hohen Verlusten sorgen dafür, dass die Mantelimpedanz zwischen den Punkten *a'*- *b'* in Bild 2.15 a) bzw. 2.15 b) hochohmig wird. Dies ist eine Voraussetzung für die Symmetrierwirkung. Der Außenleiter der Koaxialleitung wird wiederum nur auf einer Seite geerdet. Verwendet man einen Symmetrieübertrager, wie in Bild 2.14, dann empfiehlt es sich, für eine gute Direktivität des Reflektometers eine Nachbildung parallel zu $R_1$ zu verwenden. Die Nachbildung des Symmetrieübertragers soll lediglich die Mantelimpedanz nachbilden. Sie kann daher eine massive Leitung ohne Innenleiter aber mit gleichem Außendurchmesser und gleichen Ferritringen sein.

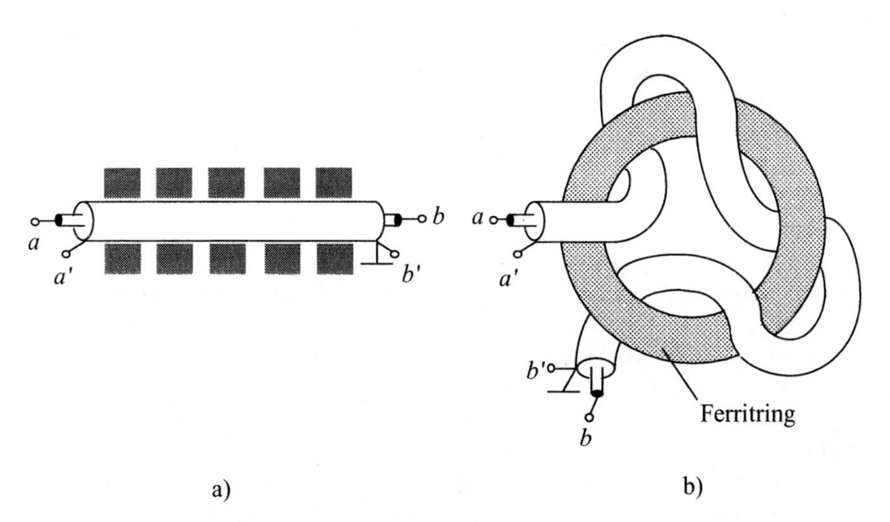


*Bild 2.15: Symmetrieübertrager mit Ferritringen a) gerader Koaxialleiter b) um Ferritring geschlungene Koaxialleitung*

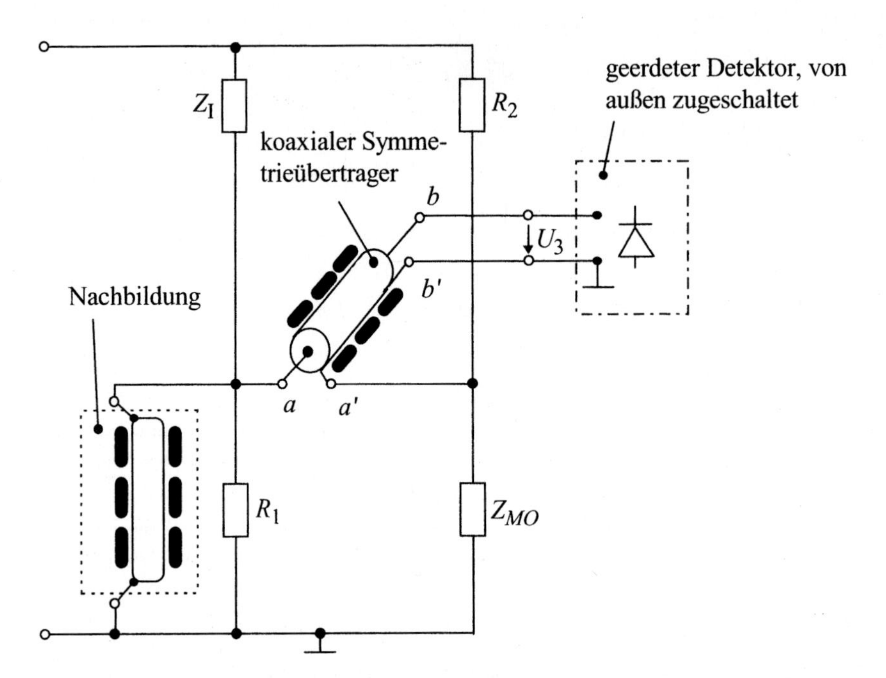


*Bild 2.16: Brückenschaltung mit koaxialem Symmetrierübertrager und Nachbildung*

Wie in der Übungsaufgabe 2.5 gezeigt werden soll, ist die Reflektometer-Ausgangsspannung $U_3$ in Bild 2.14 in Abhängigkeit von der Speisespannung $E$ und dem Reflexionsfaktor $\Gamma$ des Messobjektes durch einen Ausdruck mit drei Systemparametern $C_1$, $C_2$ und $C_3$ gegeben.

$$U_3 = \frac{C_1 + C_2 \Gamma}{1 + C_3 \Gamma} E . \tag{2.9}$$

Ein solcher Ausdruck gilt für beliebige Reflektometer.

Bei konstantem $E$ ist $U_3$ dem Reflexionsfaktor $\Gamma$ dann direkt proportional, wenn erstens die Direktivität perfekt ist, also $C_1 = 0$ ist und wenn zweitens $C_3 = 0$ ist. Wie ebenfalls in der Übungsaufgabe gezeigt werden soll, ist $C_3$ gleich dem Eingangsreflexionsfaktor vom Messobjekt in das Reflektometer hinein. Für Anpassung vom Messobjekt in das Reflektometer ist daher $C_3 = 0$ und $U_3$ proportional zu $\Gamma$.

In Kap. 4 wird gezeigt, dass auch bei einer weniger perfekten Schaltung, bei welcher die Systemparameter $C_1$ und $C_3$ ungleich Null sind, dank einer Systemfehlerkorrektur der Reflexionsfaktor $\Gamma$ exakt bestimmt werden kann.

Ein Nachteil der Brückenschaltung mit Signalteiler ist die verhältnismäßig hohe Einfügungsdämpfung, wie in der Übungsaufgabe 2.4 gezeigt werden soll.

**Übungsaufgabe 2.4**

Wie groß ist der Empfindlichkeitsverlust durch die resistive Brückenschaltung bei der Reflexionsmessung im Vergleich zur verfügbaren Leistung, wenn in Bild 2.13

1. $R_1 = R_2 = Z_0$ und
2. $R_1 = Z_0\sqrt{2}\,, \quad R_2 = Z_0/\sqrt{2}$

gilt? Wie groß ist die Durchgangsdämpfung der Brücke? Das Messobjekt soll Totalreflexion aufweisen, also $|\Gamma| = 1$ sein.

**Übungsaufgabe 2.5**

Berechnen Sie analytisch die Ausgangsspannung $U_3$ der im Bild 2.14 dargestellten Messschaltung in Abhängigkeit von der Speisespannung $E$. Weisen Sie die Gültigkeit von Gl. (2.9) anhand dieser Schaltung nach und bestimmen Sie die Systemparameter $C_1$, $C_2$ und $C_3$. Welcher physikalischen Größe entspricht $C_3$? Welche Bedingungen müssen $C_1$, $C_2$ und $C_3$ erfüllen, damit $U_3$ proportional zu $\Gamma$ wird?

### 2.1.2 Fehler bei Transmissionsmessungen

Zu den aufgeführten Messschaltungen kann man Fehlerbetrachtungen anstellen. Ein besonders wichtiger Messfehler ergibt sich aus der Tatsache, dass das Messobjekt im Allgemeinen nicht exakt angepasst eingebettet ist. Die Fehlanpassungen vor und hinter dem Messobjekt werden durch die Reflexionsfaktoren $\Gamma_g$ bzw. $\Gamma_l$ gekennzeichnet (Bild 2.17). Sie sollen durch verlustlose Vierpole mit den Streumatrizen $[R]$ und $[T]$ beschrieben werden. Eventuelle zusätzliche Schaltungsverluste können durch allseits angepasste Dämpfungsglieder gekennzeichnet

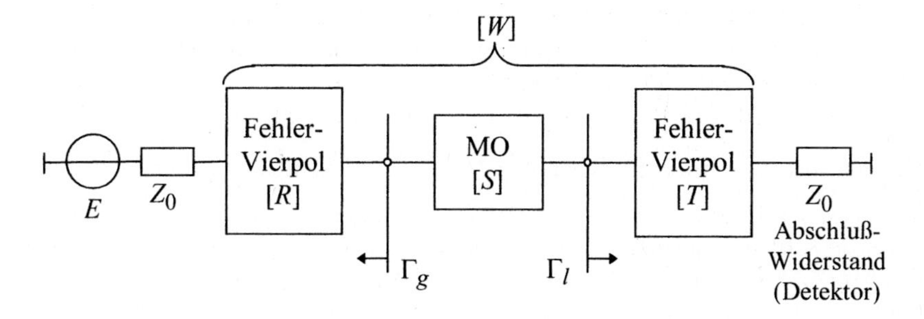


*Bild 2.17: Beschreibung der Systemfehler durch Fehlervierpole*

werden, die jedoch mit einkalibriert werden können und deshalb bei der Fehlerbetrachtung unberücksichtigt bleiben.

Wie in Bild 2.17 gezeigt, wird davon ausgegangen, dass der Generatorinnenwiderstand und der Abschlusswiderstand exakt gleich dem Bezugswiderstand $Z_0$ sind. Alle Abweichungen von diesem idealen Verhalten werden auf der Generatorseite durch den Fehlervierpol [$R$] und auf der Detektorseite durch den Fehlervierpol [$T$] beschrieben. Dieses Modell trifft z. B. auf Transmissionsmessungen wie in 2.1.1 unter a) zu. Es ist definitionsgemäß:

$$R_{22} = \Gamma_g ; \qquad T_{11} = \Gamma_l . \tag{2.10}$$

Das Messobjekt wird durch die Streumatrix [$S$] charakterisiert. Die Hintereinanderschaltung von [$R$] und [$T$] entspreche dem Gesamtfehlervierpol mit der Streumatrix [$V$], die zweckmäßig nach der Methode aus Abschnitt 1.1.2 berechnet wird. Wird das Messobjekt hinzugefügt, dann sei die Hintereinanderschaltung von [$R$], [$S$] und [$T$] durch den Gesamtvierpol [$W$] beschrieben. Wir wollen zunächst den Fall betrachten, dass das Messobjekt überbrückt ist, dass also gilt:

$$[S] = \begin{bmatrix} 0 & 1 \\ 1 & 0 \end{bmatrix} . \tag{2.11}$$

Für ideale Anpassungsverhältnisse gilt ebenfalls für die Fehlervierpole

$$[R] = [T] = \begin{bmatrix} 0 & 1 \\ 1 & 0 \end{bmatrix} .$$

Damit misst man am Abschlusswiderstand die verfügbare Leistung $P_{av}$

$$P_{av} = \frac{|E|^2}{4\,Z_0} , \tag{2.12}$$

wobei $E$ die Generatorleerlaufspannung ist. Sind die Fehlervierpole jedoch nicht perfekt, dann misst man am Abschlusswiderstand eine im Allgemeinen kleinere Leistung $P_1$.

In Anlehnung an die Vereinbarungen in Bild 2.1 wird der Leistungsmessung ohne Messobjekt der Index 1 verliehen, mit Messobjekt der Index 2. Es gilt:

$$P_1 = |V_{21}|^2 \, P_{av} = \left| \frac{R_{21}\, T_{21}}{1 - T_{11}\, R_{22}} \right|^2 P_{av} . \tag{2.13}$$

Nutzen wir aus, dass die Fehlervierpole [$R$] und [$T$] verlustlos sind, dann gilt mit Gl. (2.10)

$$|R_{22}|^2 = |\Gamma_g|^2 = 1 - |R_{21}|^2$$

und mit

$$|T_{11}|^2 = |\Gamma_l|^2 = 1 - |T_{21}|^2 \tag{2.14}$$

und wir können anstelle der Gl. (2.13) auch schreiben

$$P_1 = \frac{(1-|\Gamma_g|^2)(1-|\Gamma_l|^2)}{|1-\Gamma_g\,\Gamma_l|^2}\,P_{av}\,. \tag{2.15}$$

Bei Leistungsmessköpfen, z. B. denen mit Thermoelementen, wird häufig der Faktor $1-|\Gamma_l|^2$ als Funktion der Frequenz angegeben. Außerdem wird zumeist ein Wirkungsgrad $\eta_{th}$ definiert, welcher die dielektrischen Stromwärme- und sonstigen Verluste im Thermoelement beschreibt. Das Produkt $\eta_{th}\cdot(1-|\Gamma_l|^2)$ wird als Kalibrierungsfaktor bezeichnet und ist oft auf dem Thermoelementkopf als Funktion der Frequenz eingraviert. Außerdem kann man bei modernen Geräten den Kalibrierungsfaktor auch als Korrektur in der Anzeige direkt berücksichtigen. Jedoch ist bei der Anwendung dieses Kalibrierungsfaktors Vorsicht geboten. Die verminderte Leistung $P_{av}\,(1-|\Gamma_l|^2)$ wird nur dann in dieser Form vom Leistungsmesskopf aufgenommen, wenn der speisende Generator exakt angepasst ist, also $\Gamma_g = 0$. Ist auch der Generatorinnenwiderstand fehlangepasst, also $\Gamma_g \neq 0$, dann ist die genauere Beziehung gemäß Gl. (2.16) heranzuziehen, in der $P_1'$ die tatsächlich gemessene Leistung ist und $\eta_{th}$ als weiterer Faktor berücksichtigt wird

$$P_{av} = \frac{1}{\eta_{th}}\cdot\frac{|1-\Gamma_g\,\Gamma_l|^2}{(1-|\Gamma_g|^2)(1-|\Gamma_l|^2)}\,P_1'\,. \tag{2.16}$$

Im Allgemeinen hängt $P_1$ auch von der Phase von $\Gamma_g$ und $\Gamma_l$ ab, daher sind einfache Aussagen nicht möglich. Allerdings ist die Beziehung Gl. (2.15) für eine Abschätzung der maximalen Fehler geeignet.

Für $\Gamma_l = \Gamma_g^*$ erhält man konjugiert komplexe Anpassung und es wird $P_1 = P_{av}$.

In Abschnitt 2.1.1 a) wurde beschrieben, wie man das Streumatrixelement $|S_{21}|$ bzw. $|S_{12}|$ aus Transmissionsmessungen mit und ohne Messobjekt bestimmen kann. Dabei werden Systemfehler vernachlässigt. Werden jedoch Systemfehler in Form von Fehlervierpolen gemäß Bild 2.17 berücksichtigt, dann erhält man anstelle von $|S_{21}|$ bzw. $|S_{12}|$ ein komplizierteres Ergebnis, nämlich $|\hat{S}_{21}|$ bzw. $|\hat{S}_{12}|$,

$$\begin{aligned} |\hat{S}_{21}|^2 &= \frac{P_2}{P_1} = \frac{|W_{21}|^2\,P_{av}}{|V_{21}|^2\,P_{av}} \\ &= \frac{|1-\Gamma_g\,\Gamma_l|^2\,|S_{21}|^2}{|(1-\Gamma_g\,S_{11})(1-\Gamma_l\,S_{22})-\Gamma_g\,\Gamma_l\,S_{21}\,S_{12}|^2}\,, \end{aligned} \tag{2.17}$$

in dem wiederum auch die Phasen der verschiedenen Parameter bekannt sein müssen, wenn man eine quantitative Auswertung und nicht nur eine Fehlerabschätzung vornehmen will.

**Übungsaufgabe 2.6**

Es sei $|\Gamma_g| = |\Gamma_l| = 0{,}1$. Wie viel kann die tatsächlich gemessene Leistung $P_1$ von der verfügbaren Leistung $P_{av}$, die man messen möchte, abweichen?

**Übungsaufgabe 2.7**

Leiten Sie die Beziehung 2.17 ab. Wie groß sind die maximal möglichen Messfehler bei der Bestimmung der Einfügungsdämpfung eines reziproken Vierpols mit ungefähr 10 dB Dämpfung und mit $|\Gamma_g| = |\Gamma_l| = |S_{11}| = |S_{22}| \approx 0{,}1$?

Alternativ soll ein anderer Weg zur Berechnung von Gl. (2.17) vorgestellt werden. Zu diesem Zweck gehen wir nicht von den Fehlervierpolen aus, sondern in Anlehnung an die allgemein übliche Berechnung von Netzwerken mit Hilfe von idealen Strom- bzw. Spannungsquellen und einem Innenwiderstand führen wir eine ideale Urwelle $b_0$ mit der Impedanz $Z_g$ ein, welche die Eigenschaft hat, dass sie konstant und invariant gegenüber jeglicher Laständerung ist. Wir betrachten dazu Bild 2.18.

Die Streumatrix $S$ repräsentiere wieder das Messobjekt, mit $a$ sollen die zum Zweitor hinführenden und mit $b$ die vom Zweitor wegführenden Wellen bezeichnet sein. Der Reflexionsfaktor $\Gamma_{MO}$ repräsentiere den Reflexionsfaktor bei eingebautem Messobjekt.

Ziel ist es, wieder das Streumatrixelement $|S_{21}|$ bzw. $|S_{12}|$ aus Transmissionsmessungen mit und ohne Messobjekt zu berechnen. Die folgenden zwei Gleichungen ergeben sich aus der Verknüpfung der Urwelle mit $a_1$ und $b_1$ und bei der Vereinbarung über die Reflexionsfaktoren $\Gamma_g$ und $\Gamma_l$:

$$a_1 = b_0 + \Gamma_g \cdot b_1 \quad \text{(Definition)} \qquad \text{und} \tag{2.18}$$

$$a_2 = \Gamma_l \cdot b_2 \, . \tag{2.19}$$

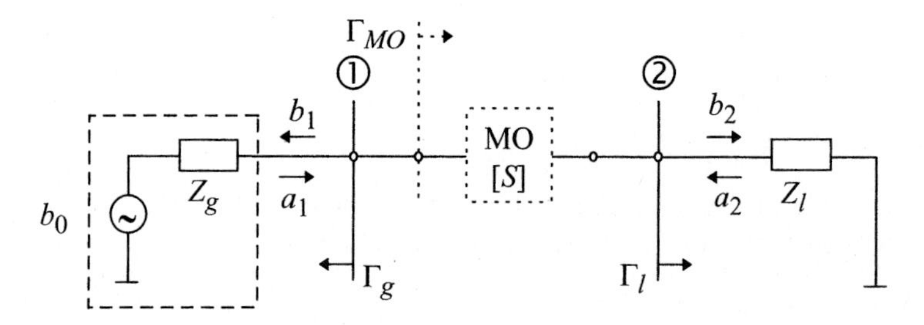


*Bild 2.18: Berücksichtigung der Systemfehler mittels der Berechnungsalgorithmen über eine Urwelle*

Ist das Messobjekt zunächst überbrückt, gilt $b_1 = a_2$ und $a_1 = b_2$. Damit berechnet sich die Leistung, die über der Impedanz $Z_l$ umgesetzt wird, nach kurzer Überlegung zu

$$P_1 = |b_2|^2 - |a_2|^2 = |a_1|^2 \cdot \left(1 - |\Gamma_l|^2\right). \tag{2.20}$$

Für $\Gamma_l = \Gamma_g^*$ herrscht Anpassung. Es soll die verfügbare Leistung ohne Messobjekt $P_{av}$ berechnet werden. Zur Kennzeichnung dieses Spezialfalles der Anpassung verwenden wir bei den Wellenbezeichnungen gestrichene Größen. Aus Gl. (2.18) ergibt sich:

$$\begin{aligned} b_0 &= a_1' - \Gamma_g \cdot b_1' \\ &= a_1' \cdot \left(1 - \Gamma_g \Gamma_l\right) \\ &= a_1' \cdot \left(1 - |\Gamma_g|^2\right). \end{aligned} \tag{2.21}$$

Für die Berechnung der Leistung werden die Betragsquadrate der Wellengrößen benötigt:

$$|b_0|^2 = |a_1'|^2 \cdot \left(1 - |\Gamma_g|^2\right)^2 \tag{2.22}$$

und es wird nach $a_1'$ aufgelöst

$$|a_1'|^2 = \frac{|b_0|^2}{\left(1 - |\Gamma_g|^2\right)^2}. \tag{2.23}$$

Durch Einsetzen in Gl. (2.20) berechnet sich die verfügbare Leistung (bei überbrücktem Messobjekt) zu

$$P_{av} = |a_1'|^2 \cdot \left(1 - |\Gamma_g|^2\right); \tag{2.24}$$

$$P_{av} = \frac{|b_0|^2}{1 - |\Gamma_g|^2}. \tag{2.25}$$

Für die Berechnung der Ausgangsleistung ohne Anpassung ergibt sich durch Einsetzen von Gl. (2.18) in Gl. (2.20) mit $b_2 = a_1$ und $b_1 = \Gamma_l \cdot a_1$

$$P_1 = \frac{|b_0|^2}{|1 - \Gamma_g \Gamma_l|^2} \cdot \left(1 - |\Gamma_l|^2\right). \tag{2.26}$$

Das Verhältnis der Ausgangsleistung zur verfügbaren Leistung berechnet sich daher aus den Gln. (2.25) und (2.26) zu

$$\frac{P_1}{P_{av}} = \frac{\left(1-|\Gamma_l|^2\right)\cdot\left(1-|\Gamma_g|^2\right)}{|1-\Gamma_g\,\Gamma_l|^2}\,. \tag{2.27}$$

Entsprechend berechnen sich die Leistungen, wenn das Messobjekt eingefügt ist, ausgehend von den Definitionsgleichungen für die Streumatrix in Gl. (1.1). Nach $b_2$ umgestellt und das Betragsquadrat gebildet, ergibt sich

$$|b_2|^2 = \frac{|S_{21}|^2\cdot|a_1|^2}{|1-S_{22}\cdot\Gamma_l|^2}\,, \tag{2.28}$$

wobei $a_2$ durch $\Gamma_l \cdot b_2$ ersetzt wurde. Für die Schaltung mit Messobjekt ist $\Gamma_{MO}$ der Reflexionsfaktor, wie in Bild 2.18 bezeichnet. Aus dieser Vereinbarung resultiert nach kurzer Rechnung

$$|a_1|^2 = \frac{|b_0|^2}{|1-\Gamma_g\,\Gamma_{MO}|^2}\,. \tag{2.29}$$

Setzen wir Gl. (2.28) in Gl. (2.20) ein, erhalten wir die Ausgangsleistung bei eingebautem Messobjekt mit den zu berücksichtigen Fehlanpassungen:

$$\begin{aligned} P_2 &= |b_2|^2\cdot\left(1-|\Gamma_l|^2\right) \\ &= \frac{|S_{21}|^2\cdot|b_0|^2\cdot\left(1-|\Gamma_l|^2\right)}{|1-S_{22}\,\Gamma_l|^2\cdot|1-\Gamma_g\,\Gamma_{MO}|^2}\,. \end{aligned} \tag{2.30}$$

Damit kann aus den Gln. (2.25) und (2.30) das Leistungsverhältnis bei Fehlanpassung bestimmt werden

$$\frac{P_2}{P_1} = \frac{|S_{21}|^2\cdot|1-\Gamma_g\,\Gamma_l|^2}{|1-S_{22}\,\Gamma_l|^2\cdot|1-\Gamma_g\,\Gamma_{MO}|^2}\,. \tag{2.31}$$

Mit Hilfe einer Nebenrechnung lässt sich $\Gamma_{MO}$ ausdrücken. Ausgehend von der Definition des Reflexionsfaktors und bei Verwendung der Definitionsgleichungen für die Streuparameter gemäß Gl. (1.1) ergibt sich

$$\Gamma_{MO} = \frac{b_1}{a_1} = S_{11} + S_{12}\cdot\frac{a_2}{a_1}\,, \tag{2.32}$$

und weiterhin

$$b_2 = \frac{a_2}{\Gamma_l} = S_{21} \cdot a_1 + S_{22} \cdot a_2 \; . \tag{2.33}$$

Gl. (2.33) nach $a_2$ aufgelöst und in Gl. (2.32) eingesetzt liefert einen Ausdruck für $\Gamma_{MO}$

$$\Gamma_{MO} = S_{11} + S_{12} \cdot \frac{S_{21} \cdot \Gamma_l}{1 - S_{22} \cdot \Gamma_l} \; . \tag{2.34}$$

Diese Gleichung in Gl. (2.31) eingesetzt liefert nach einigen Umformungen

$$\frac{P_2}{P_1} = \frac{\left|1 - \Gamma_g \, \Gamma_l\right|^2 \cdot \left|S_{21}\right|^2}{\left|\left(1 - \Gamma_g \, S_{11}\right) \cdot \left(1 - \Gamma_l \, S_{22}\right) - \Gamma_g \, \Gamma_l \, S_{21} \, S_{12}\right|^2} \; . \tag{2.35}$$

Wie man sieht, stimmt dieses Ergebnis mit Gl. (2.17) überein.

In Kap. 4 werden wir ein Verfahren kennen lernen, wie man die Elemente der Fehlervierpole komplex bestimmen kann, um dann die Streumatrixelemente des Messobjektes bereinigt von Systemfehlern zu bestimmen. Solange nur skalare Messungen durchgeführt werden, ist eine Fehlerkorrektur nicht möglich, allenfalls eine Abschätzung der Fehler.

Auch bei den Transmissionsmessungen wie in 2.1.1 b) und c) können Systemfehlerbetrachtungen durchgeführt werden. Darauf wird jedoch erst im Kap. 4 eingegangen werden. Eine ähnliche Darstellung wie im Bild 2.17 ist jedoch möglich.

### 2.1.3 Fehler bei Reflexionsmessungen

Es soll zur Vereinfachung der Diskussion angenommen werden, dass die hinlaufende Welle exakt gemessen wird. Das ist eine brauchbare Annahme bei der Messung kleiner Reflexionsfaktoren, wo ohnehin die größten relativen Fehler auftreten. Mit der getroffenen Vereinfachung ist die betrachtete Reflektometerschaltung ein beschalteter Sechspol, für den zunächst eine allgemeine Streumatrix $[K]$ angenommen wird. Praktisch können wir uns unter $[K]$ einen unvollkommenen Koppler vorstellen (Bild 2.19). Es wird ohne Verlust an Allgemeingültigkeit angenommen, dass $b_1$ und $a_2$ Null sind. Eventuelle Reflexionen am Generator bzw. am Detektor sind in den Sechspol eingearbeitet, was immer möglich ist. Dann gelten die Gleichungen:

$$\begin{aligned} a_3 &= \Gamma \, b_3 \, , \\ b_2 &= K_{21} \, a_1 + K_{23} \, a_3 \, , \\ b_3 &= K_{31} \, a_1 + K_{33} \, a_3 \, . \end{aligned} \tag{2.36}$$

Die obigen Gleichungen lösen wir nach $b_2$ als Funktion von $a_1$ auf

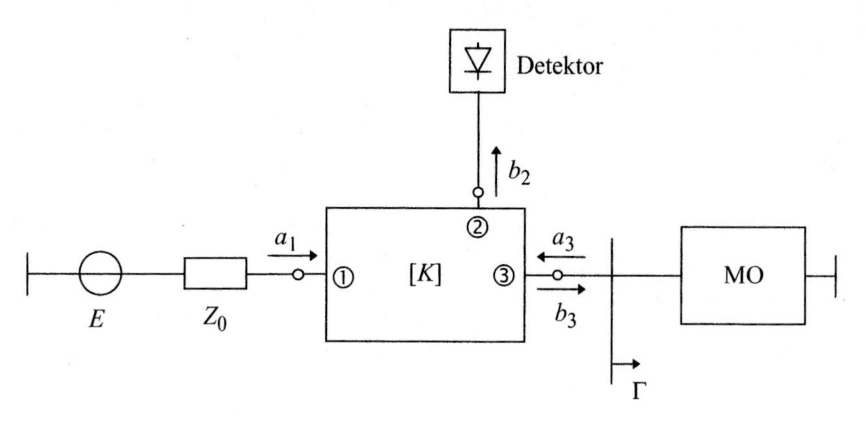


*Bild 2.19: Sechspol-Ersatzschaltung zur Fehlerbetrachtung bei Reflexionsmessungen*

$$b_2 = \left[K_{21} + \frac{K_{23}\,K_{31}\,\Gamma}{1 - K_{33}\,\Gamma}\right] a_1\,. \tag{2.37}$$

Wir können davon ausgehen, dass $K_{33}$ in einem praktischen System klein ist. Deshalb können wir eine Reihenentwicklung des Nenners durchführen, die wir nach dem ersten Glied abbrechen wollen.

$$b_2 \approx K_{23}\,K_{31}\,\Gamma \underbrace{\left[1 + \frac{K_{21}}{K_{23}K_{31}}\frac{1}{\Gamma} + K_{33}\Gamma\right]}_{\text{Fehlerterme}} a_1\,. \tag{2.38}$$

Für kleine Γ ist der erste Fehlerterm in Gl. (2.38) bedeutsam. Der Betrag der schattiert dargestellten Größe, $K_{21}\,/\,(K_{23}\;K_{31})$ in Gl. (2.38), wird auch Direktivität D des Kopplers genannt. Die Direktivität D muss so klein wie möglich sein, d. h. die Entkopplung der Tore ① und ② muss möglichst hoch sein, um den Messfehler bei kleinem Γ klein zu halten.

---

**Übungsaufgabe 2.8**

Es soll ein Reflexionsfaktor |Γ| von etwa -40 dB ausgemessen werden, die Direktivität |D| des Reflektometers beträgt ebenfalls -40 dB. Welche relativen Fehler können bei der Reflexionsfaktormessung auftreten?

---

Eichlinien kann man sich bei einer Reflexionsfaktormessung verschaffen, indem man $\Gamma = \pm 1$ wählt, also eine Leerlauf- und Kurzschlussmessung durchführt. Die Welligkeiten dieser beiden Eichlinien über der Frequenz liegen etwa 180° „außer Phase“ (Bild 2.20).

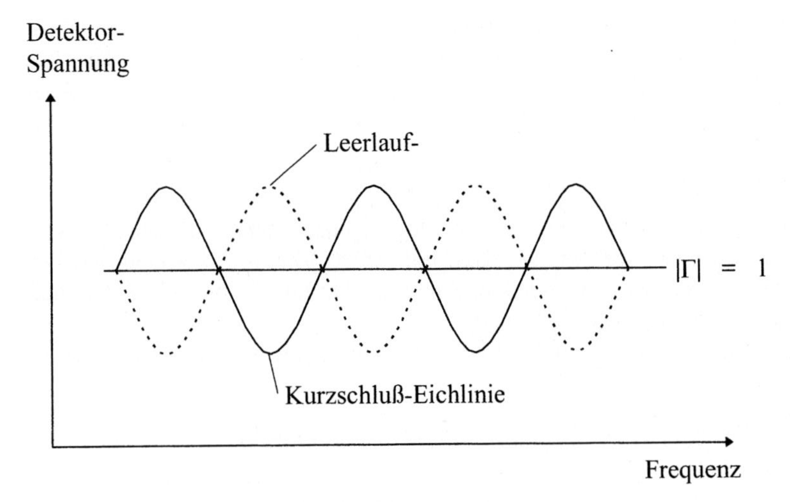


*Bild 2.20: Erzeugung von Eichlinien bei der Reflexionsmessung*

Die „wahre" Referenzlinie liegt ungefähr zwischen der Leerlauf- und der Kurzschluss-Eichlinie. Die Messfehler, die bei der Reflexionsmessung durch die endliche Direktivität des Kopplers oder der Brücke hervorgerufen werden, können bei einem skalaren Messverfahren nicht oder nicht einfach eliminiert werden. In Kap. 4 werden wir besprechen, wie bei komplexen S-Parameter-Messungen Systemfehler beseitigt werden können.

### 2.1.4 Skalare Messungen mit Modulation

Eine Reihe von skalaren Messsystemen arbeitet mit einer Rechteck- bzw. Ein-Aus-Modulation des Speisegenerators. Für die Generatormodulation verwendet man oft einen PIN-Modulator, wie er in Bild 2.20 skizziert ist.

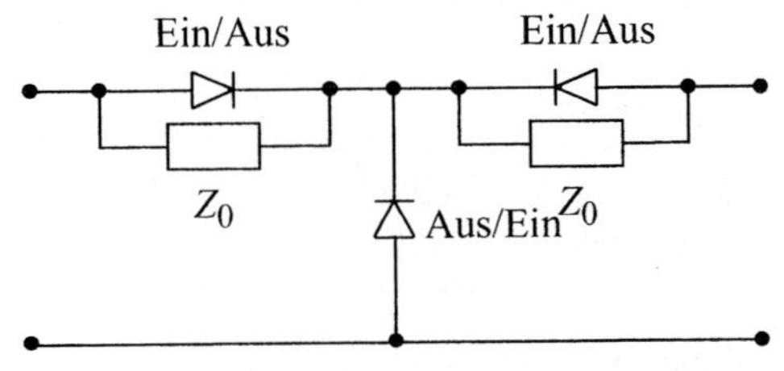


*Bild 2.21: Angepasster Ein-Aus-Modulator mit PIN-Dioden im Längs- und Querzweig*

Die PIN-Dioden werden abwechselnd ein- und ausgeschaltet, z. B. mit einer Frequenz von 30 kHz. Am Ausgang der Detektordioden erhält man dann ein 30 kHz-Wechselsignal, das gefiltert, verstärkt und phasenempfindlich gleichgerichtet wird. Ein solcher PIN-Modulator hat z. B. eine Bandbreite von 20 MHz bis 20 GHz.
Die Vorteile der Modulation sind:

- Es können Schottky-Dioden mit großem Kontaktpotential („high barrier"-Dioden) verwendet werden, die dann mit einem Vorstrom betrieben werden können. Dadurch wird die Detektor-Diode niederohmiger und die Zwangsanpassungsverluste werden vermindert.
- Die Rauscheigenschaften sind bei 30 kHz besser. Insgesamt wird die Dynamik verbessert.

Die Nachteile sind:

- Das Messsystem ist komplexer.
- Es besteht die Gefahr eines direkten Übersprechers des 30 kHz-Signals.
- Es können an steilen Filterflanken Messfehler auftreten.

## 2.2 Messungen mit der Messleitung

Die Messleitung war lange Zeit das wichtigste Messinstrument für die Bestimmung von Streumatrixelementen. Heutzutage hat sie in der Messtechnik keine Bedeutung mehr. Eine Messleitung enthält eine Sonde, die sich entlang einer Leitung verschieben lässt (Bild 2.22).

Das Messobjekt befindet sich an einem Ende der Messleitung, am anderen Ende wird eingespeist. Wenn das Messobjekt nicht genau angepasst ist, dann wird man auf der Messleitung stehende Wellen vorfinden.

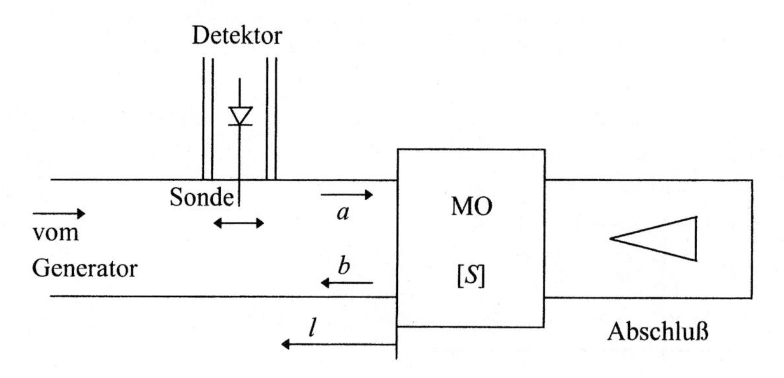


*Bild 2.22: Prinzipbild einer beschalteten Messleitung*

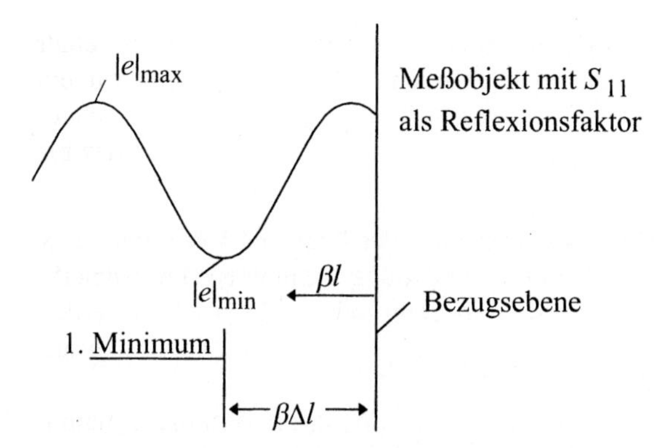


*Bild 2.23: Verlauf der Spannungsverteilung entlang der Messleitung*

Die Sonde zusammen mit einem Detektor liefert ein Signal, das ein Maß für den Betrag der örtlichen normierten Spannung bzw. Feldstärke $e$ ist. Die Größe $e$ ergibt sich aus der Überlagerung der hin- und rücklaufenden Wellen $a$ und $b$.

$$e = a + b\,. \tag{2.39}$$

Wir definieren die Phase der hinlaufenden Welle $a$ zu Null in der Bezugsebene $l = 0$ (Bild 2.23).

Damit ist

$$\begin{aligned} a &= |a|\,e^{j\beta l}\,, \\ b &= S_{11}\,|a|\,e^{-j\beta l} \quad \text{mit} \quad S_{11} = |S_{11}|\,e^{j\Phi_{11}} \end{aligned} \tag{2.40}$$

Für den Betrag von $e$, also der Überlagerung der hin- und rücklaufenden Welle erhält man dann:

$$\begin{aligned} |e| &= |a + b| = |a|\left|e^{j\beta l} + S_{11}\,e^{-j\beta l}\right| \\ &= |a|\sqrt{1 + |S_{11}|^2 + 2|S_{11}|\cos(\phi_{11} - 2\beta l)}\,. \end{aligned} \tag{2.41}$$

Aus der Gl. (2.41) kann man den maximalen Wert, $|e|_{max}$ und minimalen Wert, $|e|_{min}$, von $|e|$ ablesen. Die maximalen bzw. minimalen Werte ergeben sich, wenn der Kosinus in Gl. (2.41) +1 bzw. -1 wird.

$$\begin{aligned} |e|_{max} &= |a|(1 + |S_{11}|)\,, \\ |e|_{min} &= |a|(1 - |S_{11}|)\,. \end{aligned} \tag{2.42}$$

Man definiert ein sog. Stehwellenverhältnis *swr* (engl.: standing wave ratio) als Quotient von $e_{max}$ und $e_{min}$

$$swr = \frac{e_{max}}{e_{min}} = \frac{1 + |S_{11}|}{1 - |S_{11}|}\,. \tag{2.43}$$

Das Stehwellenverhältnis *swr* misst man durch Verschieben der Detektorsonde entlang der Leitung und man kann dann $|S_{11}|$ berechnen:

$$|S_{11}| = \frac{swr - 1}{swr + 1} \; . \tag{2.44}$$

Die Phase $\phi_{11}$ des Reflexionsfaktors kann man aus der Lage des 1. Minimums (s. Bild 2.22) beim Spannungsverlauf auf der Messleitung bestimmen. Der Abstand des 1. Minimums von der Bezugsebene sei $\beta \Delta l$. Dann gilt:

$$\phi_{11} - 2\beta\Delta l = \pi \qquad \text{bzw.} \qquad \phi_{11} = \pi + 2\beta\Delta l \; . \tag{2.45}$$

Die Phasenbestimmung wird um so ungenauer, je kleiner das Stehwellenverhältnis ist. Für ein annähernd angepasstes Messobjekt ist eine Phasenmessung auf diese Weise nicht möglich. Mitunter möchte man sehr große Stehwellenverhältnisse ausmessen, also näherungsweise verlustlose Abschlüsse. Dann ist es zweckmäßiger, die sog. Knotenbreite auszumessen, also den Spannungsverlauf entlang der Messleitung in der Umgebung entlang eines Minimums. Die Knotenbreite ist als derjenige elektrische Abstand vom Minimum definiert, für den der Pegel um 3 dB ansteigt (Bild 2.24).

Man erhält näherungsweise:

$$|S_{11}| \cong 1 - 2\beta\Delta x \; . \tag{2.46}$$

Die Näherung gilt um so besser, je näher $|S_{11}|$ bei 1 liegt.

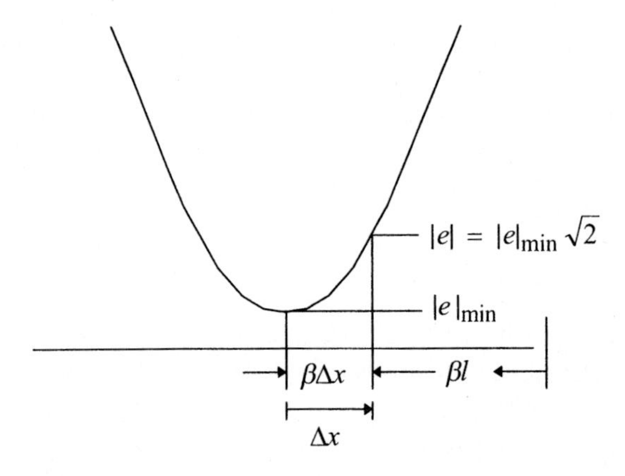


*Bild 2.24: Spannungsverlauf entlang der Messleitung in der Umgebung eines Minimums, Definition der Knotenbreite $\Delta x$ über einen 3-dB-Anstieg*

**Übungsaufgabe 2.9**

Leiten Sie die Beziehung Gl. (2.46) ab.

**Übungsaufgabe 2.10**

Für den Spezialfall eines reziproken Vierpols soll $S_{21} = S_{12}$ eines Vierpols aus Reflexionsmessungen bestimmt werden.

Die Streumatrixelemente $S_{11}$ und $S_{22}$ eines Vierpols lassen sich einigermaßen direkt mit der Messleitung ausmessen. Die Streuparameter $S_{21}$ und $S_{12}$ lassen sich demgegenüber zumeist nur indirekt bestimmen.

Der größte Nachteil der Messleitung ist darin zu sehen, dass sich Messungen jeweils nur für eine Frequenz durchführen lassen. Für den Fall, dass $|S_{11}|$ klein ist, also das Stehwellenverhältnis nahe bei 1 liegt, lassen sich auch Wobbelmessungen durchführen. Dazu stellt man die Detektorspannung als Funktion der Frequenz auf einem Speicheroszillographen dar. Anschließend bewegt man die Detektorsonde über den Bereich der Messleitung. Das Ergebnis auf dem Bildschirm ist, wie in Bild 2.24 skizziert, ein vollgeschriebenes Band, dessen Grenzen $e_{max}$ und $e_{min}$ sind. Daraus lässt sich $|S_{22}|$ als Funktion der Frequenz bestimmen.

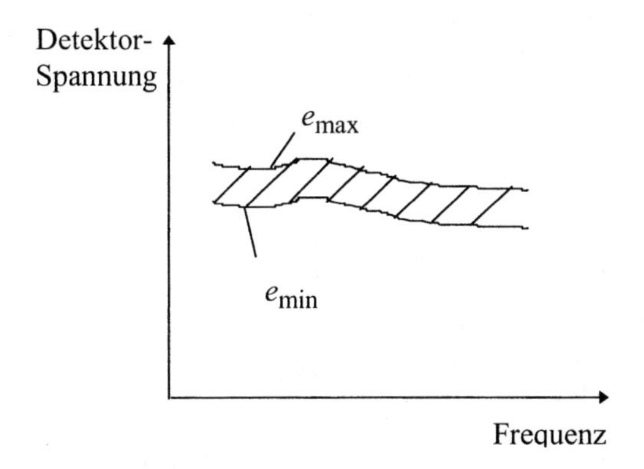


*Bild 2.25: Messung kleiner Reflexionsfaktoren im Wobbelbetrieb mit der Messleitung*

## 2.3 Sechstormessungen

Sechstormessungen werden seit Mitte der 70er Jahre diskutiert. Die Grundidee ist, durch Verwendung mehrerer Detektoren bzw. Leistungsmesser sowohl eine Amplituden- als auch eine Phaseninformation über Vierpolparameter zu gewinnen. Dazu betrachten wir zunächst ein allgemeines lineares passives Sechstor mit 4 Leistungsmessern an den Toren ① bis ④ (Bild 2.26). An diesen Toren werden die Leistungen $P_1$ bis $P_4$ gemessen.

Am Tor ⑥ wird eingespeist, am Tor ⑤ befindet sich ein Messobjekt, dessen komplexer Reflexionsfaktor $\Gamma$ gemessen werden soll. Das Sechstor wird durch seine Streumatrix $[K]$ beschrieben. Die 4 Leistungsmesser sind nicht notwendigerweise exakt angepasst. Ihre Fehlanpassung wird durch die Eingangsreflexionsfaktoren $\Gamma_i$, $i = 1, 2, 3, 4$ beschrieben, welche die einfallenden Wellen $a_i$ und die ausfallenden Wellen $b_i$, $i = 1, 2, 3, 4$ verknüpfen.

$$a_i = \Gamma_i \, b_i \quad , \quad i = 1, 2, 3, 4 \,. \tag{2.47}$$

Weiterhin lassen sich die $a_i$ und $b_i$, $i = 1, 2, 3, 4, 5, 6$, über die Streumatrix $[K]$ verknüpfen.

$$[b] = [K]\,[a] \,. \tag{2.48}$$

Die Gl. (2.47) und (2.48) stellen zusammen 10 lineare Gleichungen für 12 Variablen $a_1$ bis $a_6$ und $b_1$ bis $b_6$ dar. Aus diesem Gleichungssystem sollen die Variablen $a_1$, $a_2$, $a_3$, $a_4$ und $a_6$, $b_6$ eliminiert werden. Dadurch wird das Gleichungssystem auf ein neues lineares System mit 4 Gleichungen und den 6 Variablen $b_1$, $b_2$, $b_3$, $b_4$, $a_5$ und $b_5$ reduziert. Die vier Größen $b_1$, $b_2$, $b_3$, $b_4$ sollen als abhängige Variablen aufgefasst werden, die Größen $a_5 \equiv a$ und $b_5 \equiv b$ als unabhängige Variablen.

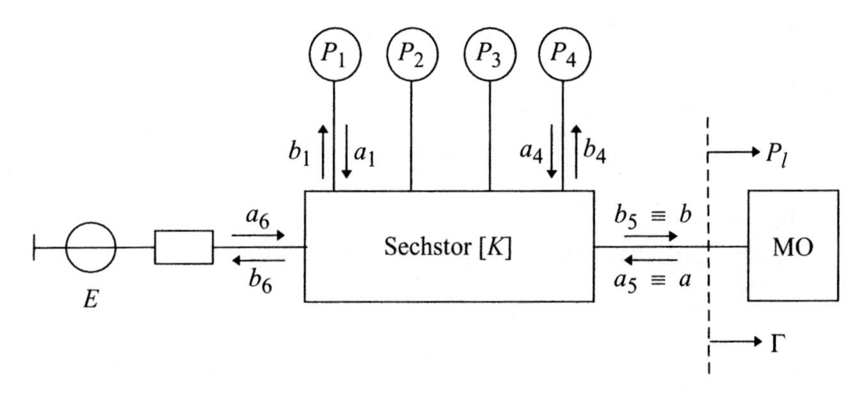


*Bild 2.26: Prinzipschaltbild zum Sechstorverfahren*

Wie man auch dem Bild 2.26 entnehmen kann, sind $a$ und $b$ die auf das Messobjekt zu- und rücklaufenden Wellen, die mit dem Reflexionsfaktor $\Gamma$ des Messobjektes verknüpft sind.

$$a = \Gamma\, b\,. \tag{2.49}$$

Mit Hilfe einer neuerlichen linearen Umformung, die immer möglich ist, lassen sich die vier abhängigen Variablen $b_1$, $b_2$, $b_3$, $b_4$ als Funktion der unabhängigen Variablen $a$ und $b$ schreiben.

$$b_i = Q_i\, a + R_i\, b \quad , \qquad i = 1, 2, 3, 4\,. \tag{2.50}$$

Wir interessieren uns im Folgenden für die Leistungen $P_1$ bis $P_4$. Es gilt für die Leistungen an den vier Leistungsmessern:

$$P_i = |b_i|^2 - |a_i|^2 = (1 - |\Gamma_i|^2)\, |b_i|^2\,, \qquad i = 1, 2, 3, 4\,. \tag{2.51}$$

Die Größe $|b_i|^2$ lässt sich aus Gl. (2.50) berechnen. Es gilt:

$$\begin{aligned} P_i &= |b_i|^2\,(1 - |\Gamma_i|^2) \\ &= (1 - |\Gamma_i|^2)\, \{|R_i|^2\, |b|^2 + 2\,\mathrm{Re}(Q_i^*\, R_i)\, \mathrm{Re}(ab^*) + \\ &\qquad + 2\,\mathrm{Im}(Q_i^*\, R_i)\, \mathrm{Im}(ab^*) + |Q_i|^2\, |a|^2\}, \qquad i = 1, 2, 3, 4\,. \end{aligned} \tag{2.52}$$

wie man durch Nachrechnen zeigen kann.

Die Gl. (2.52) bedeutet, dass man die Leistungen $P_i$ als lineare Funktion der Variablen $|b|^2$, $\mathrm{Re}(ab^*)$, $\mathrm{Im}(ab^*)$ und $|a|^2$ ausdrücken kann. Die Koeffizienten dieses Systems wollen wir mit $[D]$ abkürzen. Dann können wir schreiben:

$$\begin{bmatrix} P_1 \\ P_2 \\ P_3 \\ P_4 \end{bmatrix} = [D] \begin{bmatrix} |b|^2 \\ \mathrm{Re}(ab^*) \\ \mathrm{Im}(ab^*) \\ |a|^2 \end{bmatrix}. \tag{2.53}$$

Die Gl. (2.53) lässt sich invertieren, sofern $\det[D]$ ungleich Null ist.

$$\begin{bmatrix} |b|^2 \\ \mathrm{Re}(ab^*) \\ \mathrm{Im}(ab^*) \\ |a|^2 \end{bmatrix} = [C] \begin{bmatrix} P_1 \\ P_2 \\ P_3 \\ P_4 \end{bmatrix}. \tag{2.54}$$

Dabei ist die Matrix $[C]$ die zu $[D]$ inverse Matrix

$$[C] = [D]^{-1}\,. \tag{2.55}$$

Die $C$- bzw. $D$-Matrizen enthalten $4 \cdot 4 = 16$ reelle Elemente. Die $C_{ij}$ bzw. $D_{ij}$ sind im Allgemeinen frequenzabhängig und müssen für eine bestimmte Schaltung durch Kalibrierverfahren bestimmt werden. Auf mögliche Kalibrierverfahren wird später noch eingegangen werden. Die Gl. (2.54) stellt den wesentlichen theoretischen Inhalt der Sechstormethode dar. Die Koeffizienten sind nicht alle unabhängig voneinander. Es gilt z. B. für die Koeffizienten der $D$-Matrix

$$4\,D_{i1}\,D_{i4} = D_{i2}^{\;2} + D_{i3}^{\;2} \quad , \quad i = 1, 2, 3, 4\,, \tag{2.56}$$

wie man der Gl. (2.52) entnehmen kann.

Das Gleichungssystem Gl. (2.53) bzw. (2.54) darf nicht linear abhängig sein, es dürfen also det[$D$] bzw. det[$C$] nicht Null sein.

### 2.3.1 Leistungsmessungen mit der Sechstormethode

Sind die Elemente der $C$-Matrix ($D$-Matrix) bekannt und sind die Leistungen $P_1$ bis $P_4$ gemessen worden, dann kann z. B. die Nettoleistung $P_L$ , die das Tor ⑤ bzw. das Messobjekt erreicht (Bild 2.26), bestimmt werden. Das Messobjekt muss nicht notwendigerweise angepasst sein.

Es gilt:

$$\begin{aligned} P_L &= |b|^2 - |a|^2 = \sum_{j=1}^{4} C_{1j}\,P_j - \sum_{j=1}^{4} C_{4j}\,P_j \\ &= \sum_{j=1}^{4} (C_{1j} - C_{4j})\,P_j = \sum_{j=1}^{4} q_j\,P_j\,. \end{aligned} \tag{2.57}$$

In der Gl. (2.57) ist $(C_{1j} - C_{4j})$ mit $q_j$ abgekürzt worden. Die $q_j$ müssen durch eine Kalibrierung bestimmt werden. Dazu kann zunächst das Tor ⑤ mit einem Präzisionsleistungsmesser abgeschlossen werden (Leistungsanzeige $P_L^{(1)}$), der aber nicht gut angepasst sein muss und dessen Eingangsreflexionsfaktor man auch nicht kennen muss. Die zugehörigen vier Leistungen des Sechstores $P_1^{(1)}$ bis $P_4^{(1)}$ werden gemessen und ihre Werte werden abgespeichert. Der hochgestellte Index (1) steht für die 1. Kalibriermessung. Anschließend werden noch drei weitere Kalibriermessungen durchgeführt. Dabei werden an Stelle des Messobjektes an Tor ⑤ drei verschiedene Kurzschlüsse angebracht, deren elektrische Längen zwar alle verschieden aber nicht bekannt sein müssen. Die Kurzschlüsse bewirken, dass die am Tor ⑤ abgegebene Wirkleistung Null wird. Die vier verschiedenen Kalibriermessungen (1) bis (4) ergeben vier lineare Gleichungen, aus denen sich $q_1$ bis $q_4$ bestimmen lassen:

$$P_L{}^{(1)} = \sum_{j=1}^{4} P_j{}^{(1)} q_j\,, \quad 0 = \sum_{j=1}^{4} P_j{}^{(2)} q_j\,,$$
$$0 = \sum_{j=1}^{4} P_j{}^{(3)} q_j\,, \quad 0 = \sum_{j=1}^{4} P_j{}^{(4)} q_j\,. \tag{2.58}$$

Insgesamt werden also $4 \cdot 4 = 16$ Leistungen gemessen sowie die Leistung $P_L{}^{(1)}$, welche mit dem Präzisionsleistungsmesser an Tor ⑤ bei der 1. Kalibriermessung gewonnen wurde. Sind die $q_j$ für eine feste Frequenz bekannt, dann lässt sich über eine neuerliche Bestimmung der vier Sechstorleistungen $P_1$ bis $P_4$ für ein beliebiges Messobjekt die aufgenommene Wirkleistung mit Hilfe der Beziehung Gl. (2.57) bestimmen.

Das beschriebene Verfahren erlaubt eine genaue Wirkleistungsmessung auch dann, wenn sowohl das Messobjekt als auch der Generator fehlangepasst sind. Die vier Leistungsmesser des Sechstors müssen linear und reproduzierbar sein, aber nicht notwendigerweise absolut kalibriert. Die für eine gegebene Schaltung und Frequenz bestimmten $q_j$ sind unabhängig von der Generatorleistung. Diese darf von einer Kalibriermessung zu einer nächsten schwanken.

### 2.3.2 Reflexionsmessungen mit der Sechstormethode

Für den Reflexionsfaktor $\Gamma$ gilt gemäß Gl. (2.49)

$$\Gamma = \frac{a}{b} = \frac{ab^*}{bb^*} = \frac{\mathrm{Re}(ab^*) + j\,\mathrm{Im}(ab^*)}{|b|^2}\,, \tag{2.59}$$

oder

$$\Gamma = \frac{\sum_{\nu=1}^{4} C_{2\nu}\, P_\nu + j \sum_{\nu=1}^{4} C_{3\nu}\, P_\nu}{\sum_{\nu=1}^{4} C_{1\nu}\, P_\nu}\,. \tag{2.60}$$

Man muss also 12 Elemente der $C$-Matrix kennen und 4 Leistungen messen, um den komplexen Reflexionsfaktor $\Gamma$ bestimmen zu können. Man kann ohne Verlust an Allgemeingültigkeit eines von den 12 Elementen im Wert festlegen. Verwendet man z. B. 6 bzw. 5½ verschiedene bekannte Reflexionsabschlüsse, dann lassen sich mit Hilfe der komplexen Gl. (2.60) 11 lineare reelle Gleichungen für die 11 unbekannten Elemente der $C$-Matrix aufstellen. Man kann dazu ein Element der $C$-Matrix willkürlich festlegen und eine der 12 Gleichungen unberücksichtigt lassen, um ein inhomogenes Gleichungssystem zu erhalten. Tatsächlich reichen jedoch schon weniger als 6 bekannte Reflexionsabschlüsse aus, um alle Elemente der $C$-Matrix zu bestimmen, wie im Kap. 5 gezeigt wird. In diesem Kapitel wird das Sechstorverfahren unter einem anderen Gesichtspunkt noch einmal aufgegriffen.

Im Folgenden soll eine mögliche Sechstorschaltung, die von ENGEN angegeben worden ist, ausführlich besprochen werden. Wie in Bild 2.27 gezeichnet, sollen die elektrischen Längen von der Referenzebene des Messobjektes zu den 4 Leistungsmessern möglichst gut gleich sein.

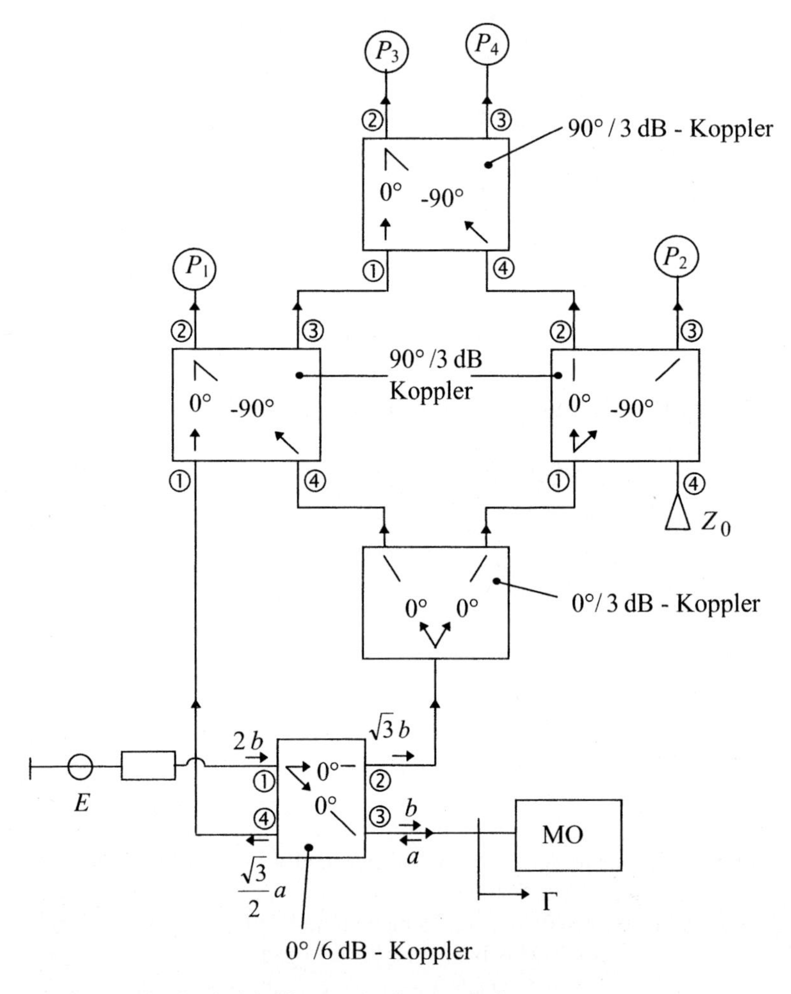


*Bild 2.27: Blockschaltbild einer Sechstorschaltung*

Die drei -90°-3-dB-Koppler sind folgendermaßen zu verstehen: von ① nach ② bzw. von ④ nach ③ beträgt die Phasendrehung 0° und von ① nach ③ bzw. von ④ nach ② beträgt sie -90°. Für die angegebene Schaltung kann man die $D$- bzw. $C$-Matrix angeben. Es gilt:

$$\begin{bmatrix} P_1 \\ P_2 \\ P_3 \\ P_4 \end{bmatrix} = \begin{bmatrix} \frac{3}{4} & 0 & -\frac{3\sqrt{2}}{4} & \frac{3}{8} \\ \frac{3}{4} & 0 & 0 & 0 \\ \frac{3}{4} & \frac{3\sqrt{2}}{8} & \frac{3\sqrt{2}}{8} & \frac{3}{16} \\ \frac{3}{4} & -\frac{3\sqrt{2}}{8} & \frac{3\sqrt{2}}{8} & \frac{3}{16} \end{bmatrix} \begin{bmatrix} |b|^2 \\ \mathrm{Re}(ab^*) \\ \mathrm{Im}(ab^*) \\ |a|^2 \end{bmatrix} . \tag{2.61}$$

$$\begin{bmatrix} |b|^2 \\ \mathrm{Re}(ab^*) \\ \mathrm{Im}(ab^*) \\ |a|^2 \end{bmatrix} = \begin{bmatrix} 0 & \frac{4}{3} & 0 & 0 \\ 0 & 0 & 2\frac{\sqrt{2}}{3} & -2\frac{\sqrt{2}}{3} \\ -\frac{\sqrt{2}}{3} & -\frac{\sqrt{2}}{3} & \frac{\sqrt{2}}{3} & \frac{\sqrt{2}}{3} \\ \frac{4}{3} & -4 & \frac{4}{3} & \frac{4}{3} \end{bmatrix} \begin{bmatrix} P_1 \\ P_2 \\ P_3 \\ P_4 \end{bmatrix} . \tag{2.62}$$

Die $C$- und $D$-Matrizen enthalten eine Reihe von Nullen, weil es sich um eine idealisierte Schaltung handelt. Bei einer praktischen Schaltung werden im allgemeinen keine Nullen auftreten und außerdem werden die Elemente der Matrix frequenzabhängig werden.

Aus der Gl. (2.62) lassen sich der Real- und Imaginärteil von $\Gamma$ angeben. Es gilt:

$$\mathrm{Re}(\Gamma) = \frac{\mathrm{Re}(ab^*)}{|b|^2} = \frac{\sqrt{2}}{2}\,\frac{P_3 - P_4}{P_2}$$

und (2.63)

$$\mathrm{Im}(\Gamma) = \frac{\mathrm{Im}(ab^*)}{|b|^2} = \frac{\sqrt{2}}{4}\,\frac{P_3 + P_4 - (P_1 + P_2)}{P_2} .$$

---

**Übungsaufgabe 2.11**

Bestimmen Sie die Elemente der $C$- und $D$-Matrix für die Schaltung nach Bild 2.27.

---

Mit Hilfe der Gl. (2.63) kann man eine vereinfachte Fehlerbetrachtung für die Sechstormethode anstellen. Dazu stellen wir, wie in Bild 2.28, $\Gamma$ in der komplexen Ebene dar.

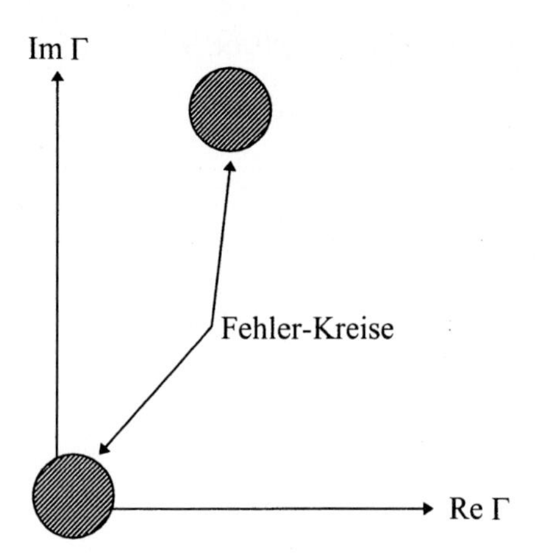


*Bild 2.28: Der Reflexionsfaktor Γ, dargestellt in der komplexen Ebene*

Wir nehmen zur Vereinfachung der Diskussion an, dass $P_2$ im Nenner von Gl. (2.63) exakt gemessen wird. Außerdem sollen $P_1$ bis $P_4$ im Zähler von Gl. (2.63) jeweils unabhängig voneinander mit dem gleichen Fehler $\pm\Delta P$ behaftet sein. Dann weist sowohl der Realteil als auch der Imaginärteil einen Fehler von $\pm\sqrt{2}\,\Delta P/P_2$ auf. Es soll für ein Beispiel $\pm\sqrt{2}\,\Delta P/P_2 = 0{,}01$ sein. In der komplexen Γ-Ebene erhält man näherungsweise Fehlerkreise (Bild 2.28), deren Durchmesser weitgehend unabhängig von dem Betrag von Γ sind. Sobald der Fehlerkreis den Koordinatenursprung umfasst, wird die Phasenangabe von Γ beliebig ungenau. Dies gilt für unser Beispiel, wenn $|\Gamma| \leq 0{,}01$ ist. Doch bereits für $|\Gamma| = 0{,}1$ beträgt der Phasenfehler etwa 6°. Ersichtlich ist das Sechstorverfahren bezüglich Phasenmessungen ungünstig bei kleinen Signalpegeln.

Zwischen den Leistungen $P_1$, $P_3$ und $P_4$ und dem Reflexionsfaktor Γ lässt sich auch der folgende Zusammenhang angeben (s. auch Übungsaufgabe 2.11):

$$\begin{aligned} P_1 &= |K_1|^2\,|b|^2\,|\Gamma - X_1|^2\,, \\ P_3 &= |K_3|^2\,|b|^2\,|\Gamma - X_3|^2\,, \\ P_4 &= |K_4|^2\,|b|^2\,|\Gamma - X_4|^2\,. \end{aligned} \tag{2.64}$$

$|K_1|$, $|K_3|$, $|K_4|$ sind Maßstabsfaktoren, $X_1$, $X_3$ und $X_4$ komplexe Konstanten. Diese haben für die Schaltung gemäß Bild 2.27 die Werte

$$X_1 = j\sqrt{2}\,; \quad X_3 = -\sqrt{2} - j\sqrt{2}\,; \quad X_4 = \sqrt{2} - j\sqrt{2}\,. \tag{2.65}$$

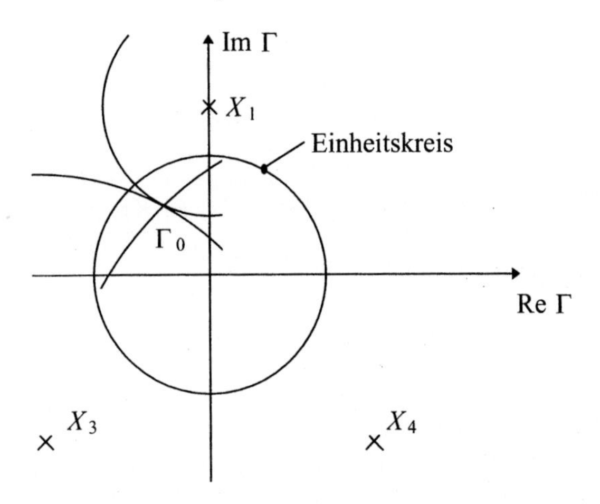


*Bild 2.29: Festlegung von Γ als Schnittpunkt von drei Kreisbögen*

Bei passiven Schaltungen ist $|\Gamma| \leq 1$. Daher liegt Γ innerhalb des Einheitskreises. Der Schnittpunkt von drei Kreisbögen um $X_1$, $X_3$ und $X_4$ (Bild 2.29) mit den Radien $|X_1 - \Gamma_0|$, $|X_3 - \Gamma_0|$ und $|X_4 - \Gamma_0|$ legt die Lage von $\Gamma_0$ fest.

–Daher ist es zweckmäßig, die drei Ortspunkte $X_1$, $X_3$ und $X_4$ in etwa gleichmäßig auf dem Umfang und etwas außerhalb des Einheitskreises anzuordnen. Diese Annahme legt im Wesentlichen die Schaltung nach Bild 2.27 fest. Eine weitere Annahme ist, dass $P_2$ der verfügbaren Generatorleistung proportional ist. Bemerkenswert an der Schaltung nach Bild 2.26 ist weiterhin noch, dass der Dynamikbereich für die Leistungen $P_1$ bis $P_4$ auch dann eingeschränkt bleibt, wenn $|\Gamma|$ zwischen 0 und 1 variiert wird.

Es bleibt abzuwarten, inwieweit die Sechstor-Messmethode dauerhaft Eingang in die Praxis finden wird. Sicherlich fördert die Sechstormethode das Verständnis von Vierpolmessungen.

Ordnet man einen unbekannten Vierpol zwischen zwei Sechstoren an, dann lassen sich alle Vierpolparameter bestimmen. Darauf soll ebenfalls im Kap. 5 näher eingegangen werden.

## 2.4 Brückenmessungen

Für feste Frequenzen lassen sich Vierpolparameter nach Betrag und Phase auch mit Hilfe von Brückenschaltungen bestimmen. Dazu benötigt man präzise einstellbare Dämpfungsglieder, präzise einstellbare Phasenschieber und gut angepasste Richtkoppler. Es gibt eine große Anzahl von möglichen Schaltungen. Eine mögliche Anordnung, um die Transmission eines unbekannten Vierpols nach Betrag und Phase zu bestimmen, ist in Bild 2.30 gezeigt.

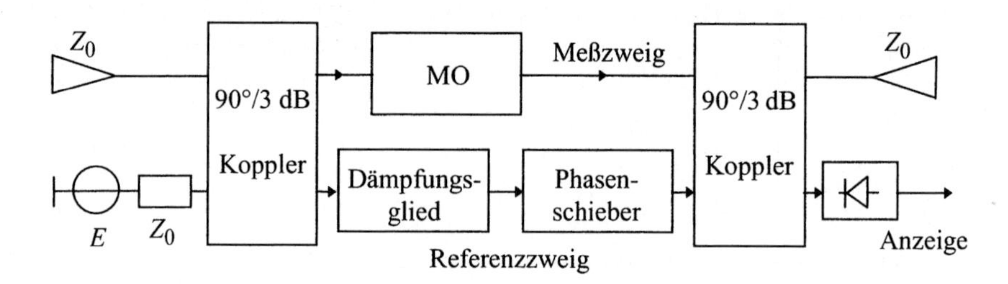


*Bild 2.30: Brückenschaltung zur Transmissionsmessung*

Brückenabgleich bedeutet, dass die Anzeige am Detektor zu Null wird. Dazu müssen bei der Schaltung nach Bild 2.30 Dämpfung und Phase im Referenzzweig den gleichen Wert wie im Messzweig aufweisen. Statt 90°-Koppler kann man auch 0°- oder 180°-Koppler oder Kombinationen davon verwenden.

Auch komplexe Reflexionsfaktoren lassen sich mit Brückenschaltungen bestimmen. Eine mögliche Schaltung zeigt Bild 2.31.

Bei 180°-Kopplern wird die Welle im Allgemeinen nur zwischen zwei diagonalen Toren um 180° gedreht. Die Phasendrehungen zwischen allen anderen Toren betragen 0°.

Wenn die Detektorspannung Null ist, dann ist die Brücke abgeglichen. Die Bedingung dafür ist, dass die Reflexionsfaktoren des Referenzzweiges und des Messzweiges gleich sind. Statt des 180°-Kopplers kann man auch einen 90°-Koppler verwenden. Dies soll in der Übungsaufgabe 2.12 gezeigt werden.

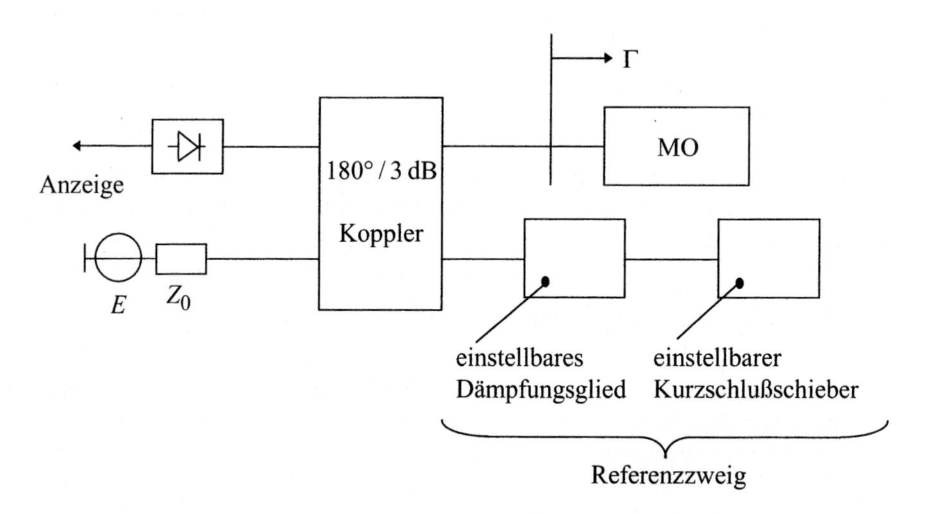


*Bild 2.31: Brückenschaltung zur komplexen Reflexionsmessung*

Brückenschaltungen werden oft auch dann eingesetzt, wenn man nur skalare Messungen durchführen will. Obwohl Brückenschaltungen einfach aufzubauen sind, ist ihr großer Nachteil, dass sie sich nicht für automatische Messungen im Wobbelbetrieb eignen.

**Übungsaufgabe 2.12**

Wie muss man für eine Brücke einen 3 dB-90°-Koppler beschalten, den man für eine Reflexionsmessung heranzieht? Wie muss man das Ergebnis interpretieren?

## Studienziele

Nach dem Durcharbeiten dieses Kapitels sollten Sie

- die wichtigsten skalaren Messverfahren zur Bestimmung der Streuparameter von Vierpolen kennen;
- verstanden haben, warum man mit reinen Betragsmessungen keine Systemfehlerkorrekturen vornehmen kann, sondern nur eine Fehlerabschätzung;
- den Vorteil von Wobbelmessungen gegenüber Festfrequenzmessungen einsehen;
- verstanden haben, dass die Sechstormethode zwar prinzipiell elegant, aber auch recht aufwändig ist.

# 3 Mischer, Phasenregelkreise und Schrittgeneratoren

## Vorbemerkungen

In diesem Kapitel werden zwei wichtige Schaltungstypen besprochen - Mischer und Phasenregelkreise. Phasenregelkreise werden vor allem benötigt, um den in Netzwerkanalysatoren erforderlichen Gleichlauf zwischen dem Messoszillator und dem Mischoszillator und um die Reproduzierbarkeit gewählter Frequenzen zu erzielen. Der Abstand zwischen diesen beiden Oszillatoren muss auch im Wobbelbetrieb gleich einer festen Zwischenfrequenz sein. Auf diese Zwischenfrequenz wird die hochfrequente Phasen- und Amplitudeninformation transformiert. Dies geschieht nach dem sog. Überlagerungs- oder Heterodynprinzip, welches besagt, dass bei einer linearen Frequenzumsetzung die Phase und die Amplitude getreu in einen anderen Frequenzbereich, in diesem Fall in die sehr viel niedrigere Zwischenfrequenz, übertragen werden können.

Die Frequenzumsetzung erfolgt mit Mischern, welche in diesem Kapitel behandelt werden. Messsysteme, die nach dem Überlagerungsprinzip arbeiten, weisen eine größere Empfindlichkeit und Dynamik auf als die skalaren Messsysteme, die mit direkter Detektion und deren quadratischer Charakteristik bei niedrigen Leistungen arbeiten. Während bei der direkten Detektion z. B. 10 dB Abschwächung im Hochfrequenzbereich bereits 20 dB Abschwächung der gleichgerichteten Leistung bedingt, besteht bei den nach dem Überlagerungsprinzip arbeitenden Messsystemen ein proportionaler Zusammenhang, also 10 dB Abschwächung im Hochfrequenzbereich bedingt 10 dB Abschwächung im Zwischenfrequenzbereich.

Um die erforderlichen Wobbelsignale zu generieren, bedient man sich der Schrittgeneratoren, die ebenfalls in diesem Kapitel besprochen werden.

Im Kapitel 4 werden heterodyne Netzwerkanalysatoren eingehend behandelt.

## 3.1 Das Überlagerungs- oder Heterodynprinzip

Messgeräte, welche die Vierpolparameter nach Betrag und Phase auch im Wobbelbetrieb zu messen gestatten, werden als Netzwerkanalysatoren, Vektormesser oder ähnlich bezeichnet. Diese Geräte arbeiten nach dem sog. Überlagerungs- oder Heterodynprinzip. Bei der Erläuterung dieses Messprinzips kann man bei den skalaren Messverfahren anknüpfen (Abschn. 2.1). Anstelle der Breitbanddetektoren werden möglichst gut angepasste Mischer verwendet, die in den Bildern mit dem Symbol ⊗ gekennzeichnet sind. Die Mischer werden von zwei Signalen mit verschiedenen Frequenzen angesteuert und zwar mit der Signalfrequenz $f_s$ und der Lokaloszillator (Mischoszillator) -Frequenz $f_{LO}$ beziehungsweise Pumpfrequenz $f_p \mathrel{\hat{=}} f_{LO}$. Die Differenz dieser beiden Frequenzen soll gleich einer festen Zwischenfrequenz (ZF) $f_i$ sein. Dabei steht der Index $i$ für „intermediate frequency". Es gilt

$$\left| f_s - f_p \right| = f_i = \frac{\omega_i}{2\pi} \tag{3.1}$$

Eines der beiden am Mischer anliegenden Signale sollte groß genug sein, um die nichtlinearen Elemente in den Mischern auszusteuern. Im Allgemeinen wird der Mischoszillator (LO) das Großsignal $u_p(t)$ liefern, denn durch das Messobjekt kann das Messsignal stark abgeschwächt werden. Das Messsignal mit der Amplitude $\hat{U}_s$ ist daher das Kleinsignal am Mischer, der Mischoszillator (LO) mit der Amplitude $\hat{U}_p$ das Großsignal. Es soll gezeigt werden, dass unter der Bedingung

$$\hat{U}_s << \hat{U}_p \tag{3.2}$$

die Amplitude und Phase des Messsignals getreu in den Zwischenfrequenzbereich übertragen werden. Als elektronische Komponenten in den Mischern eignen sich eine Reihe von nichtlinearen Bauelementen.

Bei einer in der Hochfrequenztechnik sehr wichtigen Klasse von nichtlinearen Schaltungen erfolgt die Aussteuerung des nichtlinearen Bauelementes (oder mehrerer nichtlinearer Bauelemente) durch ein zeitperiodisches Pumpsignal $u_p(t)$ der Grundfrequenz $f_p$ mit großer Steueramplitude. Außerdem können an dem nichtlinearen Bauelement eine Reihe von Signalen mit bedeutend kleinerer Amplitude $\Delta u(t)$ anliegen, welche im Allgemeinen von $f_p$ verschiedene Frequenzen aufweisen. Bei dem sog. parametrischen Ansatz geht man davon aus, dass der momentane Arbeitspunkt auf der Kennlinie des nichtlinearen Bauelementes, der zeitperiodisch verändert wird, ausschließlich durch das große Pumpsignal festgelegt wird. Von den Kleinsignalen nimmt man an, dass sie den momentanen Arbeitspunkt vorfinden, wie er durch das Pumpsignal bestimmt wird und diesen nicht verändern. Als Beispiel soll im Folgenden zunächst die nichtlineare eindeutige Strom-Spannungs-Kennlinie einer Schottky-Diode behandelt werden, allerdings können die Überlegungen ebenso gut auf andere nichtlineare Bauelemente übertragen werden. Als weiteres Beispiel sollen Feldeffekttransistoren betrachtet werden.

## 3.2 Parametrische Rechnung

Am nichtlinearen Bauelement mögen der Strom $I$ und die Spannnung $U$ durch die eindeutige Strom-Spannungs-Kennlinie $I = I(U)$ verknüpft sein. Die Kennlinie wird durch ein periodisches Signal mit großer Amplitude $u_p(t)$ ausgesteuert. Dem großen Signal ist ein kleines Signal $\Delta u(t)$ zusätzlich überlagert. Wenn die Amplitude von $\Delta u(t)$ sehr klein gegenüber der Amplitude von $u_p(t)$ ist, dann gilt in guter Näherung der sog. parametrische Ansatz, der auch als abgebrochene Taylor-Reihe angesehen werden kann:

$$\begin{aligned} I\left(u_p(t) + \Delta u(t)\right) &= I\left(u_p(t)\right) + \left.\frac{dI}{dU}\right|_{u_p(t)} \cdot \Delta u(t) \\ &= I\left(u_p(t)\right) + \Delta i(t)\,. \end{aligned} \tag{3.3}$$

Die Kleinsignalspannung $\Delta u(t)$ verursacht einen Kleinsignalstrom $\Delta i(t)$ und beide sind über den zeitabhängigen Leitwert $g\,(u_p(t))$ miteinander verknüpft:

$$\begin{aligned} \Delta i(t) &= g(u_p(t)) \cdot \Delta u(t)\,, \\ g(t) &= \left.\frac{dI}{dU}\right|_{u_p(t)}. \end{aligned} \tag{3.4}$$

Der Momentanleitwert $g\,(u_p(t))$ hängt nur von dem Großsignal $u_p(t)$ ab und ist der Parameter, der durch das Großsignal verändert wird. Von Bedeutung ist die Tatsache, dass die Kleinsignalströme und -spannungen $\Delta i$ und $\Delta u$ linear miteinander verknüpft sind, weil sie den Verlauf von $g\,(t)$ selbst nicht beeinflussen. Es gilt daher für die Kleinsignalgrößen das Superpositionsprinzip. Weil der differenzielle Leitwert $g\,(t)$ jedoch zeitabhängig ist, treten neue Frequenzkomponenten auf. Den Zusammenhang zwischen den einzelnen Frequenzkomponenten erkennt man besser, wenn man zu einer Zeigerdarstellung übergeht. Nimmt man außerdem an, dass das Pumpsignal periodisch mit der Kreisfrequenz $\omega_p = 2\,\pi f_p$ ist, dann ist auch der zeitabhängige differenzielle Leitwert $g\,(t)$ mit $\omega_p$ periodisch und lässt sich daher als Fourierreihe ausdrücken:

$$\begin{aligned} g\left(u_p(t)\right) &= \sum_{n=-\infty}^{+\infty} G_n \cdot e^{j\,n\,\omega_p\,t}\,, \\ G_n &= \frac{1}{2\,\pi} \int_{-\pi}^{+\pi} g\left(u_p(t)\right) \cdot e^{-j\,n\,\omega_p\,t}\; d\left(\omega_p\,t\right). \end{aligned} \tag{3.5}$$

Weil $g\,(t)$ eine reelle Funktion ist, gilt

$$G_{-n} = G_n^{\,*} \tag{3.6}$$

und $G_0$ ist reell. Das Symbol $^*$ bezeichnet die konjugiert komplexe Größe.

Nehmen wir $\Delta u(t)$ monofrequent mit der Kreisfreqenz $\omega_s = 2\,\pi f_s$ an, dann erkennen wir aus Gl. (3.4), dass $\Delta i(t)$ bei allen Kombinationsfrequenzen $|f_s \pm n \cdot f_p|$, $n = 0, 1, 2, 3$ usw. vorkommt. Die Kleinsignalnäherung hat zur Folge, dass Oberschwingungen von $f_s$ nicht auftreten können. Die Ströme bei den verschiedenen

Frequenzen bewirken aufgrund der äußeren Beschaltung, dass auch Spannungen bei weiteren Kombinationsfrequenzen auftreten.

Wir wollen vereinfachend annehmen, dass neben dem Strom bei der Signalfrequenz $f_s$ nur noch ein Strom bei der Zwischenfrequenz $f_i = f_s - f_p$ durch das nichtlineare Bauelement fließt. Bei allen anderen Kombinationsfrequenzen soll die äußere Beschaltung eine so große Impedanz aufweisen, dass ein Stromfluss praktisch verhindert wird. In Zeigerschreibweise mit den komplexen Zeigern $I_s$ und $I_i$ setzen wir daher für den Kleinsignalstrom an:

$$\Delta i(t) = \frac{1}{2}\left\{ I_s\, e^{j\,\omega_s\, t} + I_s^*\, e^{-j\,\omega_s\, t} + I_i\, e^{j\,\omega_i\, t} + I_i^*\, e^{-j\,\omega_i\, t} \right\}. \tag{3.7}$$

Nur Spannungszeiger bei $f_s$ und $f_i$ verursachen mit den zugehörigen Stromzeigern Wirkleistung am nichtlinearen Element. Daher setzen wir auch für $\Delta u(t)$ nur Komponenten für $f_s$ und $f_i$ an.

$$\Delta u(t) = \frac{1}{2}\left\{ U_s\, e^{j\,\omega_s\, t} + U_s^*\, e^{-j\,\omega_s\, t} + U_i\, e^{j\,\omega_i\, t} + U_i^*\, e^{-j\,\omega_i\, t} \right\}. \tag{3.8}$$

Setzt man die Gln. (3.5), (3.7) und (3.8) in die Gl. (3.4) ein und notiert nach Frequenzkomponenten, dann erhält man die folgenden beiden Gleichungen, welche in Matrixform lauten:

$$\begin{bmatrix} I_s \\ I_i \end{bmatrix} = \begin{bmatrix} G_0 & G_1 \\ G_1^* & G_0 \end{bmatrix} \cdot \begin{bmatrix} U_s \\ U_i \end{bmatrix} = [G] \cdot \begin{bmatrix} U_s \\ U_i \end{bmatrix}, \quad \text{für } f_s > f_p . \tag{3.9}$$

Wir sehen, dass wie bei einem linearen Zweitor die im Allgemeinen komplexen Strom- und Spannungszeiger linear über eine Leitwertmatrix miteinander verknüpft sind. Im Unterschied zu zeitinvarianten linearen Zweitoren gehören aber die Zeiger mit verschiedenen Indizes *s* und *i* auch zu verschiedenen Frequenzen $f_s$ und $f_i$. Beachtet man dies, so kann man den Mischer wie ein lineares Zweitor behandeln.

Die Amplitude der Pumpschwingung tritt nicht explizit in Erscheinung. Sie bestimmt jedoch die Größe der Matrixelemente $G_n$.

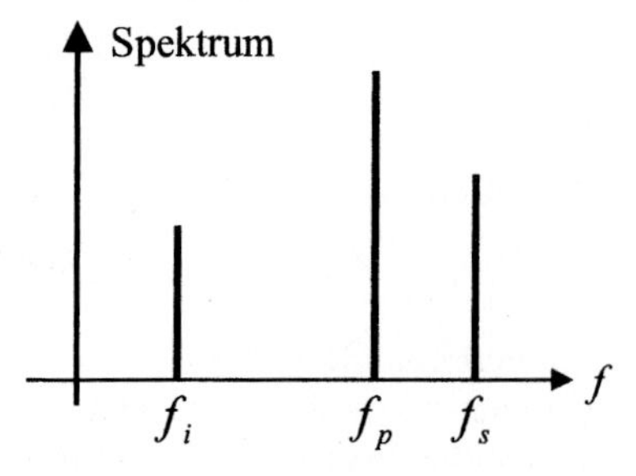


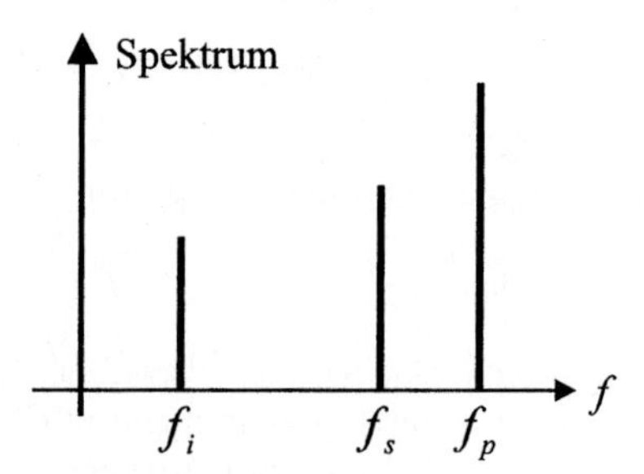

*Bild 3.1: a) Gleichlageumsetzung* *b) Kehrlageumsetzung*

Anders als bei der bisher diskutierten Gleichlageumsetzung (Bild 3.1a) gilt bei der Kehrlageumsetzung: $f_i = f_p - f_s$ (Bild 3.1b). Im Fall der Kehrlageumsetzung erhält man als Matrixbeziehung für die Strom- und Spannungszeiger:

$$\begin{bmatrix} I_s \\ I_i^* \end{bmatrix} = \begin{bmatrix} G_0 & G_1 \\ G_1^* & G_0 \end{bmatrix} \cdot \begin{bmatrix} U_s \\ U_i^* \end{bmatrix} = [G] \cdot \begin{bmatrix} U_s \\ U_i^* \end{bmatrix}, \quad \text{für } f_s < f_p. \tag{3.10}$$

Wenn die Großsignalzeitfunktion $u_p(t)$ bei geeigneter Wahl des Zeitnullpunktes eine gerade Funktion um $t = 0$ ist, was z. B. für eine Cosinusfunktion erfüllt ist, dann sind die Fourierkoeffizienten $G_n$ in Gl. (3.5) reell. In diesem Fall ist die Leitwertmatrix symmetrisch und das entsprechende Zweitor ist reziprok. Auf- und Abwärtsmischung führen dann zu gleichen Einfügungsverlusten.

Die Leitwertmatrix wächst im Umfang an, wenn weitere Kombinationsfrequenzen zugelassen werden. Man erhält beispielsweise eine 3×3-Matrix, wenn zusätzlich die Spiegelfrequenz bei $f_{sp} = f_p \pm f_i$ berücksichtigt wird.

### 3.2.1 Abwärtsmischer mit Schottky-Dioden

Für den Überlagerungsempfang bei hohen Frequenzen sind Schottky-Dioden besonders gut geeignet, weil sie hohe Grenzfrequenzen aufweisen. Da es sich bei Schottky-Dioden um passive Bauelemente handelt, ist die Stabilität einer Mi-

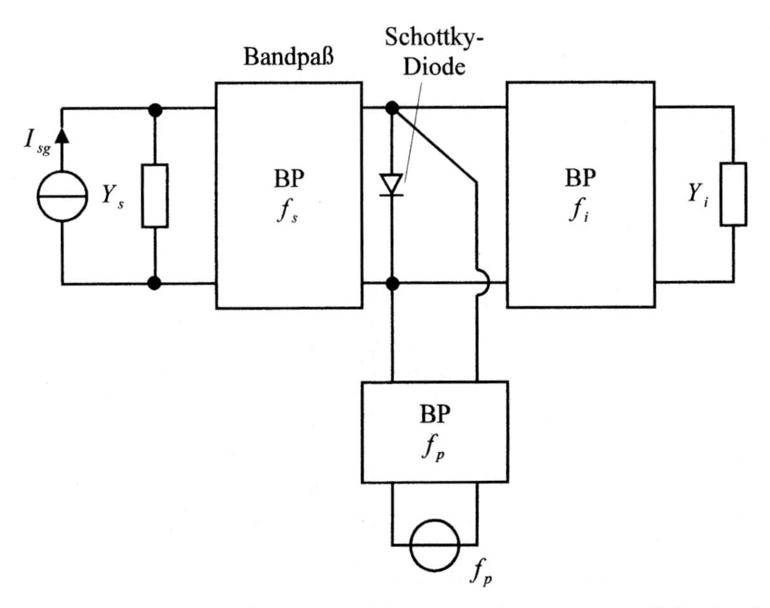


*Bild 3.2: Prinzipschaltung eines Abwärtsmischers mit einer Schottky-Diode*

scherschaltung praktisch immer gewährleistet. Frequenzkonverter mit Schottky-Dioden weisen auch niedrige Rauschzahlen auf.

Prinzipiell haben realisierte Schaltungen von Abwärtsmischern eine Struktur wie in Bild 3.2. Von den eingezeichneten Bandpässen wird angenommen, dass sie die angegebene Frequenz durchlassen und alle anderen Frequenzen sperren und außerdem einen hochohmigen Eingangswiderstand bei diesen anderen Frequenzen aufweisen. Insbesondere wird zunächst auch angenommen, dass bei der Spiegelfrequenz $f_{sp}$ alle Bandpässe hochohmig sind und daher kein Strom bei der Spiegelfrequenz durch die Schottky-Diode fließen kann.

Wäre die Schottky-Diode in Bild 3.2 seriell angeordnet worden, dann müssten die Bandpässe in dualer Weise bei allen übrigen Frequenzen außerhalb des Durchlassbereiches einen Kurzschluss als Eingangsimpedanz aufweisen.

Aus den getroffenen Annahmen folgt, dass nur Ströme und Spannungen bei der Signalfrequenz $f_s$ und der Zwischenfrequenz $f_i$ berücksichtigt werden müssen und daher die Matrixbeziehung Gl. (3.9) angewendet werden kann. Führt man außerdem eine äußere Beschaltung mit den Abschlussleitwerten $Y_s$ und $Y_i$ sowie eine Generatorstromquelle $I_{sg}$ ein, dann ergeben sich die Gleichungen:

$$\begin{aligned}\begin{bmatrix} I_s \\ I_i \end{bmatrix} &= \begin{bmatrix} G_0 & G_1 \\ G_1^* & G_0 \end{bmatrix} \cdot \begin{bmatrix} U_s \\ U_i \end{bmatrix} \quad , \quad \text{für } f_s > f_p \, , \\ I_{sg} &= U_s \cdot Y_s + I_s \, , \\ 0 &= U_i \cdot Y_i + I_i \quad . \end{aligned} \tag{3.11}$$

Eine Vierpolersatzschaltung in Leitwertdarstellung mit Strom- und Spannungszeigern und Abschlussleitwerten zeigt Bild 3.3.

Die Elemente der Leitwertmatrix $G_0$ und $G_1$ ergeben sich als Fourierkoeffizienten des zeitlich periodischen Verlaufs $g(t)$ der Schottky-Diode gemäß Gl. (3.5). Wir wollen annehmen, dass eine Spannungssteuerung der Diode durch den Mischoszillator bei der Frequenz $f_p$ erfolgt und dass zusätzlich eine Vorspannung $U_0$ an der Schottky-Diode anliegt. Dann gilt:

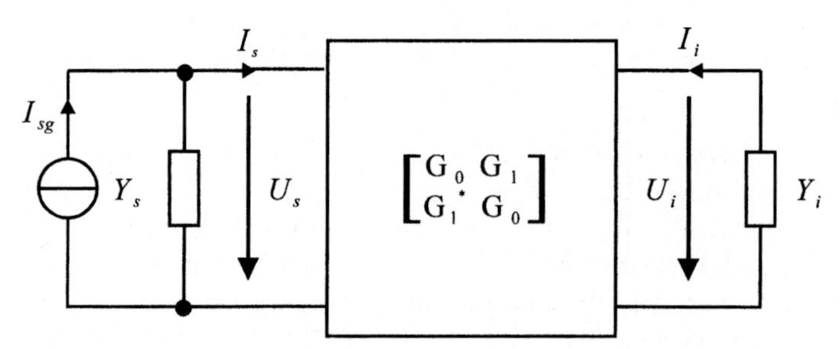


*Bild 3.3: Vierpolersatzschaltbild eines Abwärtsmischers*

$$u_p(t) = U_0 + \hat{U}_p \cdot \cos\left(\omega_p\, t\right). \tag{3.12}$$

Weil $u_p(t)$ eine gerade Zeitfunktion ist, sind alle Fourierkoeffizienten $G_n$ reell. Für die Schottky-Diode wird eine exponentielle Strom-Spannungs-Charakteristik gemäß

$$I = I_{ss} \cdot \left[\exp\left(\frac{U}{U_T}\right) - 1\right]$$

mit

$$U_T = \frac{n\, k\, T}{q} \tag{3.13}$$

angenommen. Dabei ist $I_{ss}$ der Sättigungsstrom, $U_T$ die Temperaturspannung, $k$ die Boltzmannkonstante, $T$ die absolute Temperatur, $q$ die Elementarladung und $n$ ein Idealitätsfaktor, der gleich oder etwas größer als 1 ist.
Man erhält für die Fourierkoeffizienten den Ausdruck

$$G_n = \frac{I_{ss}}{U_T} \exp\left(\frac{U_0}{U_T}\right) \cdot \left[\frac{1}{2\pi} \int_{-n}^{+n} \exp\left(\frac{\hat{U}_p}{U_T} \cdot \cos\left(\omega_p\, t\right)\right) \cos\left(n\, \omega_p\, t\right)\, d\left(\omega_p\, t\right)\right]. \tag{3.14}$$

Das bestimmte Integral Gl. (3.14) stellt die modifizierten Besselfunktionen n-ter Ordnung $J_n\left(\hat{U}_p / U_T\right)$ dar. Damit ergeben sich die Fourierkoeffizienten zu:

$$G_n = \frac{I_{ss}}{U_T} \cdot \exp\left(\frac{U_0}{U_T}\right) \cdot J_n\left(\frac{\hat{U}_p}{U_T}\right). \tag{3.15}$$

Nach diesem Modell hängen die Fourierkoeffizienten nur von dem Scheitelwert des Pumpsignals $\hat{U}_p$ ab. Im Bild 3.4 ist ein typischer zeitlicher Leitwertverlauf $g\,(t)$ skizziert.

Für die folgenden Überlegungen werden wir annehmen, dass $G_0$, $G_1$ und evtl. $G_2$ positiv, reell und bekannt sind und dass üblicherweise $G_0 > G_1 > G_2$ gilt. Mit bekannten reellen $G_0$ und $G_1$ sowie bekannten im Allgemeinen komplexen Abschlussleitwerten $Y_s$ und $Y_i$ können wir z. B. den Gewinn $G_p$, den verfügbaren Gewinn $G_{av}$ oder den maximal verfügbaren Gewinn $G_m$ aus der Schaltung in Bild 3.3 berechnen. Der Gewinn des Abwärtsmischers ist das Verhältnis von Ausgangsleistung $|U_i|^2 \cdot \mathrm{Re}\,(Y_i) / 2$ zu verfügbarer Generatorleistung $|I_{sg}|^2 / (8 \cdot \mathrm{Re}(Y_s))$. Das Verhältnis $U_i / I_{sg}$ kann man besonders bequem aus der erweiterten Matrix $\lfloor G \rfloor$ bestimmen, in welcher die Gln. (3.11) zusammengefasst sind:

$$\begin{bmatrix} I_{sg} \\ 0 \end{bmatrix} = \left[\tilde{G}\right] \cdot \begin{bmatrix} U_s \\ U_i \end{bmatrix} = \begin{bmatrix} G_0 + Y_s & G_1 \\ G_1 & G_0 + Y_i \end{bmatrix} \begin{bmatrix} U_s \\ U_i \end{bmatrix}$$

oder

$$\begin{bmatrix} U_s \\ U_i \end{bmatrix} = \left[\tilde{G}\right]^{-1} \cdot \begin{bmatrix} I_{sg} \\ 0 \end{bmatrix}. \tag{3.16}$$

Aus Gl. (3.16) folgt

$$\frac{U_i}{I_{sg}} = -\frac{G_1}{(G_0 + Y_s)(G_0 + Y_i) - G_1^2} \tag{3.17}$$

und für den Gewinn $G_p$ erhält man damit:

$$\begin{aligned} G_p &= \left|\frac{U_i}{I_{sg}}\right|^2 \cdot 4 \cdot \mathrm{Re}(Y_s) \cdot \mathrm{Re}(Y_i) \\ &= \frac{4 \cdot \mathrm{Re}(Y_s) \cdot \mathrm{Re}(Y_i) \cdot G_1^2}{\left|(G_0 + Y_s)(G_0 + Y_i) - G_1^2\right|^2}. \end{aligned} \tag{3.18}$$

Den gleichen Ausdruck erhält man auch für ein komplexes $G_1$, wobei $G_1^2$ durch $|G_1|^2$ zu ersetzen ist. Bei Mischern wird häufig der verfügbare Gewinn $G_{av}$ benötigt, welcher das Verhältnis von verfügbarer Ausgangsleistung zu verfügbarer Generatorleistung angibt.

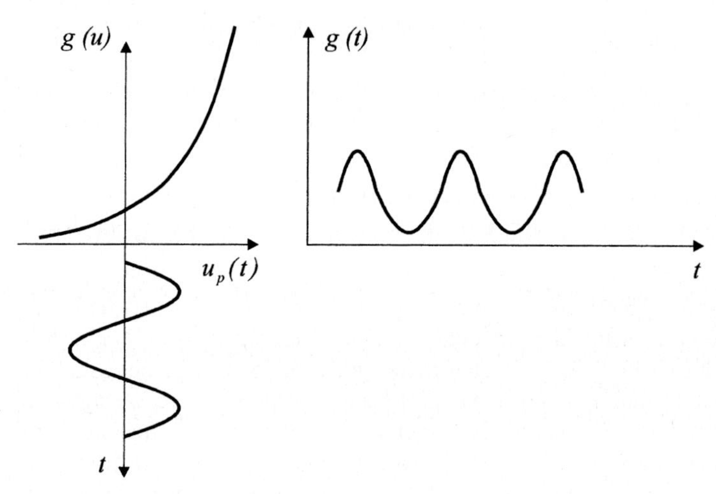


*Bild 3.4: Zeitverlauf des Leitwertes g (t)*

Die verfügbare Ausgangsleistung erhält man, wenn man den Lastleitwert $Y_i$ gleich dem konjugiert komplexen Eingangsleitwert $Y_{ei}$ der Schaltung, wie man ihn von der Zwischenfrequenzseite sieht, wählt, d. h.:

$$Y_i = Y_{ei}^* . \tag{3.19}$$

Den Eingangsleitwert $Y_{ei}$ berechnet man am bequemsten aus der nur um den Generatorleitwert erweiterten Matrix $\lfloor G_e \rfloor$:

$$\begin{bmatrix} 0 \\ I_i \end{bmatrix} = \left[G_e\right] \cdot \begin{bmatrix} U_s \\ U_i \end{bmatrix} = \begin{bmatrix} G_0 + Y_s & G_1 \\ G_1 & G_0 \end{bmatrix} \cdot \begin{bmatrix} U_s \\ U_i \end{bmatrix}$$

oder

$$\begin{bmatrix} U_s \\ U_i \end{bmatrix} = \left[G_e\right]^{-1} \cdot \begin{bmatrix} 0 \\ I_i \end{bmatrix} . \tag{3.20}$$

Aus Gl. (3.20) ergibt sich der Eingangsleitwert $Y_{ei}$ auf der Zwischenfrequenz- oder Lastseite zu:

$$Y_{ei} = \frac{I_i}{U_i} = \frac{\left(G_0 + Y_s\right) G_0 - G_1^2}{G_0 + Y_s} = G_0 - \frac{G_1^2}{G_0 + Y_s} . \tag{3.21}$$

Mit $Y_{ei}$ aus Gl (3.21) und $Y_i = Y_{ei}^*$ errechnet sich der verfügbare Gewinn ebenso wie in Gl. (3.18), wobei lediglich $Y_i$ durch $Y_{ei}^*$ zu ersetzen ist.

$$G_{av} = \frac{4 \cdot \mathrm{Re}\left(Y_s\right) \cdot \mathrm{Re}\left(Y_{ei}\right) \cdot G_1^2}{\left|\left(G_0 + Y_s\right)\left(G_0 + Y_{ei}^*\right) - G_1^2\right|^2} . \tag{3.22}$$

Der verfügbare Gewinn hängt nicht mehr vom Lastleitwert $Y_i$ ab. Der reziproke Wert des verfügbaren Gewinns $G_{av}$ soll auch als Konversionsverlust $L$ bezeichnet werden:

$$L = \frac{1}{G_{av}} . \tag{3.23}$$

Den maximal verfügbaren Gewinn $G_m = 1 / L_m$ erhält man, wenn sowohl eingangs- als auch ausgangsseitig Leistungsanpassung eingestellt wird. Weil der Gewinn symmetrisch in den Größen $Y_s$ und $Y_i$ ist, muss für den maximal verfügbaren Gewinn $Y_s = Y_i$ gelten. Außerdem sind $Y_s$ und $Y_i$ reell, weil $G_0$ und $G_1$ reell sind. Für den Eingangsleitwert auf der Signalseite, $Y_{es}$, ergibt sich ähnlich wie Gl. (3.21),

$$Y_{es} = G_0 - \frac{G_1^2}{G_0 + Y_i} . \tag{3.24}$$

Mit Leistungsanpassung auf der Signalseite, also $Y_s = Y_{es}^*$, erhält man

$$Y_s = Y_i = Y_{es}^* = G_0 - \frac{G_1^2}{G_0 + Y_s}$$

oder

$$Y_s = Y_i = \sqrt{G_0^2 - G_1^2}\,. \tag{3.25}$$

Setzt man diese Werte für $Y_s$ und $Y_i$ in die Beziehung für den Gewinn Gl. (3.18) ein, dann folgt nach einigen Umformungen für den maximal verfügbaren Gewinn $G_m$:

$$G_m = \left(\frac{G_1}{G_0}\right)^2 \left(\frac{1}{1 + \sqrt{1 - \dfrac{G_1^2}{G_0^2}}}\right)^2 . \tag{3.26}$$

Für ein komplexes $G_1$ ist wiederum $G_1^2$ durch $|G_1|^2$ zu ersetzen. Der maximal verfügbare Gewinn hängt nur von dem Verhältnis $G_1 / G_0 < 1$ ab. Er ist daher kleiner als 1.

Im Grenzfall eines Dirac-Impuls-gesteuerten Mischers kann $G_1 \approx G_0$ und damit $G_m \approx 1$ werden. Allerdings geht dann auch der Eingangsleitwert $Y_{es}$ gegen null und eine Anpassung ist nicht mehr möglich. Praktische Mischer mit Schottky-Dioden weisen Konversionsverluste im Bereich 5 dB bis 10 dB auf. Maßgeblich verantwortlich für erhöhte Konversionsverluste ist der Bahnwiderstand $R_b$, den wir bisher vernachlässigt haben. Bild 3.5 zeigt ein durch den Bahnwiderstand vervollständigtes Ersatzschaltbild des Abwärtsmischers.

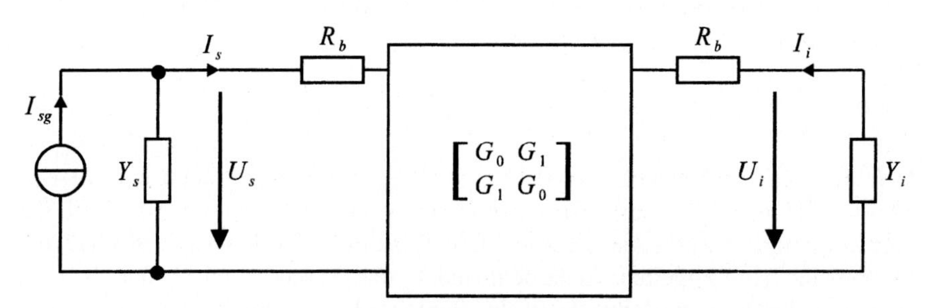


*Bild 3.5: Ersatzschaltbild des Abwärtsmischers mit Bahnwiderstand $R_b$*

---

**Übungsaufgabe 3.1**

Für die Mischerschaltung in Bild 3.5 sollen Gewinn, verfügbarer Gewinn und maximal verfügbarer Gewinn unter Berücksichtigung des Bahnwiderstandes $R_b$ bestimmt werden.

---

Für den bisher betrachteten Gleichlageabwärtsmischer hatten wir indirekt angenommen, dass bei der Spiegelfrequenz $f_{sp} = f_p - f_i$ ein Kurzschluss vorliegt, weil wir $U_{sp}$ zu null angenommen hatten. Häufig weisen Mischer jedoch keinen Kurzschluss oder Leerlauf bei der Spiegelfrequenz auf, vor allem wenn die Zwischenfrequenz $f_i$ niedrig ist. Dann liegen die Spiegelfrequenz $f_{sp}$ und die Signalfrequenz $f_s$ so dicht beieinander, dass es praktische Schwierigkeiten bereitet, bei der Signalfrequenz Anpassung und bei der Spiegelfrequenz einen Kurzschluss bzw. einen Leerlauf vorzusehen. Diese praktischen Schwierigkeiten vergrößern sich beträchtlich, wenn die Pumpfrequenz über einen weiten Frequenzbereich durchgestimmt werden soll. Bei diesem sog. Breitbandmischer wird man daher die gleiche Abschlussimpedanz bei der Signalfrequenz und der Spiegelfrequenz wirksam werden lassen und dafür etwas höhere Konversionsverluste in Kauf nehmen.

Bild 3.6 zeigt ein Ersatzschaltbild für einen Abwärtsmischer, bei welchem die Beschaltung der Spiegelfrequenz mit dem im Allgemeinen komplexen Leitwert $Y_{sp} = Y_s$ erfolgt, also dem gleichen Leitwert wie bei der Signalfrequenz.

Für $f_s > f_p$ lautet die Verknüpfung zwischen Strömen und Spannungen über die 3-Tor-Leitwertmatrix $[G]$:

$$\begin{bmatrix} I_s \\ I_i \\ I_{sp}^* \end{bmatrix} = \begin{bmatrix} G_0 & G_1 & G_2 \\ G_1^* & G_0 & G_1 \\ G_2^* & G_1^* & G_0 \end{bmatrix} \begin{bmatrix} U_s \\ U_i \\ U_{sp}^* \end{bmatrix} \quad \text{für } f_s > f_p. \tag{3.27}$$

Für reelle $G_0$, $G_1$ und $G_2$ ist die Matrix reziprok und man erhält den gleichen Gewinn für Abwärts- wie für Aufwärtsmischung. Speist man von der Zwischenfrequenzseite ein, dann erkennt man, dass aus Symmetriegründen die Leistung zwischen dem Spiegel- und dem Signaltor zu gleichen Teilen aufgeteilt wird. Weil die Leistung an $Y_{sp}$ jedoch als Verlustleistung zu werten ist, folgt daraus, dass die Konversionsverluste bei Abwärtsmischung mindestens 3 dB betragen. Praktisch sind die Verluste des Breitbandmischers daher größer als die Verluste eines Mischers, welcher bei der Spiegelfrequenz verlustfrei abgeschlossen wird, z. B. durch einen Kurzschluss.

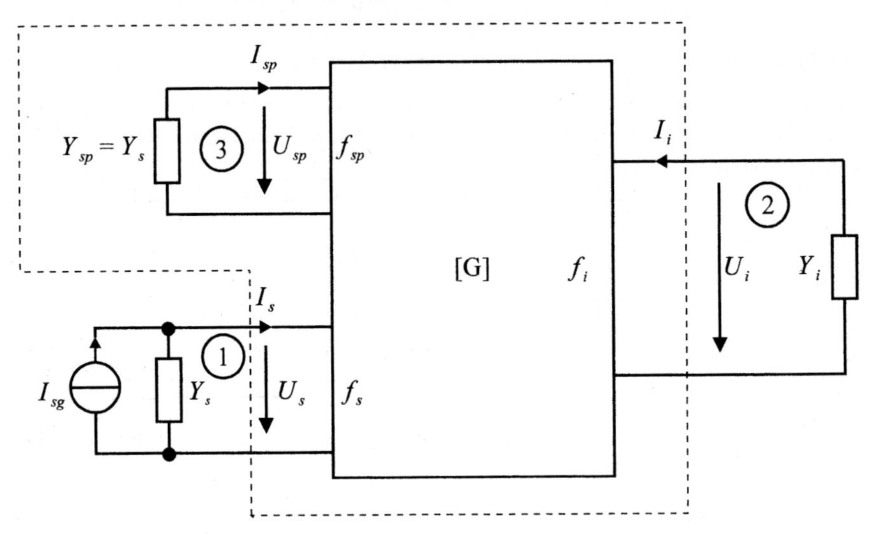


*Bild 3.6: 3-Tor-Ersatzschaltung eines Abwärtsmischers mit Spiegelfrequenz*

---

**Übungsaufgabe 3.2**

Der Gewinn und der verfügbare Gewinn sollen für den Fall angegeben werden, dass die Spiegelfrequenz mit dem komplexen Leitwert $Y_{sp} = Y_S$ abgeschlossen ist.

---

## 3.3 Ausführungsformen von Mischern

### 3.3.1 Der Ein-Dioden-Mischer

Der Ein-Dioden-Mischer ist besonders einfach im Aufbau und breitbandig zu realisieren. Eine typische Ausführungsform ist in Bild 3.7 gezeigt.

Signal und Mischoszillator werden über einen Koppler zusammengeführt. Auf die Art des Kopplers kommt es im Einzelnen nicht an. In Bild 3.7 ist ein Leitungskoppler skizziert. Dabei treten sowohl für das Signal als auch für den Mischoszillator Verluste auf. Durch die Wahl des Koppelfaktors kann man die Verluste nach Belieben zwischen Signal und Mischoszillator aufteilen. Wählt man in Bild 3.7 z. B. einen 10 dB-Koppler, dann wird der Mischoszillator um 10 dB abgeschwächt, das Signal dagegen nur um 0,46 dB. Der Hochpass (HP) in Bild 3.7 muss das Signal (RF steht für „radio frequency") und den Mischoszillator (LO), also die hochfrequenten Signale, passieren lassen, der Tiefpass (TP) aber

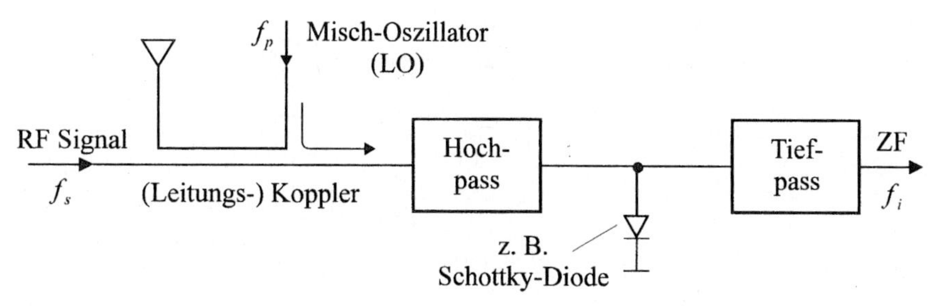


*Bild 3.7: Prinzipschaltbild eines Ein-Dioden-Mischers*

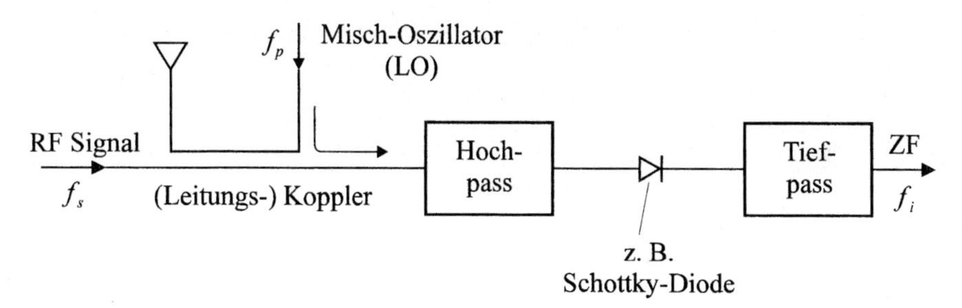


*Bild 3.8: Prinzipschaltbild eines Ein-Dioden-Mischers mit seriell angeordneter Diode*

nur die Zwischenfrequenz (ZF), die wir uns hier als deutlich niedrigere Frequenz denken wollen. Auf der Dioden-Seite muss der Tiefpass eine hochohmige Eingangsimpedanz für die hochfrequenten Signale aufweisen, der Hochpass dagegen muss hochohmig für das Zwischenfrequenzsignal sein.

Man kann die Diode statt gegen Masse auch seriell einbauen, wie in Bild 3.8 skizziert.

Bei seriell angeordneter Diode muss der Tiefpass von der Dioden-Seite aus einen Kurzschluss gegen Masse für die hochfrequenten Signale aufweisen, der Hochpass dagegen einen Kurzschluss gegen Masse für das Zwischenfrequenzsignal bilden.

Einen Ein-Dioden-Mischer kann man sich einfach aus einem Koppler und einem Detektor zusammensetzen. Der Detektor enthält bereits eingebaut die nötigen Filter. Allerdings liegt die Tiefpass-Grenzfrequenz zumeist niedrig, so dass die Anordnung nur für niedrige Zwischenfrequenzen geeignet ist. Außerdem enthält der Detektor einen eingebauten Zwangsanpassungs-Widerstand, wodurch die Verluste vergrößert werden.

Bei einem Mischer entsteht durch die Gleichrichtung des Mischoszillators ein Vorstrom, durch den die Diode hinreichend niederohmig wird. Dadurch lässt sich

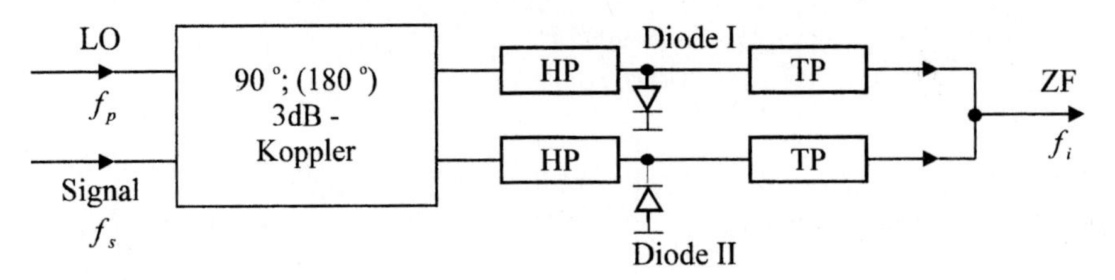


*Bild 3.9: Prinzipschaltbild eines balancierten Mischers mit zwei Dioden*

Anpassung erreichen, ohne dass man einen Zwangsanpassungs-Widerstand verwendet. Dazu muss aber der DC-Pfad für den Vorstrom geschlossen sein.

### 3.3.2 Der balancierte Mischer (2-Dioden-Mischer)

Beim balancierten Mischer werden ein 3-dB-Koppler vom 90°- oder 180°-Typ und zwei Dioden verwendet. In Bild 3.9 ist eine Schaltung mit massebezogenen Dioden angegeben. Ebenso ließe sich die Schaltung mit seriell angeordneten Dioden aufbauen.

Beim balancierten Mischer treten keine zusätzlichen Signal- oder Mischoszillator-Verluste auf, weil bei verlustlosen Kopplern und Filtern alle Leistung in die Dioden gelangt. Als Beispiel möge ein 3 dB-90°-Koppler dienen. Das Signal bzw. der Mischoszillator am Eingang des Kopplers sollen durch die folgenden Zeitfunktionen beschrieben werden:

$$\begin{aligned} u_S(t) &= \hat{U}_S \cdot \cos\left(\omega_s\, t + \varphi_S\right) \\ u_P(t) &= \hat{U}_P \cdot \cos\left(\omega_P\, t\right) . \end{aligned} \tag{3.28}$$

Dann stehen an der Diode I bzw. Diode II die folgenden beiden hochfrequenten Signale an:

$$\begin{aligned} &\textit{Diode I:} \quad \frac{1}{\sqrt{2}} \hat{U}_s \cos\left(\omega_s\, t + 90° + \varphi_S\right) + \frac{1}{\sqrt{2}} \hat{U}_P \cos\left(\omega_P\, t\right), \\ &\textit{Diode II:} \quad \frac{1}{\sqrt{2}} \hat{U}_s \cos\left(\omega_s\, t + \varphi_S\right) + \frac{1}{\sqrt{2}} \hat{U}_P \cos\left(\omega_P\, t + 90°\right). \end{aligned} \tag{3.29}$$

Man erhält mit dem Konversionsfaktor $\kappa$ die Zwischenfrequenz-Signale $u_i(t)$

$$\textit{Diode I:} \quad u_i^I(t) = \kappa\, G_1\, \hat{U}_s \cos\left(\omega_i\, t + 90° + \varphi_s\right) \tag{3.30}$$

und wegen der Umpolung der Diode II und der damit verbundenen Verschiebung der Leitwertfunktion $g(t)$ um eine halbe Periode beziehungsweise 180° bei der Pumpfrequenz $f_p$

$$\begin{aligned} \textit{Diode II:}\quad u_i^{II}(t) &= \kappa \cdot G_1 \cdot \hat{U}_s \cdot \cos\left(\omega_i\, t - 90^\circ + 180^\circ + \varphi_s\right) \\ &= \kappa \cdot G_1 \cdot \hat{U}_s \cdot \cos\left(\omega_i\, t + 90^\circ + \varphi_s\right). \end{aligned} \tag{3.31}$$

Dabei wurde vorausgesetzt, dass die beiden Dioden möglichst gut gepaart sind, das heißt möglichst gleich sind. Damit sind aber beide Zwischenfrequenz-Signale nach Amplitude und Phase gleich und können daher, wie in Bild 3.9, aufsummiert werden. Dies ist der Grund, warum für diese Mischerschaltung insgesamt keine zusätzlichen Signal- und Mischoszillator-Verluste auftreten.

---

**Übungsaufgabe 3.3**

Zeigen Sie, dass auch bei einem Mischer mit zwei Dioden und einem 180°-Koppler keine zusätzlichen Signal- oder Mischoszillator-Verluste auftreten. Worin unterscheidet sich ein Mischer mit einem 90°-Koppler von einem Mischer mit einem 180°-Koppler?

---

Die Aussage, dass ein Mischer balanciert ist, hat folgende Bedeutung. Ein Mischoszillator-Signal zeigt meist unregelmäßige Amplitudenschwankungen, die man auch Amplitudenrauschen nennt. Solche Amplitudenschwankungen sind regellos und beinhalten daher ein ganzes Frequenzspektrum, welches auch Spektralanteile im Bereich der Zwischenfrequenz aufweisen wird. Die Schottky-Dioden im Mischer richten das Mischoszillatorsignal gleich. Das heißt, es tritt an den Mischerdioden eine Gleichspannung auf, die zeitlich ebenfalls unregelmäßig geringfügig schwankt, ebenso wie die Amplitude des Mischoszillators. Von diesem Schwankungsvorgang fallen auch spektrale Komponenten in den Bereich der Zwischenfrequenz. An der zweiten Diode entsteht jedoch wegen der Umpolung eine Gleichspannung mit dem gleichen langsam veränderlichen unregelmäßigen Zeitverlauf aber umgekehrter Polarität. Aufsummiert heben sich infolgedessen die Amplituden-Rauschanteile des Mischoszillators wieder auf. Wir wollen daher diese Balancierung auch als *Rausch-Balancierung* bezeichnen. Das Messsignal zeigt demgegenüber keine ins Gewicht fallenden Amplitudenschwankungen, weil es von vornherein viel kleiner ist und deshalb alle Spektralanteile linear übertragen werden.

Der Ein-Dioden-Mischer ist naturgemäß nicht rausch-balanciert.

### 3.3.3 Der doppelt balancierte Mischer (4-Dioden-Mischer)

Ein Schaltungsbeispiel für einen sog. doppelt balancierten Mischer ist der in Bild 3.10 skizzierte Ringmischer. Dieser heißt so, weil die Dioden in Form eines Ringes angeordnet sind, wenn man ihre Anordnung etwa in Diodendurchlassrichtung durchläuft.

Die beiden Übertrager ermöglichen die erdsymmetrische Ansteuerung der vier Dioden für Signal- und Mischoszillator. Die Mittenanzapfung wirkt für die Zwischenfrequenz wie eine direkte galvanische Verbindung zu den Dioden. Man kann Zählpfeile für das LO-Signal und ebenso für das RF-Signal über den vier Dioden einzeichnen. Wir wollen die Vereinbarung treffen, dass ein LO-Zählpfeil in Diodendurchlassrichtung einen Grundwellen-Leitwertverlauf mit der Phase 0° relativ zum LO-Signal erzeugt und gegen die Dioden-Spitze von 180°. Die ZF-Phase ergibt sich als Differenz von RF-Phase und Leitwert-Phase, woraus sich Zählpfeile für die ZF-Signale wie im Bild 3.11 gezeigt ableiten.

Wir erkennen daran, dass alle ZF-Zählpfeile parallel liegen und sich daher aufsummieren.

Aufgrund der Brückenanordnung der Dioden sind das RF-Tor und das LO-Tor entkoppelt, sofern die Dioden gut gepaart sind. Man kann daher von einer *Signal-Balancierung* zwischen diesen Toren sprechen. Ebenso ist aus Symmetriegründen das ZF-Tor vom RF- und LO-Tor bei einer symmetrischen Schaltung perfekt entkoppelt, was man ebenfalls als Signal-Balancierung bezeichnen kann.

Der doppelt balancierte Mischer ist auch Rausch-balanciert, weil sich die gleichgerichteten LO-Signale aufgrund ihrer unterschiedlichen Polarität ebenfalls aufheben.

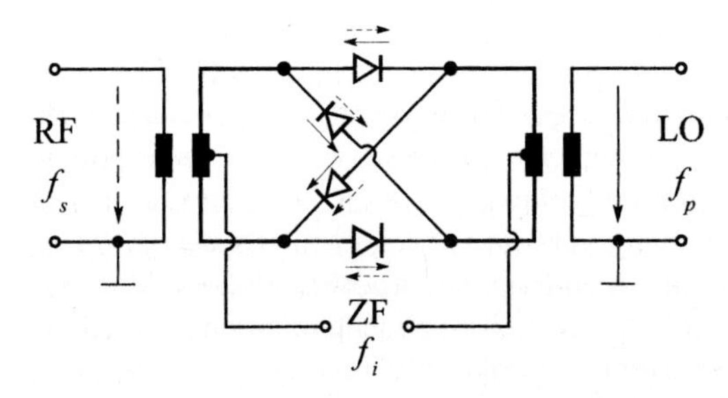


*Bild 3.10: Doppelt balancierter Mischer (Ringmischer)*

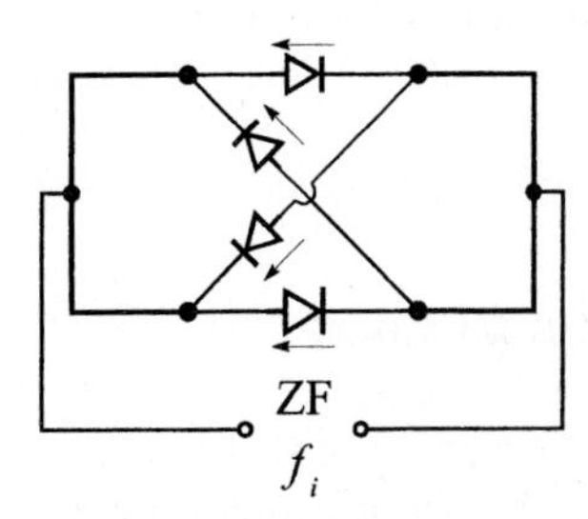


*Bild 3.11: Zählpfeile für die ZF-Signale des doppeltbalancierten Mischers aus Bild 3.10*

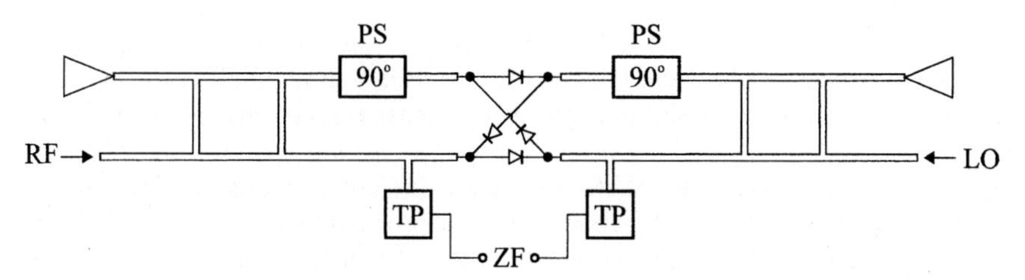


*Bild 3.12: Doppelt balancierter Mischer mit zwei 90°-Ringkopplern und zwei 90°-Phasenschiebern*

Bei höheren Frequenzen wird man den in Bild 3.10 gezeigten Transformator eher durch 180°-3 dB-Koppler realisieren.

In Bild 3.12 sind die 180°-Koppler durch 90°-Ringkoppler mit zusätzlichen 90°-Phasenschiebern (PS) realisiert.

Die Tiefpässe sollen am Eingang hochohmig für die hochfrequenten Signale sein. Das RF- und das LO-Tor sind entkoppelt.

### 3.3.4 Mischer mit einem Feldeffekt-Transistor

Ein Mischer mit einem Feldeffekt-Transistor (FET) ist in der Struktur besonders einfach, weil der FET als 3-Tor-Bauelement bereits eine inhärente Entkopplung zwischen dem RF- und LO-Tor beziehungsweise Drain und Gate aufweist. Der Mischoszillator (LO) wird auf das Gate gegeben. Das LO-Signal steuert damit periodisch den Kanalwiderstand der Drain-Source-Strecke und bestimmt damit den Leitwertverlauf $g(t)$ für das RF-Signal. Der Feldeffekt-Transistor wird im Allgemeinen passiv betrieben, also ohne Drain-Source-Vorspannung, das heißt im ohmschen Bereich der Kennlinie. Dies hat den Vorteil, dass ein solcher Mischer besonders gute Großsignal-Eigenschaften aufweist, absolut stabil ist und in erster Näherung kein sog. $1/f$- oder Funkel-Rauschen aufweist. Die Vorspannung am Gate wird im Allgemeinen so eingestellt, dass die Aussteuerung zwischen offenem und geschlossenem Kanal erfolgt. Die im Kapitel 3.2 dargestellte Theorie für

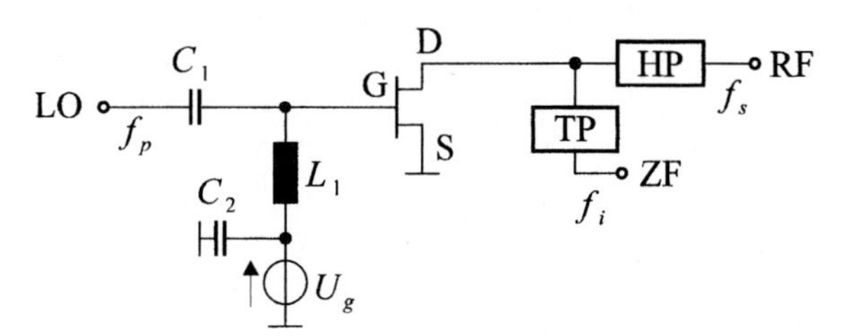


*Bild 3.13: Prinzipschaltbild eines Ein-FET-Mischers*

einen parametrischen Betrieb eines Mischers ist vollständig übertragbar. Im Abschn 1.7 wurde beschrieben, wie man für das Näherungsmodell nach Shockley den zeitlichen Leitwertverlauf $g(t)$ für ein gegebenes Gate-Signal (LO-Signal) berechnen kann.

Die Kapazität $C_1$ dient zur Abblockung der Gate-Vorspannung, die Induktivität $L_1$ und die Kapazität $C_2$ zur Trennung der Gate-Vorspannung $U_g$ vom LO-Kreis. Der Tiefpass TP sollte hochohmig für das RF-Signal, der Hochpass HP hochohmig für das ZF-Signal sein.

Der Ein-FET-Mischer ist inhärent rausch-balanciert, weil das LO-Signal, welches am Gate anliegt, nicht gleichgerichtet wird. Dies gilt allerdings nicht mehr ganz für höhere Frequenzen, weil dann über die Gate-Drain-Kapazität ein Teil des LO-Signals in die Drain-Source-Strecke eingekoppelt wird und dort gleichgerichtet werden kann. Auch die Entkopplung beziehungsweise Signal-Balancierung ist im Wesentlichen durch die Gate-Drain-Kapazität gegeben und nimmt daher mit 20 dB pro Dekade zu höheren Frequenzen hin ab.

### 3.3.5 Der Zwei-FET-Mischer

Mit einer Mischer-Anordnung mit zwei Feldeffekt-Transistoren lassen sich zusätzliche Entkopplungen aufgrund von Symmetrien und Ausphasungen erzielen. Bild 3.14 zeigt dazu ein Prinzipschaltbild.

Man kann davon sprechen, dass das LO-Tor von dem RF-Tor zweifach entkoppelt beziehungsweise signalbalanciert ist, nämlich zum einen durch die inhärente FET-Entkopplung und zum anderen durch die Kombination von 180°- und 0°-Koppler.

Bei Feldeffekt-Transistoren als unipolare Bauelemente gibt es nicht wie bei Dioden die Möglichkeit, das Bauelement umzupolen. Infolgedessen muss in der Schaltung in Bild 3.14 das Zwischenfrequenz-Signal über einen Differenzverstär-

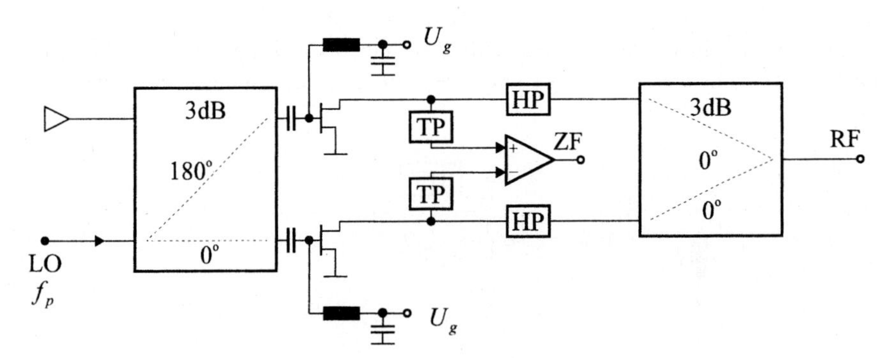


*Bild 3.14: Prinzipschaltbild eines Zwei-FET-Mischers*

ker abgegriffen werden. Die Rausch-Balancierung ist zweifach vorhanden; zum einen aufgrund einer Differenzbildung auf der Zwischenfrequenz-Seite und zum anderen aufgrund der inhärenten Balancierung in den Feldeffekt-Transistoren.

### 3.3.6 Analog-Multiplizierer

Aus der elektronischen Messtechnik sind analoge Vierquadranten-Multiplizierer bekannt, die zum Beispiel mit Bipolar-Transistoren realisiert werden können. Solche analogen Multiplizierer-Bausteine eignen sich möglicherweise nicht für sehr hohe Frequenzen. In dem Frequenzbereich, wo sie funktionieren, können sie auch als Mischer eingesetzt werden. Mischer, welche eine Kennlinie wie Analog-Multiplizierer aufweisen, möchte man vor allem dann einsetzen, wenn außer der Summen- und Differenzfrequenz möglichst keine weiteren Frequenzkomponenten erzeugt werden sollen.

Ein mit Dioden aufgebauter doppelt balancierter Mischer nach dem Schaltungsprinzip von Bild 3.10 stellt bereits eine recht gute Annäherung an den Analog-Multiplizierer dar. Beispielsweise mit Schottky-Dioden realisiert, kann ein doppelt balancierter Mischer aber noch weit über 100 GHz arbeiten. Um die Ähnlichkeit eines doppelt balancierten Mischers mit einem Multiplizierer zu zeigen, kann man die nichtlinearen Strom-Spannungs-Kennlinien der Dioden in Taylor-Reihen entwickeln und untersuchen, welche Terme der Potenzreihe für die Entstehung des Zwischenfrequenz-Signals maßgeblich sind.

Auch mit einem Leistungsmesser kann man mit gewissen Einschränkungen einen Mischer aufbauen, der sich annähernd wie ein Mischer mit einem idealen Analog-Multiplizierer verhält. Allerdings muss die Zwischenfrequenz unterhalb derjenigen Grenzfrequenz liegen, die durch die thermische Zeitkonstante des Leistungsmessers gegeben ist.

---

**Übungsaufgabe 3.4**

Zeigen Sie die Ähnlichkeit eines doppelt balancierten Mischers mit einem Analog-Multiplizierer über eine Taylor-Reihen-Entwicklung der Dioden-Kennlinien.

---

**Übungsaufgabe 3.5**

Beschreiben Sie, wie man mit einem Leistungsmesser, zum Beispiel einem Thermoelement-Leistungsmesser, abwärts-mischen kann. Wie groß ist ungefähr der Konversionswirkungsgrad?

---

### 3.3.7 Der Oberwellen-Mischer

Ein entgegengesetztes Extrem zum Analog-Multiplizierer stellt der Oberwellen-Mischer dar. Beim Oberwellen-Mischer erfolgt die Aussteuerung der nichtlinearen Elemente periodisch mit schmalen Impulsen, die einen Dirac- beziehungsweise δ-Impuls annähern sollen. Dann ist die Leitwertfunktion $g(t)$, welche gemäß Gl. (3.5) die Kleinsignale verknüpft, ebenfalls angenähert eine mit der Wiederholfrequenz $f_p$ periodische δ-Funktion und die Koeffizienten der Fourierreihe von $g(t)$ sind bis zu einer oberen Grenzfrequenz $f_c$ näherungsweise konstant. Also gilt:

$$g(t) = \sum_{n=-N}^{N} G_n \cdot e^{j n \omega_p t} ,$$

$$\text{mit} \quad |G_n| \approx \text{konstant} = G_0 \quad \text{für} \quad n \leq N \tag{3.32}$$

$$\text{und} \quad |G_n| \approx 0 \quad \text{für} \quad n > N .$$

In Bild 3.15 ist das typische Linienspektrum von einem derartigen periodischen Leitwertverlauf $g(t)$ skizziert.

Die obere Grenzfrequenz $f_c$ hängt nur von der Impulsform, nicht aber der Aussteuerungsfrequenz $f_p$ ab. Allerdings nimmt der Wert von $|G_n|$ proportional zu $1/N$ ab, die Konversionsverluste bezogen auf Leistungen sogar mit $1/N^2$. An jeder der Oberwellen, bis zur $N$-ten Oberwelle, kann man mit annähernd gleichem Wirkungsgrad mischen. Man erhält eine Zwischenfrequenz $f_i$ , wenn die Gleichung

$$|f_s - n f_p| = f_i , \quad n = 1,2,3 \ldots N \tag{3.33}$$

erfüllt ist.

Die Konversionsverluste sind beim Oberwellenmischer größer als bei einem Grundwellenmischer und nehmen mit wachsender maximaler Ordnungszahl $N$ noch weiter zu.

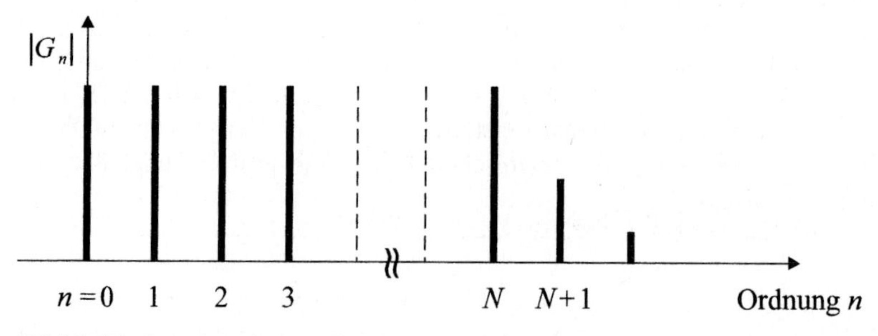


*Bild 3.15: Linienspektrum des Leitwertverlaufs bei einem Oberwellenmischer*

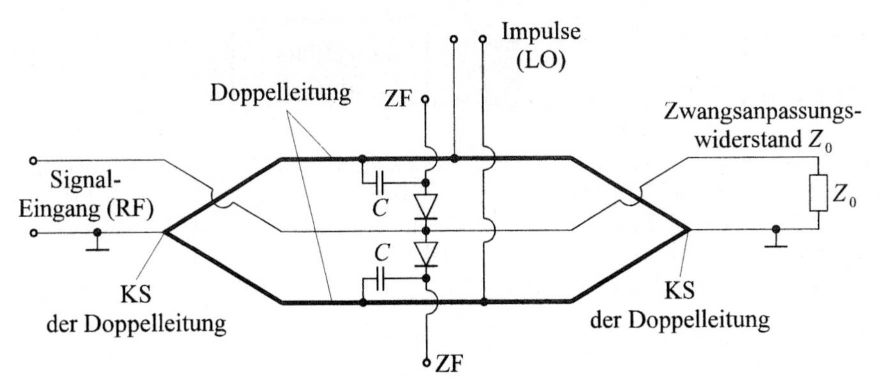


*Bild 3.16: Prinzipschaltung eines Oberwellen-Mischers (KS ≙ Kurzschluss)*

Eine elegante Schaltung eines Oberwellenmischers ist in Bild 3.16 in der Form eines Zweidraht-Ersatzschaltbildes wiedergegeben. Über eine gewisse Länge ist die Masseleitung in zwei parallel laufende Masseleitungen aufgetrennt (in Bild 3.16 dick ausgezeichnet), die hier als Doppelleitung bezeichnet werden soll. Über dieser Doppelleitung liegen die Impulse an, welche die beiden Schottky-Dioden sehr kurzzeitig öffnen.

Die Doppelleitung stellt ein Stück symmetrischer Leitung dar, die an ihren beiden Enden kurzgeschlossen ist. Die Anstiegsflanke des LO-Impulses öffnet die Dioden. Der Impuls wird an den Kurzschlüssen der Doppelleitung mit umgekehrtem Vorzeichen reflektiert. Dieser reflektierte Impuls schließt die Dioden sehr rasch wieder. Die Schaltzeiten können im Bereich von 10 bis 50 ps liegen, entsprechend der Anstiegszeit der Impulse und der Länge der Doppelleitung. Die Signalleitung ist breitbandig von der LO-Impulsleitung entkoppelt. Der Oberwellenmischer ist damit signal- und rausch-balanciert. Die Kondensatoren $C$ stellen Filterelemente dar und trennen die niederfrequente Zwischenfrequenz von den hochfrequenten Impulsen.

Es sei noch angemerkt, dass der hier beschriebene Oberwellen-Mischer identisch mit einem Abtastglied ist, welches im Englischen auch als „sampler“ oder „sampling unit“ bezeichnet wird. Darauf wird im Kapitel 7 noch ausführlicher eingegangen werden. Dann wird auch ausgeführt werden, dass man die Doppelleitung im Allgemeinen als Schlitz beziehungsweise Schlitzleitung in einer großflächigen Masse-Metallisierung ausführt.

## 3.4 Grundlagen der Phasenregelkreise

Mit einem Messsystem wie einem Netzwerkanalysator möchte man Betrag und Phase von Vierpolgrößen messen. Das bedeutet, dass die Signalfrequenz und die LO-Frequenz auch im Wobbelbetrieb einen festen Frequenzabstand (gleich einer Zwischenfrequenz $f_i$) einhalten müssen. Dazu bedient man sich im Allgemeinen

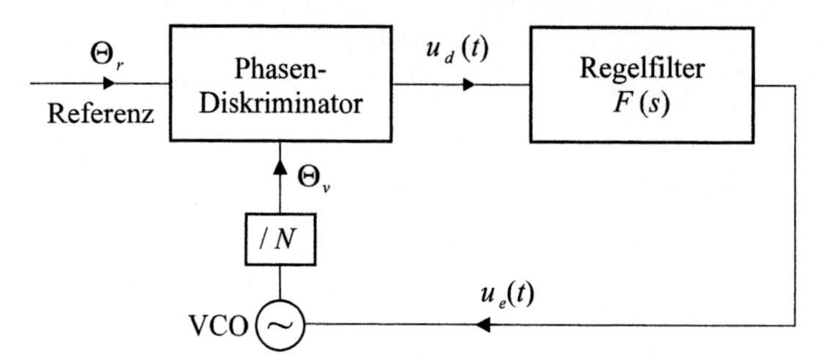


*Bild 3.17: Grundschaltung eines Phasenregelkreises*

der Technik der Phasenregelkreise (PLL, engl.: phase locked loop), auf die wir hier näher eingehen wollen. Wie wir noch sehen werden, lassen sich darüber hinaus eine größere Zahl von Messproblemen sehr elegant mit Phasenregelkreisen lösen. Es besteht also die Aufgabe, einen in der Frequenz veränderlichen Oszillator (VCO, engl.: voltage controlled oscillator) mit der Frequenz $f_v$ auf eine vorgegebene Referenzfrequenz $f_r$ einrasten zu lassen. Nach dem Einrasten ist entweder

$$f_v - f_r = 0 \qquad \text{oder} \qquad |f_v - f_r| = f_i \,. \tag{3.34}$$

Diese Aufgabe kann mit Phasenregelkreisen gelöst werden. Anhand der Grundschaltung führen wir eine Reihe von Symbolen ein.

| | |
|---|---|
| $\Theta_v$ | Phase des abstimmbaren Oszillators |
| $\Theta_r$ | Phase des Referenzsignals |
| $u_d(t)$ | Spannung am Ausgang des Phasendiskriminators |
| $u_e(t)$ | Spannung am Ausgang des Regelfilters; Fehlerspannung (“error voltage“) |
| / N | Teilungsfaktor |

Wir wollen zunächst davon ausgehen, dass die Phasenregelschleife bereits eingerastet ist und wir betrachten kleine Veränderungen aus der Ruhelage. Für diesen Fall lässt sich die Phasendiskriminator-Kennlinie linearisieren

$$u_d(t) = K_d\left[\Theta_r(t) - \Theta_v(t)\right] . \tag{3.35}$$

Die Proportionalitätskonstante $K_d$ ist ein Maß für die Steilheit des Phasendiskriminators. Die Dimension von $K_d$ ist $V/\text{rad}$. Die Übertragungsfunktion des Filters, welches im Allgemeinen ein Tiefpassverhalten aufweist, wird durch $F(s)$ beschrieben, wobei $s$ die komplexe Frequenzvariable ist.

Die Frequenz des abstimmbaren Oszillators (VCO) wird durch die Abstimmspannung $u_e(t)$ kontrolliert. Bei einer angenommenen linearen Abstimmkennlinie bzw. kleinem Aussteuerungsbereich ist die Abweichung des VCO von seiner Mittenfrequenz $\Delta\omega$ der Fehlerspannung proportional,

$$\Delta\omega(t) = \frac{K_v\, u_e(t)}{N}. \tag{3.36}$$

Dabei ist $K_v$ die Abstimmsteilheit des VCO mit der Dimension rad / Vs. Weil die Frequenz die Ableitung der Phase nach der Zeit ist, gilt auch

$$\frac{d\,\Theta_v(t)}{dt} = \frac{K_v\, u_e(t)}{N}. \tag{3.37}$$

Bildet man von diesem Ausdruck die Laplace-Transformierte, dann erhält man:

$$s\,\Theta_v(s) = \frac{K_v\, U_e(s)}{N} \quad \text{oder} \quad \Theta_v(s) = \frac{1}{s}\cdot\frac{K_v}{N}\cdot U_e(s). \tag{3.38}$$

Weiter gilt für die anderen Gleichungen des Regelkreises nach einer Laplace-Transformation:

$$U_d(s) = K_d\left[\Theta_r(s) - \Theta_v(s)\right], \tag{3.39}$$

$$U_e(s) = F(s)\, U_d(s). \tag{3.40}$$

Als Besonderheit taucht bei dem Phasenregelkreis ein zusätzlicher Faktor $1/s$ auf, weil nicht direkt die Phase des VCO nachgestellt wird sondern seine Frequenz. Dieses zusätzliche $s$ in der Verknüpfung von $U_e$ und $\Theta_v$ erschwert, wie wir noch sehen werden, einen stabilen Betrieb der Phasenregelschleife, weil 90° Phasenreserve bereits verbraucht sind.

Die obigen Gleichungen können wir zusammenfassen und erhalten

$$U_e(s) = F(s)\, U_d(s) = K_d\; F(s)\left[\Theta_r(s) - \Theta_v(s)\right] = \frac{N}{K_v}\, s\,\Theta_v(s) \tag{3.41}$$

und daraus

$$\Theta_v(s) = \frac{K_d \cdot K_v}{N}\cdot\frac{F(s)}{s}\cdot\left[\Theta_r(s) - \Theta_v(s)\right]. \tag{3.42}$$

Der Ausdruck

$$V(s) = \frac{K_d \cdot K_v}{N}\cdot\frac{F(s)}{s} \tag{3.43}$$

beschreibt die Verstärkung des offenen Regelkreises.
Mit Hilfe der Abkürzung $V(s)$ können wir auch folgendermaßen schreiben:

$$\Theta_v(s) = V(s)\left[\Theta_r(s) - \Theta_v(s)\right] \tag{3.44}$$

oder

$$\Theta_v(s) = \frac{V(s)}{1 + V(s)}\,\Theta_r(s) = H(s)\,\Theta_r(s). \tag{3.45}$$

Der Ausdruck $H(s)$ wird auch als Führungsübertragungsfunktion des Regelkreises bezeichnet. Schließlich können wir die sog. Fehlerfunktion einführen:

$$\Theta_r(s) - \Theta_v(s) = \Theta_e(s) = \frac{1}{1 + V(s)} \Theta_r(s) . \tag{3.46}$$

$\Theta_e(s)$ ist dabei die Fehlerphase und $1/(1 + V(s))$ die Fehlerfunktion.

Für ein stabiles Verhalten der Phasenregelschleife und zwar, nachdem sie gefangen hat, kann man verschiedene Stabilitätskriterien heranziehen:

Das Polynom $1 + V(s)$ darf keine Nullstellen in der rechten Halbebene aufweisen.

Bode-Kriterium: Der Betrag der Funktion $V(j\omega)$ muss für steigendes $\omega$ unter 1 abgefallen sein, wenn die Phase von $V(j\omega)$ den Wert 180° erreicht. Anderenfalls würde eine Mitkopplung auftreten.

Offensichtlich werden an das Filter $F(s)$ bestimmte Anforderungen gestellt, um den Regelkreis stabil zu halten. Am häufigsten wird ein aktives Filter 1. Ordnung verwendet, dessen Phase mit wachsender Frequenz rückläufig ist (phasensenkendes Glied). Dieses Filter soll hier ausschließlich besprochen werden. Das Filter soll mit einem idealen Operationsverstärker aufgebaut sein, dessen Gleichspannungsverstärkung $V_0$ sehr groß sein soll $(V_0 \cong \infty)$. Für das in Bild 3.18 stehende Filter errechnet sich die folgende Filterfunktion:

$$F(s) = \frac{U_2}{U_1} = -\frac{s\,\tau_2 + 1}{s\,\tau_1} \quad \text{mit} \quad \tau_2 = R_2\,C \quad \text{und} \quad \tau_1 = R_1\,C \tag{3.47}$$

Das Minuszeichen bei $F(s)$ kann durch Vertauschen der Eingänge des Phasendiskriminators eliminiert werden und soll in den folgenden Rechnungen nicht mehr berücksichtigt werden. Für die Verstärkung des offenen Regelkreises $V(s)$ und für die Übertragungsfunktion $H(s)$ ergibt sich, wenn man eine Normalform einführt:

$$V(s) = \frac{2\varsigma\,\omega_n\,s + \omega_n^{\,2}}{s^2} \tag{3.48}$$

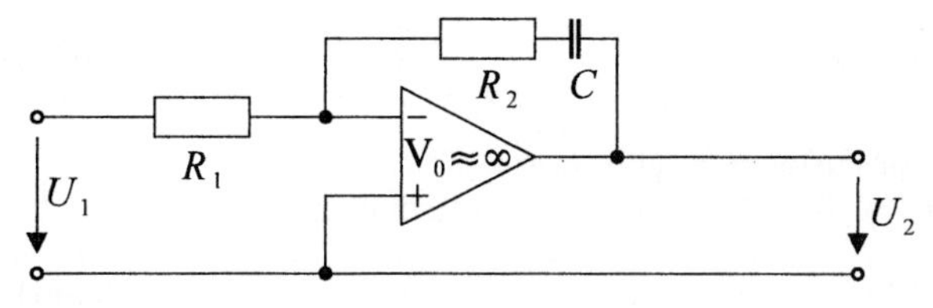


*Bild 3.18: Aktives Regelfilter 1.Ordnung*

und

$$H(s) = \frac{2\varsigma\,\omega_n\,s + \omega_n^2}{s^2 + 2\varsigma\,\omega_n\,s + \omega_n^2} \tag{3.49}$$

mit

$$\omega_n = \sqrt{\frac{K_v K_d}{\tau_1}} \quad \text{und} \quad \varsigma = \frac{1}{2}\,\tau_2 \sqrt{\frac{K_v K_d}{\tau_1}}$$
$$\omega_n = \varsigma\,\frac{2}{\tau_2}\,. \tag{3.50}$$

Um ein brauchbares Dämpfungsverhalten zu erzielen, wird die Dämpfungskonstante $\varsigma$ typisch $1/\sqrt{2}\ldots1$ gesetzt. Der asymptotische Dämpfungs- und Phasenverlauf des hier diskutierten aktiven Filters sieht wie in Bild 3.19 aus.

Wir wollen im Folgenden das stationäre Verhalten betrachten, nachdem Ausgleichsvorgänge abgeklungen sind. Dazu benutzen wir ein Grenzwerttheorem der Laplace-Transformation.

Es sei $y(t)$ und $Y(s)$ ein Paar von Laplace-Transformierten. Es gilt:

$$\lim_{t\to\infty} y(t) = \lim_{s\to 0}\left\{s\,Y(s)\right\}. \tag{3.51}$$

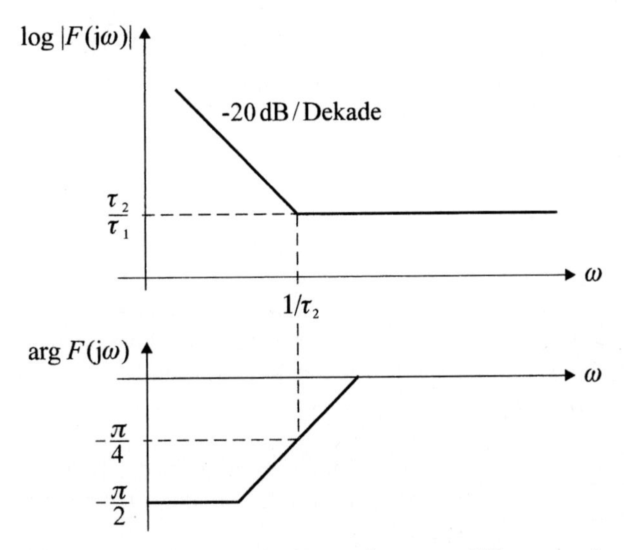


*Bild 3.19: Asymptotischer Dämpfungs- und Phasenverlauf des aktiven Filters 1.Ordnung*

Angewandt auf unser Regelungsproblem ergibt sich damit:

$$\lim_{t \to \infty} \Theta_e(t) = \lim_{s \to 0} \left\{ \frac{s}{1 + V(s)} \Theta_r(s) \right\} . \tag{3.52}$$

Als erstes Beispiel nehmen wir einen Phasensprung des Referenzsignals $\Theta_r(s)$ um $\Delta\Theta$ an.
Die Laplace-Transformierte dieses Phasensprungs lautet:

$$\Theta_r(s) = \frac{\Delta\Theta}{s} . \tag{3.53}$$

Daraus folgt:

$$\lim_{t \to \infty} \Theta_e(t) = \lim_{s \to 0} \left\{ \frac{s}{1 + V(s)} \frac{\Delta\Theta}{s} \right\} = 0 . \tag{3.54}$$

Ein einmaliger Phasensprung des Referenzsignals wird also vollständig ausgeregelt.

Als Nächstes wollen wir einen Frequenzsprung des Referenzsignals um $\Delta\omega$ betrachten. Hierfür gilt:

$$\Theta_r(s) = \frac{\Delta\omega}{s^2} . \tag{3.55}$$

Setzt man diesen Ausdruck in das Grenzwerttheorem ein, dann erhält man:

$$\lim_{t \to \infty} \Theta_e(t) = \lim_{s \to 0} \left\{ \frac{s}{1 + K_d \, K_v \, \dfrac{F(s)}{s}} \frac{\Delta\omega}{s^2} \right\} = \frac{\Delta\omega}{K_d \, K_v \, F(0)} . \tag{3.56}$$

Macht man die Gleichspannungsverstärkung $F(0)$ des aktiven Filters, die durch die Leerlaufverstärkung des Operationsverstärkers gegeben ist, sehr groß, dann hat auch eine Frequenzänderung des Referenzsignals keinen Phasenfehler zur Folge.

Praktisch alle Phasenkomparatoren lassen nur einen maximalen Phasenfehler zu, z. B. von $\pm\pi$. Daraus folgt ein maximaler Haltebereich $\Delta\omega_{max}$ von

$$\Delta\omega_{max} = \pi \, K_d \, K_v \, F(0) , \tag{3.57}$$

falls nicht schon vorher der VCO oder der Operationsverstärker in der Begrenzung ist. Bei einem periodischen Phasendiskriminator ist der Einfangbereich recht klein, nämlich von der Größenordnung $\omega_n \cong 1/\tau_2$ .

Der Einfangvorgang ist ein schwieriges nichtlineares Regelproblem, das hier nicht weiter verfolgt werden soll. Wie man trotz eines niedrigen $\omega_n$ mit Hilfe eines digitalen Phasendiskriminators einen beliebig großen Einfangbereich erzielen kann, darauf wird noch eingegangen.

Als drittes Beispiel wollen wir einen linearen Anstieg der Referenzfrequenz mit der Zeit betrachten, also einen Wobbelvorgang mit der Rate $\Delta\dot{\omega}$. Es gilt:

$$\Theta_r(s) = \frac{\Delta\dot{\omega}}{s^3} \tag{3.58}$$

und

$$\lim_{t\to\infty} \Theta_e(t) = \lim_{s\to 0}\left\{\frac{s}{1+\dfrac{2\varsigma\,\omega_n\,s+\omega_n^2}{s^2}}\,\frac{\Delta\dot{\omega}}{s^3}\right\} = \frac{\Delta\dot{\omega}}{\omega_n^2}\,. \tag{3.59}$$

Die größtmögliche Abstimmrate ist also, weil $\Theta_e < \pi$ bleiben muss,

$$\Delta\dot{\omega}_{\max} = \omega_n^2\,\pi\,. \tag{3.60}$$

Will man die Phasenregelschleife auch im Wobbelbetrieb eingerastet halten, dann muss $\omega_n$ möglichst groß sein. Die Grenzfrequenz des aktiven Tiefpasses ist im Wesentlichen durch $\omega_n$ gegeben. Die Referenzfrequenz $f_r$ möchte man im Allgemeinen von dem VCO fernhalten. Deshalb muss auf alle Fälle $\omega_n < 2\,\pi f_r$ gelten. Will man also $\omega_n$ groß machen, dann muss auch die Referenzfrequenz hoch liegen. Auf die Konsequenz hieraus wird später noch einmal bei den Schrittgeneratoren eingegangen werden.

Schließlich wollen wir eine sinusförmige Phasenmodulation des Referenzsignals betrachten,

$$\Theta_r(t) = \Delta\hat{\Theta}\cos(\omega\,t)\,. \tag{3.61}$$

Es gilt für eine Zeigerschreibweise von $\Theta_e$ und $\Theta_r$:

$$\Theta_e(j\omega) = \frac{1}{1+V(j\omega)}\,\Theta_r(j\omega) = \frac{(j\omega)^2}{(j\omega)^2+2\varsigma\,\omega_n(j\omega)+\omega_n^2}\,\Theta_r(j\omega) \tag{3.62}$$

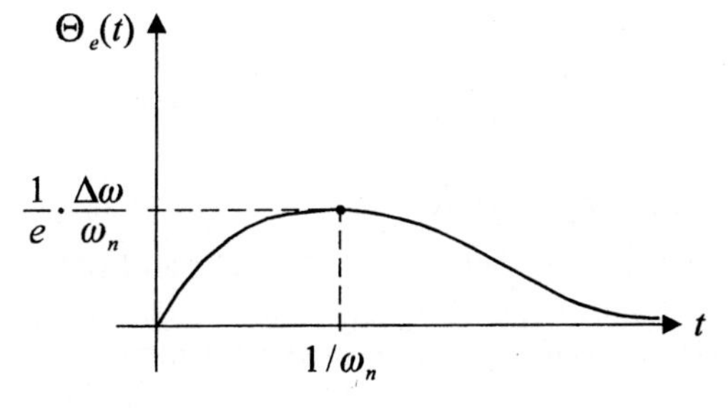


*Bild 3.20: Einschwingvorgang bei einem Frequenzsprung des Referenzoszillators*

Für Modulationsfrequenzen $\omega < \omega_n$ wird die Fehlerphase $\Theta_e$ sehr klein, d. h. der VCO folgt den Phasen- und Frequenzschwankungen der Referenz. Bei höheren Modulationsfrequenzen als $\omega_n$ folgt der VCO ihnen nicht mehr.

Ebenfalls mit Hilfe der Laplace-Transformation lassen sich auch die jeweiligen Einschwingvorgänge berechnen. Dafür möge als ein Beispiel ein Frequenzsprung des Referenzoszillators um $\Delta\omega$ dienen. Der Einfachheit halber sei $\varsigma = 1$. Es ist

$$\begin{aligned} \Theta_e(t) &= L^{-1}\left\{\frac{1}{1+V(s)}\frac{\Delta\omega}{s^2}\right\} \\ &= L^{-1}\left\{\frac{s^2}{s^2+2\omega_n+\omega_n^2}\frac{\Delta\omega}{s^2}\right\} \\ &= L^{-1}\left\{\frac{\Delta\omega}{\left(s+\omega_n\right)^2}\right\}. \end{aligned} \tag{3.63}$$

Für den letzteren Ausdruck findet man in einer Tabelle die Rücktransformation:

$$\Theta_e(t) = \Delta\omega\, t\, e^{-\omega_n t} \tag{3.64}$$

In Bild 3.20 ist der zeitliche Verlauf von $\Theta_e(t)$ skizziert.

Wie schon oben abgeleitet, wird der Fehler für große Zeiten $t$ wieder zu Null. Damit der Einschwingvorgang ohne Komplikation ablaufen kann, sollte $\Theta_e < \pi$ bleiben und damit

$$\Delta\omega_{\max} < e\,\pi\,\omega_n\ . \tag{3.65}$$

Auch für dieses Beispiel ist die größtmögliche Frequenzänderung wiederum mit $\omega_n$ verknüpft.

Das hier besprochene Filter ist im Prinzip immer stabil. Um ein genügend rasches Einschwingverhalten zu ermöglichen, sollte $\varsigma$ jedoch in der Nähe von 1 liegen. Für zu kleine $\varsigma$ ist das Einschwingverhalten oszillatorisch, für zu große zu träge. Die Charakteristik eines realen Filters wird jedoch im Allgemeinen komplizierter sein, weil z. B.

- der Operationsverstärker nicht ideal ist, also z. B. selbst eine Grenzfrequenz aufweist,
- der VCO sich nicht trägheitslos abstimmen lässt,
- das Filter oberhalb der Eckfrequenz noch eine Bandstopcharakteristik benötigt, damit die Referenzfrequenz nicht auf den VCO gelangt,
- eventuell in Digital-Schaltungen eine Totzeit auftritt.

Ein Phasenregelkreis mit einem realen Filter kann deshalb durchaus zu Instabilitäten neigen. Man wird deshalb im Rahmen einer möglichst realistischen Simulation den Regelkreis auf Instabilitäten überprüfen, bevor man ihn aufbaut.

## 3.5 Analoge und digitale Phasendiskriminatoren

Ein einfacher Phasendiskriminator in analoger Technik ist ein Produktmodulator, der im Hochfrequenzbereich näherungsweise durch einen doppelt balancierten Mischer realisiert werden kann. Es seien der VCO und das Referenzsignal Kosinus-förmig:

$$\begin{aligned} u_r(t) &= \hat{U}_r \cos(\Omega t + \Theta_r), \\ u_v(t) &= \hat{U}_v \cos(\Omega t + \Theta_v). \end{aligned} \tag{3.66}$$

Dann erscheint am Ausgang des Produktmodulators eine Spannung

$$u_d(t) = \frac{1}{2}\hat{U}_r \hat{U}_v \cos(\Theta_r - \Theta_v) + \frac{1}{2}\hat{U}_r \hat{U}_v \cos(2\Omega t + \Theta_r + \Theta_v). \tag{3.67}$$

Der Anteil von $u_d(t)$ mit der Frequenz $2\Omega$ kann leicht herausgefiltert werden. Dieser Phasendiskriminator weist jedoch eine Reihe von Nachteilen auf:

1. Die Spannung am Phasendiskriminator ist periodisch und symmetrisch in $\Theta_e = \Theta_r - \Theta_v$. Ein Einrasten der Phasenregelschleife kann mit einem periodischen Phasendiskriminator erst sicher erfolgen, wenn die Referenzfrequenz und die VCO-Frequenz sich bis auf etwa $\omega_n$ angenähert haben.
   Die Symmetrie der Phasendiskriminator-Kennlinie bewirkt außerdem, dass der Phasenregelkreis nicht Seitenband-selektiv einrastet. Wir betrachten dazu die Prinzipschaltung in Bild 3.21.
   Bei einem periodischen Phasendiskriminator kann im eingerasteten Zustand entweder

   $$f_v - f_p = f_{ref} \qquad \text{oder} \qquad f_p - f_v = f_{ref} \tag{3.68}$$

   sein.

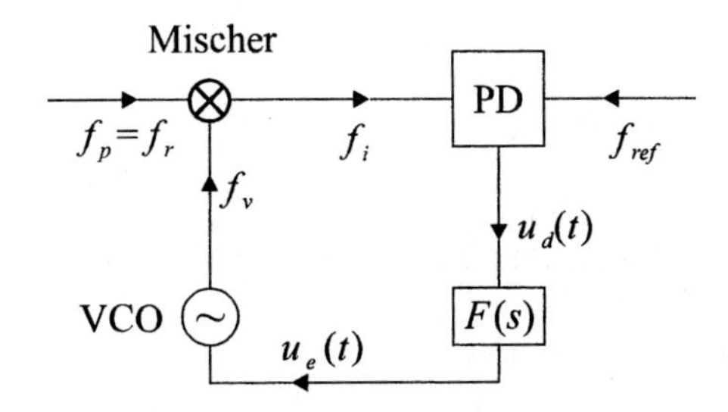


*Bild 3.21: Blockschaltbild eines Phasenregelkreises*

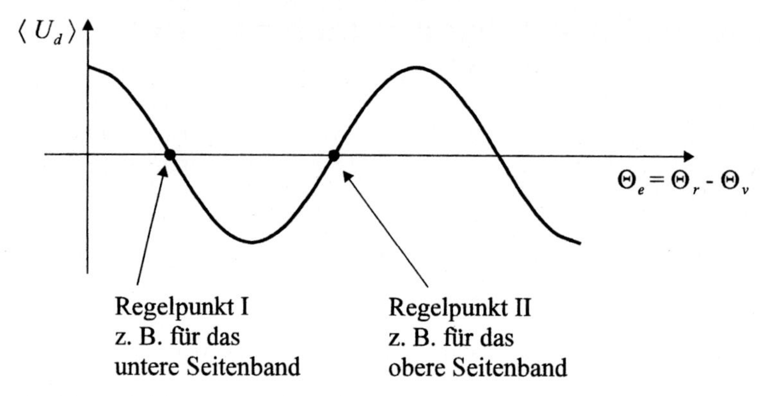


*Bild 3.22: Diskriminator-Kennlinie eines Produktmodulators*

Die Vertauschung des Seitenbandes kehrt den Regelsinn um, jedoch ergibt sich jeweils ein stabiler Arbeitspunkt, wie der Diskriminator-Kennlinie in Bild 3.22 zu entnehmen ist. Im Allgemeinen möchte man jedoch erreichen, dass ein Einrasten nur auf ein Seitenband erfolgen kann.

2. Die Diskriminator-Kennlinie des Produktmodulators ist nur in einem sehr engen Bereich als linear anzusehen; die Verstärkung der Regelschleife ist daher veränderlich.

Die hier aufgezählten Nachteile können mit digitalen Phasendiskriminatoren vermieden werden. Dazu werden wir verschiedene Realisierungsmöglichkeiten mit steigender Komplexität betrachten. Vorteile eines Produktmodulators bzw. Mischers können geringes Rauschen und eine höhere Betriebsfrequenz sein.

### 3.5.1 Ein periodischer und symmetrischer digitaler Phasendiskriminator mit bereichsweise linearer Kennlinie

Die verlangte Funktion erfüllt gerade ein Exklusiv-Oder Gatter. R steht für das Referenzsignal, V für den VCO. Die Signale R und V seien Rechtecksignale mit einem Tastverhältnis von 50 %. Die Wahrheitstabelle lautet:

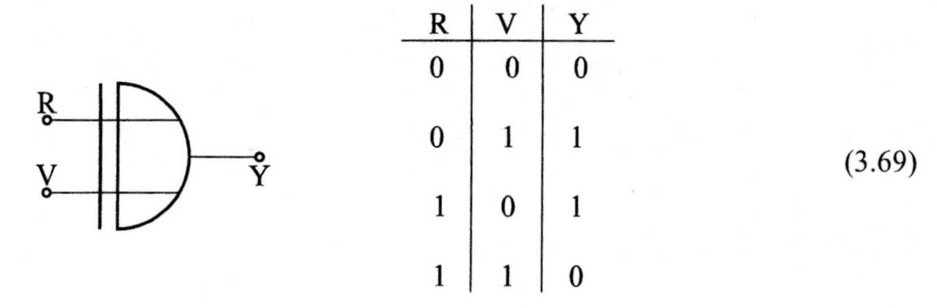


| R | V | Y |
|---|---|---|
| 0 | 0 | 0 |
| 0 | 1 | 1 |
| 1 | 0 | 1 |
| 1 | 1 | 0 |

(3.69)

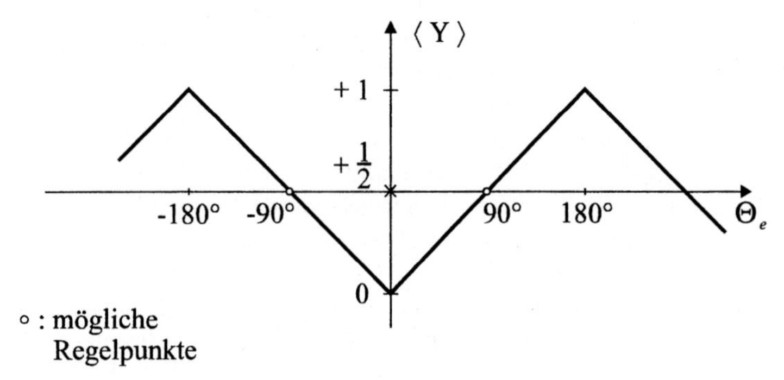


*Bild 3.23: Diskriminator-Kennlinie eines Exklusiv-Oder Gatters*

Die Diskriminator-Kennlinie, d. h. der Mittelwert ⟨Y⟩ von Y, aufgetragen über der Phasendifferenz $\Theta_e$ zwischen R und V hat, wie man sich leicht klarmachen kann, die Gestalt von Bild 3.23. Aus der Wahrheitstabelle kann man die logische Funktion

$$Y = \overline{R} \cdot V + R \cdot \overline{V} \tag{3.70}$$

ablesen, die man z. B. mit Nand-Gattern realisieren kann. Um es noch einmal zu wiederholen:
Der Vorteil des Exklusiv-Oder Gatters ist die bereichsweise lineare Kennlinie.

---

**Übungsaufgabe 3.6**

Realisieren Sie die logische Funktion gemäß Gl. (3.70) mit Nand-Gattern.

---

### 3.5.2 Ein digitaler Phasendiskriminator mit linearer und unsymmetrischer Kennlinie auf der Basis eines flankengetriggerten Flip-Flops

Als Beispiel für die Verwendung eines flankengetriggerten Flip-Flops zum Aufbau eines unsymmetrischen und damit Seitenband-selektiven Phasendiskriminators (PD) ist die Schaltung in Bild 3.24 angegeben.

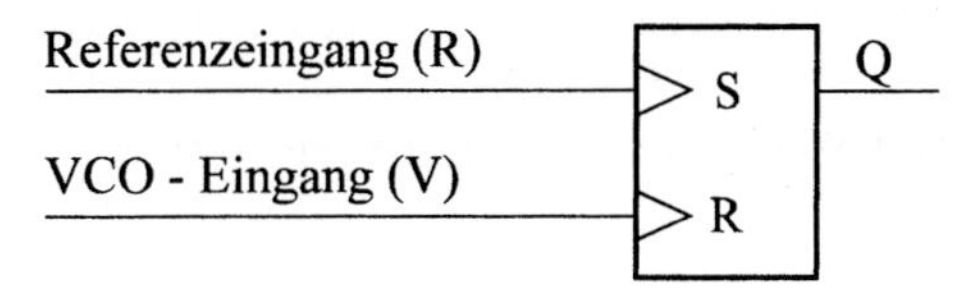


*Bild 3.24: Ein flankengetriggertes Flip-Flop als unsymmetrischer PD*

Das Flip-Flop arbeitet nach dem Prinzip, dass Signale an dem Referenzeingang (R) beziehungsweise dem VCO-Eingang (V) mit ansteigender Taktflanke das Flip-Flop setzen oder auch zurücksetzen. Dabei wird das Flip-Flop mit der steigenden Flanke des Referenzsignals gesetzt und mit der steigenden Flanke des VCO-Signals wieder zurückgesetzt. Selbstverständlich kann eine solche Schaltung ohne Einschränkungen auch mit negativer Flankentriggerung arbeiten. Durch die Flankensteuerung ist gewährleistet, dass die Diskriminatorkennlinie einen unsymmetrischen Verlauf annimmt.

Um sich die Kennlinie zu überlegen, kann man die Abläufe recht einfach anhand eines Spannungs-Zeit-Diagrammes betrachten. Dazu trägt man über der Zeit die Verläufe der Signale R, V und Q auf. Man beachte, dass aufgrund der Flankentriggerung das Tastverhältnis bei dieser Schaltung keine Rolle spielt und auch nur ein Ausgangssignal Q benötigt wird. Bild 3.25 zeigt verschiedene Signalzyklen mit jeweils unterschiedlichen Phasenlagen der Eingangssignale zueinander.

In dem linken Diagramm eilt die Phase des Referenzsignals der Phase des VCO-Signals leicht nach. Der Ausgang Q verweilt daher sehr lange auf 1. Damit ist aber auch der Mittelwert der Ausgangsspannung $\overline{U}_q$ recht hoch. Nähert sich die nachlaufende Phase des Referenzsignals der Phase des VCO-Signals beliebig nahe an, so verharrt der Ausgang Q permanent auf 1. Der Mittewert $\overline{U}_q$ entspricht damit der Ausgangsspannung $U_h$ der eingesetzten Logik im High-Zustand. Im mittleren Bild ist ein Signalverlauf aufgetragen, bei dem sich die Signale etwa 180° außer Phase befinden. Das Ausgangssignal Q wird dann mit einem Tastverhältnis von 1:1 geschaltet. Der Mittelwert $\overline{U}_q$ beträgt jetzt gerade $U_h/2$. Stellt man wie im rechten Bild eine leicht voreilende Phase des Referenzsignals ein, so erkennt man, dass der Ausgang hier nur sehr kurze Impulse erzeugt, die bei Verkleinerung der Phasenvoreilung theoretisch beliebig kurz werden können. Im Grenzfall beliebig kurzer Impulse wird der Mittelwert der Ausgangsspannung $\overline{U}_q$ zu null.

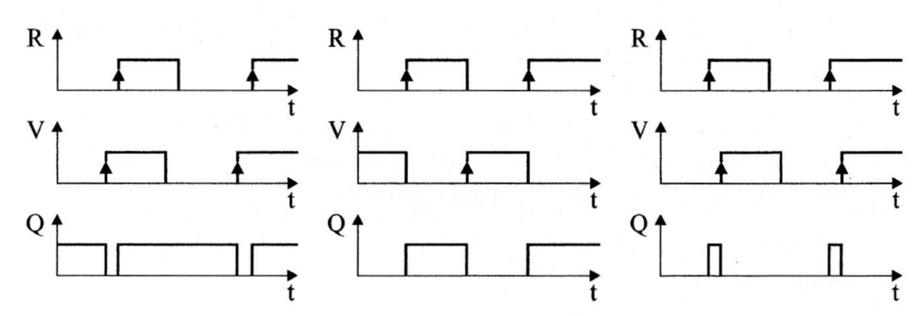


*Bild 3.25: Zeitverläufe an dem Flip-Flop bei verschiedenen Phasenlagen der Signale R und V*

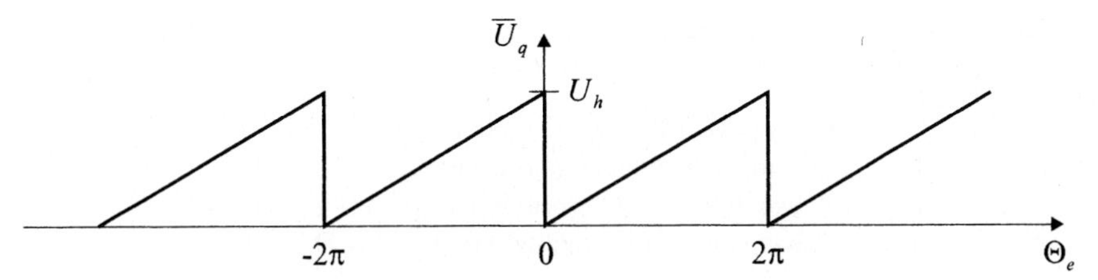


*Bild 3.26: Mittelwert $\overline{U}_q$ der Ausgangsspannung des Phasendiskriminators in Abhängigkeit von der Phasendifferenz ΔΘ*

Mit diesen Überlegungen kann man die Kennlinie des Phasendiskriminators angeben. Dazu wird der Mittelwert $\overline{U}_q$ über der Phasendifferenz $\Theta_e = \Theta_r - \Theta_v$ aufgetragen (Bild 3.26).

Durch den unsymmetrischen Verlauf der Kennlinie kann ein Phasenregelkreis mit einem Mischer nur in einem Seitenband einrasten. Die Wahl des Seitenbands erfolgt über den Regelsinn des Reglers beziehungsweise Schleifenfilters.

Schließlich soll noch die Übertragungsfunktion des Phasendiskriminators $K_{PD}$ angegeben werden, die zur Berechnung einer PLL-Schleife notwendig ist. Sie ergibt sich zu:

$$K_{PD} = \frac{U_h}{2\pi} \quad . \tag{3.71}$$

## 3.5.3 Ein periodischer und unsymmetrischer Phasendiskriminator mit bereichsweise linearer Kennlinie

Als eine Vorüberlegung soll ein einfacher digitaler Phasendiskriminator synthetisiert werden. Das heißt, anhand eines Zustandsgraphen ist zu überlegen, welche logischen Zustände der Phasendiskriminator nacheinander annehmen soll. Daraus soll dann eine logische Schaltung entwickelt werden. Es gibt viele verschiedene Möglichkeiten, den Zustandsgraphen zu entwickeln und entsprechend viele Möglichkeiten einer Schaltungsrealisierung. Der hier gewählte Zustandsgraph ist besonders übersichtlich, führt aber keineswegs zu einer besonders einfachen Schaltung. Der Einfachheit halber wird wiederum ein Tastverhältnis von 50 % vorausgesetzt.

Es werden zwei Ausgangsvariable, D und U, eingeführt. D steht für „down“, U für „up“. Später wird die Polarität von D umgekehrt werden und als Regelgröße dient der Mittelwert

$$\langle U \rangle - \langle V \rangle = \langle U - D \rangle \, . \tag{3.72}$$

Es wird die folgende Festlegung getroffen:

| U | U | |
|---|---|---|
| 0 | 0 | : es wird kein Regelsignal erzeugt ($\langle$ U - D $\rangle$ = 0) |
| 1 | 1 | : es wird kein Regelsignal erzeugt ($\langle$ U - D $\rangle$ = 0) |
| 0 | 1 | : Phase von V soll vermindert werden ($\langle$ U - D $\rangle$ < 0) |
| 1 | 0 | : Phase von V soll erhöht werden ($\langle$ U - D $\rangle$ > 0) |

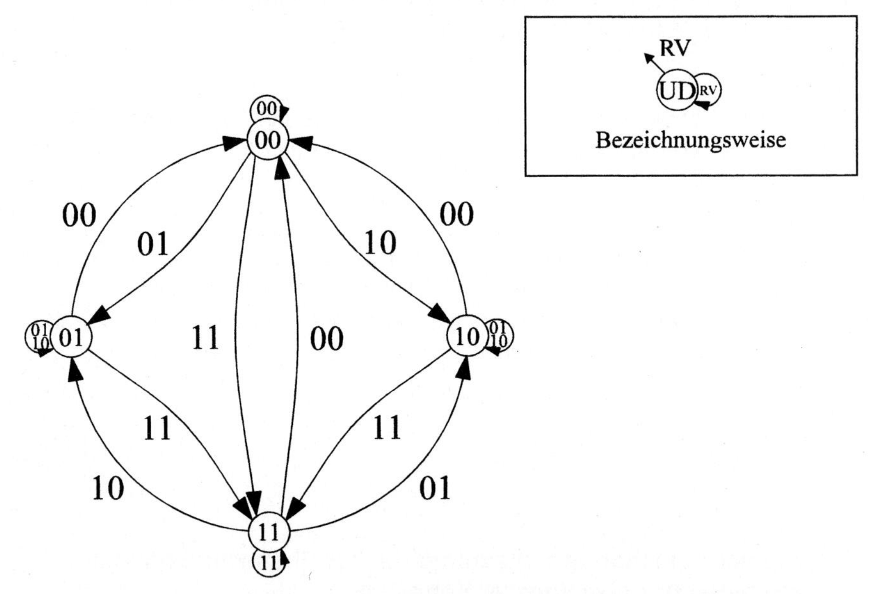


*Bild 3.27: Zustandsgraph für einen unsymmetrischen Phasendiskriminator*

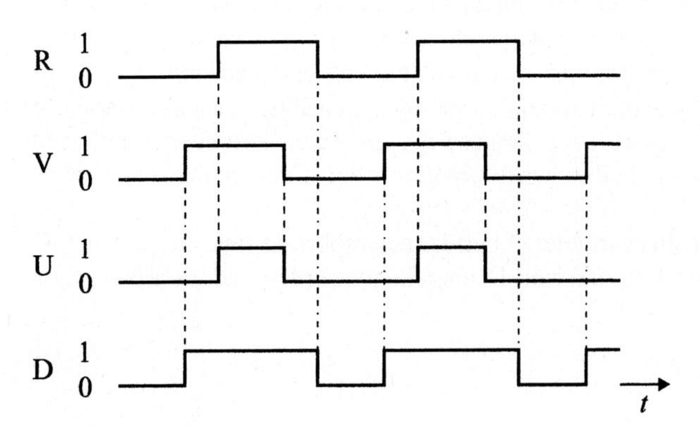


*Bild 3.28: Zeitverläufe für voreilende Phase*

Zunächst betrachten wir den Fall, dass R und V in der Phase übereinstimmen. Dann nimmt R V nacheinander die Zustände 1 1 - 0 0 - 1 1 - 0 0 etc. an und U D die Zustände 1 1 - 0 0 - 1 1 - 0 0 etc., das heißt die Regelspannung ist gleich Null, wie es auch sein soll ($\langle U - D \rangle = 0$).

Als Nächstes wollen wir den Fall betrachten, dass R und V zwar die gleiche Frequenz besitzen, aber V in der Phase voreilt. Wir zeichnen in Bild 3.28 die zeitliche Abfolge der Variablen R, V, U und D auf.

Regelungsrelevant ist, dass immer wieder der Zustand U = 0, D = 1 angenommen wird ($\langle U - D \rangle < 0$) und zwar zeitlich um so länger, je mehr die Phase von V voreilt. Bei 180° Voreilung wird praktisch nur im Zustand 0 1 verweilt ($\langle U - D \rangle = -1$).

Ist umgekehrt die Phase von V gegenüber R nacheilend, dann wird entsprechend der Zustand U = 1, D = 0 häufig angenommen, ($\langle U - D \rangle > 0$). Damit ergibt sich die folgende Diskriminator-Kennlinie (Bild 3.29), die ersichtlich unsymmetrisch ist. Mit Hilfe der KV-Diagramme lässt sich eine Vereinfachung der Schaltfunktion durch eine Zusammenfassung von Elementarblöcken erreichen.

---

**Übungsaufgabe 3.7**

Für den unsymmetrischen Phasenkomparator mit dem Zustandsgraphen gemäß Bild 3.27 sollen die KV-Diagramme angegeben werden und daraus die Schaltfunktionen und eine mögliche Realisierung abgeleitet werden.

---

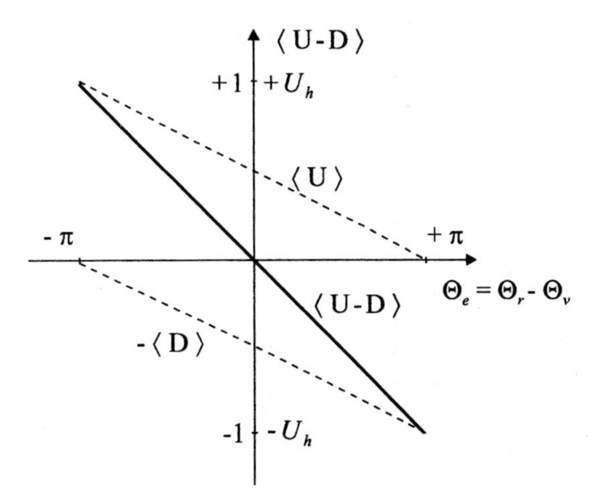


*Bild 3.29: Diskriminator-Kennlinie eines unsymmetrischen Phasendiskriminators*

Wie man zeigen kann, ist die Realisierung dieser Schaltfunktionen mit Nand-Gattern und Rückführungen möglich, ohne dabei Speicherelemente wie z. B. JK-Flip-Flops einzusetzen.

## 3.6 Phasen-Frequenz-Diskriminatoren

Bisher wurden Schaltungstypen behandelt, die Phasenunterschiede auswerten können, aber bei stark unterschiedlichen Frequenzen kein brauchbares Regelsignal mehr liefern. Die in diesem Abschnitt besprochenen Phasen-Frequenz-Diskriminatoren sind auch bei großen Frequenzunterschieden zwischen dem R- und V-Eingang in der Lage, ein definiertes Regelsignal zu liefern.

### 3.6.1 Ein Phasen-Frequenz-Diskriminator auf der Basis von flankengetriggerten Flip-Flops

Auch ein Phasen-Frequenz-Diskriminator (PFD) lässt sich recht einfach mit Hilfe von flankengetriggerten Flip-Flops realisieren. Als ein mögliches Realisierungsbeispiel ist in Bild 3.30 ein Phasen-Frequenz-Diskriminator mit zwei D-Flip-Flops dargestellt.

Der PFD soll in der Lage sein, auch bei sehr großen Frequenzunterschieden zwischen dem Referenzsignal (R) und dem VCO-Signal (V) eine mittlere Ausgangsspannung zu liefern, die es der Regelung ermöglicht, den VCO in die richtige Richtung nachzuführen. Um dies zu erreichen, benötigt man jedoch ein Ausgangssignal, das mehr als nur zwei Werte annehmen kann. Daher werden in dem abgebildeten PFD auch beide Flip-Flop-Ausgänge verwendet, um durch eine analoge Differenzbildung daraus ein Signal zu gewinnen, das dann drei verschiedene Werte annehmen kann. Diese Werte sind + 1, 0 und - 1.

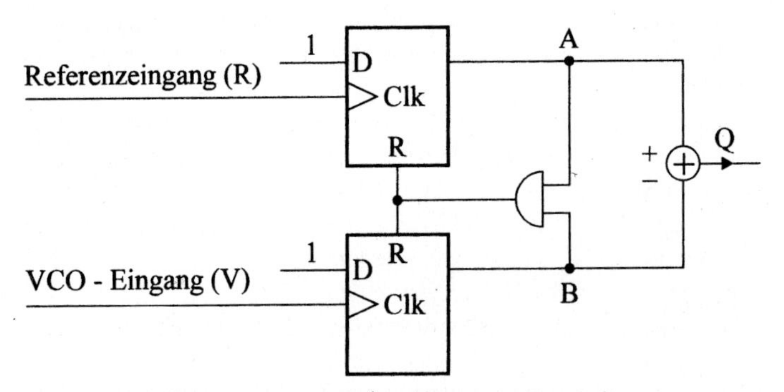


*Bild 3.30: PFD mit zwei flankengetriggerten Flip-Flops*

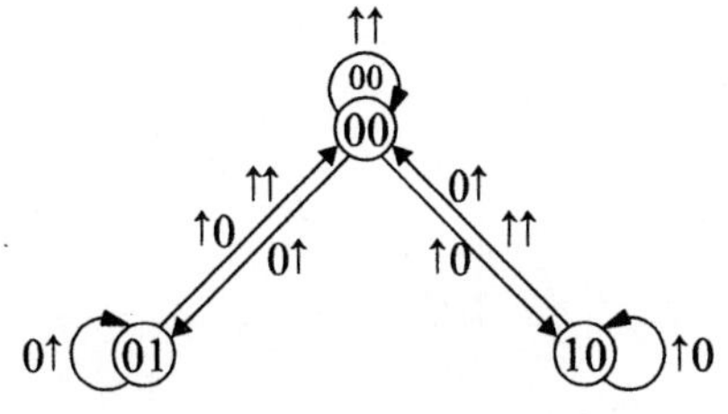

Erklärung :

(AB) ≙ Zustand der Flip-Flops
00 ≙ keine Flanke
↑0 ≙ Flanke an R
0↑ ≙ Flanke an V
↑↑ ≙ Flanken an beiden Flip-Flops

*Bild 3.31: Modifizierter Zustandsgraph des PFD mit Flip-Flops*

Die Notwendigkeit, mindestens drei verschiedene Ausgangswerte ansteuern zu können, ist allen Phasen-Frequenz-Diskriminatoren eigen und hängt nicht von ihrem internen Aufbau ab.

Um das Verhalten des Zwei-Flip-Flop-PFD zu untersuchen, kann man wiederum die Zeitverläufe betrachten. Eine weitere Möglichkeit besteht darin, die Schaltung durch einen etwas modifizierten Zustandsgraphen zu beschreiben. Dabei werden in den Kreisen die Zustände der beiden Flip-Flops eingetragen, während abweichend von der Darstellung der Zustandsgraphen bisher die Übergänge durch die Flanken der jeweiligen Eingangssignale R und V beschrieben werden. So bedeutet zum Beispiel die Beschreibung ↑0 an einem Übergang, dass an dem R-Eingang eine triggernde Flanke aufgetreten ist, während an dem V-Eingang keine Flanke aufgetreten ist. Bild 3.31 zeigt den Zustandsgraphen des PFD mit zwei Flip-Flops. An dem Zustandsgraphen lässt sich recht gut die Funktion der Schaltung ablesen.

Geht man von dem Anfangszustand aus, dass beide Flip-Flops auf Null stehen und lässt dann das Referenzsignal etwas voreilen, so wird das A-Flip-Flop zunächst gesetzt, bis durch das etwas nacheilende V-Signal beide Flip-Flops wieder zurückgesetzt werden. Die Verweildauer auf dem Zustand 1 0 der beiden Flip-Flops ist proportional zu dem Phasenunterschied zwischen den Signalen. Überschreitet die Phase den Wert $2\pi$, so treten einmal zwei Takte am R-Eingang auf, wobei der zweite Takt keine Auswirkung mehr hat und die Schaltung wieder bei Null Grad Phasenfehler startet. Es ist aber zu beachten, dass trotz des Überschreitens der $2\pi$ nicht der Zustand 0 1 angeregt wird und damit auch keine negativen Ausgangssignale Q auftreten. Dies kann erst vorkommen, wenn die Phase des Referenzsignals zurückgedreht wird. Mit einer entsprechenden Überlegung wird das Verhalten beschrieben, wenn die Phase des R-Signals dem V-Signal nacheilt. Dann wird proportional zu dem Phasenunterschied der Zustand 0 1 angeregt. Auch hier gilt, dass bei Unterschreiten von $-2\pi$ keine Zustände 1 0 angeregt werden und daher bei einer zurückdrehenden Phase nur negative Ausgangssignale Q auftreten können.

Durch die Differenzbildung entspricht der Zustand 1 0 einem Ausgangszustand Q von + 1. Berücksichtigt man noch die Ausgangsspannung $U_h$ der Flip-Flops im High-Zustand, so erhält man im Zustand 1 0 eine Ausgangsspannung $+U_h$, sofern die Differenzstufe keine Verstärkung oder Abschwächung zeigt. Im Zustand 0 1 tritt folgerichtig am Ausgang die Spannung $-U_h$ auf.

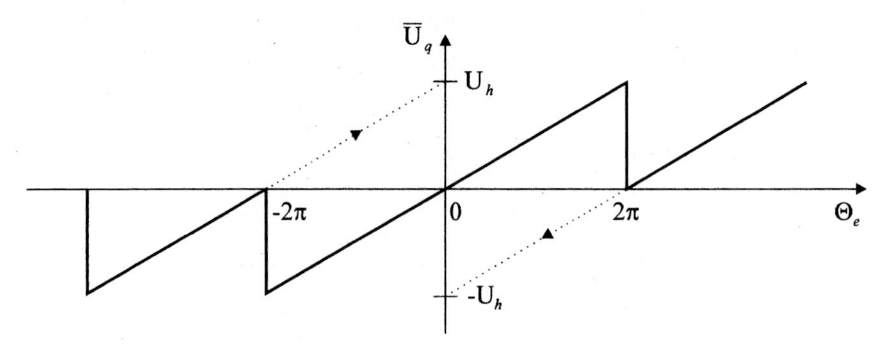


*Bild 3.32: Mittelwert $\overline{U}_q$ der Ausgangsspannung des Phasen-Frequenz-Diskriminators in Abhängigkeit von der Phasendifferenz $\Theta_e$*

Aus den bisherigen Überlegungen lässt sich die Kennlinie des PFD angeben. Sie ist in Bild 3.32 dargestellt.

Wie schon beschrieben, kann die Ausgangsspannung nicht das Vorzeichen wechseln, wenn die Phase $\Theta_e$ fortlaufend in eine Richtung verändert wird. Dies ist der Grund für die Frequenzselektivität des Phasen-Frequenz-Diskriminators, da bei einem Frequenzunterschied die Phase $\Theta_e$ stetig immer nur in eine Richtung verändert wird und damit die Ausgangsspannung entweder nur im positiven oder nur im negativen Spannungsbereich bleibt. Damit steht der Regelung stets ein verwertbarer Mittelwert $\overline{U}_d$ zur Verfügung, um den VCO in die richtige Richtung treiben zu können.

Man kann sich die Frequenzselektivität auch direkt am Zustandsgraphen überlegen. Ist zum Beispiel die Frequenz am R-Eingang größer als am V-Eingang, dann treten mehr Signale der Form ↑0 auf als Signale der Form 0↑. Damit bewegt man sich aber immer zwischen den Zuständen 0 0 und 1 0 und kommt nicht in den linken Bereich. Entsprechendes gilt, wenn die Verhältnisse an den Eingängen vertauscht sind.

Schließlich kann man aus der Kennlinie in Bild 3.32 noch die Übertragungsfunktion ablesen:

$$K_{PD} = \frac{U_h}{2\pi} . \tag{3.73}$$

### 3.6.2 Ein Phasen-Frequenz-Diskriminator auf der Basis von Logik-Gattern

Als Nächstes soll ein Zustandsgraph entworfen werden, der einen denkbaren Phasendiskriminator beschreibt, welcher zusätzlich angibt, ob die Frequenz zu hoch oder zu niedrig ist. Aus Gründen einer einfacheren Darstellung wird zunächst wiederum ein Tastverhältnis von 50 % vorausgesetzt. Dies führt jedoch nicht notwendigerweise zu einer einfacheren Schaltungsrealisierung. Außer dass die Phase vor- oder nacheilt bzw. gleich ist, besteht die Möglichkeit, dass die Frequenz zu hoch oder zu niedrig ist. Deshalb kommt man zur Kennzeichnung aller möglichen Zustände mit zwei Zustandsvariablen U und D nicht aus und führt zwei weitere Hilfsvariable A und B ein, die jedoch nach außen nicht in Erscheinung treten.

Mit U, D und A, B werden insgesamt 8 Zustände unterschieden. Die Wahl der Zustände A, B ist ziemlich willkürlich. Der Kern der Schaltung ist wiederum ähnlich wie für den unsymmetrischen Phasendetektor. Als Regelsignal soll später wieder $\langle U - D \rangle$ gebildet werden.

Bild 3.33 zeigt einen Zustandsgraphen für einen Phasen-Frequenz-Diskriminator. Wir wollen die verschiedenen Möglichkeiten verfolgen.

Es existiert keine Phasenverschiebung zwischen R und V. Deshalb werden die Zustände gemäß der geschlängelten Linie durchlaufen. Das Regelsignal bleibt Null ($\langle U - D \rangle = 0$)

Die Phase von V gegenüber R ist voreilend bzw. nacheilend. Es werden die Zustände gemäß der durchgezogenen bzw. strichpunktierten Linie durchlaufen. Der Zustand D = 1 bzw. U = 1 wird umso länger angenommen, je mehr die Phase vor- bzw. nacheilt, ($\langle U - D \rangle \lessgtr 0$).

Die Frequenz von V ist viel höher (niedriger) als die von R. Dann werden die Zustände gemäß der gestrichelten (gepunkteten) Linie durchlaufen. Es ist D (U) praktisch immer 1 (0) und U (D) praktisch immer 0 (1). Dies ergibt ein konstantes Regelsignal am Ausgang des Diskriminators, das den VCO in die Richtung einer Frequenzgleichheit treibt, ($\langle U - D \rangle = \overset{-}{(+)}\, 1$ ).

Sind die Frequenzen ungefähr gleich, dann können nacheinander sowohl die Schleifen gemäß 2) als auch gemäß 3) durchlaufen werden.

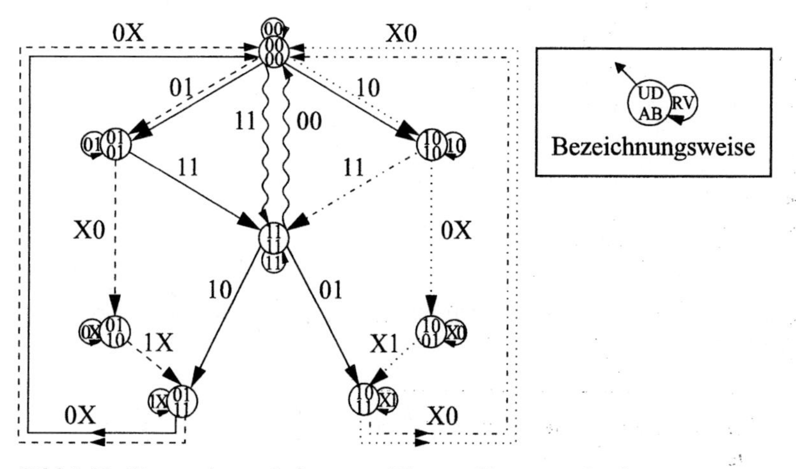


*Bild 3.33: Zustandsgraph für einen Phasen-Frequenz-Diskriminator*

Der Phasen-Frequenz-Diskriminator (abgekürzt PFD) kombiniert also verschiedene Vorzüge: Die Kennlinie ist

- abhängig von der Richtung, in der $\Theta_e$ durchlaufen wird,
- unsymmetrisch,
- bereichsweise linear und
- der Einfangbereich wird (fast) beliebig groß.

Der hier skizzierte Zustandsgraph ist zwar besonders übersichtlich, führt aber zu keiner besonders einfachen Schaltung. Deshalb soll als weiteres Beispiel ein industrieller Phasen-Frequenz-Diskriminator besprochen werden, der offensichtlich nach dem Gesichtspunkt größtmöglicher Schaltungsvereinfachung und Schnelligkeit entworfen wurde (Bild 3.34).

Für diese Schaltung findet man nach einiger Überlegung die folgenden Zustandsgleichungen:

$$\begin{aligned} U^+ &= \overline{A} + \overline{U \cdot R} \cdot A \cdot B \cdot \overline{V \cdot D} + R \cdot U\,, \\ D^+ &= \overline{B} + \overline{U \cdot R} \cdot A \cdot B \cdot \overline{V \cdot D} + V \cdot D\,, \\ A^+ &= A \cdot \overline{B} + U \cdot R + V \cdot D \cdot A\,, \\ B^+ &= \overline{A} \cdot B + V \cdot D + U \cdot R \cdot B\,. \end{aligned} \tag{3.74}$$

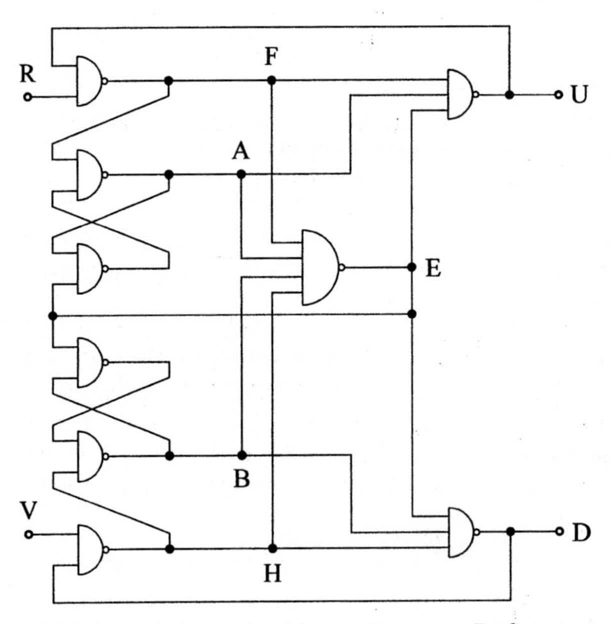


*Bild 3.34: Schaltung des Phasen-Frequenz-Diskriminators MC 4044 von Motorola*

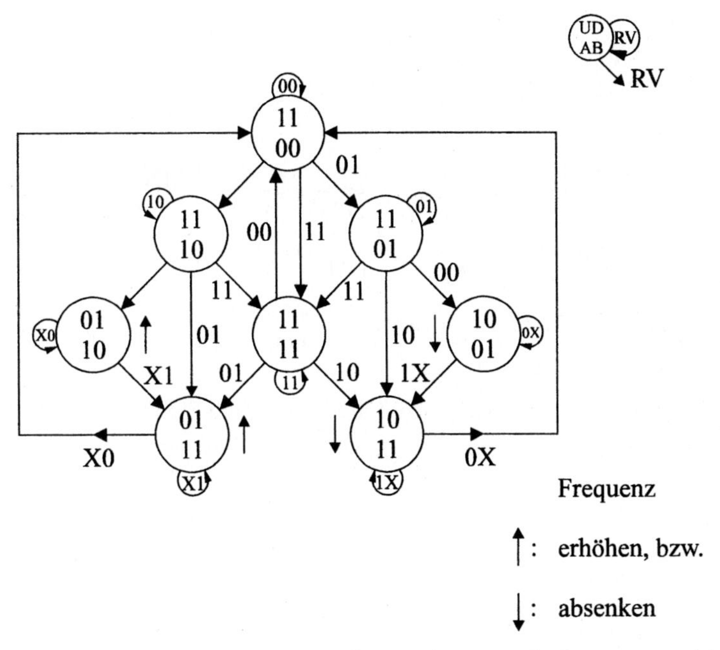


*Bild 3.35: Zustandsgraph des Phasen-Frequenz-Diskriminators MC 4044*

Mit diesen Zustandsgleichungen lassen sich KV-Diagramme zeichnen und daraus lässt sich schließlich der zugehörige Zustandsgraph angeben (Bild 3.35)

Auch in diesem Zustandsgraphen werden je nach Phasen- oder Frequenzrelation verschiedene Schleifen durchlaufen. Die Mannigfaltigkeit ist jedoch größer, weil ein beliebiges Tastverhältnis zugelassen wird. Die Schaltung ist ganz besonders ausgeklügelt in Richtung auf einen möglichst geringen Schaltungsaufwand. Zu diesem Zweck sind auch die Variablen des Zustandsgraphen geeignet gewählt worden. Man beachte noch, dass die Bedeutung von U und D entgegengesetzt zu unserer bisherigen Definition ist.

Ein digitaler Phasen-Frequenz-Diskriminator löst also die Aufgabe, trotz niedriger Tiefpass-Grenzfrequenz, also niedrigem $\omega_n$, den Einfangbereich sehr groß zu machen. Die Kennlinie des Phasen-Frequenz-Diskriminators ist bereichsweise linear und unsymmetrisch. Das Tastverhältnis ist beliebig. Trotzdem ist diese Schaltung verhältnismäßig einfach. In ECL-Logik ist die Schaltung bis etwa 800 MHz einsetzbar. Durch Vorteiler lässt sich der Einfangbereich noch weiter erhöhen.

---

**Übungsaufgabe 3.8**

Das Regelfilter in der Phasenregelschleife für das Blockschaltbild nach Bild 3.36 soll dimensioniert werden.

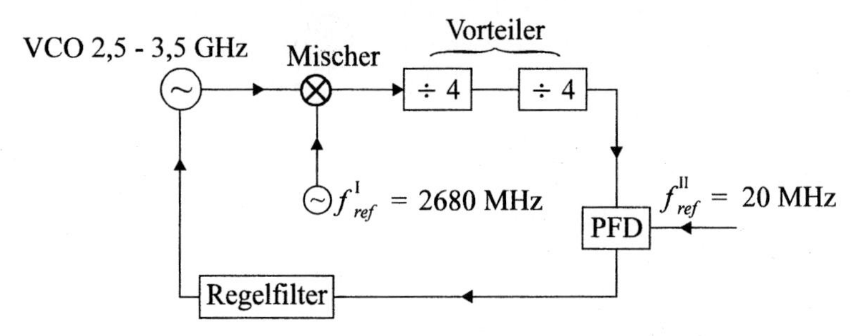


*Bild 3.36: Blockschaltbild eines Phasenregelkreises*

Die Abstimmsteilheit des VCO betrage 2π 100 MHz / V, die Steilheit des Phasen-Frequenz-Diskriminators betrage 5 V / 2 π. Der VCO soll auf dem oberen Seitenband einrasten.

---

**Übungsaufgabe 3.9**

Ein Wobbelsender soll von 2 bis 4 GHz mit 50 Hz Wobbelgeschwindigkeit an einen zweiten Wobbelsender angebunden werden. Wie hoch muss die erste Zwischenfrequenz gewählt werden, damit keine Desynchronisation auftritt?

---

## 3.7 Grundlagen der Schritt- und Synthesegeneratoren

### 3.7.1 Mitlaufende Wobbelsender

Mit einem Netzwerkanalysator möchte man Betrag und Phase von Vierpolgrößen im Wobbelbetrieb also in Abhängigkeit von der Frequenz messen. Dies erfordert unter anderem, dass das Messsignal mit der Frequenz $f_s$ und der Mischoszillator mit der Frequenz $f_p$ einen festen Frequenzabstand $f_i$ einhalten müssen, um die Phasen- und Amplituden-Information durch Mischung auf eine stets konstante Zwischenfrequenz umzusetzen.

Wie in Bild 3.37 skizziert, wird in einem breitbandigen Mischer I die Differenzfrequenz zwischen der Frequenz $f_s$ und der Frequenz $f_p$ gebildet. Diese Differenz- bzw. Zwischenfrequenz $f_i$(I) von z. B. 20 MHz wird in einem digitalen Phasen-Frequenz-Diskriminator (PFD) mit einem quarzstabilen Referenzsignal der Frequenz $f_{ref}$(I) von z. B. 20 MHz verglichen. Am Ausgang des Phasen-Frequenz-Diskriminators und eines nachgeschalteten Schleifenfilters mit der Übertragungsfunktion $F(s)$ erscheint ein Regelsignal, mit dem z. B. der Mischoszillator derart in der Frequenz bzw. Phase nachgezogen wird, dass die Bedingung

$$\left|f_s - f_p\right| = f_i(\mathrm{I}) \tag{3.75}$$

immer erfüllt ist. Der Phasen-Frequenz-Diskriminator bewirkt im Allgemeinen zugleich ein sicheres Fangen und Halten des Phasenregelkreises. Es sei daran erinnert, dass durch den Einsatz eines unsymmetrischen PFD das Einrasten nur auf das gewünschte Seitenband erfolgen kann. Mit einem zweiten quarzstabilen Oszillator von z. B. $f_{ref}(\mathrm{II}) = 19{,}9\,\mathrm{MHz}$ wird in einem Mischer II eine zweite Zwischenfrequenz von in diesem Beispiel $f_i\,(\mathrm{II}) = 100\,\mathrm{kHz}$ erzeugt. Auch das zweite Zwischenfrequenz-Signal enthält die Phasen- und Amplitudeninformation des Hochfrequenz-Signals. Dieses Signal wird digitalisiert und einem Rechner zugeführt. Der Grund für die Verwendung von zwei Zwischenfrequenzen ist ersichtlich:

Die erste Zwischenfrequenz muss genügend hoch sein, damit die Regelung so schnell sein kann, dass Wobbelbetrieb möglich ist.

Für eine bequeme und genaue elektronische und letztlich digitale Auswertung der Phase und Amplitude ist die erste Zwischenfrequenz jedoch zu hoch.

Die Auswertung erfolgt deshalb bei der zweiten Zwischenfrequenz. Die zum Mischerbetrieb erforderlichen Filter sollen in dem Mischersymbol ⊗ enthalten sein.

Statt des Grundwellen-Mischers I kann man in der Schaltung in Bild 3.37 auch einen Oberwellen-Mischer verwenden, um auf diese Weise einen größeren Frequenzbereich für den Messsender abzudecken. Auch in diesem Fall kann man zwei Zwischenfrequenzen verwenden von z. B. 20 MHz und 100 kHz. Nach Einrasten der Regelung gilt die Frequenzbedingung

$$\left|f_S - n \cdot f_P\right| = f_i(\mathrm{I}) \qquad n = 1, 2, 3, 4\ldots\ . \tag{3.76}$$

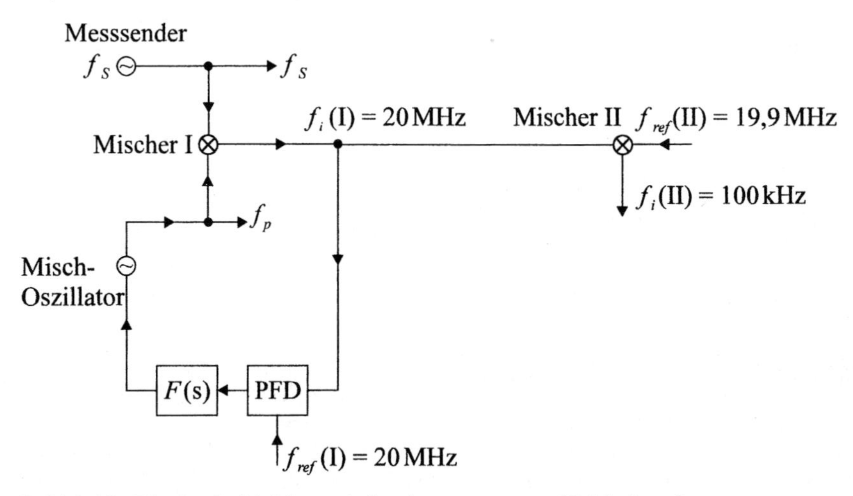


*Bild 3.37: Blockschaltbild zur Anbindung von zwei Wobbelsendern*

## 3.7.2 Schrittgeneratoren

In vielen messtechnischen Anwendungen, wie z. B. bei Netzwerkanalysatoren oder bei Spektrumanalysatoren, die im 4. und 6. Kapitel erläutert werden, benötigt man Wobbelsender, die nicht nur eine konstante Differenzfrequenz aufweisen, sondern darüber hinaus in ihrer absoluten Frequenz genau reproduzierbar sind und digital eingestellt werden können. Die Frequenz sollte in kleiner Schrittweite verändert werden können und die neue Frequenz sollte schnell und mit geringer Einschwingzeit angenommen werden. Solche Sender, die all dies vereinigen, werden als Schrittgeneratoren oder Synthesegeneratoren bezeichnet. Sie werden meist mit Hilfe von Phasenregelkreisen und programmierbaren Frequenzteilern realisiert. Als analog abstimmbare Quellen verwendet man meist über Kapazitätsdioden beziehungsweise Varaktoren abstimmbare Oszillatoren, die als VCO (engl.: voltage controlled oscillator) bezeichnet werden. Im Allgemeinen gibt es einen festen Quarzoszillator als Referenzquelle, der auch als XCO (engl.: cristal controlled oscillator) bezeichnet wird.

### *3.7.2.1 Einschleifiger Phasenregelkreis*

Das Prinzipschaltbild eines Synthesegenerators mit einschleifigem Phasenregelkreis zeigt Bild 3.38. Beispielhaft sind an die Systemkomponenten Frequenzen und Teilungsfaktoren geschrieben.

Die Ausgangsfrequenz $f_v$ des VCO wird in einem programmierbaren Teiler durch $N$ (Symbol: $/N$) geteilt und in einem Phasen-Frequenz-Diskriminator (PFD) mit einer festen quarzstabilen Referenzfrequenz $f_{ref}$ verglichen. Das Ausgangssignal des PFD wird in dem Regelfilter $F(s)$ gefiltert und auf den Steuereingang des VCO zurückgegeben.

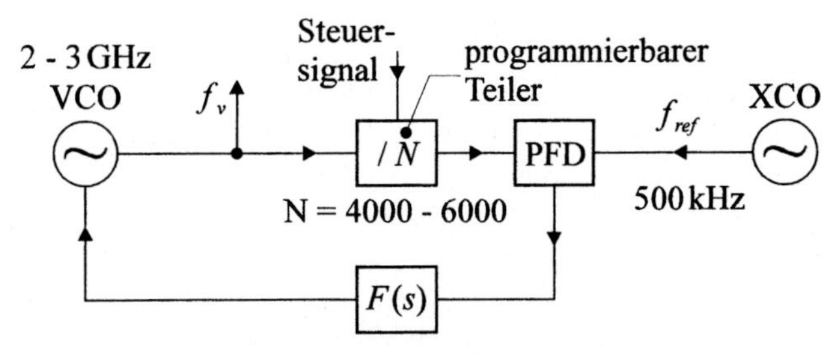


*Bild 3.38: Blockschaltbild eines einschleifigen Synthesegenerators*

Nachdem die Schleife eingerastet ist, beträgt die Ausgangsfrequenz $f_v$ des VCO

$$f_v = N \cdot f_{ref} . \tag{3.77}$$

Die kleinste Schrittweite $\Delta f_v$ in der Frequenzänderung ist durch $f_{ref}$ gegeben,

$$\Delta f_v = f_{ref} . \tag{3.78}$$

Will man die Schrittweite $\Delta f_v$ verringern, dann muss man die Referenzfrequenz $f_{ref}$ verkleinern, wobei der Teilungsfaktor $N$ größer wird. Dies führt jedoch dazu, dass die Grenzfrequenz $f_c$ des Regelfilters, welche typisch ungefähr bei einem Zwanzigstel der Referenzfrequenz $f_{ref}$ liegt, kleiner werden muss. Dadurch wird jedoch das Einschwingverhalten langsamer, weil die Einschwingzeit des Regelfilters ungefähr durch dessen reziproke Grenzfrequenz bestimmt wird. Mit wachsendem Teilungsfaktor $N$ nimmt außerdem der Rauschpegel unterhalb und oberhalb des Trägers des VCO zu und zwar im Frequenzbereich unterhalb der Grenzfrequenz $f_c$, wo die Phasenregelschleife wirksam wird. Quantitativ gilt, dass die Rauschleistung des VCO-Phasenrauschens $W_v$ mindestens um $N^2$ größer als die äquivalente Rauschleistung $W_0$ des PFD ist. Dabei steht $W_0$ für ein äquivalentes Rauschspektrum im niederfrequenten Basisband.

$$W_v \geq N^2 \cdot W_0 . \tag{3.79}$$

Bezüglich des niederfrequenten Rauschens wirkt der Teilungsfaktor $N$ wie ein Vervielfachungsfaktor $N$, welcher die stochastischen Schwankungen des Phasenhubs um einen Faktor $N$ ansteigen lässt und damit die Rauschleistung um einen Faktor $N^2$. Man muss also darauf achten, dass der Teilungsfaktor $N$ nicht zu groß wird. Eine Möglichkeit, dieses Ziel zu erreichen, besteht darin, das VCO-Signal zunächst an einem Mischer umzusetzen.

### 3.7.2.2 Einschleifiger Phasenregelkreis mit Mischer

Das VCO-Signal wird zunächst mit einer Festfrequenz $f_{LO}$ an einem Mischer in einen Zwischenfrequenz-Bereich umgesetzt und anschließend in einem programmierbaren Teiler durch $N$ heruntergeteilt und in einem PFD mit einer Referenzfrequenz $f_{ref}$ verglichen.

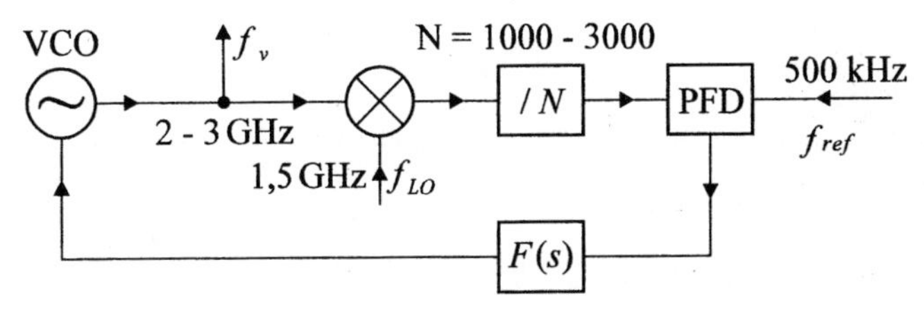


*Bild 3.39: Blockschaltbild eines einschleifigen Phasenregelkreises mit Mischer*

Nachdem der Phasenregelkreis gerastet hat, ergibt sich als Frequenz

$$f_v = f_{LO} \pm N \cdot f_{ref}. \tag{3.80}$$

Man erkennt, dass bei gegebener VCO- und Referenzfrequenz der Teilungsfaktor $N$ kleiner sein kann als bei dem einschleifigen Kreis ohne Mischer. Die Mischoszillator-Frequenz $f_{LO}$ wird man im Allgemeinen ebenfalls aus demselben Quarz-Referenzsignal ableiten und zwar entweder durch eine weitere PLL-Schleife oder durch Frequenzvervielfachung oder durch eine Kombination aus beidem. Die Schrittweite $\Delta f_v$ ist wiederum gleich $f_{ref}$. Indem man mehrere ineinander verschachtelte Phasenregelkreise einsetzt, kann man die Schrittweite weiter verkleinern, ohne dass der maximale Teilungsfaktor vergrößert werden muss. Dies soll im nächsten Abschnitt erläutert werden.

### 3.7.2.3 Verschachtelte Phasenregelkreise

Im Beispiel des Bild 3.40 sind drei Phasenregelschleifen ineinander verschachtelt. Außer dem zentralen VCO I, welcher das eigentliche Hochfrequenz-Signal erzeugt, ist jetzt auch die Mischoszillator-Frequenz veränderbar, nämlich über den VCO II, und die Referenzfrequenz für den Phasen-Frequenz-Diskriminator PFD I, die durch den VCO III erzeugt wird. Alle drei VCOs werden durch Phasenregelkreise stabilisiert.

Es werden zwei programmierbare und ein fester Teiler eingesetzt mit den Teilungsfaktoren $L$, $M$ und $N$. Wenn alle drei Schleifen gefangen haben, ergibt sich als Frequenz des VCO I:

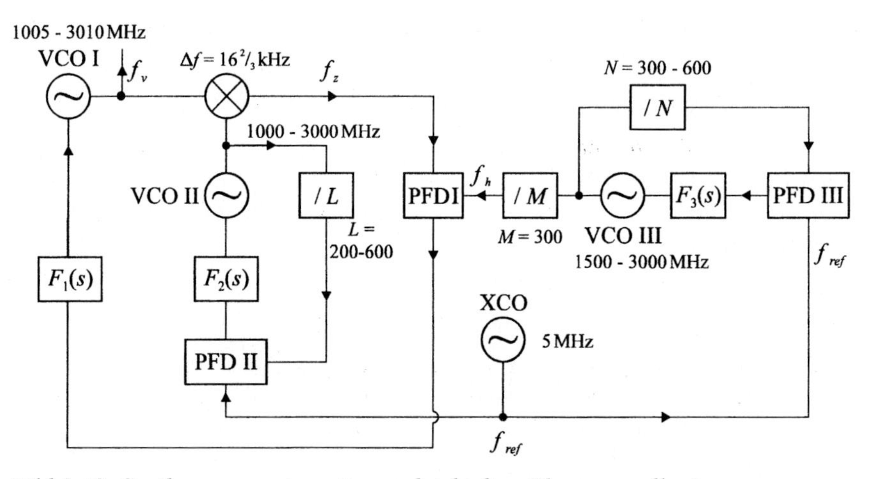


*Bild 3.40: Synthesegenerator mit verschachtelten Phasenregelkreisen*

$$f_V = \left(L \pm \frac{N}{M}\right) f_{ref} \; . \tag{3.81}$$

Das plus- oder minus-Vorzeichen ergibt sich je nachdem, ob am Mischer das obere oder untere Seitenband verwendet wird. Die Schrittweite $\Delta f_V$ beträgt

$$\Delta f_V = \frac{1}{M} f_{ref} \; . \tag{3.82}$$

Der für das Phasenrauschen wichtige höchste effektive Vervielfachungsfaktor beträgt jedoch nur $L + \dfrac{N}{M}$.

Damit ergibt sich ein deutlicher Gewinn gegenüber dem einschleifigen Konzept, da trotz hinreichend hoch liegender Referenzfrequenzen an den Phasen-Frequenz-Diskriminatoren und damit hinreichend schnellem Einschwingen die Schrittweite deutlich geringer, nämlich um den Faktor $M$, kleiner als $f_{ref}$ ist.

#### 3.7.2.4 Synthesegenerator mit verschachtelten Phasenregelkreisen und Kammgenerator

Ein Kammgenerator liefert eine periodische Folge von kurzen Impulsen. Im Spektrum ergeben sich dann ein Linienspektrum beziehungsweise Kammlinien mit annähernd gleicher Amplitude und einem Frequenzabstand gleich der Wiederholfrequenz $f_K$ der Impulse.

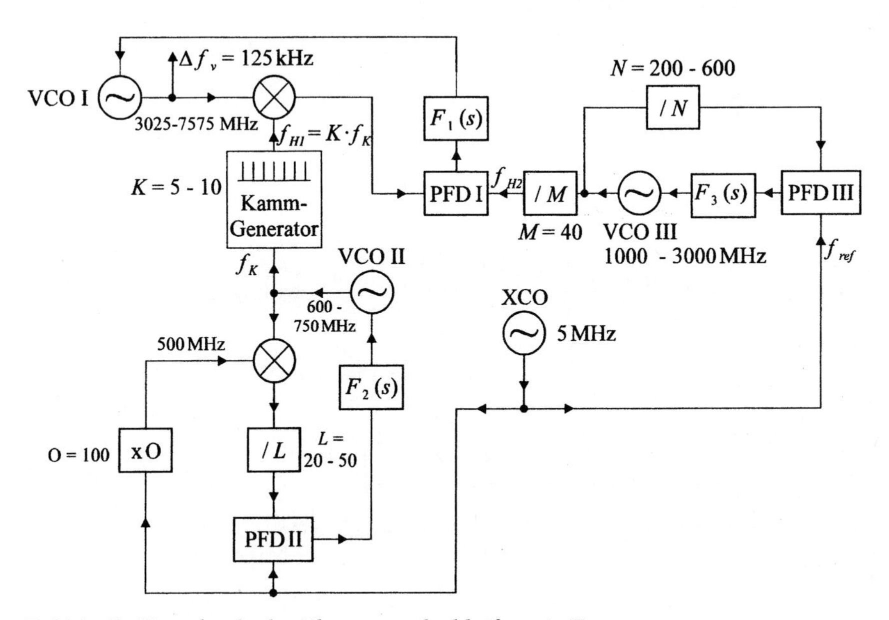


*Bild 3.41: Verschachtelte Phasenregelschleifen mit Kammgenerator*

Zu jeder der einzelnen Kammlinien, die $K$-te Oberschwingungen von $f_K$ darstellen, kann man durch Mischung die Differenzfrequenz bilden. Auch die Wiederholfrequenz $f_K$ des Kammgenerators ist aufgrund eines weiteren Phasenregelkreises variabel. In diesem Schaltungsbeispiel soll der Mischoszillator durch Frequenzvervielfachung um den Vervielfachungsfaktor O aus dem Quarz-Referenzsignal mit der Frequenz $f_{ref}$ abgeleitet sein (Symbol: x O).

Wenn alle Regelkreise gefangen haben, ergibt sich als Frequenz $f_v$ für den VCO I

$$f_v = \left[K\left(O \pm L\right) \pm \frac{N}{M}\right] f_{ref}$$

$$\text{und die Schrittweite und } \Delta f_{ref} = \frac{f_{ref}}{M} . \tag{3.83}$$

Mit diesem Konzept für den Schrittgenerator lassen sich insbesondere hohe Frequenzen gut erreichen. Die Phasenrausch-Eigenschaften sind aufgrund der nicht so hohen effektiven Vervielfachungsfaktoren akzeptabel. Um die richtige Kennlinie zu erreichen, also das richtige $K$ zu treffen, muss der VCO I geeignet in der Frequenz vorgesetzt werden. Eventuell wird man dieses Vorsetzen mit einer weiteren einschleifigen PLL erreichen, die man nach erfolgtem Vorsetzen wieder abschaltet.

### 3.7.2.5 Erzeugung von analogen Frequenzrampen mit Hilfe eines Phasenregelkreises

Häufig möchte man einen Generator nicht nur bei einer Frequenz stabilisieren oder in Schritten andere Frequenzen annehmen lassen, sondern möchte die Frequenz in Form einer analogen Wobbelung linear über der Zeit erhöhen oder erniedrigen, und zwar von einer minimalen Frequenz $f_{min}$ bis zu einer maximalen Frequenz $f_{max}$ oder umgekehrt.

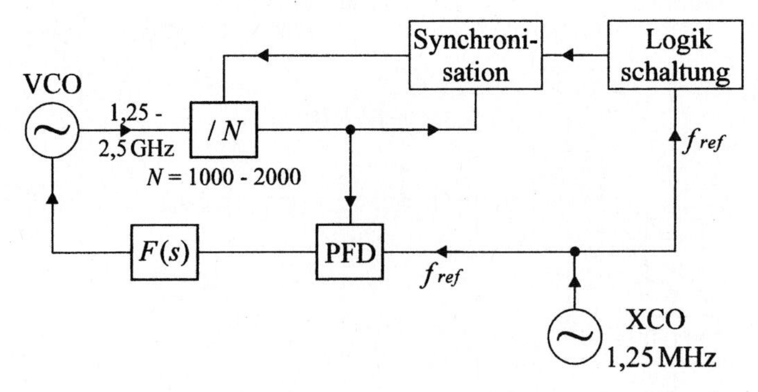


*Bild 3.42: Erzeugung einer Frequenzrampe mit einem Phasenregelkreis*

Dies kann man wie in Bild 3.42 gezeigt ebenfalls mit einer Phasenregelschleife erreichen, wenn man den Teilungsfaktor $N$ nach jeweils gleichen Zeitabständen $\Delta T$ in ganzen Schritten verändert.

Die Umschaltung des Teilungsfaktors wird unmittelbar durch das Teilerausgangssignal gesteuert, letztlich aber doch durch das Referenzsignal $f_{ref}$ bestimmt. Es sei $N_{\max}$ der maximale und $N_{\min}$ der minimale Teilungsfaktor und

$$Z = N_{\max} - N_{\min} \,. \tag{3.84}$$

Dann ist im gefangenen Zustand $N_{\max} \cdot f_{ref}$ die maximale und $N_{\min} \cdot f_{ref}$ die minimale VCO-Frequenz $f_v$. Damit wird die Bandbreite $\Delta f_v$

$$\Delta f_v = N_{\max} \cdot f_{ref} - N_{\min} \cdot f_{ref} = Z \cdot f_{ref} \,. \tag{3.85}$$

Es soll nach jeder Periode der Referenzfrequenz $f_{ref}$ eine Veränderung des Teilungsfaktors um einen ganzen Wert erfolgen. Dann beträgt die Rampen- oder Wobbelzeit T:

$$T = Z \cdot \frac{1}{f_{ref}} = Z \cdot \Delta T \,. \tag{3.86}$$

Bei gegebener Rampenzeit $T$ und Bandbreite $\Delta f_v$ erhält man daraus für $Z = N_{\max} - N_{\min}$ und $f_{ref}$:

$$Z = \sqrt{T \cdot \Delta f_v} \,, \tag{3.87}$$

$$f_{ref} = \sqrt{\frac{\Delta f_v}{T}} \,. \tag{3.88}$$

Für das Zahlenbeispiel in Bild 3.42 erhält man $Z = 1000$ und $f_{ref} = 1{,}25$ MHz bei einer Bandbreite $\Delta f_v$ von 1,25 GHz und einer Rampenzeit $T$ von 800 µs.

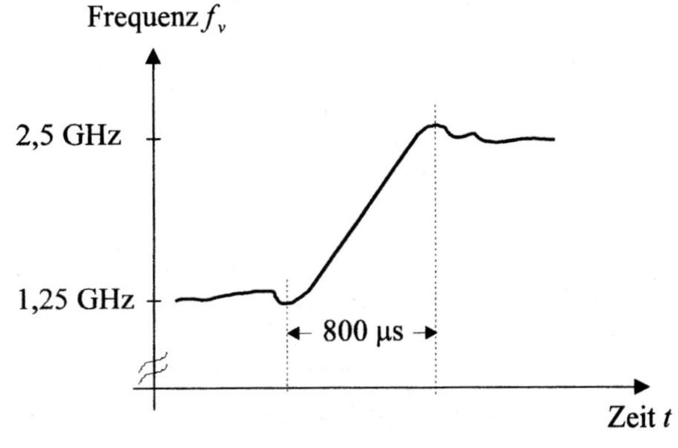


*Bild 3.43: Simulierter Frequenz-Zeit-Verlauf einer analogen Frequenz-Rampe*

Legt man das Regelfilter $F(s)$ passend aus, dann kann man durch solch eine Phasenregelung eine sehr präzise, linear ansteigende Frequenzrampe erzeugen, und zwar mit genau definiertem Frequenz-Zeit-Verlauf und nur geringem Frequenz-Überschwingen an den Bandgrenzen. Bild 3.43 zeigt für die Schaltung in Bild 3.42 und das Zahlenbeispiel aus Bild 3.42 einen simulierten Frequenz-Zeit-Verlauf.

## 3.8 Phasenregelkreise mit fraktionalen Teilern

Wie wir gesehen haben, ist bei einem einschleifigen Phasenregelkreis die kleinste einstellbare Schrittweite gleich der Referenzfrequenz $f_{ref}$. Die VCO-Frequenz $f_v$ wird im gefangenen Zustand um die Schrittweite $\Delta f$ geändert, wenn der ganzzahlige Teilungsfaktor $N$ auf $N \pm 1$ geändert wird. Damit erkennt man ein Dilemma des einschleifigen Phasenregelkreises, dass nämlich eine Reduzierung der Schrittweite nur über eine Reduzierung der Referenzfrequenz $f_{ref}$ zu erreichen ist. Dies ist aber mit erheblichen Nachteilen verbunden, vor allem mit dem Nachteil der kleineren Regelbandbreite und der damit verbundenen längeren Umschaltzeiten. Ein Ausweg aus diesem Dilemma liegt in der Verwendung von mehreren verschachtelten Phasenregelschleifen mit dem Nachteil verhältnismäßig hoher Komplexität. Ein anderer Weg, welcher seit den 80er Jahren zunehmend beschritten wird, besteht in der Verwendung eines fraktionalen Teilerkonzeptes, um Bruchteile der Referenzfrequenz einstellen zu können. Mit dem Vorkomma-Anteil $P$ und dem Nachkomma-Anteil $F$ erhält man die VCO-Frequenz zu:

$$f_v = P,F \cdot f_{ref} \,. \tag{3.89}$$

Der Fraktionalteil $F$ wird durch zeitweiliges Umschalten des ganzzahligen Teilungsfaktors $N$ gebildet. Der Fraktionalteil ergibt sich als zeitliches Mittel der geschalteten Teilungsfaktoren. Eine einfache Möglichkeit für eine Bruchteilbildung ist in Bild 3.44 dargestellt.

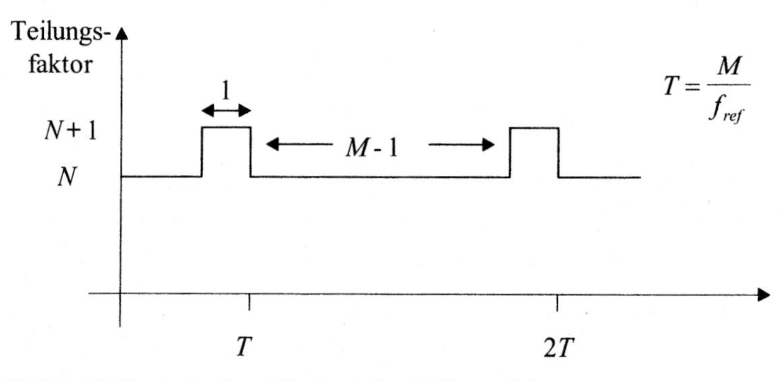


*Bild 3.44: Periodischer Wechsel des Teilungsfaktors*

Während der $M$ Takte einer Periode $T$ wird nur für einen Takt, d. h. für die Dauer einer Periode der Referenzfrequenz $f_{ref}$, der Teilungsfaktor von $N$ auf $N+1$ umgeschaltet. Für den zeitlichen Mittelwert von $N$, $\overline{N}$, erhält man dann

$$\overline{N} = \frac{N(M-1)+(N+1)\cdot 1}{M} = N + \frac{1}{M} . \tag{3.90}$$

Man kann den Teilungsfaktor $N$ innerhalb der Periode $T$ $k$-mal mit $k = 0, 1, 2,\ldots, M$ auf $N+1$ umschalten. In diesem Fall erhält man für den zeitlichen Mittelwert von $N$

$$\overline{N} = \frac{N(M-k)+(N+1)\cdot k}{M} = N + \frac{k}{M} \quad , k \in N ,\ 0 \le k \le M . \tag{3.91}$$

Der Teilungsfaktor kann also in Schritten von $1/M$ variiert werden, so dass sich die VCO-Frequenz der Phasen-Regelschleife zu

$$f_v = \left(N + \frac{k}{M}\right) f_{ref} \tag{3.92}$$

ergibt.

Die Realisierung eines gebrochenen bzw. fraktionalen Teilungsverhältnisses durch eine periodische Umschaltung des Teilungsverhältnisses stellt jedoch keinen praktischen Weg dar, um den Teilungsfaktor zu fraktionieren. Durch die periodische Umschaltung des Teilungsfaktors tritt eine periodische Phasenmodulation des Trägersignals auf, welche zu untragbar hohen Störlinien in der Umgebung des Trägersignals führt. Das Störspektrum ändert seine Form mit dem Fraktionalteil $F$ und lässt sich, weil es oft dicht bei dem Trägersignal liegt, auch nicht durch Filterung beseitigen. Offensichtlich darf die Umschaltung nicht periodisch, sondern muss pseudo-zufällig erfolgen, so dass der Mittelwert des Teilungsfaktors $\overline{N}$ den gewünschten Wert $P,F$ exakt aufweist. Außerdem muss das wegen der pseudo-stochastischen Umschaltung des Teilungsfaktors entstehende breite Störgeräusch so geschickt verteilt werden, dass es nahe beim Träger möglichst niedrig ist. Eine Schaltungskonzeption, welche all dies leistet, lässt sich aus der so genannten Sigma-Delta-Modulation ableiten.

### 3.8.1 Anwendung der Sigma-Delta-Modulation

In Bild 3.45 ist ein Blockschaltbild der Sigma-Delta-Modulation angegeben. Über einen 1-bit Analog-Digital-Wandler wird aus dem Signal hinter dem Integrator (Symbol I) ein 1-bit Digitalsignal $y(k)$ gebildet, welches man sich aufgrund der Analog-Digital-Wandlung mit einem Quantisierungsfehler $n_Q$ beaufschlagt denken kann. Das digitale Ausgangssignal $y(k)$ wird durch eine verzögerte Rückführung (Symbol d, engl.: delay) auf den Eingang zurückgekoppelt. Das rückgekoppelte Signal muss wegen des analogen Charakters des Eingangssignals $x(t)$ zumindest im Prinzip wieder digital-analog rückgewandelt werden (Symbol D/A).

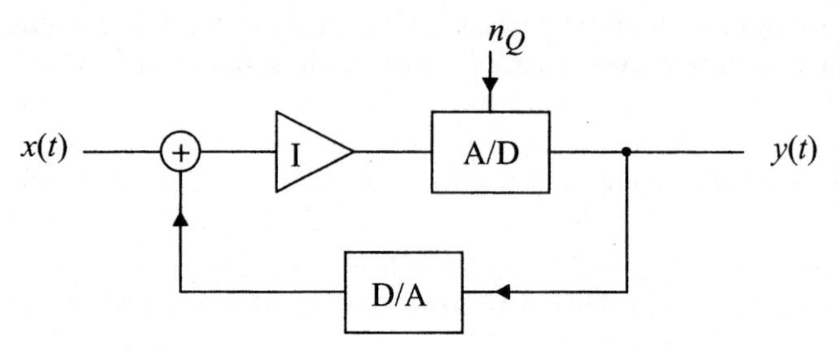


*Bild 3.45: Blockschaltbild der Sigma-Delta-Modulation*

Angewandt auf die Fraktionalteilbildung entspricht der gewünschte Fraktionalteil $F$ dem analogen Eingangssignal $x(t)$ (Bild 3.46). Um eine vollständig digitale Schaltung zu erhalten, liegt der Fraktionalteil in Form eines Digitalwortes hoher Auflösung am Eingang des jetzt digitalen Addierers an. Der zuvor in der Rückkoppelschleife eingefügte D/A-Wandler kann damit entfallen.

Das Addierer-Ausgangssignal wird zunächst integriert, bevor es einer 1-bit Quantisierung zugeführt wird. Auch hier wird der Quantisierungsfehler durch ein Fehlersignal $n_Q$ beschrieben. Dieses Fehlersignal $n_Q$ dient der mathematischen Behandlung, es wird aber nicht tatsächlich von außen zugeführt. Die mathematische Beschreibung erfolgt mit Hilfe der Z-Transformation, die sich bei der Behandlung zeitdiskreter Signale, wie sie hier vorliegen, als sehr vorteilhaft erweist.

Die einzelnen Bauelemente in Bild 3.46 werden daher auch mit den entsprechenden Übertragungsfunktionen der $z$-Variablen bezeichnet. Das Ausgangssignal für dieses einstufige System ergibt sich zu

$$\begin{aligned} Y(z) &= \frac{1}{1-z^{-1}}\left(F - z^{-1}\,Y(z)\right) + n_Q \\ \text{oder}\quad Y(z) &= F + \left(1 - z^{-1}\right) n_Q \ . \end{aligned} \tag{3.93}$$

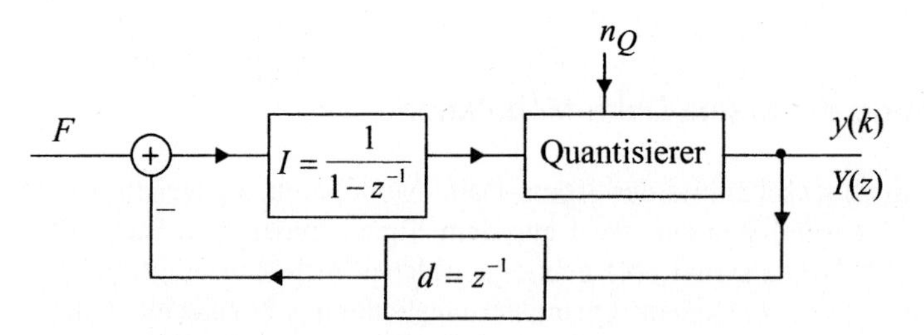


*Bild 3.46: Blockschaltbild der Fraktionalteilbildung*

Man erkennt, dass wegen $z = e^{j\omega}$ der Mittelwert von $Y$ exakt gleich $F$ ist. Außerdem wird der Quantisierungsfehler $n_Q$ im einstufigen System einmal differenziert. In logarithmischer Darstellung entspricht dies einer Absenkung des Quantisierungsspektrums um 6 dB/Oktave zum Träger hin. Für den Fall, dass $F$ eine gebrochene Zahl ist, weist der Signalverlauf $y(k)$ einen weitgehend nichtperiodischen, beinahe stochastischen Charakter auf. Die spektrale Leistungsdichte des Quantisierungsrauschens ist damit als annähernd weiss, d. h. frequenzunabhängig anzunehmen. Durch die einmalige Differenzierung tritt jedoch, wie bereits erwähnt, für $y(k)$ ein Abfall von 6 dB/Oktave zum Träger hin auf. Ist der Kehrwert des Fraktionalteils $F$ eine ganze Zahl, dann löst sich das Spektrum von $F$ in ein Linienspektrum auf.

### 3.8.2 Mehrfachintegration

Um das Phasen- bzw. Frequenzrauschen in Trägernähe zu verbessern, geht man zu mehrstufigen Anordnungen über. Beispielhaft dafür zeigt Bild 3.47 eine dreistufige Schaltung. Diese Schaltung ist so aufgebaut, dass das Quantisierungsrauschen der ersten und zweiten Stufe exakt kompensiert wird und nur das Quantisierungsrauschen der dritten Stufe übrigbleibt, welches dann mit $3 \cdot 6\,\text{dB} = 18\,\text{dB/Oktave}$ zum Träger hin abfällt.

In diesem mehrstufigen System wird das Quantisierungssignal auf den Eingang der jeweils folgenden Stufe geführt. Es gilt

$$y = y_1 + y_2' + y_3''$$

und weiterhin

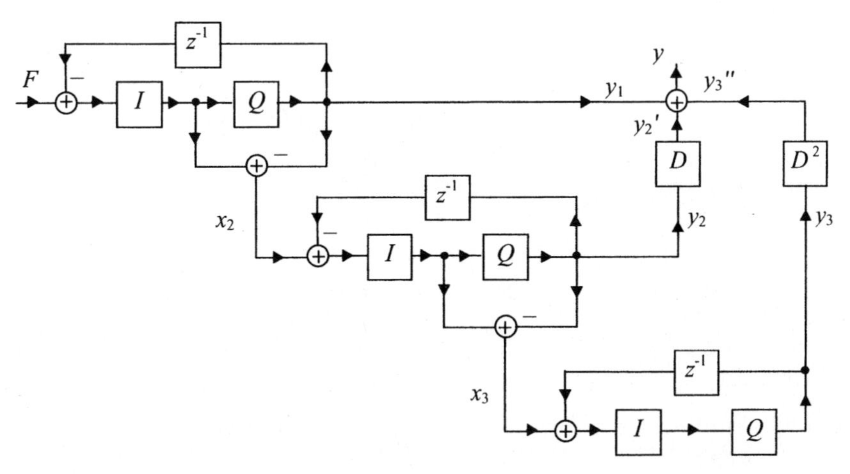


*Bild 3.47: Prinzip der Mehrfachintegration*

$$y_1 = F + n_{Q1} \cdot D \tag{3.94}$$

mit der Übertragungsfunktion für eine Differenzierung $D$,

$$D = 1 - z^{-1}. \tag{3.95}$$

Außerdem gilt

$$x_2 = y_1 - n_{Q1} - y_1 = -n_{Q1}$$

und

$$\begin{aligned} y_2 &= \left(x_2 - z^{-1} \cdot y_2\right) I + n_{Q2} \\ y_2' &= -n_{Q1} \cdot D + n_{Q2} \cdot D^2 \end{aligned} \tag{3.96}$$

und ebenso

$$y_3'' = -n_{Q2} \cdot D^2 + n_{Q3} \cdot D^3. \tag{3.97}$$

Damit erhält man schließlich für $y$

$$y = F - n_{Q3} \cdot D^3. \tag{3.98}$$

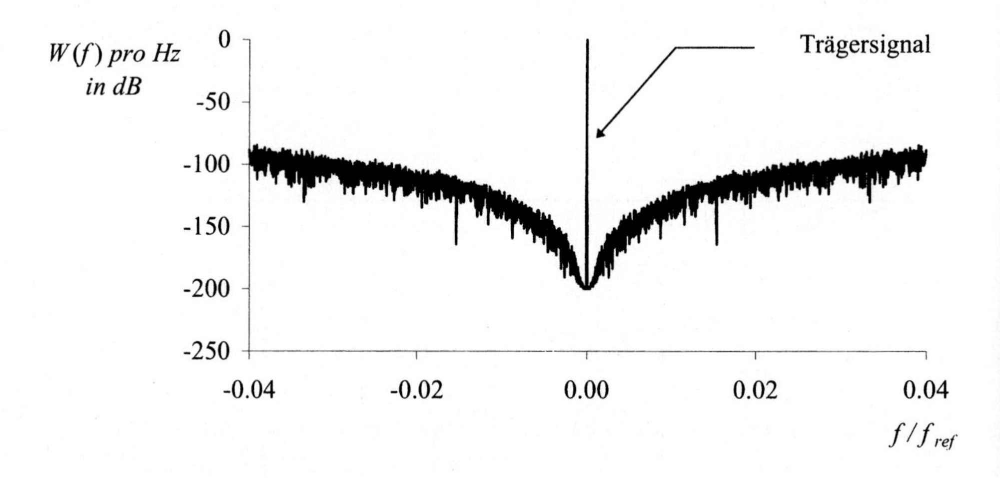


*Bild 3.48: Simuliertes Rauschspektrum für eine dreistufige fraktionale Teileranordnung*

Man erkennt, dass das Quantisierungsrauschen der ersten und zweiten Stufe gerade kompensiert wird und dass das Quantisierungssignal der dritten und letzten Stufe mit $D^3$ multipliziert ist, was zu dem erwähnten Abfall von 18 dB pro Oktave zum Träger hin führt.

Bild 3.48 zeigt ein Rauschspektrum $W(f)$, wie es sich aus einer Simulation für die dreistufige Anordnung aus Bild 3.47 mit $F = 0{,}05$ ergibt.

Solch ein Rauschspektrum kann man auch beobachten, ohne dass sich der fraktionale Teiler in einer Phasenregelschleife befindet. Es reicht dazu eine Anordnung wie in Bild 3.49 mit Festoszillator der Frequenz $f_0$, steuerbarem Teilungsfaktor $N$ und fraktionaler Steuerlogik aus.

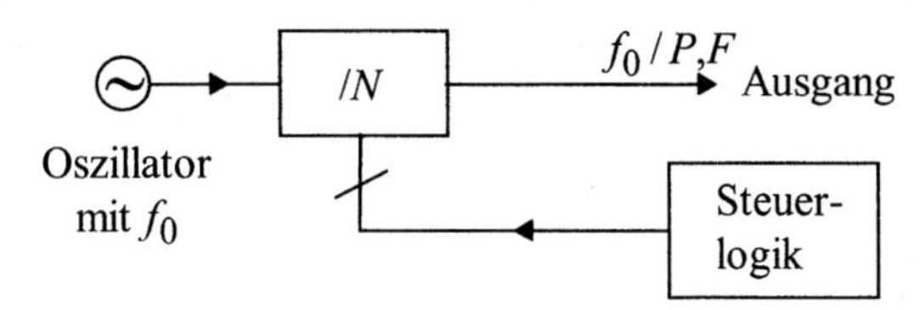


*Bild 3.49: Fraktionale Teileranordnung mit Festoszillator am Eingang*

Die Ausgangsfrequenz beträgt $f_0 / P{,}F$. Der fraktionale Anteil $F$ wird exakt eingehalten. In der dreistufigen Anordnung liegen die Hübe des Teilungsfaktors in einem Bereich von -3 bis +4, was man sich auch aus grundsätzlichen Erwägungen heraus überlegen kann. Für $F = 0{,}05$ lauten die ersten Zahlenwerte für die Abweichungen $\Delta N$ des Teilungsfaktors $N$ 1, -1, 0, 0, 1, -1, 0, -2, 3, -2,... Zuvor war der Teilungsfaktor $N$ eingestellt gewesen, also $F = 0$.

---

**Übungsaufgabe 3.10**

Zeigen Sie, dass für eine dreistufige Anordnung der Teilerhub auf den Bereich -3 bis +4 beschränkt bleibt.

---

Das hohe Rauschsignal, welches weiter vom Träger entfernt auftritt, muss durch analoge Filterung deutlich reduziert werden. Befindet sich der fraktionale Teiler in einer Phasenregelschleife, dann muss die Absenkung des trägerfernen Rauschens durch das Regelfilter bewerkstelligt werden.

Eine Variante einer fraktionalen Teilersteuerung, ebenfalls dreistufig, ist in Bild 3.50 gezeigt.

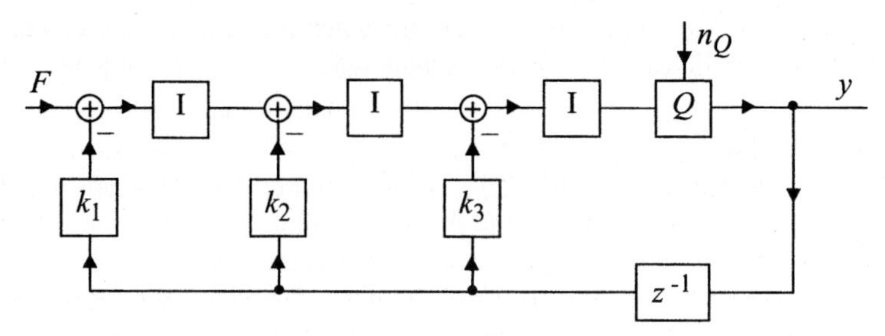


*Bild 3.50: Integrator-Kettenschaltung mit Wichtungsfaktoren $k_1$, $k_2$ und $k_3$ in der Rückkopplung*

Man erhält als Übertragungsfunktion in Abhängigkeit der $z$-Variablen

$$y(z) = \left[\left(k_1\left(F - z^{-1} \cdot y(z)\right)I - k_2 \cdot z^{-1} \cdot y(z)\right)I - k_3 \cdot z^{-1} \cdot y(z)\right]I + n_Q \tag{3.99}$$

oder

$$y(z) = \frac{k_1 \cdot F + n_Q \cdot D^3}{D^3 + D^2 \cdot k_3 + D \cdot k_2 + k_1} \tag{3.100}$$

In dieser Konfiguration muss der Quantisierer mehrstufig ausgebildet sein. Man kann zeigen, dass die Schaltung in Bild 3.50 für den Fall, dass die Multiplizierer-Koeffizienten zu $k_1 = k_2 = k_3 = 1$ gewählt werden, vollständig identisch zu derjenigen in Bild 3.47 ist.

---

**Übungsaufgabe 3.11**

Zeigen Sie, dass für $k_1 = k_2 = k_3 = 1$ die Schaltungen in Bild 3.50 und Bild 3.47 auch im Zeitverhalten vollständig identisch sind.

---

Damit ist auch die zeitliche Abfolge der Teilungsfaktoren, also die Folge der Werte von $y(k)$, in beiden Fällen identisch. Die Hübe liegen damit wiederum in dem Bereich von - 3 bis + 4.

Man kann die Wichtungsfaktoren $k_1$ bis $k_3$ nicht beliebig wählen. Vielmehr muss man darauf achten, dass das Nennerpolynom in Gl. (3.100) stabil bleibt.

Die Veränderung des Teilungsfaktors in ganzzahligen Schritten um einen mittleren Teilungsfaktor $\overline{N}$ herum führt am Ausgang der Teilerkette zu einer entsprechenden Phasenmodulation. Am Ausgang des Phasendiskriminators innerhalb der Regelschleife werden diese Phasenschwankungen in entsprechende Spannungsschwankungen umgesetzt, welche den zeitlichen Veränderungen des Teilungsfaktors proportional sind. Um zu erreichen, dass das trägernahe Quantisierungsrauschen wie erwünscht auch tatsächlich stark abfällt, muß der Phasendiskriminator innerhalb der Phasenregelschleife eine hohe Linearität aufweisen. Nichtlineare Effekte im Phasendiskriminator können das trägernahe Quantisierungsrauschen durch Mischprozesse stark ansteigen lassen.

Das Prinzip der fraktionalen Teilung läßt sich auch im Zusammenwirken mit Phasenregelkreisen zur Erzeugung von analogen Frequenzrampen erfolgreich nutzen. Es wirkt sich wie eine Erhöhung der Zahl $Z$ der ganzzahligen Teilungsfaktoren gemäß Gl. (3.84) und damit der effektiven Zahl der Frequenzstützpunkte aus.

Anstatt den jeweils neuen Teilungsfaktor in Realzeit zu bestimmen, kann man sämtliche Teilungsfaktoren vorab berechnen, in einem schnellen Speicher ablegen und sie dann mit hoher Folgerate auslesen. Diese Vorgehensweise ist auch für feste Frequenzen $P,F$ möglich, weil, wie man zeigen kann, die Folge der Teilungsfaktoren periodisch ist, und zwar mit einer Periodendauer in der Größenordnung der Länge $F$. Für die Integrator-Kettenschaltung gilt dies zumindest dann, wenn die Wichtungsfaktoren $k_1$, $k_2$, $k_3$, ... zu eins gewählt werden. Auch für die Erzeugung von analogen Frequenzrampen mit Hilfe der fraktionalen Teilung kann man sämtliche Teilungsfaktoren vorab berechnen und in einem schnellen Speicher ablegen, um sie dann mit hoher Folgerate auszulesen.

## Studienziele

Nach dem Durcharbeiten dieses Kapitels sollten Sie

- den Grundgedanken des Überlagerungs- bzw. Heterodynprinzips erläutern können;
- verschiedene Mischertypen unterscheiden können;
- verstanden haben, dass man einen Mischer durch einen linearen Vierpol beschreiben kann, der sich von gewöhnlichen Vierpolen dadurch unterscheidet, dass an verschiedenen Toren verschiedene Frequenzen auftreten;
- eingesehen haben, dass ein Phasenregelkreis wegen der inhärenten Einbuße von 90° Phasenreserve eher zu Instabilitäten neigt als ein gewöhnlicher Proportionalregler;
- den großen technischen Vorteil eines digitalen Phasendiskriminators erkannt haben;
- die erhebliche technische Bedeutung digitaler Phasen-Frequenz-Diskriminatoren verstanden haben;
- eingesehen haben, dass ein schneller Phasenregelkreis auch eine hohe Referenzfrequenz voraussetzt;
- das Prinzip kennen, nach dem sich ein Multi-Dekaden-Wobbelsender durch Abwärtsmischen herstellen lässt;
- den Aufbau von Schrittgeneratoren kennen.

# 4 Grundlagen der Systemfehlerkorrektur von Netzwerkanalysatoren

## Vorbemerkungen

Mit einem Netzwerkanalysator lassen sich Vierpolparameter komplex ausmessen, also nach Betrag und Phase bestimmen. Damit eröffnet sich die Möglichkeit, eine Systemfehlerkorrektur durchzufahren, also z. B. die Fehler, die auf einer unvollkommenen Richtwirkung des verwendeten Richtkopplers oder einer unvollkommenen Anpassung des Generators und der Mischer beruhen, zu korrigieren. Im Allgemeinen wird ein Netzwerkanalysator nach dem Überlagerungs- oder Heterodynprinzip realisiert. Dazu werden über einen Phasenregelkreis zwei Wobbelsender derart aneinander angebunden, dass ihr Frequenzabstand gleich einer festen Zwischenfrequenz ist. Auf diese Zwischenfrequenz wird die hochfrequente Phasen- und Amplitudeninformation transformiert, d. h. die hochfrequente Phase und Amplitude wird getreu auf diese Zwischenfrequenz übertragen und kann dann mit elektronischen Mitteln ausgewertet werden.

Über eine Modellbildung wird ein realer Netzwerkanalysator durch Fehlerzweitore beschrieben, die zwischen dem Messobjekt und den Messstellen angeordnet sind. Mit Hilfe von Messungen an bekannten Messobjekten wird versucht, die unbekannten Parameter der Fehlerzweitore zu bestimmen. Mit einer Korrekturrechnung werden anschließend die gemessenen Streuparameter eines Messobjektes von Systemfehlern befreit.

Bei den Netzwerkanalysatoren unterscheidet man Systeme mit drei und vier Messstellen. Geräte mit vier Messstellen sind zwar etwas aufwändiger, haben dafür aber den Vorteil, dass sie mit einfacheren Kalibrierstandards kalibriert werden können, nämlich solchen, die teilweise unbekannte Parameter aufweisen dürfen. Ziel ist es dabei, möglichst mit einem einzigen absoluten Impedanzstandard auszukommen. Das hat den Vorteil, dass es in diesem Fall nicht zu Widersprüchen zwischen Impedanzstandards kommen kann.

Von den verwendeten Mischern und Verstärkern wird eine hohe Linearität verlangt, weil nichtlineare Fehler vom Modell nicht berücksichtigt werden. Vom Generator wird eine hohe Frequenz-Reproduzierbarkeit verlangt, weil Messungen an Kalibrierstandards und an Messobjekten bei genau den selben Frequenzen erfolgen müssen.

# 4.1 Heterodyne Netzwerkanalysatoren

## 4.1.1 Aufbau des heterodynen Netzwerkanalysators

Messgeräte, die es gestatten, die Vierpol- bzw. Zweitorparameter eines Messobjektes über einen weiten Frequenzbereich vektoriell, also nach Betrag und Phase, zu bestimmen, werden als vektorielle Netzwerkanalysatoren, Vektormesser oder ähnlich bezeichnet. Solche Geräte arbeiten überwiegend nach dem so genannten Heterodyn- oder Überlagerungsprinzip. Die Grundschaltung ist in Bild 4.1 skizziert. Anstelle von Breitbanddetektoren oder Leistungsmessern, wie bei skalaren Netzwerkanalysatoren, mit denen man nur die Beträge der Streuparameter ausmessen kann, werden bei den vektoriellen Netzwerkanalysatoren gut angepasste, breitbandige Mischer verwendet, die in Bild 4.1 mit dem Symbol ⊗ dargestellt sind.

Die Mischer werden von zwei Signalen unterschiedlicher Frequenz angesteuert, nämlich der Signalfrequenz $f_s$ und der Mischoszillatorfrequenz $f_{LO}$ (engl.: local oscillator). Dabei entsteht als Differenzfrequenz ein Zwischenfrequenzsignal (ZF). Nur das Messsignal mit der Frequenz $f_s$ durchläuft auch das Messobjekt. Die Differenzfrequenz $f_i^{\,I}$ zwischen $f_s$ und $f_{LO}$ mit $f_i^{\,I} = |f_s - f_{LO}|$ wird mit Hilfe eines Phasenregelkreises, der in Bild 4.1 mit dem Phasen-Frequenz-Diskriminator PFD und der Übertragungsfunktion des Regelfilters $H(s)$ dargestellt ist, konstant gehalten. Zugunsten einer kurzen Einschwingzeit, wählt man die erste Zwischenfrequenz $f_i^{\,I}$ oftmals verhältnismässig hoch, z. B. $f_i^{\,I} = 20$ MHz.

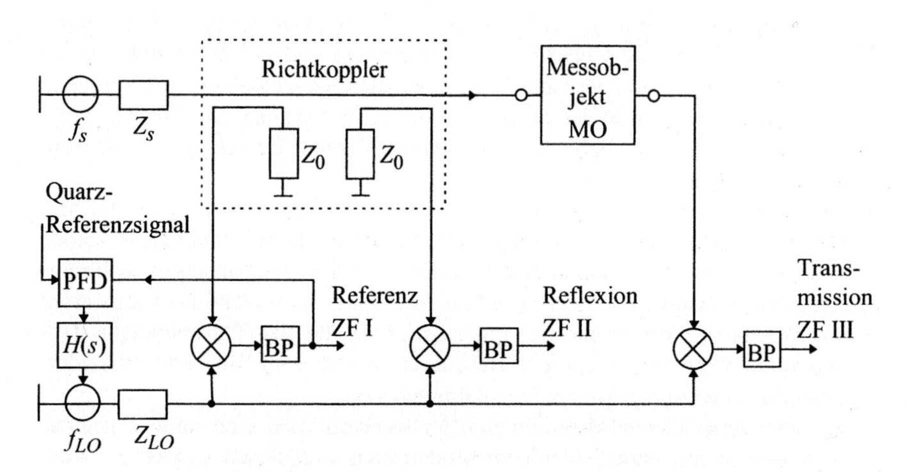


*Bild 4.1: Prinzipschaltbild eines Netzwerkanalysators nach dem Überlagerungsprinzip* PFD*: Phasen-Frequenz-Diskriminator; H(s): Regelfilter; ⊗: Mischer;* BP*: Bandpass*

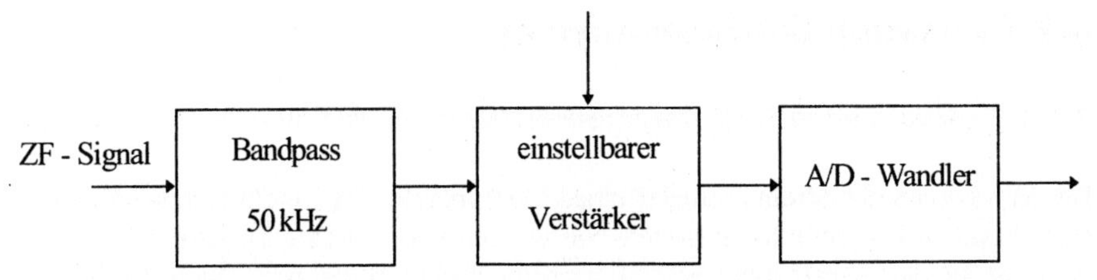


*Bild 4.2: Prinzipschaltbild der Phasen- und Amplitudenmessung bei der Zwischenfrequenz*

Zur weiteren Verarbeitung des Signals setzt man dann die erste Zwischenfrequenz noch ein zweites Mal um, etwa auf $f_i^{II} = 50\,\text{kHz}$. In diesem Frequenzbereich erfolgt dann die eigentliche Amplituden- und Phasenmessung, im Allgemeinen durch Abtasten und A/D-Wandlung (s. Bild 4.2).

Der einstellbare Verstärker sorgt für eine optimale Aussteuerung des A/D-Wandlers.

Im Allgemeinen werden pro Periode $T_P$ des Zwischenfrequenzsignals vier Abtastwerte, $U_1$, $U_2$, $U_3$ und $U_4$ äquidistant im Abstand $\frac{1}{4}\,T_P$ entnommen. Um eventuelle Offsetfehler zu eliminieren, wird die Differenz der Werte $U_1$ und $U_3$ sowie $U_2$ und $U_4$ gebildet. Die Amplitude $\hat{U}_i$ des Zwischenfrequenzsignals kann dann aus

$$\hat{U}_i = \frac{1}{2}\sqrt{(U_1 - U_3)^2 + (U_2 - U_4)^2} \tag{4.1}$$

gebildet werden und die Phase $\varphi$ aus

$$\varphi = \arctan\frac{U_1 - U_3}{U_2 - U_4}\,. \tag{4.2}$$

Die Phase wird relativ zu dem Zeitpunkt des Abtastwertes $U_1$ bestimmt.

Die Phasen- und Amplitudenmessung erfolgt für die drei Zwischenfrequenzsignale, ZF I, ZF II und ZF III in Bild 4.1, die ein Maß für die auf das Messobjekt zulaufende, die reflektierte und die transmittierte Welle sind. Im Folgenden werden die Mischer mit der nachfolgenden Signalauswertung als Messstellen bezeichnet.

Um einen Mischer wie einen idealen Analogmultiplizierer behandeln zu können, betreibt man ihn im parametrischen oder Kleinsignal-Betrieb. Dabei ist eines der am Mischer anliegenden Signale klein gegenüber dem anderen. Im Allgemeinen stellt der Mischoszillator das Großsignal dar, da das Messsignal durch das Messobjekt in unbekannter Weise abgeschwächt werden kann. Der Mischer oder Frequenzkonverter kann bei Kleinsignal-Betrieb wie ein lineares Zweitor behandelt werden, allerdings liegen die Eingangs- und Ausgangssignale des Zweitors bei unterschiedlichen Frequenzen.

## 4.2 Erfassung der Systemfehler

### 4.2.1 Automatische Systemfehlerkorrektur bei Netzwerkanalysatoren

Bei Messungen der Streuparameter eines Messobjektes mit einem Netzwerkanalysator können Systemfehler auftreten. Sie werden z. B. durch geringfügige Fehlanpassung an den Messtoren, unvollkommene Richtkoppler oder Nichtidealitäten der verwendeten Mischer oder Verstärker über der Frequenz hervorgerufen.

Die so auftretenden Systemfehler können mit Hilfe von Kalibriermessungen quantitativ bestimmt werden. Die anschließend gewonnenen Messergebnisse werden mit der Kenntnis über die Systemfehler korrigiert und damit verbessert. Die Messanordnung in Bild 4.1 liefert drei Zwischenfrequenzsignale, die ein Maß für die hinlaufende, die reflektierte und die transmittierte Welle sind. Gespeist wird die Anordnung durch das Messsignal. Da es sich bei diesem System, wie bereits näher erläutert, um eine lineare Schaltung handelt, können wir eine Ersatzschaltung gemäß Bild 4.3 zu Grunde legen. Das Viertor in Bild 4.3 soll durch eine Streumatrix, hier als $[K]$-Matrix bezeichnet, beschrieben werden. Die Impedanz $Z_1$ beschreibt dabei den Generatorinnenwiderstand, die Impedanzen $Z_2$, $Z_4$ und $Z_6$ den Eingangswiderstand der Messstellen. Auch auf der Transmissionsseite sollen mögliche Fehlanpassungen durch ein Fehlerzweitor mit der Streumatrix $[T]$ beschrieben werden.

Die Wellengrößen $a_1$, $a_2$, $a_3$, $a_4$ sowie $b_1$, $b_2$, $b_3$ und $b_4$ sind über die $[K]$-Matrix miteinander verknüpft.

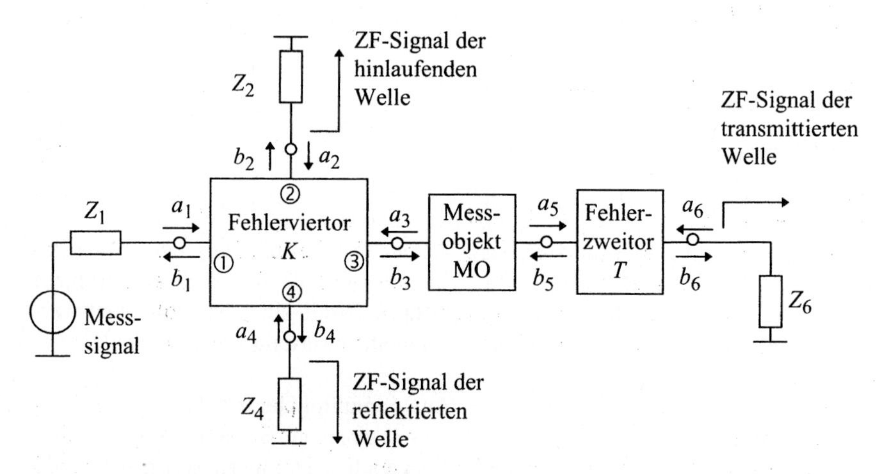


*Bild 4.3: Systemmodell des Netzwerkanalysators*

$$
\begin{aligned}
b_1 &= K_{11}\,a_1 + K_{12}\,a_2 + K_{13}\,a_3 + K_{14}\,a_4 \\
b_2 &= K_{21}\,a_1 + K_{22}\,a_2 + K_{23}\,a_3 + K_{24}\,a_4 \\
b_3 &= K_{31}\,a_1 + K_{32}\,a_2 + K_{33}\,a_3 + K_{34}\,a_4 \\
b_4 &= K_{41}\,a_1 + K_{42}\,a_2 + K_{43}\,a_3 + K_{44}\,a_4
\end{aligned}
\tag{4.3}
$$

In Gleichung (4.3) sollen die Generatorwellen $a_1$ und $b_1$ eliminiert werden. Außerdem sollen die beiden reflektierten Wellen $a_2$ und $a_4$ mit Hilfe der Reflexionsfaktoren der Messstellen über die Beziehung

$$
\begin{aligned}
a_2 &= r_2\,b_2 \\
a_4 &= r_4\,b_4
\end{aligned}
\tag{4.4}
$$

eliminiert werden. Die komplexwertigen, digitalisierten Messgrößen $m_f$ und $m_r$ sind den auf die Messstellen zulaufenden Wellen proportional.

$$
\begin{aligned}
m_f &= \eta_2\,b_2 \\
m_r &= \eta_4\,b_4
\end{aligned}
\tag{4.5}
$$

In $\eta_2$ und $\eta_4$ sind auch der Mischerkonversionsfaktor, die Zwischenfrequenzverstärkung und der Konversionsfaktor des A/D-Wandlers enthalten.

Nach der Eliminierung der Generatorwellen $a_1$ und $b_1$ sowie der reflektierten Wellen $a_2$ und $a_4$ gemäß Gleichung (4.4) und der Einführung der Messgrößen $m_f$ und $m_r$ über die Beziehung (4.5) verbleiben zwei lineare Gleichungen mit den vier Variablen $m_f$, $m_r$, $a_3$ und $b_3$, die wir in der folgenden Form schreiben wollen:

$$
\begin{aligned}
m_r &= R_{11}\,m_f + R_{12}\,a_3 \\
b_3 &= R_{21}\,m_f + R_{22}\,a_3 \quad .
\end{aligned}
\tag{4.6}
$$

Die neu eingeführte Fehlermatrix $[R]$ hat eine gewisse Ähnlichkeit mit einer Streumatrix, allerdings im Allgemeinen ohne die Reziprozitätseigenschaft, das heißt $R_{12} \neq R_{21}$. Diese Eigenschaft gilt auch dann, wenn die $[K]$-Matrix reziprok sein sollte. Dies lässt sich zeigen, indem man die so genannte VIERTOR-ZWEITOR-REDUKTION durchführt, also die $[R]$-Parameter in Abhängigkeit von den $[K]$-Parametern sowie von $r_2$ und $r_4$ berechnet.

---

**Übungsaufgabe 4.1**

Zeigen Sie, dass auch bei reziproker $K$-Matrix im Allgemeinen $R_{12} \neq R_{21}$ ist.

---

Weiterhin können die Elemente der $[R]$-Matrix auch bei passiver $[K]$-Matrix aufgrund der ZF-Verstärkung dem Betrage nach durchaus größer als eins sein. Wir dürfen uns vorstellen, dass bei Verwendung von Richtkopplern die Messgröße $m_f$ bis auf einen Faktor ein Maß für die auf das Messobjekt zulaufende Welle und $m_r$ ein Maß für die vom Messobjekt reflektierte Welle ist. Damit beschreibt die $[R]$-Matrix ein Eingangsfehlerzweitor. In ähnlicher Weise beschreibt die $[T]$-Matrix

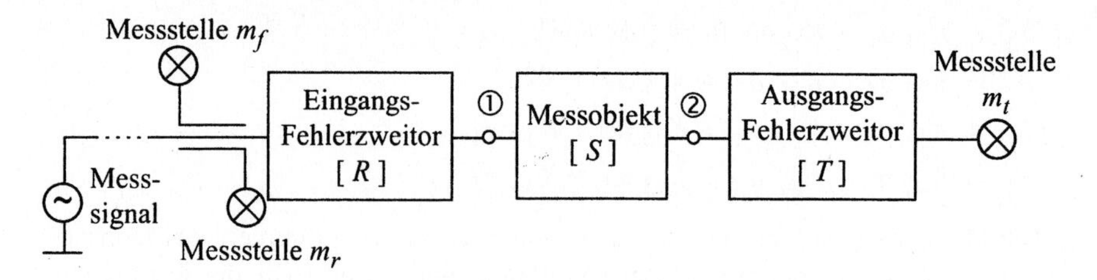


*Bild 4.4: Reduziertes Systemmodell des Netzwerkanalysators*

ein Ausgangsfehlerzweitor. Es wird angenommen, dass die Messgröße $m_t$ der transmittierten Welle $b_6$ proportional ist.

$$m_t = \eta_6 \, b_6 \tag{4.7}$$

Damit ergibt sich eine reduzierte Modelldarstellung der Messanordnung mit Eingangs- und Ausgangsfehlerzweitor wie in Bild 4.4 skizziert. Die angedeuteten idealen Richtkoppler liefern an den Messstellen die entsprechenden Signale. Die Elemente $T_{12}$ und $T_{22}$ des Ausgangsfehlerzweitors können bei dieser Anordnung weder bestimmt werden, noch werden sie benötigt. Bei einem idealen Messsystem mit perfekten Richtkopplern und perfekter Anpassung sind $R_{11}$, $R_{22}$ und $T_{11}$ null.

### 4.2.2 Kalibriermessungen und Systemfehlerkorrektur beim 5-Term-Verfahren

Es besteht im folgenden die Aufgabe, durch eine Anzahl von Kalibriermessungen an Impedanz- bzw. Kalibrierstandards die unbekannten Matrixelemente der Fehlerzweitore zu bestimmen. Das hier beschriebene Verfahren beinhaltet fünf zu bestimmende Fehlerparameter und wird deshalb als 5-Term-Verfahren bezeichnet.

1. Es wird die Reflexion am Tor 1 in Bild 4.4 gemessen, wenn das Messobjekt mit der Streumatrix $[S]$ durch einen angepassten Abschlußwiderstand mit dem Reflexionsfaktor $\Gamma = 0$ ersetzt wird. Das Ergebnis der Reflexionsmessung bei angepasstem Kalibriereintor mit

$$\mu_1 = \frac{m_r}{m_f} \tag{4.8}$$

ist:

$$\mu_1 = R_{11} \, . \tag{4.9}$$

2. Als nächstes erfolgt eine Reflexionsmessung bei Abschluss mit einem Kurzschluss, $\Gamma = -1$ :

$$\mu_2 = \frac{m_r}{m_f} = R_{11} - \frac{R_{12} \, R_{21}}{1 + R_{22}} \, . \tag{4.10}$$

3. Eine Reflexionsmessung mit einem Leerlauf als Abschluss liefert mit $\Gamma = 1$ :

$$\mu_3 = \frac{m_r}{m_f} = R_{11} + \frac{R_{12}\, R_{21}}{1 - R_{22}} \; . \tag{4.11}$$

4. Eine Reflexionsmessung mit einer Durchverbindung anstelle des Messobjektes ergibt:

$$\mu_4 = \frac{m_r}{m_f} = R_{11} + \frac{R_{12}\, R_{21}\, T_{11}}{1 - R_{22}\, T_{11}} \; . \tag{4.12}$$

5. Schließlich wird eine Transmissionsmessung mit einer Durchverbindung durchgeführt:

$$\mu_5 = \frac{m_t}{m_f} = \frac{R_{21}\, T_{21}}{1 - R_{22}\, T_{11}} \; . \tag{4.13}$$

Im Weiteren soll ein angepasster Abschlußwiderstand mit M (engl.: match) bezeichnet werden, ein Kurzschluss mit S (engl.: short), ein Leerlauf mit O (engl.: open) und eine Durchverbindung mit T (engl.: through).

Aus den Messungen $\mu_1$ bis $\mu_5$ lassen sich die fünf Terme $R_{11}$, $R_{22}$, $R_{12}\, R_{21}$, $T_{11}$ und $R_{21}T_{21}$ der $[R]$- und $[T]$-Matrizen berechnen. Die Elemente $R_{12}$ und $R_{21}$ sowie $T_{21}$ erhält man nicht einzeln, was aber auch nicht erforderlich ist, wie später noch deutlich wird. Man erhält:

$$\begin{aligned}
R_{11} &= \mu_1 \\
R_{22} &= \frac{2\, R_{11} - \mu_2 - \mu_3}{\mu_2 - \mu_3} \\
R_{12}\, R_{21} &= \left(\mu_3 - R_{11}\right)\left(1 - R_{22}\right) \\
T_{11} &= \left( \frac{R_{12}\, R_{21}}{\mu_4 - R_{11}} + R_{22} \right)^{-1} \\
R_{21}\, T_{21} &= \left(1 - R_{22}\, T_{11}\right) \mu_5 \quad .
\end{aligned} \tag{4.14}$$

Anstelle der TOSM-Kalibrierung hätten wir auch eine Kalibrierung mit der Durchverbindung T und drei beliebigen, aber bekannten und verschiedenen Reflexionsfaktoren $\Gamma_1$, $\Gamma_2$ und $\Gamma_3$ der Kalibriereintore durchführen können. Aus den Beziehungen

$$\mu_\nu = R_{11} + \frac{R_{12}\, R_{21}\, \Gamma_\nu}{1 - R_{22}\, \Gamma_\nu} \qquad \nu = 1, 2, 3 \tag{4.15}$$

sowie (4.12) und (4.13), erhält man dann die fünf Fehlerterme:

$$R_{22} = \frac{-\Gamma_3(\mu_2-\mu_1)-\Gamma_1(\mu_3-\mu_2)-\Gamma_2(\mu_1-\mu_3)}{\det A} \tag{4.16}$$

$$R_{12}R_{21} = R_{11}R_{22} - \Delta R \tag{4.17}$$

$$R_{11} = \frac{\mu_3\Gamma_1\Gamma_2(\mu_2-\mu_1)+\mu_1\Gamma_2\Gamma_3(\mu_3-\mu_2)+\mu_2\Gamma_1\Gamma_3(\mu_1-\mu_3)}{\det A} \tag{4.18}$$

$$T_{11} = \left(\frac{R_{12}\,R_{21}}{\mu_4 - R_{11}} + R_{22}\right)^{-1} \tag{4.19}$$

$$R_{21}\,T_{21} = \left(1 - R_{22}\,T_{11}\right)\mu_5 \tag{4.20}$$

mit den Abkürzungen

$$\Delta R = \frac{-\mu_3\Gamma_3(\mu_2-\mu_1)-\mu_1\Gamma_1(\mu_3-\mu_2)-\mu_2\Gamma_2(\mu_1-\mu_3)}{\det A} \tag{4.21}$$

und

$$\det A = \Gamma_1\Gamma_2(\mu_2-\mu_1)+\Gamma_2\Gamma_3(\mu_3-\mu_2)+\Gamma_1\Gamma_3(\mu_1-\mu_3). \tag{4.22}$$

---

**Übungsaufgabe 4.2**

Die Gleichungen (4.15) bis (4.22) sollen nachvollzogen werden.

---

**Übungsaufgabe 4.3**

Es soll gezeigt werden, dass ein Kreis in der Ebene des komplexen Reflexionsfaktors $\Gamma$ nach beliebiger bilinearer Transformation wieder in einen Kreis transformiert wird.

---

Nachdem wir die fünf Terme der Fehlermatrizen bestimmt haben, besteht die weitere Aufgabe darin, auf die Elemente der Streumatrix $[S]$ eines Messobjektes zurückzurechnen, wenn über den Gesamtvierpol $[W]$, also Fehlervierpole einschließlich Messobjekt, Messergebnisse vorliegen. Ebenso definieren wir einen Gesamtvierpol $[X]$, also die Hintereinanderschaltung des Fehlervierpols $[R]$, des Messobjektes mit der Matrix $[S]$ und des Fehlervierpols $[T]$ für den Fall, dass der Eingang und der Ausgang des Messobjektes vertauscht werden.

Die $W_{11} = m_r/m_f$ ist der gemessene Reflexionsfaktor der Gesamtanordnung, einschließlich Messobjekt und $W_{21} = m_t/m_f$ der gemessene Transmissionsfaktor der Gesamtanordnung. Entsprechendes gilt für $X_{11}$ und $X_{21}$ nach der Vertauschung der Eingangs- und Ausgangsklemmen des Messobjektes, also für das Messobjekt in Gegenposition.

Wir gehen zur Transmissionsmatrix über und schreiben jeweils den zweiten Spaltenvektor der Transmissionsmatrix an:

$$\begin{bmatrix} \frac{W_{11}}{W_{21}} \\ \frac{1}{W_{21}} \end{bmatrix} = \frac{1}{R_{21}\,T_{21}} \begin{bmatrix} -\Delta R & R_{11} \\ -R_{22} & 1 \end{bmatrix} \frac{1}{S_{21}} \begin{bmatrix} -\Delta S & S_{11} \\ -S_{22} & 1 \end{bmatrix} \begin{bmatrix} T_{11} \\ 1 \end{bmatrix}. \tag{4.23}$$

Anschließend wird das Messobjekt in die Gegenposition gebracht, d. h. die Eingangstore werden vertauscht, wodurch sich die Indizes der $[S]$-Matrix ebenfalls vertauschen.

$$\begin{bmatrix} \frac{X_{11}}{X_{21}} \\ \frac{1}{X_{21}} \end{bmatrix} = \frac{1}{R_{21}\,T_{21}} \begin{bmatrix} -\Delta R & R_{11} \\ -R_{22} & 1 \end{bmatrix} \frac{1}{S_{12}} \begin{bmatrix} -\Delta S & S_{22} \\ -S_{11} & 1 \end{bmatrix} \begin{bmatrix} T_{11} \\ 1 \end{bmatrix} \tag{4.24}$$

Die Ausdrücke $\Delta R$ und $\Delta S$ stellen die Determinanten der entsprechenden Matrizen dar. Die Matrix

$$\frac{1}{R_{21}\,T_{21}} \begin{bmatrix} -\Delta R & R_{11} \\ -R_{22} & 1 \end{bmatrix} \tag{4.25}$$

ist uns nach den Kalibriermessungen vollständig bekannt, wir können sie daher invertieren. Wir multiplizieren (4.23) und (4.24) jeweils von links mit dieser inversen Matrix, dabei entstehen auf den linken Seiten jeweils neue, aber bekannte Spaltenvektoren, die wir mit

$$\begin{bmatrix} y_1 \\ y_2 \end{bmatrix} \quad \text{bzw.} \quad \begin{bmatrix} y_3 \\ y_4 \end{bmatrix} \tag{4.26}$$

abkürzen wollen. Damit ergeben sich die vereinfachten Gleichungen

$$\begin{bmatrix} y_1 \\ y_2 \end{bmatrix} = \frac{1}{S_{21}} \begin{bmatrix} -\Delta S & S_{11} \\ -S_{22} & 1 \end{bmatrix} \begin{bmatrix} T_{11} \\ 1 \end{bmatrix} \tag{4.27}$$

$$\begin{bmatrix} y_3 \\ y_4 \end{bmatrix} = \frac{1}{S_{12}} \begin{bmatrix} -\Delta S & S_{22} \\ -S_{11} & 1 \end{bmatrix} \begin{bmatrix} T_{11} \\ 1 \end{bmatrix} \tag{4.28}$$

oder ausgeschrieben

$$y_1 = \frac{1}{S_{21}} \left( S_{11} - T_{11}\,\Delta S \right) \tag{4.29}$$

$$y_2 = \frac{1}{S_{21}}\left(1 - T_{11}\,S_{22}\right) \tag{4.30}$$

$$y_3 = \frac{1}{S_{12}}\left(S_{22} - T_{11}\,\Delta S\right) \tag{4.31}$$

$$y_4 = \frac{1}{S_{12}}\left(1 - T_{11}\,S_{11}\right). \tag{4.32}$$

Dies sind vier komplexe, teilweise nichtlineare Gleichungen mit den Unbekannten $S_{11}$, $S_{12}$, $S_{21}$ und $S_{22}$, für die jedoch eine geschlossene Lösung angegeben werden kann. Wir bilden dazu das Produkt von (4.30) und (4.32) sowie die Quotienten aus (4.29) und (4.30) bzw. aus (4.31) und (4.32) mit dem Ergebnis

$$y_2\,y_4\,S_{12}\,S_{21} = \left(1 - T_{11}\,S_{22}\right)\left(1 - T_{11}\,S_{11}\right) \tag{4.33}$$

$$\frac{y_1}{y_2} - S_{11} = T_{11}\,S_{12}\,S_{21}\,\frac{1}{1 - T_{11}\,S_{22}} \tag{4.34}$$

$$\frac{y_3}{y_4} - S_{22} = T_{11}\,S_{12}\,S_{21}\,\frac{1}{1 - T_{11}\,S_{11}}. \tag{4.35}$$

Wir bilden nun das Produkt der rechten und linken Seite von (4.33) und (4.35) bzw. von (4.33) und (4.34), womit wir schließlich zwei Gleichungen erhalten, die sich nach $S_{11}$ und $S_{22}$ auflösen lassen:

$$S_{11} = \frac{y_1\,y_4 - T_{11}}{y_2\,y_4 - T_{11}^2} \tag{4.36}$$

$$S_{22} = \frac{y_2\,y_3 - T_{11}}{y_2\,y_4 - T_{11}^2} \tag{4.37}$$

$$S_{12} = \frac{1 - T_{11}\,S_{11}}{y_4} \tag{4.38}$$

$$S_{21} = \frac{1 - T_{11}\,S_{22}}{y_2}. \tag{4.39}$$

Damit sind alle $S$-Parameter des Messobjektes bestimmt.

Bei einem Messsystem ist zu beachten, dass alle Kalibriermessungen und Objektmessungen bei derselben Frequenz erfolgen müssen. In der Praxis würde das aber bedeuten, dass man für jeden Frequenzstützpunkt erst kalibriert und dann am Messobjekt misst. Um ein permanentes Umstecken zu vermeiden, verwendet man in einem systemfehlerkorrigierenden Netzwerkanalysator so genannte Schritt- oder Synthesegeneratoren, die die jeweiligen Frequenzstützpunkte reproduzierbar einstellen können, so dass vor der Messung vollständig, d. h. für jeden Frequenzstützpunkt kalibriert werden kann.

### 4.2.3 Reflektometer-Kalibrierung nach dem 3-Term-Verfahren

Mit dem 5-Term-Verfahren erhält man alle Streuparameter des Messobjektes. Interessiert man sich lediglich für den Eingangsreflexionsfaktor eines Messobjektes, dann reicht ein Reflektometer mit zwei Messstellen für die Messung aus und auf die Transmissionsmessungen kann verzichtet werden. Die drei unbekannten Fehlerparameter des Reflektometers $R_{11}$, $R_{22}$ und $R_{12}R_{21}$, daher der Name 3-Term-Verfahren, können aus den Gleichungen (4.14) bzw. (4.16) bis (4.18) mit Hilfe von drei vollständig bekannten Standardreflexionsfaktoren oder drei vollständig bekannten Abschlussimpedanzen bestimmt werden. Dabei müssen sich die drei bekannten Reflexionsfaktoren $\Gamma_1$ bis $\Gamma_3$ bzw. die drei Abschlussimpedanzen $Z_1$ bis $Z_3$ voneinander unterscheiden. Mit bekannten Fehlerparametern $R_{11}$, $R_{22}$ und $R_{12}R_{21}$ und dem zugehörigen Messwert $\mu_x = m_{rx} / m_{fx}$ erhält man den unbekannten Reflexionsfaktor aus Gleichung (4.40):

$$\Gamma_x = \frac{\mu_x - R_{11}}{R_{22} \cdot \mu_x + R_{12} \cdot R_{21} - R_{11} \cdot R_{22}} \tag{4.40}$$

Ähnliche Ausdrücke erhält man für andere Matrixdarstellungen, z. B. für eine Darstellung mit Impedanzparametern.

---

**Übungsaufgabe 4.4**

Die Kalibrierung eines Einzelreflektometers kann auch mit mehr als drei Reflexionsstandards erfolgen, die dann teilweise unbekannt sein dürfen. Es soll gezeigt werden, dass eine Kalibrierung bspw. mit Kurzschluss, Leerlauf und zwei am Ende kurzgeschlossenen Stichleitungen möglich ist. Beide Stichleitungen weisen den gleichen bekannten Wellenwiderstand $Z_0$ auf, aber eine unbekannte elektrische Länge $\beta l$, wobei die zweite Stichleitung den doppelten Wert der elektrischen Länge $2\,\beta l$ besitzt. Man beachte hierzu insbesondere Abschn. 4.4.9.

---

## 4.3 Systemfehlerkorrektur ohne Vertauschen der Tore des Messobjekts

### 4.3.1 10-Term-Verfahren für Netzwerkanalysatoren mit drei Messstellen

Das in Abschn. 4.2.2 erläuterte 5-Term-Messverfahren hat unter anderem den Nachteil, dass das Messobjekt zur vollständigen Vermessung gedreht werden muss. Um die Handhabung der Messung zu vereinfachen und das Tauschen der Tore zu vermeiden, erweitert man den Netzwerkanalysator nach Bild 4.4 durch einen Schalter zu einem Doppelreflektometer mit drei Messstellen. Die in Bild 4.5 dargestellte Anordnung erlaubt die Bestimmung aller vier Streuparameter bei fester Stellung des Messobjekts.

In der Schalterstellung I wird an der Messstelle 1 ein Maß für die auf das Messobjekt zulaufende Welle und an der Messstelle 2 ein Maß für die reflektierte Welle gewonnen. Die Messstelle 3 gibt ein Maß für die transmittierte Welle an. Entsprechend dem Verfahren in Abschn. 4.2.2 können daher mit Kurzschluss (S), Leerlauf (O), Anpassung (M) und Durchverbindung (T) die Fehlergrößen $R_{11}$, $R_{22}$, $R_{12} R_{21}$, $T_{11}$ und $T_{21} R_{21}$ bestimmt werden.

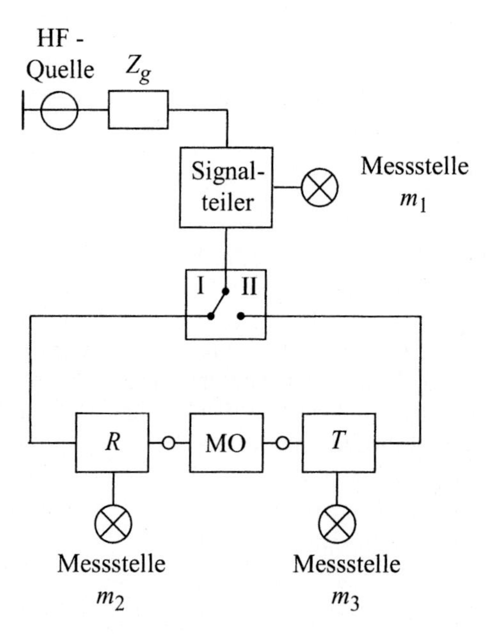


*Bild 4.5: Blockschaltbild eines Doppelreflektometers mit drei Messstellen*

In der Schalterstellung II wird mit der Messstelle 3 die reflektierte und mit der Messstelle 2 die transmittierte Welle erfasst. Die auf das Messobjekt zulaufende Welle liegt wiederum an der Messstelle 1 an. Entsprechend werden in der Schalterstellung II die Fehlergrößen $T_{11}$ , $T_{22}$ , $T_{12}\,T_{21}$ , $R_{22}$ und $T_{12}\,R_{12}$ bestimmt, die sich von denjenigen der Schalterstellung I im Allgemeinen unterscheiden.

Wegen der Gesamtzahl der Fehlerterme wird das Verfahren als 10-Term-Verfahren bezeichnet. Berücksichtigt man zusätzlich die beiden Übersprecher $e_0{}^{I}$ und $e_0{}^{II}$ des Schalters, so spricht man vom 12-Term-Verfahren. Es sei darauf hingewiesen, dass die Übersprecher im 12-Term-Verfahren nur für sehr gut angepasste Messobjekte richtig erfasst werden. Daher ist es im Allgemeinen zweckmäßiger, einen möglichst übersprecherfreien Schalter zu verwenden und dann das 10-Term-Verfahren einzusetzen. Im Übrigen darf der Schalter fehlangepaßt sein, Verluste aufweisen und sich in beiden Stellungen unterscheiden. Es wird jedoch seine Reproduzierbarkeit gefordert.

Die den Gleichungen (4.29) bis (4.32) entsprechenden Gleichungen für das 10-Term-Verfahren lauten unter Berücksichtigung der zugehörigen Schalterstellungen, nachdem man $y_1$ bis $y_4$ in analoger Weise aus den Messergebnissen bestimmt hat:

$$y_1 = \frac{1}{S_{21}}\left(S_{11} - T_{11}{}' \,\Delta S\right) \tag{4.40}$$

$$y_2 = \frac{1}{S_{21}}\left(1 - T_{11}{}' \,S_{22}\right) \tag{4.41}$$

$$y_3 = \frac{1}{S_{12}}\left(S_{22} - R_{22}{}'' \,\Delta S\right) \tag{4.42}$$

$$y_4 = \frac{1}{S_{12}}\left(1 - R_{22}{}'' \,S_{11}\right) . \tag{4.43}$$

Mit der gleichen Vorgehensweise wie in Abschn. 4.2.2 beschrieben, erhält man anstelle der Gleichungen (4.36) bis (4.39) für die Streuparameter des Messobjekts:

$$S_{11} = \frac{y_1\,y_4 - T_{11}{}'}{y_2\,y_4 - R_{22}{}''\,T_{11}{}'} \tag{4.44}$$

$$S_{22} = \frac{y_2\,y_3 - R_{22}{}''}{y_2\,y_4 - R_{22}{}''\,T_{11}{}'} \tag{4.45}$$

$$S_{12} = \frac{1 - R_{22}{}''\,S_{11}}{y_4} \tag{4.46}$$

$$S_{21} = \frac{1 - T_{11}' S_{22}}{y_2} . \tag{4.47}$$

Damit sind alle Streuparameter des Messobjekts bestimmt und die Korrekturrechnung ist abgeschlossen. Das Messobjekt mußte nicht gedreht werden.

**Übungsaufgabe 4.5**

Leiten Sie die Gleichungen (4.44) bis (4.47) her.

### 4.3.2 Netzwerkanalysatoren mit vier Messstellen

Einfachere und robustere Kalibrierverfahren ergeben sich, wenn man den Netzwerkanalysator mit vier Messstellen ausstattet. Die schematische Darstellung in Bild 4.6 enthält neben den beiden Reflektometern $G$ und $H$, den vier Messstellen mit den Messwerten $m_1$, $m_2$, $m_3$ und $m_4$ des Analysators auch wieder einen Umschalter.

Die Messgrößen $m_i$, $i = 1, 2, 3, 4$ sind den auf die Messstellen zulaufenden Wellen proportional ($m_i = \eta_i \, b_i$). Im Unterschied zu den bisher behandelten Messgrößen kann beim Vier-Messstellen-System auf eine Zuordnung zu hinlaufenden, reflektierten oder transmittierten Wellen zu Gunsten einer allgemeineren Theorie verzichtet werden.

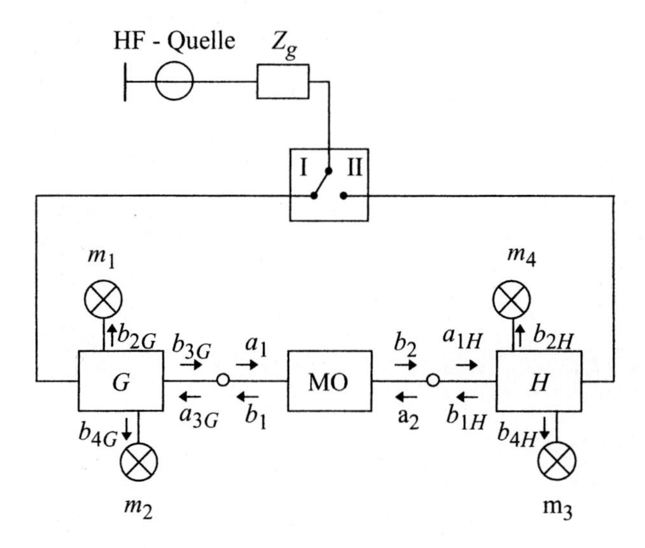


*Bild 4.6: Blockschaltbild eines Doppelreflektometers mit vier Messstellen*

Im folgenden Text sind daher die Messgrößen durchnummeriert. In $\eta_i$ sind, wie in Abschn. 4.2.1, auch die Mischerkonversion, die Zwischenfrequenzverstärkung und der Konversionsfaktor des A/D-Wandlers enthalten. Die beiden Reflektometer werden durch ihre Streumatrix $[SG]$ und $[SH]$ beschrieben.

$$\begin{bmatrix} b_{1G} \\ b_{2G} \\ b_{3G} \\ b_{4G} \end{bmatrix} = [SG] \begin{bmatrix} a_{1G} \\ a_{2G} \\ a_{3G} \\ a_{4G} \end{bmatrix} \tag{4.48}$$

Die Reflexionsfaktoren an den Messstellen seien mit $r_i$ bezeichnet. Mit den zusätzlichen Bedingungen

$$\begin{aligned} m_1 &= \eta_2 \, b_{2G} \\ m_2 &= \eta_4 \, b_{4G} \\ a_{2G} &= r_1 \, b_{2G} \\ a_{4G} &= r_2 \, b_{4G} \end{aligned} \tag{4.49}$$

sowie den Beziehungen am ersten Messtor

$$\begin{aligned} a_{3G} &= b_1 \\ b_{3G} &= a_1 \end{aligned} \tag{4.50}$$

folgt aus Gleichung (4.48) nach einer Viertor-Zweitor-Reduktion eine Beziehung, die in ihrer Darstellung einer Transmissionsmatrix entspricht:

$$\begin{bmatrix} b_1 \\ a_1 \end{bmatrix} = \begin{bmatrix} G_{11} & G_{12} \\ G_{21} & G_{22} \end{bmatrix} \begin{bmatrix} m_1 \\ m_2 \end{bmatrix} . \tag{4.51}$$

Die Elemente der Matrix $[G]$ sind abhängig von den Elementen der Streumatrix $[SG]$, den Reflexionsfaktoren $r_1$ und $r_2$ sowie den Proportionalitätsfaktoren $\eta_2$ und $\eta_4$. Die Wellen $a_{1G}$ und $b_{1G}$ vom bzw. zum Generator sind eliminiert worden. In entsprechender Weise kann für das zweite Reflektometer $H$ die Beziehung

$$\begin{bmatrix} a_2 \\ b_2 \end{bmatrix} = \begin{bmatrix} H_{11} & H_{12} \\ H_{21} & H_{22} \end{bmatrix} \begin{bmatrix} m_3 \\ m_4 \end{bmatrix} \tag{4.52}$$

gewonnen werden.

Die Wellengrößen $a_1$, $b_1$, $a_2$ und $b_2$ sind über die Transmissionsmatrix des Messobjekts $[\Sigma D]$ miteinander verbunden:

$$\begin{bmatrix} b_1 \\ a_1 \end{bmatrix} = [\Sigma D] \begin{bmatrix} a_2 \\ b_2 \end{bmatrix} . \tag{4.53}$$

Damit ergibt sich für die Kaskadenschaltung der beiden Reflektometer mit dem Messobjekt:

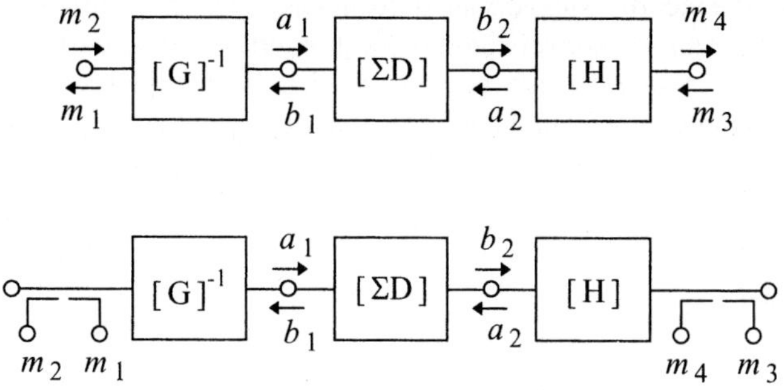

*Bild 4.7: Kaskadierung von Fehlerzweitoren mit Messobjekt und Darstellung mit idealen Richtkopplern.*

$$\begin{bmatrix} m_1 \\ m_2 \end{bmatrix} = [G]^{-1}\,[\Sigma D]\,[H] \begin{bmatrix} m_3 \\ m_4 \end{bmatrix} . \tag{4.54}$$

Die Gleichung (4.54) lässt sich als Hintereinanderschaltung von drei Zweitoren veranschaulichen.

Die Darstellung in Bild 4.7 bzw. in Gleichung (4.54) reduziert die Betrachtung des Netzwerkanalysators auf das Messobjekt und zwei Fehlerzweitore $[G]$ und $[H]$. Weder die Hochfrequenzquelle mit ihrem Innenwiderstand noch der Umschalter gehen in die Darstellung ein. Dies bedeutet, dass der Schalter nicht ideal sein muss. Im Gegensatz zum 12-Term-Verfahren ist ein beliebiger Übersprecher über den Schalter erlaubt und wird in der weiteren Auswertung automatisch richtig berücksichtigt. Auch die Reproduzierbarkeit des Schalters wird hier nicht gefordert. Eine Gleichung wie (4.54) ergibt sich sowohl für die Schalterstellung I mit den Messwerten $m_i'$ als auch für die Schalterstellung II mit den Messwerten $m_i''$. Dabei bleiben die Elemente der Fehlerzweitore für beide Stellungen gleich. Aus der Zusammenfassung der Vektorgleichungen (4.54) für die Schalterstellungen I und II resultiert eine Matrixgleichung:

$$\begin{bmatrix} m_1' & m_1'' \\ m_2' & m_2'' \end{bmatrix} = [G]^{-1}\,[\Sigma D]\,[H] \begin{bmatrix} m_3' & m_3'' \\ m_4' & m_4'' \end{bmatrix} . \tag{4.55}$$

Führt man eine so genannte Messmatrix $[P]$ ein,

$$[P] = \begin{bmatrix} m_1' & m_1'' \\ m_2' & m_2'' \end{bmatrix} \begin{bmatrix} m_3' & m_3'' \\ m_4' & m_4'' \end{bmatrix}^{-1} , \tag{4.56}$$

so lässt sich die Gleichung (4.55) übersichtlich darstellen

$$[P] = [G]^{-1}\,[\Sigma D]\,[H] . \tag{4.57}$$

Zur Kalibrierung des Netzwerkanalysators müssen die acht Matrixelemente von $[G]$ und $[H]$ ermittelt werden. Tatsächlich lässt sich die Matrix $[G]$ oder $[H]$ nur bis auf einen unbekannten Vorfaktor bestimmen, wie man zeigen kann. Daher lässt sich eines der Matrixelemente festlegen, z. B. kann man $H_{22} = 1$ setzen. Man kann auch sagen, dass damit alle Elemente auf $H_{22}$ bezogen, bzw. normiert sind. Damit verbleiben die 7 unbekannten Fehlerparameter $G_{11}$, $G_{12}$, $G_{21}$, $G_{22}$, $H_{11}$, $H_{12}$ und $H_{21}$, die es zu bestimmen gilt.

### 4.3.3 Realisierung der Reflektometer ohne Richtkoppler

Verzichtet man beim Netzwerkanalysator auf direkte Messmöglichkeiten und beschränkt sich auf systemfehlerkorrigierte Messungen, reduzieren sich die Anforderungen an die Messstellen neben der Linearität auf ihre Unabhängigkeit untereinander. Damit kann das Reflektometer fast beliebig aufgebaut, also auch frei von Richtkopplern sein und lediglich aus einem Widerstandsnetzwerk mit Mischern bestehen. Das Doppelreflektometer in Bild 4.8 enthält einfache Pi-Schaltungen mit drei Widerständen $R_1'$, $R_2'$, $R_3'$ bzw. $R_1''$, $R_2''$, $R_3''$ und jeweils zwei Mischer zur Messwertaufnahme.

Die Systemfehlerkorrektur erlaubt auch für diese Anordnung die exakte Bestimmung aller Streuparameter des Messobjekts.

Eine Reflektometeranordnung mit Richtkopplern ist besonders empfindlich in der Nähe der Anpassung, das heißt für die Impedanz $Z_0$. Für einen Hochfrequenzanalysator wird dies auch häufig gefordert. Demgegenüber haben die Reflektometer in Bild 4.8 für kleine Impedanzen, also in der Nähe des Kurzschlusses, die höchste Empfindlichkeit.

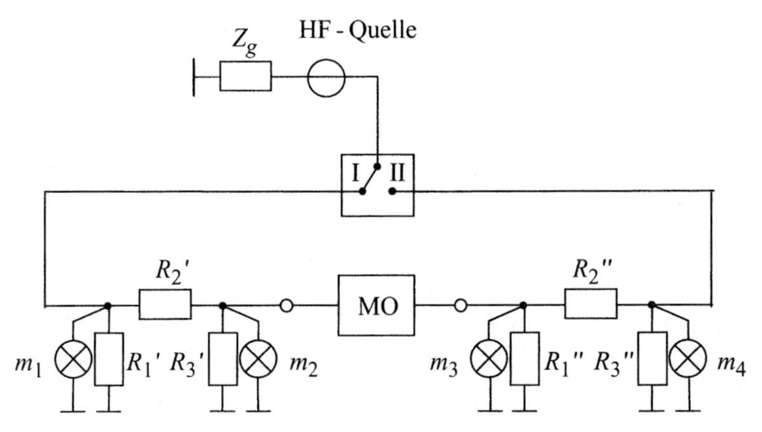


*Bild 4.8: Pi-Schaltungen mit drei Widerständen im Doppelreflektometer*

# 4.4 Kalibrierverfahren

## 4.4.1 Kalibrierung des Vier-Messstellen-Systems mit vollständig bekannten Standardzweitoren

Für die folgende Rechnung ist es sinnvoll, das Messobjekt bzw. das Kalibrierzweitor über eine Streumatrixdarstellung anstelle einer Transmissionsmatrixdarstellung zu beschreiben, weil so auch Zweitore ohne Transmission zugelassen sind.

Die Wellen $a_1$, $a_2$, $b_1$ und $b_2$ sind über die Streumatrix $[SD]$ des Messobjekts verknüpft:

$$\begin{bmatrix} b_1 \\ b_2 \end{bmatrix} = \begin{bmatrix} SD_{11} & SD_{12} \\ SD_{21} & SD_{22} \end{bmatrix} \begin{bmatrix} a_1 \\ a_2 \end{bmatrix} . \tag{4.58}$$

Zusammen mit den Gleichungen (4.51) und (4.52) führt dieses zu einem Gleichungssystem

$$\begin{bmatrix} G_{11}m_1' + G_{12}m_2' & G_{11}m_1'' + G_{12}m_2'' \\ H_{21}m_3' + H_{22}m_4' & H_{21}m_3'' + H_{22}m_4'' \end{bmatrix} = [SD] \begin{bmatrix} G_{21}m_1' + G_{22}m_2' & G_{21}m_1'' + G_{22}m_2'' \\ H_{11}m_3' + H_{12}m_4' & H_{11}m_3'' + H_{12}m_4'' \end{bmatrix} \tag{4.59}$$

in welchem die Fehlerterme von den Messwerten und den Elementen der Streumatrix des Messobjekts abhängig sind. Messobjekte sind zunächst Kalibrierstandards, deren Elementwerte möglichst genau bekannt sein sollten. Zur Bestimmung der 7 Unbekannten $G_{11}$, $G_{12}$, $G_{21}$, $G_{22}$, $H_{11}$, $H_{12}$ und $H_{21}$ mit $H_{22} = 1$ sind 7 voneinander unabhängige, lineare Gleichungen des Typs (4.59) erforderlich. Dazu benötigt man mindestens drei vollständig bekannte Kalibrierzweitore mit oder ohne Transmission. Mit T als Durchverbindung (engl.: through), M als Anpassung (engl.: match), S als Kurzschluss (engl.: short) und O als Leerlauf (engl.: open) werden einige mögliche Kalibrierverfahren im Folgenden aufgezählt. Mögliche Kalibrierverfahren mit verschiedenen Vor- und Nachteilen sind $TM_rM_lS_{r,l}$ und $TM_rM_lO_{r,l}$

Dabei bezeichnen die Indizes $r$ und $l$ die rechts- bzw. linksseitige Anbringung des Kalibrierstandards. Hingegen bedeutet der Index $r,l$ die Benutzung eines Standards auf der linken oder rechten Seite. M, S und O können auch bekannte Impedanzen in der Nähe von M, S und O sein, T kann auch für ein beliebiges aber vollständig bekanntes Zweitor stehen.

Kalibrierverfahren wie $TM_rM_lS_rS_l$ , $TM_rM_lO_rO_l$ , $TM_rM_lS_rS_lO_rO_l$ und $TM_{r,l}S_{r,l}O_{r,l}$ liefern sogar mehr als die erforderlichen 7 linear unabhängigen Gleichungen. Durch eine Ausgleichsrechnung lässt sich diese Zahl auf genau sieben Gleichungen reduzieren.

Nach Abschluss der Kalibrierung sind alle sieben Fehlerterme bekannt und es können beliebige unbekannte Messobjekte vermessen und fehlerkorrigiert berechnet werden. Für die hierzu erforderliche Korrektur-Rechnung dient die Gleichung (4.59), die nach $[SD]$ umzustellen ist.

$$[SD]=\begin{bmatrix} G_{11}m_1' + G_{12}m_2' & G_{11}m_1'' + G_{12}m_2'' \\ H_{21}m_3' + m_4' & H_{21}m_3'' + m_4'' \end{bmatrix} \cdot \begin{bmatrix} G_{21}m_1' + G_{22}m_2' & G_{21}m_1'' + G_{22}m_2'' \\ H_{11}m_3' + H_{12}m_4' & H_{11}m_3'' + H_{12}m_4'' \end{bmatrix}^{-1} \tag{4.60}$$

Mit Gleichung (4.60) steht ein schneller und robuster Korrekturalgorithmus zur Verfügung, der Messobjekte mit und ohne Transmission zuläßt.
Eine andere kompaktere Schreibweise der Gleichung (4.59) ergibt sich aus

$$\begin{bmatrix} G_{11} & 0 \\ 0 & H_{22} \end{bmatrix} \cdot \begin{bmatrix} m_1' & m_1'' \\ m_4' & m_4'' \end{bmatrix} + \begin{bmatrix} G_{12} & 0 \\ 0 & H_{21} \end{bmatrix} \cdot \begin{bmatrix} m_2' & m_2'' \\ m_3' & m_3'' \end{bmatrix} = [SD]\left\{\begin{bmatrix} G_{21} & 0 \\ 0 & H_{12} \end{bmatrix} \cdot \begin{bmatrix} m_1' & m_1'' \\ m_4' & m_4'' \end{bmatrix} + \begin{bmatrix} G_{22} & 0 \\ 0 & H_{11} \end{bmatrix} \cdot \begin{bmatrix} m_2' & m_2'' \\ m_3' & m_3'' \end{bmatrix}\right\} \tag{4.62}$$

bzw.

$$\begin{bmatrix} G_{11} & 0 \\ 0 & H_{22} \end{bmatrix} \cdot [m] + \begin{bmatrix} G_{12} & 0 \\ 0 & H_{21} \end{bmatrix} = [SD]\left\{\begin{bmatrix} G_{21} & 0 \\ 0 & H_{12} \end{bmatrix} \cdot [m] + \begin{bmatrix} G_{22} & 0 \\ 0 & H_{11} \end{bmatrix}\right\}, \tag{4.63}$$

mit der Messmatrix $[m]$ als Abkürzung

$$[m] = \begin{bmatrix} m_1' & m_1'' \\ m_4' & m_4'' \end{bmatrix} \cdot \begin{bmatrix} m_2' & m_2'' \\ m_3' & m_3'' \end{bmatrix}^{-1} = \begin{bmatrix} m_{11} & m_{12} \\ m_{21} & m_{22} \end{bmatrix}. \tag{4.64}$$

Daraus folgt ein Gleichungssystem, welches nur noch vier verschiedene Messwerte enthält:

$$\begin{bmatrix} G_{11}m_{11} + G_{12} & G_{11}m_{12} \\ H_{22}m_{21} & H_{21} + H_{22}m_{22} \end{bmatrix} = [S]\begin{bmatrix} G_{21}m_{11} + G_{22} & G_{21}m_{12} \\ H_{12}m_{21} & H_{11} + H_{12}m_{22} \end{bmatrix}. \tag{4.65}$$

## 4.4.2 Selbstkalibrierung mit teilweise unbekannten Zweitorstandards

Ein Vier-Messstellen-System lässt sich mit drei bekannten Zweitorstandards kalibrieren. Daraus ergeben sich maximal zwölf lineare Gleichungen, mit deren Hilfe sieben Fehlerparameter bestimmt werden müssen. Die vorhandene Redundanz kann dazu genutzt werden, Zweitorstandards mit teilweise unbekannten Parametern zu verwenden.

Ein erstes Kalibrierzweitor $[C1]$, z. B. eine Durchverbindung, sei vollständig bekannt und in Transmissionsmatrixdarstellung gegeben. Ein zweites Zweitor $[C2]$ sei bis auf einen unbekannten Parameter bekannt. Im Folgenden soll angenommen werden, dass der Zweitorstandard $[C2]$ beidseitig angepasst und reziprok ist, aber eine unbekannte Transmission $C2_{21} = C2_{12} = k$ aufweist. Diese Forderung erfüllt etwa ein beidseitig angepasstes Dämpfungsglied, was auch als A-Standard bezeichnet wird (TAN-Verfahren) oder eine angepasste Leitung (TLN-Verfahren).

Dabei bezeichnen $[C1]$ und $[C2]$ Streuparameter-Matrizen und $[\Sigma C1]$ und $[\Sigma C2]$ Transmissionsparameter-Matrizen.

$$[C1] = \begin{bmatrix} 0 & 1 \\ 1 & 0 \end{bmatrix} \quad \text{bzw.} \quad [\Sigma C1] = \begin{bmatrix} 1 & 0 \\ 0 & 1 \end{bmatrix} \tag{4.61}$$

$$[C2] = \begin{bmatrix} 0 & k \\ k & 0 \end{bmatrix} \quad \text{bzw.} \quad [\Sigma C2] = \begin{bmatrix} k & 0 \\ 0 & 1/k \end{bmatrix} \tag{4.62}$$

Ausgehend von Gleichung (4.57) folgt, wenn $[P1]$ und $[P2]$ die zugehörigen Messwertmatrizen sind,

$$[P1] = [G]^{-1}[\Sigma C1][H] \tag{4.63}$$

$$[P2] = [G]^{-1}[\Sigma C2][H] \ . \tag{4.64}$$

Eliminiert man aus Gleichung (4.64) die Matrix $[H]$, dann erhält man:

$$[P2][P1]^{-1} = [G]^{-1}[\Sigma C2][\Sigma C1]^{-1}[G] \ . \tag{4.65}$$

Die Gleichung (4.65) beschreibt eine so genannte ÄHNLICHKEITSTRANSFORMATION einer Matrix. Bei einer Ähnlichkeitstransformation sind die Determinante und die Spur der Matrix auf der linken Seite der Gleichung (4.65) gleich der Spur und der Determinante der von $[G]^{-1}$ und $[G]$ eingeschlossenen (transformierten) Matrix.

---

**Übungsaufgabe 4.6**

Zeigen Sie durch direkte Rechnung für eine 2×2-Matrix, dass die Spur nach der Ähnlichkeitstransformation erhalten bleibt.

---

Die Invarianz der Determinante gegenüber einer Ähnlichkeitstransformation enthält keine nützliche Information, wenn es sich bei den Standardzweitoren um reziproke Netzwerke handelt, wie es im Allgemeinen der Fall ist. Die Gleichheit der Spur hingegen, angewandt auf Gleichung (4.65), liefert eine nützliche Beziehung. Man erhält:

$$\mathrm{spur}\left\{[P2][P1]^{-1}\right\} = \beta_{21} = \mathrm{spur}\left\{[\Sigma C2][\Sigma C1]^{-1}\right\} . \tag{4.66}$$

Die Matrix $[G]$ wurde auf diese Weise ebenfalls eliminiert, die Selbstkalibrierung erfolgt unabhängig von den später zu berücksichtigenden Systemfehlern.

Der Zahlenfaktor $\beta_{21}$ ist aus Messwerten bekannt. Spezialisiert man die Standardzweitore $[C1]$ und $[C2]$ gemäß (4.61) bis (4.64), dann erhält man für die Gleichung (4.66) den Ausdruck

$$k + \frac{1}{k} = \beta_{21} \tag{4.67}$$

mit den beiden Lösungen

$$k_{1,2} = \frac{1}{k_{2,1}} = \frac{\beta_{21}}{2} \pm \sqrt{\frac{\beta_{21}^2}{4} - 1} . \tag{4.68}$$

Weil das Standardzweitor $[C2]$ passiv ist, wird man als richtige Lösung $|k| < 1$ wählen, wenn es sich um ein Dämpfungsglied handelt. Bei einer Leitung liegt $|k|$ nahe bei 1. Daher ist es günstiger, die elektrische Länge, die in diesem Fall auf etwa $\pm 90°$ bekannt sein muss, zur Entscheidung für das richtige Vorzeichen in Gleichung (4.68) heranzuziehen.

Die elektrische Länge der Leitung lässt sich also bereits im Rahmen einer Selbstkalibrierung nach nur zwei Messungen, nämlich mit der Durchverbindung T und mit dieser Leitung L, bestimmen. Die sieben Fehlerterme sind zu diesem Zeitpunkt noch nicht bekannt. Ist die Durchverbindung selbst eine Leitung $L_1$, dann kann diese Leitung gedanklich den Fehlerzweitoren zugeordnet werden. Man erhält auf diese Weise die elektrische Zusatzlänge der Leitung $L_2 = L$.

Damit sind zwei Kalibrierzweitore $[C1]$ und $[C2]$ vollständig bekannt. Ein drittes Kalibrierzweitor $[C3]$ darf zwei unbekannte Parameter enthalten, weil zwei nützliche Spurgleichungen verwendet werden können:

$$\mathrm{spur}\left\{[P3][P1]^{-1}\right\} = \beta_{31} = \mathrm{spur}\left\{[\Sigma C3][\Sigma C1]^{-1}\right\} \tag{4.69}$$

und

$$\mathrm{spur}\left\{[P3][P2]^{-1}\right\} = \beta_{32} = \mathrm{spur}\left\{[\Sigma C3][\Sigma C2]^{-1}\right\} . \tag{4.70}$$

Nimmt man bspw. an, das Standardzweitor $[C3]$ sei ein N-Standard, also reziprok und reflexionssymmetrisch mit unbekannter Reflexion $\rho = C3_{11} = C3_{22}$ und unbekannter Transmission $\mu = C3_{21} = C3_{12}$:

$$[C3] = \begin{bmatrix} \rho & \mu \\ \mu & \rho \end{bmatrix} \tag{4.71}$$

$$[\Sigma C3] = \frac{1}{\mu}\begin{bmatrix} \mu^2 - \rho^2 & \rho \\ -\rho & 1 \end{bmatrix}, \tag{4.72}$$

so erhält man aus (4.69) mit

$$[\Sigma C1]^{-1} = \begin{bmatrix} 1 & 0 \\ 0 & 1 \end{bmatrix} \tag{4.73}$$

$$\beta_{31} = \frac{1}{\mu} + \mu - \frac{\rho^2}{\mu}. \tag{4.74}$$

Aus (4.70) erhält man mit

$$[\Sigma C2]^{-1} = \begin{bmatrix} 1/k & 0 \\ 0 & k \end{bmatrix} \tag{4.75}$$

$$\beta_{32} = \frac{k}{\mu} + \frac{\mu}{k} - \frac{\rho^2}{k\mu}. \tag{4.76}$$

Mit (4.74) und (4.76) lässt sich schließlich die gesuchte Reflexion und Transmission berechnen:

$$\mu = \frac{k^2 - 1}{k\,\beta_{32} - \beta_{31}} \tag{4.77}$$

$$\rho = \pm\sqrt{1 - \mu\,\beta_{31} + \mu^2}\,. \tag{4.78}$$

Wie man am Ausdruck für $\rho$ erkennt, sind auch für die Bestimmung der Streuparameter des [$C3$]-Standards a priori Kenntnisse notwendig, um die richtige Vorzeichenwahl zu treffen.

Damit stehen für das Vier-Messstellen-System Selbstkalibrierverfahren der Form TAN und TLN zur Verfügung, wobei T für eine Durchverbindung steht (engl.: through), A für ein beidseitig angepasstes Dämpfungsglied (engl.: attenuator) unbekannter Transmission, L für eine Leitung (engl.: line) unbekannter elektrischer Länge und N für ein unbekanntes aber symmetrisches Netzwerk (engl.: network). Anstelle von T kann auch ein beliebiges, vollständig bekanntes Zweitor verwendet werden.

### 4.4.3 Selbstkalibrierung mit teilweise unbekannten Zweitorstandards ohne Transmission

Für den Fall, dass das symmetrische N-Netzwerk keine Transmission aufweist, soll es als symmetrisches Doppeleintor-R-Netzwerk (engl.: reflect) bezeichnet werden. Außerdem soll auch das A-Netzwerk als Doppeleintor $M_r$, $M_l$ zugelassen sein, das heißt, es wird ein Wellenabschluß M ohne Transmission auf beiden Seiten angebracht. Mit anderen Worten wollen wir die allgemeine TAN-Kalibrierung behandeln, die aber in die TRM-Kalibrierung entarten darf. Dabei steht die Durchverbindung T für $[C1]$, das angepasste Dämpfungsglied A oder die Doppelanpassung M für $[C2]$ und das Netzwerk N oder eine gleiche unbekannte Reflexion R auf beiden Seiten für $[C3]$. Eine Rechnung wie in Abschn. 4.2.2 gelingt nicht unmittelbar, weil eine Transmissionsmatrix für fehlende Transmission nicht existiert. Hier hilft eine Rechnung über so genannte Pseudo-Transmissionsmatrizen weiter. Dazu wird aus der Messmatrix $[P]$ die Determinante $\Delta m$, welche null werden kann, herausgezogen, der verbleibende endliche Teil der Matrix wird mit $[P]$ bezeichnet.

$$[P] = \begin{bmatrix} m_1' & m_1'' \\ m_2' & m_2'' \end{bmatrix} \frac{1}{m_3' m_4'' - m_3'' m_4'} \begin{bmatrix} m_4'' & -m_3'' \\ -m_4' & m_3' \end{bmatrix} = \frac{1}{\Delta m}\left[\tilde{P}\right] \quad (4.79)$$

mit

$$\Delta m = m_3' m_4'' - m_3'' m_4'$$

und

$$\left[\tilde{P}\right] = \begin{bmatrix} m_1' & m_1'' \\ m_2' & m_2'' \end{bmatrix} \begin{bmatrix} m_4'' & -m_3'' \\ -m_4' & m_3' \end{bmatrix} .$$

Es werden Messungen mit TAN bzw. TRM, TAR oder TMN durchgeführt, wobei man die folgenden drei Matrixgleichungen auswerten kann:

$$\begin{aligned} [P1] &= [G]^{-1}[\Sigma C1][H] \\ \left[\tilde{P}2\right] &= [G]^{-1}\,\Delta m_2\,[\Sigma C2][H] \\ \left[\tilde{P}3\right] &= [G]^{-1}\,\Delta m_3\,[\Sigma C3][H] \ . \end{aligned} \quad (4.80)$$

Die Verknüpfung von $\Delta m$ mit $[\Sigma C2]$ und $[\Sigma C3]$ wird als Pseudo-Transmissionsmatrix bezeichnet. Spezialisiert auf die TAN-Kalibrierung, erhält man mit neuen Bezeichnungen für die Pseudo-Transmissionsmatrizen:

$$\begin{aligned} \Delta m_2\,[\Sigma C2] &= \frac{\Delta m_2}{C2_{21}} \begin{bmatrix} C2_{12}\,C2_{21} & 0 \\ 0 & 1 \end{bmatrix} = \begin{bmatrix} k_r & 0 \\ 0 & 1/k_f \end{bmatrix} \\ \Delta m_3\,[\Sigma C3] &= \frac{\Delta m_3}{C3_{21}} \begin{bmatrix} C3_{12}\,C3_{21} - C3_{11}^2 & C3_{11} \\ -C3_{11} & 1 \end{bmatrix} = \frac{1}{\mu_f} \begin{bmatrix} \mu_f \mu_r - \rho^2 & \rho \\ -\rho & 1 \end{bmatrix} \end{aligned} \quad (4.81)$$

mit

$$
\begin{aligned}
k_f &= \frac{C2_{21}}{\Delta m_2} \\
k_r &= C2_{12}\,\Delta m_2 \\
\mu_f &= \frac{C3_{21}}{\Delta m_3} \\
\mu_r &= C3_{12}\,\Delta m_3 \\
\rho &= C3_{11} = C3_{22}\ .
\end{aligned}
\tag{4.82}
$$

Die Verknüpfung der Messwerte und Anwendung der Spur- und Determinanteninvarianz führt auf fünf brauchbare Gleichungen, um die fünf Unbekannten $k_f$, $k_r$, $\mu_f$, $\mu_r$ und $\rho$ zu bestimmen. Die Konstanten $\beta_i$, $i = 1, 2, 3, 4, 5$ ergeben sich dabei aus den Messwertmatrizen:

$$
\begin{aligned}
\beta_1 &= \operatorname{spur}\left\{[\tilde{P}2][P1]^{-1}\right\} \\
\beta_2 &= \det\left\{[\tilde{P}2][P1]^{-1}\right\} \\
\beta_3 &= \operatorname{spur}\left\{[\tilde{P}3][P1]^{-1}\right\} \\
\beta_4 &= \det\left\{[\tilde{P}3][P1]^{-1}\right\} \\
\beta_5 &= \operatorname{spur}\left\{[\tilde{P}2][P1]^{-1}[\tilde{P}3][P1]^{-1}\right\}\ .
\end{aligned}
\tag{4.83}
$$

Mit den Gleichungen (4.80), (4.81) und (4.82) ergeben sich die Beziehungen

$$k_r + \frac{1}{k_f} = \beta_1 \tag{4.84}$$

$$\frac{k_r}{k_f} = \beta_2 \tag{4.85}$$

und daraus

$$k_r = \frac{\beta_1}{2} \pm \sqrt{\frac{\beta_1^2}{4} - \beta_2} \qquad \text{und} \qquad k_f = \frac{k_r}{\beta_2} \tag{4.86}$$

und weiterhin

$$\mu_f = \frac{1 - k_f\,k_r}{k_f\,\beta_5 - k_f\,k_r\,\beta_3} \tag{4.87}$$

$$\mu_r = \mu_f\,\beta_4 \tag{4.88}$$

$$\rho = \pm\sqrt{\mu_r\,\mu_f - \beta_3\,\mu_f + 1}\ . \tag{4.89}$$

Die Gleichung (4.86) zur Bestimmung von $k_r$ erfordert eine Vorzeichenentscheidung, die mit ungefährer Kenntnis der Phase oder des Betrags von $C2_{21}$ gefällt werden kann. Das gleiche gilt für das Vorzeichen von $\rho$ in Gleichung (4.89).

Für die TRM-Kalibrierung sind $k_r = 0$ und $\mu_r = 0$. Die Gleichungen (4.84) bis (4.89) vereinfachen sich noch einmal zu:

$$\rho = \pm\sqrt{1 - \frac{\beta_1\,\beta_3}{\beta_5}}\ . \tag{4.90}$$

Die Entscheidung für das Vorzeichen von $\rho$ muss wiederum aus einer a priori Kenntnis über den Reflexionsstandard R erfolgen.

In der Regel verwendet man für den Reflexionsstandard R einen Kurzschluss S. Damit hat man zum einen die erforderliche Kenntnis über die Phase von R für die Vorzeichenentscheidung aus Gleichung (4.90) und außerdem eine Kontrolle über die Genauigkeit der Messung. In Bild 4.9 ist eine Messung der Phase eines Präzisionskurzschlusses angegeben, bei der das TRM-Selbstkalibrierverfahren zu Grunde gelegt wurde.

Die Gleichungen (4.84) bis (4.90) können ebenfalls für das TRM-Verfahren verwendet werden insbesondere, wenn eine Transmission gleich null nicht sichergestellt ist. Sie erlauben dann auch die Auswertung eines jeden Zustandes zwischen TAN und TRM, decken also jeden Zustand zwischen Transmission und fehlender Transmission ab.

So lässt sich für das TAR-Verfahren mit beliebigem $k_r$ und $\mu_r = 0$ angeben:

$$\begin{aligned} k_r &= \frac{\beta_1}{2} \pm \sqrt{\frac{\beta_1^{\,2}}{4} - \beta_2} \\ \mu_f &= \frac{\beta_1 - 2\,k_r}{\beta_5 - k_r\,\beta_3} \\ \rho &= \pm\sqrt{1 - \beta_3\,\mu_f}\ . \end{aligned} \tag{4.91}$$

Oder für das TMN-Verfahren mit beliebigem $\mu_r$ und $k_r = 0$:

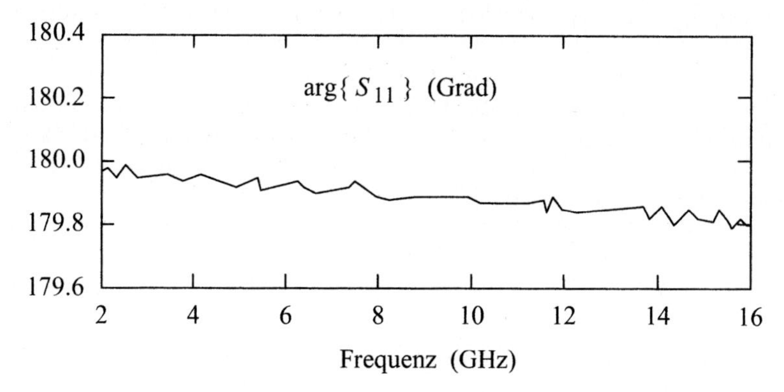


*Bild 4.9: Gemessene Phase eines Präzisionskurzschlusses im Frequenzbereich 2 - 16 GHz*

$$
\begin{aligned}
k_f &= \frac{1}{\beta_1} \\
\mu_f &= \frac{\beta_1}{\beta_5} \\
\mu_r &= \frac{\beta_1\,\beta_4}{\beta_5} \\
\rho &= \pm\sqrt{1 + (\mu_r - \beta_3)\,\mu_f} \quad ,
\end{aligned}
\tag{4.92}
$$

bzw. direkt eingesetzt:

$$
\rho = \pm\sqrt{1 + \frac{\beta_1^{\,2}\,\beta_4}{\beta_5^{\,2}} - \frac{\beta_1\,\beta_3}{\beta_5}} \quad . \tag{4.93}
$$

Darüber hinaus liefern die obigen Beziehungen die Größe der unbekannten Transmission. Eine von null verschiedene Transmission beim TRM-Verfahren tritt möglicherweise in einem offenen Leitungssystem, wie z. B. einer Schaltung mit Streifenleitungen, auf.

Beim TRM-Verfahren wird die Anpassung M als einziger absoluter Impedanzstandard benötigt. Von dem Reflexionsstandard wird nur die Gleichheit auf beiden Seiten verlangt, die sich dadurch erreichen lässt, dass man denselben R-Standard zeitlich nacheinander auf beiden Seiten anbringt.

Eine mögliche Inkonsistenz der Phasenbezugsebenen der Durchverbindung und der Kurzschlüsse oder Leerläufe, die sich bspw. bei den $TM_rM_lS_rS_l$ - oder $TM_rM_lO_rO_l$ -Verfahren ergeben kann, ist beim TRM-Verfahren ausgeschlossen.

Ein anderes Gütemaß, welches nicht auf der Präzision von Kalibrierstandards beruht, ergibt sich, wenn $[C1]$ und $[C2]$ jeweils reziproke aber sonst beliebige Zweitore sind. Dann gilt für die Determinante

$$\det\left\{[P2][P1]^{-1}\right\} = Q_n \approx 1 \tag{4.94}$$

und die Abweichung von $Q_n$ vom Wert 1 kann als Gütemaß verwendet werden. Bei guten Netzwerkanalysatoren beobachtet man lediglich Abweichungen im Promillebereich.

Mit dem Abschluss der Selbstkalibrierung sind drei Kalibrierzweitore vollständig bekannt und die sieben Fehlerparameter $G_{11}$, $G_{12}$, $G_{21}$, $G_{22}$, $H_{11}$, $H_{12}$ und $H_{21}$ können mit den Gleichungen des Typs (4.59) bestimmt werden. Damit ist die Kalibrierung des Vier-Messstellen-Systems abgeschlossen.

### 4.4.4 Darstellung des 10-Term-Verfahrens mit Transmissionsmatrix

Auf eine Testsetanordnung mit drei Messstellen wie in Bild 4.5 wird im Allgemeinen das 10-Term-Verfahren angewendet, wie wir es in Abschn. 4.3.1 diskutiert haben. Der Schalter sollte eine ideale Entkopplung aufweisen. Eine für die Darstellung äquivalente Anordnung ergibt sich, wenn man in dem Doppelreflektometer mit vier Messstellen wie in Bild 4.6 jeweils eine Messstelle als nicht existent ansieht, den Messwert also zu null ansetzt.

Speist man in Bild 4.6 von der linken Seite ein, so kann man bspw. $m_3$ zu null setzen, speist man von rechts ein, kann man $m_2$ ohne Verlust an Allgemeingültigkeit zu null setzen. Mit dieser Überlegung lässt sich der Formalismus der Gleichung (4.54), mit einfach gestrichenen Größen für eine Speisung von links wie folgt schreiben:

$$\begin{bmatrix} m_1' \\ m_2' \end{bmatrix} = [G']^{-1} \begin{bmatrix} \Sigma D_{11} & \Sigma D_{12} \\ \Sigma D_{21} & \Sigma D_{22} \end{bmatrix} [H'] \begin{bmatrix} 0 \\ m_4' \end{bmatrix} \tag{4.95}$$

Für eine Speisung von rechts sollen zweifach gestrichene Größen gelten. Das Messobjekt bzw. die Kalibrierstandards werden mit vertauschten Toren durchlaufen und auch die Fehlerzweitore sind im Allgemeinen gänzlich andere.

$$\begin{bmatrix} m_4'' \\ m_3'' \end{bmatrix} = [H'']^{-1} \begin{bmatrix} \Sigma D_{22} & \Sigma D_{21} \\ \Sigma D_{12} & \Sigma D_{11} \end{bmatrix}^{-1} [G''] \begin{bmatrix} 0 \\ m_1'' \end{bmatrix} \tag{4.96}$$

Ersichtlich werden die Elemente $H_{11}$, $H_{21}$, $G_{11}$ und $G_{21}$ weder benötigt, noch können sie bestimmt werden. Jeweils ein Element von $[G']$, $[H']$ bzw. $[G'']$, $[H'']$ kann in Form einer Normierung festgelegt werden. Damit verbleiben 10 Terme der $[G]$- und $[H]$-Matrizen, die mit Hilfe der Gleichungen (4.95) und (4.96) aus 10 linearen Gleichungen bestimmt werden können. Dazu werden mindestens 4 Kalibrierzweitore mit vollständig bekannten Transmissionsmatrizen

$[\Sigma D]$ und zugehörigen, bekannten Messwerten $m$ benötigt. Von den Kalibrierzweitoren muss mindestens eines Transmission aufweisen.

Nachdem die 10 Fehlerterme bestimmt worden sind, erhält man für eine Korrekturrechnung vier lineare Gleichungen für die Elemente der Transmissionsmatrix $[\Sigma D]$ eines Messzweitores, jedoch nun in Transmissionsdarstellung:

$$\begin{aligned} \begin{bmatrix} \tilde{y}_1 \\ \tilde{y}_2 \end{bmatrix} &= [\Sigma D] \begin{bmatrix} \beta_1 \\ 1 \end{bmatrix} \\ \begin{bmatrix} \tilde{y}_3 \\ \tilde{y}_4 \end{bmatrix} &= [\Sigma \tilde{D}] \begin{bmatrix} \beta_2 \\ 1 \end{bmatrix} \end{aligned} \tag{4.97}$$

mit

$$\begin{aligned} [\Sigma D] &= \begin{bmatrix} \Sigma D_{11} & \Sigma D_{12} \\ \Sigma D_{21} & \Sigma D_{22} \end{bmatrix} \\ [\Sigma \tilde{D}] &= \begin{bmatrix} \Sigma D_{22} & \Sigma D_{21} \\ \Sigma D_{12} & \Sigma D_{11} \end{bmatrix}^{-1} \end{aligned} \tag{4.98}$$

oder ausgeschrieben

$$\begin{aligned} \tilde{y}_1 &= \beta_1\, \Sigma D_{11} + \Sigma D_{12} \\ \tilde{y}_2 &= \beta_1\, \Sigma D_{21} + \Sigma D_{22} \\ \Delta \Sigma D\, \tilde{y}_3 &= \beta_2\, \Sigma D_{11} - \Sigma D_{21} \\ \Delta \Sigma D\, \tilde{y}_4 &= -\beta_2\, \Sigma D_{12} + \Sigma D_{22} \end{aligned} \tag{4.99}$$

mit

$$\Delta \Sigma D = \frac{S_{12}}{S_{21}} . \tag{4.100}$$

In Gleichung (4.97) sind $\tilde{y}_1$ bis $\tilde{y}_4$ und $\beta_1$, $\beta_2$ Konstanten, die sich aus den Fehlertermen und den Messwerten ergeben. Man kann das lineare Gleichungssystem (4.99) direkt nach den Unbekannten $\Sigma D_{11}$, $\Sigma D_{12}$, $\Sigma D_{21}$ und $\Sigma D_{22}$ auflösen.

### 4.4.5 Darstellung des 10-Term-Verfahrens mit Streumatrix

Geht man von der Transmissionsmatrix $[\Sigma D]$ auf eine Streumatrixdarstellung mit der Streumatrix $[S]$ über, dann verwandeln sich die Gleichungen (4.99) unmittelbar in das Gleichungssystem (4.29) bis (4.32) bzw. (4.40) bis (4.43).

Die Auflösung des linearen Gleichungssystems (4.99) versagt, wenn das Messobjekt keine Transmission aufweist. Die in Abschn. 4.2.2 angegebene weitere Rechnung mit Streumatrizen, bei der ein nichtlineares Gleichungssystem gelöst werden mußte, ergibt jedoch ähnlich wie bei den Rechnungen mit Pseudo-

Transmissionsmatrizen auch dann noch stabile Ergebnisse, wenn das Messobjekt keine Transmission aufweist. Dies hat seinen Grund darin, dass die Singularität vermieden wurde.

Ein praktischer Weg zur Bestimmung der Fehlerterme, bzw. für die Korrekturrechnung, führt über die Gleichung (4.59) mit $m_3 = 0$ und $m_2 = 0$. Die einfach und zweifach gestrichenen Größen gelten für die beiden Schalterstellungen. Die Fehlerparameter $[G]$ und $[H]$ sind ebenfalls unterschiedlich für die beiden Schalterstellungen.

$$\begin{bmatrix} G_{11}' m_1' + G_{12}' m_2' & G_{22}'' m_1'' \\ H_{22}' m_4' & H_{11}'' m_4'' + H_{12}'' m_3'' \end{bmatrix} = [SD] \begin{bmatrix} G_{21}' m_1' + G_{22}' m_2' & G_{12}'' m_1'' \\ H_{12}' m_4' & H_{21}'' m_4'' + H_{22}'' m_3'' \end{bmatrix} \tag{4.101}$$

Dieses Gleichungssystem beschreibt in sehr übersichtlicher Form das 10-Term-Verfahren. Legt man bspw. $G_{11}' = 1$ und $H_{11}'' = 1$ fest, so reichen vier vollständig bekannte Kalibrierzweitore $[SD]$, von denen mindestens eins Transmission aufweisen sollte, aus, um die 10 unbekannten Fehlerparameter $G_{12}'$, $G_{21}'$, $G_{22}'$, $G_{12}''$, $G_{22}''$, $H_{12}'$, $H_{22}'$, $H_{12}''$, $H_{21}''$ und $H_{22}''$ zu bestimmen. Bei vier bekannten Kalibrierzweitoren, von denen nur eines Transmission aufweist, erhält man genau 10 lineare Gleichungen, um die Fehlerparameter zu gewinnen. Nachdem die 10 Fehlerparameter des 10-Term-Verfahrens bekannt sind, kann man aus den Messwerten für die beiden Schalterstellungen $m_1'$, $m_2'$, $m_4'$, $m_1''$, $m_3''$ und $m_4''$ und mit Hilfe der Gleichungen (4.101) die Streuparameter eines unbekannten Messobjekts von Systemfehlern befreien.

Diese Vorgehensweise funktioniert nicht nur für die TOSM-Kombination von Kalibrierstandards, sondern für beliebige vier bekannte beliebige Kalibrierzweitore. Von diesen muss, wie gesagt, mindestens eines Transmission aufweisen.

Es reichen bereits drei vollständig bekannte Kalibrierzweitore aus, wenn wenigstens zwei Transmission aufweisen und mindestens eines der transmittierenden Zweitorstandards fehlangepaßt ist. Auch in diesem Fall erhält man genau 10 brauchbare lineare Gleichungen, um die 10 Fehlerparameter zu bestimmen.

Nach Abschluss der Kalibrierung sind alle 10 Fehlerterme bekannt und es können beliebige unbekannte Messobjekte vermessen und fehlerkorrigiert berechnet werden. Für die hierzu erforderliche Korrektur-Rechnung dient die Gleichung (4.101), die nach $[SD]$ umzustellen ist.

$$[SD]=\begin{bmatrix} G_{11}'m_1'+G_{12}'m_2' & G_{22}''m_1'' \\ H_{22}'m_4' & H_{11}''m_4''+H_{12}''m_3'' \end{bmatrix} \cdot \begin{bmatrix} G_{21}'m_1'+G_{22}'m_2' & G_{12}''m_1'' \\ H_{12}'m_4' & H_{21}''m_4''+H_{22}''m_3'' \end{bmatrix}^{-1} \quad (4.102)$$

Das Verfahren gemäß Gleichung (4.102) ist effizient und robust und empfiehlt sich daher für die praktische Anwendung.

### 4.4.6 Darstellung des 5-Term-Verfahrens mit Streumatrix

An dieser Stelle kann man noch einen Schritt weiter zurück zum 5-Term-Verfahren gehen. Dazu reduziert man zunächst die Gleichung (4.101) auf eine Vektorgleichung, indem man die zweigestrichenen Größen zu Null setzt, eine Umschaltung findet ja nicht mehr statt. Weiterhin kann man einen Bezug der Messgrößen zu den Wellen, wie in Bild 4.4, herstellen:

$$m_1 = m_f \quad , \quad m_2 = m_r \quad , \quad m_4 = m_t \; . \quad (4.103)$$

Aus Gleichung (4.101) erhält man so für eine Messung an einem Messobjekt:

$$\begin{bmatrix} G_{11}m_f'+G_{12}m_r' \\ H_{22}m_t' \end{bmatrix} = \begin{bmatrix} SD_{11} & SD_{12} \\ SD_{21} & SD_{22} \end{bmatrix} \begin{bmatrix} G_{21}m_f'+G_{22}m_r' \\ H_{12}m_t' \end{bmatrix} . \quad (4.104)$$

Die Kalibrierung erfolgt über Gleichung (4.104) entsprechend wie beim 10-Term-Verfahren, z. B. mit TOSM, allerdings ohne Umschaltung und liefert die 5 unbekannten Fehlerparameter $G_{12}$, $G_{21}$, $G_{22}$, $H_{12}$, $H_{22}$ mit $G_{11} = 1$. Mit den durch Kalibrierung bestimmten 5 Elementen der Fehlermatrizen $[G]$ und $[H]$ liefert die Gleichung (4.104) die Grundlage für eine Korrekturrechnung. Es lassen sich daraus zwei voneinander unabhängige Gleichungen aufstellen.

Da im Allgemeinen vier Streuparameter berechnet werden sollen, benötigt man zwei weitere, unabhängige Gleichungen. Dazu kann man das Messobjekt zwischen den Messtoren umdrehen und ein zweites Mal vermessen.
Dann folgt:

$$\begin{bmatrix} G_{11}m_f''+G_{12}m_r'' \\ H_{22}m_t'' \end{bmatrix} = \begin{bmatrix} SD_{22} & SD_{21} \\ SD_{12} & SD_{11} \end{bmatrix} \begin{bmatrix} G_{21}m_f''+G_{22}m_r'' \\ H_{12}m_t'' \end{bmatrix} . \quad (4.105)$$

Die fünf Fehlerparameter sind dabei unverändert geblieben. Die Streuparameter $[SD]$ des Messobjektes haben sich in ihrer Anordnung vertauscht, was sich durch Umstellen der Gleichung (4.105) ausgleichen lässt:

$$\begin{bmatrix} H_{22}m_t'' \\ G_{11}m_f''+G_{12}m_r'' \end{bmatrix} = \begin{bmatrix} SD_{11} & SD_{12} \\ SD_{21} & SD_{22} \end{bmatrix} \begin{bmatrix} H_{12}m_t'' \\ G_{21}m_f''+G_{22}m_r'' \end{bmatrix} . \quad (4.106)$$

Damit lässt sich eine Matrixgleichung zur Bestimmung der Streuparameter aufstellen.

$$[SD] = \begin{bmatrix} G_{11}\, m_f{}' + G_{12}\, m_r{}' & H_{22}\, m_t{}'' \\ H_{22}\, m_t{}' & G_{11}\, m_f{}'' + G_{12}\, m_r{}'' \end{bmatrix} \cdot \begin{bmatrix} G_{21}\, m_f{}' + G_{22}\, m_r{}' & H_{12}\, m_t{}'' \\ H_{12}\, m_t{}' & G_{21}\, m_f{}'' + G_{22}\, m_r{}'' \end{bmatrix}^{-1} . \tag{4.107}$$

Gleichung (4.107) stellt einen einfachen Ausdruck dar, mit dem die Streumatrix eines unbekannten Messobjektes nach Kenntnis der fünf Systemfehler berechnet werden kann.

Da (4.107) in Streuparametern formuliert ist, bestehen wie in Abschn. 4.4.5 keinerlei Einschränkungen bezüglich der Transmission der Messobjekte.

### 4.4.7 Selbstkalibrierung über die Determinantenbedingung eines homogenen Gleichungssystems

Das Doppelreflektometer mit vier Messstellen gemäß Bild 4.6 enthält acht unbekannte Fehlerparameter, nämlich die Elemente $G_{11}$ bis $H_{22}$. Mit drei bekannten Kalibrierzweitoren lassen sich mit Hilfe der Gleichung (4.59) acht lineare, homogene Gleichungen mit der 8×8 Koeffizientenmatrix [*KF*] aufstellen.

$$[KF] \begin{bmatrix} G_{11} \\ G_{12} \\ \vdots \\ H_{22} \end{bmatrix} = 0 \tag{4.108}$$

Dadurch dass wir einen Fehlerterm, z. B. $H_{22}$, zu eins festgesetzt haben, entstand ein inhomogenes Gleichungssystem, welches nach den verbliebenen sieben Fehlertermen aufgelöst werden kann. Eine Bedingungsgleichung für die Lösbarkeit von (4.102) ist, dass die Determinante der Koeffizientenmatrix des homogenen Gleichungssystems null wird. Die Koeffizienten dieser Matrix hängen nur von den Elementen der Kalibrierzweitore ab. Ist eines dieser Elemente unbekannt, z. B. beim TRM-Verfahren die beidseitige Reflexion $\rho$, dann liefert die Determinantenbedingung eine Selbstkalibriergleichung, im Allgemeinen eine Polynomgleichung, für diese Unbekannte, hier $\rho$,

$$\det\left[KF(\rho)\right] = 0 \tag{4.109}$$

ohne, dass zu diesem Zeitpunkt die Fehlerterme bekannt sind. Weil die 8×8 Determinante eine größere Zahl von Nullen enthält, kann man die Determinante analytisch stark vereinfachen und man endet mit einer quadratischen Gleichung für die unbekannte Reflexion. Diese Vorgehensweise über die Determinantenbedingung ist immer dann möglich, wenn die drei erforderlichen Fehlerzweitore nur ein unbekanntes Element enthalten. Nachdem drei Kalibrierzweitore vollständig bekannt sind, können alle 7 Fehlerterme in der üblichen Weise bestimmt werden.

---

**Übungsaufgabe 4.7**

Für das TMR-Verfahren soll für den unbekannten Relexionsfaktor $\rho$ über die Determinatenbedingung $\det[KF(\rho)] = 0$ eine quadratische Gleichung in $\rho$ hergeleitet werden.

---

Diese Vorgehensweise lässt sich auch auf ein einzelnes Reflektometer anwenden, wenn man es mit mehreren Reflexionsfaktoren, die einen unbekannten Parameter aufweisen, abschließt.

### 4.4.8 Kalibrierverfahren ohne Durchverbindung

Mitunter steht eine Durchverbindung, die hier mit T bezeichnet wurde, nicht zur Verfügung. Wir betrachten das Doppelreflektometer mit vier Messstellen in Bild 4.6. Von den 8 Fehlertermen der $[G]$- und $[H]$-Matrizen kann ein Element, bspw. $H_{22}$, ohne Verlust an Allgemeingültigkeit zu eins gesetzt werden. Mit drei vollständig bekannten Kalibrierimpedanzen, bzw. Reflexionsfaktoren auf der linken und der rechten Seite können damit die verbleibenden drei $[H]$-Parameter und drei der vier $[G]$-Parameter bestimmt werden. Die $[H]$-Matrix ist damit vollständig bekannt und die $[G]$-Matrix bis auf einen gemeinsamen Faktor $\kappa$, nachdem zuvor eines der Elemente der $[\tilde{G}]$-Matrix, etwa $G_{22}$, willkürlich zu eins gesetzt worden ist. Es soll gelten:

$$[G] = \kappa\left[\tilde{G}\right] = \kappa\begin{bmatrix} \tilde{G}_{11} & \tilde{G}_{12} \\ \tilde{G}_{21} & 1 \end{bmatrix}. \qquad (4.110)$$

Die Elemente $G_{11}$, $G_{12}$ und $G_{21}$ erhält man über die Reflektometerkalibrierung mit drei bekannten Eintoren, nicht jedoch den Faktor $\kappa$.

Im nächsten Schritt wird ein beliebiges, unbekanntes aber reziprokes Netzwerk mit der Transmissionsmatrix $[\Sigma D]$ und der Messmatrix $[P]$ vermessen. Die Determinante von $[\Sigma D]$ ist wegen der vorausgesetzten Reziprozität eins. Bildet man in Gleichung (4.57) auf beiden Seiten die Determinante und nutzt aus, dass $\det[\Sigma D] = 1$ gilt, dann erhält man einen Bestimmungsausdruck für den unbekannten Faktor $\kappa$:

$$\kappa^2 = \frac{\det[H]}{\det\left[\tilde{G}\right]\det[P]}. \qquad (4.111)$$

Der Faktor $\kappa$ ist mit Gleichung (4.111) nur bis auf ein Vorzeichen bekannt. Um die richtige Vorzeichenentscheidung zu treffen, benötigt man eine a-priori Information über die Eigenschaften des reziproken Messobjektes mit der Transmissionsmatrix $[\Sigma D]$. Mit Hilfe der Gleichung (4.57)

$$[\Sigma D] = \pm\kappa\,[\widetilde{G}][P][H]^{-1} \tag{4.112}$$

kann man untersuchen, welches Vorzeichen von $\kappa$ auf die gegebene a-priori Information von $[\Sigma D]$ passt. Konkreter gesagt muss man die Phase zumindest eines Elementes von $[\Sigma D]$ auf $\pm 90^\circ$ genau kennen.

Nachdem jetzt auch das Vorzeichen von $\kappa$ bekannt ist, sind alle 7 Fehlerterme von $[G]$ und $[H]$ bestimmt und der Korrekturrechnung für ein beliebiges Messobjekt steht nichts mehr im Wege.

### 4.4.9 Korrekturrechnung nur mit Messwerten

Für ein einzelnes Reflektometer sind die Messwerte $m$ mit den Systemparametern $C_1$, $C_2$, $C_3$ und dem Reflexionsfaktor $\Gamma$ über eine bilineare Beziehung miteinander verknüpft.

$$\mu = \frac{m_r}{m_f} = \frac{R_{11} - \Delta R\,\Gamma}{1 - R_{22}\,\Gamma} = \frac{C_1 + C_2\,\Gamma}{1 + C_3\,\Gamma} \tag{4.113}$$

Mit drei bekannten Abschluss-Reflexionsfaktoren $\Gamma_1$, $\Gamma_2$, $\Gamma_3$ und einem unbekannten Reflexionsfaktor $\Gamma_x$, sowie den zugehörigen Messwerten $\mu_1$, $\mu_2$, $\mu_3$ und $\mu_x$ erhält man aus (4.113) vier lineare Gleichungen in den Systemparametern $C_1$, $C_2$ und $C_3$. Eliminiert man aus diesen vier linearen Gleichungen die Parameter $C_1$, $C_2$ und $C_3$, dann verbleibt eine Verknüpfungsgleichung zwischen den bekannten Reflexionsfaktoren $\Gamma_1$, $\Gamma_2$, $\Gamma_3$ und dem unbekannten Reflexionsfaktor $\Gamma_x$, sowie den vier bekannten Messwerten $\mu_1$, $\mu_2$, $\mu_3$ und $\mu_x$. Nach einigen Umformungen lautet diese Verknüpfung:

$$\frac{\left(\Gamma_x - \Gamma_1\right)\left(\Gamma_2 - \Gamma_3\right)}{\left(\Gamma_x - \Gamma_3\right)\left(\Gamma_2 - \Gamma_1\right)} = \frac{\left(\mu_x - \mu_1\right)\left(\mu_2 - \mu_3\right)}{\left(\mu_x - \mu_3\right)\left(\mu_2 - \mu_1\right)}\,. \tag{4.114}$$

Diese Beziehung wird bisweilen auch als Möbius-Transformation bezeichnet. Sie erlaubt in einfacher Weise, den unbekannten Reflexionsfaktor $\Gamma_x$ aus dem zugehörigen Messwert $\mu_x$ und drei bekannten Reflexionsabschlüssen $\Gamma_1$, $\Gamma_2$, $\Gamma_3$, sowie den zugehörigen Messwerten $\mu_1$, $\mu_2$ und $\mu_3$ zu berechnen, ohne dass Systemparameter dabei explizit auftreten. Ersichtlich müssen sich die drei $\Gamma$-Werte voneinander unterscheiden.

---

**Übungsaufgabe 4.8**

Leiten Sie Gleichung (4.114) her.

---

Eine ebensolche Beziehung wie (4.114) erhält man auch, wie man leicht einsieht, wenn man anstelle von Reflexionsfaktoren zum Beispiel die bekannten Abschlußimpedanzen $Z_1$, $Z_2$, $Z_3$ und die unbekannte Abschlußimpedanz $Z_x$ zuschaltet. Mit den zugehörigen Messwerten $\mu_1$, $\mu_2$, $\mu_3$ und $\mu_x$ erhält man wiederum einen zu (4.114) ähnlichen Ausdruck:

$$\frac{(Z_x - Z_1)(Z_2 - Z_3)}{(Z_x - Z_3)(Z_2 - Z_1)} = \frac{(\mu_x - \mu_1)(\mu_2 - \mu_3)}{(\mu_x - \mu_3)(\mu_2 - \mu_1)} = \mu_{tot} \ . \tag{4.115}$$

Wählt man bspw. für $Z_1$ eine bekannte Bezugsimpedanz $Z_0$, z. B. $Z_0 = 50\,\Omega$, für $Z_2$ einen Leerlauf, also $Z_2 = \infty\,\Omega$ und für $Z_3$ einen Kurzschluss, also $Z_3 = 0\,\Omega$, dann erhält man:

$$Z_x = \frac{Z_0}{(1 - \mu_{tot})} \ . \tag{4.116}$$

Auch für die Messung aller Streuparameter eines Messobjektes mit zum Beispiel dem Vier-Messstellen-Testset lässt sich die Korrekturrechnung ausschließlich mit Hilfe von Messwerten durchführen, ohne dass die 7 Systemparameter explizit in Erscheinung treten.

Wir kalibrieren mit drei vollständig bekannten Standardzweitoren in Transmissionsparameter- Schreibweise $[\Sigma S1]$, $[\Sigma S2]$ und $[\Sigma S3]$, sowie dem unbekannten Zweitorobjekt $[\Sigma SX]$. Die zugehörigen Messmatrizen seien $[P1]$, $[P2]$, $[P3]$ und $[PX]$. Gemäß (4.66) erhält man drei Spurgleichungen der folgenden Form:

$$\text{spur}\left\{[PX][P1]^{-1}\right\} = \beta_{X1} = \text{spur}\left\{[\Sigma SX][\Sigma S1]^{-1}\right\} \tag{4.117}$$

$$\text{spur}\left\{[PX][P2]^{-1}\right\} = \beta_{X2} = \text{spur}\left\{[\Sigma SX][\Sigma S2]^{-1}\right\} \tag{4.118}$$

$$\text{spur}\left\{[PX][P3]^{-1}\right\} = \beta_{X3} = \text{spur}\left\{[\Sigma SX][\Sigma S3]^{-1}\right\} . \tag{4.119}$$

Eine vierte nützliche Spurgleichung ergibt sich durch die Verknüpfung aller vier Matrizen:

$$\begin{aligned}\text{spur}\left\{[PX][P1]^{-1}[P2][P3]^{-1}\right\} &= \beta_{X123} \\ &= \text{spur}\left\{[\Sigma SX][\Sigma S1]^{-1}[\Sigma S2][\Sigma S3]^{-1}\right\}.\end{aligned} \tag{4.120}$$

Die vier Gleichungen (4.117) bis (4.120) stellen vier lineare, inhomogene Gleichungen für die vier unbekannten Transmissionsmatrix-Elemente $\Sigma SX_{11}$, $\Sigma SX_{12}$, $\Sigma SX_{21}$, $\Sigma SX_{22}$, der Messobjektmatrix $[\Sigma SX]$ dar, welche nach diesen Elementen aufgelöst werden können. Wie bereits erwähnt, werden lediglich Messwerte benutzt und die 7 Fehlerterme der $[G]$- und $[H]$-Matrizen werden nicht für die Korrekturrechnung benötigt.

## 4.5 Darstellung des Fehlermodells mit Kettenmatrizen

Bisher haben wir das Doppelreflektometer vor allem durch Transmissionsmatrizen bzw. Streuparameter beschrieben. Formal hätten wir alle bisherigen Ergebnisse auch mit einer Darstellung über Kettenmatrizen erzielen und die gewonnenen Ergebnisse in Streuparameter umrechnen können. Für ein gegebenes Testset ergeben sich zwar andere Zahlenwerte für die Fehlerparameter, die Gleichungen behalten jedoch die gleiche Struktur und das Ergebnis für die Parameter des Messobjektes nach der Korrekturrechnung ist selbstverständlich auch dasselbe. Die Messwerte kann man sich bei einer Darstellung mit Kettenparametern als Ströme oder Spannungen oder auch nur als Spannungen vorstellen, weil die Ströme an den Messstellen den Spannungen proportional sind und die Proportionalitätskonstante in die Systemparameter einbezogen werden kann.

### 4.5.1 Impedanzmessverfahren

Eine besonders interessante Anwendung für die Darstellung mit Kettenmatrizen ergibt sich, wenn die Aufgabenstellung vorliegt, konzentrierte, komplexe Impedanzen oder Admittanzen zu vermessen und einer Korrekturrechnung zu unterwerfen. Es wird sich erweisen, dass insbesondere mit Selbstkalibrierverfahren sehr einfache Ergebnisse erzielt werden können, vor allem dann, wenn auch die Kalibrierstandards konzentrierte Impedanzen oder Admittanzen sind.

Das Testset ist unverändert dasselbe wie in Bild 4.6. Für die beiden Schalterstellungen resultiert die Matrizengleichung

$$\begin{bmatrix} m_1' & m_1'' \\ m_2' & m_2'' \end{bmatrix} = [G]^{-1}\,[KD]\,[H] \begin{bmatrix} m_3' & m_3' \\ m_4' & m_4'' \end{bmatrix}. \tag{4.121}$$

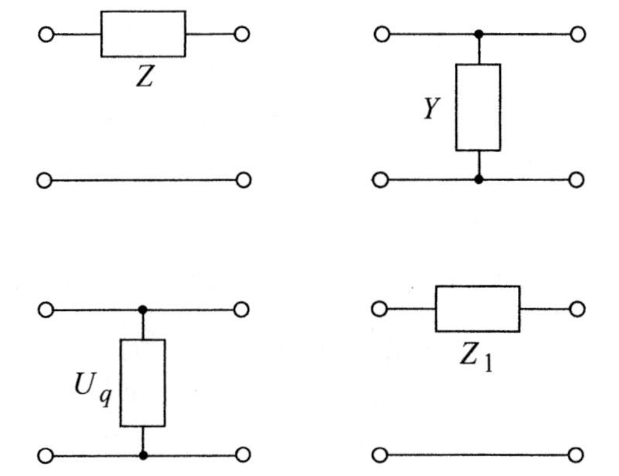


*Bild 4.10: Kalibrierstandards für Impedanzmessverfahren*

Dabei beschreibt die Matrix [$KD$] in Kettenparametern das Messobjekt bzw. den Kalibrierstandard. Die [$G$]- und [$H$]- Matrizen sind ähnlich einer Kettenmatrix aufgebaut. Mit der Messmatrix

$$[P] = \begin{bmatrix} m_1' & m_1'' \\ m_2' & m_2'' \end{bmatrix} \begin{bmatrix} m_3' & m_3'' \\ m_4' & m_4'' \end{bmatrix}^{-1} \tag{4.122}$$

lautet die Gleichung (4.121) in Matrizenschreibweise

$$[P] = [G]^{-1} [KD] [H] . \tag{4.123}$$

Wie in Bild 4.10 gezeigt, werden als Kalibrierimpedanzen überwiegend die Serienimpedanz $Z$ und die Queradmittanz $Y$ verwendet.
Die Impedanzstandards $Z$ und $Y$ sollen vollständig bekannt sein, während $U_q$ eine Hilfsimpedanz darstellt, deren Wert sich während der Selbstkalibrierung ergibt.

### 4.5.2 Das ZU-Verfahren und das YU-Verfahren

Bei dem ZU- Verfahren wird eine Kalibriermessung mit einer bekannten Serienimpedanz $Z$ durchgeführt, welche auf die beliebige Bezugsimpedanz $Z_0$ bezogen sein soll, so dass $z = Z / Z_0$ gilt. Eine weitere Kalibriermessung wird mit einer völlig unbekannten Querimpedanz $u = U_q / Z_0$ durchgeführt (Bild 4.10). Die Serienimpedanz $Z$ muss eine konzentrierte Impedanz darstellen. Die unbekannte Querimpedanz $U_q$ muss nicht notwendigerweise eine konzentrierte Impedanz darstellen, sie muss aber über einen idealen Stromknoten an die Längsleitung angeschlossen sein. Dieser Stromknoten muss als Position genau diejenige der konzentrierten Serienimpedanz aufweisen. Die elektrische Länge der Zuleitungen zu den Impedanzen ist beliebig, sie werden den Fehlerzweitoren automatisch hinzugefügt. Es ergeben sich für die Kalibrierung zwei Kettenmatrizen der Form

$$\begin{aligned} [K_z] &= \begin{bmatrix} 1 & z \\ 0 & 1 \end{bmatrix} \\ [K_u] &= \begin{bmatrix} 1 & 0 \\ 1/u & 1 \end{bmatrix} \end{aligned} \tag{4.124}$$

und an Stelle der Gleichung (4.123)

$$\begin{aligned} [P_z] &= [G]^{-1} [K_z] [H] \\ [P_u] &= [G]^{-1} [K_u] [H] . \end{aligned} \tag{4.125}$$

Nach Eliminierung des Fehlerzweitores [$H$] und Anwendung der Spurinvarianz für eine Ähnlichkeitstransformation erhält man die folgende nützliche Spurgleichung

$$\beta_1 = \mathrm{spur}\{[P_z][P_u]^{-1}\} = \mathrm{spur}\{[K_z][K_u]^{-1}\} , \tag{4.126}$$

die eine Gleichung zur Bestimmung der unbekannten Impedanz $U_q$ ergibt:

$$U_q = \frac{Z}{2 - \beta_1} . \tag{4.127}$$

Wenn die Impedanz $U_q$ das Messobjekt repräsentiert, dann hat man an dieser Stelle bereits das korrigierte Messergebnis, ohne dass zu diesem Zeitpunkt die Fehlerterme bekannt sind. Dies bedeutet, dass die Messwertkorrektur ganz im Rahmen einer Selbstkalibrierung erfolgt.

Häufig wird es besonders günstig sein, das Messobjekt mit der Impedanz $Z_1$ ebenso zu platzieren, wie die Serienimpedanz $Z$. Normiert man $z_1 = Z_1/Z_0$, so erhält man $U_q$ über den gleichen Formalismus wie zuvor.

$$U_q = \frac{Z_1}{2 - \beta_2} \tag{4.128}$$

mit

$$\beta_2 = \text{spur}\,\{[K_v][K_u]^{-1}\} \tag{4.129}$$

$$[K_v] = \begin{bmatrix} 1 & z_1 \\ 0 & 1 \end{bmatrix} \tag{4.130}$$

$$[K_u] = \begin{bmatrix} 1 & 0 \\ 1/u & 1 \end{bmatrix} . \tag{4.131}$$

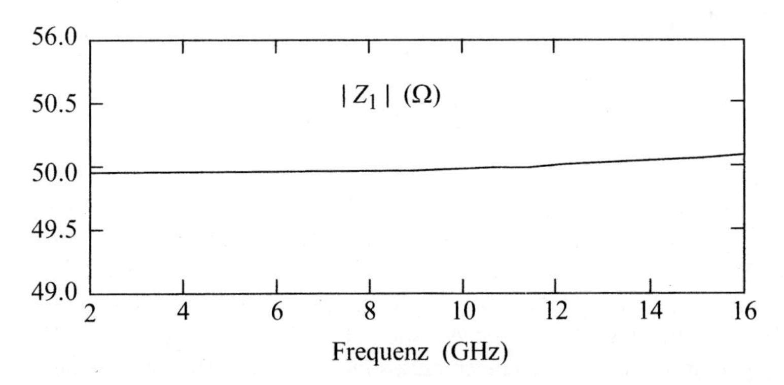


*Bild 4.11: Messung von $Z_1$ in Abhängigkeit von der Frequenz nach dem $ZU_qZ_1$-Verfahren; Z betrug 50 Ω.*

Durch Gleichsetzen von (4.127) und (4.128) erhält man eine Gleichung von einfacher Struktur zur Berechnung der Impedanz $Z_1$ des Messobjektes und zwar befreit von Systemfehlern. Die Korrekturrechnung erfolgt wiederum im Rahmen einer Selbstkalibrierung, ohne dass die 7 Fehlerparameter von $[G]$ und $[H]$ benutzt worden wären, bzw. noch überhaupt bestimmt werden konnten. Es ergibt sich die Beziehung

$$Z_1 = \frac{2 - \beta_2}{2 - \beta_1} Z . \tag{4.132}$$

Für die Bestimmung von $z_1$ stellt $u$ lediglich eine Hilfsgröße dar, deren genaue Vermessung zwar von großer Bedeutung ist und deren Impedanzwert sich im Verlauf der Selbstkalibrierung ergibt, nicht aber vorab bekannt sein muss.

Die $\mathrm{YU}_S$-Verfahren und das $\mathrm{YU}_S\mathrm{Y}_1$-Verfahren verhalten sich vollständig dual zum $\mathrm{ZU}_q$-Verfahren, bzw. zum $\mathrm{ZU}_q\mathrm{Z}_1$-Verfahren, weshalb sie hier nicht explizit vorgeführt werden soll. Dabei bezeichnet $\mathrm{U}_S$ eine unbekannte Serienimpedanz.

Bild 4.11 zeigt ein Messergebnis, welches mit einem vektoriellen Netzwerkanalysator mit dem $\mathrm{ZU}_q\mathrm{Z}_1$-Verfahren gewonnen wurde.

### 4.5.3 Die TZU-, TYU-, ZUU- und YUU-Verfahren

Im vorherigen Abschnitt wurde die unbekannte Impedanz im Rahmen einer Selbstkalibrierung ermittelt, ohne dass sämtliche 7 Systemparameter bestimmt worden wären. Möchte man beliebige Zweitore vermessen und einer Korrekturrechnung unterziehen, dann benötigt man drei vollständig bekannte Kalibrierzweitore.

Nimmt man zu dem ZU- bzw. YU-Verfahren noch die Durchverbindung T hinzu, dann hat man mit dem TZU- bzw. TYU-Verfahren drei vollständig bekannte und voneinander verschiedene Kalibrierzweitore zur Verfügung, womit sich auch die 7 Terme der beiden Fehlerzweitore vollständig bestimmen lassen. Mit den bekannten Fehlerzweitoren $[G]$ und $[H]$ können dann beliebige Zweitor-Messobjekte korrigiert vermessen werden.

Anstelle der Durchverbindung T kann man auch eine zweite unbekannte Quer- oder Serienimpedanz $U_{q2}$ bzw. $U_{s2}$ bestimmen und gelangt auf diese Weise ebenfalls zu drei vollständig bekannten Kalibrierzweitoren. Die zugehörigen Verfahren sollen als ZUU ($\mathrm{ZU}_{q1}\mathrm{U}_{q2}$) bzw. YUU ($\mathrm{YU}_{s1}\mathrm{U}_{s2}$) Verfahren bezeichnet werden. Ebenso funktionieren die $\mathrm{ZU}_q\mathrm{U}_s$ bzw. $\mathrm{YU}_s\mathrm{U}_q$ Verfahren.

Es funktionieren nicht Verfahren der Art wie z. B. $\mathrm{TZ}_1\mathrm{Z}_2$. Dies kann man als Verwendung von drei Serienwiderständen auffassen, wobei die Durchverbindung als Serienwiderstand mit dem Wert Null angenommen werden kann. Wie man sich überzeugen kann, werden in diesem Fall die entsprechenden Gleichungen voneinander abhängig. Ähnliches gilt für die Kombination $\mathrm{TY}_1\mathrm{Y}_2$, wobei T als Querleitwert mit dem Wert Null anzusehen ist. Auch diese Kombination von wiederum drei Querleitwerten erlaubt keine Kalibrierung.

Weitere interessante Kalibrierverfahren, die hier aber nicht explizit hergeleitet werden, ergeben sich in der Kombination von bekannten Serienimpedanzen und unbekannten Netzwerken, z. B. die Kombination TZR und TZN. Bei TZR ist darauf zu achten, dass R von einem Leerlauf abweicht, weil sonst drei Serienimpedanzen verwendet würden. Ein Leerlauf für R, der um eine Viertelwellenlänge vom Ort der Impedanz $Z$ entfernt liegt, ergibt dagegen ein stabiles TZR- Kalibrierverfahren.

### 4.5.4 Impedanzverfahren bei Kenntnis des Realteils

Mitunter wird bei einer konzentrierten, seriellen Impedanz $Z_1$ der Realteil $r_1 = \mathrm{Re}\{Z_1\}$ über der Frequenz besser konstant und damit bekannt sein, als die Gesamtimpedanz, weil insbesondere damit zu rechnen ist, dass der Imaginärteil ganz wesentlich frequenzabhängig sein wird. Wir wollen die Impedanzen $Z_1$, $Z_2$ und $U_q$ zulassen, wobei von $Z_1$ und $Z_2$ jeweils nur der Realteil $r_1$, $r_2$ bekannt sein soll, $U_q$ darf vollständig unbekannt sein. Weiterhin sollen sich $Z_1$ und $Z_2$ voneinander unterscheiden.

$$\begin{aligned} Z_1 &= r_1 + \mathrm{j}x_1 \\ Z_2 &= r_2 + \mathrm{j}x_2 \end{aligned} \tag{4.133}$$

Mit (4.132) erhalten wir

$$Z_2 = \frac{2-\beta_2}{2-\beta_1} Z_1 = (\beta_\mathrm{a} + \mathrm{j}\beta_\mathrm{b})\, Z_1 \tag{4.134}$$

oder

$$(r_2 + \mathrm{j}x_2) = (\beta_\mathrm{a} + \mathrm{j}\beta_\mathrm{b})(r_1 + \mathrm{j}x_1) \; . \tag{4.135}$$

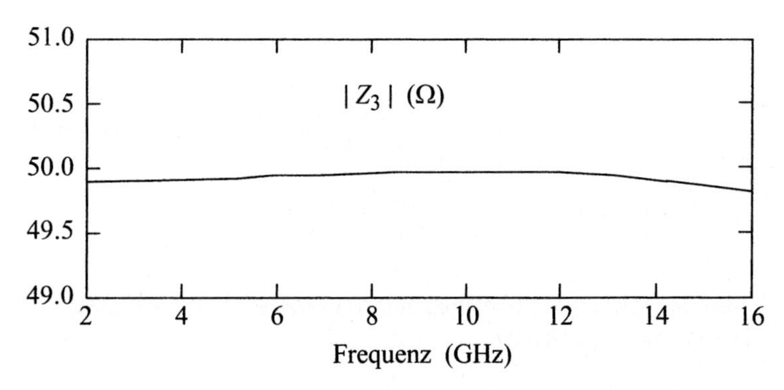


*Bild 4.12: Betrag von $Z_3$, dargestellt als Funktion der Frequenz. Bekannt waren $\mathrm{Re}\{Z_1\}$ und $\mathrm{Re}\{Z_2\}$. $Z_3$ hatte nominell den Wert 50 Ω.*

Trennung nach Real- und Imaginärteil ergibt

$$x_1 = \frac{\beta_a r_1 - r_2}{\beta_b} \tag{4.136}$$

$$x_2 = \frac{r_1}{\beta_b}\left(\beta_a^2 + \beta_b^2\right) - \frac{r_2}{\beta_b}\beta_a \ . \tag{4.137}$$

Damit sind außer $U_q$ auch $Z_1$ und $Z_2$ vollständig bekannt. Weil nunmehr drei Kalibrierzweitore vollständig bekannt sind, kann im Anschluss eine beliebige Impedanz oder auch ein Zweitor fehlerkorrigiert vermessen werden.

Ersichtlich dürfen $Z_1$ und $Z_2$ nicht einander proportional sein, weil dann $\beta_b = 0$ wäre und $x_1$ und $x_2$ nicht berechnet werden könnten. Auf ähnliche Weise kann man den Fall behandeln, dass nur der Realteil von $Z_1$ und $U_q$ bzw. $Z_1$ und $1 / U_q$ bekannt sind.

In Bild 4.12 ist ein Messergebnis für den Wert einer Serienimpedanz $Z_3$ bei bekanntem $\mathrm{Re}\{Z_1\}$ und $\mathrm{Re}\{Z_2\}$ angegeben. Die Ergebnisse für das Messobjekt $Z_3$ wurden mit einem vektoriellen Netzwerkanalysator gewonnen. Die Querimpedanz $U_q$ war ebenfalls unbekannt.

### 4.5.5 Lxx- statt Txx-Verfahren

Häufig findet man in der Literatur Lxx- statt Txx-Verfahren beschrieben, wobei L anstelle der Durchverbindung T entweder für ein vollständig bekanntes Stück Leitung oder für ein beliebiges aber vollständig bekanntes Zweitor steht. Die bisherigen Rechnungen lassen sich in der gleichen Weise wie mit der Durchverbindung T durchführen. Die meisten der bisher erläuterten Algorithmen erlauben ohne weiteres die Substitution von T durch L.

Tatsächlich ist es aber im Allgemeinen viel übersichtlicher, das erste Kalibrierzweitor als Durchverbindung T für eine vorgegebene Bezugsebene zu definieren und Teile von L einfach den Fehlerzweitoren zuzuschlagen. Die Werte der übrigen Kalibrierzweitore können sich eventuell ebenfalls mit verändern, es bereitet aber im Allgemeinen keine Schwierigkeit, diese Veränderung zu bestimmen. Beispielsweise ergibt sich für die Verfahren TRM und LRM keinerlei Unterschied, sowohl bei der Berechnung der Fehlerparameter als auch beim Ergebnis der Korrekturrechnung. Lediglich für die Fehlerparameter und für die unbekannte Reflexion R werden sich andere Zahlenwerte ergeben.

## 4.6 Das LNN-Verfahren: Kalibrierung mit einer Leitung und einem Störzweitor

Bei den bisher betrachteten Kalibrierverfahren war es ein Ziel, die Anzahl der erforderlichen Kalibrierstandards möglichst gering zu halten. So wird beim ZUU-Verfahren lediglich eine bekannte Impedanz benötigt, beim TRM-Verfahren eben-

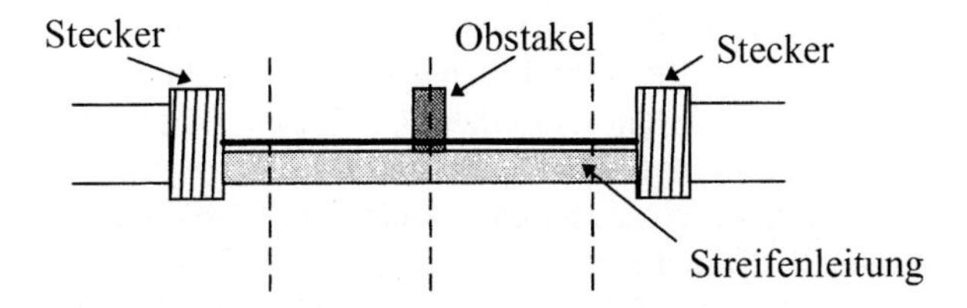


*Bild 4.13: Streifenleitung mit Obstakel*

falls im wesentlichen nur die bekannte Impedanz M. Beim TLR-Verfahren stellt der Wellenwiderstand der Leitung L die erforderliche Bezugsimpedanz her. Die elektrische Länge der Leitung darf unbekannt sein. Sie ergibt sich im Verlauf des Selbstkalibrierverfahrens. Nachteilig beim TLR-Verfahren ist, dass ein Leitungsstück während der Kalibrierung eingefügt werden muss. Dies bereitet oftmals erhebliche Schwierigkeiten, insbesondere bei Messbettkalibrierungen.

Das LNN-Verfahren erfordert kein Einfügen einer zusätzlichen Leitung mit bekanntem Wellenwiderstand. Es werden vielmehr entlang einer Leitung mit bekanntem Wellenwiderstand Störungen angebracht, die mechanisch definiert verschoben werden. Diese Störungen werden durch Aufbringen eines metallischen oder dielektrischen Körpers erzeugt, der als Obstakel bezeichnet werden soll. Elektrisch gesehen stellt das Obstakel eine Störung im Verlauf der Leitung dar, die durch ein Zweitor-Ersatzschaltbild beschrieben werden kann. Das Obstakel soll symmetrisch und passiv sein, die zugehörige Zweitormatrix soll also ein symmetrisches und reziprokes Netzwerk beschreiben. Damit ist es durch zwei komplexe Parameter vollständig charakterisiert. Das Obstakel wird in mindestens zwei Positionen auf der Leitung angebracht, woraus zwei voneinander unabhängige Netzwerke resultieren.

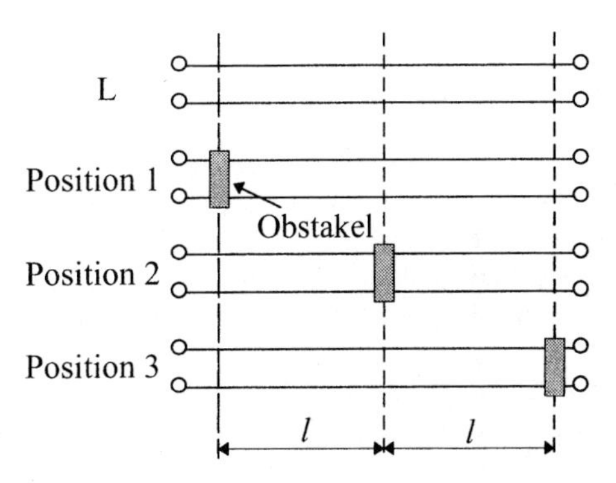


*Bild 4.14: Die vier Kalibriermessungen für das LNN-Verfahren*

Da nur Reziprozität und Symmetrie gefordert werden, darf das Obstakel Verluste aufweisen und sogar abstrahlen. Es sollte seine Eigenschaften nach einer Positionsveränderung beibehalten, d. h., die Zweitorparameter des Netzwerkes sollten in jeder Position gleich sein. Wie eine Empfindlichkeits-Simmulation zeigt, sollte die Reflexion für optimale Verhältnisse etwa zwischen 4 dB und 12 dB und die Transmission zwischen 2 dB und 30 dB liegen.

Bild 4.13 deutet eine Streifenleitung mit einem aufliegenden Obstakel an, Bild 4.14 zeigt schematisch die verschiedenen Obstakelpositionen.

### 4.6.1 Algebraische Beschreibung des LNN-Verfahrens

Betrachtet man in Bild 4.14 die linke und die rechte gestrichelte senkrechte Linie als Referenzebenen, dann ergibt die zweifache Leitungsverbindung $[L]$ zusammen mit den Fehlerzweitoren des Netzwerkanalysators $[G]$ und $[H]$ sowie der Messwertmatrix $[P]$ für ein Vier-Messstellen-Gerät, wenn alles in Transmissionsmatrizen notiert wird:

$$\left[P_L\right] = [G]^{-1}\,[L][L][H]\,. \tag{4.138}$$

Wenn $\gamma$ die komplexe, zunächst noch unbekannte Ausbreitungskonstante der Leitung bezeichnet und $l$ die mechanische Verschiebung des Obstakels von einer Position in die benachbarte, dann lautet die Matrix der Leitungsverbindung:

$$[L] = \begin{bmatrix} e^{-\gamma l} & 0 \\ 0 & e^{+\gamma l} \end{bmatrix}. \tag{4.139}$$

Die Transmissionsmatrix des Obstakels soll mit $[Q]$ bezeichnet werden. Netzwerktheoretisch und ohne Verlust an Allgemeingültigkeit soll das Obstakel die elektrische Ausdehnung null aufweisen, auch wenn die tatsächliche Ausdehnung durchaus endlich sein darf. Das Obstakel kann daher zwischen Fehlerzweitor und Leitungsverbindung eingeschoben gedacht werden, ohne dass sich die Gesamtlänge dabei ändern muss. Die Obstakelmatrix schreiben wir in der Form

$$\left[Q\right] = \begin{bmatrix} q_{11} & q_{12} \\ q_{21} & q_{22} \end{bmatrix}. \tag{4.140}$$

Die linken und rechten Zuleitungen und Stecker werden in die Fehlerzweitore $[G]$ und $[H]$ hineingezogen. Für das Obstakel in seiner ersten Position lautet die beschreibende Matrixgleichung:

$$\left[P_1\right] = [G]^{-1}\left[Q\right][L][L][H]\,. \tag{4.141}$$

Eliminiert man $[H]$ aus den Gleichungen (4.138) und (4.141) und wendet die Spurinvarianz an, so ergibt sich die Beziehung

$$\beta_1 = \mathrm{spur}\left\{[P_1][P_L]^{-1}\right\} = \mathrm{spur}\left\{\left[Q\right][L][L]\left([L][L]\right)^{-1}\right\} = \mathrm{spur}\left[Q\right] \tag{4.142}$$

oder

$$\beta_1 = q_{11} + q_{22} \ . \tag{4.143}$$

Damit hat man eine erste Selbstkalibriergleichung für die Bestimmung der unbekannten Obstakelparameter gewonnen. Eine zweite Selbstkalibriergleichung ergibt sich, wenn man die beschreibenden Matrixgleichungen der 2. Obstakelposition mit derjenigen der 1. Obstakelposition in ähnlicher Weise wie zuvor verknüpft.

$$[P_2] = [G]^{-1}[L][Q][L][H] \tag{4.144}$$

$$\begin{aligned}\beta_2 &= \text{spur}\left\{[P_1][P_2]^{-1}\right\} = \text{spur}\left\{[Q][L][L]\big([L][Q][L]\big)^{-1}\right\}\\ &= \text{spur}\left\{[Q][L][Q]^{-1}[L]^{-1}\right\}\end{aligned} \tag{4.145}$$

oder nach kurzer Zwischenrechnung

$$\beta_2 = q_{12}\, q_{21}\,[2 - 2\cosh(2\gamma\, l)] + 2 \ . \tag{4.146}$$

Dabei wurde die geforderte Eigenschaft ausgenutzt, dass $[Q]$ die Matrix eines reziproken Zweitores ist:

$$\det[Q] = 1 \tag{4.147}$$

bzw.

$$q_{11}\, q_{22} - q_{12}\, q_{21} = 1 \ . \tag{4.148}$$

Schließlich kann man in gleicher Weise eine Verknüpfung für das Obstakel in der dritten Position mit derjenigen in der ersten Position durchführen und erhält:

$$[P_3] = [G]^{-1}[L][L][Q][H] \tag{4.149}$$

$$\begin{aligned}\beta_3 &= \text{spur}\left\{[P_1][P_3]^{-1}\right\} = \text{spur}\left\{[Q][L][L]\big([L][L][Q]\big)^{-1}\right\}\\ &= \text{spur}\left\{[Q][L][L][Q]^{-1}[L]^{-1}[L]^{-1}\right\}\end{aligned} \tag{4.150}$$

oder

$$\beta_3 = q_{12}\, q_{21}\,[2 - 2\cosh(4\gamma\, l)] + 2 \ . \tag{4.151}$$

Damit haben wir die letzte der notwendigen Beziehungen zwischen den Selbstkalibriergrößen erhalten. Dividiert man (4.146) durch (4.151), so erhält man eine quadratische Gleichung zur Ermittlung von $\gamma l$ bzw. der komplexen Ausbreitungskonstante $\gamma$ bei bekannter mechanischer Länge $l$:

$$\cosh(2\gamma\, l) = \frac{2 - \beta_3}{4 - 2\,\beta_2} - 1 \ . \tag{4.152}$$

Für den Fall, dass die Ausbreitungskonstante bereits vorab bekannt ist, wie etwa bei einer Luftleitung, ist die dritte Position des Obstakels nicht erforderlich und die Schritte (4.151) und (4.152) können entfallen.
Berücksichtigt man die Reflexionssymmetrie des Obstakelnetzwerkes und dass

$$q_{21} = -q_{12} \tag{4.153}$$

gelten soll, dann errechnet sich $q_{21}$ aus (4.146) zu

$$q_{21} = \pm\sqrt{\frac{\beta_2 - 2}{2\cosh(2\gamma l) - 2}} \tag{4.154}$$

und schließlich $q_{11}$ und $q_{22}$ aus (4.143) und (4.148)

$$q_{11} = \frac{\beta_1}{2} \pm \sqrt{\frac{\beta_1^2}{4} + q_{21}^2 - 1} \tag{4.155}$$

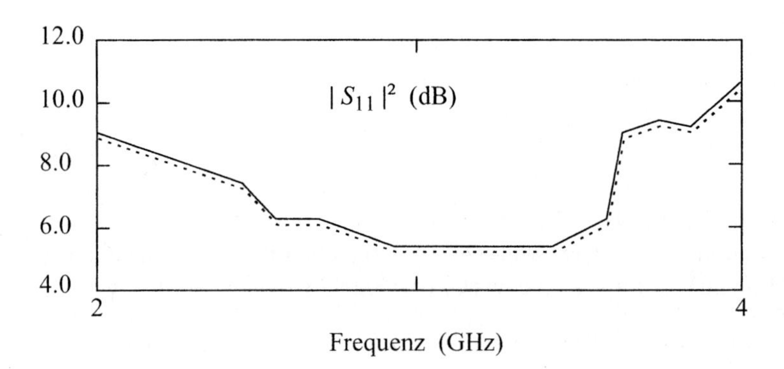


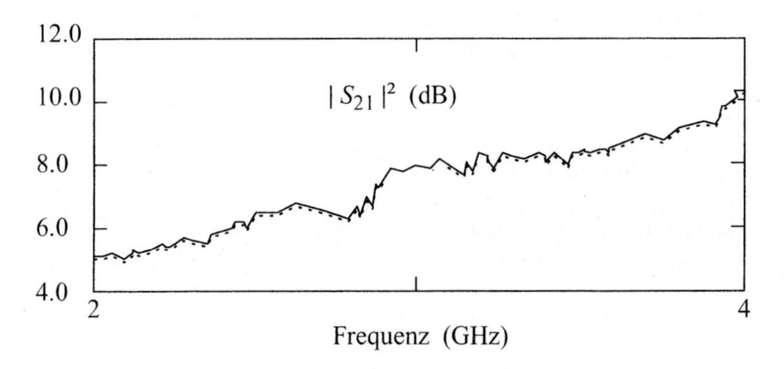


*Bild 4.15: Betrag der Reflexion und Transmission eines Messobjektes in Streuparametern; – Messkurve mit Obstakel I; ··· Messkurve mit Obstakel II*

und

$$q_{22} = \beta_1 - q_{11} \; . \tag{4.156}$$

Damit sind die $q$-Parameter bestimmt und die Transmissionsmatrix des Obstakels ist vollständig bekannt.

Wenn man in Streuparameter umformuliert, dann lässt sich in einfacher Weise die Passivität des Obstakels für die Vorzeichenentscheidung heranziehen. Außerdem muss die Phase des Reflexionsfaktors des Obstakelnetzwerkes bis auf ± 90° für die zweite Vorzeichenentscheidung grob bekannt sein.

Nachdem über ein Selbstkalibrierverfahren die $[Q]$-Matrix des Obstakels und die Ausbreitungskonstante $\gamma$ bekannt sind, stehen mit den verschiedenen Kombinationen von $[L]$ und $[Q]$ vier vollständig bekannte und voneinander verschiedene Kalibrierzweitore zur Verfügung. Bereits drei Kalibrierzweitore reichen aus, um die 7 unbekannten Fehlerparameter der $[G]$- und $[H]$-Fehlermatrizen zu bestimmen. Nachdem die $[G]$- und $[H]$-Matrizen bekannt sind, wird man das Obstakel entfernen, um fehlerkorrigierte Messungen an Messobjekten durchzuführen.

In Bild 4.15 sind Messergebnisse für die Reflexion und Transmission eines Messobjektes über der Frequenz angegeben. Die gezeigten zwei Messkurven wurden mit dem LNN-Verfahren und zwei deutlich voneinander verschiedenen Obstakeln gewonnen. Trotzdem liegen beide Messkurven sehr dicht beieinander. Dies erwartet man auch, weil das korrigierte Messergebnis nicht von den Parameterwerten des Obstakels abhängen darf.

### 4.6.2 Das Doppel-LNN-Verfahren

Mitunter möchte man ein Messobjekt während des Kalibriervorgangs in seiner Position belassen, so dass eine Durchverbindung nicht zur Verfügung steht. Geht man davon aus, dass das Messobjekt eine gewisse Transmission aufweist, dann kann man eine LNN-Kalibrierung links und rechts vom Messobjekt durchführen. Man erhält von den beiden Fehlerzweitoren jeweils drei Fehlerterme. Den verbleibenden 7. Fehlerterm kann man sich mit Hilfe des in Abschn. 4.6 angegebenen Verfahrens beschaffen, sofern das Messobjekt reziprok ist. Handelt es sich bei dem Messobjekt um ein aktives Bauteil, z. B. um einen Transistor in Verstärkerschaltung, so kann man die geforderte Reziprozität herstellen, indem man die Versorgungsspannung während des Kalibriervorgangs abschaltet und so ein passives Bauteil erhält. Für die anschließende Messung wird dann die Versorgungsspannung wieder zugeschaltet. Reicht die Transmission des Transistors ohne Betriebsspannungen nicht aus, kann man die Transmission erhöhen, indem man den Transistor während der Kalibrierung bspw. mit einem Metallbügel überbrückt.

## 4.7 Teilautomatische Kalibrierverfahren

Für die Kalibrierung eines Doppelreflektometers mit vier Messstellen benötigt man drei vollständig bekannte Zweitore. In der praktischen Ausführung ist es schwierig, das Zu- und Abschalten von drei Kalibrierzweitoren an den Messsteckern automatisch vorzunehmen. Deshalb erfolgt eine Automatisierung des Kalibriervorgangs zweckmäßiger mit Hilfe virtueller Kalibrierstandards. Man realisiert in der Nähe der beiden Stecker jeweils ein gut reproduzierbares, passives und schaltbares Netzwerk, das einen Grundzustand *I* und zwei geschaltete Zustände *II* und *III* annehmen kann. Nach einer Basiskalibrierung, z. B. mit dem TRM-Verfahren, bestimmt man sämtliche Zweitorparameter der geschalteten Netzwerke in den Positionen *II* und *III*. Anschließend werden die realen Netzwerke in die Kalibrier- oder Messebene transformiert und nun als virtuelle Netzwerke betrachtet.

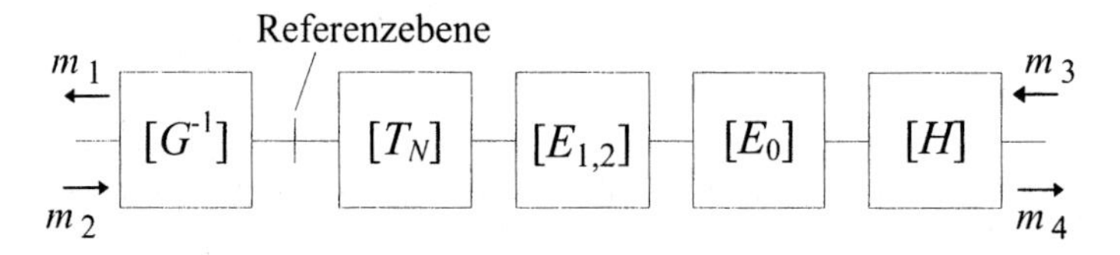


*Bild 4.16: Ersatzschaltbild des Netzwerkanalysators mit Schalteinheit*

Man führt zunächst, wie in Abschn. 4.2.1, eine Viertor-Zweitor-Reduktion der realen Anordnung durch und erhält ein Ersatzschaltbild mit den Netzwerken $E_0$, $E_1$ und $E_2$, die den Grundzustand und die beiden Schaltzustände beschreiben. Das Netzwerk $[T_N]$ beschreibt die Verbindung zwischen den schaltbaren Netzwerken und der Messebene.

Zur virtuellen Transformation bilden wir eine neue Anordnung, die die transformierten, schaltbaren Standards $E_1$ und $E_2$ zwischen den Referenzebenen enthält. Der mathematische Zusammenhang dieser beiden Ersatzschaltbilder stellt die Transformation dar.

Zur teilautomatischen Kalibrierung verbindet man die beiden Messstecker, in der Regel manuell, direkt miteinander und vermisst die beiden Schaltnetzwerke in den drei möglichen Zuständen. Da die Messtore des Netzwerkanalysators während der Basiskalibrierung eine exakte Durchverbindung darstellen, wird auch der Grundzustand $E_0$ der Schaltvorrichtung in eine Durchverbindung transformiert.

$$[E_0] \rightarrow \begin{bmatrix} 1 & 0 \\ 0 & 1 \end{bmatrix} \tag{4.157}$$

Die beiden Schaltzustände werden wie folgt transformiert:

$$[E_{1,2}][E_0] \rightarrow [\tilde{E}_{1,2}] \, . \tag{4.158}$$

Da beide Zweitoranordnungen den gleichen Sachverhalt beschreiben, erhält man:

$$[G]^{-1}[T_N][E_{1,2}][E_0][H] = [G]^{-1}[\tilde{E}_{1,2}][T_N][E_0][H] \,. \tag{4.159}$$

Auflösen nach $\tilde{E}_{1,2}$ liefert eine Ähnlichkeitstransformation als Transformationsvorschrift:

$$[\tilde{E}_{1,2}] = [T_N][E_{1,2}][T_N]^{-1} \,. \tag{4.160}$$

Der Grundzustand $E_0$ tritt hier nicht mehr in Erscheinung. Wichtig ist jedoch, dass $T_N$ und $E_{1,2}$ langzeitstabil sind, da sie nur bei der Basiskalibrierung bestimmt werden. Bei der teilautomatischen Kalibrierung können Fehler entstehen, wenn sich ihre Werte durch Drift verändert haben.

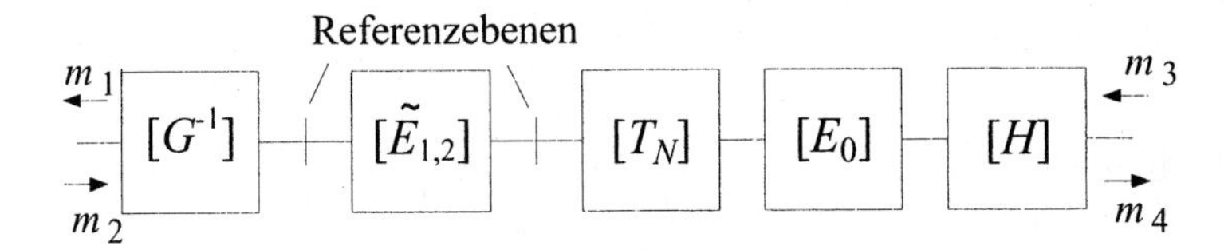


*Bild 4.17: Ersatzschaltbild des Netzwerkanalysators mit transformiertem Schaltnetzwerk* $\tilde{E}_{1,2}$

Da neben der Durchverbindung die virtuellen Parameter $\tilde{E}_{1,2}$ aus der Basiskalibrierung bekannt sind, stehen so drei voneinander unabhängige, vollständig bekannte Kalibrierzweitore zur Verfügung, die eine Bestimmung der 7 Fehlerterme ermöglichen.

Die Schaltnetzwerke werden im Allgemeinen elektromechanisch geschaltet. Sind die Schalter gut reproduzierbar und die passiven Elemente der Schaltnetzwerke (d. h. $\tilde{E}_{1,2}$) sowie die Verbindung zu den Messsteckern (d. h. $T_N$) langzeitstabil, muss die Basiskalibrierung nur in großen Zeitabständen wiederholt werden. Auf diese Weise werden die empfindlichen Kalibrierstandards geschont. Die wesentlich einfachere, teilautomatische Kalibrierung kann über einen langen Zeitraum beliebig oft wiederholt werden.

Man kann auch davon sprechen, dass die Schaltnetzwerke als Transferstandards dienen, in denen die Information der Standardzweitore über eine Basiskalibrierung abgespeichert sind.

Die drei Zustände der Schaltnetzwerke liefern insgesamt 12 nützliche Gleichungen, die über das Kleinste-Quadrate-Verfahren auf 7 Gleichungen reduziert werden können.

Eine Basiskalibrierung nach einem Kalibrierverfahren wie etwa TRM und eine Bestimmung der Fehlerparameter wie in Abschn. 4.4.1 bis 4.4.3 liefert bereits unmittelbar die transformierten Standards $\tilde{E}_{1,2}$.

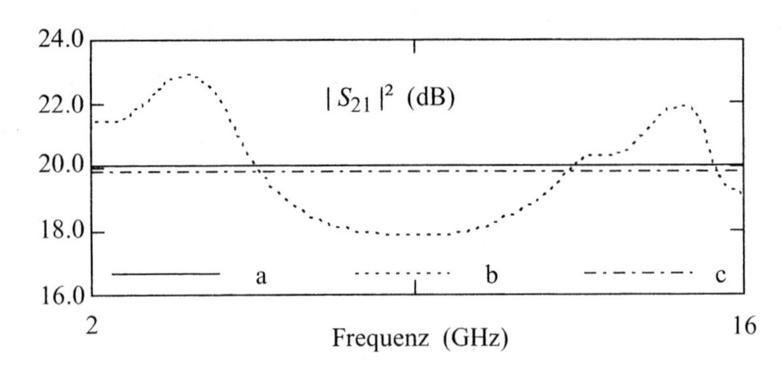


*Bild 4.18: Betrag der Transmission eines 20 dB Dämpfungsgliedes über der Frequenz; a: nach der Basiskalibrierung mit TRM; b: nach der elektronischen Verstimmung und Fehlanpassung des Netzwerkanalysators; c: nach der erneuten Kalibrierung mit Transferstandards*

Bild 4.18 zeigt die Transmissionsmessung eines Dämpfungsgliedes, zunächst nach einer Basiskalibrierung mit TRM (Kurve a). Im nächsten Schritt wurde der Netzwerkanalysator elektronisch verstimmt sowie die Anpassung verändert, was eine entsprechend schlechte Messung zur Folge hatte (Kurve b). In einem weiteren Schritt wurde eine teilautomatische Kalibrierung mit Hilfe der Schaltnetzwerke vorgenommen. Das resultierende Messergebnis (Kurve c) ist vom ursprünglichen in der Grafik nicht zu unterscheiden.

## 4.8 Der Netzwerkanalysator als Impedanzkomparator

Lässt man das bisher Ausgeführte noch einmal in Gedanken vorüberziehen, dann erkennt man, dass ein Netzwerkanalysator einen Vergleich zwischen verschiedenen Impedanzen oder auch Trans-Impedanzen, bzw. verschiedenen Reflexionsfaktoren oder Transmissionsfaktoren durchführt. Dies ist mit der Funktion einer Wechselstrombrücke vergleichbar, jedoch ohne dass ein Nullabgleich durchgeführt werden müsste.

Der Netzwerkanalysator bildet zum Beispiel das komplexe Verhältnis zwischen einer unbekannten Impedanz $Z_x$ und einer Bezugsimpedanz $Z_0$. Er kann dieses Verhältnis um so genauer bestimmen, je genauer sein Aufbau dem Fehlermodell entspricht, je modellkonformer er aufgebaut ist. Die wesentlichen Forderungen an die Präzision des Aufbaus sind deshalb dort zu stellen, wo das Fehlermodell keine Korrektur vornimmt. Zu nennen sind etwa ein möglichst linearer Betrieb der Mischer, eine bestmögliche Langzeitstabilität aller elektronischen Bauelemente, lineare und hochauflösende Analog/Digital-Wandler, gut reproduzierbare Stecker, Frequenzstabilität der Mess- und Mischoszillatoren bei möglichst geringem Frequenzrauschen und gleich bleibende elektrische Weglängen zwischen Mischoszillator und den Mischern.

Bei gegebener Modellkonformität des Netzwerkanalysators wird das Verhältnis von $Z_x$ zu $Z_0$ mit Unsicherheiten im Promillebereich bestimmt werden können. Der Wert der Bezugsimpedanz stellt also die zweite, wesentliche Unsicherheit dar. Er muss entweder als Sekundärstandard aus einem Primärstandard abgeleitet werden oder in irgend einer Weise berechenbar sein. So lässt sich der Wellenwiderstand einer Leitung als Lösung eines elektromagnetischen Randwertproblems berechnen. Beim TLR-Verfahren stellt dann der Wellenwiderstand dieser Leitung die Bezugsimpedanz für die Messung dar. Die Phasenbezugsebene liegt mittig zwischen dem linksseitigen und dem rechtsseitigen R-Standard. Bei ungleichen Anschlüssen am Netzwerkanalysator, etwa „male" und „female", benötigt man zwei exakt aufeinander abgestimmte Standards.

Beim TRM-Verfahren stellt der M-Standard den Impedanzstandard dar. Auch der M-Standard muss entweder berechenbar sein oder durch Vergleich mit einer berechenbaren Impedanz bestimmt worden sein. So ist bspw. der Frequenzgang eines flächenhaften Widerstandes geringer Dicke und kleiner Abmessungen recht gut berechenbar. Im Allgemeinen wird man den M-Standard zunächst links anbringen und dann denselben Standard auf der rechten Seite anschließen. Dadurch ist sichergestellt, dass der M-Standard auf beiden Seiten den gleichen Wert aufweist.

Stimmt der M-Standard nicht genau mit dem angegebenen Wert von z. B. $Z_0 = 50\Omega$ überein, sondern weist den Wert $Z_1 = Z_0 + \Delta Z_0$ auf, so werden alle Impedanz- und Transimpedanzwerte im Verhältnis $Z_1 / Z_0$ verändert gemessen. Dies ist eine vergleichsweise angenehme Situation. Sind die Impedanzstandards auf der linken und rechten Seite nicht genau gleich, können zusätzliche so genannte Inkonsistenzfehler auftreten. Weil man in den Gleichungssystemen die Gleichheit der Standards voraussetzt, können sich widersprechende Gleichungen auftreten, was die Fehler stark vergrößern kann.

Inkonsistenzfehler sind etwa beim $\mathrm{TMS}_r\mathrm{S}_l$-Verfahren möglich, wenn die Kurzschlußebenen von $\mathrm{S}_r$ und $\mathrm{S}_l$ nicht mit der Durchverbindung T zusammenfallen, sondern sich über- oder unterlappen.

Auch wenn mehrere Impedanzstandards verwendet werden, z. B. drei bekannte Impedanzen für eine Reflektometerkalibrierung und die tatsächlichen Werte dieser Impedanzen von den angenommenen abweichen, kann die Fehlerfortpflanzung wenig überschaubar werden.

Aus dieser Betrachtung entnimmt man, dass ein Selbstkalibrierverfahren, welches im wesentlichen nur einen absoluten Impedanzstandard benötigt, besonders übersichtliche und günstige Eigenschaften bezüglich der Fehler von Kalibrierstandards aufweist. Zu solchen Verfahren zählen unter anderem die Selbstkalibrierverfahren TRM, TMN, TLR, ZU, TZU, YU, TYU, TZR und TZN.

## 4.9 Messbett-Kalibrierverfahren

Häufig möchte man die Streuparameter von Bauelementen vermessen, die in ein Leitungssystem, möglicherweise eine Streifenleitung, eingebettet sind. Bild 4.19

zeigt perspektivisch einen Widerstand, der in Serie zu einer Streifenleitung angeordnet ist, die ihrerseits über Steckverbindungen und Koaxialkabel mit einem Netzwerkanalysator verbunden ist. Es soll die Aufgabe bestehen, die Impedanz des Widerstandes über einen möglichst weiten Frequenzbereich möglichst genau zu vermessen. Die Abmessungen des Widerstands sollen dabei klein gegen die Wellenlänge sein.

Eine erste Möglichkeit besteht darin, den Netzwerkanalysator an den Kabelenden mit koaxialen Kalibrierstandards zu kalibrieren und darauf zu vertrauen, dass die Stecker und die Übergänge auf die Streifenleitung vernachlässigbare Störstellen darstellen. Leider ist das meist nicht der Fall. Insbesondere bei höheren Frequenzen, bei denen die Abmessungen der Stecker und Übergänge in die Nähe einer Viertel-Wellenlänge kommen, ist es notwendig, die Stecker und Übergänge mit in die Kalibrierung einzubeziehen.

Besonders günstig ist es, die Kalibrierstandards möglichst nahe am späteren Messobjekt zu platzieren und Übergänge, Stecker, Kabel sowie den Netzwerkanalysator in das Fehlermodell mit einzubeziehen.

Aus der Vielzahl der bisher besprochenen Kalibriermethoden sind nur einige für die vorliegende Aufgabe der Messbettkalibrierung besonders geeignet. Nachfolgend sollen die jeweiligen Vor- und Nachteile diskutiert werden.

Insbesondere die in Abschn. 4.5.2 und 4.5.3 beschriebenen ZU- und TZU-Verfahren werden der Problemstellung gerecht. Von der Bezugsimpedanz $Z$ ist zu fordern, dass die Abmessungen des Widerstandes klein gegen die Wellenlänge sind, dass der Aufbau induktivitätsarm ist und dass die Widerstandsschichten dünn gegen die Skin-Eindringtiefe sind. Damit kann man sicherstellen, dass die Frequenzabhängigkeit des Bezugswiderstandes einerseits gering ist und andererseits berechenbar wird. Man kann den genauen, aktuellen Wert des Bezugswiderstandes $Z$ direkt im Streifenleitungsaufbau bei hinreichend tiefen Frequenzen vermessen. Nachdem alle erforderlichen Messungen mit dem Bezugswiderstand durchgeführt wurden, wird er aus der Streifenleitung entfernt und es wird der Querwiderstand $U$ eingefügt und vermessen. Der Querwiderstand braucht nicht als konzentrierter Widerstand realisiert zu werden, er darf wie in Bild 4.20 angedeutet

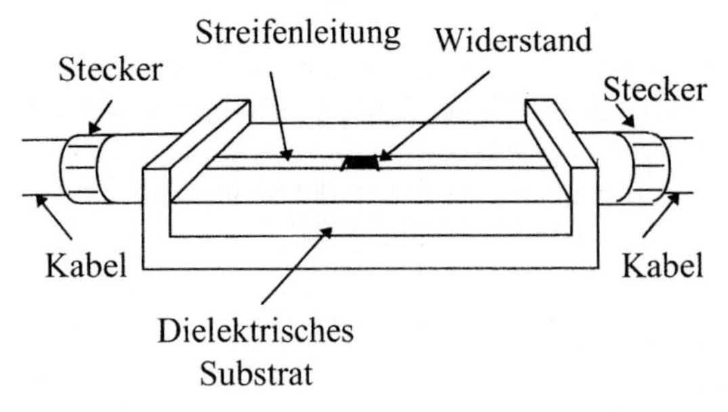


*Bild 4.19: Widerstand in Serie zu einer Streifenleitung im Gehäuse mit Steckern*

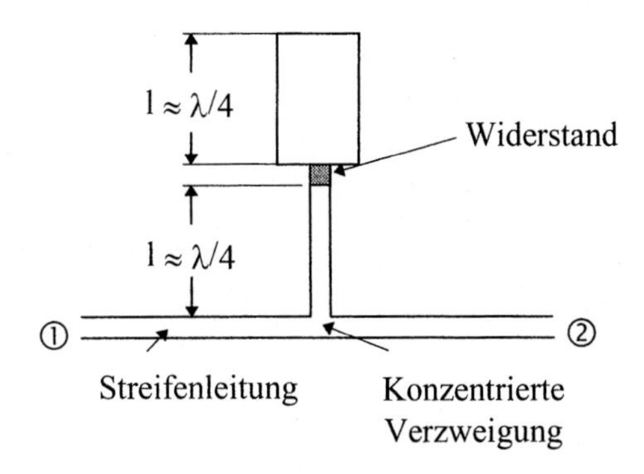


*Bild 4.20: Realisierung des U-Netzwerkes mit Leitungen*

auch mit Leitungen realisiert werden, weil auch die Frequenzabhängigkeit in weiten Grenzen beliebig ist. Allerdings ist die in Bild 4.20 angedeutete Struktur nur für einen eingeschränkten Frequenzbereich zu verwenden. Sehr wichtig ist, dass die Stromverzweigung von der Streifenleitung zum *U*-Netzwerk einen konzentrierten Charakter aufweist.

Um die Symmetrie zu erhöhen, kann das *U*-Netzwerk auf beiden Seiten der Streifenleitung doppelt angebracht werden. Schließlich wird auch das *U*-Netzwerk entfernt und das Messobjekt mit der Impedanz $Z_1$ anstelle und am Ort der Bezugsimpedanz $Z$ angebracht (Bild 4.21).

Das Auftrennen und Zusammenfügen von Leitungen kann bspw. mit Leitsilber über Spalte hinweg erfolgen. Beachtet man die durch die Theorie gegebenen Vorgaben, dann erlaubt das ZU-Verfahren genaue Messungen bis in den Milimeterwellenbereich.

Ebenfalls sehr gut geeignet für eine Messbettkalibrierung sind die TZR- und TZN-Verfahren, die auch einen konzentrierten Bezugswiderstand $Z$ benötigen. Die R- und N-Netzwerke sind dagegen weitgehend beliebig, können also auch aus Netzwerken bestehen, die aus konzentrierten Elementen und Leitungselementen gemischt sind. Bild 4.22 zeigt eine mögliche Realisierung des TZR-Verfahrens.

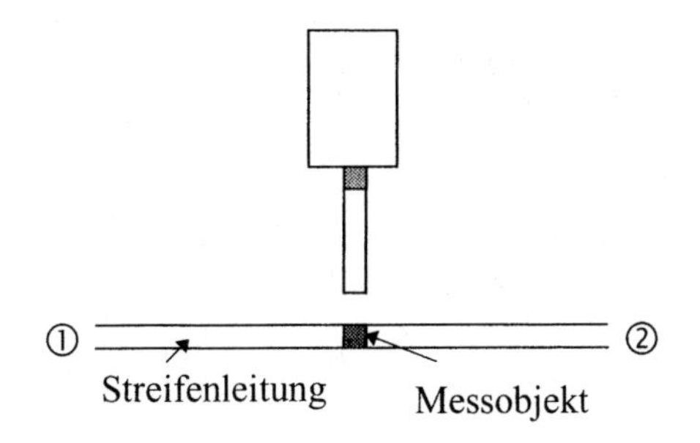


*Bild 4.21: Messung am Messobjekt*

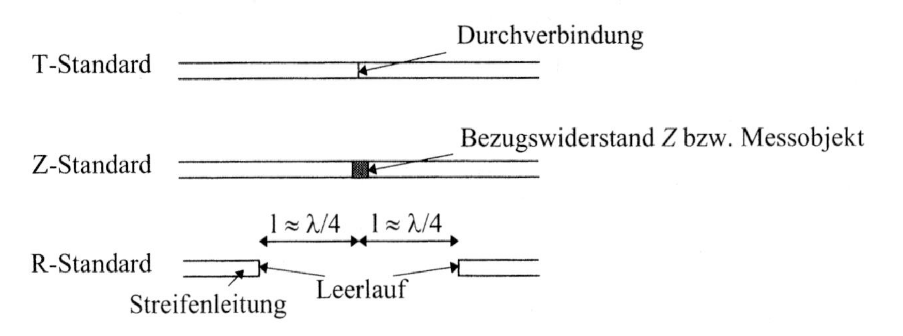


*Bild 4.22: Eine Realisierung des TZR-Verfahrens*

Wegen des Verbotes, drei Serienwiderstände zu verwenden, muss der Leerlauf des R-Standards um etwa $\lambda/4$ verschoben werden. Dies führt jedoch zu einer Einschränkung der nutzbaren Bandbreite. Falls beim R-Standard geometriebedingt ein Übersprecher auftritt, kann im Algorithmus auch von einem allgemeinen N-Standard ausgegangen werden. Damit sowohl vorhandene als auch fehlende Transmission eingeschlossen sind, empfiehlt es sich, in Analogie zum TRM-Verfahren in Abschn. 4.4.3, den Kalibrieralgorithmus über Pseudo-Transmissionsmatrizen bzw. Pseudo-Kettenmatrizen abzuleiten.

Ein anderer Weg, einen N-Standard zu realisieren, ist in Bild 4.23 skizziert. Hier ist für den N-Standard eine symmetrische Struktur mit zwei Stichleitungen angegeben. Eine einzelne Stichleitung kann ebenso gut eingesetzt werden. Eine mögliche Strategie besteht darin, die Stichleitungen für den N-Standard bereits von Anfang an auf dem Substrat anzubringen, aber über hinreichend breite Spalte von der Streifenleitung zu trennen. Die Spalte werden bei Vermessung des N-Standards mit wieder lösbaren, metallischen Verbindungen überbrückt. Solche Verbindungen können bspw. durch Leitsilber, Bonddrähte oder Bondbänder, angedrückte oder aufgelötete Metallbänder oder Drähte realisiert werden.

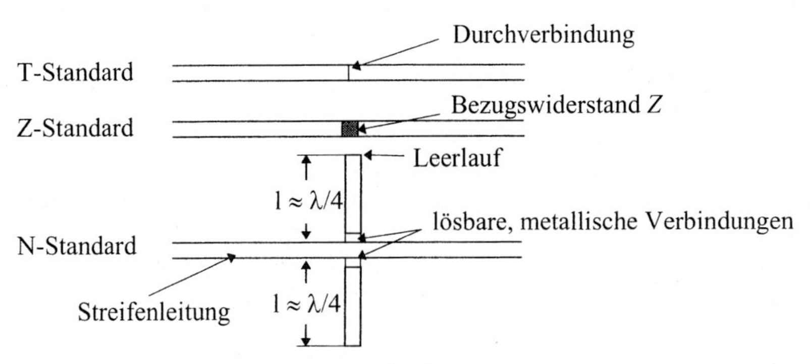


*Bild 4.23: Kalibrierung mit N-Standard*

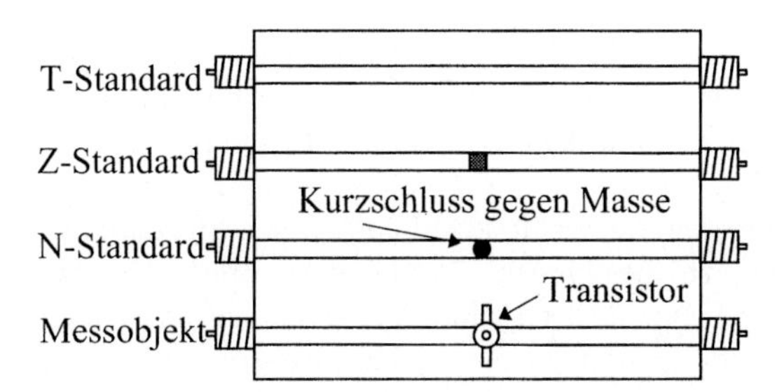


*Bild 4.24: TZN-Verfahren nebeneinander realisiert*

In ähnlicher Weise muss für die Durchverbindung der Bezugswiderstand überbrückt werden.

Eine andere Strategie besteht darin, alle benötigten Strukturen, also Leitung mit Durchverbindung, Leitung mit Bezugswiderstand Z, Leitung mit R- oder N-Standard und Leitung mit Messobjekt mit gleicher mechanischer Länge nebeneinander anzuordnen und nacheinander unter dieselben Steckverbindungen zu schieben. Dies setzt voraus, dass die Steckverbindungen reproduzierbar auf andere Leitungen umgesteckt werden können. Man kann auch sämtliche Stecker von vornherein anbringen, wie in Bild 4.24 gezeigt, wenn man sicherstellen kann, dass alle Steckverbindungen untereinander genügend gleich sind.

Neben der Gleichheit der Steckverbindungen wird auch eine gute Homogenität der Streifenleitungen bezüglich der Abmessungen und des Materials (Substrat und Leitschicht) gefordert. In Bild 4.24 ist der N-Standard durch eine Kurzschluss-Durchkontaktierung gegen Masse realisiert. Hierbei kommt es in erster Linie auf die geometrische Symmetrie an, nicht so sehr auf die Qualität des Kurzschlusses. Auf diese Weise kann der N-Standard sehr breitbandig realisiert werden. Weil der N-Standard je nach Frequenz auch eine gewisse Transmission aufweisen kann, sollte man einen Kalibrieralgorithmus wählen, der sowohl mit als auch ohne Transmission funktioniert.

Auch die TLR- und TLN-Verfahren sind für die Messbettkalibrierung gut geeignet. Bei diesen Verfahren stellt der Wellenwiderstand der Leitung den Impedanzbezug her, er sollte deshalb gut berechenbar sein. Bild 4.25 stellt ein mögliches Messbett für eine TLR-Kalibrierung dar.

Um die überstreichbare Bandbreite zu erhöhen, sind zwei L-Standards mit unterschiedlichen Längen vorgesehen. In Bild 4.25 ist angedeutet, dass ein Steckerpaar jeweils verschoben werden soll. Wichtig ist dabei die Reproduzierbarkeit der Steckverbindungen. Es können aber auch an allen Toren Steckverbindungen angebracht werden, sofern man deren hinreichende Gleichheit sicherstellen kann. Hat man Zweifel, ob der R-Standard nicht auch etwas Transmission aufweist, kann man auf Algorithmen zurückgreifen, die einen N-Standard mit und ohne Transmission erlauben. Statt des R-Standards wie in Bild 4.25 ist bspw. auch ein Kurzschluss als Durchkontaktierung wie in Bild 4.24 einsetzbar.

Ein L-Standard kann auch dadurch erzeugt werden, dass man das Messbett in zwei Hälften aufteilt, zwischen die man einen Block mit dem gleichen Substrat und einer kurzen Streifenleitung einschiebt. Bei dieser Vorgehensweise ergeben sich jedoch oftmals Schwierigkeiten mit der Massekontaktierung der Substrate. Bei richtiger Durchführung lassen sich mit dem TLR- bzw. TLN-Verfahren gute Ergebnisse erzielen.

Es ist im Allgemeinen zweckmäßig, die elektrische Länge des L-Standards im Rahmen der Selbstkalibrierung zu bestimmen. Wenn man über die TL-Selbstkalibrierung die elektrische Länge $\beta l$ der Leitung gemessen hat und außerdem die mechanische Länge $l$ kennt, kann man die Ausbreitungskonstante $\beta$ der Leitung angeben. Oftmals ist es dann möglich, die Dielektrizitätskonstante $\varepsilon$ des Substratmaterials der Leitung anzugeben, sofern der theoretische Zusammenhang zwischen $\beta$ und $\varepsilon$ gegeben ist. Die Verluste der Leitung können im Prinzip ebenfalls innerhalb dieser Selbstkalibrierung bestimmt werden.

Die TLR- bzw. TLN-Verfahren können mit den TZR- bzw. TZN-Verfahren verglichen werden, indem man etwa den Z-Standard oder eine andere im TZx-Verfahren bestimmte Impedanz als Messobjekt im TLx-Verfahren verwendet und die Ergebnisse vergleicht.

Das in Abschn. 4.6 vorgestellte LNN-Verfahren gestattet eine Messbettkalibrierung ohne einen Wechsel der Steckverbindungen. Hierbei entfallen also die Anforderungen an die Reproduzierbarkeit der Steckverbindungen, an ihre Stelle tritt die Genauigkeitsanforderung der mechanischen Verschiebung des Obstakels. Da der Wellenwiderstand der Leitung die Bezugsimpedanz darstellt, sind auch erhebliche Genauigkeitsanforderungen an dessen Konstanz, besonders im Bereich der Obstakelverschiebung zu stellen. Das LNN-Verfahren benötigt eine verhältnismäßig lange Leitung. Man kann jedoch die Obstakel, nachdem ihre Streuparameter bekannt sind, als Transferobstakel in einem anderen Leitungssystem mit gleichem Wellenwiderstand, gleichem Substratmaterial und gleichen Abmessungen verwenden.

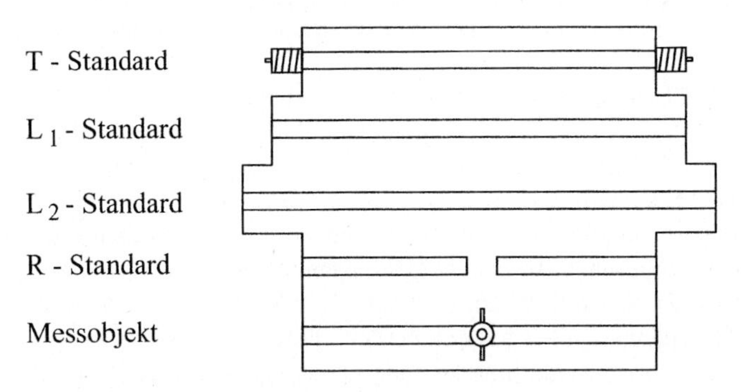


*Bild 4.25: Messbett für eine TLR-Kalibrierung*

Mit zwei vollständig bekannten Transferobstakeln lässt sich eine Systemkalibrierung auch bei geringer zur Verfügung stehender Leitungslänge durchführen. Im Übrigen können Transferobstakel auch mit den TLx- und TZR-Verfahren als Zweitore vermessen werden.

In Abschn. 4.6.2 wurde das Doppel-LNN-Verfahren beschrieben. Dieses Verfahren besitzt die Attraktion, dass das Messobjekt in seiner Position verbleiben kann und nicht durch eine Durchverbindung ersetzt werden muss. Das Messobjekt muss für die Kalibrierung lediglich reziprok sein.

Eine Messbettkalibrierung ohne Verwendung einer Durchverbindung ist auch mit dem TZx- und TLx-Verfahren möglich, wenn man diese Verfahren zweimal, nämlich links und rechts vom Messobjekt einsetzt. Auch das LNN-Verfahren kann bezüglich seiner Ergebnisse mit anderen Verfahren verglichen werden.

Moderne Netzwerkanalysatoren erlauben im Allgemeinen, die Rohdaten der Messergebnisse einem externen Rechner zu übergeben. Damit eröffnet sich die Möglichkeit, für Messbettkalibrierungen und -messungen ein speziell angepasstes Verfahren zu verwenden, auch wenn dies nicht von der Firmware des Messgerätes abgedeckt wird.

---

**Übungsaufgabe 4.9**

Im Rahmen einer LNN-Kalibrierung soll die unbekannte Serienimpedanz $Z_s$ mit kleinen Abmessungen im Vergleich zur Wellenlänge als Obstakel aufgefasst werden und in mehrere Positionen verschoben werden. Geben Sie analytisch $Z_s$ als Funktion des Wellenwiderstandes $Z_0$ der Leitung und der Messwerte an.

---

## 4.10 Kalibrierung verkoppelter Reflektometer

Den bis hierher behandelten Fehlermodellen und Kalibrierverfahren ist gemein, dass sie die folgenden drei Klassen von systematischen Messfehlern berücksichtigen und korrigieren können:

- Transmissionsfehler, d. h. Abweichungen der Transmission der Fehlerzweitore von eins.
- Anpassungsfehler, d. h. die aus der endlichen Anpassung der Fehlerzweitore resultierenden Fehler.
- Die endliche Richtschärfe der verwendeten Richtkoppler.

Insbesondere berücksichtigen die bisher vorgestellten Fehlermodelle keine Verkopplungen zwischen den Reflektometern oder Übersprecher über das Messobjekt hinweg. Solche Verkopplungen sind aber möglicherweise durch die Messanordnung gegeben und können auf einer integrierten Schaltung durch andere Teile der Schaltung entstehen. Sie können auf offenen, planaren Schaltungen durch Strahlungskopplung oder andere Moden über das Messobjekt hinweg bzw. am Messobjekt vorbei hervorgerufen werden. Setzt man, wie bei on-Wafer Messungen üblich, dicht beieinander liegende Messspitzen für die Messung ein, dann kann eine direkte Verkopplung dieser Messspitzen auftreten. Insbesondere durch die bei on-Wafer Messungen typischen, sehr geringen Abstände bis zu 1 mm in Verbindung mit Messfrequenzen bis zu 100 GHz können Verkopplungspegel in der Größenordnung - 30 dB bis - 40 dB zu erheblichen Messfehlern führen.

Um auch diese Fehlerquelle in einem Modell zu beschreiben, erweitert man das in Abschn. 4.3.2 vorgestellte 7-Term Fehlermodell, indem die beiden Fehlerzweitore $[G]$ und $[H]$ durch ein allgemeineres Fehlerviertor $[C]$ ersetzt werden (Bild 4.26).

Dieses Fehlermodell, das als Vollmodell bezeichnet werden soll, erlaubt ganz allgemein beliebige Verkopplungen zwischen den Reflektometern und erfasst somit auch einen über das Messobjekt hinweg auftretenden Übersprecher. Dabei ist allerdings entscheidend, dass das Messobjekt die Parameter des Verkopplungsnetzwerkes nicht verändert. Ansonsten kann dieses Netzwerk von beliebiger Struktur sein, auch eine nichtreziproke Verkopplung ist gestattet.

Nach einer ACHTTOR-VIERTOR-REDUKTION, die ähnlich der in Abschn. 4.3.2 beschriebenen Viertor-Zweitor-Reduktion abläuft, lässt sich das Vollmodell unter Verwendung von idealen Richtkopplern wie in Bild 4.27 skizzieren. Dabei stellen $m_1$, $m_2$, $m_3$ und $m_4$ die vier Messwerte dar.

Im nächsten Abschnitt erfolgt eine algebraische Beschreibung des Vollmodells mit vier Messstellen. Bei der Achttor-Viertor-Reduktion werden die Generatorwellen eliminiert. Infolgedessen darf auch hier, wie beim 7-Term Modell, der Schalter einen beliebigen Übersprecher aufweisen und beliebig fehlangepasst sein.

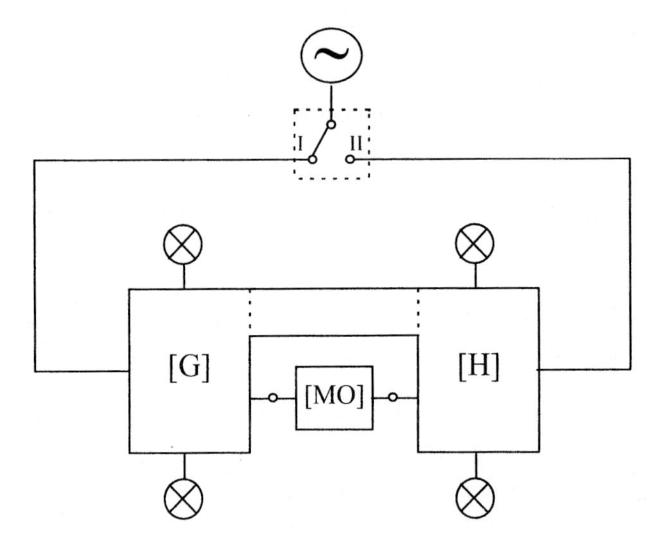


*Bild 4.26: Testset mit verkoppelten Reflektometern und vier Messstellen*

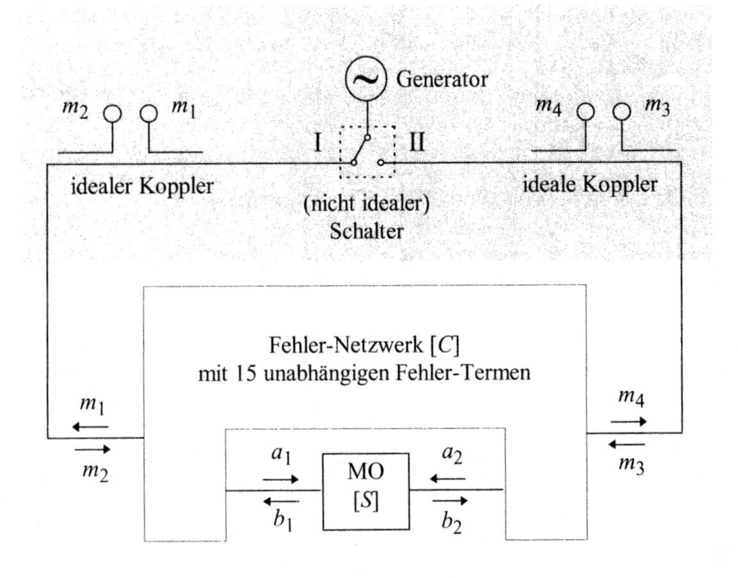


*Bild 4.27: Blockschaltbild des Netzwerkanalysators mit vier Messstellen für das Vollmodell*

### 4.10.1 Das 15-Term-Verfahren

Es ist günstig, das Vollmodell mit vier Messstellen gemäß Bild 4.27 zunächst mit Wellengrößen zu beschreiben. Eine Darstellung ähnlich den Kettenparametern wäre jedoch ebenso gut möglich. Wir setzen an:

$$\begin{bmatrix} b_1 \\ b_2 \\ a_1 \\ a_2 \end{bmatrix} = [C] \begin{bmatrix} m_1 \\ m_4 \\ m_2 \\ m_3 \end{bmatrix} \tag{4.161}$$

Zerlegt man die 4×4-Matrix $[C]$ in vier 2×2-Matrizen, kann man mit

$$[C] = \begin{bmatrix} [G] & [E] \\ [F] & [H] \end{bmatrix} \tag{4.162}$$

anstelle der Gleichung (4.161) auch schreiben:

$$\begin{aligned}[G]\begin{bmatrix} m_1 \\ m_4 \end{bmatrix} + [E]\begin{bmatrix} m_2 \\ m_3 \end{bmatrix} &= \begin{bmatrix} b_1 \\ b_2 \end{bmatrix} \\ [H]\begin{bmatrix} m_1 \\ m_4 \end{bmatrix} + [F]\begin{bmatrix} m_2 \\ m_3 \end{bmatrix} &= \begin{bmatrix} a_1 \\ a_2 \end{bmatrix}\end{aligned} \quad . \tag{4.163}$$

Für das Messobjekt gilt in Streuparametern der Zusammenhang

$$\begin{bmatrix} b_1 \\ b_2 \end{bmatrix} = [S]\begin{bmatrix} a_1 \\ a_2 \end{bmatrix} . \tag{4.164}$$

Setzt man die Gleichungen (4.164) in die Vektorgleichung (4.163) ein, dann folgt ein Ausdruck mit Messwerten, Fehlertermen und Parametern der Kalibrierzweitore:

$$[G]\begin{bmatrix} m_1 \\ m_4 \end{bmatrix} + [E]\begin{bmatrix} m_2 \\ m_3 \end{bmatrix} = [S]\left\{[H]\begin{bmatrix} m_1 \\ m_4 \end{bmatrix} + [F]\begin{bmatrix} m_2 \\ m_3 \end{bmatrix}\right\} . \tag{4.165}$$

Diese Vektorgleichung beschreibt die Verhältnisse für eine Stellung des Schalters in Bild 4.27. Für die andere Schalterstellung ergibt sich eine weitere Vektorgleichung, die mit (4.165) zu einer Matrixgleichung kombiniert werden kann.

$$[G]\begin{bmatrix} m_1' & m_1'' \\ m_4' & m_4'' \end{bmatrix} + [E]\begin{bmatrix} m_2' & m_2'' \\ m_3' & m_3'' \end{bmatrix} = [S]\left\{[H]\begin{bmatrix} m_1' & m_1'' \\ m_4' & m_4'' \end{bmatrix} + [F]\begin{bmatrix} m_2' & m_2'' \\ m_3' & m_3'' \end{bmatrix}\right\} \tag{4.166}$$

Dabei beschreiben die einfach gestrichenen Größen die Messwerte in Schalterstellung *I*, die zweigestrichenen Größen stehen für die Messwerte der Schalterstellung *II*.
Führt man noch die Messwertmatrix

$$[M] = \begin{bmatrix} m_1' & m_1'' \\ m_4' & m_4'' \end{bmatrix}\begin{bmatrix} m_2' & m_2'' \\ m_3' & m_3'' \end{bmatrix}^{-1} \tag{4.167}$$

ein, so lässt sich das Vollmodell mathematisch sehr kompakt als

$$[G][M] + [E] = [S]\{[H][M] + [F]\} \tag{4.168}$$

schreiben.

Es sei angemerkt, dass die Wahl der Reihenfolge der Wellengrößen in Gl. (4.161) nicht willkürlich erfolgt. Vielmehr führt diese Wahl zu einer Messmatrix (4.167), die von ihrer Struktur her einer Streumatrix ähnelt und damit nicht singulär werden kann. Mit anderen Worten garantiert die so gewählte Anordnung der Wellen die numerische Existenz der rechten Matrix in Gl. (4.167).

Zur Kalibrierung des 15-Term Fehlermodells sind die 16 Fehlerterme des Fehlerviertores $[C]$ zu bestimmen. Jede Kalibriermessung mit einem vollständig bekannten Kalibrierzweitor mit der Streumatrix $[S]$ ergibt aus Gleichung (4.168) vier lineare Gleichungen für die 16 unbekannten Fehlerterme der $[G]$-, $[E]$-, $[H]$- und $[F]$-Matrizen. Einer dieser 16 Fehlerterme kann willkürlich festgelegt werden, z. B. $G_{11} = 1$.

Es stellt sich heraus, dass man für die direkte Berechnung der Fehlerterme durch Lösen des aus den Kalibriermessungen aufgestellten Gleichungssystems mindestens fünf vollständig bekannte und voneinander verschiedene Kalibrierzweitore benötigt. Obwohl man zunächst vermuten könnte, dass bereits vier bekannte Kalibrierzweitore für eine Lösung ausreichen könnten, zeigt es sich jedoch, dass der Rang des Gleichungssystems nicht 15 erreicht. Fünf Kalibrierzweitore werden somit benötigt, um ein numerisch lösbares, lineares, inhomogenes Gleichungssystem für die 15 Unbekannten $G_{12}$, $G_{21}$, $G_{22}$, $E_{11}$ bis $E_{22}$, $H_{11}$ bis $H_{22}$ und $F_{11}$ bis $F_{22}$ aufzustellen.

Von den $5 \cdot 4 = 20$ Gleichungen für die beiden Schalterstellungen benötigt man nur 15 Gleichungen. Entweder kann man geeignete fünf Gleichungen von den insgesamt 20 Gleichungen weglassen oder man kondensiert die 20 Gleichungen auf 15 mit Hilfe des Kleinste-Quadrate-Verfahrens.

**Tabelle 4.1.** Einige Kalibriermöglichkeiten des 15-Term-Verfahrens

| Verfahren | Kalibrierstandards | | | | |
|---|---|---|---|---|---|
| | 1 | 2 | 3 | 4 | 5 |
| TMSO | T | MM | SS | OO | SO |
| TMS | T | MM | SS | MS | SM |
| TMO | T | MM | OO | MO | OM |

Tabelle 4.1 zeigt einige mögliche Kombinationen von Durchverbindung, Anpassung, Kurzschluss und Leerlauf, um fünf voneinander verschiedene Standardzweitore zu realisieren. Im übrigen lassen sich vollständig bekannte Kalibrierstandards fast beliebig kombinieren und mit unsymmetrischen Zweitoren lässt sich ein neues Kalibrierzweitor realisieren, indem man es umdreht. Es muss jedoch stets ein absoluter Impedanzstandard wie etwa der M-Standard vorhanden sein. Mindestens ein Zweitor muss Transmission aufweisen.

Nachdem man die 15 Fehlerterme ermittelt hat, möchte man mit diesen die Messwerte eines beliebigen Messobjektes von Fehlanpassungen, Übersprechern und ähnlichen Messfehlern befreien. Dieser Teil wird als Korrekturrechnung bezeichnet. Im Gegensatz zur Bestimmung der Korrekturgrößen wird die Korrekturrechnung sehr häufig durchgeführt. Sie sollte daher möglichst kurz sein. Gleichung (4.168) sieht man unmittelbar an, dass sich die gesuchten Streuparameter des Messobjektes zu

$$[S] = \{[G][M] + [E]\}\{[H][M] + [F]\}^{-1} \tag{4.169}$$

ergeben. Da hier nur 2×2-Matrizen manipuliert werden, stellt diese Gleichung eine sehr einfache und schnelle Korrekturrechnung dar.

### 4.10.2 Selbstkalibrierung beim 15-Term-Verfahren

Für die Kalibrierung des Vollmodells mit vier Messstellen über das 15-Term-Verfahren benötigt man fünf Kalibrierzweitore, woraus sich 20 lineare Gleichungen für die 15 unbekannten Fehlerterme ergeben. Da dieses Gleichungssystem maximal den Rang 15 hat, kann man folgern, dass die fünf Kalibrierzweitore maximal fünf unbekannte Parameter, die man mit Hilfe einer Selbstkalibrierung vorab bestimmen kann, enthalten dürfen. Dazu ist es notwendig, eine zu Abschn. 4.4.2 analoge Beziehung zwischen den $S$-Parametern der Standards und den Messwerten der Kalibriermessungen zur Verfügung zu haben, die im Folgenden hergeleitet werden soll.

Ausgehend von der mathematischen Darstellung des 15-Term Fehlermodells, gemäß Gleichung (4.168) ergeben die fünf Kalibriermessungen fünf Gleichungen diesen Typs, die als

$$[G][M_i]+[E]=[S_i]([F][M_i]+[H]) \quad (i = 1..5)$$

geschrieben werden sollen.
Subtrahiert man Gleichung $j$ von Gleichung $i$, so erhält man:

$$\begin{aligned} G(M_i - M_j) &= S_i F M_i + S_i H - S_j F M_j - S_j H + (S_j F M_i - S_j F M_i) \\ &= S_j F(M_i - M_j) + (S_i - S_j)(H + F M_i) \end{aligned}$$

Dabei wurde durch die rechtsseitige Addition von $0 = S_j F M_i - S_j F M_i$ für eine günstige Möglichkeit der Zusammenfassung von Termen gesorgt. Eine weitere solche Gleichung ergibt sich analog aus der Kombination der Messungen $j$ und $k$ ($i \neq j \neq k$). Beide Gleichungen haben eine gemeinsame linke Seite

$$\begin{aligned} G - S_j F &= (S_i - S_j)(H + F M_i)(M_i - M_j)^{-1} \\ G - S_j F &= (S_j - S_k)(H + F M_k)(M_j - M_k)^{-1}, \end{aligned}$$

so dass sie zu

$$(S_i - S_j)(H + F M_i)(M_i - M_j)^{-1} = (S_j - S_k)(H + F M_k)(M_j - M_k)^{-1}$$

kombiniert werden können, was mit den Abkürzungen:

$$\begin{aligned} \Delta S_{m,n} &= S_m - S_n \qquad m,n = 1..4 \\ \Delta M_{m,n} &= M_m - M_n \quad m,n = 1..4 \end{aligned}$$

nach $(H + F M_i)$ aufgelöst als

$$(H + F M_i) = \Delta S_{i,j}{}^{-1} \Delta S_{j,k} (H + F M_k) \Delta M_{j,k}{}^{-1} \Delta M_{i,j} \tag{4.170}$$

kompakt geschrieben werden kann. Durch Hinzunahme der vierten Kalibriermessung (mit $l$ bezeichnet) wird eine weitere, zu (4.170) ähnliche Gleichung so erzeugt, dass der Term $(H + F M_i)$ unverändert bleibt

$$(H + FM_i) = \Delta S_{i,l}^{-1}\,\Delta S_{l,k}\,(H + FM_k)\Delta M_{l,k}^{-1}\,\Delta M_{i,l} \tag{4.171}$$

Gleichsetzen von (4.170) und (4.171) liefert die gesuchte Ähnlichkeitstransformation

$$\begin{aligned}&\Delta M_{j,k}^{-1}\,\Delta M_{i,j}\,\Delta M_{i,j}^{-1}\,\Delta M_{l,k} = \\ &\qquad (H + FM_k)^{-1}\Delta S_{j,k}^{-1}\,\Delta S_{i,j}\,\Delta S_{i,l}^{-1}\,\Delta S_{l,k}\,(H + FM_k)\end{aligned}, \tag{4.172}$$

deren Spur- und Determinanteninvarianz die von den Fehlertermen unabhängigen Beziehungen

$$\begin{aligned}\det\left\{\Delta M_{j,k}^{-1}\,\Delta M_{i,j}\,\Delta M_{i,l}^{-1}\,\Delta M_{l,k}\right\} &= \det\left\{\Delta S_{j,k}^{-1}\,\Delta S_{i,j}\,\Delta S_{i,j}^{-1}\Delta S_{l,k}\right\} \\ \operatorname{spur}\left\{\Delta M_{j,k}^{-1}\,\Delta M_{i,j}\,\Delta M_{i,l}^{-1}\,\Delta M_{l,k}\right\} &= \operatorname{spur}\left\{\Delta S_{j,k}^{-1}\,\Delta S_{i,j}\,\Delta S_{i,j}^{-1}\Delta S_{l,k}\right\}\end{aligned} \tag{4.173}$$

liefert, mit denen zwei Gleichungen zur Verfügung stehen, die die $S$-Parameter der Kalibrierzweitore mit den Messwerten der Kalibriermessungen verbinden.

Es ist wichtig festzustellen, dass die Ähnlichkeitstransformation (4.172) schon mit vier verschiedenen Kalibrierstandards arbeitet und so die Bestimmung von zwei unbekannten Parametern der Kalibrierzeitore gestattet. Nimmt man einen fünften Standard $S_m$ mit seinen Messwerten $M_m$ hinzu, so ergeben sich zwei weitere unabhängige Ähnlichkeitstransformationen z. B. als

$$\begin{aligned}&\Delta M_{j,k}^{-1}\,\Delta M_{m,j}\,\Delta M_{m,l}^{-1}\,\Delta M_{l,k} = \\ &\qquad (H + FM_k)^{-1}\Delta S_{j,k}^{-1}\,\Delta S_{m,j}\,\Delta S_{m,l}^{-1}\,\Delta S_{l,k}(H + FM_k)\end{aligned} \tag{4.174}$$

($i$ durch $m$ ersetzt) und

$$\begin{aligned}&\Delta M_{i,k}^{-1}\,\Delta M_{m,i}\,\Delta M_{m,i}^{-1}\,\Delta M_{l,k} = \\ &\qquad (H + FM_k)^{-1}\Delta S_{i,k}^{-1}\,\Delta S_{m,i}\,\Delta S_{m,l}^{-1}\,\Delta S_{l,k}(H + FM_k)\end{aligned} \tag{4.175}$$

($j$ durch $m$ ersetzt).
Mit den zur Verfügung stehenden fünf Kalibriermessungen existieren somit insgesamt sechs Gleichungen, die zur Bestimmung der bei fünf Standards maximal möglichen fünf Unbekannten ausreichen.

### 4.10.3 Messergebnisse mit dem TMRG-Verfahren

Die Korrektureigenschaften des 15-Term Fehlermodells sollen im Folgenden anhand einer praktischen Messung belegt werden. Ein Übersprecher wurde dabei künstlich mit einem 20 dB-Dämpfungsglied, parallel zum Messobjekt, erzeugt. Bild 4.28 zeigt den prinzipiellen Messaufbau.

Bild 4.29 zeigt die im Rahmen der Selbstkalibrierung bestimmte Phase des verwendeten Leerlaufes bzw. Kurzschlusses. Die Messwerte eines 20 dB-Dämpfungsgliedes sind in Bild 4.30 dargestellt. Man erkennt eindrucksvoll, dass

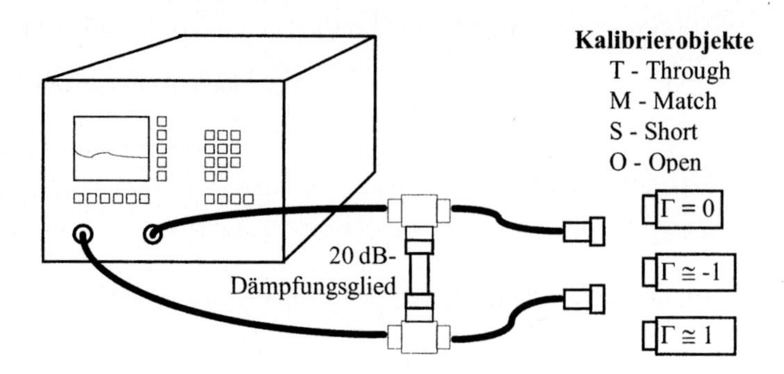


*Bild 4.28: Messaufbau des Netzwerkanalysators mit künstlichem Übersprecher*

die Messung ohne Systemfehlerkorrektur überhaupt keine verwertbare Information mehr liefert.

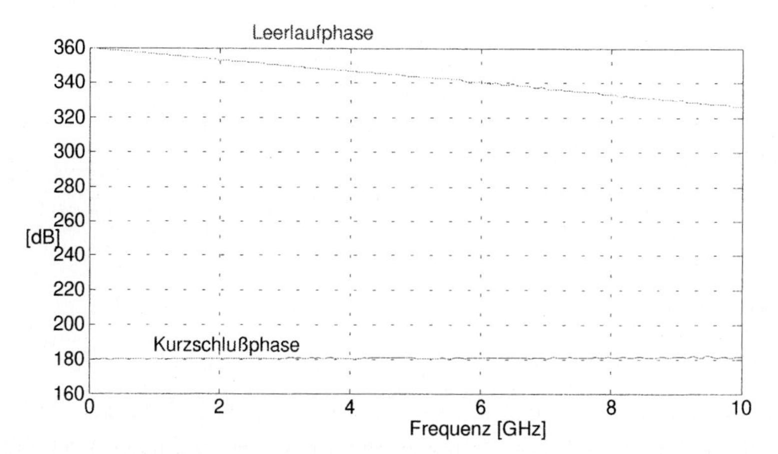


*Bild 4.29: Kurzschluss- und Leerlaufphase aus der Selbstkalibrierung*

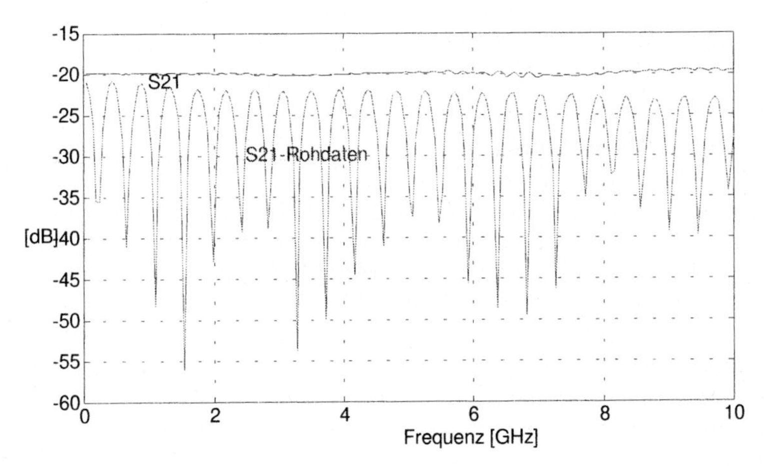


*Bild 4.30: Transmission des 20 dB-Abschwächers (korrigiert / unkorrigiert)*

### 4.10.4 Das TMR-Verfahren für das Vollmodell

Eine TMR-Kalibrierung mit dem 15-Term-Verfahren erfordert die folgenden Kombinationen von Kalibrierstandards:

**Tabelle 4.2.** Standard-Kombinationen für das TMR-Verfahren

| 1 | 2 | 3 | 4 | 5 |
|---|---|---|---|---|
| T | MM | RR | RM | MR |

Das TMR-Verfahren benötigt für ein Vollmodell lediglich einen absoluten Standard, nämlich M, während die Reflexion R unbekannt sein darf. Durch Vertauschen von R und M werden die erforderlichen fünf Kalibrierzweitore erzeugt. Weil das TMR-Verfahren für das Vollmodell nur eine unbekannte Reflexion $r$ des Reflexionsstandards R enthält, ist für die Bestimmung von $r$ eine Vorgehensweise wie in Abschn. 4.5 möglich. Die Koeffizienten-Determinante des homogenen Gleichungssystems der 16 Fehlerparameter, welche als einzige Unbekannte $r$ enthält, wird zu null gesetzt. Dadurch erhält man eine Bestimmungsgleichung für $r$. Im allgemeinen wird man sie numerisch lösen, weil eine analytische Lösung der Determinante der $16 \times 16$ Koeffizientenmatrix recht umfangreich ist.

Einfacher ist eine Vorgehensweise, die von der Gleichung (4.169) startet. Es werden die Matrizen-Variablen $[F]$, $[G]$ und $[H]$ eliminiert und es werden vier lineare, homogene Gleichungen in den Elementen $E_{11}$, $E_{12}$, $E_{21}$ und $E_{22}$ der $[E]$-Matrix aufgestellt. Wiederum wird die Determinante der $4 \times 4$ Koeffizientenmatrix dieses linearen Gleichungssystems, das ausschließlich von dem unbekannten Reflexionsfaktor $r$ abhängt, zu null gesetzt. Dies liefert analytisch die Bedingungsgleichung für $r$.

### 4.10.5 Das 22-Term-Verfahren

Das oben für Vier-Messstellen-Analysatoren beschriebene 15-Term-Verfahren lässt sich auch für Drei-Messstellen-Geräte aufstellen. Dabei ergibt sich das Problem, dass der Schalter Teil des Fehlerviertores wird und sich für die beiden Schalterstellungen unterschiedliche Fehlerterme ergeben.

Man kann zeigen, dass von den 16 Fehlertermen jeder Schalterstellung vier Terme weder berechnet werden können noch für die Korrekturrechnung benötigt werden. Ein weiterer Term kann wieder frei gewählt werden, so dass für jede Schalterstellung elf Terme zu berechnen sind, weswegen man vom 22-Term Fehlermodell spricht.

Die Kalibrierung des 22-Term-Modells erfolgt wiederum durch Aufstellen eines linearen Gleichungssystems, für das allerdings sechs Kalibriermessungen benötigt werden. Darüber hinaus ergeben sich, wie beim 10-Term-Verfahren, nur geringe Möglichkeiten der Selbstkalibrierung, da maximal ein Parameter über die Determinantenbedingungen berechnet werden kann.

Da die praktische Relevanz des 22-Term-Modells aus diesen Gründen gering ist, soll auf eine genauere Diskussion hier verzichtet werden.

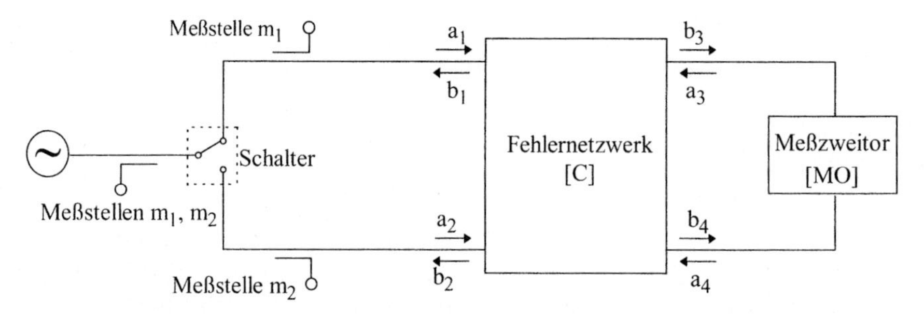


*Bild 4.31: Vollmodell-Blockschaltbild eines Netzwerkanalysators mit drei Messstellen*

## Studienziele

Nach dem Durcharbeiten dieses Kapitels sollten Sie

- eingesehen haben, dass eine Systemfehlerkorrektur komplexe Messungen erfordert;
- die Modellbildung inklusive Viertor-Zweitor-Reduktion für einen Netzwerkanalysator kennen;
- eingesehen haben, dass auch ein Messsystem mit Systemfehlerkorrektur nicht beliebig genaue Messungen gestattet;
- den Unterschied zwischen Drei- und Vier-Messstellen-Systemen kennen;
- die Vorteile der Selbstkalibrierung zu schätzen wissen;
- eingesehen haben, dass es im Rahmen der Selbstkalibrierung Korrekturverfahren gibt, die praktisch frei von Inkonsistenzen sind;
- verstanden haben, dass der Impedanzwert eines Kalibrierstandards nicht durch Messungen bestimmt werden kann, sondern sich bestenfalls aus Berechnungen nach einem Modell ergibt;
- gelernt haben, dass jede Systemfehlerkorrektur mindestens einen absoluten Impedanzstandard erfordert;
- behalten haben, dass sich Systemfehler-korrigierte Messungen aus praktischen Gründen nur zusammen mit Schrittgeneratoren realisieren lassen.

# 5 Homodyne Netzwerkanalysatoren

## Vorbemerkungen

Beim Heterodynverfahren benötigt man zwei Generatoren, deren Frequenzabstand gleich einer konstanten Zwischenfrequenz ist. Bei den so genannten homodynen Netzwerkanalysatoren versucht man, unter Verwendung nur eines Hochfrequenzgenerators durch geschickte Modulation und Demodulation zu erreichen, dass die hochfrequente Phasen- und Amplitudeninformation in eine niederfrequente Zwischenfrequenz (oder auch Gleichspannungsebene) transformiert wird. Bei einem der Konzepte, welches in diesem Kapitel besprochen werden soll, misst man für mehrere Stellungen eines Phasenschiebers, dessen genaue Phasenschaltwerte man aber nicht kennen muss, die Amplitude des Zwischenfrequenzsignals. Die komplex gewichtete Summe der Amplitudenwerte bei der Zwischenfrequenz stellt ein komplexes Signal dar, welches dem komplexen Zwischenfrequenzsignal beim Heterodynverfahren entspricht. Die Bestimmung der Wichtungsfaktoren, welche für jede Frequenz neu erfolgen muss, wird in diesem Text als Etablierung der komplexen Messfähigkeit bezeichnet. Es wird gezeigt, dass man für die Etablierung keine bekannten Impedanzstandards benötigt. Nach erfolgter Etablierung kann man auch bei einem homodynen Netzwerkanalysator eine Systemfehlerkorrektur vornehmen und zwar nach genau den gleichen Verfahren, wie sie im vorigen Kapitel besprochen wurden.

Der Hauptnachteil der Homodynverfahren besteht in der so genannten Oberwellenproblematik. Während bei dem Heterodynverfahren Oberschwingungen des Messsenders zu Oberschwingungen des Zwischenfrequenzsignals führen und sich damit herausfiltern lassen, besteht diese Möglichkeit bei den Homodynverfahren nicht. Die Dynamik bei der Vermessung von Hochpass- und Bandstopfiltern ist damit gegenüber den Heterodynverfahren deutlich vermindert.

Auch bei dem Sechstor-Verfahren, welches man ebenfalls zu den homodynen Verfahren zählen kann, kann man eine komplex gewichtete und bezogene Summe der vier Leistungen finden, die eine Ersatzgröße für die komplexe Zwischenfrequenz beim Heterodynverfahren darstellt. Die Bestimmung der Wichtungsfaktoren soll wiederum als Etablierung bezeichnet werden. Nach erfolgter Etablierung des Sechstors können alle bekannten Kalibrierverfahren eingesetzt werden. Die Etablierung kann mit unbekannten Impedanzstandards durchgeführt werden. Der Vorteil gegenüber der im 2. Kapitel geschilderten Vorgehensweise besteht darin, dass für eine Reflektometerkalibrierung nach dem Sechstor-Verfahren lediglich drei bekannte Reflexionsabschlüsse gegenüber 5 ½ nach dem Verfahren in Kapitel 2 benötigt werden. Darüber hinaus sind für die Etablierung einige zusätzliche unbekannte Reflexionsabschlüsse erforderlich.

Für die Messung aller vier Streuparameter eines Messobjektes benötigt man eine Doppel-Sechstor-Anordnung. Die Etablierung eines Doppel-Sechstors gestaltet sich schwieriger, weil insbesondere ein Kreuzwellenverhältnis etabliert werden muss. Nach erfolgreicher Etablierung können alle bekannten Kalibrierverfahren, also insbesondere die 7-Term-Verfahren, für die Systemfehlerkorrektur eingesetzt werden.

Der Hauptnachteil des Doppel-Sechstor-Verfahrens besteht in der verminderten Transmissionsdynamik, welche darauf beruht, dass lediglich Leistungsmessungen an Stelle von Amplitudenmessungen vorgenommen werden.

## 5.1 Das Prinzip der homodynen Netzwerkanalyse

Bei dem bisher betrachteten heterodynen Netzwerkanalysator wird der Frequenzabstand zweier Wobbelsender mit Hilfe von Phasenregelschleifen gleich einer konstanten Zwischenfrequenz $f_i$ gehalten. Der eine Wobbelsender liefert das Messsignal, der andere Wobbelsender das Mischoszillator- bzw. Lokaloszillator-Signal (LO-Signal). An einem Mischer wird das Zwischenfrequenz-Signal $U_i$ mit der Frequenz $f_i$ gebildet. Sofern am Mischer das Messsignal deutlich kleiner ist als das Lokaloszillator-Signal, ist das Differenz-Signal, also das Zwischenfrequenz-Signal, ein nach Betrag und Phase getreues Abbild des Messsignals. Es stellt sich die Frage, warum man nicht versucht, durch eine Modulation bzw. eine Frequenzversetzung etwa das Messsignal aus dem Lokaloszillator-Signal abzuleiten, um damit so genannte homodyne Netzwerkanalysatoren aufzubauen. Wie man zeigen kann, ist eine Zweiseitenband-Modulation für einen Netzwerkanalysator ungeeignet. Bei einer symmetrischen Zweiseitenband-Modulation enthält das nach einer Demodulation entstehende Zwischenfrequenz-Signal nicht mehr die Phaseninformation des Messsignals, weil das obere und untere Seitenband Zwischenfrequenz-Signale entgegengesetzter Phase liefert, die sich dann zu einem Signal konstanter Phase addieren. Dass bei einer symmetrischen Zweiseitenband-Modulation die hochfrequente Phaseninformation des Messsignals bei der Frequenzumsetzung verloren geht, soll im Folgenden algebraisch gezeigt werden.

Ein möglicher Systemaufbau wird in Bild 5.1 gezeigt. Eine Zweiseitenband-Modulation lässt sich unter anderem über eine Amplituden-Modulation bewerkstelligen.

$$u_{MO}(t)=\hat{U}_s(1+a\cos\omega\, t)\cos\Omega t \tag{5.1}$$

Dabei ist $\Omega$ die Kreisfrequenz des Sendesignals, $\omega$ die Kreisfrequenz des Modulations-Signals, $a$ der Modulationsindex, $U_s$ die Signalamplitude vor dem Modulator und $U_{MO}$ die Signalamplitude vor dem Messobjekt. Hinter dem Messobjekt hat sich die Signalamplitude auf $U_{MO} = k\, U_{MO}$ abgeschwächt und die Phase um den Winkel $\varphi$, d. h. die Phase des Messobjektes, geändert.

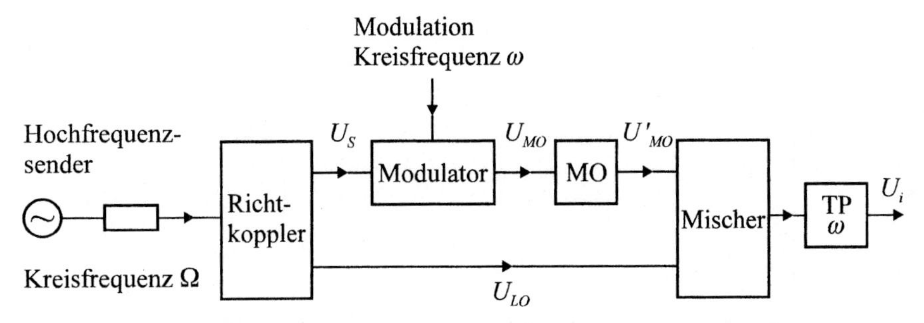


*Bild 5.1: Systemaufbau zu einem Zweiseitenband-Modulationsverfahren*

$$u_{MO}'(t) = k\hat{U}_s(1 + a\cos\omega t)\cos(\Omega t + \varphi) \tag{5.2}$$

Der nachfolgende Mischer soll parametrisch betrieben werden, infolgedessen können wir ihn als idealen Produktmodulator mit dem Konversionsfaktor $\chi$ beschreiben.

Damit ist $U_i$ der niederfrequente oder tiefpassgefilterte Anteil bzw. der zeitlich gemittelte Anteil der Mischprodukte:

$$\begin{aligned} u_i(t) &= \langle \chi k \hat{U}_S (1 + a\cos\omega t)\cos(\Omega t + \varphi)\cos\Omega t \rangle \\ &= \frac{1}{2}\chi k \hat{U}_S \; a\cos\varphi\cos\omega\, t\,. \end{aligned} \tag{5.3}$$

Man erkennt, dass die Phase $\varphi$ nicht in der Phase des Zwischenfrequenzsignals steckt, sondern als Amplitudenfaktor $\cos\varphi$ eingeht. Die Phase des Zwischenfrequenz-Signals bleibt unverändert. Die Signalabschwächung $k$ im Messobjekt tritt als Produkt mit $\cos\varphi$ auf. Aus diesem Grunde lassen sich Dämpfung und Phasendrehung am Messobjekt ohne weitere Maßnahmen nicht getrennt messen.

## 5.2 Einseitenband-Versetzer und Einseitenband-Empfänger

Ein Zweiseitenband-Modulationsverfahren ist daher ungeeignet für eine homodyne Netzwerkanalyse. Man muss sich vielmehr bemühen, einen so genannten Einseitenband-Versetzer oder Einseitenband-Modulator (engl.: single sideband generator, SSG) aufzubauen. Das dafür übliche Prinzip ist in Bild 5.2 skizziert. Man benötigt einen 3 dB/90°-Koppler, einen 3 dB/0°-Koppler (oder 3 dB/180°-Koppler) und zwei möglichst identische Modulatoren, das heißt Zweiseitenband-Modulatoren.

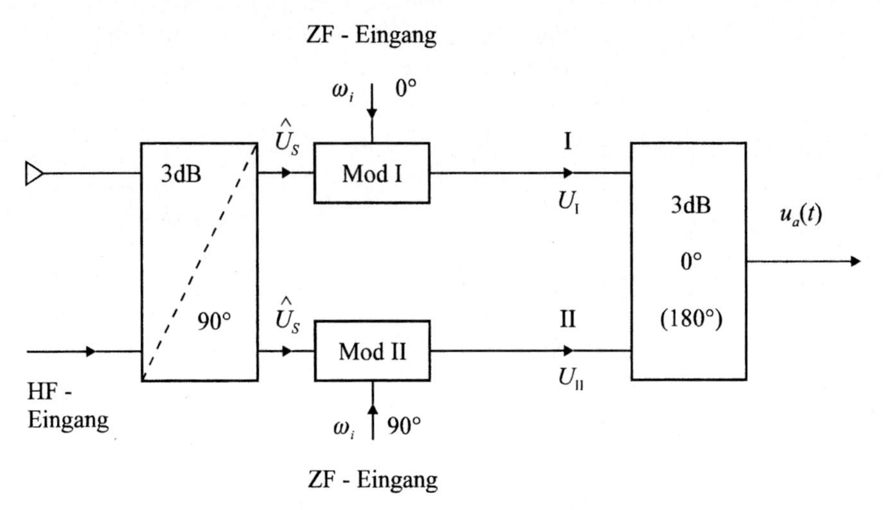


*Bild 5.2: Blockschaltbild eines Einseitenband-Versetzers*

Die Wirkungsweise dieses Einseitenband-Versetzers stellt man am einfachsten mit Hilfe eines Zeigerdiagramms dar. Vor den Eingängen I und II des 0°-Kopplers treten folgende Zeigergruppen auf (Bild 5.3).

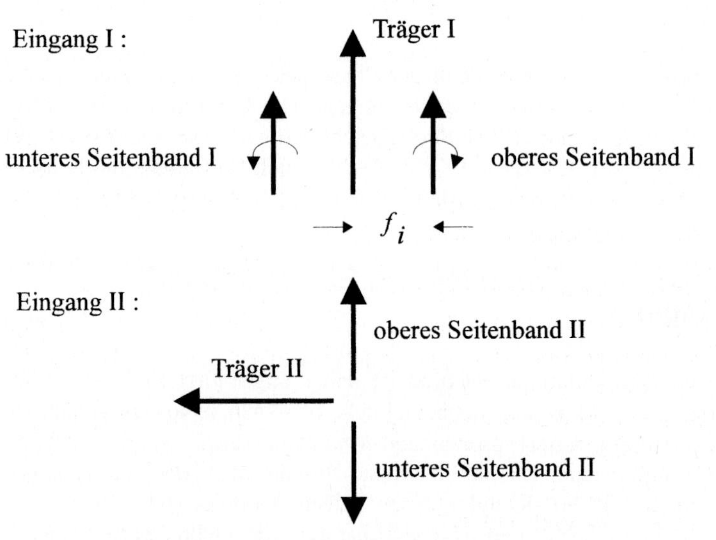


*Bild 5.3: Zeigerdiagramm zur Veranschaulichung der Wirkungsweise eines Einseitenband-Versetzers*

Wegen des 3 dB/90°-Kopplers sind die Träger I und II um 90° versetzt, und zwar eilt in diesem Beispiel der Träger I um 90° vor. Am Eingang I des 0°-Kopplers weisen die Seitenbänder die Phase des Trägers auf, weil vorausgesetzt wird, dass der Modulator I mit dem Zwischenfrequenz-Signal der Phase 0° angesteuert wird. Am Eingang II eilt das obere Seitenband II um 90° gegenüber dem Träger vor (Uhrzeigersinn), das untere Seitenband II eilt um 90° nach, weil der Modulator II mit einer Zwischenfrequenzphase von 90° angesteuert wird. Die Addition der Zeigergruppen I und II im 0°-Koppler führt zur Auslöschung eines Seitenbandes, nämlich des unerwünschten „Spiegelsignals". Im Beispiel des Bildes 5.2 ist es das untere Seitenband, welches ausgelöscht wird. Das obere Seitenband hingegen tritt am Ausgang verstärkt auf. Allerdings lassen sich Eingang und Ausgang der Versetzer-Schaltung auch vertauschen, wie man sich anhand des Zeigerdiagrammes überzeugen kann.

Für eine algebraische Analyse kann man an die Gl. (5.1) anschließen. Die Ausgangsspannung $u_a(t)$ ergibt sich aus der Überlagerung, das heißt der Addition von $u_{\mathrm{I}}(t)$ und $u_{\mathrm{II}}(t)$ und nach Anwendung eines trigonometrischen Additionstheorems erhält man:

$$
\begin{aligned}
u_a(t) &= \frac{1}{\sqrt{2}}\left[u_I(t)+u_{II}(t)\right] \\
&= \frac{1}{\sqrt{2}}\left[\hat{U}_s\left(1+a\cos\omega t\right)\cos\left(\Omega t+90°\right)\right. \\
&\qquad\qquad \left. +\hat{U}_s\left(1+a\cos\left(\omega t+90°\right)\right)\cos\Omega t\right] \\
&= -\frac{1}{\sqrt{2}}\left[2\hat{U}_s+2\hat{U}_s\, a\sin\left(\Omega+\omega\right)t\right].
\end{aligned}
\tag{5.4}
$$

Man erkennt, dass außer einem Restträgersignal lediglich das obere Seitenband mit der Kreisfrequenz $\Omega+\omega$ erhalten bleibt, während das untere Seitenband in dieser idealen Betrachtung vollständig unterdrückt wird. Damit ergibt sich das gleiche Ergebnis wie über die Zeigerbetrachtung in Bild 5.3.

In einer praktischen Schaltung erreicht man im Allgemeinen keine perfekte Unterdrückung des unerwünschten Seitenbandes über einen größeren Frequenzbereich. Typisch ist eine Unterdrückung des unerwünschten Seitenbandes von 20 dB $\widehat{=}$ 0,1 der relativen Amplitude über eine Bandbreite von bis zu einer Oktave. Durch das Restsignal des unerwünschten Seitenbandes wird nach der Demodulation ein Phasenfehler $\Delta\Phi$ beim demodulierten Zwischenfrequenzsignal bewirkt, welcher im ungünstigsten Fall etwa

$$
\Delta\Phi \cong \arctan\left(\frac{\hat{U}_{st}}{\hat{U}_N}\right) \cong \arctan\frac{1}{10} \cong 5{,}7° \tag{5.5}
$$

beträgt, weil ein Störpegel 20 dB unter dem Nutzpegel angenommen wurde. Dieser ungünstigste Fall tritt dann auf, wenn, wie in Bild 5.4 gezeigt, der Störzeiger senkrecht auf dem Summenzeiger aus Stör- und Nutzzeiger steht.

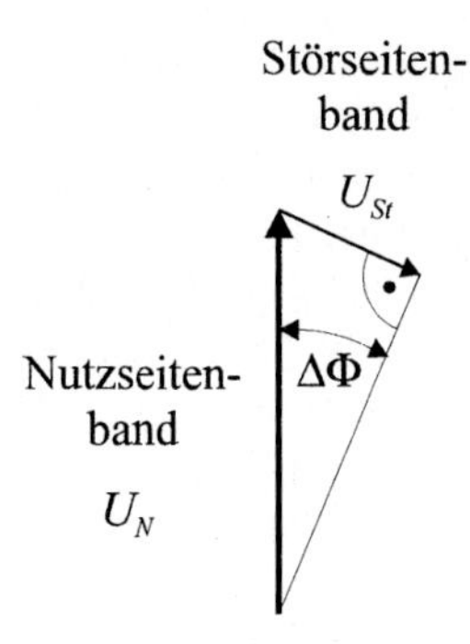


*Bild 5.4: Zur Illustrierung des maximalen Phasenfehlers*

Der Amplitudenfehler wird maximal, wenn Störzeiger und Nutzzeiger in Phase oder in Gegenphase sind. Der genannte Phasenfehler ist im Allgemeinen noch unzulässig groß. Um ihn weiter zu reduzieren, kann man zusätzlich auf der Empfangsseite einen so genannten Einseitenband-Empfänger (engl.: single sideband detector, SSD) verwenden, welcher das unerwünschte Seitenband zusätzlich um typisch 20 dB unterdrückt. Damit erhält man eine Unterdrückung des unerwünschten Seitenbandes von insgesamt 40 dB entsprechend einem theoretischen Restphasenfehler von

$$\Delta\Phi \cong \arctan 0{,}01 \cong 0{,}57^\circ . \tag{5.6}$$

Der Einseitenband-Empfänger ist ganz ähnlich aufgebaut wie ein Einseitenband-Versetzer (Bild 5.5).

Der Einseitenband-Empfänger lässt sich ähnlich analysieren wie der Einseitenband-Versetzer, wie in der Übungsaufgabe 5.1 gezeigt werden soll.

---

**Übungsaufgabe 5.1**

Beschreiben Sie die Wirkungsweise des Einseitenband-Empfängers in analytischer Form.

---

In Bild 5.6 ist ein komplettes Transmissions-Messsystem mit Einseitenband-Versetzer (SSG) und Einseitenband-Empfänger (SSD) in Form eines Blockschaltbildes skizziert. Wichtig ist, dass jeweils das gleiche Seitenband unterdrückt wird.

Anstelle des Einseitenband-Empfängers kann man auch einen gewöhnlichen balancierten Mischer in Kombination mit einem Einseitenband-Versetzer verwenden. Ebenso kann man anstelle eines Einseitenband-Versetzers einen gewöhnlichen Zweiseitenband-Modulator in Kombination mit einem Einseitenband-Empfänger verwenden. In diesen Fällen hat man jedoch nur die einfache Unterdrückung des Einseitenband-Versetzers oder -Empfängers zur Verfügung.

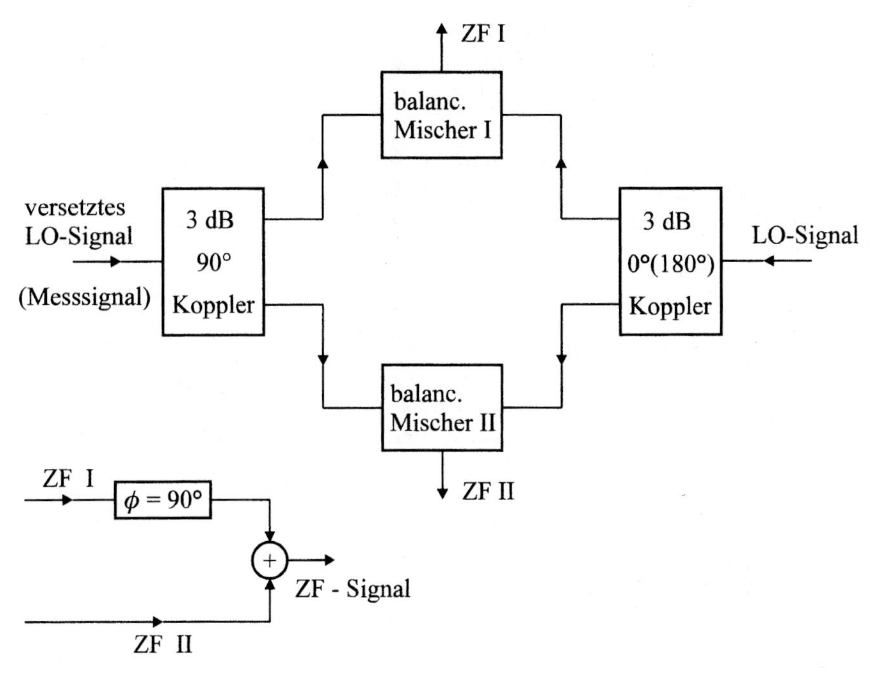


*Bild 5.5: Blockschaltbild eines Einseitenband-Empfängers mit zwei balancierten Mischern*

Die Vorteile eines Messsystems mit Einseitenband-Versetzer und Einseitenband-Empfänger sind unter anderen,

- dass ein sehr stabiles und rauscharmes Zwischenfrequenz-Signal entsteht;
- dass nicht mehrere Zwischenfrequenzen erforderlich sind; man kann in einem Schritt auf eine niedrige Zwischenfrequenz umsetzen;
- dass nur ein Wobbelsender erforderlich ist;
- dass das System besonders robust und mitunter besonders kostengünstig ist.
- Zu den Nachteilen gehört unter anderen,
- dass sich nicht so leicht große Bandbreiten erzielen lassen;
- dass eine hohe Rückwärts-Isolation erforderlich ist, damit z. B. das Modulatonssignal nicht über den Mischoszillator-Zweig auf den Einseitenband-Empfänger gelangt und dort einen Übersprecher verursacht;
- dass es bei Laboranwendungen im Allgemeinen nicht erlaubt ist, als Messsignal ein moduliertes Signal zu verwenden. Zwar kann man den Modulator auch auf der Empfangsseite zwischen Messobjekt und Empfangsmischer bzw. Einseitenband-Empfänger anbringen, muss dann allerdings erschwerte Übersprecherprobleme lösen.

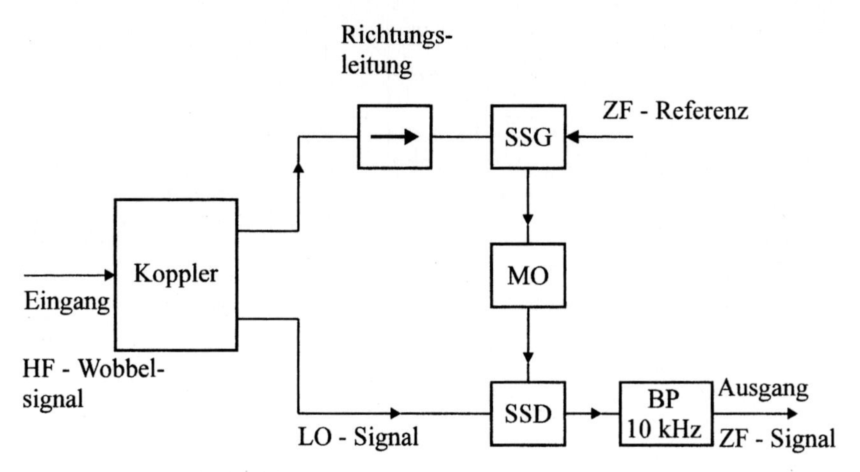


*Bild 5.6: Blockschaltbild eines Transmissions-Messsystems mit Einseitenband-Versetzer (SSG) und Einseitenband-Empfänger (SSD) bzw. balanciertem Mischer*

**Übungsaufgabe 5.2**

Zeigen Sie, dass auch mit einem unvollkommenen Einseitenband-Versetzer und Einseitenband-Empfänger eine vollständige Unterdrückung des Spiegelsignals möglich ist, wenn man die Addition der beiden Zwischenfrequenz-Signale an den Ausgängen der beiden SSD-Mischer mit einer Phase ungleich 90° und einer ungleichen Amplitudengewichtung vornimmt.

## 5.3 Einseitenband-Versetzung durch Phasenmodulation

Eine Einseitenband-Versetzung bei unterdrücktem Spiegelsignal lässt sich auch durch eine geeignete Phasenmodulation eines hochfrequenten Trägersignals erreichen, wie jetzt gezeigt werden soll. Dazu wird ein Trägersignal mit der Kreisfrequenz $\Omega$ und der Anfangsphase $\psi_0$ in der Phase moduliert und zwar periodisch mit der Kreisfrequenz $\omega$. Der zeitliche Phasenverlauf sei $\Phi(\omega t)$ und soll periodisch mit $2\pi/\omega$ sein. Es gilt:

$$u(t)=\hat{U}\cos[\Omega t+\Psi_0+\Phi(\omega t)]\ ,\ \text{mit}\ \omega \ll \Omega\ . \tag{5.7}$$

Das Frequenzspektrum enthält neben der Trägerfrequenz eine Anzahl von Nebenlinien im Abstand $n\omega$ von der Trägerfrequenz.

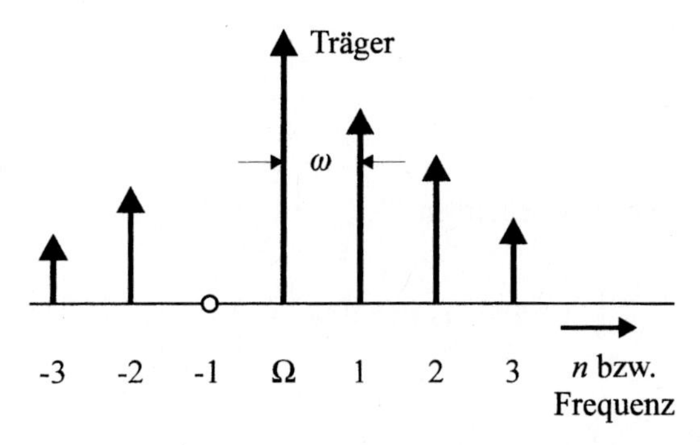


*Bild 5.7: Linienspektrum eines phasenmodulierten HF-Signals*

Für unsere Messaufgabe ist von Bedeutung, dass z. B. das untere Seitenband ($n = -1$) unterdrückt ist und das obere Seitenband ($n = +1$) möglichst groß ist. Die Seitenbänder höherer Ordnung spielen keine Rolle, weil sie in einem System in einfacher Weise im Zwischenfrequenzbereich durch eine Bandpassfilterung bei der Grundfrequenz $\omega$ eliminiert werden können. Es besteht daher die Aufgabe, die Phasenmodulation $\Phi(\omega t)$ so zu wählen, dass das untere Seitenband ($n = -1$) zu Null wird. Bedingungen für $\Phi(\omega t)$, um dieser Forderung zu genügen, sollen im Folgenden abgeleitet werden.

Ohne Verlust an Allgemeingültigkeit kann man in Gl. (5.7) die Anfangsphase $\Psi_0$ zu Null annehmen, weil $\Psi_0$ nicht den Betrag des Spektrums beeinflusst. Wir entwickeln die Gl. (5.7) nach einem trigonometrischen Additionstheorem

$$u(t) = \hat{U}\,[\cos\Omega t \cos\Phi(\omega t) - \sin\Omega t \sin\Phi(\omega t)] \tag{5.8}$$

und $\sin\Phi(\omega t)$ sowie $\cos\Phi(\omega t)$ in Fourierreihen:

$$\sin\Phi(t) = \frac{a_0}{2} + \sum_{n=1}^{\infty} (a_n \cos(n\omega t) + b_n \sin(n\omega t))$$

$$\cos\Phi(t) = \frac{c_0}{2} + \sum_{n=1}^{\infty} (c_n \cos(n\omega t) + d_n \sin(n\omega t)).$$

Bei der Spiegelfrequenz, d. h. dem unteren Seitenband erster Ordnung, erhalten wir das Signal

$$u_{-1}(t) = \hat{U}\left\{\frac{1}{2}(c_1 - b_1)\cos(\Omega - \omega)t - \frac{1}{2}(a_1 + d_1)\cos(\Omega - \omega)t\right\}. \tag{5.9}$$

Dieses Seitenband soll verschwinden, deshalb muss für die Fourierkoeffizienten gelten:

$$c_1 - b_1 = 0\,,$$
$$a_1 + d_1 = 0\,, \tag{5.10}$$

oder wenn wir die Fourierkoeffizienten ausschreiben:

$$\frac{1}{\pi}\int\limits_{-\pi}^{+\pi} \cos\Phi(t)\,\cos\omega t\;d\omega t \;-\; \frac{1}{\pi}\int\limits_{-\pi}^{+\pi} \sin\Phi(t)\,\sin\omega t\;d\,\omega t \;=\; 0\;, \tag{5.11}$$

$$\frac{1}{\pi}\int\limits_{-\pi}^{+\pi} \sin\Phi(t)\,\cos\omega t\;d\omega t \;+\; \frac{1}{\pi}\int\limits_{-\pi}^{+\pi} \cos\Phi(t)\,\sin\omega t\;d\,\omega t \;=\; 0\;. \tag{5.12}$$

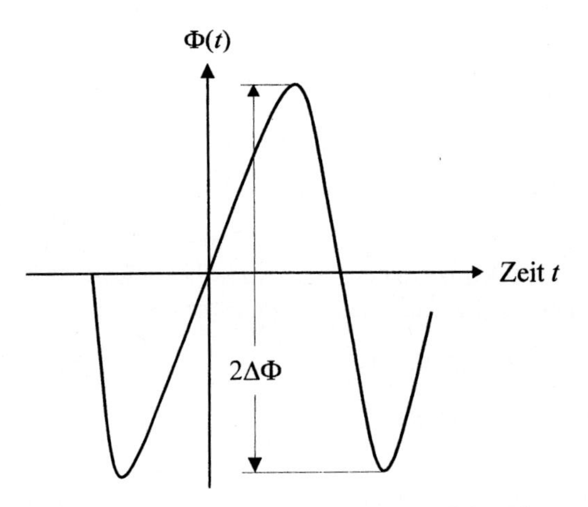


*Bild 5.8: Ungerader zeitlicher Verlauf der Phasenfunktion* $\Phi(t)$

Wählen wir, wie in Bild 5.8 gezeichnet, die Phasenfunktion $\Phi(t)$ als ungerade Funktion über der Zeit, dann sind die Integrale in Gl. (5.12) identisch zu Null erfüllt und die Gl. (5.11), die man auch in der Form

$$\frac{1}{\pi}\int\limits_{-\pi}^{+\pi} \cos(\omega t + \Phi(t))\;d\,\omega t = 0 \tag{5.13}$$

schreiben kann, liefert eine Bedingung für den Phasenhub $2\,\Delta\Phi$ (s. Bild 5.8), den man einstellen muss, um Gl. (5.11) und damit Gl. (5.10) zu erfüllen.

Mit einem Phasenschieber, der so angesteuert wird, dass er einen ungeraden periodischen Phasenverlauf über der Zeit bewirkt, lässt sich eine perfekte Unterdrückung des Spiegelsignals erreichen, also z. B. des unteren Seitenbandes. Außerdem muss der Phasenhub $2\,\Delta\Phi$ richtig gewählt werden. Der Phasenhub $2\,\Delta\Phi$ liegt typisch in der Nähe von $2\pi$.

Auch darf die Phasenfunktion $\Phi(t)$ nicht so beschaffen sein, dass sie für eine bestimmte Wahl des Zeitursprungs gerade ist. In diesem Fall wird auch das obere Nutzseitenband zu Null, wenn das untere Seitenband verschwindet. Schließlich muss die meist mit der Phasenmodulation verbundene Amplitudenmodulation möglichst gering sein.

Ein solcher geeignet angesteuerter Phasenschieber kann als Einseitenband-Versetzer in einem homodynen Netzwerkanalysator Verwendung finden, s. Bild 5.6. Dieses Prinzip lässt sich leicht zu sehr hohen Frequenzen ausdehnen, also auch noch im optischen Bereich anwenden.

---

**Übungsaufgabe 5.3**

Die Phasenmodulationsfunktion sei bereichsweise linear wie im unten stehenden Bild. Wie muss der halbe Phasenhub $\Delta\,\Phi$ gewählt werden, damit das untere Seitenband unterdrückt wird?

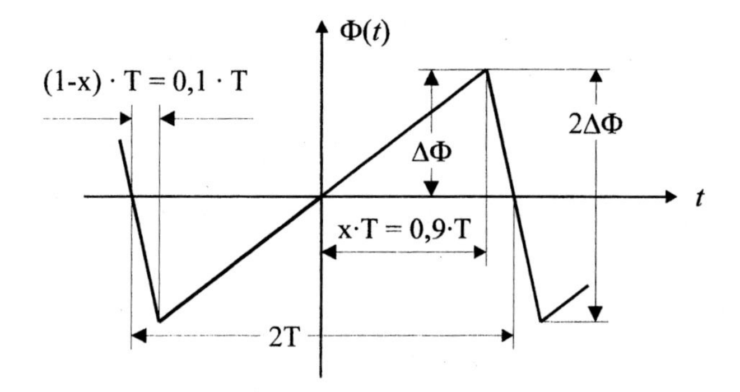


Wie groß ist dann das obere Seitenband relativ zum eingespeisten Träger, wenn der Phasenschieber als verlustlos angenommen wird?

---

Ein bekannter Spezialfall des beschriebenen Phasenmodulationsverfahrens ist die bereichsweise lineare sägezahnförmige Phasenmodulation mit abruptem Rücklauf (Bild 5.9).

Ein abrupter Phasenrücklauf um $2\pi$ pro Periode lässt sich nicht unterscheiden von einer kontinuierlich fortlaufenden Phase. Eine kontinuierlich fortlaufende Phasenmodulation bewirkt jedoch eine ideale Frequenzversetzung. Ein abrupter Phasenrücklauf ist schwer zu realisieren. Wie in diesem Abschnitt gezeigt worden ist, ist er aber auch nicht notwendig für eine Anwendung in einem homodynen Netzwerkanalalysator.

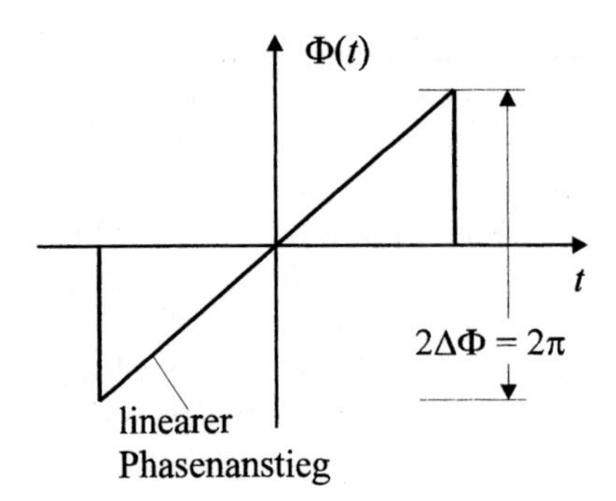


*Bild 5.9: Sägezahnförmige Phasenmodulation mit abruptem Phasenrücklauf um $2\pi$*

## 5.4 Homodynverfahren mit Phasenschaltern – direktes Verfahren

Die folgenden Homodynverfahren mit Phasenschaltern weisen Ähnlichkeiten mit den Einseitenband-Versetzern und Einseitenband-Empfängern auf. Während bei den Verfahren mit Einseitenband-Versetzern und -Empfängern die Information im Wesentlichen parallel verarbeitet wird, wird bei den Konzepten mit Phasenschaltern die erforderliche Information zeitseriell gewonnen und im Allgemeinen digital weiterverarbeitet. Die Freiheitsgrade in der digitalen Weiterverarbeitung erlauben, prinzipiell exakte Homodynverfahren zu konzipieren.

Wie in Bild 5.10 gezeigt, sollen drei Phasenschalter (Ph) in Serie zu dem Messobjekt angeordnet sein. Diese binären Phasenschalter können zwei Schaltzustände, die in der Phase ungefähr 90° auseinanderliegen, reproduzierbar annehmen. Sie sind durch Isolatoren oder lineare Verstärker voneinander und zum Messobjekt entkoppelt. Auch der Betrag der Transmission der Phasenschalter darf sich in den beiden Schaltzuständen unterscheiden.

Das Mischerausgangssignal $U_i$ ist proportional dem Kosinus der Phasendifferenz der Eingangssignale. In komplexer Schreibweise ist daher $U_i$ proportional dem Realteil der komplexen Übertragungsfunktion $F$ der Phasenschalter, wenn das Eingangssignal $U_s$ der Phasenschalterkette und das Mischoszillatorsignal $U_{LO}$ gleich sind und an Stelle des Messobjektes zunächst eine Durchverbindung vorliegt.

In der Übertragungsgröße $F_0$ sollen das hochfrequente Eingangssignal $A_s$ und die Übertragungsfunktion $\mu_g$ der Phasenschalter im Grundzustand zusammengefasst sein, $F_m$ bezieht die Übertragungsfunktion $H_m$ des Messobjektes mit ein. Damit gilt:

$$F_0 = \mu_g \, A_s, \qquad F_m = \mu_g \, H_m \, A_s$$

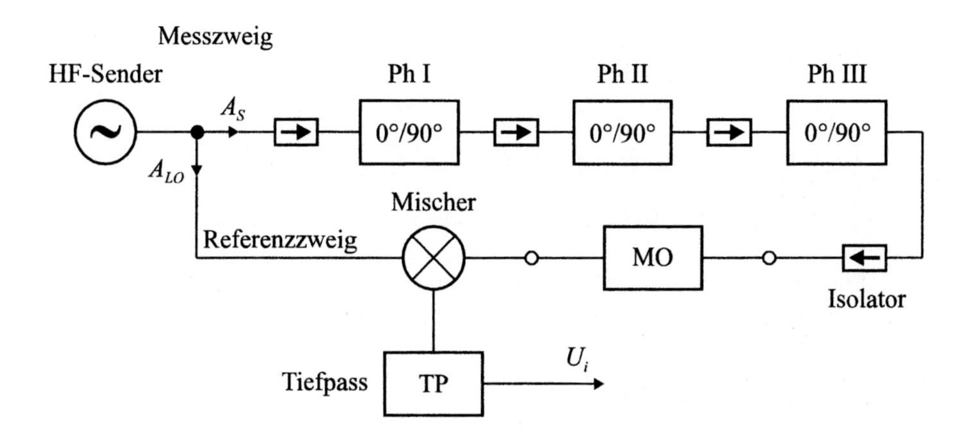


*Bild 5.10: Messanordnung mit drei kaskadierten Phasenschaltern*

$$\text{und} \quad H_m = \frac{F_m}{F_0}. \tag{5.14}$$

Die Phasenschalter werden, zunächst ohne Messobjekt, nacheinander in die $2^3 = 8$ möglichen Schaltzustände gebracht, die zugehörigen Mischerausgangsspannungen sind $U_1$ bis $U_8$. Die Änderungen der Transmissionsfaktoren der geschalteten Phasenschalter werden mit $\mu_1$, $\mu_2$ und $\mu_3$ bezeichnet. Da entsprechende Isolatoren in der Messanordnung nach Bild 5.10 vorgesehen sind, werden keine Reflexionen berücksichtigt. Damit ergeben sich acht reelle Beziehungen für die acht reellen Mischerausgangsspannungen.

$$U_1 = \frac{1}{2}(F_0 + F_0^*) \tag{5.15}$$

$$U_2 = \frac{1}{2}(\mu_1 F_0 + \mu_1^* F_0^*) \tag{5.16}$$

$$U_3 = \frac{1}{2}(\mu_2 F_0 + \mu_2^* F_0^*) \tag{5.17}$$

$$U_4 = \frac{1}{2}(\mu_3 F_0 + \mu_3^* F_0^*) \tag{5.18}$$

$$U_5 = \frac{1}{2}(\mu_1 \mu_2 F_0 + \mu_1^* \mu_2^* F_0^*) \tag{5.19}$$

$$U_6 = \frac{1}{2}(\mu_1 \mu_3 F_0 + \mu_1^* \mu_3^* F_0^*) \tag{5.20}$$

$$U_7 = \frac{1}{2}(\mu_2\, \mu_3\, F_0 + \mu_2{}^*\, \mu_3{}^*\, F_0{}^*) \tag{5.21}$$

$$U_8 = \frac{1}{2}(\mu_1\, \mu_2\, \mu_3\, F_0 + \mu_1{}^*\, \mu_2{}^*\, \mu_3{}^* F_0{}^*) \tag{5.22}$$

Dies sind acht reelle Gleichungen für die vier komplexen Unbekannten $\mu_1$, $\mu_2$, $\mu_3$ und $F_0$.

Eine Lösung in geschlossener Form findet man, wenn man Gl. (5.15) mit $-\mu_1{}^*$ multipliziert und zu Gl. (5.16) hinzuaddiert. Mit den Abkürzungen $p = -\mu_1{}^*$ und $\beta_1 = \frac{1}{2}(\mu_1 - \mu_1{}^*)$ gilt:

$$U_2 + pU_1 = \beta_1 F_0 \ . \tag{5.23}$$

Wir erkennen, dass eine mit $p$ gewichtete Linearkombination von $U_1$ und $U_2$ eine Messfunktion ergibt, die der Übertragungsgröße $F_0$ proportional ist. Wir wollen den komplexen Wichtungsfaktor $p$ auch als Etablierfaktor bezeichnen. Zur Bestimmung von $p$ werden die Gln. (5.17) und (5.22) herangezogen.

Es gilt:

$$U_5 + pU_3 = \mu_2 (U_2 + pU_1),$$

$$U_6 + pU_4 = \mu_3 (U_2 + pU_1), \tag{5.24}$$

$$U_8 + pU_7 = \mu_2\, \mu_3 (U_2 + pU_1).$$

Die Eliminierung von $\mu_2$ und $\mu_3$ in den Gln. (5.24) führt zu einer quadratischen Bestimmungsgleichung für den Etablierfaktor $p$

$$(U_2 + pU_1)(U_8 + pU_7) = (U_5 + pU_3)(U_6 + pU_4) \ , \tag{5.25}$$

in der alle acht gemessenen reellen Spannungen $U_1$ bis $U_8$ enthalten sind. Diese quadratische Gleichung in $p$ mit rellen Koeffizienten hat zwei zueinander konjugiert komplexe Lösungen $p_1$ und $p_2 = p_1{}^*$, das heißt die Diskriminante der quadratischen Gleichung für $p$ muss reell und negativ sein. Eine ungefähre Kenntnis der Funktion der Phasenschalter, z. B. die Kenntnis, ob die Phase um etwa 90° vor- oder nacheilt, erlaubt, die richtige Lösung für den Etablierfaktor zu wählen.

Nachdem der Etablierfaktor $p$ bestimmt worden ist, allerdings muss er im Allgemeinen für jede verwendete Frequenz neu bestimmt werden, kann man die Phasenschalter Ph II und Ph III im Grundzustand ruhen lassen und die Messungen mit Hilfe des Phasenschalters Ph I und gemäß Gl. (5.23) durchführen.

Im Allgemeinen führt man in den Messzweigen in Bild 5.10 noch zusätzlich einen Modulator ein, z. B. einen Amplituden-Ein-Aus-Modulator oder einen 180°-Phasenmodulator, schaltet mit der Modulationsfrequenz $f_m$ und detektiert dann am Ausgang des Mischers die Amplitude dieser Effektmodulation. Anstelle des Tiefpasses in Bild 5.10 verwendet man dann einen Bandpass mit der Mittenfrequenz $f_m$, z. B. 30 kHz, um sich auf diese Weise von 50 Hz-Oberwellen und Funkelrauschen zu befreien.

Die Phasenwerte der Phasenschalter müssen von 0° und 180° abweichen. Wie man sich überlegt, stellt 90° ein Optimum dar.

### 5.4.1 Ein Homodynverfahren mit näherungsweise bekannten Etablierfaktoren – wichtendes Verfahren

Zwei Phasenschalter in Bild 5.10 sollen aktiviert sein. Es wird der Ansatz gemacht, dass $U_t$ eine aus $U_1$, $U_2$, $U_3$ und $U_5$ gewichtete Messspannung ist, wenn die zwei Phasenschalter in die vier möglichen Schaltzustände gebracht werden. Mit den Wichtungsfaktoren $b_1$ und $b_2$ lautet dieser Ansatz:

$$U_t = U_1 + b_1 U_2 + b_2 U_3 + b_1 b_2 U_5 \,. \tag{5.26}$$

Führt man die Ausdrücke für die Spannungen $U_1$, $U_2$, $U_3$ und $U_5$ aus den Gln. (5.15), (5.16), (5.17) und (5.19) in die Gl. (5.26) ein, dann erhält man:

$$\begin{aligned} U_t = {} & \frac{1}{2} F_0 (1 + b_1 \mu_1 + b_2 \mu_2 + b_1 b_2 \mu_1 \mu_2) + \\ & \frac{1}{2} F_0^* (1 + b_1 \mu_1^* + b_2 \mu_2^* + b_1 b_2 \mu_1^* \mu_2^*) \\ = {} & \frac{1}{2} F_0 (1 + b_1 \mu_1)(1 + b_2 \mu_2) + \frac{1}{2} F_0^* (1 + b_1 \mu_1^*)(1 + b_2 \mu_2^*). \end{aligned} \tag{5.27}$$

Wählt man die Wichtungsfaktoren $b_1$ und $b_2$ so, dass die Faktoren vor $F_0^*$ null werden, wählt man also

$$b_1 = -\frac{1}{\mu_1^*}, \quad b_2 = -\frac{1}{\mu_2^*}, \tag{5.28}$$

dann ist $U_t$ proportional zu $F_0$ bzw. zur Übertragungsfunktion $H_m$ des Messobjektes. Dies gilt auch dann noch mit guter Näherung, wenn die Wichtungsfaktoren $b_1$ und $b_2$ die Gl. (5.28) nur näherungsweise erfüllen. Dann sind die Faktoren vor $F_0^*$, das heißt $1+b_1 \mu_1^*$ und $1+b_2 \mu_2^*$, lediglich klein aber nicht null, ihr Produkt hingegen ist von höherer Ordnung klein. Durch Erhöhung der Stufenzahl wird das Verfahren genauer, auch wenn die Wichtungsfaktoren nur ungefähr bekannt sind.

Ersichtlich stellen 90° als Phasenschaltwerte wiederum ein Optimum dar. Die Werte 0° und 180° sind nicht erlaubt.

**Übungsaufgabe 5.4**

Leiten Sie die zu den Gln. (5.26) und (5.27) entsprechenden Gleichungen für eine dreistufige Anordnung mit drei Phasenschaltern her. Geben Sie eine Abschätzung für den maximalen Fehler an.

---

Das beschriebene Verfahren mit der gewichteten Summe der einzelnen Spannungen gemäß Gl. (5.26) konvergiert außerordentlich rasch, wenn man es mit dem direkten Verfahren aus Abschn. 5.4 kombiniert und die dort gefundenen Lösungen für die Schaltwerte $\mu_1$, $\mu_2$ und $\mu_3$ als Startwerte zur Bestimmung der Wichtungsfaktoren nach Gl. (5.28) verwendet. In diesem Fall reicht ein zweistufiges Verfahren vollständig aus.

### 5.4.2 Eine analoge Realisierung des wichtenden Verfahrens

Um zu einer einfachen analogen Realisierung des wichtenden Verfahrens zu gelangen, nehmen wir an, dass die drei kaskadierten Phasenschalter in Bild 5.11 ungefähr die folgenden Schaltwerte aufweisen.

$$\begin{aligned} Ph\,I &\rightarrow \mu_0 = e^{j180°} \\ Ph\,II &\rightarrow \mu_1 = e^{j90°} \\ Ph\,III &\rightarrow \mu_2 = e^{j45°} \end{aligned} \qquad (5.29)$$

Die Messschaltung in Bild 5.11 für dieses analoge Verfahren ist im Wesentlichen mit derjenigen in Bild 5.10 identisch. Wir werden jedoch sehen, dass die Phasenschalter dynamisch und in einer festgelegten zeitlichen Reihenfolge geschaltet werden müssen.

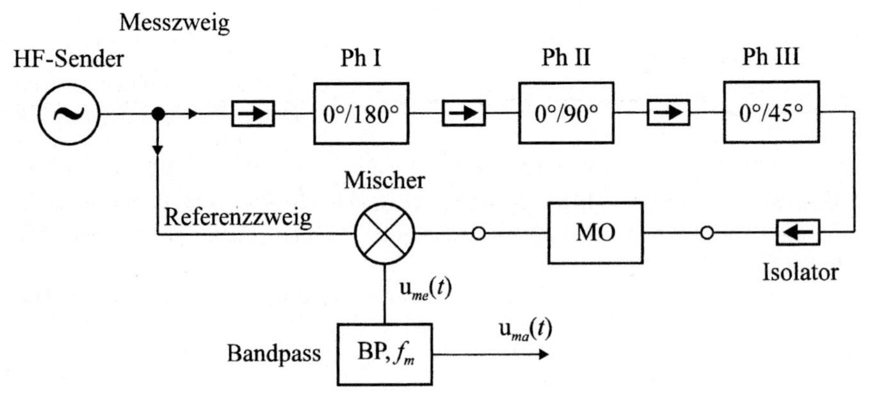


*Bild 5.11: Messschaltung für die analoge Realisierung des wichtenden Verfahrens*

Mit den Gln. (5.28) erhält man die drei Wichtungsfaktoren

$$b_0 = \frac{1}{\mu_0^*} = e^{j180°},$$
$$b_1 = -\frac{1}{\mu_1^*} = -e^{j90°}, \tag{5.30}$$
$$b_2 = -\frac{1}{\mu_2^*} = -e^{j45°}.$$

Mit dem Ansatz

$$U_t = \sum_{i=1}^{8} \vartheta_i U_i = U_1 + b_0 U_2 + b_1 U_3 + b_2 U_4 + b_0 b_1 U_5 + b_0 b_2 U_6 + b_1 b_2 U_7 + b_0 b_1 b_2 U_8 \tag{5.31}$$

erhält man für die Beiwerte $\vartheta_i$ :

$$\begin{aligned} \vartheta_1 &= e^{j0°}, & \vartheta_5 &= e^{-j270°}, \\ \vartheta_2 &= e^{-j180°}, & \vartheta_6 &= e^{-j315°}, \\ \vartheta_3 &= e^{-j90°}, & \vartheta_7 &= e^{-j225°}, \\ \vartheta_4 &= e^{-j135°}, & \vartheta_8 &= e^{-j45°}. \end{aligned} \tag{5.32}$$

Nach dem Verschiebungstheorem der Fouriertransformation erhält man am Ausgang des Bandpasses mit der Mittenfrequenz $f_m = 1 / T_m$ ein gemäß Gl. (5.31) gewichtetes und gefiltertes Ausgangssignal, sofern man die Schaltzustände in der richtigen Reihenfolge wählt, nämlich nach monoton abnehmender Phase. Es ergibt sich damit die folgende Reihung :

$$U_1 \underset{\tau}{\rightarrow} U_8 \underset{\tau}{\rightarrow} U_3 \underset{\tau}{\rightarrow} U_4 \underset{\tau}{\rightarrow} U_2 \underset{\tau}{\rightarrow} U_7 \underset{\tau}{\rightarrow} U_5 \underset{\tau}{\rightarrow} U_6 \,. \tag{5.33}$$

Dabei ist das achtfache Zeitinkrement $\tau$ gleich der Periodendauer $T_m$, d. h. $8\tau = T_m$. In Bild 5.12 sind Diagramme für den Verlauf sowohl von Phasenwerten als auch von dem Mischerausgangssignal $u_{me}(t)$ über der Zeit für eine Rechteckansteuerung mit kurzen Pausen angegeben. Auf die genaue Form des Rechtecksignals kommt es dabei nicht an. Sie sollte jedoch exakt reproduziert werden. Das Mischerausgangssignal wird für zwei verschiedene Phasenzustände der hochfrequenten Übertragungsfunktion gezeigt.

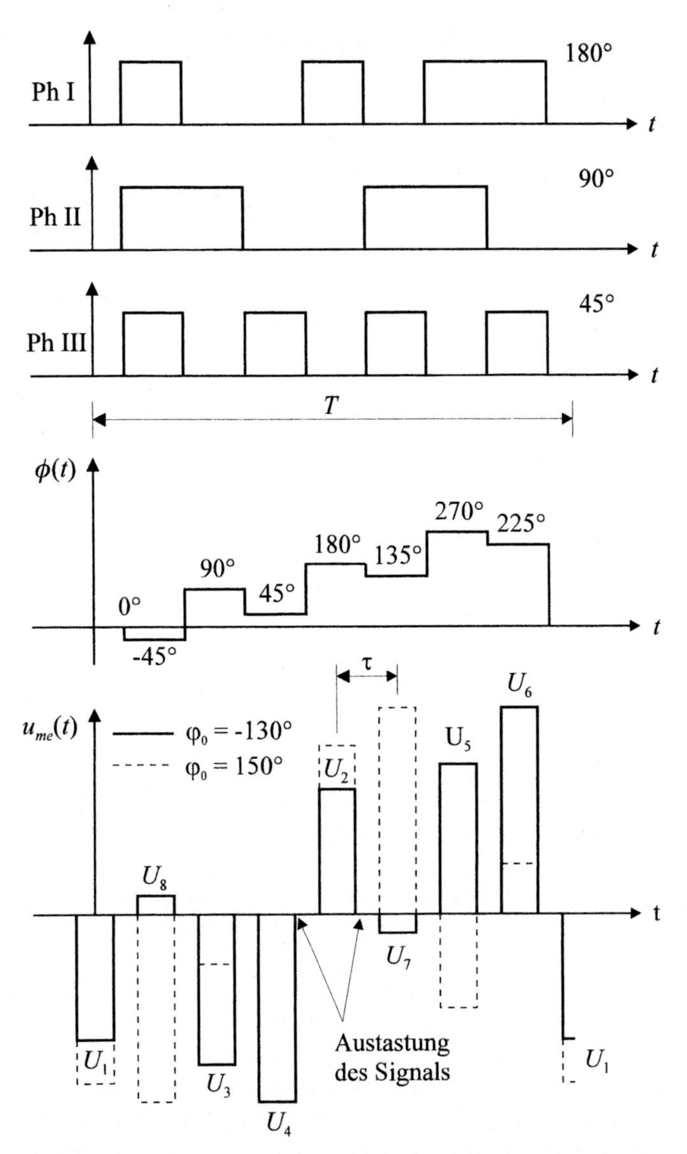


*Bild 5.12: Phasenverläufe und Mischerausgangssignale als Funktion der Zeit*

Das Ausgangssignal des Bandpasses $u_{ma}(t)$ ist wiederum sinusförmig und stellt bis auf kleine Restfehler nach Betrag und Phase ein getreues Abbild der hochfrequenten Schwingung dar. Dies bedeutet andererseits, dass durch den Messzweig in Bild 5.11 ein Einseitenbandversetzer mit unterdrücktem Spiegelsignal realisiert wird.

Die Genauigkeit des Verfahrens steigt mit der Stufenzahl, sofern die Phasenschalter Phasen- und Amplitudenfehler aufweisen. Das in Bild 5.11 beschriebene Konzept ist als zweistufig zu bezeichnen, weil der 180°-Phasenschalter die Genauigkeit nicht steigert, zur vollständigen Auffüllung des Zeitverlaufs aber erforderlich ist.

---

**Übungsaufgabe 5.5**

Für eine dreistufige Anordnung mit einem 180°-, 90°-, 45°- und 22,5°-Phasenschalter sind die Zeitdiagramme für die Phasenschalteransteuerungen anzugeben. Es ist der maximale Fehler für den Fall abzuschätzen, dass jeder Phasenschaltwert um maximal ±10 % vom Idealwert abweicht.

---

Die in Abschn. 5.2 aufgezählten Vor- und Nachteile für das Konzept mit Einseitenband-Versetzer und Einseitenband-Empfänger gelten im Wesentlichen auch für die Konzepte mit Phasenschaltern, also insbesondere für das direkte plus indirekte Verfahren. Letztere weisen jedoch den Vorteil auf, dass sie prinzipiell exakt sind. Auf der Zwischenfrequenz-Seite wird im Wesentlichen ein schaltbarer Verstärker, ein Abtast-Halteglied und ein Analog-Digital-Wandler benötigt. Alle weitere Signalverarbeitung kann dann digital erfolgen, so dass bei hinreichend hoher Auflösung des Analog-Digital-Wandlers keine weiteren Fehlerquellen auftreten.

## 5.5 Etablierung und Kalibrierung bei homodynen Netzwerkanalysatoren

Als Etablierung wurde die Herstellung der komplexen Messfähigkeit bei den homodynen Verfahren bezeichnet. So ist die Etablierung bei dem direkten Verfahren mit Phasenschaltern in Abschn. 5.4 bspw. dann abgeschlossen, wenn der Wichtungsfaktor $p$ in Gl. (5.23) bestimmt worden ist. Für die Etablierung werden dabei keine bekannten Impedanz-Standards benötigt. Die Messanordnung von Bild 5.10 lässt sich wie bei den heterodynen Verfahren auf zwei, drei oder vier Messstellen erweitern. In Bild 5.13 ist für das kombinierte direkte-indirekte Verfahren mit drei Phasenschaltern beispielhaft ein Netzwerkanalysator mit vier Messstellen skizziert. Der Systemaufbau ähnelt demjenigen von Kap. 4, Bild 4.6 für einen heterodynen Netzwerkanalysator. Der Referenzzweig ist in Bild 5.13 für den Mischer $m_2$ einmal exemplarisch eingezeichnet. Natürlich benötigt jeder der vier Mischer das Signal des Referenzzweiges. Für die Etablierung benötigt man nur eine der vier Messstellen, am besten solch eine, die für die Messung der hinlaufenden Welle ausgelegt ist. Nach erfolgter Etablierung kann eine Kalibrierung des Messsystems vorgenommen werden. Dazu eignen sich sämtliche in Kap. 4 besprochenen Verfahren, wie sie auch für heterodyne Netzwerkanalysatoren geeignet sind.

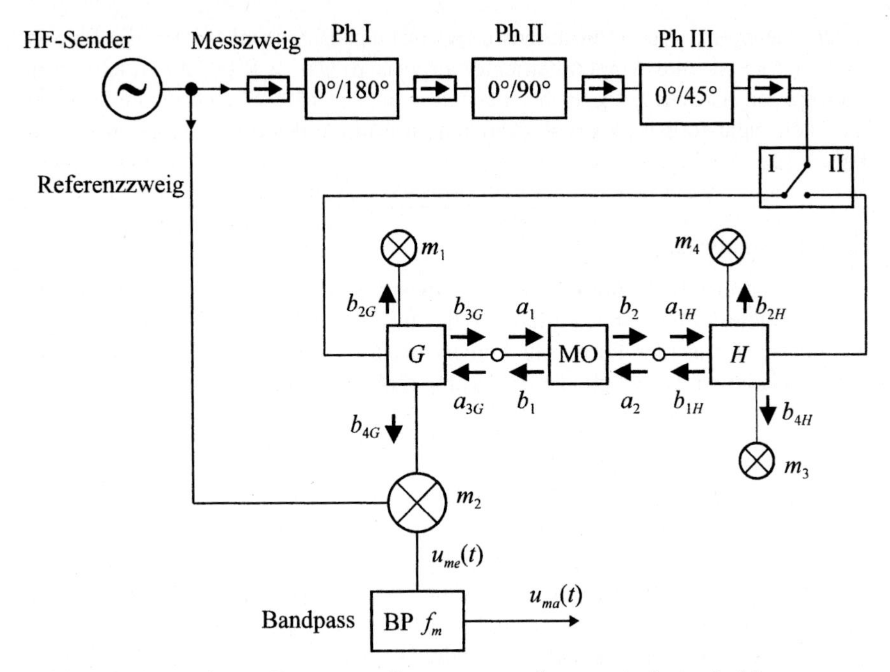


*Bild 5.13: Homodynes Viermessstellensystem realisiert mit drei schaltbaren Phasenschiebern*

Weil die schaltbaren Phasenschieber auf der Generatorseite liegen und die Generatorwellen bei der Viertor-Zweitor-Reduktion eliminiert werden, gehen die Parameter der Phasenschieber-Kette nicht in die Fehlerparameter ein. Umgekehrt können etwa vorhandene Etablierfehler nicht durch die Systemfehlerkorrektur eliminiert werden.

Eine Schwierigkeit besonderer Art stellen bei den Homodyn-Verfahren Oberschwingungen bzw. Oberwellen des Messsenders dar. Während bei einem Heterodyn-System Oberschwingungen des Messsignals auch zu Oberschwingungen des Zwischenfrequenz-Signals führen und damit herausgefiltert werden können, besteht die Möglichkeit bei einem Homodyn-System nicht, diese störenden Signale herauszufiltern, oder zumindest nicht auf einfache Weise.

Liegt die doppelte Messfrequenz bspw. bei einem Pegel von –35 dB relativ zum Messsignal, dann wird das entsprechende Störsignal bei etwa $-2 \cdot 35\,\text{dB} = -70\,\text{dB}$ liegen, weil beim Mischprozess auch das entsprechende Mischoszillator-Signal um 35 dB abgeschwächt ist. Auch die Anwendung einer Effektmodulation hilft bei dieser Art von Störer nicht, weil das Fehlersignal die Frequenz der Effektmodulation behält. Messfehler durch Oberschwingungen treten insbesondere in Erscheinung, wenn man Hochpässe oder Bandstopfilter vermessen will. Hier begrenzen sie die Dynamik auf den Wert des Störpegels, in dem gegebenen Beispiel also auf –70 dB. Dies ist für Labor-Messgeräte ein inakzeptabel niedriger Dynamik-Wert.

Diese so genannte Oberwellen-Problematik ist ein wichtiger Grund, warum homodyne Netzwerkanalysatoren sich wahrscheinlich nicht als Labormessgeräte werden durchsetzen können. Anders ist jedoch die Situation bei industriellen Messgeräten. Hier weist das Messobjekt bzw. Messgut im Allgemeinen keinen ausgeprägten Hochpasscharakter auf und in diesem Fall tritt auch die Oberwellenproblematik nicht auf.

Auch die Systemfehlerkorrektur kann die Fehler, die durch die Oberwellen des Messsenders auftreten, nicht beseitigen, weil sie nicht modellkonform sind.

Abgesehen von der Oberwellenproblematik lassen sich mit Homodynverfahren aber vergleichbare Dynamiken wie mit Heterodynverfahren erreichen, weil beide Konzepte auf dem Überlagerungsprinzip beruhen.

## 5.6 Etablierung der komplexen Messfähigkeit beim Sechstor-Verfahren

Auch das in Kap. 2 besprochene Sechstor-Verfahren kann man zu den homodynen Verfahren zählen, weil nur *ein* Sender verwendet wird. Allerdings werden zur Detektion nicht Mischer verwendet sondern

Detektoren bzw. Leistungsmesser, wodurch insbesondere bei Transmissions-Messungen die Dynamik auf etwa 50 dB bis 60 dB beschränkt bleibt, während bei Messungen nach dem Überlagerungsempfang eine Dynamik mit dem etwa zweifachen dB-Wert möglich ist, also 100 bis 120 dB. Das Sechstor-Verfahren soll in diesem Abschnitt neu aufgegriffen werden, um es systematischer zu beschreiben. Insbesondere soll versucht werden, auch für Sechstor-Verfahren eine Etablierung der komplexen Messfähigkeit zu erreichen, also eine Kombination von Leistungsmessungen zu finden, die ein komplexes Wellenverhältnis beschreibt. Zunächst soll ein einzelnes Reflektometer wie in Bild 5.14 betrachtet werden, welches vier Detektoren als Leistungsmesser enthält. Die Ausgänge der Detektoren liefern vier Gleichspannungen $U_{01}$ bis $U_{04}$, welche den hochfrequenten Leistungen $P_1$ bis $P_4$ proportional sein sollen.

Die Detektoren sollen ohne Verlust an Allgemeingültigkeit perfekt angepasst sein, dazu eventuell nötige Anpassnetzwerke sind in das Sechstor eingefügt. Es soll daher gelten:

$$|b_i|^2 = P_i \sim U_{0i}, \; i = 1{,}2{,}3{,}4 \,.. \tag{5.34}$$

Wir starten mit Gl. (2.32), die sich aus einer Sechstor-Viertor-Reduktion ergibt, nachdem die Generatorwellen eliminiert worden sind.

$$b_i = Q_i a + R_i b \quad , \qquad i = 1, 2, 3, 4 \,. \tag{5.35}$$

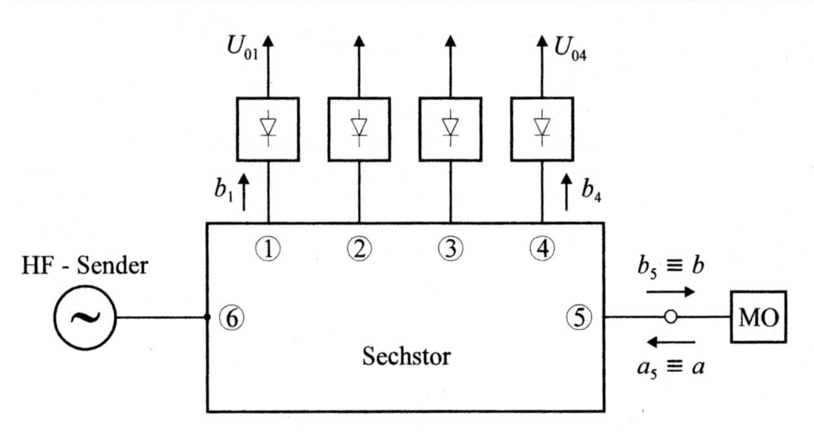


*Bild 5.14: Prinzipieller Aufbau eines Sechstors mit vier Leistungsmessern*

Die Welle $b_1$ denken wir uns insbesondere als ein Maß für die vom Messobjekt reflektierte Welle, die Welle $b_4$ als ein Maß für die auf das Messobjekt zulaufende Welle. Das Wellenverhältnis

$$m = \frac{b_1}{b_4} \tag{5.36}$$

ist dann eine komplexe Ersatzgröße, die näherungsweise ein Maß für den Reflexionsfaktor $\Gamma$ des Messobjektes darstellt. Mit $a = \Gamma b$ gemäß Gl. (2.31) gilt:

$$m = \frac{Q_1 a + R_1 b}{Q_4 a + R_4 b} = \frac{\alpha_1 + \beta_1 \Gamma}{1 + \gamma \Gamma}, \tag{5.37}$$

wobei die neuen komplexen Konstanten $\alpha_1$, $\beta_1$ und $\gamma$ sich aus den $Q_i$ und $R_i$ bestimmen lassen. Für das Verhältnis der Leistungen gilt

$$\frac{P_1}{P_4} = |m|^2 = \left| \frac{\alpha_1 + \beta_1 \Gamma}{1 + \gamma \Gamma} \right|^2 . \tag{5.38}$$

Ebenso erhält man für $i = 2$ und 3:

$$\frac{P_2}{P_4} = \left| \frac{\alpha_2 + \beta_2 \Gamma}{1 + \gamma \Gamma} \right|^2 , \quad \frac{P_3}{P_4} = \left| \frac{\alpha_3 + \beta_3 \Gamma}{1 + \gamma \Gamma} \right|^2 . \tag{5.39}$$

Eliminiert man $\Gamma$ aus Gl. (5.38) und (5.39), dann erhält man, wie in der Übungsaufgabe 5.6 gezeigt werden soll, den Zusammenhang

$$\frac{P_2}{P_4} = |\xi_1|^2 \, |m - w_1|^2 \tag{5.40}$$

und ebenso

$$\frac{P_3}{P_4} = |\xi_2|^2 \, |m - w_2|^2 \; . \tag{5.41}$$

Die neuen Systemgrößen $\xi_{1,2}$ und $w_{1,2}$ stehen mit den Konstanten $\alpha$, $\beta$ und $\gamma$ in einem einfachen Zusammenhang:

$$\xi_{1,2} \begin{pmatrix} 1 \\ w_{1,2} \end{pmatrix} = \begin{pmatrix} \alpha_1 & -1 \\ \beta_1 & -\gamma \end{pmatrix}^{-1} \begin{pmatrix} \alpha_{2,3} \\ \beta_{2,3} \end{pmatrix} \tag{5.42}$$

---

**Übungsaufgabe 5.6**

Leiten Sie die Gln. (5.40) bis (5.42) ab.

---

Wie man zeigen kann, lässt sich die Größe $w_1$ in Gl. (5.40) ohne Verlust an Allgemeingültigkeit als reell annehmen. Dazu denkt man sich eine Ersatzmessgröße $\widetilde{m}$, welche mit $m$ über einen konstanten Phasenfaktor $\varphi$ zusammenhängt:

$$\widetilde{m} = m e^{j\varphi} \; . \tag{5.43}$$

Damit lautet Gl. (5.40)

$$\frac{P_2}{P_4} = |\xi|^2 \, |\widetilde{m} - w_1 e^{j\varphi}|^2 \; , \tag{5.44}$$

wobei die Phase $\varphi$ so gewählt wird, dass $w_1 e^{j\varphi}$ reell wird. Der Faktor $e^{j\varphi}$ ändert lediglich die Parameter des Fehlernetzwerkes, die nach der Etablierung durch eine Kalibrierung bestimmt werden. Diese neuen Systemfehler-Parameter ergeben sich bei der Kalibrierung automatisch, so dass wir im Folgenden mit einem reellen $w_1$ und einer unveränderten Messgröße $m$ weiterrechnen können.

Das Sechstor kann daher bezüglich der Etablierung durch die fünf reellen Sechstor-Parameter $|\xi_1|^2, |\xi_2|^2, w_1, \mathrm{Re}(w_2)$ und $\mathrm{Im}(w_2)$ beschrieben werden.

Weiterhin folgt aus den Gln. (5.40) und (5.41):

$$\begin{aligned} \frac{P_2}{P_4} &= |\xi_1|^2 \left( \frac{P_1}{P_4} - 2 w_1 \,\mathrm{Re}(m) + w_1^2 \right), \\ \frac{P_3}{P_4} &= |\xi_2|^2 \left( \frac{P_1}{P_4} - 2\,\mathrm{Re}(w_2)\mathrm{Re}(m) - 2\,\mathrm{Im}(w_2)\mathrm{Im}(m) + |w_2|^2 \right). \end{aligned} \tag{5.45}$$

Hierbei bezeichnen bspw. $\mathrm{Re}(m)$ bzw. $\mathrm{Im}(m)$ den Real- bzw. Imaginärteil des Wellenverhältnisses $m$. Gleichung (5.45) lässt sich auf eine Form wie Gl. (5.46) bringen:

$$\mathrm{Re}(m) = \frac{1}{P_4} \left\{ -\mathrm{Im}(w_2) P_1 + \frac{1}{|\xi_1|^2} \mathrm{Im}(w_2) P_2 - w_1^2 \,\mathrm{Im}(w_2) P_4 \right\} \frac{1}{2\, w_1 \,\mathrm{Im}(w_2)},$$

$$\mathrm{Im}(m) = \frac{1}{P_4} \left\{ \left(w_1 - \mathrm{Re}(w_2)\right) P_1 + \frac{1}{|\xi_1|^2} \mathrm{Re}(w_2) P_2 - \frac{1}{|\xi_2|^2} w_1 P_3 \right. \qquad (5.46)$$

$$\left. + w_1 \left( |w_2|^2 - w_1 \,\mathrm{Re}(w_2) \right) \frac{1}{2\, w_1 \,\mathrm{Im}(w_2)} P_4 \right\}.$$

Hieraus ergibt sich schließlich die gesuchte Etabliergleichung

$$m = \mathrm{Re}(m) + j\,\mathrm{Im}(m) = \frac{1}{P_4} \left\{ \sum_{i=1}^{4} Y_{1i} P_i + j \sum_{i=1}^{4} Y_{2i} P_i \right\}, \qquad (5.47)$$

wobei der Zusammenhang der Koeffizienten $Y_{1i}$ und $Y_{2i}$ mit den fünf reellen Sechstor-Parametern $|\xi_1|^2, |\xi_2|^2, w_1, \mathrm{Re}(w_2)$ und $\mathrm{Im}(w_2)$ sich aus Gl. (5.45) durch Koeffizientenvergleich ablesen lässt.

Die Etabliergleichung (5.47) sagt aus, dass sich eine komplexe Ersatzmessgröße $m$ als Verhältnis zweier Wellengrößen angeben lässt, die sich als gewichtete und leistungsbezogene Summe der vier Leistungen darstellt. Mit den acht Wichtungsfaktoren bzw. Etablierkonstanten $Y_{1i}$, $Y_{2i}$ mit $i = 1, 2, 3, 4$ kann die Etabliergleichung (5.47) durch Betragsquadratbildung in die folgende Gl. (5.48) überführt werden, in welcher außer den Wichtungsfaktoren lediglich die messbaren Leistungen $P_1$ bis $P_4$ erscheinen:

$$-\frac{P_1^2}{P_4^2} = A_1 + A_2 \frac{P_2^2}{P_4^2} + A_3 \frac{P_3^2}{P_4^2} + A_4 \frac{P_1 P_2}{P_4^2} + A_5 \frac{P_1 P_3}{P_4^2} +$$

$$+ A_6 \frac{P_2 P_3}{P_4^2} + A_7 \frac{P_1}{P_4} + A_8 \frac{P_2}{P_4} + A_9 \frac{P_3}{P_4}. \qquad (5.48)$$

Die Abhängigkeit der 9 reellen Koeffizienten $A_i$ , $i = 1,\ldots, 9$, von den 8 Wichtungsfaktoren $Y_{1i}$ und $Y_{2i}$ ist unmittelbar ersichtlich. Umgekehrt kann man aus den bekannten Koeffizienten $A_i$ bis auf ein Vorzeichen die Wichtungsfaktoren $Y_{1i}$ und $Y_{2i}$ berechnen, wie in der Übungsaufgabe 5.7 gezeigt werden soll.

In die Gl. (5.48) gehen alle vier Leistungsgrößen ein, nicht aber die gesuchte Messgröße $m$ sowie der Reflexionsfaktor eines am Messtor angebrachten Reflexionsabschlusses. Neun Messungen voneinander verschiedener ansonsten aber vollständig unbekannter Reflexionsabschlüsse erlauben mit Hilfe der Gl. (5.48) die Aufstellung eines linearen, inhomogenen Gleichungssystems zur Bestimmung der neun Koeffizienten $A_i$. Nach einem Weg, wie er in Übungsaufgabe 5.7 angegeben wird, lassen sich dann die acht Etablierkonstanten $Y_{1i}$ und $Y_{2i}$ ermitteln, allerdings nur bis auf ein Vorzeichen, für dessen Bestimmung eine gewisse a priori Information erforderlich ist.

---

**Übungsaufgabe 5.7**

Berechnen Sie die acht reellen Wichtungsfaktoren in Gl. (5.47) $Y_{1i}$ und $Y_{2i}$ mit $i = 1, 2, 3, 4$ aus den 9 reellen Koeffizienten $A_i$ der Gl. (5.48).

---

Weil die neun Koeffizienten $A_i$ allein von den fünf Sechstor-Parametern $|\xi_1|^2, |\xi_2|^2, w_1$, $\mathrm{Re}(w_2)$ und $\mathrm{Im}(w_2)$ abhängen, was sich einfach über den Zwischenschritt der Etabliergleichung (5.47) herleiten lässt, ist ersichtlich, dass durch die neun Messungen eine Redundanz an Etablierinformationen entsteht. Es reichen vielmehr schon fünf verschiedene Messungen mit unbekannten Reflexionsfaktoren aus, um mit Hilfe von Gl. (5.48) ein Gleichungssytem aufzustellen, in welches die fünf gesuchten Systemparameter $|\xi_1|^2, |\xi_2|^2, w_1, \mathrm{Re}(w_2)$ und $\mathrm{Im}(w_2)$, nichtlinear eingehen. Die für eine iterative Lösung des Gleichungssystems notwendigen Startwerte lassen sich entweder über die Vorabberechnung des linearen 9×9 Gleichungssystems oder durch eine analytische Betrachtung des ungefähr bekannten Sechstor-Netzwerkes bereitstellen. Sind die Systemparameter bei einer Frequenz bekannt, dann können sie als Startwerte für eng benachbarte Frequenzen benutzt werden. Dies lässt sich fortsetzen, bis man das ganze Frequenzband überstrichen hat. Nachdem die fünf Systemparameter $|\xi_1|^2$ bis $\mathrm{Im}(w_2)$ bestimmt worden sind, lassen sich daraus die acht reellen Etablierkonstanten $Y_{1i}$ und $Y_{2i}$ berechnen. Damit sind alle Größen bekannt, welche zur Bildung des Wellenverhältnisses $m$ beitragen. Die Etablierung der komplexen Messfähigkeit ist abgeschlossen.

Die anschließende Kalibrierung erfolgt in bekannter Weise über die beschreibende Gleichung des Fehlerzweitores, welche die Messgröße $m$ mit dem Reflexionsfaktor $\Gamma$ verknüpft:

$$m = \frac{C_1 + C_2 \Gamma}{1 + C_3 \Gamma} . \tag{5.49}$$

Die drei Systemparameter $C_1$, $C_2$ und $C_3$ können z. B. mit drei vollständig bekannten Reflexionsabschlüssen $\Gamma_1$, $\Gamma_2$ und $\Gamma_3$ bestimmt werden. Fehler, die bei der Etablierung entstehen, lassen sich durch die Kalibrierung allerdings nicht rückgängig machen.

Die drei Kalibrier-Messungen können selbstverständlich auch für die Etablierung herangezogen werden. Insgesamt bedarf es daher mindestens fünf Reflektometer-Messungen, drei mit bekannten und zwei mit unbekannten Reflexionsabschlüssen. Dies stellt einen beachtlichen Fortschritt gegenüber dem Verfahren in

Abschn. 2.3 dar, bei welchem Etablierung und Kalibrierung noch nicht getrennt waren und mindestens 5 ½ bekannte Kalibrierstandards benötigt wurden.

Die Etabliergleichung (5.47) kann noch auf andere Art abgeleitet werden, z. B. indem man nach einer Sechstor-Zweitor Reduktion mit einer Gleichung der Form

$$\begin{aligned} b_2 &= \sigma_{11} b_1 + \sigma_{12} b_4 \\ b_3 &= \sigma_{21} b_1 + \sigma_{22} b_4 \end{aligned} \tag{5.50}$$

startet, welche sich aus der Sechstor-Gl. (2.30) nach Eliminierung der Generator- und Messobjektwellen ergibt. In der Übungsaufgabe 5.8 soll aus Gl. (5.50) durch Betragsquadratbildung der Übergang auf Leistungen und damit auf die Etabliergleichung (5.47) gefunden werden.

---

**Übungsaufgabe 5.8**

Leiten Sie die Etabliergleichung aus Gl. (5.50) ab.

---

Die beschriebene mathematische Vorgehensweise erfasst das Problem der Etablierung auf eine vergleichsweise einfache und übersichtliche Weise, führt aber mitunter auf nicht sehr stabile Gleichungssysteme, vor allem wenn die Lage der Reflexionsabschlüsse in der komplexen Ebene nicht günstig gewählt worden ist. Bei der iterativen Lösung bedarf es im Allgemeinen ausgesprochen guter Startwerte, um eine Lösbarkeit des Systems zu garantieren. Will man Genauigkeiten in vergleichbarer Größenordnung wie beim Heterodynverfahren erreichen, dann muss das Sechstor-System sehr sorgfältig aufgebaut werden, insbesondere muss eine hohe Linearität und Reproduzierbarkeit bei der Leistungsmessung gewährleistet sein. Die Oberwellen- bzw. Oberschwingungsproblematik ist ganz ähnlich gelagert wie bei den Homodynverfahren. Ist die Bandbreite des Sechstor-Systems größer als eine Oktave, dann können sich Oberschwingungen des Senders insbesondere bei Netzwerken mit Hochpass- oder Bandsperrverhalten störend auswirken.

## 5.7 Etablierung und Kalibrierung des Doppel-Sechstors

Das Doppel-Sechstor, wie es in Bild 5.15 gezeigt ist, besteht aus zwei Sechstor-Reflektometern $G$ und $H$, einem Schaltnetzwerk und einer sinusförmigen Signalquelle.Das Doppel-Sechstor dient dazu, alle Streuparameter eines Zweitor-Messobjektes komplexwertig zu bestimmen. Auch beim Doppel-Sechstor sollen die Etablierung und die Kalibrierung getrennt durchgeführt werden.

Wie wir später sehen werden, muss für den Zweck der Etablierung das Schaltnetzwerk in drei verschiedene Schalterstellungen gebracht werden, das heißt die Aufteilung des Sendesignals auf die Reflektometer $G$ und $H$ muss nach Betrag und/oder Phase jeweils eine andere sein, die eingespeiste Leistung auf die beiden Reflektometer aber muss stets endlich groß bleiben, damit alle Leistungsmesser mit Leistungen zwischen einem Minimalwert $P_{\min}$ und einem Maximalwert $P_{\max}$ betrieben werden.

Für die Kalibrierung des Doppel-Sechstors und die eigentliche Messung werden lediglich zwei der drei Schalterstellungen benötigt. Mit Hilfe einer Sechstor-Zweitor-Reduktion kann man für die Verknüpfung der Wellen an den Reflektometern zwei Vierpolgleichungen anschreiben:

$$\begin{bmatrix} a_5 \\ b_5 \end{bmatrix} = \underbrace{\begin{bmatrix} G_{11} & G_{12} \\ G_{21} & G_{22} \end{bmatrix}}_{G} \cdot \begin{bmatrix} b_1 \\ b_4 \end{bmatrix} \tag{5.51}$$

und ebenso

$$\begin{bmatrix} b_6 \\ a_6 \end{bmatrix} = \underbrace{\begin{bmatrix} H_{11} & H_{12} \\ H_{21} & H_{22} \end{bmatrix}}_{H} \cdot \begin{bmatrix} b_{10} \\ b_7 \end{bmatrix} . \tag{5.52}$$

Wird das Messobjekt zunächst über eine Transmissionsmatrix $N$ beschrieben, dann lassen sich die Gln. (5.51) und (5.52) zu einem Modell mit den kaskadierten Fehlerzweitoren $G$ und $H$ und dem Messobjekt $N$ zusammenfassen.

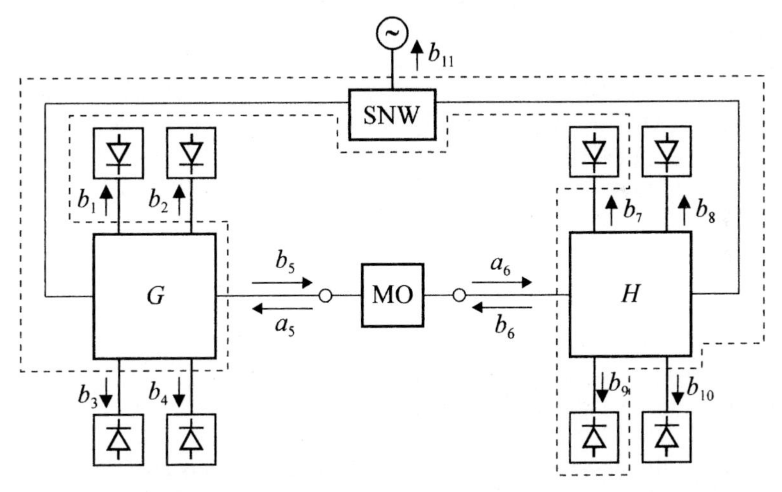


*Bild 5.15: Blockschaltbild des Doppel-Sechstors (SNW: Schaltnetzwerk)*

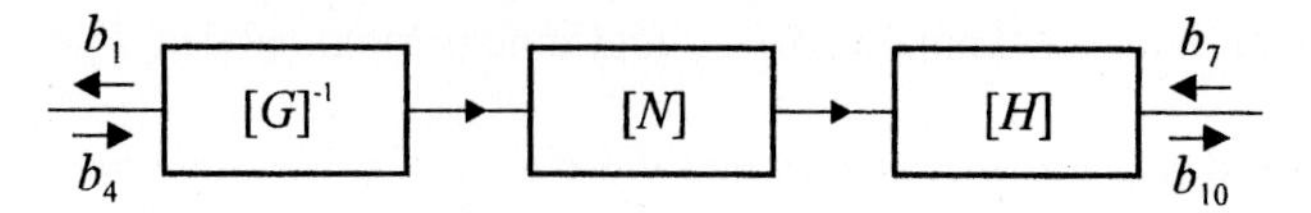


*Bild 5.16: Fehler-Modell für das Doppel-Sechstor-Verfahren*

$$\begin{bmatrix} b_1 \\ b_4 \end{bmatrix} = [G]^{-1}[N][H] \begin{bmatrix} b_{10} \\ b_7 \end{bmatrix}. \tag{5.53}$$

Die Gl. (5.53) wird in Bild 5.16 in einem Blockschaltbild veranschaulicht. Als Messgrößen stehen lediglich Wellenverhältnisse zur Verfügung, die durch mehrere Leistungsmessungen bestimmt werden müssen. Mit den Messgrößen

$$m_1 = \frac{b_1}{b_4}, \quad m_2 = \frac{b_7}{b_{10}} \quad \text{und} \quad m_3 = \frac{b_{10}}{b_4} \tag{5.54}$$

lässt sich Gl. (5.53) auch in der folgenden Form schreiben:

$$\begin{bmatrix} m_1 \\ 1 \end{bmatrix} = [G]^{-1} \cdot [N] \cdot [H] \cdot m_3 \cdot \begin{bmatrix} 1 \\ m_2 \end{bmatrix}. \tag{5.55}$$

Dabei beziehen sich $m_1$ und $m_2$ auf Wellenverhältnisse innerhalb eines Reflektometers und $m_3$ auf das Verhältnis von Wellen von zwei verschiedenen Reflektometern. Wir wollen $m_3$ daher als Kreuzwellenverhältnis bezeichnen. Die Messgrößen $m_1'$, $m_2'$ und $m_3'$ sollen für die erste Schalterstellung des Doppel-Sechstors in Bild 5.15 gelten, die Messgrößen $m_1''$, $m_2''$ und $m_3''$ für die zweite Schalterstellung. Die beiden entstehenden Vektorgleichungen des Typs (5.55) lassen sich zu einer Matrixgleichung zusammenfassen:

$$[P] = [G]^{-1} \cdot [N] \cdot [H] \tag{5.56}$$

mit der Messmatrix

$$[P] = \begin{bmatrix} m_1' & m_1'' \\ 1 & 1 \end{bmatrix} \cdot \begin{bmatrix} m_3' & m_3'' \\ m_2' m_3' & m_2'' m_3'' \end{bmatrix}. \tag{5.57}$$

Die Gl. (5.56) hat formal die gleiche Struktur wie die entsprechende Gl. (4.57) für ein heterodynes Verfahren mit vier Messstellen. Daher lassen sich alle Kalibrierverfahren in der gleichen Weise übertragen. Setzt man einen der Fehlerparameter zu eins, z. B. $G_{11} = 1$, dann müssen wiederum sieben unbekannte Fehlerterme bestimmt werden. Für die Korrekturrechnung ist es zweckmäßig, das Messobjekt als Streumatrix $[NS]$ einzuführen.

$$\begin{bmatrix} m_1' + G_{12} & m_1'' + G_{12} \\ m_3'\,(H_{21} + H_{22}\,m_2') & m_3''\,(H_{21} + H_{22}\,m_2'') \end{bmatrix} = \\ [NS] \cdot \begin{bmatrix} G_{21}\,m_1' + G_{22} & G_{12}\,m_1'' + G_{22} \\ m_3'\left(H_{11} + H_{12}\,m_2'\right) & m_3''\,(H_{11} + H_{12}\,m_2'') \end{bmatrix} \tag{5.58}$$

Mit bekannten Messgrößen $m_i'$ und $m_i''$, $i = 1, 2, 3$ und bekannten Fehlerparametern $G_{12}$ bis $H_{22}$ kann man mit Hilfe der Gl. (5.58) eine Korrekturrechnung für die Messobjektmatrix $[NS]$ durchführen. Die Etablierung der Wellenverhältnisse $m_1$ und $m_2$ kann nach den in Abschn. 5.6 beschriebenen Verfahren für die Einzelreflektometer durchgeführt werden. Schwieriger ist die Etablierung des Kreuzwellenverhältnisses, wie es im nächsten Abschnitt beschrieben werden soll.

## 5.8 Etablierung des Kreuzwellenverhältnisses beim Doppel-Sechstor

Die Etablierung des Kreuzwellenverhältnisses gestaltet sich schwieriger, weil es sich hierbei um ein Wellenverhältnis von Wellen der beiden verschiedenen Sechstore handelt. Betrachtet man in Bild 5.15 die Tore 8 und 9 als stillgelegt, dann verbleibt, wie in Bild 5.15 gestrichelt gezeichnet, ein 9-Tor, aus dem durch eine Neuntor-Dreitor-Reduktion die Generator-Wellen $a_{11}$, $b_{11}$, die Messobjekt-Wellen $a_5$, $b_5$ und $a_6$, $b_6$ sowie die an den Leistungsmessern reflektierten Wellen $a_1$, $a_2$, $a_3$, $a_4$, $a_7$ und $a_{10}$ eliminiert werden können. Die verbleibenden Wellen lassen sich in einer 3×3 Verkopplungsmatrix $[SK]$ verknüpfen, die allerdings für die drei verschiedenen Schalterstellungen unterschiedliche Element-Werte aufweisen wird.

$$\begin{bmatrix} b_1 \\ b_2 \\ b_3 \end{bmatrix} = [SK] \cdot \begin{bmatrix} b_4 \\ b_7 \\ b_{10} \end{bmatrix} \tag{5.59}$$

Teilt man die oberste Gleichung

$$b_1 = SK_{11} b_4 + SK_{12} b_7 + SK_{13} b_{10} \tag{5.60}$$

durch $b_4$ bzw. durch $b_{10}\ b_4 / b_{10}$, dann erhält man eine bilineare Verknüpfung zwischen den Messgrößen $m_1$, $m_2$ und $m_3$,

$$m_3 = \frac{m_1 + C_1}{C_3 m_2 + C_3} \tag{5.61}$$

mit den Systemparametern $C_1$, $C_2$ und $C_3$, welche sich allerdings mit dem Schaltzustand ändern. Die Messgröße $m_3$ ließe sich bei bekannten Messgrößen $m_1$ und $m_2$ angeben, wenn die Systemparameter $C_1$, $C_2$ und $C_3$ bekannt wären. Diese zu bestimmen, ist Ziel der folgenden Überlegungen.

Mit $[NA] = [G]^{-1}\,[N]\,[H]$ als Abkürzung lautet Gl. (5.53)

$$\begin{bmatrix} b_1 \\ b_4 \end{bmatrix} = [NA] \cdot \begin{bmatrix} b_{10} \\ b_7 \end{bmatrix} . \tag{5.62}$$

Diese Gleichung wollen wir ähnlich wie in Streuparametern notieren:

$$\begin{bmatrix} b_1 \\ b_7 \end{bmatrix} = [SA] \cdot \begin{bmatrix} b_4 \\ b_{10} \end{bmatrix} , \tag{5.63}$$

wobei $[SA]$ aus $[NA]$ berechnet werden kann:

$$[SA] = \frac{1}{NA_{22}} \begin{bmatrix} NA_{12} & \det(NA) \\ 1 & -NA_{12} \end{bmatrix} . \tag{5.64}$$

Für die Determinante der Transmissionsmatrix $[NA]$ gilt:

$$\det[NA] = \frac{1}{\det[G]} \cdot \det[N] \cdot \det[H] . \tag{5.65}$$

Im Fall eines reziproken Etablierstandards ist $\det[N] = 1$. Daraus folgt:

$$\frac{SA_{21}}{SA_{12}} = \frac{1}{\det[NA]} = \frac{\det[G]}{\det[H]} = \sigma^2 . \tag{5.66}$$

Man erkennt, dass $\sigma$ eine Systemkonstante ist, die weder vom Schaltnetzwerk noch vom Messobjekt abhängt, solange dieses reziprok ist. Aus Gl. (5.63) folgt weiterhin:

$$\begin{aligned} m_1 &= SA_{11} + SA_{12}\, m_3 \; , \\ m_2 &= SA_{21} \frac{1}{m_3} + SA_{22} \, , \end{aligned} \tag{5.67}$$

bzw.

$$m_3 = \frac{1}{SA_{12}} \left( m_1 - SA_{11} \right) , \tag{5.68}$$

$$m_3 = \frac{SA_{21}}{m_2 - SA_{22}} . \tag{5.69}$$

Teilt man Gl. (5.68) durch Gl. (5.69), dann erhält man nach einer Umformung

$$m_1 \cdot m_2 - m_1 \cdot SA_{22} - m_2 \cdot SA_{11} + \det[SA] = 0 . \tag{5.70}$$

Eine Division der Gln. (5.68) und (5.69) ergibt

$$m_3^2 = \frac{SA_{21}}{SA_{12}} \cdot \frac{m_1 - SA_{11}}{m_2 - SA_{22}} . \tag{5.71}$$

Vermisst man ein reziprokes Zweitor als Etablierstandard und bringt das Schaltnetzwerk in drei verschiedene Stellungen, dann kann man drei lineare Gleichungen vom Typ der Gl. (5.70) aufstellen und daraus die Größen $SA_{11}$, $SA_{22}$ und $\det[SA]$ berechnen. Mit bekannten $SA_{11}$ und $SA_{22}$ für ein gegebenes reziprokes Etablierzweitor $N$ lässt sich $m_3$ aus Gl. (5.71) bestimmen.

$$m_3 = \pm\sqrt{\frac{SA_{21}}{SA_{12}}}\cdot\sqrt{\frac{m_1 - SA_{11}}{m_2 - SA_{22}}} = \sigma\cdot\underbrace{\sqrt{\frac{m_1 - SA_{11}}{m_2 - SA_{22}}}}_{m_{a3}} \tag{5.72}$$

Die Messung von drei reziproken Etablierzweitoren ergibt aus Gl. (5.72) bis auf die Systemkonstante $\sigma$ drei Kreuzwellenverhältnisse $m_{a3}$. Daraus erhält man eine Möglichkeit, die Systemgrößen $C_1$, $C_2$ und $C_3$ zu bestimmen. Es gilt mit Gl. (5.61):

$$m_{a3}\cdot\sigma = \frac{m_1 + C_1}{C_2 m_2 + C_3} \quad \text{oder}$$

$$m_{a3}' = \frac{m_1 + C_1}{\sigma\cdot C_2 m_2 + \sigma\cdot C_3} = \frac{m_1' + C_1'}{C_2' m_2' + C_3} \quad \text{mit} \tag{5.73}$$

$$m_{a3}' = m_{a3},\ C_1' = C_1,\ C_2' = \sigma\cdot C_2 \text{ und } C_3' = \sigma\cdot C_3 .$$

In Gl. (5.73) wurde die Systemkonstante $\sigma$ in die Systemparameter eingefügt. Damit erübrigt sich die separate Bestimmung von $\sigma$. Die Messung dreier reziproker Etablierzweitore erlaubt daher endgültig die Berechnung der drei Systemparameter $C_1'$, $C_2'$ und $C_3'$ aus drei linearen Gleichungen des Typs (5.73) mit bekannten Messgrössen $m_1'$, $m_2'$ und $m_{a3}'$. Ebenso bestimmt man für die zweite Schalterstellung die Systemparameter $C_1''$, $C_2''$ und $C_3''$ aus Gleichungen des Typs (5.73) mit den bekannten Messgrößen $m_1''$, $m_2''$ und $m_{a3}''$. Es sei daran erinnert, dass die Systemparameter $C_i'$ und $C_i''$, $i = 1, 2, 3$ zwar von der Schalterstellung, aber nicht vom Messobjekt abhängen. Die Bestimmung der Systemkonstante $\sigma$ ist in diesem Rahmen weder möglich noch notwendig. Vielmehr kann $\sigma$ in die Fehlermatrizen eingebaut werden und zwar entweder in die Matrix $[G]$ oder $[H]$. Damit lautet Gl. (5.56):

$$[P] = \begin{bmatrix} m_1' & m_1'' \\ 1 & 1 \end{bmatrix}\cdot\begin{bmatrix} m_{a3}' & m_{a3}'' \\ m_2' m_{a3}' & m_2'' m_{a3}'' \end{bmatrix} = [G]^{-1}\cdot[N]\cdot[H]\cdot\sigma . \tag{5.74}$$

Führt man eine neue Fehlermatrix

$$[H_a] = \sigma\cdot[H] \tag{5.75}$$

ein, dann erhält man schließlich für den Zusammenhang von Messmatrix $[P]$, Fehlermatrizen $[G]$ und $[H_a]$ und Messobjekt-Matrix $[N]$

$$[P] = [G]^{-1} \cdot [N] \cdot [H_a] \qquad (5.76)$$

mit der Messmatrix [*P*] wie in Gl. (5.74). Die Gl. (5.76) ist vollständig identisch zu der entsprechenden Gl. (4.57) bei heterodynen Verfahren mit vier Messstellen. Vor allem der Korrektur-Rechnung dient die Gl. (5.58), in der $m_3$ durch $m_{a3}$ ersetzt wird. Diese Gleichung hat die gleiche Struktur wie die entsprechende Gleichung in Kap. 4, nämlich die Gl. (4.59). Weil die Systemkonstante $\sigma$ in die Fehlernetzwerke integriert ist, gibt es nicht die Notwendigkeit, das Vorzeichen in Gl. (5.72) zu bestimmen.

Damit ist die Kreuzwellen-Etablierung und damit die gesamte Etablierung beim Doppel-Sechstor abgeschlossen. Etablierung und Kalibrierung sind auch beim Doppel-Sechstor-Verfahren vollständig voneinander getrennt. Schließlich kann die komplette, auch nichtreziproke Streumatrix eines Messobjektes vollständig bestimmt werden.

Der Aufwand beim Doppel-Sechstor ist jedoch nicht unerheblich. Im Gegensatz zum heterodynen Netzwerkanalysator werden drei Schalterstellungen benötigt. Bei der Einzel-Sechstor-Kalibrierung werden bei der Etablierung fünf oder gar neun Reflexionsstandards benötigt, die zwar unbekannt sein dürfen, sich aber für alle Frequenzen hinreichend unterscheiden müssen. Allerdings können die Etablierstandards identisch mit den Kalibrierstandards sein, was den Aufwand eventuell reduzieren kann. Bei der Etablierung des Doppel-Sechstors werden zusätzlich zur erforderlichen Einzel-Sechstor-Etablierung drei reziproke Etablierzweitore benötigt, die zwar wiederum unbekannt sein dürfen, sich aber für alle Frequenzen ebenfalls deutlich voneinander unterscheiden müssen. Auch hier gilt, dass die Etablierzweitore eventuell zu der Gruppe der Kalibrierstandards gehören dürfen.

Das verhältnismäßig umständliche Verfahren der Etablierung beim Doppel-Sechstor führt auch zu einer gewissen Fehlerfortpflanzung bei der Bestimmung der Etablier-Parameter. Fehler, die bei der Etablierung entstanden sind, können durch die Kalibrierung nicht beseitigt werden. Insgesamt sind die Messfehler, die bei der Anwendung des Doppel-Sechstor-Verfahrens entstehen, im Allgemeinen eher etwas höher als beim Heterodynverfahren.

Die Dynamik bei Transmissions-Messungen ist wegen des Einsatzes von Leistungsdetektoren auf etwa 50 bis 60 dB begrenzt, was für viele Anwendungen unzureichend ist. Das Schalt-Netzwerk muss stets Leistung auf beide Reflektometer abgeben, was einem künstlichen Schalter-Übersprecher entspricht und sich ebenfalls ungünstig auf die Transmissions-Dynamik auswirkt. Die Oberwellenproblematik ist die gleiche wie bei den übrigen Homodyn-Verfahren.

Damit der Schalter auch für die Etablierung eingesetzt werden kann, ist es günstig, wenn er drei Stellungen aufweist. Eine dieser Schalterstellungen wird dann für die Kalibrierung und Messung stillgelegt.

## Studienziele

Nach dem Durcharbeiten dieses Kapitels sollten Sie

- die Vor- und Nachteile der Homodynverfahren gegenüber den Heterodynverfahren kennen;
- eingesehen haben, dass mit einer symmetrischen Zweiseitenband-Modulation keine Phaseninformation zu erhalten ist;
- verstanden haben, wie man durch die Kombination eines Einseitenband-Versetzers und eines Einseitenband-Empfängers die effektive Unterdrückung des Spiegelsignals verbessern kann;
- erkannt haben, dass mit einer fast beliebigen Phasenmodulation aber einem bestimmten Phasenhub eine vollständige Unterdrückung des Spiegelsignals möglich ist;
- behalten haben, dass man mit drei kaskadierten Phasenschiebern eine exakte komplexe Messfähigkeit erzielen kann;
- wissen, dass bei den Homodynverfahren nach erfolgter Etablierung eine Kalibrierung erfolgen kann, dass aber Fehler der Etablierung nicht durch die Kalibrierung rückgängig gemacht werden können;
- im Gedächtnis bewahren, dass Transmissionsmessungen mit dem Sechstor ungleich weniger Dynamik aufweisen als Messungen nach dem Heterodynverfahren;
- den mühsamen Weg zur Etablierung des Doppel-Sechstors in Erinnerung behalten.

# 6 Frequenzmessungen und Spektrumanalysatoren

## Vorbemerkungen

In diesem Kapitel sollen einige Messverfahren besprochen werden, die das Spektrum eines Signals auswerten. Bei einem annähernd kohärenten Signal ist vor allem der Schwerpunkt des Spektrums, also die Mittenfrequenz von Interesse. Dazu verwendet man elektronische Zähler. Weil eine direkte Zählung zur Zeit nur bis etwa 3 GHz möglich ist, beschäftigt sich dieses Kapitel vor allem mit den Möglichkeiten einer Erweiterung zu höheren Frequenzen. Dabei spielen der Kammgenerator und das YIG-Filter eine große Rolle, wie wir sehen werden.

Die Details eines Spektrums kann man mit einem Spektrumanalysator ausmessen. Dieser ist ein äußerst vielseitiges Messinstrument mit einer ähnlichen Bedeutung für den Frequenzbereich wie ein Oszillograph für den Zeitbereich. Allerdings ist der Spektrumanalysator für einen etwas größeren Frequenzbereich geeignet.

Ein Spektrumanalysator verfügt im Allgemeinen über eine sehr große Dynamik, die 100 dB weit übersteigen kann. Sehr wichtig ist auch die Intermodulationsfestigkeit für größere Pegel, die oft durch eine YIG-Vorselektion verbessert werden kann. Eine große Bedeutung hat die Eineindeutigkeit der Anzeige, die besagt, dass jede Signalfrequenz nur einmal auf dem Bildschirm dargestellt wird und umgekehrt zu jeder Linie auf dem Bildschirm genau eine Signalfrequenz gehört. Um die Eindeutigkeit zu gewährleisten, müssen die Spiegelfrequenzen unterdrückt werden. Dazu wird die erste Bandpassfrequenz recht hoch gewählt. Sie liegt üblicherweise im Bereich von einigen Gigahertz.

Durch den Einsatz eines Netzwerkanalysators mit Aufwärts- und Abwärtskette lässt sich ein nahezu perfektes durchstimmbares Bandpassfilter realisieren.

## 6.1 YIG-Filter und Resonatoren

In diesem Abschnitt soll zunächst eine weitere Komponente besprochen werden, die für die folgenden Messsysteme benötigt wird. Es handelt sich um YIG-Filter und YIG-Resonatoren bzw. YIG-Oszillatoren, welche die bedeutsame Eigenschaft aufweisen, dass die Durchlass- bzw. Sperrfrequenzen magnetisch abstimmbar sind. Obwohl Bandsperrfilter ebenfalls realisiert worden sind, wollen wir hier ausschließlich Bandpassfilter betrachten. Wesentliches Element der Filter sind kleine einkristalline Kugeln aus $Y_3Fe_5O_{12}$ (Yttrium-Eisen-Granat, engl.: yttrium-iron-garnet, daher die Bezeichnung YIG), die durch ein magnetisches Gleichfeld in ferrimagnetischer Resonanz betrieben werden können. Das Bild 6.1 zeigt eine häufig benutzte Bandpassschaltung bzw. einen Transmissionsresonator, an dem die prinzipielle Wirkungsweise erläutert werden soll.

Die freien bzw. ungepaarten Elektronenspins in der YIG-Kugel werden durch ein statisches oder langsam veränderliches Magnetfeld $H_0$ parallel zueinander und parallel zum Magnetfeld $H_0$ ausgerichtet. Das Hochfrequenzfeld der Einkoppelschleife erzeugt ein hochfrequentes magnetisches Wechselfeld $H_{rf}$, welches senkrecht zum statischen Magnetfeld $H_0$ liegt. Dieses führt über die Bewegungsgleichung der Elektronenspins zu einer Präzessionsbewegung der Elektronenspins und damit zu der resultierenden Magnetisierung $M$. Die Präzessionsamplitude wird dann sehr groß, wenn die eingespeiste Signalfrequenz mit der Präzessionsfrequenz oder der Resonanzfrequenz der „uniformen Präzessions-Resonanz (UPR)“ übereinstimmt. Als Folge der Präzession entsteht senkrecht zu $H_0$ und $H_{rf}$ eine weitere Magnetfeldkomponente, die an der zweiten orthogonalen Schleife ausgekoppelt werden kann. Signale außerhalb der Resoanzfrequenz sind kaum mit der YIG-Kugel verkoppelt. Wegen der Orthogonalität der Koppelschleifen koppeln sie auch nicht direkt über.

Bei der uniformen Präzessions-Resonanz schwingen alle Spins in der gleichen Richtung und mit gleicher Phase. Dieser Schwingungszustand stellt die Grundmode dar. Daneben gibt es Eigenschwingungen höherer Ordnung, die so genannten Walker-Moden. Diese sollten möglichst wenig angeregt werden, weil sie störende Resonanzen bei anderen Eigenfrequenzen bewirken.

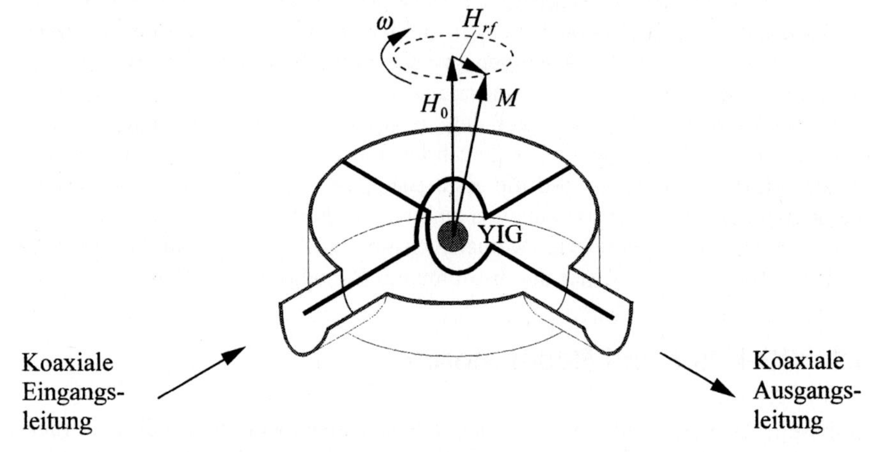


*Bild 6.1: Bandpassfilter bzw. Transmissionsresonator mit einer YIG-Kugel zwischen zwei orthogonalen Schleifen*

Um die Störresonanzen klein zu halten, sollte auch das magnetische Wechselfeld ausreichend homogen, der Kristall möglichst perfekt, die YIG-Kugel genau kugelförmig und ihre Oberfläche glatt sein.

Die Resonanzfrequenz $f_0$ eines YIG-Ellipsoides mit einer Rotationssymmetrie bezüglich $H_0$, welches entlang einer der Hauptachsen ausgerichtet ist, kann durch die folgende Beziehung angegeben werden:

$$f_0 = \gamma \left[ H_0 + H_a + \left( N_t - N_z \right) \cdot M_s \right] . \tag{6.1}$$

Dabei ist $\gamma$ das so genannte gyromagnetische Verhältnis

$$\gamma = 35{,}2 \frac{\text{MHz}}{\text{kA / m}} . \tag{6.2}$$

Weiterhin ist:

- $H_0$ das äußere magnetische Gleichfeld
- $H_a$ das sog. Anisotropiefeld; dieses ist abhängig vom Material und von der Kristallorientierung; $H_a$ ist bei YIG klein
- $N_t$ der transversale Entmagnetisierungsfaktor
- $N_z$ der axiale Entmagnetisierungsfaktor
- $M_s$ die Sättigungsmagnetisierung; bei YIG ist $M_s = 142 \frac{\text{kA}}{\text{m}}$

Bei einer Kugel sind $N_t = N_z = 1/3$. Daher beeinflusst die stark temperaturabhängige Sättigungsmagnetisierung $M_s$ in diesem Fall nicht die Resonanzfrequenz. Das ist der Grund für die Bevorzugung der Kugelgeometrie. YIG-Einkristalle weisen die niedrigste Linienbreite aller ferrimagnetischen Materialien auf. Es lassen sich damit Leerlaufgüten bis etwa $10^4$ realisieren. Um diese hohe Leerlaufgüte zu erreichen, muss der Kristall möglichst perfekt und seine Oberfläche möglichst glatt sein.

Die untere Grenzfrequenz $f_g$ eines YIG-Resonators wird erreicht, wenn das innere Feld $H_{iz}$ verschwindet.

Wie man zeigen kann, gilt für das innere Feld $H_{iz}$ bei einem Rotations-Ellipsoid:

$$H_{iz} = H_0 - N_z \cdot M_s . \tag{6.3}$$

Nullsetzen von $H_{iz}$ liefert die Bedingung für die untere Grenzfrequenz $f_g$ von YIG-Kugeln:

$$\begin{aligned} f_g &= \gamma \cdot N_z \cdot M_s \\ &= 35{,}2 \frac{\text{MHz}}{\text{kA / m}} \cdot \frac{1}{3} \cdot 142 \frac{\text{kA}}{\text{m}} = 1666 \text{ MHz} . \end{aligned} \tag{6.4}$$

Die untere Grenzfrequenz kann man erniedrigen, indem man die Sättigungsmagnetisierung herabsetzt, z. B durch teilweise Substitution des Eisens durch Gallium. Eine andere Möglichkeit besteht darin, statt YIG-Kugeln dünne YIG-

Scheiben zu verwenden, bei denen $N_t \approx 0$ ist. Dies hat jedoch den Nachteil, dass dann die Temperaturabhängigkeit der Sättigungsmagnetisierung voll eingeht.

Bei niedrigen Resonanzfrequenzen nimmt jedoch die Güte stark ab, so dass Anwendungen unterhalb 200 MHz kaum möglich sind. Eine obere Frequenzgrenze ist durch das dann erforderliche hohe magnetische Gleichfeld gegeben. Dies erfordert kleine Luftspalte und hohe Sättigungsmagnetisierungen im Magnetsystem. Für schnelle Änderungen des Gleich-Magnetfeldes muss das Magnetsystem laminar aufgebaut werden. Praktisch liegt die obere Grenze des YIG-Systems bei etwa 50 bis 60 GHz.

YIG-Resonatoren erlauben nur eine relativ schwache Ankopplung. Die Ankopplung ist proportional zu der Sättigungs-Magnetisierung und zu dem Volumen der YIG-Kugel. Deshalb liegt die maximal erreichbare Bandbreite der YIG-Bandpassfilter bei etwa 1 % bis 2 %. Die minimale Bandbreite ist durch die Leerlaufgüte gegeben. Durch die Hintereinanderschaltung von mehreren YIG-Kugeln lassen sich mehrkreisige Filter aufbauen. Im allgemeinen verwendet man drei- oder vierkreisige Anordnungen, die aber von einem gemeinsamen Magnetfeld gesteuert werden. Dadurch erreicht man den erforderlichen guten Gleichlauf der verschiedenen Resonanzfrequenzen. Einen Schnitt durch ein dreikreisiges YIG-Filter zeigt Bild 6.2. Typische Sperrdämpfungen liegen bei solchen mehrkreisigen Bandpassfiltern oberhalb von 60 dB, typische Durchlassdämpfungen bei 1 bis 4 dB. Ein hervorstechendes Merkmal der YIG-Filter und -Resonatoren ist der hohe Grad an Linearität zwischen dem Abstimmstrom, der das Magnetfeld $H_0$ erzeugt, und der Bandpassfilter- bzw. Resonator-Mittenfrequenz. Die Abweichungen von der Linearität liegen im Bereich von einigen Promille.

Diesen hohen Grad der Linearität macht man sich auch bei der breitbandigen elektronischen Abstimmung von Oszillatoren zu Nutze. Das Blockschaltbild eines YIG-abstimmbaren Oszillators mit bipolaren Silizium-Transistoren zeigt Bild 6.3. Dieser Oszillator ist von 2 bis 6 GHz magnetisch abstimmbar und gibt etwa 20 mW ab. Die Oszillatorstufe besteht aus dem Transistor $Tr_1$, der Rückkopplungsinduktivität $L_1$ und einer Koppelschleife mit einer YIG-Kugel. Die Oszillatorstufe schwingt auf einer Frequenz, die durch die Resonanzfrequenz der YIG-Kugel gegeben ist, welche wiederum durch die Größe des angelegten Magnetfeldes bestimmt wird.

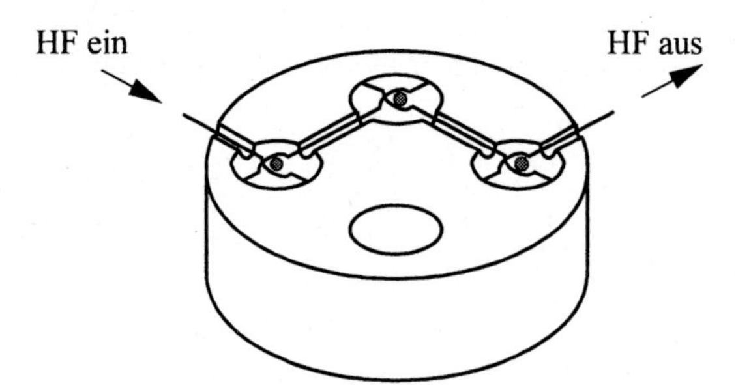


*Bild 6.2: Schnitt durch ein dreikreisiges YIG-Bandpassfilter*

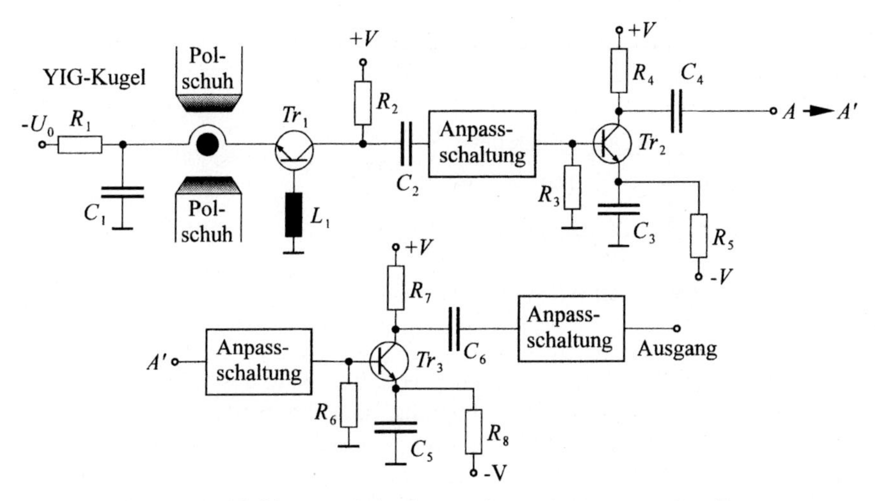


*Bild 6.3: Blockschaltbild eines YIG-abstimmbaren Transistor-Oszillators*

Mit den Transistoren $Tr_2$ und $Tr_3$ werden zwei Verstärker bzw. Trennstufen realisiert. Durch die Trennstufen wird die Rückwirkung eines fehlangepassten Lastwiderstandes auf die Schwingfrequenz weitgehend eliminiert und die Ausgangsleistung erhöht. Die Schaltung sollte in einen möglichst kleinen Luftspalt passen.

Solche YIG-abstimmbaren Oszillatoren sind das Herzstück vieler Messsysteme, bei denen es auf weite Abstimmbarkeit und geringes Phasenrauschen ankommt. Aufgrund der wesentlich höheren Güte des YIG-Resonators ist das Phasenrauschen bei einem YIG-Oszillator wesentlich geringer als bei einem Varaktorabstimmbaren Oszillator (VCO). Daher enthalten vor allem gute Hochfrequenzsender und Spektrum-Analysatoren mindestens einen YIG-Oszillator. Im Allgemeinen ist der YIG-Oszillator zur zusätzlichen Stabilisierung in einen Synthesegenerator eingebettet.

## 6.2 Frequenzmessungen

### 6.2.1 Analoge Frequenzmessungen

Es wird davon ausgegangen, dass nur *ein* kontinuierliches Signal mit einer eindeutigen Frequenz vorliegt. Sehr einfache Frequenzmesser mit mäßiger Genauigkeit lassen sich durch mechanisch abstimmbare Resonatoren realisieren. Wie in Bild 6.4 gezeichnet, werden die Resonatoren lose an eine Durchgangsleitung angekoppelt. Außerhalb der Resonanzfrequenz des Resonators ist die Durchgangsleitung praktisch ungestört.

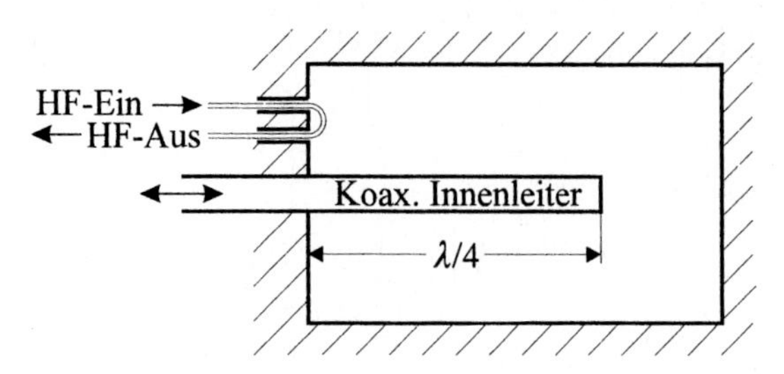


*Bild 6.4: Koaxialer Viertelwellenlängen-Resonator*

In Resonanz wird ein Teil der Leistung vom Resonator absorbiert, was sich in einer Erhöhung der Transmissionsdämpfung bemerkbar macht. Mit koaxialen Viertelwellenlängen-Resonatoren (Bild 6.4) lässt sich ein besonders großer Eindeutigkeitsbereich erzielen, nämlich ein Eindeutigkeitsbereich von 3:1, da der Resonator außer auf die Grundfrequenz noch auf ihre ungeradzahligen Vielfachen reagiert. Ein koaxialer Viertelwellenlängen-Resonator besteht aus einer $\lambda/4$-langen Leitung, die an einem Ende kurzgeschlossen ist und am anderen Ende leerläuft. Ein verschiebbarer Innenleiter erlaubt, die elektrische Länge des Resonators zu ändern.

Mit einer kapazitiven Belastung am leerlaufenden Ende lässt sich der Eindeutigkeitsbereich noch etwas vergrößern. Die belastete Güte liegt im Bereich von 2000 bis 4000. Die Genauigkeit kann bei etwa 0,1% liegen. Die Anzeige erfolgt dadurch, dass man den Resonator solange verstimmt, bis eine Veränderung der transmittierten Leistung beobachtet werden kann. Die Leistungsverminderung bei Resonanz beträgt typisch 1 bis 4 dB. Auf einer Skala kann man direkt die Frequenz ablesen.

Bei koaxialen Resonatoren mit einer $\lambda/2$- Leitung beträgt der Eindeutigkeitsbereich 2:1. Im Eindeutigkeitsbereich treten keine Resonanzen höherer Ordnung auf. Bei Hohlleitungsresonatoren ist der Eindeutigkeitsbereich im Allgemeinen noch geringer als 2:1, dafür erreicht man mit Hohlleitungsresonatoren etwas höhere Güten.

### 6.2.2 Digitale Frequenzmessungen

Direkte elektronische Frequenzzähler können zur Zeit bis etwa 3 GHz realisiert werden. Für noch höhere Frequenzen kann man Vorteiler verwenden, z. B einen Vorteiler mit dem Faktor 4. Solche Vorteiler sind z. Z. bis etwa 12 GHz kommerziell erhältlich. Man benötigt für ein Zählerkonzept mit Vorteilern und Frequenzzählern im Allgemeinen auch breitbandige Vorverstärker, um das Eingangssignal auf den für den Vorteiler notwendigen Pegel anzuheben. Für noch höhere Frequenzen verwendet man das Heterodynprinzip. Es sollen hier drei unterschiedliche Systemkonzepte, die mit Heterodyn-Verfahren arbeiten, diskutiert werden.

### 6.2.3 Frequenzumsetzung an einem festen Kammspektrum

Ein Kammspektrum entsteht, wenn man periodisch kurze Impulse erzeugt, z. B mit einer Folgefrequenz $f_0 = 200\,\text{MHz}$. Eine solche Folge von kurzen Impulsen lässt sich aus einem Sinussignal mit der Frequenz $f_0$ gewinnen, z. B mit Hilfe von Speicherschaltdioden (engl.: step recovery diodes). Sind die Impulse Nadel-Impulse (Dirac-Impulse), dann sind die Amplituden des Linienspektrums, wie in Bild 6.5 gezeichnet, frequenzunabhängig. Der Abstand der Linien beträgt $f_0$, ist also gleich der Folgefrequenz.
Bei einer endlichen Anstiegszeit $\tau$ der Impulse nehmen die Amplituden des Linienspektrums oberhalb einer Grenzfrequenz $f_g \sim 1/\tau$ schnell ab. Mit Hilfe eines YIG-Filters wird jeweils gezielt und steuerbar eine einzelne Linie aus diesem Spektrum herausgefiltert. Diese Kombination aus YIG-Bandpassfilter und Kammgenerator soll als YIG-abstimmbarer Kammgenerator oder YIG-Kammgenerator bezeichnet werden. Das im Folgenden mit Hilfe eines Zahlenbeispiels diskutierte Konzept fußt auf diesem YIG- Kammgenerator.

Ein Signal, dessen Frequenz gezählt werden soll, habe die Frequenz $f_s$. Dieses Signal wird mit der $N$-ten Oberwelle von $f_0 = 200\,\text{MHz}$ gemischt, indem ein breitbandiger Mischer mit einer bestimmten Oberwelle des YIG-Kammgenerators angesteuert wird. Dabei entsteht eine Zwischenfrequenz

$$f_i = f_s - N \cdot f_0 . \tag{6.5}$$

Ein Bandfilter sorgt dafür, dass eine Zwischenfrequenz nur im Bereich von 25 MHz bis 250 MHz auftreten kann (Bild 6.6). Beginnend bei tiefen Werten, wird der Vervielfachungsfaktor $N$ durch Steuerung des YIG-Kammgenerators um jeweils 1 erhöht.

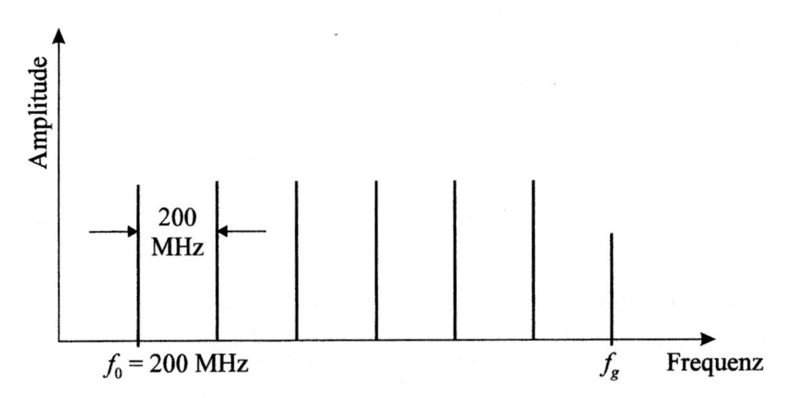


*Bild 6.5: Linienspektrum eines Kammgenerators*

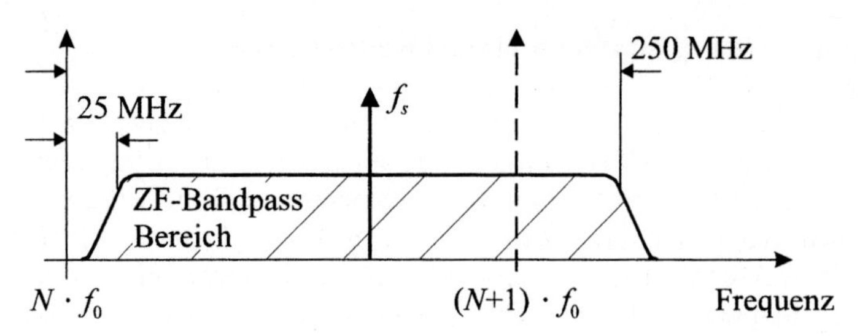


*Bild 6.6: Erläuterung zum Zählerkonzept mit YIG-Kammgenerator*

Sobald ein genügend starkes Zwischenfrequenzsignal auftritt, welches durch das Bandpassfilter auf den Bereich 25 MHz bis 250 MHz beschränkt ist, wird die vorhandene Zwischenfrequenz ausgezählt. Zu dem Ergebnis dieser Zählung wird $N{\cdot}f_0$ hinzuaddiert. Indem man den Suchvorgang bei niedrigen Frequenzen beginnt, ist sichergestellt, dass die Messfrequenz $f_s$ jeweils oberhalb einer bestimmten Harmonischen $N{\cdot}f_0$ liegt. Über den Vorstrom der YIG-Spule bzw. die Anzahl der Schritte des YIG-Kammgenerators erhält man dann die ganze Zahl $N$. In Bild 6.7 ist ein Blockschaltbild des Zählerkonzepts dargestellt. Aus einem hochstabilen Quarzgenerator bei 10 MHz wird durch Frequenzteilung die Zeitbasis abgeleitet. Weiterhin wird der Grundoszillator für das Kammspektrum mit der Frequenz $f_0 = 200$ MHz über eine Frequenzteilung und eine Phasenregelschleife durch denselben Quarzoszillator stabilisiert.

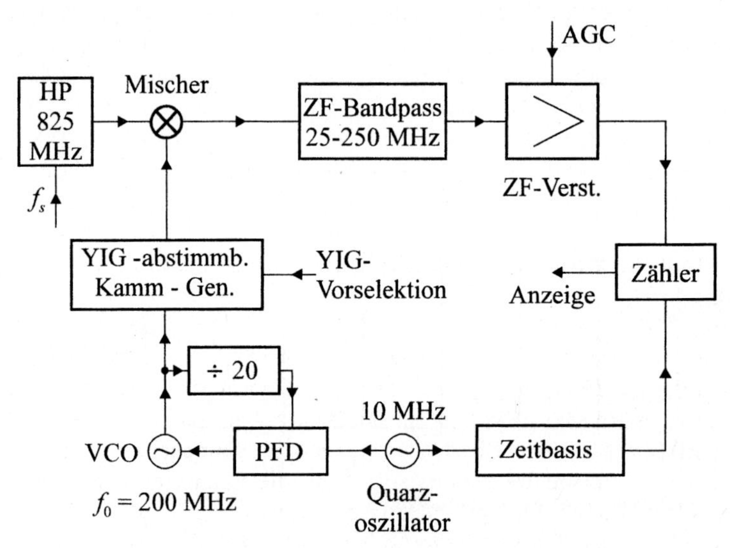


*Bild 6.7: Blockschaltbild eines Frequenzzählers mit YIG-Kammgenerator (AGC, automatic gain control, geregelte Verstärkung)*

Das Blockschaltbild in Bild 6.7 stellt den hochfrequenten Teil des Zählers dar. Um den tieferen Frequenzbereich abzudecken, liegt parallel zum Eingang ein elektronischer Zähler. Der YIG-Kammgenerator beginnt mit 800 MHz ($N = 4$) und es wird abgefragt, ob sich im Bereich 825 MHz bis 1050 MHz ein ausreichend starkes Signal befindet. Ein Hochpassfilter mit einer Grenzfrequenz von 825 MHz am Signaleingang verhindert, dass eine Frequenz kleiner als 825 MHz angezeigt werden kann. Befindet sich im Bereich 825 bis 1050 MHz ein ausreichend starkes ZF-Signal, dann wird die Zwischenfrequenz ausgezählt und zum Ergebnis werden 4·200 MHz = 800 MHz hinzuaddiert. Befindet sich in diesem Frequenzbereich kein ausreichend starkes Zwischenfrequenzsignal, dann begibt sich der YIG-Kammgenerator in die nächste Position mit $N = 5$, entsprechend $N{\cdot}f_0 = 1000$ MHz, bis maximal $N = 90$ entsprechend 18 GHz. Man kann jedoch auch von außen eingreifen und die Start- und Stopfrequenz eigenmächtig vorschreiben. Der YIG-Kammgenerator nimmt also nacheinander bis zu 87 verschiedene Positionen ein. Offensichtlich müssen für das YIG-Filter YIG-Kugeln mit substituiertem YIG verwendet werden, um eine untere Grenzfrequenz unterhalb von 800 MHz zu erhalten.

Die Eingangsempfindlichkeit wird durch das Mischer- und Vorverstärkerrauschen mit der Zwischenfrequenz-Bandbreite von 225 MHz begrenzt. Mit wachsender Zwischenfrequenz-Bandbreite würde die Empfindlichkeit abnehmen.

Das Zählerergebnis kann vollständig falsch sein, wenn mehrere etwa gleich große Signale gleichzeitig anstehen (s. Übungsaufgabe 6.1).

---

**Übungsaufgabe 6.1**

An einem digitalen Zähler stehen gleichzeitig sinusförmige Signale unterschiedlicher Amplitude und Frequenz an. Es soll in Abhängigkeit der Amplitudenverhältnisse diskutiert werden, welche Frequenz der Zähler anzeigen wird, wenn die Schaltung nur die Nulldurchgänge des Signals verarbeitet.

---

### 6.2.4 Frequenzumsetzung an einem durchstimmbaren Kammgenerator

Bei diesem Systemkonzept kommt man ohne ein YIG-Filter aus, benötigt dafür aber einen in der Grundfrequenz $f_0$ durchstimmbaren Kammgenerator. Dieser muss so weit abstimmbar sein, dass der Frequenzbereich vollständig abgedeckt wird, sich also zwei benachbarte Oberwellen mindestens überlappen. In einem Zahlenbeispiel, das hier diskutiert werden soll, kann die Grundfrequenz $f_0$ des Kammgenerators zwischen 120 und 180 MHz verändert werden. Der Messbereich beginnt bei 250 MHz. Eine Phasenregelschleife bewirkt, dass irgendeine Oberwelle des Kammgenerators an das zu messende Signal im Abstand einer quarzstabilen, festen Zwischenfrequenz $f_r$, hier 20 MHz, angebunden wird. Der verwendete Phasenfrequenzdiskriminator (PFD) ist unsymmetrisch, so dass ein Einrasten

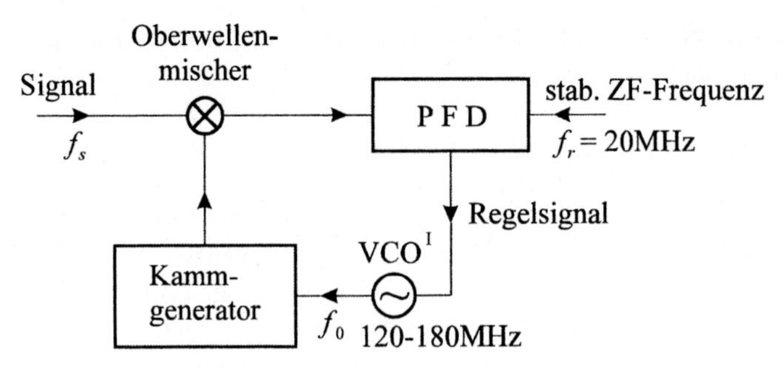


*Bild 6.8: Prinzipschaltbild eines Frequenzzählers mit durchstimmbarem Kammgenerator und einem Phasenregelkreis*

nur auf ein bestimmtes Seitenband erfolgen kann, z. B auf das obere (Bild 6.8). Nach dem Einrasten gilt:

$$f_s = N \cdot f_0 + f_r \text{ (oberes Seitenband)}. \tag{6.6}$$

Bei mehreren anliegenden Frequenzen wird das Einrasten meist auf das stärkste Signal erfolgen.

Die Ansteuerungsfrequenz $f_0$ des Kammgenerators lässt sich durch direktes Auszählen bestimmen. Die feste Zwischenfrequenz $f_r$ wird ebenfalls aus dem stabilen Zeitbasisgenerator von z. B 10 MHz abgeleitet und ist damit ebenfalls bekannt. Es bleibt die Aufgabe, die Ordnung $N$ der Oberwellenmischung zu bestimmen. Dies kann auf die folgende Weise geschehen: Es wird ein zweiter, im Bereich 140 bis 200 MHz abstimmbarer, VCO II vorgesehen, der zu der Frequenz des VCO I einen festen Abstand hat, z. B $\Delta f$ = 20 kHz. Dieses wird durch eine weitere Phasenregelschleife erreicht (Bild 6.9). Auf einen zweiten Oberwellenmischer wird ein Teil des Messsignals mit der Frequenz $f_s$ gegeben und außerdem das aus dem VCO II abgeleitete Kammspektrum.

Am Ausgang des Mischers steht dann ein Zwischenfrequenzsignal ZF(II) zur Verfügung, das sich von der Referenz ZF(I) um $N \cdot \Delta f$ in der Frequenz unterscheidet. Daraus lässt sich die ganze Zahl $N$ bestimmen, weil $\Delta f$ bekannt ist.

Zwischen den beiden bisher besprochenen Prinzipien zur Frequenzmessung bestehen eine Reihe von Ähnlichkeiten, aber auch ein charakteristischer Unterschied. Während man bei dem Verfahren 6.2.3 jeweils eine Bandbreite von 225 MHz abarbeitet, die anschließend nicht weiter eingeengt wird, muss bei dem Verfahren 6.2.4 zunächst die gesamte Bandbreite (z. B bis 18 GHz) mit Hilfe des Phasenfrequenz-Diskriminators abgefragt werden und erst anschließend im gefangenen Zustand wird die Bandbreite eingeengt. Die wirksame Rauschbandbreite kann daher im gefangenen Zustand stark reduziert sein.

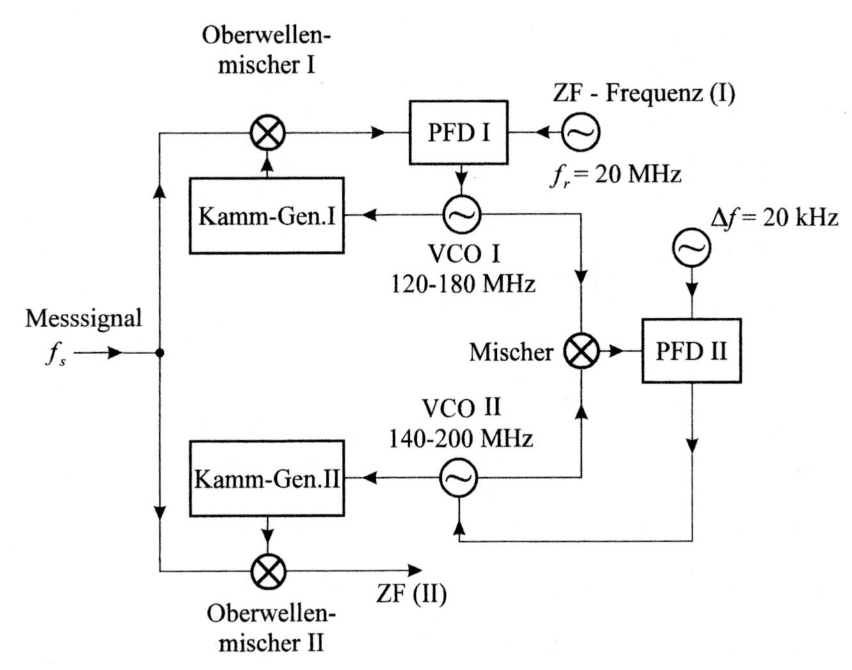


*Bild 6.9: Erweiterte Messschaltung zur Bestimmung der Oberwellenzahl N*

Die bisher besprochenen Zähler sollten ein Eingangssignal mit nur einer Frequenz angeboten bekommen. Treten mehrere Frequenzen gleichzeitig am Eingang auf, dann kann es zu Fehlmessungen kommen. Außerdem ist es möglich, dass nicht einmal das stärkere der beiden Signale zur Anzeige gelangt.

### 6.2.5 Frequenzmessung mit YIG-Vorselektion des Messsignals

In einer weiteren Variante der Frequenzmessung wird ein YIG-Bandpassfilter bereits an den Messsignal-Eingang gelegt. Das YIG-Filter wird solange in der Mittenfrequenz verändert, bis an einem Detektor ein maximaler Pegel gemessen wird. Sind mehrere Frequenzen vorhanden, dann wird der absolut größte Pegel gewählt. Auch bei Vorhandensein von mehreren Signalen wird es durch die YIG-Vorselektion möglich, die Frequenz des stärksten Signals richtig zu messen. Außerdem wird durch das YIG-Filter am Eingang die Rauschbandbreite eingeengt. Nachdem das YIG-Filter richtig gesetzt worden ist, ist die Signalfrequenz auf ungefähr $\pm$ 20 MHz genau bekannt. Dadurch hat man die Information, wie die Grundfrequenz $f_0$ des Kammspektrums gewählt werden muss (Bild 6.10), damit eine Zwischenfrequenz im Durchlassbereich des Bandpasses entsteht. In diesem Zahlenbeispiel soll die Mittenfrequenz 125 MHz betragen.

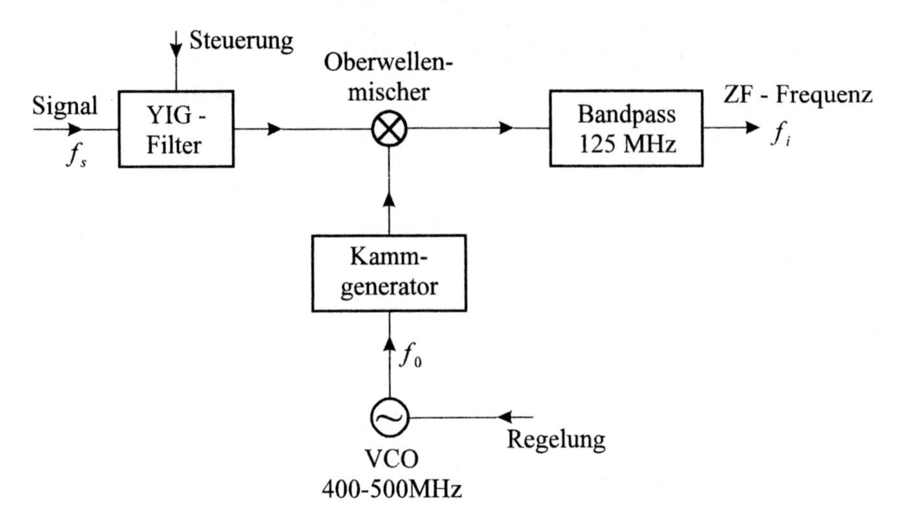


*Bild 6.10: Blockschaltbild eines Frequenzzählers mit YIG-Vorselektion*

Mit der Kenntnis der VCO-Frequenz $f_0$, der ungefähren Signalfrequenz $f_s$ und der Zwischenfrequenz $f_i$ lässt sich die Ordnung $N$ des Oberwellenmischers bestimmen und mit der Kenntnis von $N$ schließlich die genaue Frequenz über die Beziehung

$$f_s = N \cdot f_0 + f_i \tag{6.7}$$

gewinnen. Frequenzzähler werden seltener benötigt, weil man als Signalgeneratoren zunehmend so genannte Schritt- oder Synthesegeneratoren verwendet, deren genaue Frequenz bereits vorab bekannt ist. Außerdem bieten moderne Spektrumanalysatoren ebenfalls die Möglichkeit zur hochpräzisen Frequenzmessung, wie im folgenden Abschnitt erläutert wird.

---

**Übungsaufgabe 6.2**

Durch zwei zeitlich hintereinander erfolgende Frequenzmessungen soll die Frequenz einer linearen Frequenzrampe (linearer Wobbelvorgang) zu einem bestimmten Zeitpunkt ermittelt werden.

---

## 6.3 Spektrumanalysatoren

Spektrumanalysatoren dienen der Beobachtung eines Signals im Frequenzbereich, ähnlich wie ein Oszillograph zur Zeitbereichs-Beobachtung eines Signals dient. Man unterscheidet

- Echtzeitanalysatoren (parallele Verarbeitung); dazu gehören z. B Zungenfrequenzmesser, Filterbänke und Fouriertransformatoren,
- Abtastanalysatoren (serielle Verarbeitung).

Wir werden uns fast ausschließlich mit den Abtastanalysatoren beschäftigen. Ein Spektrumanalysator dieses Typs ist im Wesentlichen ein abstimmbares Bandpassfilter. Die Bandbreite des Filters und die Abstimmgeschwindigkeit lassen sich im Allgemeinen verändern. Kommt es auf die Frequenz-Selektivität des Spektrumanalysators nicht besonders an, jedoch auf Einfachheit und Eindeutigkeit in einem weiten Frequenzbereich, dann kann man ein YIG-Filter verwenden, z. B ein YIG-Filter, das von 1 bis 18 GHz durchstimmbar ist.

Die Nebenlinien-Unterdrückung beträgt etwa 45 bis 55 dB, die Frequenzauflösung etwa 25 bis 40 MHz. Solch ein YIG-Filter ist z. B für die Betrachtung der Oberschwingungen eines Frequenzvervielfachers gut geeignet. Das Blockschaltbild für eine Fourier-Analyse (FFT, engl.: fast fourier transform) zeigt Bild 6.11. Der Tiefpass dient dazu, das Abtast-Theorem zu erfüllen sowie Aliasing-Produkte zu vermeiden. Die Taktfrequenz $f_{cl}$ (engl.: clock frequency) kann bspw. bei einer Auflösung von 16 bit 200 kHz und bei einer Auflösung von 12 bit 20 MHz betragen. Die erreichbare Dynamik liegt dann bei etwa 96 dB bzw. 72 dB. Für eine Frequenzauflösung von 1 Hz benötigt man eine Abtastzeit von einer Sekunde. Solche Spektrumanalysatoren nach dem Prinzip der schnellen Fourier-Transformation werden zur Zeit bis etwa 30 MHz realisiert.

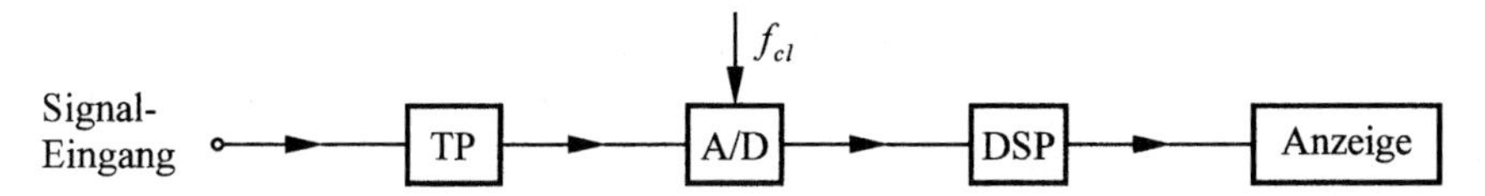


*Bild 6.11: Blockschaltbild zur FFT (TP: Tiefpass; A/D: Analog-Digital-Wandler; DSP: Digitaler Signal-Prozessor)*

## 6.4 Anwendung des Heterodyn-Prinzips bei Spektrumanalysatoren

Benötigt man eine bessere Frequenzauflösung, als sie mit einem YIG-Filter zu erreichen ist, dann verwendet man im Hochfrequenzbereich im Allgemeinen das Überlagerungsprinzip. Dazu benötigt man vor allem einen abstimmbaren Oszillator, einen breitbandigen Mischer und ein schmalbandiges aber in der Frequenz festes Filter. Ein Prinzipschaltbild für einen Signal-Frequenzbereich von 0 bis 4 GHz ist in Bild 6.12 dargestellt.

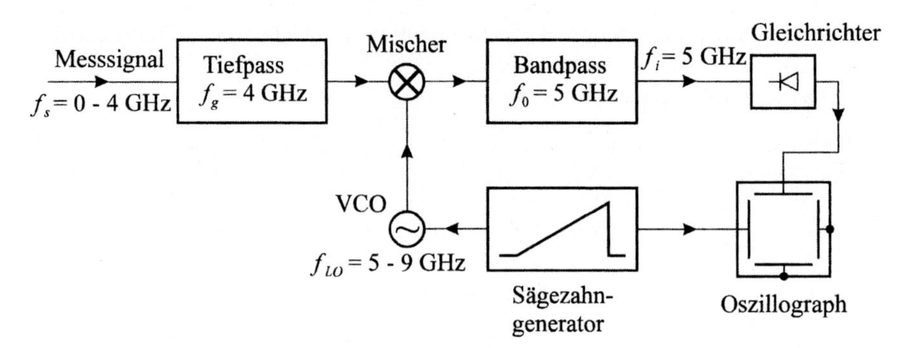


*Bild 6.12: Prinzipschaltbild eines Spektrumanalysators*

Für einen eindeutigen Betrieb sollte der Bandpass und der abstimmbare Oszillator (VCO) oberhalb der Tiefpass-Grenzfrequenz, in diesem Beispiel 4 GHz, liegen. Die Signalfrequenz $f_s$ und die VCO-Frequenz $f_{LO}$ sind bei diesem Mischer im Kleinsignalbetrieb gemäß Gl. (6.8) verknüpft.

$$f_s = f_{LO} \pm f_i \tag{6.8}$$

Indem die VCO-Frequenz langsam durchgefahren wird, wird zeitlich nacheinander der Signalfrequenz-Bereich abgetastet. Die Gleichung (6.8) ist in Bild 6.13 für das Zahlenbeispiel nach Bild 6.12 in Form eines Frequenzplans grafisch dargestellt.

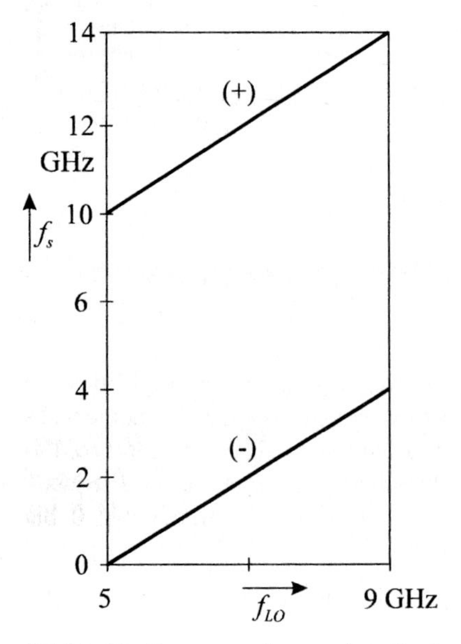


*Bild 6.13: Frequenzplan zu dem Spektrumanalysator nach Bild 6.12*

Durch das Tiefpassfilter bei 4 GHz wird bewirkt, dass der obere Geradenast in Bild 6.13, die (+)-Gerade, nicht zur Wirkung kommt. Dadurch wird die Zuordnung der Signalfrequenz und der VCO-Frequenz eineindeutig, das heißt jede Signalfrequenz wird nur einmal auf dem Bildschirm dargestellt und umgekehrt gehört zu jeder Linie auf dem Bildschirm genau eine Signalfrequenz.
Bei der Zwischenfrequenz von 5 GHz kann man keine ausreichend schmalen Bandpassfilter realisieren, es sei denn, man würde supraleitende Resonatoren oder gekühlte Resonatoren aus Saphir verwenden, für die man aber tiefe Temperaturen benötigt. Ausserdem muss man verlangen, dass die Mittenfrequenz dieser Resonatoren hinreichend stabil bleibt und schließlich würde man gern die Filterbandbreite umschalten können. Aus diesen Gründen wird in einem mehrfachen Mischprozess auf eine genügend tiefe Zwischenfrequenz herabgemischt, wo man mit Hilfe von Quarzresonatoren hinreichend schmale Filter realisieren kann. Durch Umschalten zwischen verschiedenen Quarzfiltern lässt sich die Filterbandbreite ändern. Das Blockschaltbild des Spektrumanalysators nach Bild 6.12 nimmt dann eine Gestalt wie in Bild 6.14 an. Alle Oszillatoren sind durch Phasenregelkreise oder andere Techniken stabilisiert und alle Frequenzen werden aus einem gemeinsamen stabilen Quarzoszillator abgeleitet. Der erste durchstimmbare Oszillator (1. LO) ist im Allgemeinen als Synthese-Generator ausgeführt. Der dritte Mischoszillator (3. LO) ist eventuell feinabstimmbar über einen geringen Frequenzhub und dann ebenfalls als Synthese-Generator realisiert.

Die mehrfache, in diesem Beispiel zweifache, Abwärtsmischung ist vor allem erforderlich, um auf dem Weg zu einer niedrigen Zwischenfrequenz, die man wegen der erforderlichen schmalen Quarzfilter benötigt, eine jeweils ausreichend große Spiegelfrequenz-Unterdrückung zu erreichen.

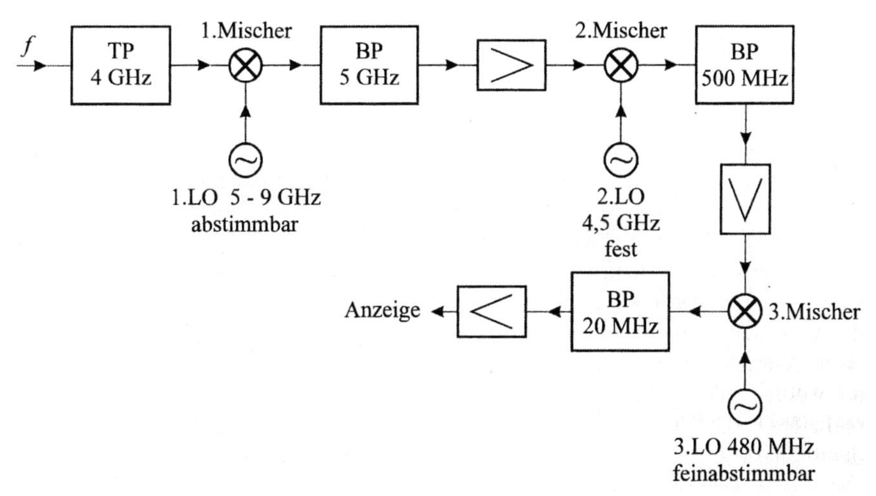


*Bild 6.14: Erweitertes Blockschaltbild des Spektrumanalysators aus Bild 4.13*

Wie man sich überlegen kann, ist dazu erforderlich, dass die jeweils folgende Zwischenfrequenz mindestens größer ist als ein Viertel des Durchlassbereiches des vorherigen Bandpassfilters. Dabei muss die Durchlassbereich-Bandbreite bei großer Sperrdämpfung bewertet werden, z. B bei 100 dB Sperrdämpfung. Ersichtlich geht auch noch die Breite des zweiten schmaleren Bandpassfilters in die Betrachtung ein. Aus praktischen Gründen sollte das zweite LO-Signal ebenfalls vom ersten Bandpassfilter gesperrt werden, weshalb die folgende Zwischenfrequenz in der Praxis größer als der halbe Durchlassbereich des vorherigen Bandpassfilters sein sollte.

---

**Übungsaufgabe 6.3**

Das in einem Spektrumanalysator verwendete Bandpassfilter habe näherungsweise eine Form wie im untenstehenden Bild skizziert. Wie groß muss man die zweite Zwischenfrequenz mindestens wählen, wenn die Spiegelfrequenz-Unterdrückung mindestens 100 dB betragen soll? Das zweite Bandpassfilter soll eine Breite von 20 MHz bei großer Sperrdämpfung aufweisen.

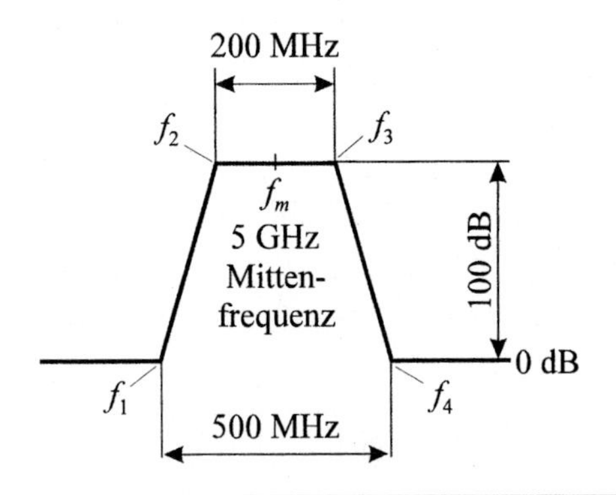


---

Die Mehrfachmischung ist also erforderlich, weil ein genügend schmalbandiges und stabiles Filter bei der ersten hochliegenden Zwischenfrequenz nicht zur Verfügung steht. Ansonsten hat die Mehrfachmischung auch Nachteile wie erhöhte Kosten und eine wachsende Zahl von Intermodulationsmöglichkeiten. Das letzte und schmalste Zwischenfrequenzfilter, welches die Frequenzauflösung bestimmt, sollte eine annähernd Gaußsche Form besitzen, damit es möglichst schnell und mit geringem Überschwingen einschwingt. Im Allgemeinen kann man zwischen mehreren schmalen Zwischenfrequenzfiltern umschalten. Diese Zwischenfrequenzfilter werden zumeist als Quarzfilter aufgebaut. Will man noch schmalere Filter realisieren, dann ist es üblich, das Signal am Ausgang des letzten Zwischenfrequenzfilters abzutasten und einer digitalen Filterung zu unterwerfen. Auch die Amplitude des Signals wird man in diesem Fall aus den Abtastwerten gewinnen.

Wären alle Mischoszillatoren im Spektrumanalysator perfekt kohärent und wäre auch das Messsignal perfekt sinusförmig, dann würde auf dem Bildschirm die jeweils gewählte Filterkurve abgebildet. Bei mangelnder Frequenzstabilität der

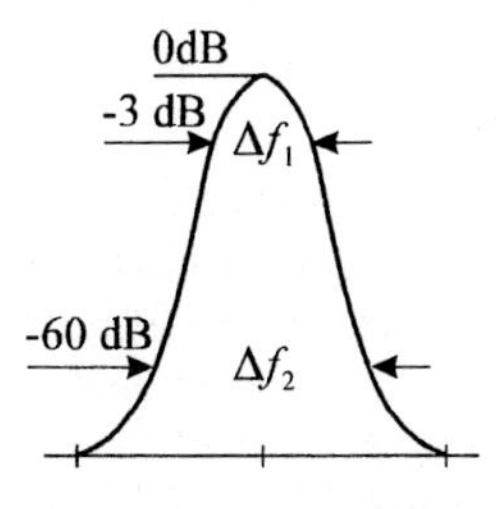


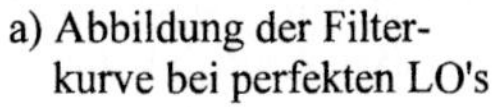
a) Abbildung der Filterkurve bei perfekten LO's

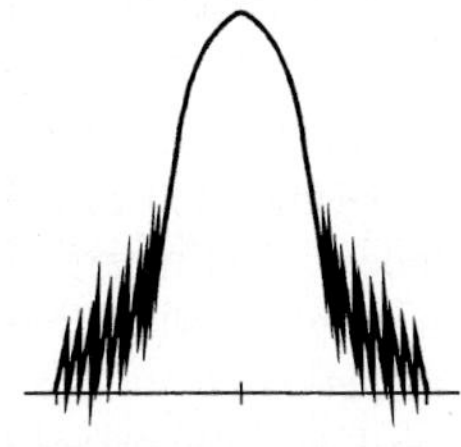
b) Abbildung der Rauschseitenbänder der LO's

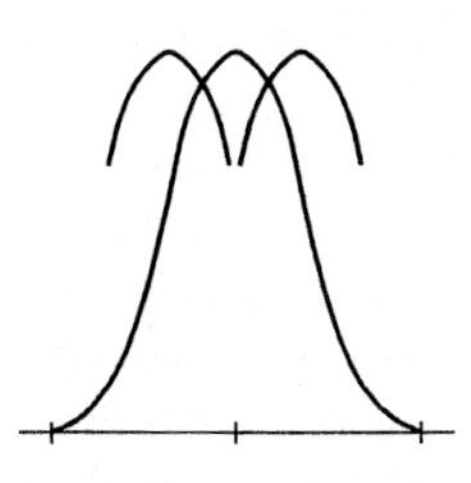
c) Relativ langsame Frequenzschwankungen der LO's

*Bild 6.15: Einfluss von LO-Frequenz-Rauschen und -Jitter auf die Anzeige*

verschiedenen Mischoszillatoren, insbesondere des ersten weit abstimmbaren VCOs, erscheinen Rauschseitenbänder und Jitter-Effekte auf dem Bildschirm. Die Rauschseitenbänder des VCO werden vor allem durch schnelle Phasen- bzw. Frequenzschwankungen verursacht. Das als kohärent angenommene Messsignal bewirkt in diesem Fall lediglich eine Verschiebung des VCO-Spektrums.

Die Rauschseitenbänder des VCO begrenzen die spektrale Auflösung, wenn die Rauschseitenbänder eines kohärenten Messsignals vermessen werden sollen. Deshalb müssen der VCO und die anderen Festoszillatoren im Spektrumanalysator extrem rauscharm sein. Bei hochwertigen Spektrumanalysatoren wird der abstimmbare Oszillator daher im Allgemeinen als YIG-Oszillator realisiert, der durch Phasenregelkreise stabilisiert wird.

Der Formfaktor $S = \Delta f_2 / \Delta f_1$ (s. Bild 6.15) des Filters gibt an, bei welchem Frequenzabstand zwei benachbarte Signale unterschiedlicher Amplitude noch aufgelöst werden können.

---

**Übungsaufgabe 6.4**

Welchen Frequenzabstand muss ein Sinussignal zu einem 30 dB stärkeren Sinussignal haben, damit es noch aufgelöst werden kann? Gegeben sei der Formfaktor $S$ und die 3 dB-Bandbreite $\Delta f_1$ des schmalsten Filters im Spektrumanalysator.

---

Die Abtastgeschwindigkeit darf nicht zu hoch gewählt werden. Wenn man den VCO zu schnell wobbelt, dann kann das schmalste Zwischenfrequenzfilter möglicherweise nicht mehr vollständig einschwingen und gibt damit den Amplitudenwert nicht richtig wieder. Eine Faustformel besagt, dass die Verweildauer über dem Filter mindestens gleich der reziproken Bandbreite $B$ des Filters sein muss. Daher muss die Abstimmgeschwindigkeit $df/dt$ kleiner als $B^2$ sein

$$\frac{df}{dt} < B^2, \tag{6.9}$$

um eine amplitudengetreue Wiedergabe zu gewährleisten.

## 6.5 Störlinien durch Intermodulation

Intermodulationseffekte an Mischern oder Verstärkern des Spektrumanalysators stellen eine kritische Quelle von unerwünschten Störlinien dar. Solche Intermodulationen sind unvermeidlich bei jedem nichtlinearen elektronischen Bauelement anzutreffen, wobei die Mischer im Allgemeinen hinsichtlich der Intermodulationsverzerrungen deutlich empfindlicher sind als die Verstärker. Daher ist die Intermodulationsfestigkeit neben den Konversionsverlusten eines der wichtigsten Qualitätsmerkmale eines Mischers. Um einen großen Dynamikbereich bei einem Spektrumanalysator zu erreichen, sollte der intermodulationsarme bzw. lineare Bereich bis zu möglichst hohen Pegeln reichen. Zu niedrigen Pegeln hin wird die Dynamik durch das Systemrauschen bestimmt. Man erwartet von einem guten Spektrumanalysator eine Dynamik von 70 dB bis zu über 100 dB bei einer kleinen Messbandbreite von z. B 1 kHz.

### 6.5.1 Intermodulationsprodukte 3.Ordnung

Vielfach lassen sich die durch Intermodulation entstehenden Störlinien nicht mehr durch Filter oder sonstige Schaltungsmaßnahmen im Gerät unterdrücken. Ein Beispiel dafür stellen die Intermodulationsprodukte 3. Ordnung dar. Intermodulationsprodukte noch höherer Ordnung sollen hier nicht behandelt werden, weil sie im Vergleich zu denen 3. Ordnung deutlich schwächer sind und von daher nur noch eine untergeordnete Rolle spielen. Zur Erklärung der Intermodulationsprodukte 3. Ordnung kann man die folgende Überlegung heranziehen. Die im Allgemeinen schwachen Nichtlinearitäten der betroffenen Bauelemente lassen sich durch eine Potenzreihen-Entwicklung z. B zwischen dem Strom $I$ und der Spannung $U$ beschreiben.

$$I = a_1 \cdot U + a_2 \cdot U^2 + a_3 \cdot U^3 \tag{6.10}$$

Das eingespeiste Signal möge zwei Frequenzanteile gleicher Amplitude aufweisen (Bild 6.16). Diese werden auch als starke Signale bezeichnet.

$$U(t) = \hat{U}_1 \cos \Omega t + \hat{U}_1 \cos(\Omega + \Delta\omega)t \tag{6.11}$$

Der kubische Term in Gl. (6.10) liefert mit dem Ansatz von Gl. (6.11) neue Signale der Form

$$\frac{3}{4} a_3 \hat{U}_1{}^3 \cos(\Omega - \Delta\omega)t \quad \text{und} \quad \frac{3}{4} a_3 \hat{U}_1{}^3 \cos(\Omega + 2\Delta\omega)t\,, \tag{6.12}$$

also gerade die in Bild 6.16 eingezeichneten Modulationsprodukte 3. Ordnung.

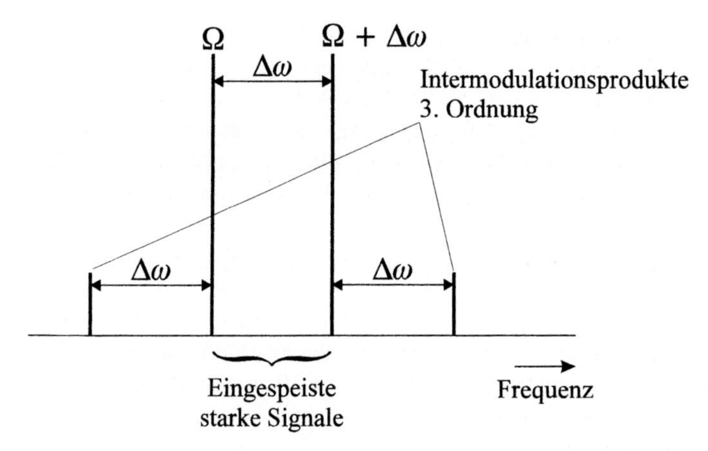


*Bild 6.16: Erläuterung zu den Intermodulationsprodukten 3. Ordnung*

Kennzeichnend für diese Nebenlinien ist, dass sie um 30 dB in der Amplitude abnehmen, wenn man bspw. die eingespeisten Signale um 10 dB abschwächt. Umgekehrt steigen die Nebenlinien um 30 dB an, wenn man die eingespeisten starken Signalpegel um 10 dB erhöht. Die Amplitude in dB der Nebenlinien 3. Ordnung nimmt also dreimal schneller ab oder zu, als die Trägeramplitude in dB. Als Maß für die Nichtlinearität wird der so genannte Interceptpunkt 3. Ordnung benutzt. Wie in Bild 6.17 gezeigt, trägt man dazu die Ausgangsleistung $P_a$ der starken Signale in dBm über der Eingangsleistung $P_e$ in dBm auf und zusätzlich die Leistung $P_N$ der Nebenlinien in dBm über $P_e$ auf.

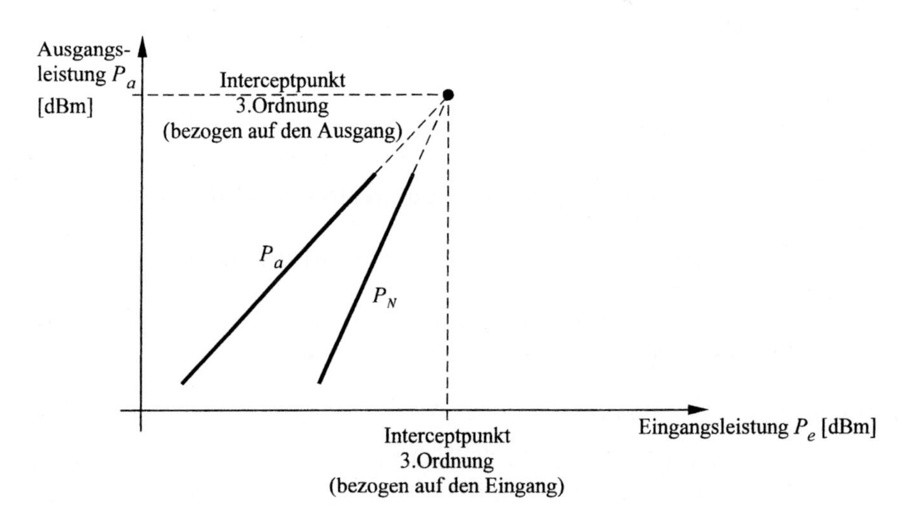


*Bild 6.17: Erläuterung zum Interceptpunkt 3.Ordnung*

Als Interceptpunkt in dBm wird der fiktive Schnittpunkt der $P_a$-Geraden mit der $P_N$-Geraden bezeichnet, und zwar wird der Interceptpunkt entweder eingangs- oder ausgangsbezogen angegeben. Bei Spektrumanalysatoren wird überlicherweise der eingangsbezogene Interceptpunkt angegeben, weil auch die angezeigten Pegel auf den Eingang bezogen sind. Je höher der Interceptpunkt um so geringer sind die nichtlinearen Verzerrungen bei gegebener Eingangsleistung der starken Linien.

---

**Übungsaufgabe 6.5**

Es soll ein Experiment mit dem Zweitonverfahren durchgeführt werden, um die Größe des kubischen Koeffizienten $a_3$ aus Gleichung 6.10 zu bestimmen.

---

Liegen zwei oder mehr Signale so dicht in der Frequenz beieinander, dass sie gemeinsam von einem eventuellen Vorfilter vor dem ersten Mischer durchgelassen werden, dann entstehen im Mischer die beschriebenen Intermodulationsprodukte, welche unter bestimmten Bedingungen nicht mehr herausgefiltert werden können. Diese Störlinien müssen nicht notwendigerweise im ersten Mischer entstehen, sondern sie können auch in einem der nachfolgenden Mischer oder eventuell in den Verstärkern der Abwärtsmischkette entstehen.

Weil die Intermodulationsprodukte sehr rasch mit sinkendem Pegel abnehmen, besteht eine Möglichkeit zu ihrer Abschwächung darin, dass man den Eingangspegel in dem Spektrumanalysator und damit auch den Pegel für die Mischer absenkt. Durch die Absenkung der Pegel wird aber auch der Signal/Rauschabstand schlechter, weil sich der Rauschpegel nicht absenken lässt. Eine bessere Möglichkeit besteht in der Verwendung von intermodulationsfesteren Mischern. Die Intermodulationsfestigkeit lässt sich aber bei vertretbarem Aufwand nicht unbegrenzt steigern. Die Intermodulationsfestigkeit und damit die Aussteuerbarkeit ist ein Qualtitätsmerkmal von Spektrumanalysatoren, weil dadurch zusammen mit der Empfindlichkeit die Dynamik des Gerätes bestimmt wird.

### 6.5.2 Filterbare Intermodulationsprodukte am ersten Mischer

Bei der Intermodulation 3. Ordnung müssen mindestens zwei Signale am Eingang anliegen, damit Störlinien entstehen können. Eine weitere Ursache für Störlinien, wobei schon die Anwesenheit eines Signals am Eingang ausreicht, stellt das folgende Intermodulationsprodukt dar:

$$f_i = 2f_{LO}' - 2f_s' . \tag{6.13}$$

Weil das LO-Signal groß ist, wird auch die Oberschwingung $2\,f_{LO}$ stark angeregt. An dieser Oberwelle wird die Oberschwingung $2\,f_s$ des störenden RF-Signals, welche auch durch die Nichtlinearität des Mischers erzeugt wird, gemischt. Die gestrichenen Größen sind dabei die Frequenzen, die zu der Intermodulation führen. Für eine gegebene Signalfrequenz $f_s$ muss das reguläre Mischprodukt in die Mitte des nachfolgende Bandpassfilters, also auf die Frequenz $f_i$, fallen, um angezeigt zu werden. Für das Mischprodukt gilt:

$$f_{LO} = f_s + f_i \, . \tag{6.14}$$

Vergleicht man die LO-Frequenz $f_{LO}$ , die zu der Intermodulation gehört, mit der regulären LO-Frequenz entsprechend Gl. (6.14), so erkennt man, dass das Störprodukt nach Gl. (6.13) bei der scheinbaren Signalfrequenz $f_s'$ mit

$$\begin{aligned} &\frac{f_i}{2} + f_s' = f_s + f_i \\ &\Leftrightarrow f_s = f_s' - \frac{1}{2} f_i \end{aligned} \tag{6.15}$$

angezeigt wird. Die Anzeige der Störlinie liegt unabhängig von der Signalfrequenz $f_s$ um $f_i / 2$ unterhalb von $f_s$ . Außerdem erkennt man an Gl. (6.15), dass das Intermodulationsprodukt nur für Frequenzen

$$f_s > \frac{f_i}{2} \tag{6.16}$$

auftreten kann. Das zugehörige $f_{LO}'$-Signal liegt dann im Bereich

$$f_i < f_{LO}' < \frac{1}{2} f_i + f_c \tag{6.17}$$

Dabei ist $f_c$ die Tiefpassgrenzfrequenz; in dem verwendeten Zahlenbeispiel liegt diese Grenzfrequenz bei 4 GHz. Den Frequenzabstand zwischen dem Störsignal und dem Eingangssignal kann man dazu benutzen, mit einer geeigneten Schaltungsmaßnahme die Störlinie zu unterdrücken. Eine Möglichkeit besteht darin, ein Vorfilter am Eingang, nämlich einen umschaltbaren Tiefpass, so auszulegen, dass im Spektrumanalysator Eingangssignale unterdrückt werden, die bei höheren Frequenzen als $f_i / 2$ liegen, solange nur niedrige Frequenzen angezeigt werden.

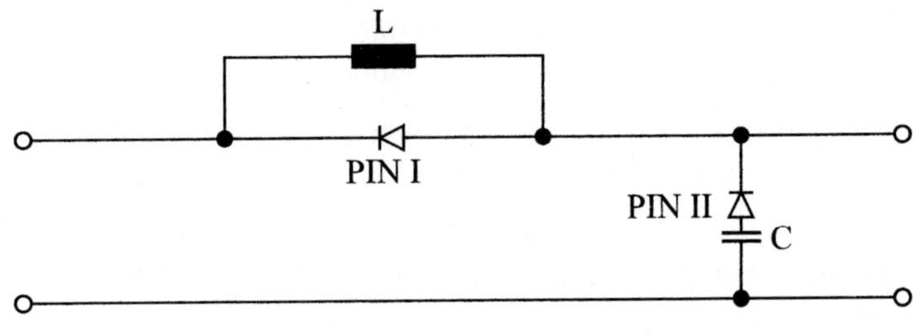


*Bild 6.18: Umschaltbarer Vorschalttiefpass; die PIN-Dioden-Steuerung ist nicht gezeigt*

In dem Zahlenbeispiel von Bild 6.14 bedeutet dies, dass der Tiefpass im Bereich von 2,5 bis 4 GHz sperren muss, während der Frequenzbereich 0 bis 2,5 GHz angezeigt wird. Soll der übrige Frequenzbereich 2,5 bis 4 GHz dargestellt werden, dann kann das schaltbare Tiefpassfilter auf Durchgang geschaltet werden, weil dann das LO-Signal im Bereich von 7,5 bis 9 GHz liegt, wo es nach Gl. (6.17) zu keinem Intermodulationsprodukt kommt.

Das elektronisch umschaltbare Tiefpassfilter kann bspw. mit Hilfe von PIN-Dioden realisiert werden. Eine mögliche Schaltung ist in Bild 6.18 angegeben.

Schaltet man die PIN-Diode I in Flussrichtung und die PIN-Diode II in Sperrichtung, dann stellt der Tiefpass eine Durchverbindung dar. Ist umgekehrt PIN-Diode I in Sperrichtung und PIN-Diode II in Durchlassrichtung geschaltet, dann ist der Tiefpass mit der passenden Grenzfrequenz eingeschaltet. Weil sich der Pegel der Störlinie um 20 dB verringert, wenn das RF-Signal um 10 dB abgeschwächt wird, muss an die Sperrwirkung des Tiefpasses keine hohe Anforderung gestellt werden. Auch ein YIG-Filter, welches mit dem gerade angezeigten Signal mitläuft, könnte das Störprodukt unterdrücken helfen. Allerdings ist das YIG-Filter nicht für den kritischen unteren Frequenzbereich einsetzbar.

### 6.5.3 Eigenschaften eines Spektrumanalysators

Von einem Spektrumanalysator wird man vor allem folgende Eigenschaften erwarten:

*Frequenzverhalten:*

- weiter Abstimmbereich;
- hohe Messgeschwindigkeit insbesondere bei kleinen Filterbandbreiten
- hohe Frequenzstabilität der Mischoszillatoren (geringe Drift);
- niedriges Frequenzrauschen der Mischoszillatoren;
- hohe Auflösung;
- eindeutige Signalerkennung und Zuordnung.

*Amplitudenverhalten:*

- kalibrierfähige, frequenzunabhängige Amplitudenwiedergabe;
- großer linearer Dynamikbereich, hohe Eingangsempfindlichkeit;
- geringe interne Verzerrungen, wie z. B Intermodulationslinien.

Mit solchen Eigenschaften ausgestattet, ist ein Spektrumanalysator eines der nützlichsten elektronischen Messgeräte überhaupt.

## 6.6 Ein Spektrumanalysator kombiniert mit Aufwärtsmischung

Wenn man die Kette von Oszillatoren, Verstärkern und Mischern noch einmal aufbaut, die Mischer mit den gleichen Mischoszillatoren (LOs) ansteuert, die Mischer aber anders herum betreibt, nämlich als Aufwärtsmischer und die Verstärker in umgekehrter Richtung betreibt, dann erhält man ein vielseitig einsetzbares Messsystem, wie wir sehen werden.

Wir können die Schaltung in Bild 6.19 als lineares nichtreziprokes Viertor auffassen, allerdings mit unterschiedlichen Frequenzen an den Toren ① und ④ gegenüber ② und ③, aber gleichen Frequenzen an den Toren ① und ④ sowie ② und ③. Eine Übertragung gibt es von Tor ① nach Tor ② und von Tor ③ nach Tor ④. Die Tore ① und ④ sowie ② und ③ sollten möglichst gut entkoppelt sein. Auch die Tore ① und ③ sowie ② und ④ sollten gut entkoppelt sein. Um dies zu bewerkstelligen, müssen zusätzlich die Ausgänge der Mischoszillatoren durch Trennverstärker entkoppelt werden.

Eine erste wichtige Anwendung für das Messsystem in Bild 6.19 besteht in der Realisierung eines durchstimmbaren Bandpasses. Dazu verbindet man die Tore ② und ③. Dann erhält man bezüglich des Eingangstores ① und des Ausgangstores ④ ein schmalbandiges Bandpassfilter, welches von 0 bis 4 GHz durchstimmbar ist

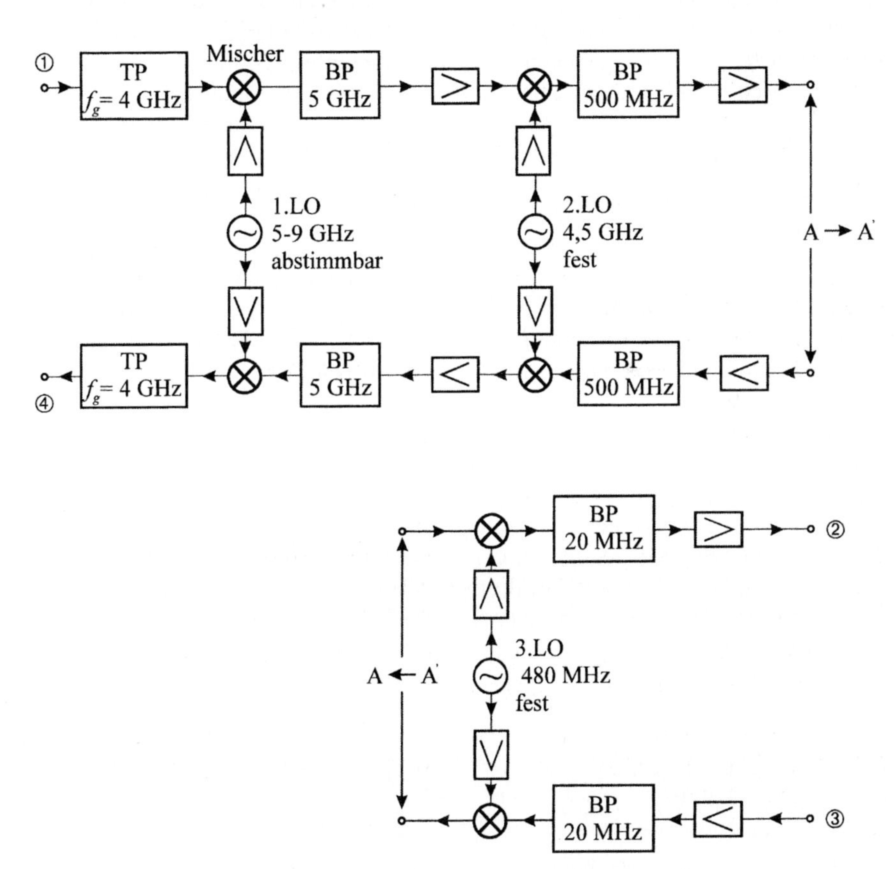


*Bild 6.19: Spektrumanalysator mit Abwärtskette und Aufwärtskette*

und dessen Mittenfrequenz sehr präzise einstellbar ist. Die Bandbreite ist umschaltbar, aber einmal eingestellt bleibt sie unabhängig von der Eingangsfrequenz erhalten. Das Bandpassfilter behält seine exzellenten Selektionseigenschaften auch für hohe Frequenzen, weil es auf einem Quarzfilter beruht. Ein solches Filter könnte man unter anderem dazu verwenden, einen Zähler an Tor ④ anzubringen, um auf diese Weise die Frequenz eines Signals zu messen, und zwar die eines schwachen Signals, welches möglicherweise von starken Signalen umgeben ist. Allerdings reicht für solch eine Anwendung ein gewöhnlicher Spektrumanalysator ohne Aufwärtskette aus, der über einen Synthesegenerator quarzstabil von einem Rechner gesteuert wird. Damit kennt man bereits für jede Einstellung der Oszillatoren präzise die Eingangsfrequenz, die in der Regel auch automatisch angezeigt werden kann.

Speist man in Tor ③ von Bild 6.19 ein Sinussignal ein, dessen Frequenz in der Filtermitte des letzten Bandpassfilters liegt, dann erhält man an Tor ④ einen so genannten Folgegenerator (engl.: tracking generator), dessen Frequenz genau der Filterstellung des Spektrumanalysators folgt. Mit dem Folgegenerator an Tor ④ kann man ein höherfrequentes Signal, z. B ein optisches Signal, modulieren, welches anschließend wieder demoduliert werden soll. Das Modulationssignal soll in der Frequenz variiert werden. Das demodulierte Signal kann man an Tor ① einspeisen und an Tor ② schmalbandig detektieren. Durch eine solche Messanordnung ist gewährleistet, dass die Modulationsfrequenz und das schmale Empfangsfilter genau synchron laufen.

Der Folgegenerator ist kostengünstiger aufzubauen und hat weniger Übersprecher-Probleme, wenn man ihn als separaten Synthesegenerator II realisiert, der die gleiche Quarz-Zeitbasis benutzt, wie der interne Synthesegenerator I des Spektrumanalysators. Durch die richtige Rechnersteuerung wird gewährleistet, dass die Frequenz des Folgegenerators exakt in die Filterstellung des Spektrumanalysators fällt.

Einen solchen Folgegenerator zusammen mit einem gewöhnlichen Spektrumanalysator kann man dazu benutzen, vektorielle Vierpolmessungen durchzuführen. Bild 6.20 zeigt eine Anordnung für Transmissionsmessungen. Das niedrigste Zwischenfrequenzsignal des Spektrumanalysators enthält die Amplituden- und Phaseninformation, z. B relativ zum steuernden Quarzoszillator. Man kann aber auch den Empfangskanal des Spektrumanalysators mehrfach aufbauen und dann zusammen mit Reflektometern einen 3- oder 4-Messstellen-Netzwerkanalysator realisieren.

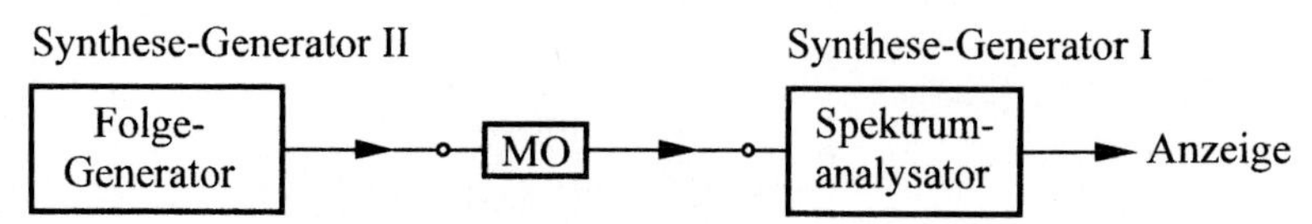


*Bild 6.20: Vierpolmessung mit Spektrumanalysator und Folgegenerator*

Es werden dann die drei oder vier niedrigsten Zwischenfrequenzsignale nach Amplitude und Phase ausgewertet, wobei eines der Signale als Phasenreferenz dienen kann.

Auf solch einen Netzwerkanalysator kann man wiederum sämtliche Systemfehler-Korrekturverfahren anwenden. Ein Netzwerkanalysator dieser Art zeichnet sich gegenüber dem in Kap. 4 behandelten durch seine größere Immunität gegenüber Störsignalen aus, die eventuell im Messobjekt entstehen, z. B bei nichtlinearen Schaltungen im Mehrfrequenzbetrieb. Ein gewöhnlicher Netzwerkanalysator reagiert z. B mit einer fehlerhaften Anzeige bei Störsignalen im Spiegelfrequenzbereich.

Damit sind sehr kompakte Messsysteme vorgestellt worden, mit denen man eventuell zugleich eine Spektrumanalyse, eine skalare Pegelmessung, Frequenzmessungen und eine Netzwerkanalyse durchführen kann.

## 6.7 Frequenzerweiterung des Spektrumanalysators durch harmonische Mischung

Bei viel höheren Frequenzen wird das Konzept, nur den Frequenzbereich unterhalb des ersten VCO auszunutzen, aufgrund des erforderlichen stabilisierten 1. VCOs aufwändig. Man verwendet daher einen VCO, welcher im Nutzfrequenzbereich liegt und zusätzlich einen Oberwellenmischer. Der VCO soll im hier verwendeten Zahlenbeispiel im Bereich von 4 GHz bis 8 GHz abstimmbar sein.

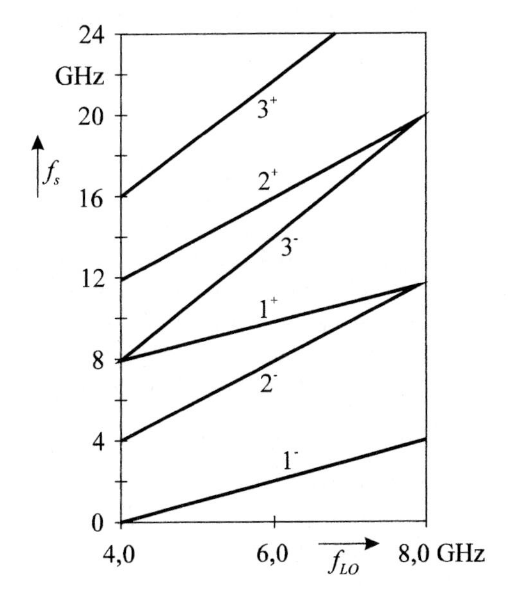


*Bild 6.21: Frequenzplan für einen Spektrumanalysator mit Oberwellenmischung*

Man erhält dann als Frequenzbeziehung zwischen der Signalfrequenz $f_s$, der VCO-Frequenz $f_{LO}$ und der 1. Zwischenfrequenz $f_i$:

$$f_s = N \cdot f_{LO} \pm f_i \quad ; N = 1,2,3,4,... \tag{6.18}$$

Die Gleichung (6.18) ist in Bild 6.21 in der Form eines Frequenzplanes grafisch dargestellt, und zwar für $f_i = 4$ GHz und für ein von 4 bis 8 GHz variables LO-Signal. Die Zahlenangaben an den verschiedenen Geraden bezeichnen die Betriebsmoden, nämlich $N$ und das gewählte Vorzeichen der Gleichung (6.18).

Aus dem Frequenzplan in Bild 6.21 kann man entnehmen, dass das Eingangssignal mit der Frequenz $f_s$ mehrmals auf dem Bildschirm auftauchen kann. Andererseits können mehrere Signale mit verschiedenen Frequenzen an der gleichen Stelle des Bildschirms erscheinen. Insgesamt ergibt sich damit ein ziemliches Frequenzenwirrwarr.

In den älteren Geräten wird automatisch die Abstimmsteilheit der VCOs jeweils derart mit der gewählten Betriebsmode verändert, dass z. B 1 MHz Frequenzhub pro Skaleneinteilung für jede gewählte Betriebsmode auch 1 MHz pro Skaleneinteilung bleiben. Diese Tatsache macht man sich zu Nutze, um über einen Signalidentifizierer zu entscheiden, ob ein bestimmtes Signal auf dem Bildschirm auch zu der gewählten Betriebsmode gehört, ob also die Frequenz und die Abstimmsteilheit mit der Anzeige des Geräts übereinstimmen. Zu diesem Zweck wird bei jedem zweiten Wobbelvorgang einer der LOs um den Betrag $2 \cdot X$ MHz zu tieferen Frequenzen verschoben und gleichzeitig wird das Anzeigesignal etwas abgeschwächt. Die Größe $X$ ist dabei der eingestellte Frequenzhub pro Skaleneinteilung. Beobachtet man auf dem Bildschirm dann auch tatsächlich ein Auswandern der angezeigten Spektrallinie um 2 Skalenteile zu tieferen Frequenzen, dann hat man die richtige Betriebsmodenzuordnung getroffen. Erfolgt ein Auswandern zu höheren Frequenzen oder um mehr als zwei Skalenteile, dann ist die Betriebsmodenzuordnung falsch.

Bei neueren Spektrumanalysatoren mit Oberwellenmischung wird im Allgemeinen für die höheren Frequenzen ein steuerbares YIG-Filter am Eingang des Spektrumanalysators angeordnet. Die Frequenz des LO-Signals und die Mittenfrequenz des YIG-Filters werden derart gesteuert, dass ihre Zuordnung gemäß Gleichung (6.18) richtig ist. Dadurch kann die Linienvielfalt vollständig vermieden werden und eine eindeutige Darstellung auf dem Bildschirm erreicht werden. Für eine vorgegebene Signalfrequenz $f_s$ muss dazu die LO-Frequenz sowie $N$ passend gewählt werden. Für dieses Verfahren muss der erste Mischoszillator zwingend ein vom Rechner steuerbarer Synthesegenerator sein, welcher außerdem ausreichend schnell umschaltbar sein sollte.

---

**Übungsaufgabe 6.6**

Die Frequenz des Eingangssignals werde linear über der Zeit von 0 bis 24 GHz geändert. Es sei $f_i$ = 4 GHz, $f_{LO}$ = 4 - 8 GHz. Wie muss sich die LO-Frequenz über der Zeit ändern, wenn man trotz Oberwellenmischung eine eindeutige Darstellung erreichen will? Es soll ein Eingangs-YIG-Filter oberhalb von 2 GHz mit dem Eingangssignal mitlaufen.

## Studienziele

Nach dem Durcharbeiten dieses Kapitels sollten Sie

- eine Vorstellung davon haben, wie man z. B bei 20 GHz eine Frequenz auszählen kann;
- die Gemeinsamkeiten der verschiedenen Zählerkonzepte erkannt haben;
- verstanden haben, warum ein Spektrumanalysator mehrere Konverterstufen aufweist;
- die Vorzüge einer YIG-Vorselektion bei einem Spektrumanalysator erkannt haben;
- sich verdeutlicht haben, dass Frequenz- bzw. Phasenrauschen des umsetzenden Oszillators die Auflösung des Spektrumanalysators mitbestimmt;
- eingesehen haben, dass es sehr wichtig ist, dass der Spektrumanalysator Signale eindeutig über der Frequenz darstellt.

# 7 Zeitbereichsmessungen

## Vorbemerkungen

In dieser Kurseinheit sollen Zeitbereichsmessverfahren besprochen werden, also Verfahren, die es gestatten, den Zeitverlauf eines schnell veränderlichen Signals darzustellen. Allerdings sind diese Verfahren, wie wir sehen werden, von indirekter Art, das heißt der Zeitverlauf des Signals kann nicht direkt sichtbar gemacht werden wie etwa bei einem Echtzeitoszillographen, sondern er wird aus einzelnen Abtastwerten rekonstruiert. Die Abtastung lässt sich auch als Oberwellenmischung deuten. Dies bedeutet, dass bei einem Abtastoszillographen die Rekonstruktion des Zeitverlaufs erst nach einer Frequenzumsetzung erfolgen kann. Der Vorteil des Abtastoszillographen liegt vor allem darin begründet, dass sich schnellere Zeitverläufe darstellen lassen als mit dem Echtzeitoszillographen.

Eine wichtige Anwendung des Abtastoszillographen liegt im Bereich der Impulsreflektometrie. Bei dieser Technik werden periodisch Impulse in ein Leitungssystem eingespeist und aus eventuell auftretenden Reflexionen wird dann auf die Eigenschaften des Leitungssystems geschlossen.

Diese so genannte Impulsantwort eines Systems lässt sich auch aus Messungen im Frequenzbereich und einer anschließenden Fouriertransformation bestimmen. Solche indirekten Zeitbereichsmessungen gewinnen immer mehr an Bedeutung.

Ein wichtiger Spezialfall der Impulsreflektometrie ist die Entfernungs- bzw. Abstandsmessung. Auch hier gewinnen Frequenzbereichsverfahren mit anschließender Fouriertransformation an Bedeutung, weil die technische Ausführung meist einfacher ist.

## 7.1 Der Abtastoszillograph

### 7.1.1 Grundlagen der Abtastung

Es möge ein bandbegrenzter zeitlicher Vorgang $s(t)$ die Fouriertransformierte $S(f)$ aufweisen. Der Zeitvorgang $s(t)$ soll mit Dirac-Impulsen ($\delta$-Impulsen) abgetastet werden. Die Dirac-Impulse folgen zeitlich in jeweils gleichem Abstand $T_a$ aufeinander. Die Abtastimpulse bilden infolgedessen eine periodische Signalfolge:

$$p(t) = \sum_{n=-\infty}^{\infty} \delta(t - nT_a)\,. \tag{7.1}$$

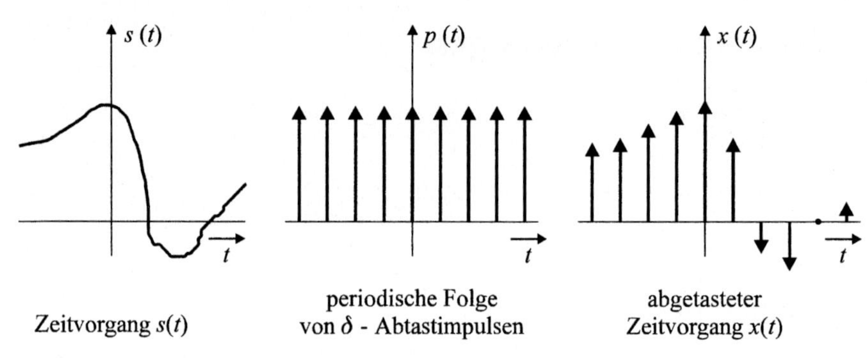


*Bild 7.1: Abtastung mit Dirac-Impulsen*

Das abgetastete Signal $x(t)$ (vgl. Bild 7.1) besteht ebenfalls aus einer Folge von Dirac-Impulsen, deren Moment jedoch gemäß dem abzutastenden Zeitvorgang $s(t)$ veränderlich ist. In Bild 7.1 wird diese Aussage grafisch verdeutlicht.
Die Impulsreihe für den abgetasteten Zeitvorgang $x(t)$ können wir unmittelbar angeben. Dabei wird ausgenutzt, dass die Dirac-Funktion nur für das Argument Null einen von Null verschiedenen Wert aufweist, wobei gilt:

$$\int_{-\infty}^{+\infty} \delta(t)dt = 1. \tag{7.2}$$

Damit erhält man für $x(t)$

$$x(t) = s(t) \cdot p(t) = \sum_{n=-\infty}^{+\infty} s(nT_a)\,\delta(t - nT_a). \tag{7.3}$$

Den periodischen Vorgang $p(t) = \sum_{n=-\infty}^{+\infty} \delta(t - nT_a)$ können wir in eine Fourierreihe entwickeln:

$$\sum_{n=-\infty}^{+\infty} \delta(t - nT_a) = \sum_{m=-\infty}^{+\infty} V_m\, e^{jm2\pi Ft} \quad \text{mit der Abtastfrequenz } F = \frac{1}{T_a}. \tag{7.4}$$

Die Fourierkoeffizienten ergeben sich zu

$$V_m = \frac{1}{T_a} \int_{-\frac{1}{2}T_a}^{+\frac{1}{2}T_a} \sum_{n=-\infty}^{+\infty} \delta(t - nT_a)\, e^{-jm2\pi Ft} dt = \frac{1}{T_a} \int_{-\frac{1}{2}T_a}^{+\frac{1}{2}T_a} \delta(t)\, e^{-jm2\pi Ft} dt = \frac{1}{T_a}. \tag{7.5}$$

Damit erhält man

$$p(t) = \sum_{n=-\infty}^{+\infty} \delta(t - nT_a) = \sum_{m=-\infty}^{+\infty} V_m \, e^{jm2\pi Ft} = \frac{1}{T_a} \sum_{m=-\infty}^{+\infty} e^{jm2\pi Ft}. \tag{7.6}$$

Damit erhalten wir für den abgetasteten Zeitvorgang $x(t)$ auch

$$x(t) = \frac{1}{T_a} \sum_{m=-\infty}^{+\infty} s(t) \, e^{jm2\pi Ft}. \tag{7.7}$$

Das Spektrum $X(f)$ zu dem Zeitvorgang $x(t)$ ergibt sich aus einer Fouriertransformation von $x(t)$.

$$\begin{aligned} X(f) &= \int_{-\infty}^{+\infty} x(t) e^{-j2\pi ft} dt = \frac{1}{T_a} \sum_{m=-\infty}^{+\infty} \int_{-\infty}^{+\infty} s(t) e^{-j2\pi(f-mF)t} dt \\ &= \frac{1}{T_a} \sum_{m=-\infty}^{+\infty} S(f - mF) \end{aligned} \tag{7.8}$$

Dabei ist, wie bereits erwähnt, $S(f)$ das Spektrum des abzutastenden Signals $s(t)$. Das Spektrum des abgetasteten Signals ergibt sich aus dem mit der Periode $1/T_a$ wiederholten Spektrum des abzutastenden Signals $S(f)$, wie in Bild 7.2 skizziert. Das Spektrum von $S(f)$ soll voraussetzungsgemäß bandbegrenzt sein. Die Grenzfrequenz sei $f_g$.

Wird die Abtastrate $1/T_a$ genügend groß gewählt, so dass die bandbegrenzten Einzelspektren in Bild 7.2 nicht überlappen, dann lassen sich mit Hilfe eines möglichst idealen Tiefpasses das ursprüngliche Spektrum $S(f)$ und damit die ursprüngliche Signalform $s(t)$ vollständig regenerieren. Dieser Fall der nicht überlappenden Spektren ist in Bild 7.3 skizziert.
Bei nicht überlappenden Spektren ist erforderlich, dass die Abtastperiode $T_a$ zu

$$T_a \leq \frac{1}{2f_g} \tag{7.9}$$

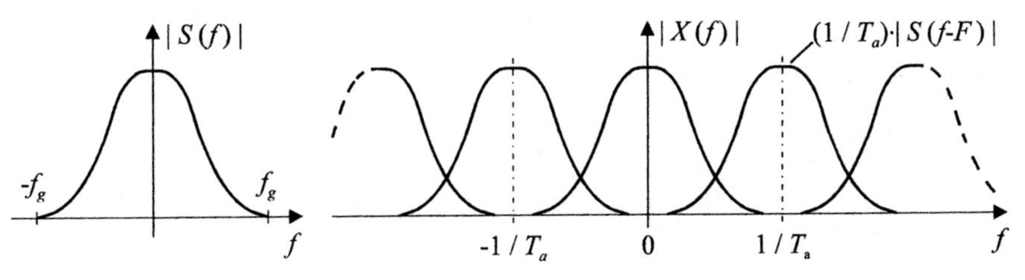


*Bild 7.2: Spektrum des abgetasteten Signals*

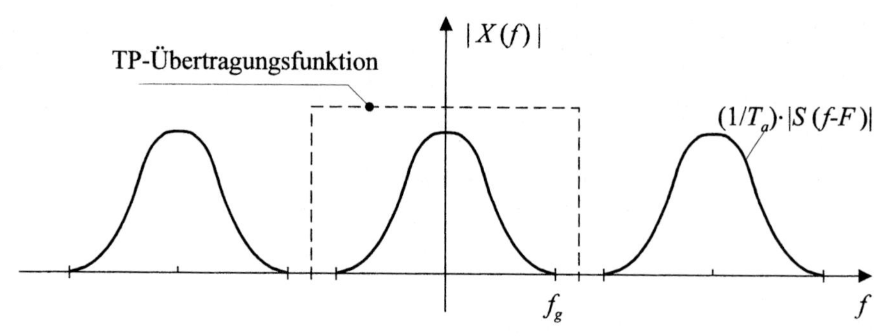


*Bild 7.3: Überlappungsfreie Spektren (TP = Tiefpass)*

gewählt wird. Dies ist die Grundaussage des *Abtasttheorems*. Die Mindest-Abtastfrequenz $2f_g$ wird häufig als Nyquistfrequenz bezeichnet.

Die Aussage des Abtasttheorems lässt sich noch auf eine andere Weise plausibel machen. Dazu interpretieren wir den Abtastschalter als Oberwellenmischer, dessen Mischoszillatorfrequenz gleich der Abtastfrequenz ist. Der Schalter stellt einen zeitlich veränderlichen Leitwert $G(t)$ dar, der durch ein Schaltsignal $q(t)$ geschaltet wird (Bild 7.4).

Der zeitlich periodisch veränderliche Leitwert $G(t)$ kann in eine Fourierreihe mit den Koeffizienten $G_0$, $G_1$,..., $G_m$ entwickelt werden. Am Lastwiderstand entstehen Summen- und Differenzfrequenzen des zu mischenden Signals mit der Grundwelle und den Oberwellen der Schaltfrequenz $F$. Dies ist in Bild 7.5 in einer spektralen Darstellung veranschaulicht.

Das Spektrum $S(f)$ des Eingangssignals $s(t)$ ist bis auf Maßstabsfaktoren vervielfacht worden, und zwar jeweils spiegelbildlich zu den Harmonischen der Schaltfrequenz $F$. Dies gilt auch dann, wenn das Schaltsignal keine Dirac-Funktion ist.

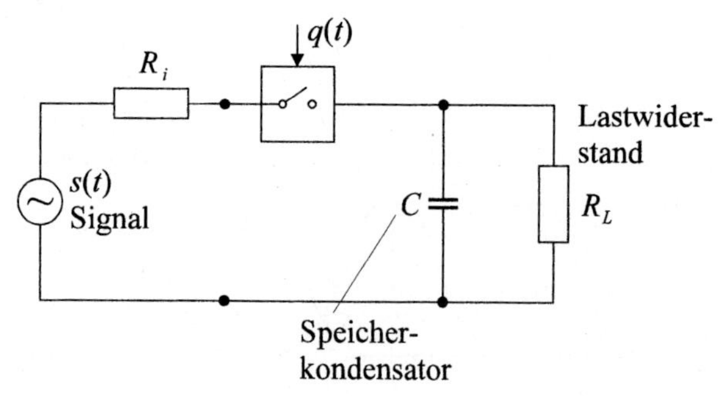


*Bild 7.4: Zur Beschreibung des Abtasters als Oberwellenmischer*

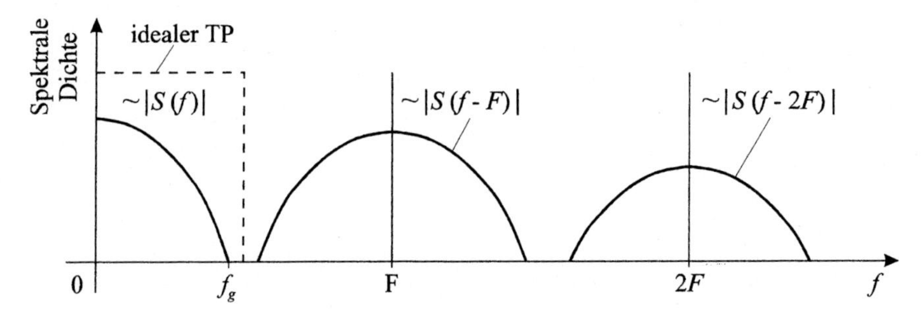


*Bild 7.5: Spektralverteilung des Oberwellenmischers (= Abtasters)*

Dann nimmt jedoch im Allgemeinen die spektrale Dichte mit wachsender Ordnungszahl ab. Das Basisbandspektrum $S(f)$ kann durch einen Tiefpass regeneriert werden, sofern $F > 2f_g$ ist. Dies ist wiederum die Aussage des Abtasttheorems. Es ist zweckmäßig, die Abtastfrequenz deutlich größer als $2f_g$ zu wählen, weil dann die Anforderungen an den Tiefpass, der möglichst geringe Verzerrungen verursachen soll, geringer werden.

Auf diesem Grundprinzip basiert der Abtastoszillograph. Ein Abtastoszillograph soll sehr schnelle zeitliche Vorgänge darstellen und wird vor allem dort eingesetzt, wo ein gewöhnlicher Kathodenstrahloszillograph zu langsam ist. Versucht man allerdings, einen schnellen zeitlichen Vorgang mit der mindestens erforderlichen Rate abzutasten, dann ist die Rate so hoch, dass eine Weiterverarbeitung der Abtastwerte nicht mehr möglich ist.

Es zeigt sich jedoch, dass man auch mit Abtastfrequenzen auskommt, die viel kleiner sind als die Signalfrequenzanteile, wenn das abzutastende Signal $s(t)$ bandbegrenzt oder periodisch ist.

Ist das abzutastende Signal $s(t)$ zusätzlich mit einer unteren Grenzfrequenz $f_u > 1/T_a$ bandbegrenzt, so ist ebenfalls eine Rekonstruktion aus seinen Abtastwerten möglich. Das beidseitige Spektrum eines derartigen Signals ist in Bild 7.6 skizziert.

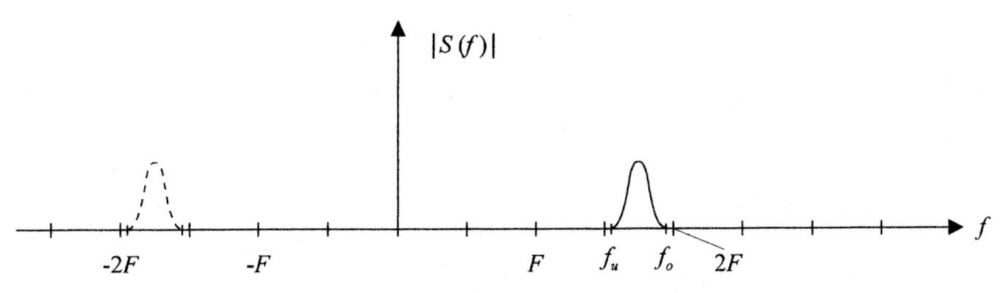


*Bild 7.6: Spektrum des abzutastenden bandbegrenzten Signals*

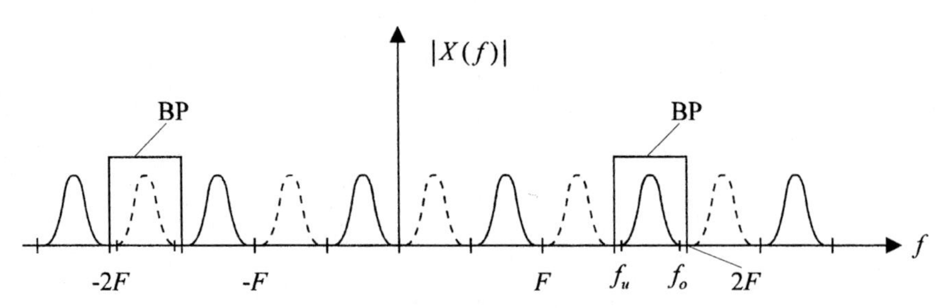


*Bild 7.7: Spektrum des abgetasteten bandbegrenzten Signals (BP = Bandpass-Übertragungsfunktion)*

Der Anteil bei negativen Frequenzen ist gestrichelt eingezeichnet, wobei gilt:

$$S(-f) = S^*(f) \ . \tag{7.10}$$

Das Spektrum des abgetasteten Signals ergibt sich wieder aus Gl. (7.8), die auch in diesem Fall Gültigkeit hat. Die periodische Verschiebung des Spektrums $S(f)$ aus Bild 7.6 um $m\,F$ ist in Bild 7.7 dargestellt.
Sowohl der Anteil bei positiven als auch derjenige bei negativen Frequenzen werden mit der Periode $1/T_a$ wiederholt. Man kann anhand von Bild 7.7 leicht einsehen, dass eine Überlappung der wiederholten Spektren vermieden wird, sofern $S(f)$ vollständig zwischen zwei aufeinander folgenden Vielfachen von $F/2$ liegt:

$$\frac{k}{2T_a} < f_u \le f_o < \frac{k+1}{2T_a} \text{ , für } k = 0, 1, 2, \dots \ . \tag{7.11}$$

Dann kann $s(t)$ vollständig durch das eingezeichnete Bandpassfilter rekonstruiert werden. Dies ist das Abtasttheorem für bandbegrenzte Signale.

Beschränkt man sich auf die Darstellung periodischer Signale, die nach einer gewissen Zeit wieder in genau gleicher Form ablaufen, braucht man jedem wiederkehrenden Signalverlauf z. B. nur einen Abtastwert zu entnehmen. Der Abtastzeitpunkt wird nach und nach über den gesamten Signalverlauf verschoben. Damit hat man die erforderliche Abtastrate so entscheidend herabgesetzt, dass eine Weiterverarbeitung der Abtastwerte leicht möglich ist. Als Nachteil handelt man sich eine Zeitdehnung in der Darstellung ein.

Ein Abtastoszillograph lässt sich also nur dann verwenden, wenn das abzutastende Signal in periodischer oder zumindest repetierender Form vorliegt. Dies bedeutet, dass sich das abzutastende Signal nach gewissen Zeitabständen in identischer Form wiederholen muss. Die Zeitabstände müssen nicht notwendigerweise gleich sein. Üblicherweise entnimmt man jedem Signalvorgang nur einen Abtastwert. Die Abtastwerte werden nach jeder Wiederholung des Signalvorgangs zu

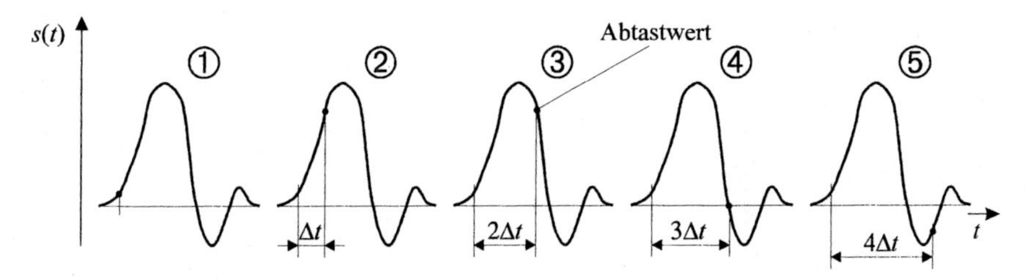


*Bild 7.8: Signalrekonstruktion durch fortlaufend um Δt zeitlich verschobene Abtastwerte*

jeweils einem etwas späteren Zeitpunkt entnommen, so dass man den vollständigen Signalverlauf rekonstruieren kann. Dieses Grundschema wird in Bild 7.8 grafisch veranschaulicht.

Diese Art der Abtastung lässt sich auch im Frequenzbereich anschaulich deuten. Ein periodisches Signal mit der Periodendauer $T_a$ hat ein Linienspektrum mit dem Abstand $F = 1 / T_a$ der Spektrallinien. Die Periodendauer des Abtastsignals ist um $\Delta t$ größer, so dass das Abtastsignal ein Linienspektrum mit dem Linienabstand $F\text{-}\Delta F = 1 / (T_a + \Delta t)$ aufweist. Bild 7.9 zeigt ein Signalspektrum $S(f)$ und das Spektrum des Abtastsignals (gestrichelt).

Die beiden Signale werden durch den Abtastschalter gemischt, wobei zunächst alle möglichen Kombinationsfrequenzen der sichtbaren Linien entstehen. Ein Tiefpassfilter lässt nur die Anteile mit den Differenzfrequenzen der direkt benachbarten Linien passieren, also das Mischprodukt der $n$-ten Linie des Abtastsignals und der n-ten Linie des abzutastenden Signals. Das Resultat ist die Frequenzversetzung von $n\,F$ auf $n\,\Delta F$ und damit eine Stauchung des Spektrums $S(f)$ um einen Faktor $F / \Delta f$, was einer zeitlichen Dehnung von $s(t)$ um den gleichen Faktor entspricht.

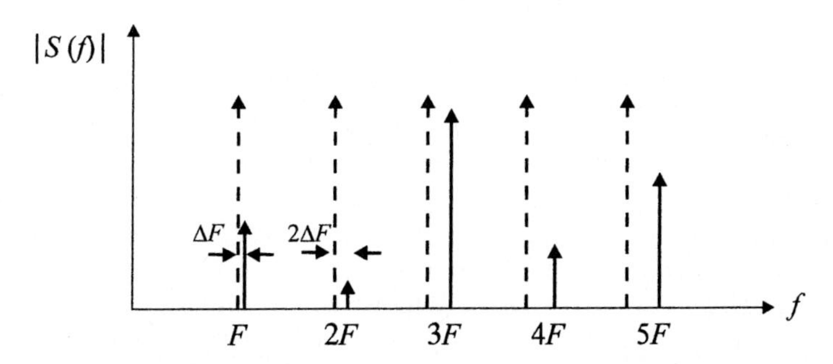


*Bild 7.9: Linienspektren zweier periodischer Signale mit leicht verschiedener Periodendauer*

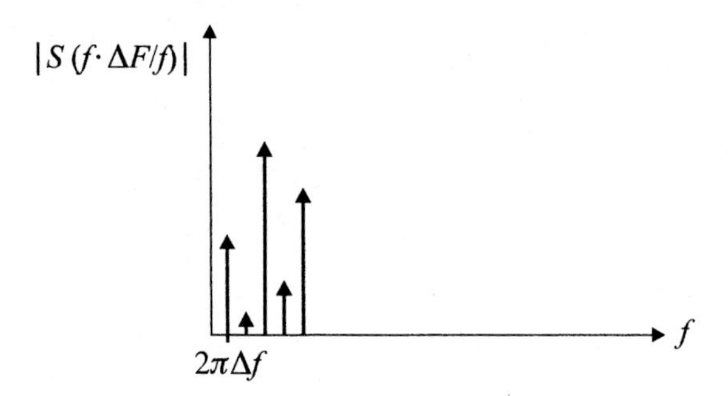


*Bild 7.10: Gestauchtes Spektrum des zeitlich gedehnten Signals s(t)*

Der Abstand zwischen der größten Frequenz $N / T_a$ des abzutastenden Signals und der zugehörigen Linie bei $N / (T_a + \Delta t)$ des Abtastsignals muss kleiner als $1/(2T_a)$ sein, da sonst ein unerwünschtes Mischprodukt mit der benachbarten Linie des abzutastenden Signals bei $(N\text{-}1) / T_a$ auftritt. Diese Aussage entspricht dem Abtasttheorem (Gl. (7.9)).

Bei dieser Form der Abtastung ist es nicht schwierig, die Abtastpunkte genügend dicht zu legen. Es treten also keine Signalverzerrungen auf, die durch eine zu geringe Abtastrate hervorgerufen werden. Die wichtigste Ursache für eine nicht verzerrungsfreie Signalwiedergabe liegt vielmehr darin begründet, dass die Abtastimpulse selbst nicht wirklich $\delta$-impulsförmig sind, sondern eine endliche Breite aufweisen. Man wird vermuten, dass die Breite des Abtastimpulses die obere Frequenzgrenze des Abtastoszillographen bestimmt. Für einen Abtastoszillographen mit hoher Grenzfrequenz wird man infolgedessen die schmalsten verfügbaren Abtastimpulse verwenden. Allerdings kann mit solch kurzen Abtastimpulsen der Speicherkondensator (Bild 7.11) während der Abtastzeit nicht voll aufgeladen werden. Der Speicherkondensator lädt sich vielmehr nur zu einem Bruchteil $e_{sp}$ der abzutastenden Spannung $e_s$ auf.

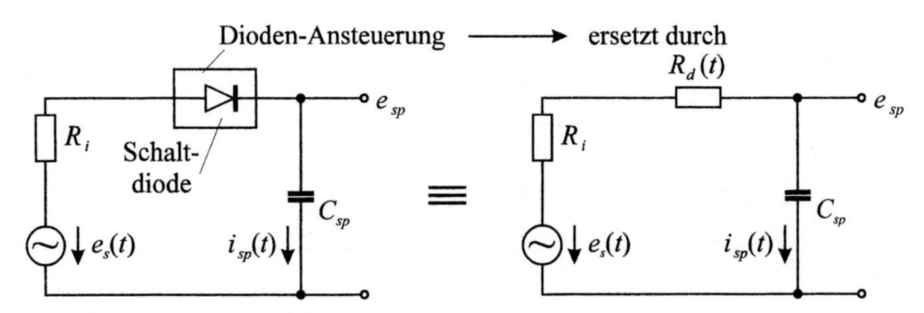


*Bild 7.11: Ersatzschaltbild für den Aufladevorgang des Abtastspeicherkondensators $C_{sp}$*

Den Quotienten $\eta$ dieser beiden Größen bezeichnet man als Abtastwirkungsgrad $\eta$:

$$\eta = \frac{e_{sp}}{e_s}. \tag{7.12}$$

Als Schalter verwendet man in realen Systemen meist (zwei oder vier) Schottky-Schaltdioden. Im Ersatzschaltbild lässt sich der Aufladevorgang des Abtastspeicherkondensators wie in Bild 7.11 mit nur einer Schaltdiode beschreiben.

Die Schaltdiode wird durch einen zeitlich veränderlichen Widerstand $R_d(t)$ ersetzt. Für den Fall, dass die Zeitkonstante $R_i C_{sp}$ sehr viel größer als die Abtastzeit ist, können wir den Kondensator $C_{sp}$ näherungsweise wie einen Kurzschluss behandeln. Damit gilt für den Kondensatorstrom $i_{sp}(t)$:

$$i_{sp}(t) = \frac{e_s(t)}{R_i + R_d(t)}. \tag{7.13}$$

Die nach dem Abtastvorgang am Kondensator anliegende Spannung $e_{sp}$ wird

$$e_{sp} = \frac{1}{C_{sp}} \int_{-\infty}^{+\infty} i_{sp}(t)dt = \int_{-\infty}^{+\infty} e_s(t) \frac{1}{C_{sp}\left(R_i + R_d(t)\right)} dt = \int_{-\infty}^{+\infty} e_s(t)q(t)dt. \tag{7.14}$$

Dabei ist ein effektives Schaltsignal $q(t)$ mit

$$q(t) = \frac{1}{C_{sp}\left(R_i + R_d(t)\right)} \tag{7.15}$$

eingeführt worden.
Das Schaltsignal $q(t)$ wird sich im Allgemeinen nicht allzu sehr von dem Dioden-

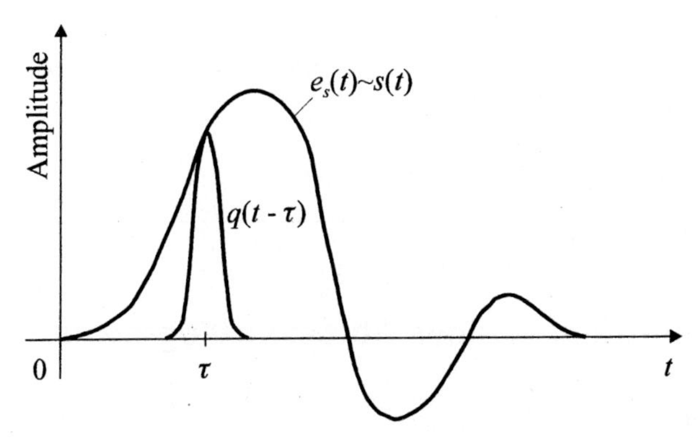


*Bild 7.12: Zur Erläuterung der Abtastung mit einem Abtastimpuls endlicher Breite*

ansteuerungssignal unterscheiden; im Prinzip lässt es sich aus diesem berechnen. Das effektive Schaltsignal $q(t)$ wird schrittweise gegen das abzutastende Signal $e_s(t) \sim s(t)$ um die Zeit $\tau$ verschoben (Bild 7.12). Die Spannung am Abtastkondensator $e_{sp}$ wird damit eine Funktion des Abtastzeitpunktes $e_{sp} = e_{sp}(\tau)$:

$$e_{sp}(\tau) = \int_{-\infty}^{+\infty} e_s(t) q(t-\tau) dt \,. \tag{7.16}$$

Zur Berechnung der Abtastspannung $e_{sp}$ gemäß Gl. (7.16) muss ein Korrelationsintegral ausgewertet werden. Es weist Ähnlichkeit mit einem Faltungsintegral auf. Ersichtlich gilt für den Fall, dass $q(t)$ einer $\delta$-Funktion proportional ist:

$$e_{sp}(\tau) = \eta \cdot e_s(\tau) \,. \tag{7.17}$$

Das Spektrum $E_{sp}(f)$ von $e_{sp}(\tau)$ ergibt sich durch eine Fouriertransformation aus Gl. (7.16) zu

$$E_{sp}(f) = E_s(f) \cdot Q^*(f) \,. \tag{7.18}$$

Dabei ist $Q(f)$ die Fouriertransformierte von $q(t)$ und $E_s(f)$ diejenige von $e_s(t)$. Ersichtlich werden durch einen Abtastimpuls endlicher Breite sowohl der Zeitverlauf als auch das Spektrum des abzutastenden Signals verformt. Eine obere Grenzfrequenz liegt etwa dort, wo das Spektrum des effektiven Abtastimpulses um 3 dB abgefallen ist.

---

**Übungsaufgabe 7.1**

Leiten Sie die Gleichung (7.18) ab.

---

**Übungsaufgabe 7.2**

Wie wird ein idealer Sprung eines Signals bei der Abtastung verformt, wenn der effektive Abtastimpuls

- ein Rechteckimpuls der Breite $\tau_a$ und
- ein symmetrischer Dreiecksimpuls der Fußbreite $\tau_a$ ist ?

---

## 7.2 Technische Realisierung eines Abtastoszillographen

### 7.2.1 Das Abtastglied

Die wesentliche Komponente eines Abtastoszillographen ist das Abtastglied (engl.: sampler oder sampling unit), auf das bereits in Abschn. 3.3.7 eingegangen worden ist. Dort wurde das Abtastglied im Hinblick auf die ins Auge gefassten

Anwendungen als Oberwellenmischer bezeichnet. Die Wirkungsweise ist jedoch die Gleiche. Das Bild 3.16 soll hier noch einmal reproduziert werden (Bild 7.13). Die Abtastschaltung ist in Bild 7.13 in der Form eines Zweidraht-Ersatzschaltbildes wiedergegeben. Bei einer realen Schaltung wird häufig die Bodenmetallisierung, welche die Masseleitung darstellt, in der Form einer Schlitzleitung aufgetrennt (in Bild 7.13 dick ausgezeichnet). Über dieser Schlitzleitung liegen die Abtastimpulse an, welche die beiden Schottky-Schaltdioden sehr kurzzeitig öffnen. Die Schlitzleitung stellt ein Stück symmetrischer Leitung dar, die an den Enden kurzgeschlossen ist. Die Anstiegsflanke des Abtastimpulses öffnet die Dioden. Der Impuls wird an den Kurzschlüssen mit umgekehrtem Vorzeichen reflektiert. Dieser negative Impuls schließt die Dioden wieder. Die Schaltzeiten können im Bereich von 50 ps bis hinunter zu 10 ps liegen, entsprechend der Anstiegszeit der Impulse und der Länge der Schlitzleitung.

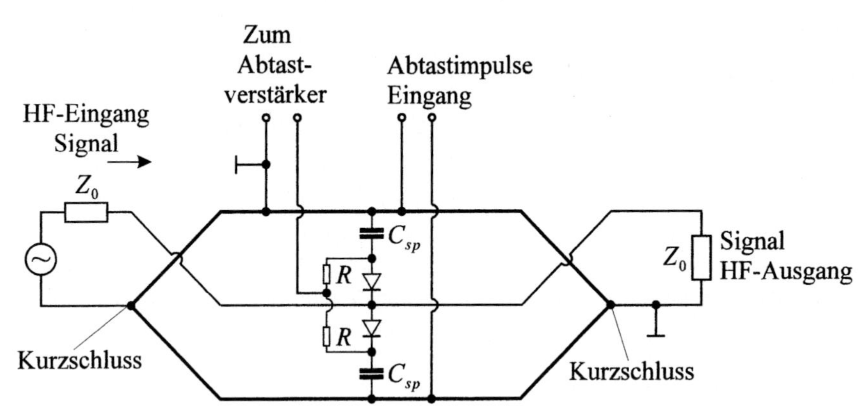


*Bild 7.13: Prinzipschaltung eines schnellen Abtastgliedes*

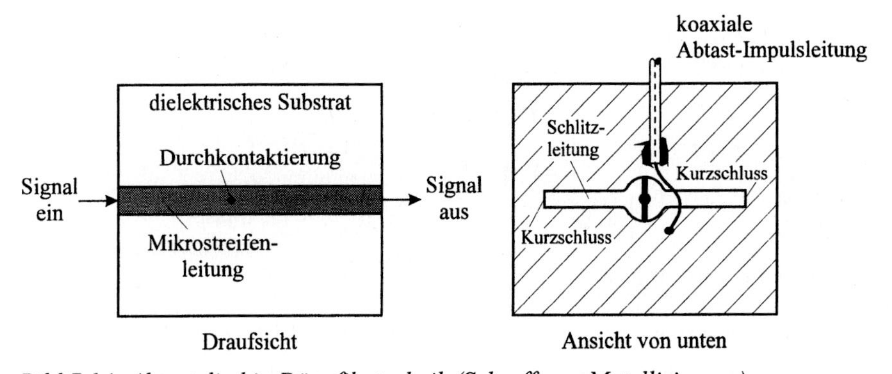


*Bild 7.14: Abtastglied in Dünnfilmtechnik (Schraffur = Metallisierung)*

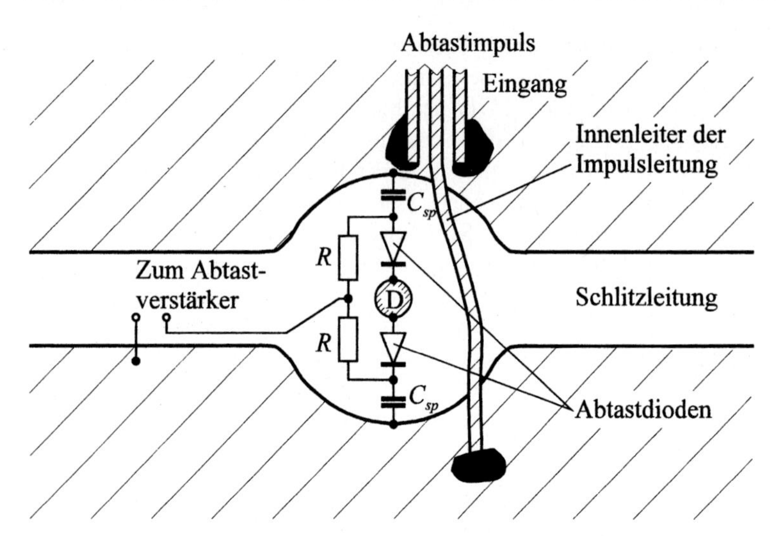


*Bild 7.15: Detailzeichnung zu Bild 7.14*
*(D = Durchkontaktierung zur Mikrostreifenleitung)*

Die Signalleitung ist breitbandig von der Impulsleitung entkoppelt. Die Kondensatoren $C_{sp}$ dienen als Abtastkondensatoren. Der Ladungsanteil auf den Abtastkondensatoren $C_{sp}$ , der von den Abtastimpulsen herrührt, kann sich über die Widerstände $R$ zwischen den Abtastvorgängen entladen. Bild 7.14 zeigt eine Draufsicht und eine Unteransicht für eine denkbare Ausführung der Prinzipschaltung gemäß Bild 7.13 in hybrider Schaltungstechnik, mit einer Keramikplatte als dielektrischem Trägermaterial. Das Zentrum der Unteransicht ist in Bild 7.15 noch einmal vergrößert dargestellt. Der Ab-tastimpuls liegt über der Schlitzleitung an.

Das Ersatzschaltbild für den Signalteil ergibt sich wie in Bild 7.16, wenn man annimmt, dass auch der Signalausgang mit $Z_L = 50\,\Omega$ abgeschlossen ist. Die Ersatzschaltung entspricht derjenigen von Bild 7.11.

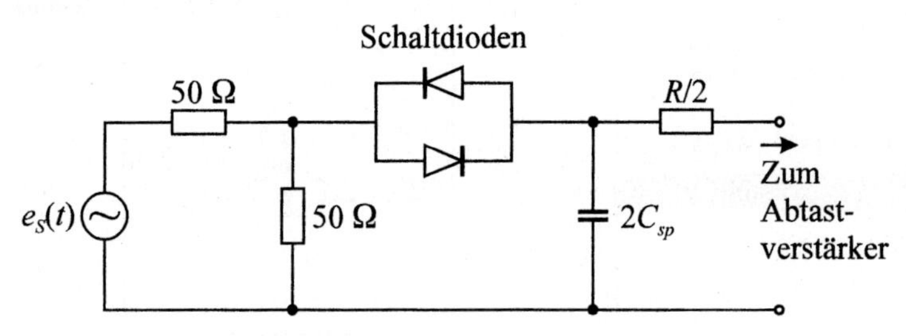


*Bild 7.16: Ersatzschaltung des Abtastgliedes aus Bild 7.14 für den Signalzweig*

### 7.2.2 Der Abtastverstärker

Im Prinzip könnte man die über dem Abtastkondensator anstehende mittlere Spannung $U_{sp}$ verstärken und zur Anzeige bringen. Rechtzeitig vor dem neuen Abtastvorgang würde man den Abtastkondensator entladen. Die ersten Abtastoszillographen sind auf diese Weise realisiert worden. Der Nachteil ist die relativ große Amplitudeninstabilität bei dieser Technik. Denn sowohl eine Veränderung der Abtastimpulse als auch eine Temperaturänderung bei den Dioden können den Abtastwirkungsgrad und damit die Anzeige verändern. Deshalb verwendet man in der Praxis eine Art Kompensationsverfahren. Mit einem speziellen Abtastverstärker wird die Spannungsänderung an dem Abtastkondensator im Anschluss an einen Abtastvorgang und vor dem darauf folgenden um $V_0$ verstärkt. Dabei soll $V_0$ möglichst genau $1/\eta$ sein.

$$V_0 \cong \frac{1}{\eta} \tag{7.19}$$

Damit ist die Spannung nach dem ersten Abtastvorgang und anschließender Verstärkung:

$$U_{sp}{}^{(1)} = U_s \eta V_0 \text{ mit } \eta V_0 \cong 1. \tag{7.20}$$

Nach einem weiteren Abtastvorgang ist

$$U_{sp}{}^{(2)} = U_{sp}{}^{(1)} + \left(U_s - U_{sp}{}^{(1)}\right)\eta V_0 , \tag{7.21}$$

denn der Speicherkondensator wird jetzt nur noch entsprechend der Differenzspannung aus der Signalspannung $U_s$ und $U_{sp}$ aufgeladen. Es wird dabei angenommen, dass das Signal $U_s$ während einiger Abtastvorgänge noch praktisch konstant bleibt, also eine Mehrfachabtastung zum selben Zeitpunkt erfolgt.
Damit gilt:

$$\left|U_s - U_{sp}{}^{(2)}\right| = \left|U_s - U_{sp}{}^{(1)}\right|\left|1 - \eta V_0\right| . \tag{7.22}$$

Die Fehlerspannung konvergiert also sehr rasch gegen Null, sofern $\eta V_0 \cong 1$ ist. Sie konvergiert überhaupt gegen Null, sofern mindestens gilt:

$$0 < \eta V_0 < 2 . \tag{7.23}$$

Bild 7.17 zeigt eine Abtastverstärkerschaltung, mit welcher die obige Gleichung (7.21) analog realisiert werden kann. Die Funktionsweise wird in der Übungsaufgabe 7.3 erläutert.

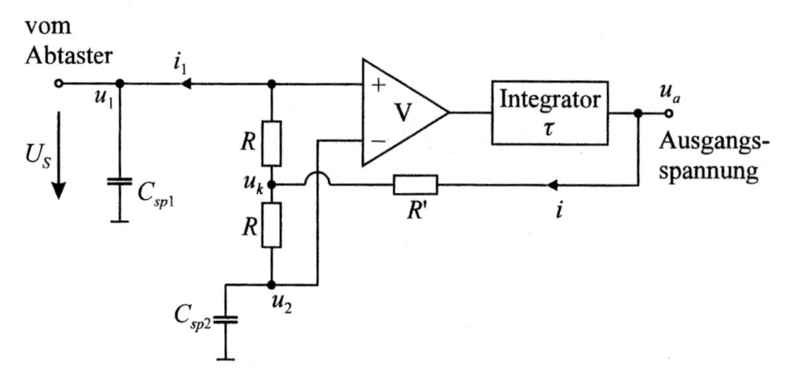


*Bild 7.17: Eine Abtastverstärkerschaltung*

---

**Übungsaufgabe 7.3**

Es soll die in Bild 7.17 gezeigte Schaltung eines Abtastverstärkers analysiert werden. Der Differenzverstärker habe die Verstärkung V und einen unendlich hohen Eingangswiderstand; der Integrator habe die Zeitkonstante $\tau$. Für $t < 0$ gelte: $u_1 = u_2 = u_a =$ konstant $= u_0$.
Zum Zeitpunkt t = 0 werde die Ladung des Speicherkondensators mit der Kapazität $C_{sp1} = C_{sp2} = C$ durch einen idealen Abtastimpuls um Δq, seine Spannung also um $\Delta u = \Delta q / C$ erhöht. Welchen Zeitverlauf weist dann die Ausgangsspannung $u_a(t)$ auf? Welche Werte von $u_1$, $u_2$ und $u_a$ stellen sich für $t \to \infty$ ein? Wie groß ist die Abtastverstärkung der Schaltung?

---

Mit dem richtig eingestellten Abtastverstärker ist die Abtastspannung $\tilde{e}_{sp} = e_{sp} \cdot 1/\eta$ fast gleich der Signalspannung $e_s(t)$. Nur die Differenzspannung kann noch den Abtastkondensator umladen. Ein Gleichgewicht stellt sich ein, wenn im Mittel keine Umladung am Abtastkondensator mehr stattfindet. Der effektive Abtastimpuls $q(t\text{-}\tau)$ möge wiederum zeitlich um $\tau$ verschoben werden. Dann gilt, dass der Ladestrom im Mittel Null ist:

$$\int_{-\infty}^{+\infty} \left[ e_s(t) - \tilde{e}_{sp}(\tau) \right] \cdot q(t-\tau) dt = 0 \tag{7.24}$$

oder

$$\int_{-\infty}^{+\infty} e_s(t) \cdot q(t-\tau) dt = \tilde{e}_{sp}(\tau) \int_{-\infty}^{+\infty} q(t-\tau) dt = \eta \tilde{e}_{sp}(\tau) = e_{sp}(\tau) . \tag{7.25}$$

Dies ist wiederum derselbe Ausdruck wie in Gleichung (7.16). Der Abtastverstärker bringt also keine Erhöhung der Grenzfrequenz mit sich, sondern nur eine Verbesserung der Amplitudenstabilität. Durch eine Abtastung, z. B. $N$-mal zu demselben Zeitpunkt, lässt sich eine zusätzliche Rauschunterdrückung erzielen, weil der Signalpegel aufintegriert werden kann und dann auf den $N$-fachen Pegel ansteigt, während das Rauschen nur auf den $\sqrt{N}$ -fachen Pegel ansteigt. Damit erzielt man eine Verbesserung des Verhältnisses der Signalamplitude zu der Rauschamplitude um den Faktor $\sqrt{N}$ .

### 7.2.3 Abtaststeuerung

Der Abtastimpuls soll, bezogen auf das periodische abzutastende Signal, von Abtastung zu Abtastung jeweils zeitlich etwas verzögert ausgelöst werden. Dies wird im Allgemeinen durch eine Koinzidenzschaltung von einem schnellen Sägezahnsignal und einer langsamen Treppenfunktion erreicht. Der schnelle Sägezahn wird jeweils durch einen Triggerimpuls I ausgelöst, der wiederum durch das abzutastende Signal ausgelöst wird. Die langsame Treppenfunktion steigt jeweils um eine Stufe pro Signalvorgang an (Bild 7.18). Immer dann, wenn der schnelle Sägezahn und die Treppenfunktion gleich groß sind, wird ein Triggerimpuls II ausgelöst, der dann den Abtastimpuls auslöst. Man erkennt, dass auf diese Weise der Abtastimpuls von Signalvorgang zu Signalvorgang um jeweils eine Zeiteinheit $\Delta\tau$ später ausgelöst wird und auf diese Weise das Signal $s(t)$ nach und nach abgetastet werden kann. Die Treppenfunktion dient außerdem zur Horizontalablenkung des Anzeigeoszillographen. Man kann jedoch auch reine Digitalschaltungen konzipieren, die ebenso die passenden Impulse für die Abtaststeuerung liefern.

Zwischen Signalbeginn und der Auslösung eines ersten Abtastimpulses vergeht eine gewisse Zeit. Um trotzdem auch den ersten Teil des Signals darzustellen, bedient man sich einer Verzögerungsleitung, die das Signal vor Eintritt in das Abtastglied verzögert (Bild 7.19).

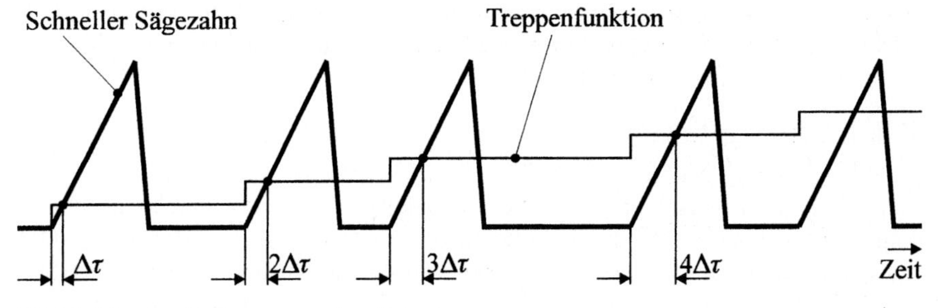


*Bild 7.18: Zur Erläuterung der Abtaststeuerung*

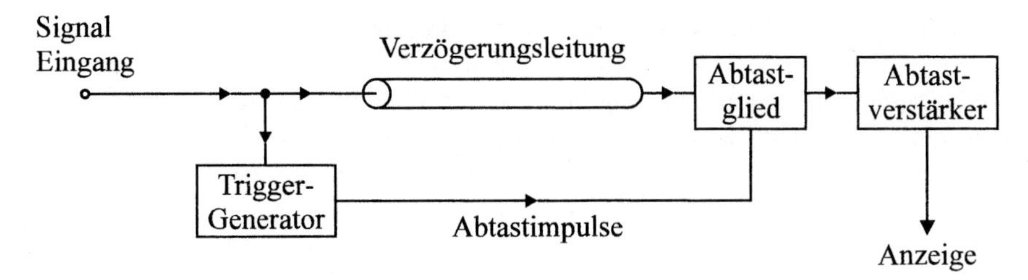


*Bild 7.19: Prinzipschaltung eines Abtastoszillographen mit Verzögerungsleitung*

Auf die Verzögerungsleitung kann verzichtet werden, wenn ein dem Signal zeitlich voreilendes Triggersignal zur Verfügung steht. Das ist z. B. dann der Fall, wenn auch der Signalvorgang durch ein Triggersignal ausgelöst werden muss. Das bisher beschriebene Verfahren der Abtastung nennt man auch sequenzielle Abtastung. Daneben kennt man auch eine statistische Abtastung (engl.: random sampling), die jedoch nur auf periodische Signale angewendet werden kann. Bei der statistischen Abtastung generiert man Abtastimpulse sowohl vor als auch nach dem erwarteten Beginn des Signalvorgangs, und zwar derart verteilt, dass man den gesamten Zeitverlauf des Signals erfasst. Für jeden zunächst mit zufälliger Lage generierten Abtastimpuls bestimmt man dann seine genaue Zeitverschiebung relativ zum Signal. Der Vorteil der statistischen Abtastung besteht darin, dass man keine Verzögerungsleitung benötigt.

Ein Abtastoszillograph besitzt keine sehr große Dynamik. Zu hohen Pegeln hin ist die Dynamik eingeschränkt, weil das Signal nicht so groß sein darf, dass es selbst die Schaltdioden zu öffnen vermag. Zu niedrigen Pegeln hin ist der Abtastoszillograph durch Rauschen begrenzt, das wegen der Breitbandmischer-Eigenschaften des Abtastgliedes aus vielen Frequenzbereichen aufsummiert wird. Die typische Dynamik eines Abtastoszillographen beträgt 50 bis 60 dB. Die höchsten kommerziell erhältlichen Grenzfrequenzen liegen bei ca. 50 GHz entsprechend einer Anstiegszeit von ca. 20 ps.

Eine Grenzfrequenz von 50 GHz bedeutet jedoch, dass ein periodisches Signal mit einer Grundfrequenz größer als 25 GHz nur noch nahezu sinusförmig auf dem Abtastoszillographen erscheint, also fast keine Information liefert.

## 7.3 Impulsreflektometrie

Eine wichtige Anwendung findet der Abtastoszillograph bei der so genannten Impulsreflektometrie. Die Impulsreflektometrie wird vor allem dazu verwendet, die entlang einer Leitung oder sonstigen Übertragungsstrecke auftretenden Störungen zu untersuchen. Man betrachtet dazu z. B. die auf einer Strecke reflektierten Impulse, wenn man in die Strecke eine Folge von Impulsen einspeist. Die Laufzeit der reflektierten Impulse ist dann ein Maß für den Ort, an dem auf der Leitung die im Allgemeinen unerwünschte Reflexion auftritt. Reflexionen können durch Stecker, Impedanzänderungen der Leitung, Geometrieveränderungen, Änderungen des Dielektrikums und dergleichen mehr verursacht werden. Die Größe des reflektierten Signals gibt Aufschluss über die Größe der Störstelle, die Form des reflektierten Signals eventuell Aufschluss über die Art der Störstelle. So wird z. B. ein Spannungsimpuls, der an einem Kurzschluss reflektiert wird, in der Polarität umgekehrt. Dabei bleibt die Form des Impulses unverändert.

---

**Übungsaufgabe 7.4**

Auf eine Leitung mit dem reellen Wellenwiderstand $Z_0 = 50\,\Omega$ wird ein Impuls gegeben. Die Leitung sei außerdem mit $Z_0$ abgeschlossen und auch der Generatorinnenwiderstand sei $Z_0$. Quer über der Leitung möge sich ein reeller Widerstand $R$ befinden. Wie groß ist der durch diese Störstelle reflektierte Impuls ?

---

Eine mögliche Messanordnung für die Durchführung der Impulsreflektometrie zeigt Bild 7.20. Indem man eine T-Verzweigung aus drei $16\frac{2}{3}\,\Omega$-Widerständen verwendet, erreicht man, dass die reflektierten Impulse Anpassung vorfinden, sofern der Impulsgenerator und der Abtastoszillograph jeweils einen Eingangswiderstand von $Z_0 = 50\,\Omega$ aufweisen und sofern die Testleitung einen Wellenwiderstand von $50\,\Omega$ besitzt. Durch Anpassung der reflektierten Impulse werden Mehrfachreflexionen vermieden. Man unterscheidet zwischen Basisbandreflektometrie und Trägerfrequenzreflektometrie, je nachdem ob die Teststruktur Tiefpass- oder Bandpassverhalten aufweist. Bei der trägerfrequenten Reflektometrie wird ein Sinussignal ein- und ausgeschaltet. Trägerfrequente Impulse weisen ein Spektrum mit einem Schwerpunkt bei der Trägerfrequenz auf. Die Radartechnik kann als eine Form der Reflektometrie bezeichnet werden (oder auch umgekehrt).

Man kann entweder den trägerfrequenten reflektierten Impuls direkt auf dem Abtastoszillographen darstellen oder mit Hilfe einer schnellen Gleichrichtung zunächst die Einhüllende des trägerfrequenten Impulses erzeugen und dann nur diese Einhüllende auf dem Abtastoszillographen darstellen.

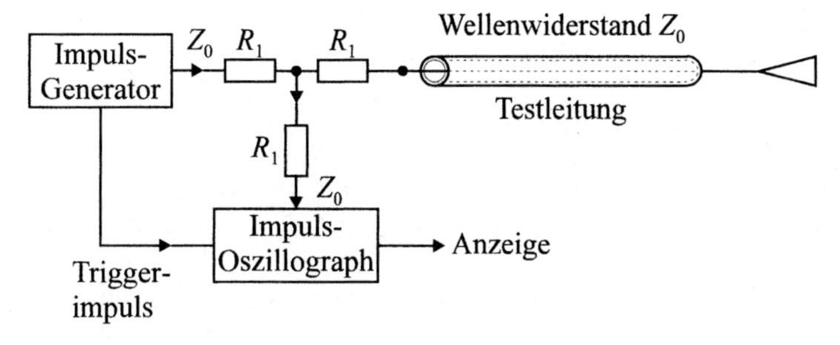


*Bild 7.20: Anordnung zur Impulsreflektometrie* ( $R_1 = 16\frac{2}{3}\,\Omega$ )

Für den Fall, dass der Impulsgenerator $\delta$-Impulse liefert, wird auf dem Abtastoszillographen die Impulsantwort $h(t)$ des zu untersuchenden Systems dargestellt. Für den allgemeineren Fall eines realen Impulses $s(t)$ erscheint als Ausgangssignal $x(t)$, welches aus der Faltung von $s(t)$ mit $h(t)$ hervorgeht.

$$x(t) = \int_{-\infty}^{+\infty} s(t')h(t-t')dt' \tag{7.26}$$

Bei bekanntem $s(t)$ kann man im Prinzip die Impulsantwort $h(t)$ berechnen.

Die Impulsantwort eines linearen Systems kann man jedoch häufig genauer aus Messungen mit einem Netzwerkanalysator im Frequenzbereich und einer anschließenden Fouriertransformation bestimmen. Darauf soll im Folgenden eingegangen werden.

## 7.4 Abtastung im Frequenzbereich

In einem Frequenzband von $F_0$-$\Delta F/2$ bis $F_0$+$\Delta F/2$ wird die komplexe Übertragungsfunktion $H(f)$ mit Hilfe eines Netzwerkanalysators bestimmt. Messobjekt kann z. B. die Testleitung von Bild 7.20 sein, deren komplexer Eingangsreflexionsfaktor mittels eines breitbandigen Richtkopplers im Frequenzbereich $F_0$-$\Delta F/2$ bis $F_0$+$\Delta F/2$ in einem Rasterabstand von $\Delta f$ ausgemessen wird. Dann gilt für die diskretisierte Übertragungsfunktion $H_d(f)$, wenn man sich wiederum der Eigenschaften der $\delta$-Funktion bedient:

$$H_d(f) = \sum_{k=-\infty}^{+\infty} H(k \cdot \Delta f)\delta(f - k \cdot \Delta f)\,. \tag{7.27}$$

Es wird dabei angenommen, dass H($f$) außerhalb des genannten Frequenzbandes gleich Null ist. Nach einer Rechnung, die völlig analog zu derjenigen gemäß Gl. (7.2) bis (7.8) verläuft, entspricht der frequenzdiskretisierten Übertragungsfunktion $H_d(f)$ eine mit der Periode $T = 1/\Delta f$ periodische Zeitfunktion $s_p(t)$.

$$s_p(t) = \int_{-\infty}^{+\infty} H_d(f)\, e^{j2\pi ft} df = T \cdot \sum_{m=-\infty}^{+\infty} s(t - m \cdot T) \tag{7.28}$$

Dabei ist $s(t)$ die inverse Fouriertransformierte der kontinuierlichen Übertragungsfunktion $H(f)$. Ist die zeitliche Dauer des Signals $s(t)$ kleiner als $T$, dann überlappen sich die sich periodisch wiederholenden Anteile von $s_p(t)$ nicht gegenseitig und $s(t)$ kann aus $s_p(t)$ durch Ausblenden mittels eines Zeittores fehlerfrei zurückgewonnen werden.

Eine einzelne idealisierte Störstelle auf einer Leitung verursacht den Beitrag $H_1(f)$ zur Übertragungsfunktion. Wenn $\tau_1$ die Laufzeit bis zur Störstelle hin und zurück ist und $A_1$ die Amplitudenabschwächung beschreibt, dann gilt:

$$H_1(f) = A_1\, e^{-j2\pi f\tau_1}\,. \tag{7.29}$$

Für ein unendlich ausgedehntes Spektrum ergibt die einzelne Störstelle gemäß Gl. (7.29) in der Impulsantwort einen $\delta$-Impuls, denn es ist

$$\int_{-\infty}^{+\infty} A_1 \, e^{-j2\pi f\tau_1} \, e^{j2\pi ft} df = A_1 \delta(t-\tau_1) . \tag{7.30}$$

Für den Fall, dass der Frequenzbereich bis zur Grenzfrequenz $\Delta F/2$ tiefpassbegrenzt ist, ergibt sich als Impulsantwort eine si-Funktion:

$$\int_{-\Delta F/2}^{+\Delta F/2} A_1 e^{-j2\pi f\tau_1} e^{j2\pi ft} df = \Delta F \cdot A_1 \cdot \mathrm{si}\left[\pi \cdot \Delta F(t-\tau_1)\right]. \tag{7.31}$$

Für ein von $F_0$–$\Delta F/2$ bis $F_0$+$\Delta F/2$ bandbegrenztes Spektrum mit der Mittenfrequenz $F_0$ erhält man für die Impulsantwortfunktion einer idealisierten Störstelle:

$$\begin{aligned} &\int_{-F_0-\Delta F/2}^{-F_0+\Delta F/2} A_1 e^{j2\pi f(t-\tau_1)} df + \int_{F_0-\Delta F/2}^{F_0+\Delta F/2} A_1 e^{j2\pi f(t-\tau_1)} df \\ &= \Delta F \cdot A_1 \cdot \mathrm{si}\left[\pi \cdot \Delta F(t-\tau_1)\right] \cdot e^{-j2\pi F_0(t-\tau_1)} \\ &\qquad + \Delta F \cdot A_1 \cdot \mathrm{si}\left[\pi \cdot \Delta F(t-\tau_1)\right] \cdot e^{j2\pi F_0(t-\tau_1)} \\ &= 2 \cdot \Delta F \cdot A_1 \cdot \mathrm{si}\left[\pi \cdot \Delta F(t-\tau_1)\right] \cdot \cos\left[2\pi F_0(t-\tau_1)\right]. \end{aligned} \tag{7.32}$$

---

**Übungsaufgabe 7.5**

Berechnen Sie die wiederholte Impulsantwort $s_p(t)$ aus Gl. (7.28), wenn auf den Frequenzen $k \cdot \Delta f + f_0$ mit $0 \le f_0 < \Delta f$ abgetastet wird, wenn also die Messfrequenzen nicht Vielfache des Rasterabstandes $\Delta f$ sind.
Nehmen Sie zur Vereinfachung an, dass es sich bei $H(f)$ um eine bandbegrenzte ideale Störstelle handelt und dass $H(f) = 0$ für $F_0 - \Delta F/2 < |f| > F_0 + \Delta F/2$ gilt.

---

Schließlich erhält man für die Impulsantwortfunktion der um $F_0$ in der Frequenz verschobenen Übertragungsfunktion

$$\begin{aligned} H_1(f+F_0) &= \int_{-\Delta F/2}^{+\Delta F/2} A_1 e^{-j2\pi(f+F_0)\tau_1} e^{j2\pi ft} df \\ &= \Delta F \cdot A_1 \cdot si\left[\pi \Delta F(t-\tau_1)\right] \cdot e^{-j2\pi F_0 \tau_1} , \end{aligned} \tag{7.33}$$

die man gemeinhin als „Phasor-Impulsantwort" oder als „komplexe Einhüllende" der bandbegrenzten Impulsantwort (Gl. (7.32)) bezeichnet. Bis auf den Exponen-

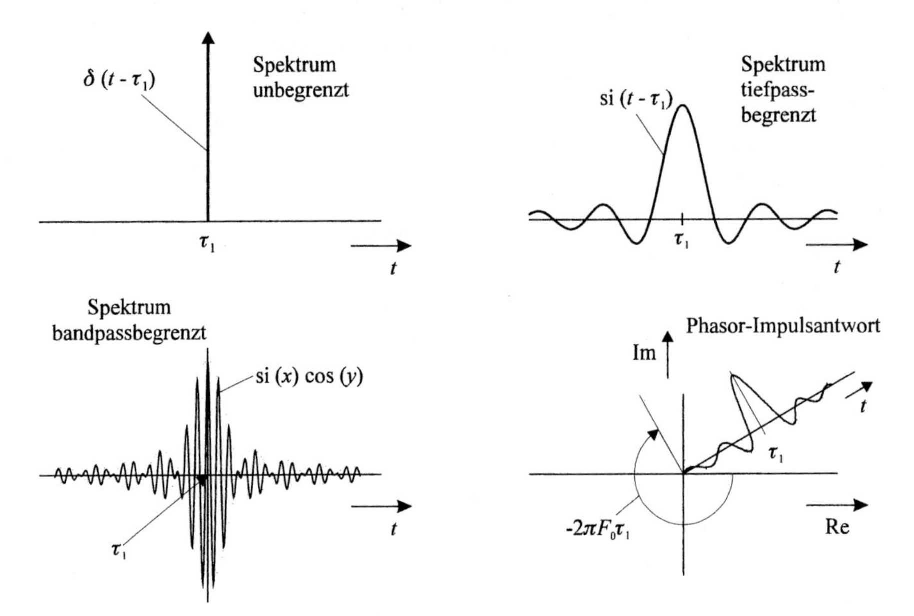


*Bild 7.21: Impulsantwortfunktionen einer idealisierten Störstelle bei verschiedenen Spektren*

tialterm sind komplexe Einhüllende und tiefpassbegrenzte Impulsantwortfunktion bei gleicher Bandbreite $\Delta F$ identisch, obwohl die Messung in verschiedenen Frequenzbereichen durchgeführt wurde. Dies gilt allerdings nur für eine ideale Störstelle exakt. Die komplexe Einhüllende Gl. (7.33) ist eine einfache Möglichkeit, die Hüllkurve einer bandbegrenzten Impulsantwort (Gl. (7.32)) zu erhalten.

Bis auf ihre Anfangsphase trägt die Trägerschwingung der bandbegrenzten Impulsantwort keinerlei Information. Auch diese Anfangsphase ist über die komplexe Einhüllende zugänglich. Netzwerkanalysatoren, die über eine eingebaute Fouriertransformation verfügen, verwenden durchweg die komplexe Einhüllende oder deren Betrag.Die Impulsantwortfunktionen der vier diskutierten Fälle sind in Bild 7.21 zusammengestellt.

Bei einer Vielzahl von Störstellen tritt eine lineare Superposition der zugehörigen Impulsantworten auf, im Allgemeinen mit verschiedenen Laufzeiten und Amplituden.

---

**Übungsaufgabe 7.6**

Die Neigung der Impulsantwortfunktion zum Überschwingen bei bandbegrenzten Systemen lässt sich reduzieren, wenn man das bandbegrenzte Spektrum noch mit einer Amplitudengewichtung (Fensterung) versieht. Es soll die Impulsantwortfunktion für die idealisierte Störstelle gerechnet werden, wenn das System tiefpassbegrenzt ist (Grenzfrequenz $F_2$) und mit der Funktion

$$g(f) = \frac{1}{2} + \frac{1}{2}\cos\left(\pi \frac{f}{F_2}\right)$$

gewichtet worden ist. Die tatsächliche Realisierung wird dabei am einfachsten durch einen Rechner erfolgen, weil ein Filter zusätzliche Phasenverzerrungen verursachen wird.

---

### 7.4.1 Die Diskrete Fouriertransformation

Die Diskretisierung der Übertragungsfunktion versetzt uns in die Lage, mit den Mitteln der digitalen Signalverarbeitung die Fouriertransformation Gl. (7.28) exakt zu berechnen. Anderenfalls wäre es nur möglich, das Fourierintegral mit Hilfe von Näherungslösungen auszuwerten. Wie gestaltet sich also die Berechnung von Gl. (7.28)?

Wir gehen wieder von dem Ausdruck Gl. (7.27) für die diskrete Übertragungsfunktion $H_d(f)$ aus, der fouriertransformiert wird:

$$\begin{aligned} s_p(t) &= \int_{-\infty}^{\infty} H(f) \cdot \left[ \sum_{k=-\infty}^{\infty} \delta(f - k \cdot \Delta f) \right] \cdot e^{j2\pi ft} df \\ &= \sum_{k=-\infty}^{\infty} \int_{-\infty}^{\infty} H(f) \cdot e^{j2\pi ft} \cdot \delta(f - k \cdot \Delta f) df . \end{aligned} \tag{7.34}$$

Durch die Vertauschung von Summe und Integral lässt sich die Ausblendeigenschaft der Deltafunktion verwenden:

$$s_p(t) = \sum_{k=-\infty}^{\infty} H(k \cdot \Delta f) \cdot e^{jk2\pi\Delta ft} = \sum_{k=-\infty}^{\infty} H_k \cdot e^{jk2\pi\Delta ft} . \tag{7.35}$$

Aufgrund der Bandbegrenzung der hier betrachteten Signale wird die unendliche Summe (Fourierreihe) in Ausdruck (7.35) zu einer endlichen Summe. Ist $H_k = H(k \cdot \Delta f)$ derart bandbegrenzt, dass

$$H_k = 0 \text{ , falls } |k| > \frac{M-1}{2} \quad (M \text{ ungerade}), \tag{7.36}$$

so gilt

$$s_p(t) = \sum_{k=-\frac{M-1}{2}}^{\frac{M-1}{2}} H_k \cdot e^{jk2\pi\Delta ft} . \tag{7.37}$$

Dies ist bereits ein implementierbarer Algorithmus für die Berechnung der periodischen Impulsantwort aus Gl. (7.28), ausgewertet an der Stelle $t$. Dabei ist $s_p(t)$ eindeutig bestimmt, wenn es mit der Nyquistfrequenz

$$\frac{1}{T_d} = M \cdot \Delta f \tag{7.38}$$

gemäß dem Abtasttheorem im Zeitbereich zu den Zeitpunkten

$$t = nT_d \quad \text{als Folge} \quad s_n = s_p(nT_d) \tag{7.39}$$

abgetastet wird. Dies führt auf den Ausdruck

$$s_n = \sum_{k=-\frac{M-1}{2}}^{\frac{M-1}{2}} H_k \cdot e^{j2\pi \frac{kn}{M}}, \tag{7.40}$$

der noch weiter umgeformt werden kann, indem die Periodizität der Exponentialfunktion ausgenutzt wird: Der Ausdruck $e^{j2\pi \frac{kn}{M}}$ ist $M$-periodisch in der Frequenzvariablen $k$, d. h. es gilt

$$e^{j2\pi \frac{(k+M)n}{M}} = e^{j2\pi \frac{kn}{M}} \cdot \underbrace{e^{j2\pi n}}_{=1} . \tag{7.41}$$

Durch periodische Fortsetzung der Abtastwerte $H_k$ gelangt man letztendlich auf die Darstellung

$$s_n = M \cdot \underbrace{\frac{1}{M} \sum_{k=0}^{M-1} H_k \cdot e^{j2\pi \frac{kn}{M}}}_{iDFT\{F_k\}}, \tag{7.42}$$

was nichts anderes ist als die mit $M$ multiplizierte inverse Diskrete Fouriertransformation von $H_k$.

Die Zwischenwerte von $s_p(t)$ für $t \neq nT_d$ können, wie aus der Nachrichtentechnik bekannt, beliebig interpoliert werden, da durch Einhaltung der Bedingung (7.38) das Abtasttheorem für zeitdiskrete Signale erfüllt wird.

Die DFT-Summe in Gl. (7.42) muss für alle $M$ Abtastwerte einer Periode der Funktion $s_n$ ausgeführt werden. Dies entspricht $M(M\text{-}1)$ komplexen Additionen und $M^2$ komplexen Multiplikationen. Wesentlich schneller lässt sich die DFT auswerten, wenn man sich bestimmter Symmetrieeigenschaften der komplexen Exponentialfunktion bedient. Hierauf basierende Algorithmen sind unter der Bezeichnung FFT (engl.: fast fourier transform) oder schnelle Fouriertransformation bekannt. Es existiert eine Reihe verschiedener Varianten mit unterschiedlichen Eigenschaften, die letztendlich alle der Implementierung der DFT dienen. Häufig wird das Kürzel FFT als Synonym für die DFT gebraucht, denn niemand würde heute noch auf die Idee kommen, eine DFT direkt zu berechnen.

Aufgrund der erwähnten Symmetrieeigenschaften lässt sich eine DFT mit gerader Punktzahl $M$ aus zwei DFT der Länge $M/2$ berechnen, die wiederum durch eine komplexe Addition und eine komplexe Multiplikation je Punkt verknüpft werden. Ist $M$ eine Zweierpotenz, so lässt sich die Aufteilung der DFT $\log_2 M$ mal wiederholen. In summa sind $M \log_2 M$ komplexe Additionen und Multiplikationen erforderlich, so dass schon für $M = 2$ die Verwendung eines FFT-Algorithmus eine Rechenzeitersparnis einbringt.

Die Berechnung einer FFT für $M = 1024$ beispielsweise benötigt auf einem Digitalen Signalprozessor (DSP) vom Typ Motorola 56001 mit 33 MHz Taktfrequenz eine Rechenzeit von 3,2 ms. Für die Berechnung der „echten" DFT würde man etwa

$$3{,}2\ \text{ms} \cdot \frac{M^2}{M \log_2 M} = 328\ \text{ms} \tag{7.43}$$

warten, also 100 mal so lange.

### 7.4.2 Berechnung der Impulsantwort und Messung von Laufzeiten

Als Beispiel betrachten wir die Berechnung der komplexen Einhüllenden einer Impulsantwort. Gegeben seien die Messwerte $H(k \cdot \Delta f)$ einer Übertragungsfunktion $H(f)$ im Bereich

$$N_0 - \frac{M-1}{2} \leq k \leq N_0 + \frac{M-1}{2}, \tag{7.44}$$

mit $N_0$, $M$ ganzzahlig und gerade, d. h. für

$$F_0 - \frac{\Delta F}{2} \leq f \leq F_0 + \frac{\Delta F}{2} \tag{7.45}$$

in Schritten von $\Delta f$.

Gemäß der Einführung zu Abschn. 7.4, Gl. (7.33) ist die Folge $H(k \cdot \Delta f + N_0 \cdot \Delta f)$ für

$$-\frac{M-1}{2} \leq k \leq \frac{M-1}{2} \tag{7.46}$$

zu berechnen. Damit berechnen sich die Abtastwerte $s_n$ der wiederholten komplexen Einhüllenden $s_p(t)$ entsprechend Gl. (7.40)

$$s_n = \sum_{k=-\frac{M-1}{2}}^{\frac{M-1}{2}} H(k \cdot \Delta f + N_0 \cdot \Delta f) \cdot e^{j2\pi \frac{kn}{M}}. \tag{7.47}$$

Die periodische Fortsetzung von $H$ zum Erhalt des DFT-Ausdrucks definieren wir als

$$H_k = \begin{cases} H\big((k+N_0)\cdot\Delta f\big) & k = 0,\ldots,\dfrac{M-1}{2} \\ H\big((k+N_0-M)\cdot\Delta f\big) & k = \dfrac{M+1}{2},\ldots,M-1 \end{cases} . \tag{7.48}$$

Mit Hilfe einer inversen Diskreten Fouriertransformation wie in Gl. (7.42),

$$s_n = \sum_{k=0}^{M-1} H_k \cdot e^{j2\pi\frac{kn}{M}} , \tag{7.49}$$

realisiert durch einen FFT-Algorithmus, ist so die wiederholte komplexe Einhüllende der Impulsantwort zeiteffizient berechenbar.

Falls $M$ gerade ist, liegt die Mittenfrequenz genau zwischen zwei Abtastwerten. Die DFT wäre folglich für nicht ganze Indizes $k = -\frac{M+1}{2},\ldots,\frac{M+1}{2}$ zu berechnen, was mit einer FET nicht ohne weiteres durchführbar ist. Eine andere Möglichkeit ist, bei geradem $M$ den ersten oder den $M$-ten Abtastwert wegzulassen, um auf ungerades $M$ zu kommen.

Im Falle einer idealen Störstelle liegen damit die Abtastwerte der wiederholten komplexen Einhüllenden der Impulsantwort vor:

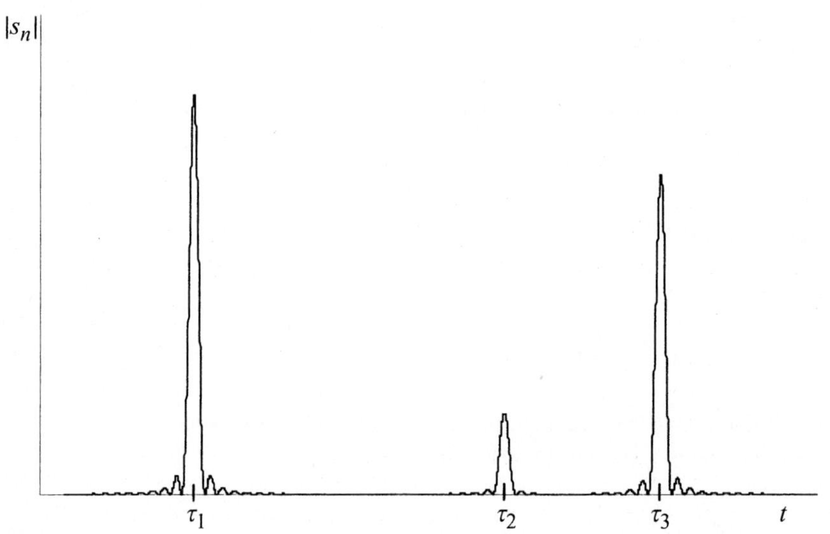


*Bild 7.22: Hüllkurve der bandbegrenzten Impulsantwort in einer Mehrzielumgebung*

$$s_n = \frac{\Delta F}{\Delta f} \cdot A_1 \cdot \sum_{m=-\infty}^{\infty} \mathrm{si}(\pi \Delta \mathrm{F}(\mathrm{nT} - \tau_1)) \cdot e^{-j2\pi F_0 \tau_1}. \tag{7.50}$$

Die Messung der Laufzeit $\tau_1$ und damit der Entfernung zu einer Störstelle besteht in dem Auffinden der Abszisse des Betragsmaximums der Funktion $s_n$. Eine Verfeinerung des Rasterabstandes $T$, etwa durch Interpolation, sorgt für ausreichend feine Diskretisierung des Messwertes für $\tau_1$. In Anwesenheit mehrerer Störstellen in verschiedenen Entfernungen mit den verschiedenen Laufzeiten $\tau_i$ besteht die Funktion $s_n$ aus der Überlagerung der Phasor-Impulsantworten mehrerer Störstellen. Die Messung der Laufzeit zu jeder Störstelle besteht aus der Bestimmung der Abszissen jedes der drei Betragsmaxima. Ein Beispiel für die Überlagerung dreier solcher Störstellen zeigt Bild 7.22.

Die Phase der komplexen Einhüllenden kann herangezogen werden, um den Entfernungsmesswert zu verbessern, da auch in ihr die Entfernungsinformation $\tau_i$ enthalten ist, s. Gl. (7.33). Außerdem stellt die Verfolgung dieser Phase über mehrere Perioden ein sehr empfindliches mehrzielfähiges Verfahren dar, um Geschwindigkeiten zu messen. Auf diese Möglichkeiten soll hier jedoch nicht weiter eingegangen werden.

## 7.5 Ein Abtastverfahren im Frequenzbereich – Das FMCW-Verfahren

Ein Messsystem, welches es gestattet, die komplexe Übertragungsfunktion zwischen zwei Toren auszumessen, etwa zwischen einer Sende- und einer Empfangsantenne, stellt einen Netzwerkanalysator dar. Das so genannte FMCW-Radar (engl.: frequency modulated continuous wave) ist im Prinzip ein einfacher Netzwerkanalysator. Die Spezialisierung auf die Reflektometrie bzw. die Messung von Entfernungen und damit verbunden die fehlende Notwendigkeit, das System zu kalibrieren, erlaubt es, den gerätetechnischen Aufwand vergleichsweise gering zu halten. Wie im Weiteren gezeigt wird, genügt ein einziger Mischer, welcher den Realteil der Übertragungsfunktion $\mathrm{Re}(H(f))$ liefert. Der Imaginärteil der Übertragungsfunktion $\mathrm{Im}(H(f))$ wird zur exakten Bestimmung der Entfernung nicht benötigt. So führt das FMCW-Prinzip zu einem vergleichsweise einfachen Gerät, mit dem genaueste Messungen der Entfernung bis in den Submillimeterbereich möglich sind.

Bild 7.23 zeigt den prinzipiellen Aufbau eines FMCW-Systems. Das harmonische Generatorsignal $x(t)$ gelangt von der Sendeantenne über die Radarstrecke zum Messobjekt, wird dort reflektiert und gelangt zurück über die Radarstrecke zur Empfangsantenne. Das empfangene Signal $y(t)$ wird mit dem Sendesignal $x(t)$ gemischt. Das Ausgangssignal des Mischers wird tiefpassgefiltert und erreicht schließlich als $s(t)$ einen Analog-Digital-Wandler, der die Messwerte $s_k$ einem Rechner zur Weiterverarbeitung zur Verfügung stellt.

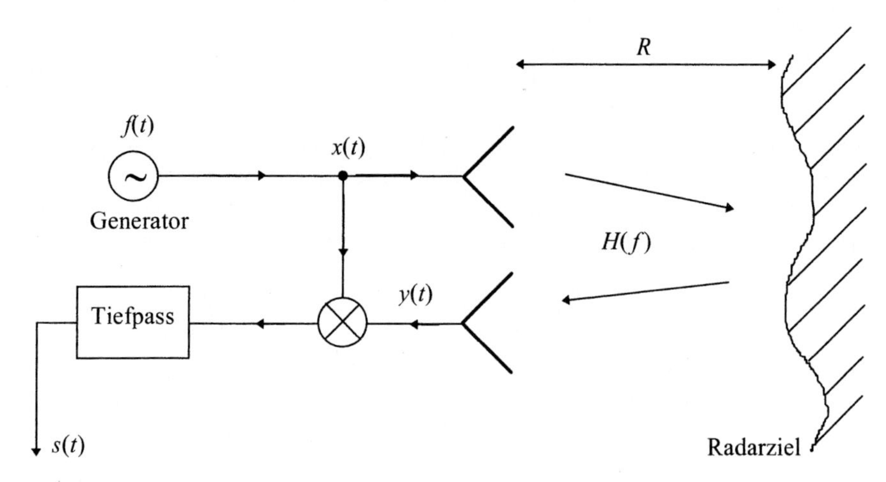


*Bild 7.23: Prinzipschaltbild eines FMCW-Radars*

Zur Abtastung im Frequenzbereich existieren prinzipiell zwei Möglichkeiten: Die Variation der Frequenz $f$ des Generators kann entweder in diskreten Schritten oder aber kontinuierlich erfolgen. Bei diskreter Variation erhält man für jede der äquidistanten Frequenzen $f_k$ einen Messwert $s_k$. Bei kontinuierlicher Variation wird das momentane Ausgangssignal $s(t)$ in äquidistanten Schritten abgetastet, so dass als Ergebnis ebenfalls diskrete Messwerte $s_k$ für diskrete Momentanfrequenzen $f_k$ vorliegen.

### 7.5.1 Das FMCW-Verfahren mit diskreter Frequenzvariation

Bild 7.24 zeigt den prinzipiellen Verlauf der Momentanfrequenz des Sendesignals über der Zeit.

Im eingeschwungenen Zustand und bei einer beliebigen Frequenz $f_k$ berechnet sich das Ausgangssignal $s_k$ wie folgt. Es sei

$$x(t) = X_0 \cdot \cos(2\pi f_k t + \varphi_0) \tag{7.51}$$

das Generatorsignal mit der Amplitude $X_0$ und der Frequenz $f_k$ sowie einer Anfangsphase $\varphi_0$. Nach Ausbreitung über die Radarstrecke mit der Übertragungsfunktion

$$H(f_k) = H_{0k} \cdot e^{j\varphi_k} \tag{7.52}$$

wird das Signal

$$y(t) = X_0 \cdot H_{0k} \cdot \cos(2\pi f_k t + \varphi_0 + \varphi_k) \tag{7.53}$$

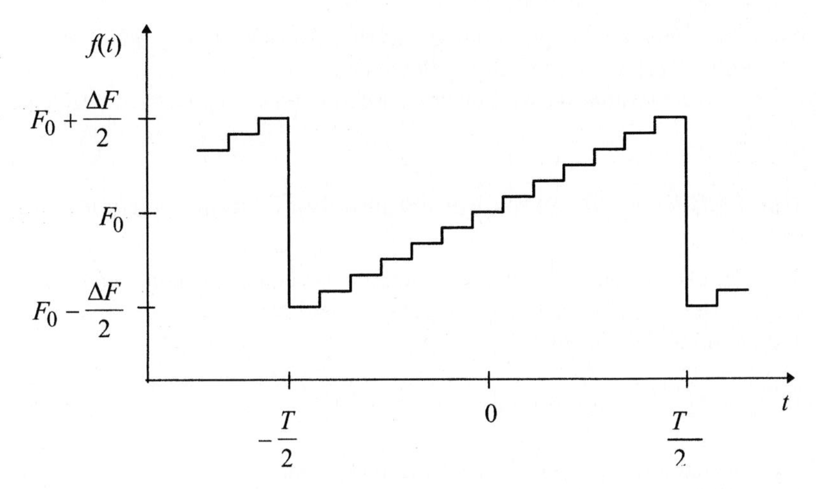


*Bild 7.24: Der Verlauf der Momentanfrequenz über der Zeit im Falle von Messungen mit diskreter Frequenzvariation*

empfangen. Nimmt man ohne Beschränkung der Allgemeingültigkeit den Mischer als idealen Multiplizierer an, so erscheint am Ausgang des Tiefpassfilters das Signal

$$\begin{aligned} s(t) &= \overline{x(t) \cdot y(t)} \\ &= \overline{X_0 \cos(2\pi f_k t + \varphi_0) \cdot X_0 H_{0k} \cos(2\pi f_k t + \varphi_0 + \varphi_k)} \\ &= \overline{X_0^2 \cdot \frac{H_{0k}}{2} \cdot \left[\cos(\varphi_k) + \cos(4\pi f_k t + 2\varphi_0 + \varphi_k)\right]} \\ &= \frac{X_0^2 \cdot H_{0k}}{2} \cdot \cos(\varphi_k) \\ &= \frac{X_0^2}{2} \cdot \mathrm{Re}(H(f_k)), \end{aligned} \tag{7.54}$$

was bis auf eine Konstante dem Realteil der Übertragungsfunktion entspricht. Für jeden Frequenzpunkt $f_k$ stellt das Ausgangssignal $s(t)$ im eingeschwungenen Zustand ein kurzzeitig konstantes Signal dar, das analog-digital-gewandelt und als $s_k$ der weiteren Signalverarbeitung zugeführt wird. Eine ideale Störstelle ergibt dementsprechend

$$s_k = \frac{X_0^2 A_1}{2} \cdot \cos(2\pi f_k \tau_1). \tag{7.55}$$

Da in diesem Text nur solche Radarziele betrachtet werden, die sich im Beobachtungszeitraum einer Messperiode $T$ praktisch nicht bewegen, die Übertragungsfunktion der Radarstrecke demnach als zeitinvariant angesehen werden kann, ist die Reihenfolge der Messfrequenzen $f_k$ beliebig. Falls nötig, kann die

Reihenfolge benachbarter Frequenzpunkte aus den Abtastwerten $s_k$ durch einfaches Sortieren im Rechner wiederhergestellt werden.
Die diskrete Frequenzvariation wird auch als Schritt- oder Step-Betrieb bezeichnet.

### 7.5.2 Das FMCW-Verfahren mit kontinuierlicher Frequenzvariation

Bild 7.25 zeigt als Beispiel für einen Frequenz-Zeit-Verlauf mit kontinuierlicher Variation der Generatorfrequenz eine Sägezahnmodulation. Die zeitlineare Frequenzmodulation verläuft gemäß

$$f(t) = F_0 + \Delta F \cdot \frac{t}{T} \quad \text{im Intervall} \quad -\frac{T}{2} \leq t \leq \frac{T}{2}, \tag{7.56}$$

d. h. der Frequenzhub $\Delta F$ wird in der Zeit $T$ durchfahren.

Wird die Variation der Frequenz als so langsam angenommen, dass sich das System inklusive Radarstrecke laufend im eingeschwungenen Zustand befindet, gilt für das Ausgangssignal dasselbe Resultat (7.54) wie für den Schrittbetrieb:

$$s(t) = \frac{X_0^{\;2}}{2} \cdot \mathrm{Re}\big(H\big(f(t)\big)\big). \tag{7.57}$$

Dies ergibt sich direkt durch Ersetzen der $k$-Abhängigkeit durch eine kontinuierliche Zeitabhängigkeit. Eine ideale Störstelle mit der Amplitude $A_1$ und der Laufzeit $\tau_1$ hat damit die „zeitabhängige Übertragungsfunktion"

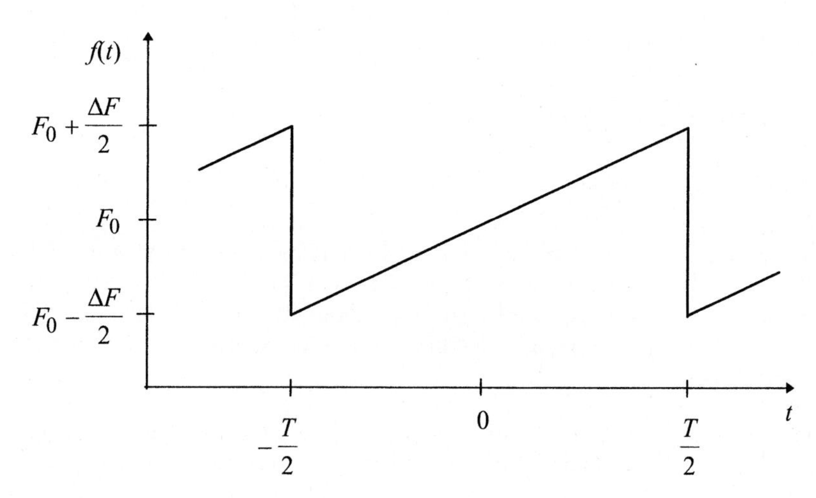


*Bild 7.25: Sägezahnmodulation der Momentanfrequenz*

Wird die Variation der Frequenz als so langsam angenommen, dass sich das System inklusive Radarstrecke laufend im eingeschwungenen Zustand befindet, gilt für das Ausgangssignal dasselbe Resultat (7.54) wie für den Schrittbetrieb:

$$s(t) = \frac{X_0^{\,2}}{2} \cdot \mathrm{Re}\big(H\big(f(t)\big)\big). \tag{7.57}$$

Dies ergibt sich direkt durch Ersetzen der $k$-Abhängigkeit durch eine kontinuierliche Zeitabhängigkeit. Eine ideale Störstelle mit der Amplitude $A_1$ und der Laufzeit $\tau_1$ hat damit die „zeitabhängige Übertragungsfunktion"

$$\begin{aligned} H\big(f(t)\big) &= A_1 \cdot e^{-j2\pi\, f(t)\tau_1} \\ &= A_1 \cdot e^{-j2\pi\Delta F \frac{\tau_1}{T} t} \cdot e^{-j2\pi F_0 \tau_1}\,. \end{aligned} \tag{7.58}$$

Eingesetzt in Gl. (7.57) ergibt sich damit eine Näherungslösung für den zeitlichen Verlauf des Mischerausgangssignals:

$$s(t) = \frac{X_0^2 A_1}{2} \cdot \cos\left(2\pi\Delta F \frac{\tau_1}{T} \cdot t + 2\pi F_0 \tau_1\right). \tag{7.59}$$

Im Folgenden soll Klarheit darüber gewonnen werden, inwieweit das Ergebnis aus Gl. (7.59) im Falle einer exakten Rechnung noch gültig ist und mit welcher Art von Fehler man unter Umständen zu rechnen hat.
Die Momentanphase $\Phi(t)$ des Sendesignals $x(t)$ ergibt sich durch Integration der Momentanfrequenz aus Gl. (7.56) zu

$$\begin{aligned} \Phi(t) &= 2\pi \cdot \int f(t)dt \\ &= 2\pi F_0 t + \pi\Delta F \cdot \frac{t^2}{T} + \Phi_0 \end{aligned} \tag{7.60}$$

mit der beliebigen Anfangsphase des Wobbelvorgangs $\Phi_0$. Der Zeitverlauf des gewobbelten Sendesignals $x(t)$ ist damit durch

$$\begin{aligned} x(t) &= X_0 \cdot \cos\big(\Phi(t)\big) \\ &= X_0 \cdot \cos\left(2\pi F_0 t + \pi\Delta F \cdot \frac{t^2}{T} + \Phi_0\right) \end{aligned} \tag{7.61}$$

gegeben.
Im Zeitbereich stellt sich das Empfangssignal $y(t)$ als eine um den konstanten Amplitudenfaktor $A_1$ gedämpfte und um die Zeit $\tau_1$ verzögerte Version des Sendesignals dar:

$$y(t) = X_0 \cdot A_1 \cdot \cos\left(2\pi F_0 (t-\tau_1) + \pi\Delta F \cdot \frac{(t-\tau_1)^2}{T} + \Phi_0\right). \tag{7.62}$$

Der Mischer bildet die Summen- und Differenzfrequenz von $x(t)$ und $y(t)$, wovon nach Ausfilterung durch den Tiefpass das folgende Signal $s(t)$ übrigbleibt:

$$\begin{aligned} s(t) &= \overline{x(t) \cdot y(t)} \\ &= \frac{X_0^2 A_1}{2} \cdot \cos\left( 2\pi\Delta F \frac{\tau_1}{T} \cdot t + 2\pi F_0 \tau_1 + \pi\Delta F \frac{\tau_1^2}{T} \right). \end{aligned} \tag{7.63}$$

Diese exakte Lösung für eine ideale Störstelle unterscheidet sich von der Näherungslösung durch den zeitunabhängigen Phasenterm $\pi\Delta F \cdot \tau_1^2 / T$, um den die Anfangsphase modifiziert wird. Bei einer Abstimmsteilheit von 10 GHz/s, einer Mittenfrequenz $F_0$ von 10 GHz und einer Entfernung von 30 m beträgt der Fehler in der Anfangsphase gerade $72 \cdot 10^{-9}$ Grad und liegt damit um viele Größenordnungen unter der erreichbaren Phasenmessgenauigkeit des Systems. Damit wird er für die Mehrzahl der Anwendungen vernachlässigbar sein.

### 7.5.3 Spiegelimpulse

In den beiden vorangegangenen Abschnitten 7.5.1 und 7.5.2 wurde gezeigt, dass das Radarsystem in Bild 7.23 Abtastwerte des Realteils der Übertragungsfunktion der Radarstrecke liefert. Die einführenden Betrachtungen von Abschn. 7.4 sind dagegen stets von der Verfügbarkeit der komplexen Übertragungsfunktion nach Real- und Imaginärteil ausgegangen.

Das beschriebene FMCW-System kann mit den in Kap. 5 beschriebenen Methoden der homodynen Netzwerkanalyse zu einem komplex messenden System erweitert werden. Doch die Erweiterung auf ein komplex messendes System ist aufwändig und teuer. Wir werden sehen, dass für Reflektometer-Anwendungen und insbesondere für präzise Entfernungsmessungen die Verfügbarkeit des Realteils ausreichend ist.

Die Auswertung geschieht mit Hilfe einer inversen Fouriertransformation der Rohdaten $s_k$, um zur Phasor-Impulsantwort zu gelangen. Es stellt sich die Frage, wie sich das Fehlen des Imaginärteils auf die so berechnete Zeitfunktion auswirkt. Die Anwendung des Realteiloperators auf eine komplexe Frequenzbereichsfunktion $P(f)$ liefert unter Zuhilfenahme des Transformationspaares $P^*(f) \bullet\!\!-\!\!\circ\, p^*(-t)$ die „Pseudoimpulsantwort“ $p_{\mathrm{Re}}(t)$:

$$\begin{aligned} \operatorname{Re} P(f) &= (P(f) + P^*(f)) / 2 , \\ p_{\mathrm{Re}}(t) &= (p(t) + p^*(-t)) / 2 . \end{aligned} \tag{7.64}$$

Handelt es sich bei $p(t)$ um einen Impuls, ist $p^*(-t)$ sein konjugiert komplexes Spiegelbild. Die Realteilmessung erzeugt also zusätzlich ein konjugiert komplexes Spiegelbild der Impulsantwort.

Dazu wollen wir wiederum die vier einleitend behandelten Beispiele für eine ideale Störstelle betrachten: Im Falle eines unendlich breiten Spektrums gilt für die Pseudoimpulsantwort $p(t)$

$$p(t) = \frac{A_1}{2} \cdot \left(\delta(t - \tau_1) + \delta(t + \tau_1)\right). \tag{7.65}$$

Die Spiegelbilder beeinflussen sich nicht; der Bereich für $t > 0$ und der Spiegelbereich $t < 0$ lassen sich sauber trennen.
Bei tiefpassbegrenztem Spektrum ergibt sich

$$p(t) = \frac{\Delta F \cdot A_1}{2} \cdot \left(si[\pi \Delta F(t - \tau_1)] + si[\pi \Delta F(t + \tau_1)]\right). \tag{7.66}$$

Das Spiegelbild reicht insbesondere für kleine Laufzeiten $\tau_1$ mit seinen Ausläufern in die positive Zeitachse und gibt dort, wie wir noch sehen werden, Anlass zu Störungen.

Das Gleiche gilt für das bandbegrenzte Spektrum, dessen Pseudoimpulsantwort sich mit

$$\begin{aligned} p(t) = \Delta F \cdot A_1 \cdot \Big(&\mathrm{si}[\pi \Delta F(t - \tau_1)] \cdot \cos[2\pi F_0 (t - \tau_1)] + \\ &\mathrm{si}[\pi \Delta F(t + \tau_1)] \cdot \cos[2\pi F_0 (t + \tau_1)]\Big) \end{aligned} \tag{7.67}$$

ergibt. Schließlich folgt die komplexe Einhüllende der Pseudoimpulsantwort, wobei die komplexe Konjugation des Spiegelbildes zu beachten ist:

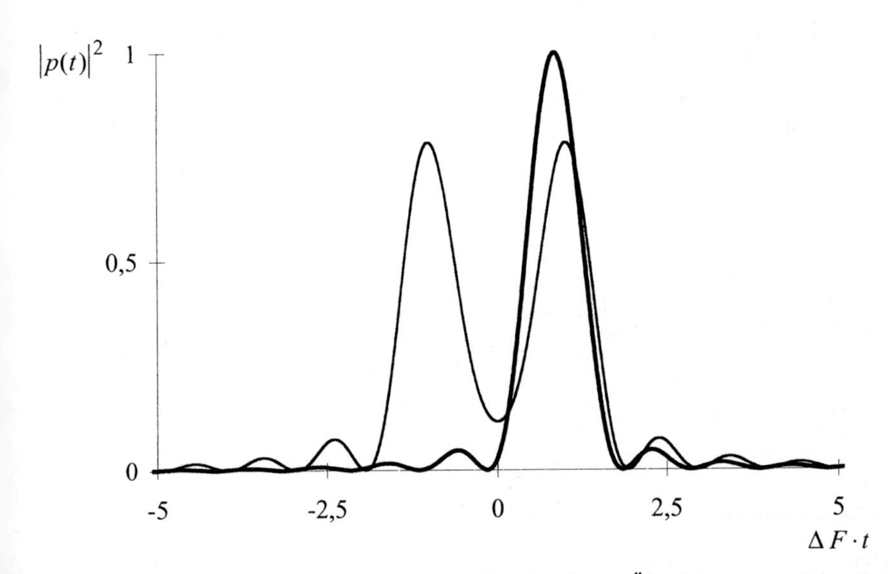


*Bild 7.26: Laufzeit- und Amplitudenfehler durch die Überlagerung zweier Spiegelimpulse*

$$p(t)=\frac{\Delta F\cdot A_1}{2}\cdot\left(\mathrm{si}\left[\pi\Delta F(t-\tau_1)\right]\cdot e^{-j2\pi F_0\tau_1}+\mathrm{si}\left[\pi\Delta F(t+\tau_1)\right]\cdot e^{j2\pi F_0\tau_1}\right).\tag{7.68}$$

Das Betragsquadrat der komplexen Einhüllenden der Pseudoimpulsantwort einer idealen Störstelle zeigt Bild 7.26.

Die entsprechende Impulsantwort einer komplexen Messung ist dick eingezeichnet. Für die gewählte relativ kleine Laufzeit des Messobjektes sind deutliche Abweichungen in der Amplitude und der Lage des Maximums erkennbar. Mit zunehmender Laufzeit $\tau_1$ des Messobjektes beeinflussen sich die Spiegelbilder immer weniger, so dass die dick und die dünn gezeichnete Kurve sich für $t > 0$ immer weniger voneinander unterscheiden.

Von dem kleinen Schönheitsfehler der Spiegelimpulse abgesehen, kann man mit dem FMCW-Verfahren also auch Reflektometrie betreiben, d. h. Impulsantwortfunktionen aufnehmen und Entfernungen messen, wie in Abschn. 7.4.2 beschrieben.

### 7.5.4 Entfernungsmessung mit dem virtuellen Entfernungsmesser

Wird die Lage des Maximums der Pseudoimpulsantwort zur Messung von Laufzeiten und damit zur Entfernungsmessung verwendet, ist aufgrund der Verschie-

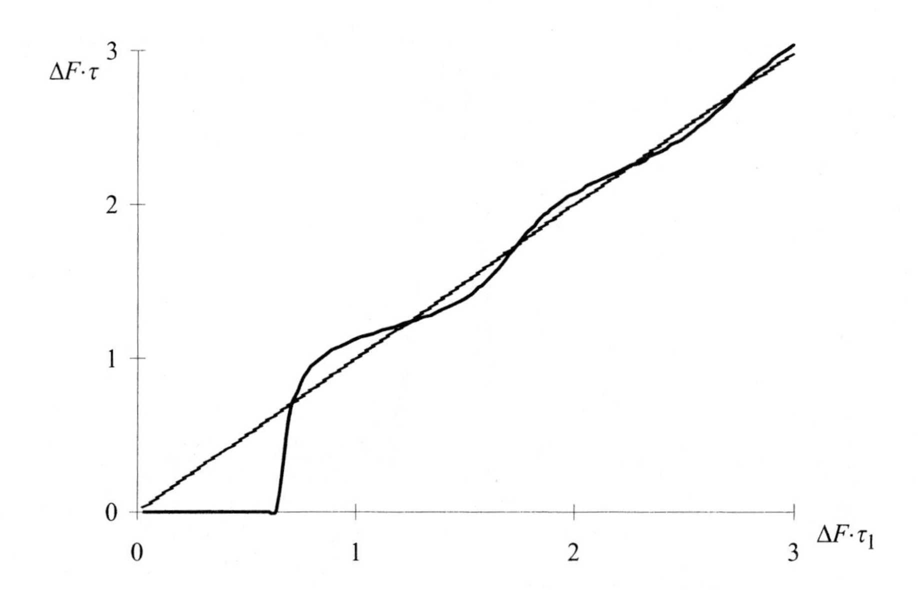


*Bild 7.27: Die gemessene Laufzeit $\tau$ als Funktion der wahren Laufzeit $\tau_1$ mit einer Normierung der Laufzeit auf die Messbandbreite $\Delta F$*

bung durch den Spiegelimpuls die Entfernung mit einem Fehler behaftet, dem so genannten „Spiegelfehler“.
Bild 7.27 zeigt die so gemessene Laufzeit $\tau$ in Abhängigkeit der wahren Laufzeit $\tau_1$. Die Laufzeiten sind auf die Bandbreite $\Delta F$ normiert, somit ist die Kurve für beliebige Bandbreiten und Entfernungen gültig. Die gewählte Fensterfunktion ist rechteckig.

Ist die so erreichbare Genauigkeit nicht zufriedenstellend, dann bedient man sich des folgenden Verfahrens.
Es verwendet als Testfunktionen nicht komplexe Exponentialschwingungen – wie bei der Fouriertransformation – sondern kosinusförmige Signale, um den Spiegelfehler auf diese Weise zu vermeiden.

Der so genannte „virtuelle Entfernungsmesser“ ist ein gedankliches Modell, welches nicht wirklich implementiert wird, sondern nur dazu dient, einen Algorithmus zur Unterdrückung des Spiegelfehlers zu finden. Genauso kann dieses Modell auch zur Lösung anderer Probleme der Signalverarbeitung genutzt werden, wie z. B. der Verarbeitung dispersiver Signale.

Die Idee des virtuellen Entfernungsmessers ist es, die Messwerte des Radarempfängers mit den „Messwerten“ eines virtuellen Radarempfängers zu vergleichen. Handelt es sich bei beiden Systemen, dem realen und dem virtuellen, um realteilmessende FMCW-Systeme, so werden reale und virtuelle Messdaten genau dann bestmöglich übereinstimmen, wenn reale und virtuelle Entfernung identisch sind. Ein Spiegelfehler tritt nicht auf.

Zu dem virtuellen System gehört mindestens ein virtuelles Radarziel, dessen Parameter wie Laufzeit $\tau$ und Dämpfung $\tilde{A}$ auf maximale Übereinstimmung mit den realen Messdaten optimiert werden können. Für den Vergleich von Messdaten und virtuellen Daten gibt es im Prinzip beliebig viele Möglichkeiten. Das hier beschriebene Verfahren zeichnet sich durch die erreichbare Effizienz bezüglich des Berechnungsaufwandes aus, welche diejenige einer FFT nur unwesentlich unterschreitet. Es handelt sich um die Methode der *Kleinsten Fehlerquadrate.*

Wir bilden nachfolgend die Summe $y$ der Quadrate aus der Differenz der Messwerte $s_k$ und dem virtuellen Signal aus Gl. (7.55):

$$y(\tau,\tilde{A},\tilde{\varphi}) = \sum_{k=-(N-1)/2}^{(N-1)/2} \left(s_k - \tilde{A}\cdot\cos\left(2\pi f_k\,\tau + \tilde{\varphi}\right)\right)^2 . \tag{7.69}$$

Die Anfangsphase $\tilde{\varphi}$ ist ein dritter unbekannter Parameter, der es uns erlaubt, den Wertebereich von $k$ nullpunktsymmetrisch zu wählen. Dies und die Wahl einer ungeraden Anzahl $N$ von Messwerten macht die Vereinfachung des Ausdrucks (7.69) besonders leicht, wie sich noch zeigen wird. Bei einer geraden Anzahl an Messwerten ist der erste oder letzte Messwert wegzulassen.
Die Minimierung von y nach $\tilde{A}$ und $\tilde{\varphi}$ kann bereits analytisch erfolgen, wenn die Darstellung Gl. (7.69) durch die äquivalente Darstellung

$$y(\tau,\tilde{A},\tilde{\varphi}) = \sum_{k=-(N-1)/2}^{(N-1)/2} \left(s_k - A\cdot\cos(2\pi f_k \tau) - B\cdot\sin(2\pi f_k \tau)\right)^2 \tag{7.70}$$

ersetzt wird. Die Minimierung erfolgt dann statt dessen nach $A$ und $B$, wobei folgender Zusammenhang besteht:

$$\tilde{A}\cdot e^{j\tilde{\varphi}} = A - jB\,. \tag{7.71}$$

Neben der äquidistanten Schrittweite $\Delta f$ und der Frequenz $f_k = k\cdot\Delta f$ sollen noch die folgenden Abkürzungen eingeführt werden:

$$\begin{aligned} F_{(\tau)}\{s_k\} &= \sum_{k=-(N-1)/2}^{(N-1)/2} s_k\cdot e^{-j2\pi f_k \tau}\,, \\ E_s &= \sum_{k=-(N-1)/2}^{(N-1)/2} s_k^{\,2}\,/\,N\,, \\ I_k &= 1 \;\text{ für }\; -(N-1)/2,\ldots,k,\ldots,(N-1)/2\,. \end{aligned} \tag{7.72}$$

Bei $I_k$ handelt es sich um den 1-Vektor.
Nach einigen Umformungen von (7.72) gelangt man schließlich zu dem Ergebnis

$$y(\tau) = N\cdot E_s - 2\cdot\frac{\mathrm{Re}^2\, F_{(\tau)}\{s_k\}}{N + F_{(2\tau)}\{I_k\}} - 2\cdot\frac{\mathrm{Im}^2\, F_{(\tau)}\{s_k\}}{N - F_{(2\tau)}\{I_k\}}\,, \tag{7.73}$$

welches nur noch von den Messwerten $s_k$ und der virtuellen Laufzeit $\tau$ abhängt. Gleichung (7.73) wird numerisch nach $\tau$ minimiert. Dies entspricht dem Auffinden des Maximums der Impulsantwort, wenn statt (7.73) eine Fouriertransformation verwendet würde.
Zu diesem Zwecke wird die virtuelle Laufzeit zu $\tau = n\cdot\Delta\tau$ diskretisiert. Die Wahl der Schrittweite $\Delta\tau$ zu

$$\Delta\tau = \frac{1}{N\cdot\Delta f} \tag{7.74}$$

erlaubt die Berechnung von $F_{(n\Delta\tau)}$ durch eine *Diskrete Fouriertransformation*:

$$F_{(n\Delta\tau)}\{s_k\} = \sum_{k=-(N-1)/2}^{(N-1)/2} s_k\cdot e^{-j2\pi\frac{kn}{N}}\,. \tag{7.75}$$

Wie bei der DFT können so auch hier kleinere Schrittweiten $\Delta\tau$ durch symmetrische Erweiterung des Messwertvektors zu beiden Seiten mit Nullvektoren erreicht werden. Wird auf diese Weise die Anzahl der „Messwerte" auf $2\cdot N$ verdoppelt, ist die Schrittweite $\Delta\tau$ nach Gl. (7.74) nur noch halb so groß.

Gleichung (7.73) stellt damit den Algorithmus zur Auswertung von FMCW-Signalen dar. Die Auswertung erfolgt im wesentlichen durch eine FFT, die durch multiplikative und additive Korrekturterme ergänzt wird. Bis auf die Korrekturterme in den Nennern von Gl. (7.73) entspricht die Fehlerfunktion dem Betragsquadrat der komplexen Einhüllenden. Auch die Phase $\tilde{\varphi} = \arg(A - jB)$ der komplexen Einhüllenden kann mit Gl. (7.71) berechnet werden, und zwar spiegelkorrigiert. Im Gegensatz zur reinen Fouriertransformation arbeitet dieses Verfahren mit idealen Daten fehlerfrei.

**Übungsaufgabe 7.7**

Berechnen Sie den Algorithmus Gl. (7.73) zur Unterdrückung des Spiegelfehlers, ausgehend von Gl. (7.70).

## Studienziele

Nach dem Durcharbeiten dieses Kapitels sollten Sie

- erläutern können, dass man nach einer Abtastung das ursprüngliche Signal zurückgewinnen kann;
- die prinzipielle Systemschaltung eines Abtastoszillographen skizzieren können;
- verstanden haben, warum man bei einem Abtastoszillographen einen speziellen Verstärker benötigt, den so genannten Abtastverstärker;
- erkannt haben, dass man bei der Impulsreflektometrie Kenntnisse über die Impulsgeschwindigkeit besitzen muss, wenn man eine Entfernungszuordnung der verschiedenen Reflexionen treffen will;
- erklären können, worin die Vor- und Nachteile des FMCW-Verfahrens liegen;
- eingesehen haben, dass eine Entfernungsmessung mit einem Sinussignal bei einer Frequenz nicht möglich ist, sondern eine endliche Bandbreite erfordert;
- eingesehen haben, dass eine Messung der Geschwindigkeit oder Beschleunigung mit einem Sinussignal möglich ist.

# 8 Rauschmessungen an Hochfrequenz-Schaltungen

## Vorbemerkungen

Rauschvorgänge haben in der Nachrichtentechnik sowie in der Mess- und Regelungstechnik eine entscheidende Bedeutung. Rauschen liefert letztlich die von der Natur gesetzte Grenze für die Übertragung und den Empfang schwacher Signale oder für die letztlich erreichbare Genauigkeit einer Messung. Bei diesen Anwendungen wird das Rauschen zumeist als störender Effekt empfunden. Darüber hinaus eröffnet die quantitative Beobachtung von Rauschvorgängen aber auch die Möglichkeit, Bauelemente und Schaltungen besser zu verstehen und neue Messprinzipien zu erschließen, wie zum Beispiel Temperaturmessungen im Bereich der Mikrowellen.

In diesem Kapitel wollen wir uns mit einigen wichtigen Messverfahren von Rauschgrößen befassen, nämlich vor allem der Rauschtemperatur, also der verfügbaren Rauschleistung von rauschenden Zweipolen und der Rauschzahl eines Vierpols, die ein Maß ist für das vom Vierpol hinzugefügte Rauschen. Der Begriff der Rauschtemperatur wird zwar zunächst für thermisch rauschende Zweipole abgeleitet, kann dann aber auf Zweipole mit beliebiger Rauschursache erweitert werden.

In diesem Kapitel werden die wichtigsten Grundlagen für die Berechnung von rauschenden Ersatzschaltungen so weit eingeführt, dass die Kurseinheit in sich verständlich sein sollte. Insbesondere werden wir sehen, dass man für die rechnerische Behandlung von linearen Kreisen keine Information über die Amplituden-Charakteristik des Rauschvorganges benötigt, sondern nur eine Kenntnis des Frequenzspektrums und ansonsten wie mit gewöhnlichen Wechselstromerregungen rechnen kann. Allerdings tritt bei der Berechnung von linearen Schaltungen mit Rauschquellen ein zusätzlicher Begriff und eine zusätzliche Schwierigkeit auf, nämlich der Begriff der Korrelation. Demgegenüber ist die Berechnung nichtlinearer Prozesse außerordentlich schwierig und nur in Sonderfällen geschlossen durchführbar. Es ist dazu eine Kenntnis der Amplitudenstatistik des Rauschvorganges erforderlich, für die man häufig jedoch nur plausible Annahmen treffen kann.

Die Hauptschwierigkeit einer Rauschtemperaturmessung besteht vor allem darin, dass der erforderliche erste Vorverstärker die Messung beeinflussen kann, weil er im Allgemeinen selbst Rauschen in der Größenordnung des Messobjektes produziert. Die Messaufgabe besteht vor allem darin, den Einfluss dieses Verstärkerrauschens zu eliminieren. Eine weitere Zielsetzung besteht darin, rauschende Zweitore vollständig bezüglich ihrer Rauscheigenschaften zu charakterisieren. Wie wir sehen werden, benötigt man zur vollständigen Charakterisierung vier reelle Rauschterme, die man messtechnisch bestimmen möchte.

## 8.1 Thermisches Rauschen

Durch die thermische Bewegung von Elektronen oder Löchern in Metallen oder Halbleitern wird ein Widerstandsrauschen bewirkt (engl.: Johnson noise oder thermal noise). Das Experiment liefert für den zeitlichen Mittelwert des Stromquadrats im Frequenzband der Breite $\Delta f$ für den Kurzschluss-Rauschstrom

$$\overline{i^2(t)} = \frac{4kT}{R}\Delta f = 4kT \cdot G \cdot \Delta f \tag{8.1}$$

Dabei ist $R$ der Widerstand bzw. $G = 1/R$ der Leitwert, $T$ die absolute Temperatur in $K$ und $k$ die Boltzmannkonstante

$$k = 1{,}38 \cdot 10^{-23} \frac{Ws}{K} . \tag{8.2}$$

In analoger Weise findet man bei einer Spannungsmessung für die Leerlauf-Rauschspannung

$$\overline{u^2(t)} = 4kT \cdot R \cdot \Delta f . \tag{8.3}$$

Verwendet man die spektrale Dichtefunktion $W(f)$, die das mittlere Spannungsquadrat bzw. das mittlere Stromquadrat je Hertz Bandbreite angibt, dann gilt:

$$\begin{aligned} W_u(f) &= 4k \cdot T \cdot R \\ W_i(f) &= 4k \cdot T \cdot G . \end{aligned} \tag{8.4}$$

Für thermisches Rauschen ist die Dichtefunktion unabhängig von der Frequenz, jedenfalls wenn die Frequenz nicht zu hoch und die Temperatur nicht zu niedrig ist, wie wir später noch sehen werden. Aus $W(f)$ kann man den zeitlichen Mittelwert des Stromquadrats bzw. des Spannungsquadrats berechnen. In Gleichung (8.5) sind $f_2$ die obere und $f_1$ die untere Frequenzgrenze.

$$\begin{aligned} \overline{u^2(t)} &= \int_{f_1}^{f_2} W_u(f)\, df \\ \overline{i^2(t)} &= \int_{f_1}^{f_2} W_i(f)\, df \end{aligned} \tag{8.5}$$

Die spektrale Dichtefunktion wird auch spektrale Verteilungsfunktion, Spektrum oder Leistungsspektrum genannt.

Folgende Ersatzschaltungen für einen thermisch rauschenden Widerstand sind äquivalent:

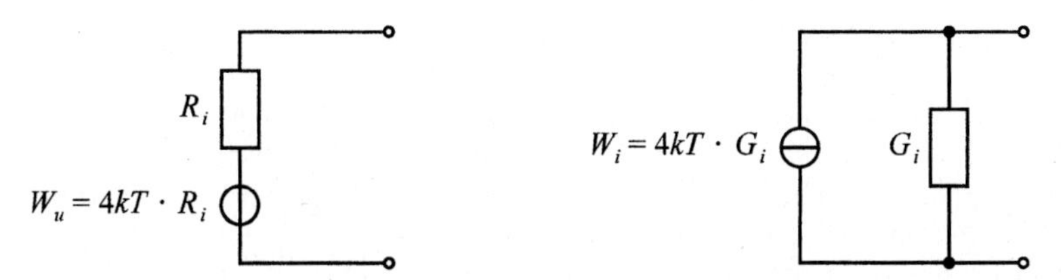


*Bild 8.1: Rauschersatzschaltbilder eines thermisch rauschenden Widerstandes*

Der Innenwiderstand $R_i$ bzw. der Innenleitwert $G_i$ ist dabei als rauschfrei anzusetzen. Die Spannungsquelle ist als beliebig niederohmig, die Stromquelle als beliebig hochohmig anzunehmen.

### 8.1.1 Serien- und parallelgeschaltete Widerstände

Werden mehrere Widerstände, die auf der gleichen Temperatur liegen, zusammengefasst, dann lässt sich für die resultierende Schaltung wiederum eine Ersatzschaltung angeben. Man gelangt dabei zum gleichen Ergebnis unabhängig davon, ob man zuerst einen Gesamtwiderstand berechnet und dann die äquivalente Rauschquelle bestimmt oder ob man für jeden Einzelwiderstand die äquivalente Rauschquelle bestimmt und dann die verschiedenen Rauschquellen zusammenfasst. Entsprechendes gilt auch für Widerstands-Netzwerke. Voraussetzung für diese Vorgehensweise ist die Annahme, dass die Rauschquellen unkorreliert sind, dass also die quadratischen Mittelwerte addiert werden dürfen. Später werden wir noch Beispiele kennen lernen, wo diese Annahme nicht zutrifft.

---

**Übungsaufgabe 8.1**

Am Beispiel von zwei in Serie geschalteten Widerständen parallel zu einem dritten Widerstand soll gezeigt werden, dass man zu derselben äquivalenten Gesamt-Rausch-Ersatzschaltung gelangt, unabhängig davon, ob man zuerst einen Gesamtwiderstand berechnet oder zunächst die resultierende Rauschersatzquelle bestimmt. Es sei $T_1 = T_2 = T_3 = T_0$ .

---

Offensichtlich dürfen wir einen Widerstand nicht beliebig fein unterteilen. Irgendwann wird die Annahme der statistischen Unabhängigkeit nicht mehr zutreffen, zum Beispiel wenn die Volumen-Abmessungen kleiner sind als die freie Weglänge der Elektronen. Dann kann aber auch ein Widerstand nicht mehr in der üblichen Weise definiert werden.

### 8.1.2 Der RC-Kreis

Wie später noch gezeigt werden wird, können rauschende lineare Netzwerke in etwa nach den üblichen Regeln, wie sie auch für sinusförmige Anregungen gelten, berechnet werden. So gilt zum Beispiel, dass die Rauschspektren über die Betragsquadrate der komplexen Impedanzen $Z(f)$ oder Übertragungsgrößen $V(f)$ verknüpft sind. Als Beispiel berechnen wir das Spannungsspektrum $W_{uc}$ über dem Kondensator in der Schaltung in Bild 8.2. Nur der Widerstand $R$ soll thermisch rauschen. Es gilt aufgrund der Spannungsteilung:

$$\begin{aligned} W_{uc} &= |V(f)|^2 \cdot W_u \\ &= \left| \frac{\frac{1}{j\omega C}}{R + \frac{1}{j\omega C}} \right|^2 4kTR \\ &= \frac{4kTR}{1+(\omega CR)^2} \; . \end{aligned} \tag{8.6}$$

Die spektrale Dichte $W_{uc}$ wird durch den Kondensator frequenzabhängig. Wir können den quadratischen Mittelwert der Spannung am Kondensator berechnen:

$$\begin{aligned} \overline{u_c^2(t)} &= \int_0^\infty W_{uc}(f)\,df \\ &= \int_0^\infty \frac{4kTR}{1+(\omega CR)^2}\,df = \frac{2kT}{\pi C}\int_0^\infty \frac{1}{1+\eta^2}\,d\eta \qquad \text{mit } \eta = \omega CR \\ &= \frac{2kT}{\pi C} \arctan \eta \Big|_0^\infty \\ &= \frac{kT}{C} \; . \end{aligned} \tag{8.7}$$

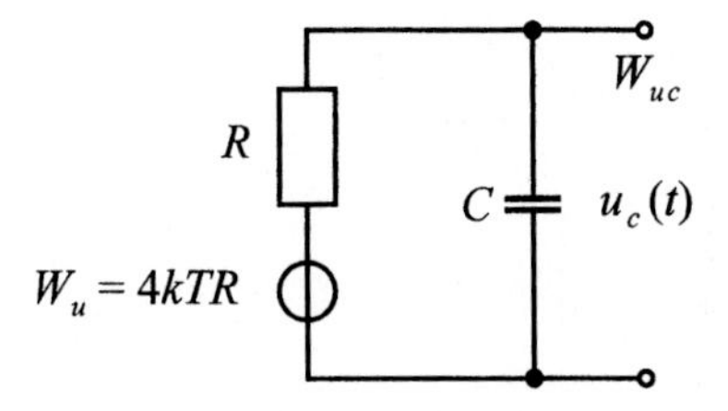


*Bild 8.2: Thermisch rauschender Widerstand mit parallel geschaltetem Kondensator*

Das mittlere Spannungsquadrat am Kondensator ist also begrenzt, obwohl der Frequenzbereich als unbegrenzt angenommen wurde. Das Ergebnis ist außerdem unabhängig von $R$, was auch physikalisch begründet werden kann.

### 8.1.3 Rauschen eines komplexen Widerstandes und die verfügbare Rauschleistung

In einem Gedankenexperiment seien ein reeller Widerstand $R'$ und ein komplexer Widerstand $Z(f)$ über einen idealen Bandpass zusammengeschaltet. Die Widerstände $R'$ und $Z(f)$ mögen auf der gleichen Temperatur liegen. Das Bandpass-Filter soll verlustfrei sei, trägt also selbst zum Rauschen nicht bei. Im thermodynamischen Gleichgewicht müssen die Rauschleistung $P'$, das ist die Rauschleistung, die vom Widerstand $R'$ an den Verbraucher $Z(f)$ abgegeben wird und die Rauschleistung $P$, das ist die Rauschleistung, die von der Impedanz $Z(f)$ an den Verbraucher $R'$ abgegeben wird, gleich sein, also $P = P'$.
Daraus folgt mit

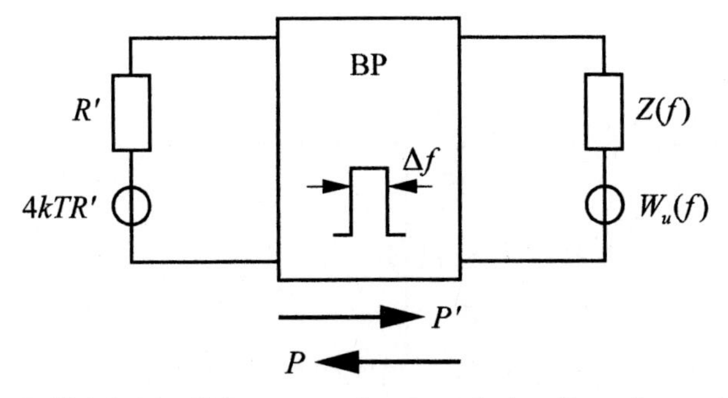


*Bild 8.3: Zur Erläuterung des thermischen Rauschens eines komplexen Widerstandes*

$$P' = \frac{4\,k\,T\,R'}{\left|R' + Z(f)\right|^2}\,\mathrm{Re}(Z)\,\Delta f$$

$$P = \frac{W_u}{\left|R' + Z(f)\right|^2}\,R'\,\Delta f \quad \text{und wegen } P' = P \tag{8.8}$$

$$W_u = 4\,k\,T\,\mathrm{Re}(Z)\,.$$

Der Blindwiderstand von $Z(f)$ weist kein thermisches Rauschen auf.
Damit kennen wir auch die Rauschquellen für thermisch rauschende komplexe Impedanzen bzw. Admittanzen. Die beiden Darstellungen in Bild 8.4 sind für $Y = 1\,/\,Z$ äquivalent.

Zum Beispiel ist in der rechten Ersatzschaltung von Bild 8.4 das Leerlauf-Spannungsquadrat $W_u'$ gleich

$$\begin{aligned} W_u' &= W_i \frac{1}{\left|Y(f)\right|^2} = W_i \left|Z(f)\right|^2 \\ &= 4\,k\,T\,\mathrm{Re}(Y)\frac{1}{|Y|^2} = 4\,k\,T\,\mathrm{Re}\left(\frac{Y}{|Y|^2}\right) = \\ &= 4\,k\,T\,\mathrm{Re}\left(\frac{1}{Y^*}\right) = 4\,k\,T\,\mathrm{Re}\,Z(f) = W_u\,. \end{aligned} \tag{8.9}$$

Die Ersatzschaltbilder in Bild 8.4 für komplexe Impedanzen und Admittanzen behalten auch ihre Gültigkeit, wenn es sich um eine Kombination aus konzentrierten Elementen und Leitungen handelt. Die Leitungen können verlustlos oder auch verlustbehaftet sein.

Die verfügbare Leistung erhält man bekanntlich, wenn man mit der konjugiert komplexen Impedanz abschließt.

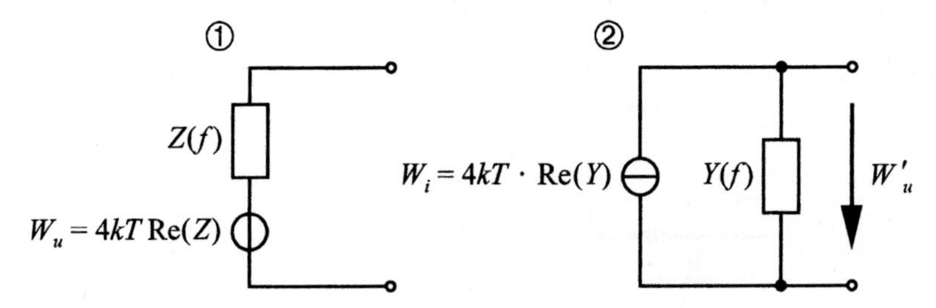


*Bild 8.4: Äquivalente Darstellungen für komplexe thermisch rauschende Impedanzen*

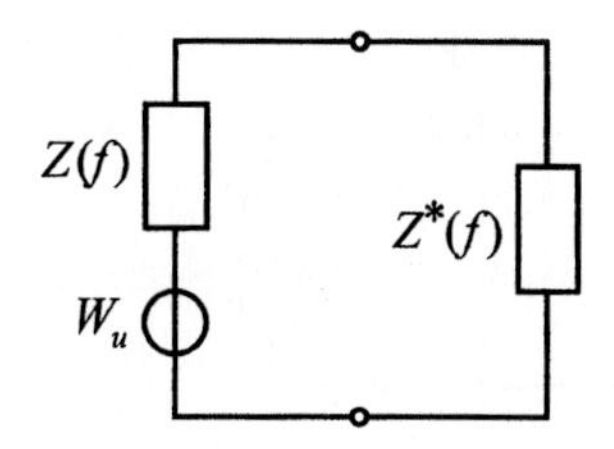


*Bild 8.5: Zur Erläuterung der verfügbaren Leistung*

Die an $Z^*(f)$ abgegebene Leistung $P_L$ ist:

$$\begin{aligned} P_L &= \frac{W_u}{\left|Z+Z^*\right|^2} \operatorname{Re}\left(Z^*\right) \Delta f \\ &= \frac{W_u}{4\left[\operatorname{Re}(Z)\right]^2} \operatorname{Re}(Z) \Delta f \\ &= \frac{4\,k\,T \operatorname{Re}(Z) \operatorname{Re}(Z) \Delta f}{4\left[\operatorname{Re}(Z)\right]^2} \\ &= k\,T\,\Delta f \ , \end{aligned} \tag{8.10}$$

was auch als Nyquist-Beziehung bezeichnet wird. Die verfügbare Leistung hängt nur von der Temperatur $T$ ab und nicht vom Wert des Widerstandes. Daher kann die Rauschtemperatur auch dazu verwendet werden, um das Rauschen eines allgemeinen verlustbehafteten Zweipols zu beschreiben. Man spricht dann von der äquivalenten Rauschtemperatur $T_r$ eines Zweipols und dehnt die Definition auch auf nicht thermisch rauschende Zweipole aus. Die Rauschtemperatur ist der verfügbaren Rauschleistung proportional.

### 8.1.4 Widerstandsnetze mit inhomogener Temperaturverteilung

Wir betrachten ein Netzwerk mit den Impedanzen $Z_1$ , $Z_2$ , $Z_3$ ,..., $Z_j$ , die unter-

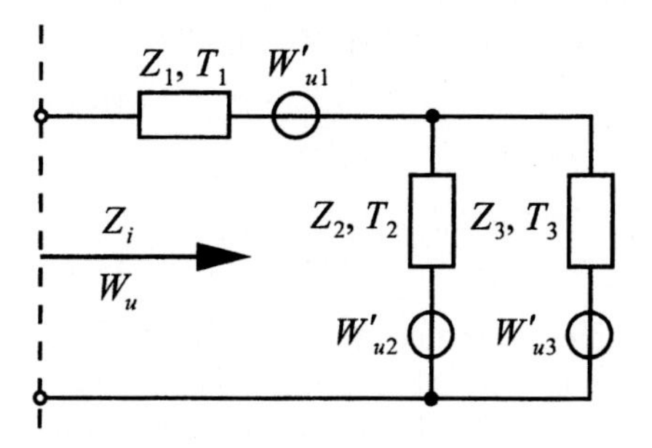


*Bild 8.6: Rauschendes Eintor mit drei Temperaturen*

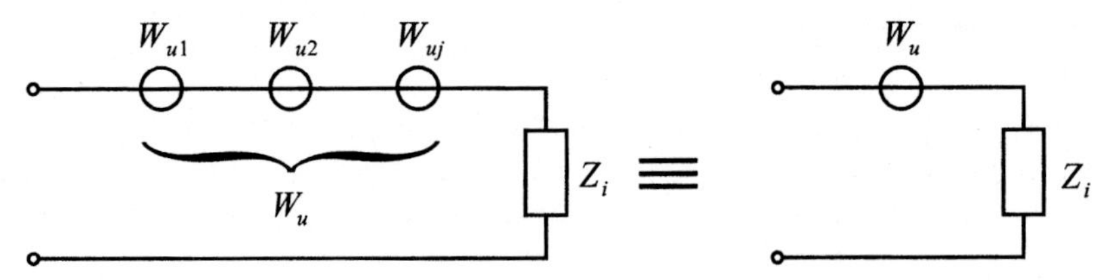


*Bild 8.7: Ersatzquellen zu Bild 8.6*

schiedliche Temperaturen $T_1$ , $T_2$ , $T_3$ ,..., $T_j$ aufweisen (Bild 8.6). Das Netzwerk kann auch stärker vernetzt sein als hier gezeigt. Auch Leitungen kann das Netzwerk enthalten.

Als nächstes berechnen wir die Leerlauf-Rauschquelle $W_u$ an den äußeren Klemmen. Dazu benutzen wir das Superpositionsprinzip, welches für lineare Schaltungen gilt, und transformieren die inneren Rauschquellen $W_{uj}'$ nacheinander an den Eingang. Dann erhalten wir die Ersatzschaltung nach Bild 8.7.
Dabei ist $Z_i$ der Innenwiderstand des Zweipols, den man erhält, wenn man alle Rauschquellen kurzschließt. Wir können davon ausgehen, dass die $W_{u1}$ , $W_{u2}$ , ..., $W_{uj}$ alle unkorreliert sind, weil sie aus verschiedenen Widerständen abgeleitet werden. Also ist

$$W_u = \sum_j W_{uj} = 4\,k\,T_r\,\mathrm{Re}\left(Z_i\right). \tag{8.11}$$

Die $W_{uj}$ sind mit den $W_{uj}'$ über das Betragsquadrat einer Spannungs-Übertragung verknüpft, also einem reellen Koeffizienten. Infolgedessen ist die äquivalente Temperatur $T_r$ des Zweipols ebenfalls linear mit den einzelnen $T_j$ verknüpft.

$$T_r = \sum_j \beta_j\,T_j \tag{8.12}$$

Für die reellen Koeffizienten $\beta_j$ muss ersichtlich gelten:

$$\sum_j \beta_j = 1, \tag{8.13}$$

denn wenn alle $T_i$ gleich sind, dann muss auch $T_r = T_j$ sein. Wir können $T_r$ auch als Ergebnis einer Mittelwertbildung auffassen, woraus unmittelbar folgt:

$$T_{j\,\mathrm{min}} \leq T_r \leq T_{j\,\mathrm{max}}\ . \tag{8.14}$$

### 8.1.5 Das Dissipationstheorem

Bei einem reziproken Netzwerk lassen sich die Koeffizienten $\beta_j$ auch anschaulich deuten als die vom Widerstand $\mathrm{Re}(Z_j)$ aufgenommene relative Wirkleistung, wenn eine Einheitsleistung in das Netzwerk eingespeist wird. Dieses so genannte *Dissi-*

*pationstheorem* wollen wir zunächst beweisen und dann seine Anwendung an einigen Beispielen erläutern.
Gemäß Bild 8.8 greifen wir einen Widerstand $R_j$ (Temperatur $T_j$) des linearen und reziproken Zweipol-Netzwerkes heraus und fassen ihn als äußere Beschaltung eines linearen reziproken Vierpols auf. Die Impedanz $Z_1$ und die Generatorspannung $E_1$ beschreiben die Eingangsseite. Reziprozität besagt nun, dass der Strom $I_j$, der durch $E_1$ erzeugt wird für $E_j = 0$ und der Strom $I_1$, der durch $E_j$ erzeugt wird für $E_1 = 0$, wie in Gl. (8.15) verknüpft sind.

$$\left.\frac{E_1}{I_j}\right|_{E_j=0} = \left.\frac{E_j}{I_1}\right|_{E_1=0} = \frac{1}{y} \tag{8.15}$$

Dabei ist $y$ eine komplexe Konstante. Die Impedanz $Z_1$ sei so gewählt, dass sich Leistungsanpassung an die Eingangsimpedanz $Z_{in}$ ergibt, d. h. $Z_1 = Z_{in}^*$. Für diesen Fall muss das Netzwerk die verfügbare Rauschleistung $P_{av}$ an die Impedanz $Z_1$ abgeben. Die an den Realteil von $Z_1$ aus dem thermisch rauschenden Widerstand $R_j$ abgegebene Rauschleistung $P_{1r}$ ist:

$$\begin{aligned} P_{1r} &= \left|I_{1r}\right|^2 \cdot \mathrm{Re}(Z_1) = \left|E_{jr}\right|^2 \cdot |y|^2 \cdot \mathrm{Re}(Z_1) \\ &= 4\,k\,T_j\,R_j\,\Delta f \cdot |y|^2 \cdot \mathrm{Re}(Z_1) = k\,T_j\,\beta_j \cdot \Delta f\ . \end{aligned} \tag{8.16}$$

Der zusätzliche Index $r$ soll die Rauschgrößen kennzeichnen. Aus der Gleichung (8.16) folgt für den Koeffizienten $\beta_j$

$$\beta_j = 4 \cdot R_j \cdot |y|^2 \cdot \mathrm{Re}(Z_1)\,. \tag{8.17}$$

Führt man diese Rechnung für jedes thermisch rauschende Element des Netzwerkes durch, so muss die Summe der so erhaltenen Leistungen die insgesamt verfügbare Rauschleistung $P_{av}$ ergeben:

$$P_{av} = k \cdot \Delta f \cdot \sum_j \left(T_j\,\beta_j\right)\ . \tag{8.18}$$

Die $\beta_j$ sind identisch mit denen in Gl. (8.12).

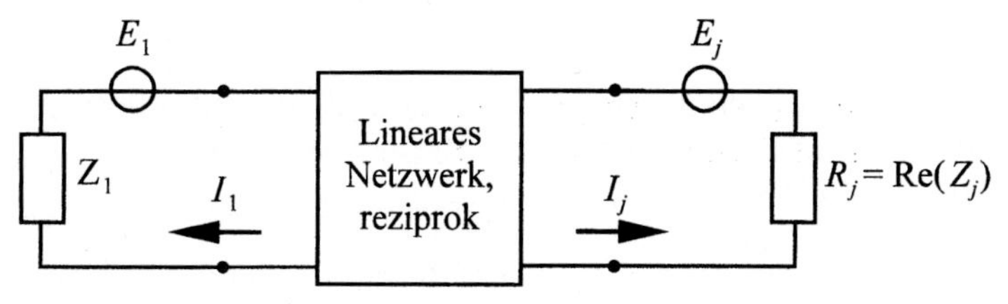


*Bild 8.8: Zur Erläuterung des Dissipationstheorems*

Es zeigt sich, dass $\beta_j$ auch das Verhältnis von in $R_j$ absorbierter Leistung $P_j$ zu einfallender (verfügbarer) Leistung $P_1$ ist:

$$\frac{P_j}{P_1} = \left|I_j\right|^2 \cdot R_j \frac{4\,\mathrm{Re}(Z_1)}{\left|E_1\right|^2} = 4 \cdot R_j \cdot |y|^2 \cdot \mathrm{Re}(Z_1) = \beta_j \ . \tag{8.19}$$

In anderen Worten, der relative Beitrag eines Widerstandes $R_j$ mit der Temperatur $T_j$ zur effektiven Rauschtemperatur $T_r$ des Zweipols, ausgedrückt durch den Koeffizienten $\beta_j$, ist gerade so groß wie die im Widerstand $R_j$ relativ absorbierte Leistung, wenn man in den Zweipol Leistung einspeist. Thermische Rauschleistung ist also sehr eng verknüpft mit der Leistungsdissipation. Ein Bauelement, dass keine Wirkleistung aufnehmen kann, kann auch keine thermische Rauschleistung emittieren. Das Dissipationstheorem wurde zwar für Schaltungen mit diskreten Elementen abgeleitet, es lässt sich aber genauso gut auf Schaltungen mit kontinuierlich verteilten Elementen ausdehnen.

---

**Übungsaufgabe 8.2**

Die äquivalente Temperatur $T_r$ der Schaltung im Bild 8.6 soll über das Dissipationstheorem berechnet werden. Die Impedanzen $Z_1$, $Z_2$ und $Z_3$ sollen komplex sein.

---

**Übungsaufgabe 8.3**

Es soll die Eingangstemperatur der untenstehenden Schaltung über das Dissipationstheorem berechnet werden. Die Anordnung besteht aus einem festem und einem variablen Dämpfungsglied und einem heißen Eintor.

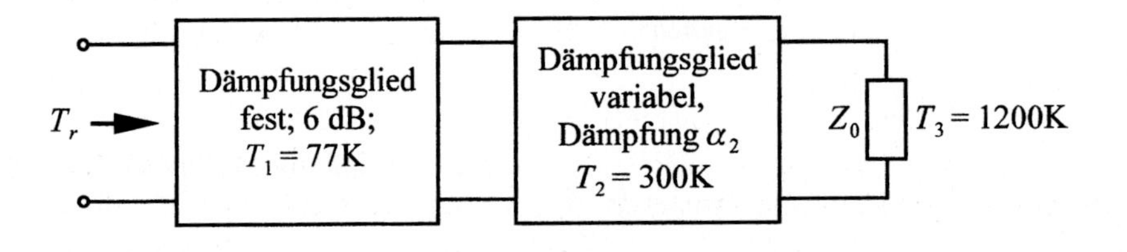


---

**Übungsaufgabe 8.4**

Für eine Antennenanordnung wie im unten stehenden Bild soll die äquivalente Eingangstemperatur über das Dissipationstheorem berechnet werden.

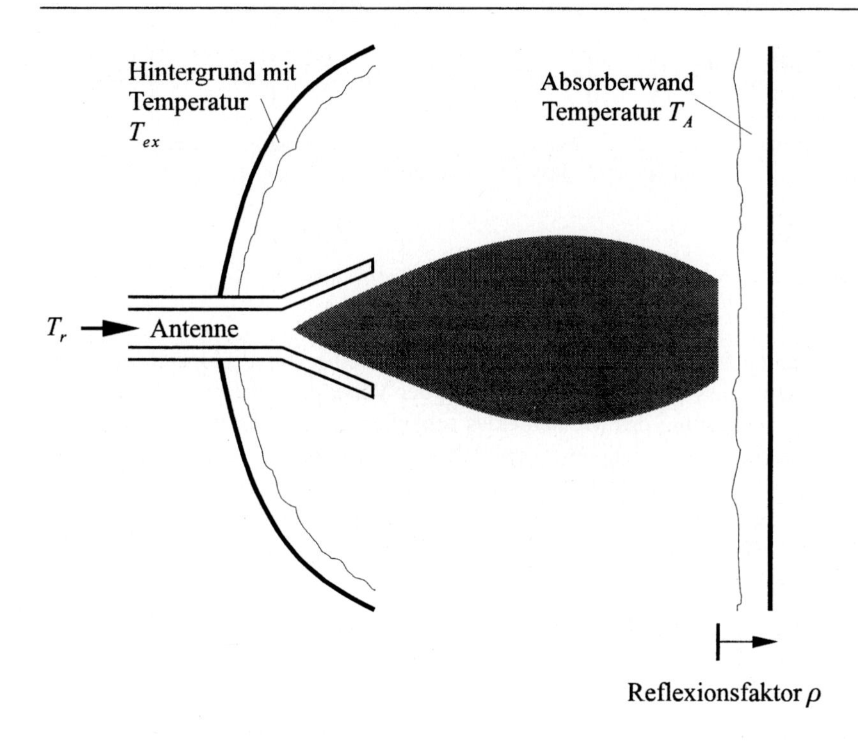


## 8.2 Messung der äquivalenten Rauschtemperatur eines Zweipols

### 8.2.1 Grundschaltung

Wir stellen uns die Aufgabe, von einem Eintor bzw. Zweipol die verfügbare Rauschleistung bei der Mittenfrequenz $f_0$ in einer vorgegebenen Bandbreite $\Delta f$ möglichst genau zu messen. Statt von verfügbarer Rauschleistung können wir auch von der äquivalenten Rauschtemperatur des Eintores sprechen. Eine Messanordnung, welche solch eine Messung erlaubt, nennt man Radiometer oder auch Spektrometer. Wie in
Bild 8.9 gezeigt, benötigt man für solch eine Messung mindestens eine Verstärkerkette, bestehend aus zum Beispiel einem rauscharmen Vorverstärker und einem Nachverstärker, sowie einen Bandpass und einen Leistungsmesser. Der Leistungsmesser kann auch ein analoger Multiplizierer sein, dessen Eingänge parallel geschaltet sind, der also als Quadrierer arbeitet.

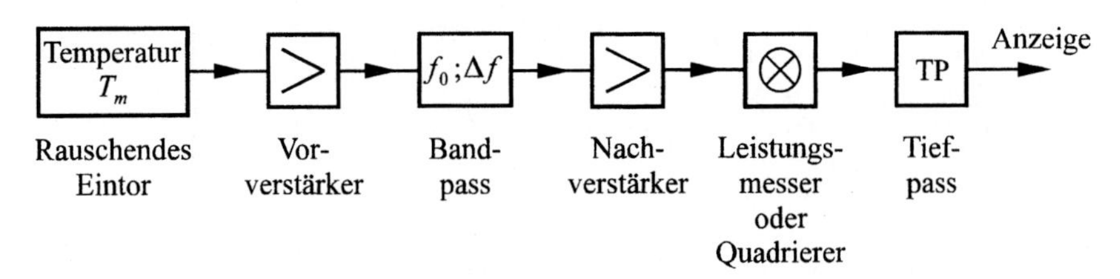


*Bild 8.9: Grundschaltung für Rauschtemperatur-Messungen*

Ein solches Messverfahren wirft jedoch eine Reihe von Problemen auf. Zunächst einmal muss die genaue Verstärkung der Verstärkerkette bekannt sein, um auf die Rauschleistung des Messobjektes schließen zu können. Die erforderliche hohe Verstärkung neigt jedoch zu zeitlichen Schwankungen, also zu einer Verstärkungsdrift. Als weiteres Problem erkennt man, dass der erste Vorverstärker, auch wenn es sich um einen rauscharmen Verstärker handelt, ebenfalls Rauschen produziert, welches in der gleichen Größenordnung wie das Rauschen des Messobjektes liegen kann. Man muss daher eine Möglichkeit finden, das Vorverstärkerrauschen vom Messobjekt-Rauschen zu trennen. Außerdem sollte die Verstärkung möglichst nicht in das Messergebnis eingehen. Eine mögliche Lösung ist in Bild 8.10 skizziert.

Es sei $Z_g$ die Impedanz des Messobjektes mit der Temperatur $T_m$. Die Eingangsimpedanz des Verstärkers sei $Z_{in}$, es können $Z_g$ und $Z_{in}$ komplex sein. Das Eigenrauschen des Verstärkers wollen wir ebenfalls durch eine Temperatur $T_a$ beschreiben, die als System- oder Verstärkertemperatur bezeichnet werden soll. Dazu stellen wir uns einen äquivalenten thermisch rauschenden Generatorwiderstand mit der Temperatur $T_a$ und der gleichen Impedanz $Z_g$ vor, der bei rauschfreiem Verstärker genau so viel Rauschen am Lastwiderstand $Z_l$ erzeugt wie der Verstärker selbst. Schließlich mögen zwei Kalibriernormale mit den bekannten und verschiedenen Temperaturen $T_1$ und $T_2$ zur Verfügung stehen, deren Impedanz $Z_g$ identisch mit der des Messobjekts sein soll. Eine dieser Temperaturen kann auch gleich der Umgebungstemperatur $T_0$ sein.

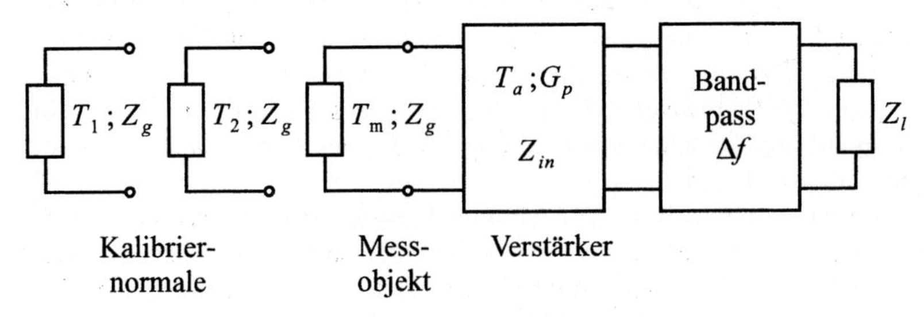


*Bild 8.10: Radiometer mit zwei Kalibierstandards*

Mit dem Gewinn $G_p$ lassen sich dann drei Rauschleistungen am Ausgang angeben, nämlich die Rauschleistung $P_m$ bei Anschluss des Messobjekts und die Rauschleistungen $P_1$ und $P_2$ bei Anschluss der beiden Kalibriernormale. Man erhält:

$$\begin{aligned} P_m &= G_p\left(T_m + T_a\right)\cdot k\cdot \Delta f \\ P_1 &= G_p\left(T_1 + T_a\right)\cdot k\cdot \Delta f \\ P_2 &= G_p\left(T_2 + T_a\right)\cdot k\cdot \Delta f\ . \end{aligned} \tag{8.20}$$

Diese Gleichungen lassen sich nach $T_m$ auflösen. In das Ergebnis gehen nur die bekannten Temperaturen $T_1$ und $T_2$ sowie die Verhältnisse der Rauschleistungen $P_m / P_1 = p_{m1}$ und $P_m / P_2 = p_{m2}$ ein, nicht jedoch der unbekannte Gewinn $G_p$ und die Verstärkertemperatur $T_a$. Man erhält:

$$T_m = \frac{\left(p_{m2} - 1\right)p_{m1}}{p_{m2} - p_{m1}}T_1 - \frac{\left(p_{m1} - 1\right)p_{m2}}{p_{m2} - p_{m1}}T_2\ . \tag{8.21}$$

Ein Nachteil dieses Verfahrens ist, dass verhältnismäßig lange Zeiten zwischen den drei Einzelmessungen vergehen können und daher hohe Anforderungen an die Verstärkung zu stellen sind, die während der Dauer der Messungen konstant sein muss. Spezielle Radiometer-Schaltungen, wie sie im nächsten Abschnitt beschrieben werden, stellen deutlich geringere Anforderungen an die Stabilität der Verstärker.

### 8.2.2 Schalt-Radiometer

Mit Hilfe eines Schalters, der möglichst verlustfrei sein sollte, wird periodisch zwischen dem Messobjekt-Eintor mit der unbekannten Temperatur $T_m$ und der Impedanz $Z_m$ und einem Referenz-Eintor mit der einstellbaren Temperatur $T_{ref}$ und der Impedanz $Z_{ref}$ geschaltet.

Das Rauschsignal am Ausgang des Verstärkers und des Bandpasses setzt sich zeitlich nacheinander aus den Anteilen von $T_m$ und $T_{ref}$ und, zeitlich konstant, dem Anteil des Verstärkers zusammen. Das Rauschen des Messobjektes und der Referenz ist unkorreliert mit dem Verstärkerrauschen. Allerdings ist der Beitrag des Verstärkerrauschens nur dann für beide Schaltzustände konstant, wenn die Impedanzen des Messobjektes und der Referenz, $Z_m$ und $Z_{ref}$, gleich sind. Dies ist also eine notwendige Bedingung für die richtige Anzeige des obigen Radiometers oder Thermographen, welches auch als Dicke-Radiometer bezeichnet wird. Am Ausgang des Verstärkers und Bandpasses wird das Rauschsignal quadratisch gleichgerichtet und mit einem Tiefpass gefiltert. Anschließend wird mit einem phasenempfindlichen Gleichrichter das durch den Schaltvorgang verursachte Wechselsignal (von z. B. 1 kHz ) herausgesiebt und angezeigt.

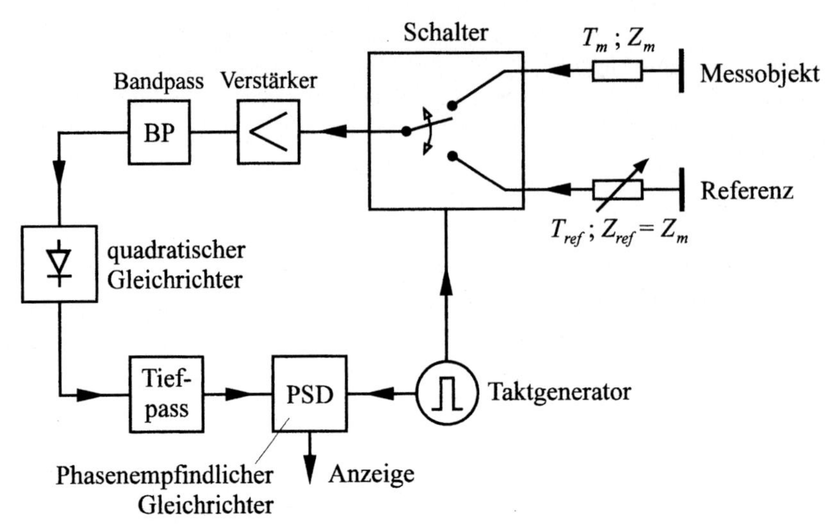


*Bild 8.11: Schalt-Radiometer mit bekannter Impedanz des Messobjektes.*

Schließlich wird die Referenztemperatur $T_{ref}$ so eingestellt, dass dieses Wechselsignal zu Null wird. Nach erfolgtem Nullabgleich des Anzeigesignals gilt

$$T_m = T_{ref} , \tag{8.22}$$

denn die Rauschleistung des Verstärkers ist additiv und für beide Schaltzustände gleich und geht daher nicht in den Abgleich ein. Auch Schwankungen der Verstärkung gehen nicht in den Abgleich ein, sofern sie langsam genug sind.

Wenn nur eine endliche Messzeit $\tau$ zur Verfügung steht und wenn außerdem die Bandbreite $B$, in der gemessen wird, endlich ist, dann lässt sich $T_m$ nicht beliebig genau gleich $T_{ref}$ einstellen. Der Restfehler $\Delta T$ ist durch die Beziehung

$$\Delta T = \frac{T_m + T_e}{\sqrt{B\tau}} \tag{8.23}$$

gegeben, wobei $T_e$ die eingangsbezogene Systemtemperatur des Verstärkers ist. Die Ableitung der Gleichung (8.23) erfordert eine nichtlineare Rauschrechnung und Annahmen über die Amplituden-Dichteverteilung und soll hier übergangen werden (z. B. Bittel, Storm: Rauschen). Um den Messfehler bei einem Radiometer möglichst klein zu halten, muss die Bandbreite groß, die Messzeit $\tau$ lang und der erste Vorverstärker möglichst rauscharm sein.

---

**Übungsaufgabe 8.5**

Es sei $T_m = T_e = 300\,\text{K}$, $B = 100\,\text{MHz}$ und $\tau = 1\,\text{s}$. Mit welcher Temperaturauflösung kann man bei diesem Radiometer rechnen ?

---

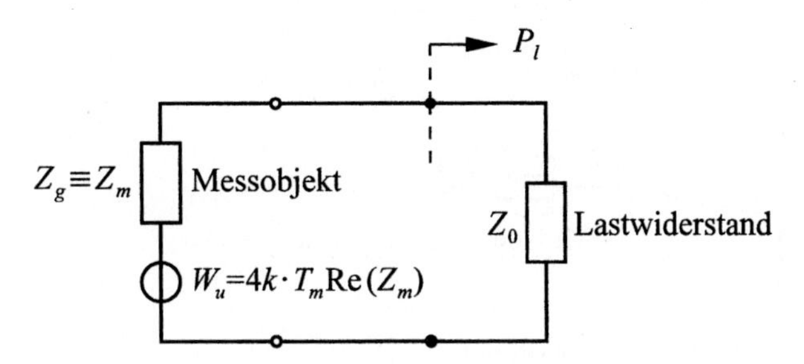


*Bild 8.12: Zur Erläuterung der Rauschleistungsminderung bei Fehlanpassung*

Bisher haben wir ein Messverfahren kennen gelernt, mit dessen Hilfe man die Rauschtemperatur eines angepassten Zweipols oder eines Zweipols mit bekannter Impedanz bestimmen kann. Ist der Zweipol jedoch fehlangepasst und seine Impedanz sogar komplex und frequenzabhängig, dann gestaltet sich eine Messung der Rauschtemperatur schwieriger. Insbesondere treten zwei neue Probleme auf.

Erstes Problem: Wegen der Fehlanpassung und damit endlichen Emissivität des Eintors wird nicht die verfügbare Rauschleistung $k\ T_m\ \Delta f$ gemessen, sondern ein Minderbetrag

$$\left(1-|\rho|^2\right) k\ T_m\ \Delta f \quad , \tag{8.24}$$

wobei $\rho$ der Reflexionsfaktor der zu messenden Impedanz ist. Wir betrachten dazu die Schaltung in Bild 8.12, in der der Lastwiderstand $Z_0$ als reell angenommen wird.

Es wird $Z_0$ als rauschfrei angenommen. Die an den Lastwiderstand $Z_0$ abgegebene Rauschleistung $P_l$ ist dann:

$$P_l = \frac{4\,k\,T_m\,\mathrm{Re}\left(Z_m\right)}{\left|Z_0 + Z_m\right|^2} Z_0\,\Delta f\,. \tag{8.25}$$

Mit

$$|\rho|^2 = \left|\frac{Z_m - Z_0}{Z_m + Z_0}\right|^2 \quad \text{erhält man für } P_l\text{:}$$

$$P_l = k\,T_m \cdot \Delta f \frac{2\left(Z_m + Z_m^*\right)Z_0}{\left|Z_m + Z_0\right|^2}$$

$$= k\,T_m \cdot \Delta f \frac{\left|Z_m + Z_0\right|^2 + 2\left(Z_m + Z_m^*\right)Z_0 - \left|Z_m + Z_0\right|^2}{\left|Z_m + Z_0\right|^2}$$

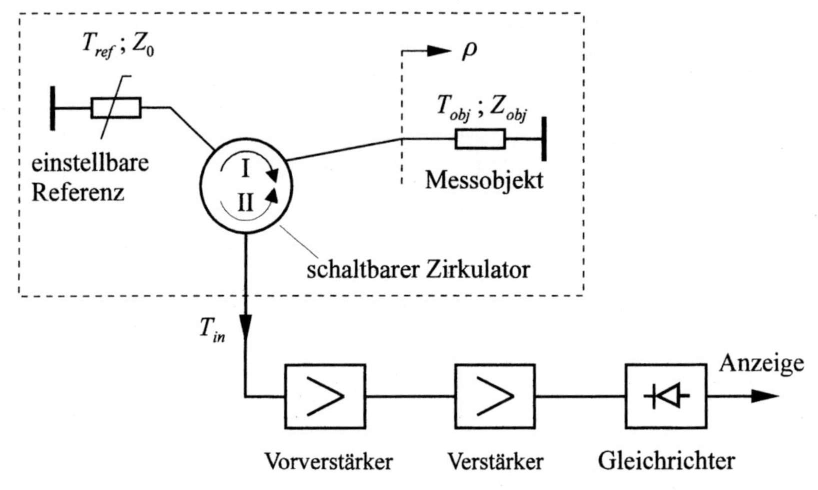


*Bild 8.13: Radiometer mit Zirkulator und fehlangepasstem Messobjekt*

$$P_l = k\,T_m \cdot \Delta f \left[ 1 - \left| \frac{Z_m - Z_0}{Z_m + Z_0} \right|^2 \right] = k\,T_m \cdot \Delta f \left[ 1 - |\rho|^2 \right] . \tag{8.26}$$

Anschaulich kann man auch sagen, dass der Anteil $P_l$, welcher den Lastwiderstand erreicht, vermindert ist um den Anteil

$$P_{refl} = k\,T_m\,\Delta f\,|\rho|^2 , \tag{8.27}$$

also denjenigen Anteil der verfügbaren Leistung, der wegen Fehlanpassung reflektiert wird. Damit eröffnet sich eine Möglichkeit, auch an fehlangepassten Zweipolen eine Temperaturmessung vorzunehmen. Dazu betrachten wir die Schaltung in Bild 8.13. Mit Hilfe eines schaltbaren Zirkulators werden nacheinander das Rauschen der Referenz und des Messobjektes auf den ersten Verstärker gegeben. Im Zustand I gelangt die Rauschleistung $P_{\mathrm{I}}$ auf den Eingang des ersten Verstärkers, die sich aus einem am Messobjekt reflektierten Anteil der Referenz-Rauschleistung und der Rauschleistung des Messobjektes zusammensetzt.

Wegen der Fehlanpassung, beschrieben durch den Reflexionsfaktor $\rho$, ist die Rauschleistung des Messobjektes um den Faktor $\left(1-|\rho|^2\right)$ reduziert.

$$P_{\mathrm{I}} = k\,T_{ref}\,\Delta f\,|\rho|^2 + k\,T_{obj}\,\Delta f \left(1 - |\rho|^2\right) \tag{8.28}$$

Der Zirkulator wird als verlustfrei angenommen und rauscht daher nicht. Im Zustand II wird die Rauschleistung $P_{\mathrm{II}}$ der Referenz gemessen:

$$P_{\mathrm{II}} = k\,T_{ref}\,\Delta f \ . \tag{8.29}$$

Die Leistungen in den beiden Zuständen werden durch Abgleich wiederum gleich:

$$P_{\mathrm{I}} = P_{\mathrm{II}} = k\,T_{ref}\,\Delta f\,|\rho|^2 + k\,T_{obj}\,\Delta f\left(1-|\rho|^2\right) = k\,T_{ref}\,\Delta f \quad . \tag{8.30}$$

Daraus ergibt sich

$$T_{ref} = T_{obj} \tag{8.31}$$

unabhängig von der Größe des Reflexionsfaktors $\rho$, der außerdem noch frequenzabhängig sein kann. Bei dem beschriebenen Verfahren handelt es sich um ein Kompensationsverfahren, weil der durch Fehlanpassung hervorgerufene Rauschminderbetrag vom Messobjekt durch einen entsprechenden Beitrag der Referenz kompensiert wird. Man kann auch auf andere Weise argumentieren: Für den gestrichelt eingerahmten Teil der Schaltung in Bild 8.13 ist die Eingangstemperatur $T_{in}$ dann gleich der Temperatur eben dieser Schaltung, wenn diese eine uniforme Temperatur aufweist, wenn also $T_{obj} = T_{ref}$ ist. Dann ist aber auch $T_{in} = T_{obj} = T_{ref}$.

Statt eines schaltbaren Zirkulators, der wahrscheinlich große Schaltspitzen verursacht und auch nicht sehr schnell schaltbar ist, kann man, wie in Bild 8.14, auch einen festen Zirkulator, einen Signalteiler und einen gewöhnlichen Schalter verwenden.

Der Zirkulator als verlustarmes, passives und nichtreziprokes Bauelement löst auch das 2. Problem, das im Zusammenhang mit einem fehlangepassten Zweipol auftritt. Es muss nämlich beachtet werden, dass der erste Vorverstärker seinerseits eine Rauschwelle und damit Rauschleistung in Richtung auf das Messobjekt emittiert, die dann vom Messobjekt reflektiert wird und wiederum auf den Verstärker gelangt. Dabei können Korrelationseffekte auftreten, welche zu großen Messfehlern führen können.

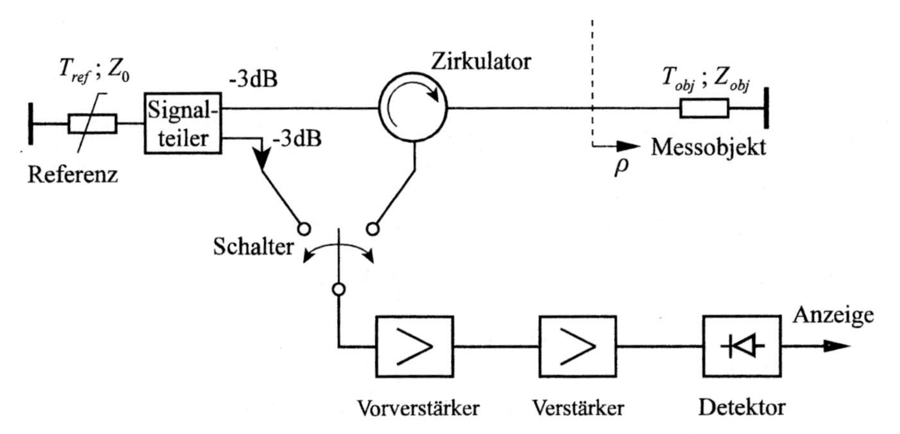


*Bild 8.14: Kompensierendes Radiometer mit Zirkulator und Schalter*

Der nichtreziproke Zirkulator bewirkt jedoch, dass das vom Verstärkereingang emittierte Rauschsignal nicht in den Verstärker zurückgelangt. Geräte nach dem skizzierten Prinzip sind z. B. entwickelt worden, um die Körpertemperatur eines Menschen zu bestimmen. Dabei werden Genauigkeiten von etwa 0,1°C erreicht. Der Vorteil eines solchen Gerätes liegt darin, dass die Eindringtiefe in den menschlichen Körper bei z. B. 2 GHz einige Zentimeter beträgt, so dass man die Kerntemperatur des Menschen messen kann. Experimente zeigten, dass ein solches Gerät in der Tat die Temperatur anpassungsunabhängig misst.
Bei der Messung der Körpertemperatur verwendet man Antennen, die im Allgemeinen in unmittelbarem Kontakt zu der Körperoberfläche stehen.

---

**Übungsaufgabe 8.6**

Ein kompensierendes Radiometer lässt sich auch ohne Zirkulator und statt dessen mit Kopplern, Wellenabschlüssen, einem Dämpfungsglied, einem Schalter und einem nichtreziproken passiven Isolator aufbauen, wie im untenstehenden Bild skizziert. Die verlustfreien Koppler mit der Leistungskoppeldämpfung $\kappa$ kann man sich als Leitungskoppler vorstellen. Das angepasste Dämpfungsglied weise die Leistungsdämpfung $\alpha = 1\text{-}\kappa$ auf. Alle passiven Komponenten sollen sich auf der Umgebungstemperatur $T_0$ befinden. Außer dem Messobjekt mit dem Reflexionsfaktor $\rho$ seien alle übrigen Komponenten auf $Z_0$ angepasst. Die in der Temperatur variable Referenz-Rauschquelle mit der Temperatur $T_{ref}$ steht zweimal zur Verfügung.

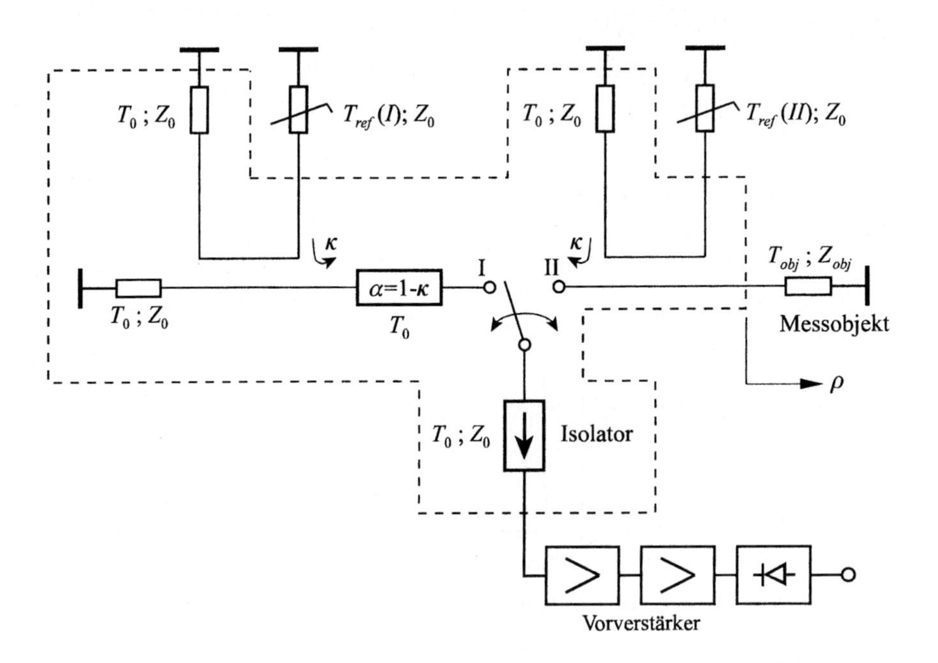

Berechnen Sie die Rauschleistung am Verstärkereingang für die beiden Schaltzustände.
Wie hängt für den Abgleich $T_{obj}$ von $T_{ref}$ ab? Man beachte, dass der Isolator mit der Impedanz $Z_0$ und der Temperatur $T_0$ thermisches Rauschen in Richtung auf den Schalter und damit auf das Messobjekt emittiert.

### 8.2.3 Plancksches Strahlungsgesetz

Nicht für alle Frequenzen und Temperaturen hat die sogenannte Nyquist-Beziehung Gl. (8.10) Gültigkeit, weil sie aus der statistischen Thermodynamik abgeleitet ist. Bei hohen Frequenzen und/oder niedrigen Temperaturen muss eine quantenmechanische Korrektur angebracht werden, die aus dem Planckschen Strahlungsgesetz für schwarze Strahlung resultiert. Statt $P_{av} = k\,T\,\Delta f$ müssen wir schreiben:

$$P_{av} = k\,T\,\Delta f\; p(f,T) \qquad \text{mit} \qquad p(f,T) = \frac{h\,f\,/\,k\,T}{\exp(h\,f\,/\,k\,T) - 1}\;. \tag{8.32}$$

mit $h = 6{,}626 \cdot 10^{-34}\ \mathrm{Ws}^2$ als Plancksche Konstante.
Bei Zimmertemperatur und 10 GHz ist der Korrekturfaktor $p(f,T) \approx 1$, so dass die Nyquist-Beziehung Gültigkeit hat. Die Plancksche Korrektur an der Nyquist-Beziehung verhindert auch, dass die thermische Rauschleistung für große Frequenzbereiche beliebig groß werden kann.

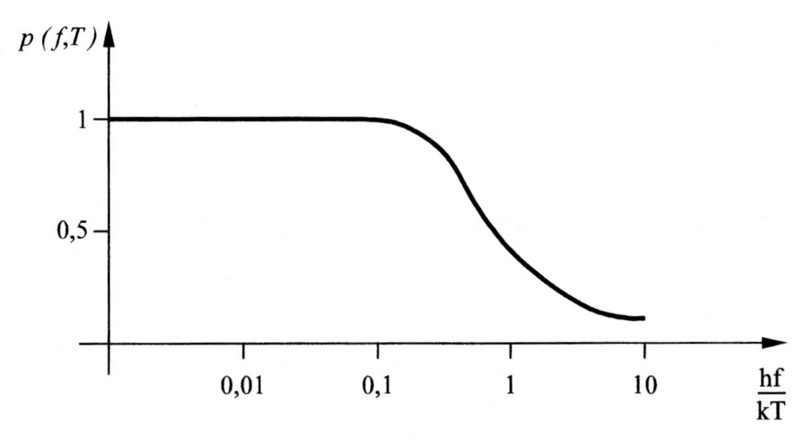


*Bild 8.15: Strahlungsleistung als Funktion der Frequenz und der Temperatur*

## 8.3 Rauschen von Vierpolen

Ein Ziel dieses Kapitels ist es, ein weiteres Rauschtemperatur-Messverfahren zu besprechen, nämlich das Korrelations-Radiometer. Ein Korrelations-Radiometer benötigt im Gegensatz zum Dicke-Radiometer im Prinzip keine Schalter und ist deshalb interessant. Um jedoch ein solches Radiometer verstehen zu können, müssen wir zuvor einige Grundlagen der Vierpol-Rauschtheorie wiederholen.

### 8.3.1 Transformation von Rauschsignalen über lineare Vierpole

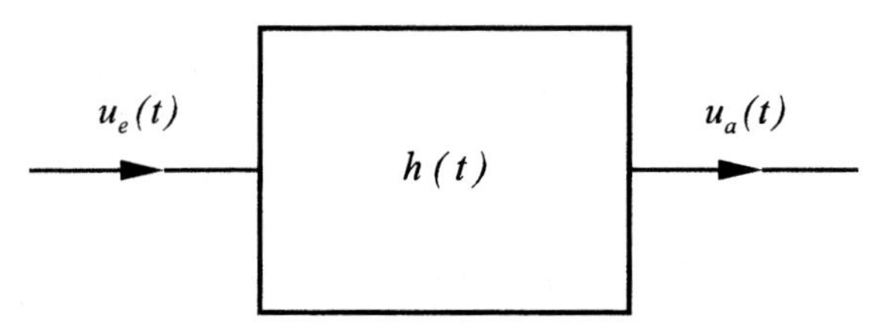


*Bild 8.16: Ein Vierpol, beschrieben durch seine Impulsantwort-Funktion*

Wir betrachten den oben stehenden Vierpol, dessen Impulsantwort-Funktion $h(t)$ sei. Die Spannung am Ausgang, $u_a(t)$, ist über ein Faltungsintegral mit der Eingangsspannung $u_e(t)$ verknüpft:

$$u_a(t) = \int_{-\infty}^{+\infty} h(t')\, u_e(t-t')\, dt' \; . \tag{8.33}$$

Für die Gewichtsfunktion $h(t)$ muss aus physikalischen Gründen gelten

$$h(t) = 0 \qquad \text{für } t < 0 \;, \tag{8.34}$$

weil eine Wirkung nicht vor der Ursache auftreten kann. Wählt man für die Eingangsspannung eine sinusförmige Spannung in komplexer Form

$$u_e(t) = \mathrm{Re}\left\{ |U_e| e^{j\Phi_e} e^{j\omega t} \right\} = \mathrm{Re}\left\{ U_e \cdot e^{j\omega t} \right\}, \tag{8.35}$$

dann erweist sich auch das Ausgangssignal als sinusförmig und es gilt:

$$\begin{aligned} U_a \cdot e^{j\omega t} &= \int_{-\infty}^{+\infty} h(t')\, U_e \cdot e^{j\omega t} \cdot e^{-j\omega t'}\, dt' \\ &= U_e \cdot e^{j\omega t} \int_{-\infty}^{+\infty} h(t') \cdot e^{-j\omega t'}\, dt' \; . \end{aligned} \tag{8.36}$$

Wir kürzen

$$\int_{-\infty}^{+\infty} h(t') \cdot e^{-j\omega t'} \, dt' = V(\omega) \tag{8.37}$$

ab und nennen $V(\omega)$ die Spannungsverstärkung oder komplexe Übertragungsfunktion des Vierpols, so dass die gewohnte komplexe Schreibweise gilt:

$$U_a = V(\omega) U_e \, . \tag{8.38}$$

Dabei sind $U_a$ und $U_e$ Zeigergrößen, und zwar im Allgemeinen komplexe Größen. Ersichtlich sind $h(t)$ und $V(f)$ ein Paar von Fouriertransformierten.

$$\begin{aligned} V(f) &= \int_{-\infty}^{+\infty} h(t) e^{-j2\pi f t} \, dt \\ h(t) &= \int_{-\infty}^{+\infty} V(f) e^{+j2\pi f t} \, dt \end{aligned} \tag{8.39}$$

Bei Rechnungen im Zeitbereich verwendet man vorzugsweise $h(t)$, bei Rechnungen im Frequenzbereich vorzugsweise $V(f)$. Weil $h(t)$ reell ist, gilt

$$V^*(f) = \int_{-\infty}^{+\infty} h(t) e^{+j2\pi f t} \, dt = V(-f) \tag{8.40}$$

oder auch

$$V^*(-f) = V(f) \, . \tag{8.41}$$

Der Realteil von $V(f)$ ist deshalb eine gerade Funktion über der Frequenzachse, der Imaginärteil eine ungerade Funktion.

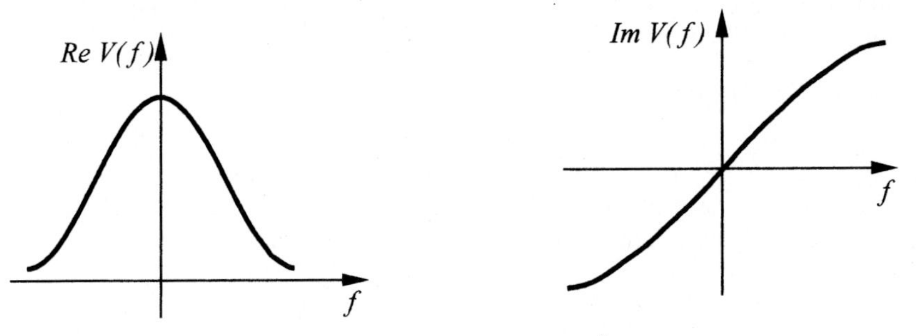


*Bild 8.17: Real- und Imaginärteil einer komplexen Übertragungsfunktion*

Wenn nicht ausdrücklich etwas anderes gesagt ist, werden wir im Folgenden annehmen, dass die betrachteten Rauschprozesse stationär sind, dass also keine zeitliche Abhängigkeit der verschiedenen zeitlichen Mittelwerte besteht. Außerdem nehmen wir an, dass die Rauschprozesse ergodisch sind, dass also eine Mittelwertbildung zu einem festen Zeitpunkt über eine große Zahl von gleichartigen Rauschprozessen zu dem gleichen Ergebnis führt wie eine zeitliche Mittelwertbildung über einen einzelnen Rauschprozess. Für die Autokorrelationsfunktion $\rho_e(\Theta)$ der Eingangsspannung $u_e(t)$ gilt daher

$$\rho_e(\Theta)= \lim_{T\to\infty} \frac{1}{2T} \int_{-T}^{+T} u_e(t)u_e(t+\Theta)dt \,. \tag{8.42}$$

Wir vereinbaren zur Abkürzung:

$$\begin{aligned}\overline{u_e(t)u_e(t+\Theta)} &= \langle u_e(t)u_e(t+\Theta)\rangle \\ &= \lim_{T\to\infty} \frac{1}{2T} \int_{-T}^{+T} u_e(t)u_e(t+\Theta)dt = \rho_e(\Theta).\end{aligned} \tag{8.43}$$

Eine entsprechende Definition gilt auch für $\rho_a$, die Autokorrelationsfunktion am Ausgang. Die Autokorrelationsfunktionen am Ausgang und am Eingang, $\rho_a$ und $\rho_e$, sind über ein doppeltes Faltungsintegral miteinander verknüpft, wie jetzt gezeigt werden soll.
Wir schreiben zunächst

$$\begin{aligned}u_a(t)u_a(t+\Theta) &= \int_{-\infty}^{+\infty} h(t')u_e(t-t')dt' \cdot \int_{-\infty}^{+\infty} h(t'')u_e(t+\Theta-t'')dt'' \\ &= \int_{-\infty}^{+\infty}\int_{-\infty}^{+\infty} h(t')h(t'')u_e(t-t')u_e(t-t''+\Theta)dt'dt'' \,.\end{aligned} \tag{8.44}$$

Wir bilden auf beiden Seiten den Mittelwert über $t$ und nutzen aus, dass die Integration und die Mittelwertbildung vertauscht werden dürfen. Es ist mit $\tau = t - t'$

$$\begin{aligned}\langle u_e(t-t')u_e(t-t''+\Theta)\rangle &= \langle u_e(\tau)u_e(\tau+t'-t''+\Theta)\rangle \\ &= \rho_e(\Theta+t'-t'') \,.\end{aligned} \tag{8.45}$$

Damit erhalten wir schließlich eine Verknüpfung zwischen $\rho_a$ und $\rho_e$ in der Form eines doppelten Faltungsintegrals, die wir später noch benutzen werden.

$$\rho_a(\Theta)= \iint_{-\infty}^{+\infty} h(t')h(t'')\rho_e(\Theta+t'-t'')dt'dt'' \tag{8.46}$$

Sowohl $\rho_e$ als auch $\rho_a$ sind gerade Funktionen in $\Theta$. Das sieht man, wenn man in der Definitionsgleichung $t+\Theta=\tau$ setzt.

$$\rho_e = < u_e(t) u_e(t+\Theta) > \; = \; < u_e(\tau) u_e(\tau-\Theta) > \tag{8.47}$$

Als nächstes führen wir das zweiseitige Leistungsspektrum $w$ ein und definieren es als Fouriertransformierte der Autokorrelationsfunktion. Daraus folgt, dass das Leistungsspektrum und die Autokorrelationsfunktion eines stationären stochastischen Prozesses ein Paar von Fouriertransformierten sind.

$$\begin{aligned} w(f) &= \int_{-\infty}^{+\infty} \rho(\Theta) e^{-j2\pi f \Theta}\, d\Theta \\ \rho(\Theta) &= \int_{-\infty}^{+\infty} w(f) e^{+j2\pi f \Theta}\, df \end{aligned} \tag{8.48}$$

Weil $\rho(\Theta)$ eine reelle und gerade Funktion in $\Theta$ ist, folgt auch für $w(f)$, dass es eine reelle und gerade Funktion in $f$ ist. Dies lässt sich wie folgt zeigen:

$$\begin{aligned} w(f) &= \int_{-\infty}^{+\infty} \rho(\Theta) e^{-j2\pi f \Theta}\, d\Theta \qquad (\rho(\Theta)=\rho(-\Theta)) \\ &= \int_{-\infty}^{+\infty} \rho(-\Theta) e^{-j2\pi f \Theta}\, d\Theta \\ &= -\int_{+\infty}^{-\infty} \rho(\tau) e^{j2\pi f \tau}\, d\tau \qquad (\text{Substitution}\, \Theta = -\tau) \\ &= \int_{-\infty}^{+\infty} \rho(\tau) e^{j2\pi f \tau}\, d\tau = w^*(f) = w(-f)\ . \end{aligned} \tag{8.49}$$

Daraus folgt aber, das $w(f)$ reell und gerade in $f$ ist. Das zweiseitige Spektrum $w(f)$ ist häufig angenehm zu verwenden, weil die Verknüpfung mit der Autokorrelationsfunktion für die Hin- und Rücktransformation symmetrisch ist. Physikalische Bedeutung hat jedoch das einseitige Spektrum, $W(f)$, mit dem wir bisher gerechnet haben. Die Größen $W(f)$ und $w(f)$ hängen wie folgt zusammen:

$$W(f) = 2\, w(f) = w(f) + w(-f)\ . \tag{8.50}$$

Der Unterschied im Faktor 2 ergibt sich aus den unterschiedlichen Integrationsgrenzen. Es ist etwa:

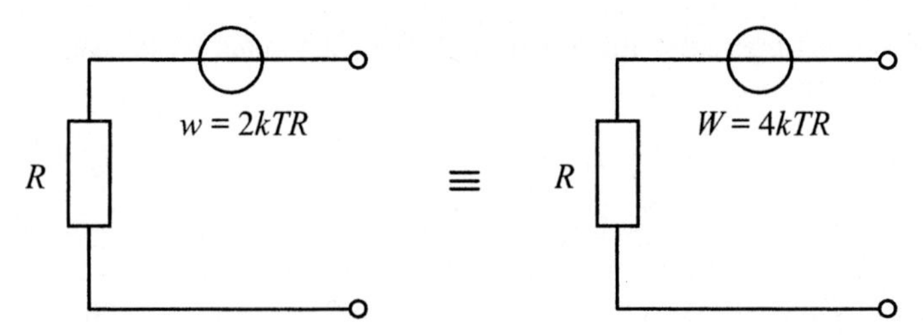


*Bild 8.18: Beschreibung von Rauschquellen über das zwei- und einseitige Leistungsspektrum*

$$\overline{u^2(t)} = \rho(\Theta = 0) = \int_{-\infty}^{+\infty} w(f)\,df = 2\int_0^{\infty} w(f)\,df = \int_0^{\infty} W(f)\,df \ . \tag{8.51}$$

Benutzen wir das zweiseitige Spektrum $w(f)$, dann können wir an die Ersatzrauschquelle eines thermisch rauschenden Widerstandes schreiben:

$$w = 2\,k\,T\,R \ . \tag{8.52}$$

### 8.3.2 Transformation des Leistungsspektrums

Aus der Beziehung über die Transformation der Autokorrelationsfunktion zwischen Eingang und Ausgang eines Vierpols, Gl. (8.46), können wir auch die Transformation des Leistungsspektrums berechnen, also die Verknüpfung des Leistungsspektrums $w_e$ am Eingang und $w_a$ am Ausgang. Wir setzen an, dass $w_a$ das Leistungsspektrum der Autokorrelationsfunktion $\rho_a$ ist und verwenden außerdem die Beziehung aus Gl. (8.46):

$$\begin{aligned}
w_a &= \int_{-\infty}^{+\infty} \rho_a(\Theta) e^{-j2\pi f\Theta}\, d\Theta \\
&= \int_{-\infty}^{+\infty}\int_{-\infty}^{+\infty}\int_{-\infty}^{+\infty} h(t')h(t'')\rho_e(\Theta + t' - t'') e^{-j2\pi f\Theta}\, d\Theta\, dt'\, dt'' \\
&= \int_{-\infty}^{+\infty}\int_{-\infty}^{+\infty}\int_{-\infty}^{+\infty} h(t')h(t'')\rho_e(\Theta + t' - t'') e^{-j2\pi f(\Theta + t' - t'')} \\
&\qquad\qquad e^{j2\pi f t'} e^{-j2\pi f t''}\, d\Theta\, dt'\, dt'' \ .
\end{aligned} \tag{8.53}$$

Bei der letzten Umformung wurde lediglich eine Erweiterung vorgenommen. Im Weiteren machen wir von der Möglichkeit Gebrauch, die Integrationsreihenfolge zu vertauschen. Zuerst erfolgt eine Integration über $\tau = \theta + t' - t''$, wobei $t' - t''$ zunächst als konstant aufgefasst wird.

$$\begin{aligned} w_a(f) &= w_e(f) \left\{ \int_{-\infty}^{+\infty} h(t') e^{j2\pi f t'} \, dt' \right\} \left\{ \int_{-\infty}^{+\infty} h(t'') e^{-j2\pi f t''} \, dt'' \right\} \\ &= w_e(f) \, V^*(f) \, V(f) \\ &= |V(f)|^2 \, w_e(f). \end{aligned} \tag{8.54}$$

Die Größe $V(f)$ ist die Übertragungsfunktion des betrachteten Vierpols, also die Fouriertransformierte der Impulsantwort-Funktion $h(t)$. Die Beziehung Gl. (8.54) hatten wir bereits in Kapitel 8.1.2 benutzt und uns anschaulich klargemacht. Es gilt daher auch nach einer strengeren Ableitung der Satz: Das Leistungsspektrum wird mit dem Betragsquadrat der entsprechenden Übertragungsfunktion transformiert.

### 8.3.3 Korrelation zwischen Eingangs- und Ausgangsrauschen eines Vierpols

Besteht zwischen Eingangs- und Ausgangsrauschen eines Vierpols eine Korrelation, dann kann diese durch die Kreuzkorrelationsfunktion $\rho_{ea}(\Theta)$ beschrieben werden. Die Kreuzkorrelationsfunktion ist ähnlich wie die Autokorrelationsfunktion als Mittelwert definiert:

$$\begin{aligned} \rho_{ea}(\Theta) &= \langle u_e(t) u_a(t+\Theta) \rangle \\ &= \left\langle \int_{-\infty}^{+\infty} h(t') u_e(t) u_e(t+\Theta-t') \, dt' \right\rangle \\ &= \int_{-\infty}^{+\infty} h(t') \cdot \rho_e(\Theta - t') \, dt' . \end{aligned} \tag{8.55}$$

Dabei wurde wiederum die Mittelwertbildung mit der Integration vertauscht. Die Kreuzkorrelationsfunktion ist im Allgemeinen keine gerade Funktion. Durch eine Fouriertransformation der Gl. (8.55) in den Frequenzbereich erhält man das zugehörige Spektrum $w_{ea}(f)$.

$$\begin{aligned} w_{ea}(f) &= \int_{-\infty}^{+\infty} \rho_{ea}(\Theta) e^{-j2\pi f \Theta} \, d\Theta \\ &= \int_{-\infty}^{+\infty} \int_{-\infty}^{+\infty} h(t') \rho_e(\Theta - t') e^{-j2\pi f (\Theta - t')} \, e^{-j2\pi f t'} \, d\Theta \, dt' \end{aligned}$$

$$w_{ea}(f) = w_e V(f) \tag{8.56}$$

Dabei wurde, wie schon früher, erstens von einer Erweiterung und zweitens von einer Vertauschung der Integrationsreihenfolge Gebrauch gemacht. Im Gegensatz zu $w_e$ und $w_a$ ist $w_{ea}$ im Allgemeinen komplex. Wegen $w_a = |V|^2 w_e$ gilt auch

$$w_{ea}(f) = \frac{w_a}{|V|^2} V = \frac{w_a}{V^*} \quad \text{und} \quad w_{ae} = w_{ea}{}^* = w_e V^* = \frac{w_a}{V} \,. \tag{8.57}$$

Es ist nämlich

$$\begin{aligned} \rho_{ae} &= < u_a(t) u_e(t+\Theta) > \\ &= < \int_{-\infty}^{+\infty} h(t') u_e(t-t') u_e(t+\Theta) d t' > \\ &= \int_{-\infty}^{+\infty} h(t') \rho_e(\Theta + t') d t' \,. \end{aligned} \tag{8.58}$$

Und weiterhin

$$w_{ae}(f) = \int_{-\infty}^{+\infty} \int_{-\infty}^{+\infty} h(t') \cdot \rho_e(\Theta + t') e^{-j2\pi f (\Theta + t')} e^{+j2\pi f t'} d\Theta \, dt' \,. \tag{8.59}$$

Also gilt $w_{ae} = w_e V^* = w_{ea}{}^*$, womit Gl. (8.57) bewiesen wäre. Außer dem Kreuzspektrum $w_{ea}$ kann man ein normiertes Kreuzspektrum $k_{ea}$ einführen:

$$k_{ea} = \frac{w_{ea}}{\sqrt{w_e \, w_a}} \,. \tag{8.60}$$

Für die bisher betrachtete Korrelation der Eingangs- und Ausgangsgrößen eines Vierpols gilt:

$$k_{ea} = \frac{w_{ea}}{\sqrt{w_e w_a}} = \frac{w_e V}{w_e |V|} = \frac{V}{|V|} \,. \tag{8.61}$$

Der Betrag des normierten Kreuzspektrums ist also eins, d. h. das Eingangs- und Ausgangssignal sind vollständig korreliert. Das ist auch nicht weiter verwunderlich, weil diese Signale auseinander hervorgingen.

### 8.3.4 Überlagerung von teilweise korrelierten Rauschsignalen.

Mit Hilfe des unten stehenden Sechspols sollen zwei Rauschspannungen, $u_{e1}$ und $u_{e2}$, die möglicherweise teilweise korreliert sind, in einem Lastwiderstand $Z_a$ überlagert werden. Der verwendete Sechspol sei selbst rauschfrei. Wir wollen die

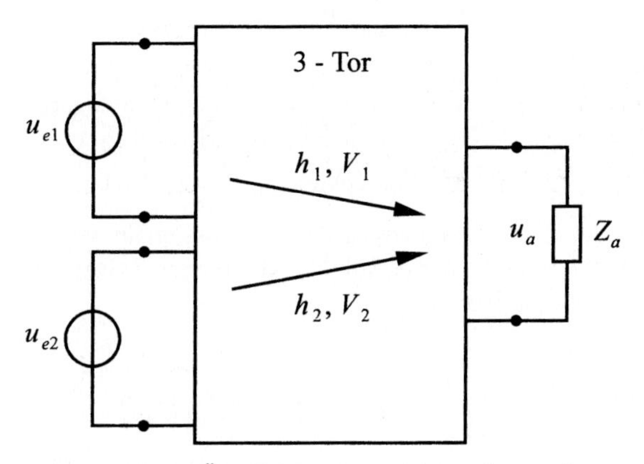


*Bild 8.19: Zur Überlagerung von Rauschsignalen*

Autokorrelationsfunktion der Ausgangsspannung $u_a(t)$ berechnen, also den Ausdruck $< u_a(t)u_a(t+\Theta)>$. Es ist

$$
\begin{aligned}
<u_a(t)u_a(t+\Theta)> = <& \iint_{-\infty}^{+\infty} \{h_1(t')u_{e1}(t-t')+h_2(t')u_{e2}(t-t')\}\,dt' \\
&\cdot \{h_1(t'')u_{e1}(t+\Theta-t'')+h_2(t'')u_{e2}(t+\Theta-t'')\}\,dt''>.
\end{aligned}
\tag{8.62}
$$

Hieraus entstehen vier Anteile:

$$
\begin{aligned}
&< u_a(t)u_a(t+\Theta)> = \rho_a(\Theta) \\
&= \iint_{-\infty}^{+\infty} h_1(t')h_1(t'')\rho_{e1}(\Theta+t'-t'')dt'\,dt'' \qquad (1) \\
&+ \iint_{-\infty}^{+\infty} h_2(t')h_2(t'')\rho_{e2}(\Theta+t'-t'')dt'\,dt'' \qquad (2) \\
&+ \iint_{-\infty}^{+\infty} h_1(t')h_2(t'')\rho_{e1e2}(\Theta+t'-t'')dt'\,dt'' \qquad (3) \\
&+ \iint_{-\infty}^{+\infty} h_1(t'')h_2(t')\rho_{e2e1}(\Theta+t'-t'')dt'\,dt'' \qquad (4)\ .
\end{aligned}
\tag{8.63}
$$

Hierbei beschreiben die Anteile (1) und (2) jeweils die Autokorrelation und die Anteile (3) und (4) die Kreuzkorrelationsfunktion. Schließlich bilden wir von diesem Ausdruck die Fouriertransformierte und vertauschen die Reihenfolge der Integrationen. Wir erhalten:

$$w_a = \int_{-\infty}^{+\infty} \rho_a(\Theta) e^{-j2\pi f \Theta} \, d\Theta$$
$$= |V_1|^2 w_{e1} + |V_2|^2 w_{e2} + V_1^* V_2 w_{e1e2} + V_1 V_2^* w_{e1e2}^* \,. \tag{8.64}$$

Wir wollen uns im Folgenden die Rauschspannungen durch Sinussignale derselben Frequenz ersetzt denken. Wir können in der gewohnten komplexen Zeigerdarstellung für die Ausgangsspannung schreiben:

$$U_a = V_1 U_{e1} + V_2 U_{e2} \qquad \text{oder}$$
$$|U_a|^2 = |V_1|^2 |U_{e1}|^2 + |V_2|^2 |U_{e2}|^2 + V_1^* V_2 U_{e1}^* U_{e2} + V_1 V_2^* U_{e1} U_{e2}^* \,. \tag{8.65}$$

Ein Vergleich mit der Gleichung (8.64) zeigt, dass es eine einfache Äquivalenz zwischen der Rechnung mit Leistungs- und Kreuzspektren und der Rechnung mit komplexen Zeigern gibt. Man setzt $|U_e|^2$ mit $w_e$ gleich und $U_{e1}^* U_{e2}$ mit dem Kreuzspektrum $w_{e1e2}$. Damit ist ein Weg in symbolischer Rechnung aufgezeigt, wie man in linearen Schaltungen mit Rauschgrößen ähnlich bequem rechnen kann wie mit sinusförmigen Anregungen. Der wesentliche Unterschied liegt in der Notwendigkeit, die Korrelation zwischen den Rauschsignalen zu berücksichtigen.

Von der Gleichsetzung von Spektren und dem Produkt komplexer Zeiger werden wir in diesem Kapitel noch des öfteren Gebrauch machen. Zwei Signale können vollständig korreliert sein, wenn sie z. B. auseinander hervorgegangen sind. Sind zwei Signale vollständig unkorreliert, dann kann man einfach die Leistungen oder Spektren addieren. Oft werden Rauschsignale teilweise korreliert sein. Dann muss man die Leistungen oder Spektren gemäß Gl. (8.64) addieren. Es ist oft nicht ganz einfach, die Korrelation zwischen zwei Rauschsignalen zu bestimmen. Kennt man jedoch die Korrelation, dann kann man in linearen Schaltungen nach einiger Übung ähnlich bequem rechnen wie mit sinusförmigen Anregungen.

Die Kreuzkorrelationsfunktion $\rho_{12}(\Theta)$ ist im Allgemeinen keine gerade Funktion, aber eine reelle Funktion. Daher gilt:

$$w_{12}(f) = \int_{-\infty}^{+\infty} \rho_{12}(\Theta) e^{-j2\pi f \Theta} \, d\Theta = w_{12}^*(-f) \,. \tag{8.66}$$

Außerdem ist

$$\rho_{12}(\Theta) = \rho_{21}(-\Theta) \,. \tag{8.67}$$

Daher gilt auch

$$w_{12}(f) = \int_{-\infty}^{+\infty} \rho_{12}(\Theta) e^{-j2\pi f \Theta} \, d\Theta$$

$$w_{12}(f) = \int_{-\infty}^{+\infty} \rho_{21}(-\Theta) e^{-j2\pi f \Theta} \, d\Theta$$

$$= -\int_{+\infty}^{-\infty} \rho_{21}(\tau) e^{+j2\pi f \tau} \, d\tau \tag{8.68}$$

$$= +\int_{-\infty}^{+\infty} \rho_{21}(\tau) e^{+j2\pi f \tau} \, d\tau \,,$$

also

$$w_{12}(f) = w_{21}{}^{*}(f) \,. \tag{8.69}$$

Deshalb können wir Gl. (8.64) auch in der Form schreiben:

$$w_a = |V_1|^2 \, w_{e1} + |V_2|^2 \, w_{e2} + 2\,\mathrm{Re}\left(V_1^{*} \, V_2 \, w_{e1e2}\right), \tag{8.70}$$

womit auch gezeigt ist, dass $w_a$ auf jeden Fall reell wird, wie es für ein Leistungsspektrum sein muss.

---

**Übungsaufgabe 8.7**

Aus weißem Rauschen sollen zwei Frequenzbänder, die sich nicht überlappen, herausgefiltert werden. Welche Korrelation besteht zwischen diesen Rauschsignalen?

---

**Übungsaufgabe 8.8**

Berechnen Sie für rechteckig bandbegrenztes weißes Rauschen die Autokorrelationsfunktion.

---

**Übungsaufgabe 8.9**

Für den untenstehenden RC-Tiefpass soll die Autokorrelationsfunktion des Ausgangsrauschens berechnet werden, wenn das Eingangsrauschen weißes Rauschen ist, das z. B. durch den Widerstand $R$ generiert sein soll.

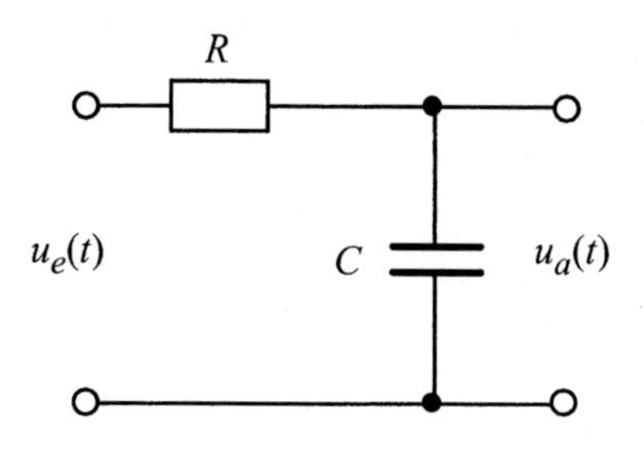


### 8.3.5 Messung der Korrelationsfunktion und des Kreuzspektrums

Die Messung der Korrelationsfunktion und des Kreuzspektrums orientiert sich an der Definition dieser Größen. In Bild 8.20 ist ein mehr analog orientiertes Messverfahren für die Korrelationsfunktion skizziert, welches für höhere Frequenzen in Frage kommt.

Die Eingangssignale werden bandbegrenzt. Eines der Signale wird um eine einstellbare Laufzeit $\Theta$ verzögert. In einem Multiplizierer wird das Produkt beider Signale gebildet und mit Hilfe eines Tiefpasses wird der Mittelwert erzeugt. Unterhalb von etwa 1 MHz wird man eine digitale Verarbeitung vorziehen. Dabei wird der Amplitudenverlauf von $u_1(t)$ und $u_2(t)$ zunächst analog/digital gewandelt und die gesamte weitere Verarbeitung erfolgt dann vollständig digital.

Die Messung des Kreuzspektrums kann mit der Schaltung in Bild 8.21 erfolgen. Im Unterschied zu der Messung der Korrelationsfunktion verwenden wir jetzt schmalbandige Bandpassfilter.

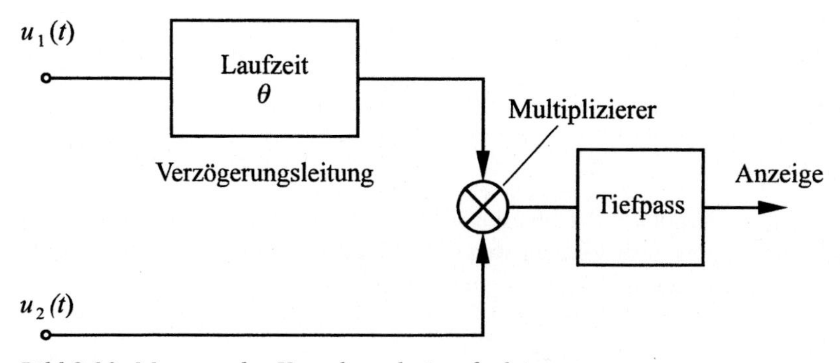


*Bild 8.20: Messung der Kreuzkorrelationsfunktion*

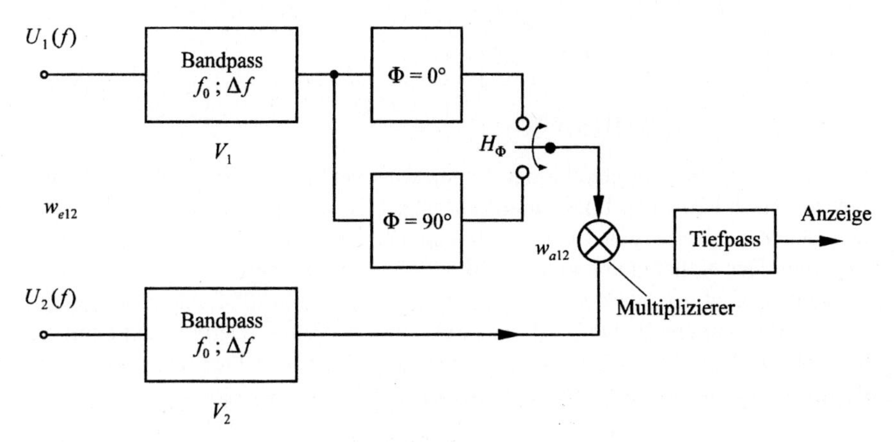


*Bild 8.21: Messung des Kreuzspektrums*

Real- und Imaginärteil des Kreuzspektrums werden getrennt gemessen, indem der Phasenschieber nacheinander in seine beiden Positionen gebracht wird.
Es ist

$$w_{a12} = w_{e12} V_1^* e^{-j\Phi} V_2 \ . \tag{8.71}$$

Dabei seien $V_1$ und $V_2$ die Verstärkungen in den beiden Zweigen. Tatsächlich messen wir mit Hilfe des Multiplizierers die Kreuzkorrelationsfunktion $\rho_{a12}(\Theta = 0)$ .

Angezeigt wird, weil $e^{j2\pi f \Theta} = 1$ ist:

$$\begin{aligned} \rho_{a12}(\Theta = 0) &= \int_{-\infty}^{+\infty} w_{a12} \, d f \\ &= V_1^*(f_0) e^{-j\Phi} V_2(f_0) w_{e12}(f_0) \Delta f \\ &\qquad + V_1^*(-f_0) e^{+j\Phi} V_2(-f_0) w_{e12}(-f_0) \Delta f \\ &= V_1^*(f_0) e^{-j\Phi} V_2(f_0) w_{e12}(f_0) \Delta f \\ &\qquad + V_1(f_0) e^{+j\Phi} V_2^*(f_0) w_{e12}^*(f_0) \Delta f \end{aligned} \tag{8.72}$$

Dabei ist $f_0$ die Mittenfrequenz des Bandpassfilters. Für $V_1 = V_2 = V$ und $\Phi = 0$ wird daraus

$$\begin{aligned} \rho_{a12} &= |V|^2 \left[ w_{e12}(f_0) + w_{e12}^*(f_0) \right] \Delta f \\ &= |V|^2 \, 2 \, \mathrm{Re}\{ w_{e12}(f_0) \} \Delta f \ . \end{aligned} \tag{8.73}$$

Für $V_1 = V_2 = V$ und $\Phi = 90°$ erhält man:

$$\begin{aligned}\rho_{a12} &= \left[-j|V|^2 w_{e12} + j|V|^2 w_{e12}^*\right]\Delta f \\ &= |V|^2 \, 2\,\mathrm{Im}\left\{w_{e12}(f_0)\right\}\Delta f \,.\end{aligned} \tag{8.74}$$

Indem man die Mittenfrequenz des Bandpasses verändert, lässt sich das Kreuzspektrum nach Real- und Imaginärteil über der Frequenz ausmessen. Zur Kalibrierung des Korrelators gibt man vollständig korrelierte Rauschsignale auf beide Eingänge. Der Nullabgleich kann mit $\Phi = 90°$ überprüft werden. Aus praktischen Gründen wird meist in *einen* Verstärkungszweig ein 0°/180°-Schalter eingefügt, der periodisch umgeschaltet wird. Am Ausgang des Multiplizierers steht dann ein Wechselsignal als Maß für $\rho_{a12}$ zur Verfügung. Bei hohen Frequenzen kann ein Multiplizierer durch einen doppelt balancierten Mischer angenähert werden.

Wie man sich anhand der symbolischen Rechnung überlegt, kann man eine komplexe Übertragungsfunktion $H_m$ eines Messobjektes dadurch erhalten, dass man das Kreuzspektrum einmal mit und einmal ohne Messobjekt bestimmt und die Ergebnisse aufeinander bezieht. Weil für die Messung des Kreuzspektrums ein 0°/90° Phasenschieber benötigt wird, erkennt man, dass diese Vorgehensweise dem Homodynverfahren mit Phasenschaltern aus Abschn. 5.4 entspricht. Zur Steigerung der Genauigkeit kann man ein mehrstufiges Phasenschalt-Verfahren, z. B. das direkte oder wichtende Verfahren oder eine Kombination von beiden, einsetzen. Auch lässt sich die Systemarchitektur auf drei oder vier Messstellen erweitern, um mit den Methoden der Systemfehlerkorrektur die Messgenauigkeit zu steigern.

Aus dieser Betrachtung kann man folgern, dass als Sendesignale für die Bestimmung der komplexen Übertragungsfunktion eines Messobjektes bzw. dessen Streuparameter auch beliebige deterministische oder auch stochastische Signale verwendet werden können.

Bei einer Vorgehensweise gemäß Bild 8.21 benötigt man allerdings durchstimmbare Bandpassfilter, wenn man die Streuparameter in Abhängigkeit von der Frequenz bestimmen will. Startet man mit einer Messung der Kreuzkorrelationsfunktion, etwa gemäß Bild 8.20, dann braucht man im Prinzip keine durchstimmbaren Bandpassfilter einzusetzen, dafür aber im Fall einer analogen Realisierung eine durchstimmbare Verzögerungsleitung. Die frequenzabhängige Übertragungsfunktion erhält man nach einer Fouriertransformation der Kreuzkorrelationsfunktion. Ein Sinussignal als Sendesignal hat aber den Vorteil, eine größtmögliche, spektrale Leistungsdichte aufzuweisen und damit eine große Pegeldynamik zu erlauben.

## 8.4 Korrelation bei thermisch rauschenden Vierpolen

Bei der Beschreibung von rauschenden Vierpolen durch Ersatzschaltbilder gibt es eine Reihe von Darstellungsmöglichkeiten. Eine dieser Möglichkeiten ist in Bild 8.22 dargestellt.

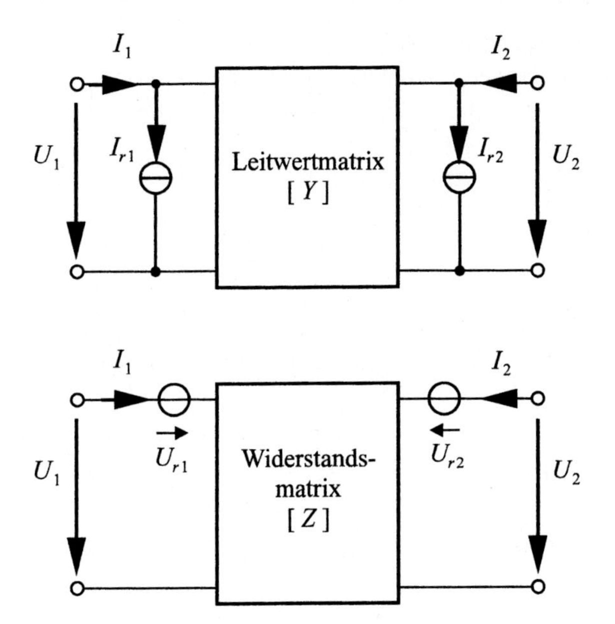


*Bild 8.22: Beschreibung eines rauschenden Vierpols durch Strom bzw. Spannungsquellen am Eingang und am Ausgang*

Der Vierpol wird durch eine Leitwertmatrix beschrieben, das Rauschen des Vierpols wird durch Rauschstromquellen $I_{r1}$ und $I_{r2}$ am Eingang und am Ausgang dargestellt. Außer der Größe der Rauschquellen muss auch ihre Korrelation bekannt sein. Der Vierpol selbst mit der Leitwertmatrix $[Y]$ wird als rauschfrei angenommen.

### 8.4.1 Umrechnung verschiedener Rausch-Darstellungen

Verschiedene Darstellungen für den gleichen rauschenden Vierpol lassen sich ineinander umrechnen. Dies soll beispielhaft für die Darstellung in Bild 8.22 durchgeführt werden. Bei solchen Umrechnungen bzw. sonstigen Rauschrechnungen muss man Zählpfeile für die Ersatzrauschströme und -spannungen sowie die Klemmenströme und -spannungen einführen. Zwar kann man diese zunächst beliebig ansetzen, bei den anschließenden Rechnungen muss man sich jedoch strikt an die einmal gewählten Zählpfeile halten. Erhält man ein Ergebnis mit negativem Vorzeichen, dann bedeutet dies, dass Strom oder Spannung entgegengesetzt zum ursprünglich gewählten Zählpfeil gerichtet sind. Zwar wird man im Allgemeinen zu guter Letzt ein Rauschspektrum berechnen wollen, also das Betragsquadrat eines Stromes oder einer Spannung, welches natürlich positiv ist, aber Gesamtstrom oder -spannung ergeben sich oft aus der Superposition von Einzelströmen oder -spannungen und diese Superposition muss mit richtigem Vorzeichen erfolgen.

Für die Darstellung mit Stromquellen nach Bild 8.22 kann man unter Beachtung der Zählpfeile die folgenden beiden Vierpolgleichungen anschreiben:

$$I_1 = Y_{11} \cdot U_1 + Y_{12} \cdot U_2 + I_{r1}$$

$$I_2 = Y_{21} \cdot U_1 + Y_{22} \cdot U_2 + I_{r2}$$

oder in Matrixform

$$\begin{bmatrix} I_1 \\ I_2 \end{bmatrix} = \begin{bmatrix} Y_{11} & Y_{12} \\ Y_{21} & Y_{22} \end{bmatrix} \cdot \begin{bmatrix} U_1 \\ U_2 \end{bmatrix} + \begin{bmatrix} I_{r1} \\ I_{r2} \end{bmatrix}$$

oder in Matrixkurzform

$$[I] = [Y] \cdot [U] + [I_r] \,. \tag{8.75}$$

Für die Darstellung mit Spannungsquellen nach Bild 8.22 gelten die folgenden Vierpol-Matrixgleichungen, wenn man zunächst eine Leitwertdarstellung wählt. Es gilt $[Y] = [Z]^{-1}$, denn die Umrechnung der Vierpolparameter ist unabhängig von den Rauschquellen. Daher erhält man:

$$I_1 = Y_{11}(U_1 - U_{r1}) + Y_{12}(U_2 - U_{r2})$$

$$I_2 = Y_{21}(U_1 - U_{r1}) + Y_{22}(U_2 - U_{r2})$$

oder in Matrixschreibweise

$$[I] = [Y][U] - [Y][U_r] \,. \tag{8.76}$$

Ein Vergleich der Gleichungen (8.75) und (8.76) liefert die gesuchten Umrechnungsbeziehungen der Rauschquellen:

$$[I_r] = -[Y] \cdot [U_r]$$

bzw.

$$[U_r] = -[Z] \cdot [I_r] \,. \tag{8.77}$$

Mit Hilfe der Gl. (8.77) kann man das Kreuzspektrum der Rauschspannungsquellen $U_{r1}{}^{*}U_{r2}$ berechnen, sofern das Kreuzspektrum $I_{r1}{}^{*}I_{r2}$ und die Leistungsspektren $|I_{r1}|^2$ und $|I_{r2}|^2$ der Rauschstromquellen bekannt sind. Es gilt:

$$\begin{aligned} w_{u12} &= U^{*}{}_{r1} \cdot U_{r2} \\ &= (Z_{11} \cdot I_{r1} + Z_{12} \cdot I_{r2})^{*} \cdot (Z_{21} \cdot I_{r1} + Z_{22} \cdot I_{r2}) \\ &= \Big\{ Z_{11}{}^{*} \cdot Z_{21} \cdot |I_{r1}|^2 + Z_{12}{}^{*} \cdot Z_{22} \cdot |I_{r2}|^2 + \\ &\qquad Z_{11}{}^{*} \cdot Z_{22} \cdot \left(I_{r1}{}^{*}\, I_{r2}\right) + Z_{12}{}^{*} \cdot Z_{21} \cdot \left(I_{r1}{}^{*}\, I_{r2}\right)^{*} \Big\} \end{aligned}$$

$$w_{u12} = Z_{11}^* \cdot Z_{21} \cdot w_{r1} + Z_{12}^* \cdot Z_{22} \cdot w_{r2} + Z_{11}^* \cdot Z_{22} \cdot w_{r12} + Z_{12}^* \cdot Z_{21} \cdot w_{r12}^* . \tag{8.78}$$

Für einen Vierpol gibt es eine Reihe von Möglichkeiten, Ströme und Spannungen zu verknüpfen und entsprechend viele verschiedene Matrixdarstellungen. Von einigen dieser Möglichkeiten werden wir noch Gebrauch machen.

### 8.4.2 Thermisch rauschende Vierpole homogener Temperatur

Mit einer Darstellung mit Stromquellen nach Bild 8.22 lässt sich für einen thermisch rauschenden Vierpol mit homogener Temperatur $T$ die Korrelation berechnen. Die Beträge von $I_{r1}$ und $I_{r2}$ erhält man auf einfache Weise, indem man das jeweils andere Tor kurzschließt und die Nyquist-Beziehung ansetzt:

$$\left|I_{r1}\right|^2 = w_{r1} = 2\,k\,T\,\mathrm{Re}(Y_{11})$$
$$\left|I_{r2}\right|^2 = w_{r2} = 2\,k\,T\,\mathrm{Re}(Y_{22}) . \tag{8.79}$$

Damit haben wir jedoch noch keine Aussage über das Kreuzspektrum $w_{r12}$. Um dafür weitere Aussagen zu erhalten, berechnen wir den Eingangsleitwert $Y_{in}$ für den Fall, dass an Tor ② ein Leerlauf auftritt, also $I_2 = 0$ ist. Auch dieser Zweipol muss wieder thermisch mit der Temperatur $T$ rauschen.

$$\left|I_{r1}'\right|^2 = 2\,k\,T\,\mathrm{Re}(Y_{in}) \tag{8.80}$$

Andererseits lässt sich der Rauschstrom $I_{r1}$ für Leerlauf an Tor ② auch aus der obigen Ersatzschaltung mit den zwei Rauschquellen $I_{r1}$ und $I_{r2}$ berechnen. Zu berechnen ist also der Kurzschluss-Rauschstrom $I_{1k}$ für Kurzschluss am Eingang, d. h. $U_1 = 0$, und Leerlauf am Ausgang, $I_2 = 0$.
Aus der Matrixgleichung

$$[I] = [Y][U] + [I_r]\Big|_{U_1 = I_2 = 0} \tag{8.81}$$

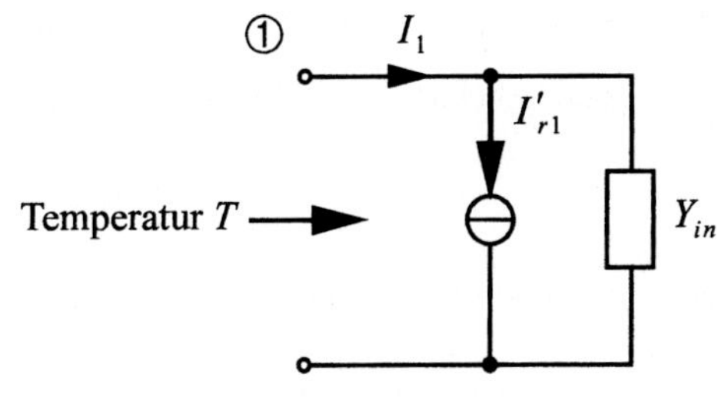


*Bild 8.23: Ersatzzweipol für Tor 1 bei Leerlauf an Tor 2*

erhält man

$$\begin{aligned} I_{1k} &= Y_{12}\,U_2 + I_{r1} \\ 0 &= Y_{22}\,U_2 + I_{r2}\ , \end{aligned} \tag{8.82}$$

woraus man $U_2$ eliminieren kann.

$$I_{1k} = I_{r1} - \frac{Y_{12}}{Y_{22}} I_{r2} \tag{8.83}$$

Wir berechnen $|I_{1k}|^2$ und $|I_{r1}'|^2$ und verlangen, dass sie gleich sind.

$$\begin{aligned} |I_{r1}'|^2 &= 2\,k\,T \cdot \mathrm{Re}(Y_{in}) = 2\,k\,T \cdot \mathrm{Re}\left\{Y_{11} - \frac{Y_{12}\,Y_{21}}{Y_{22}}\right\} \\ &= |I_{1k}|^2 = 2\,k\,T \cdot \mathrm{Re}\{Y_{11}\} + \left|\frac{Y_{12}}{Y_{22}}\right|^2 2\,k\,T \cdot \mathrm{Re}\{Y_{22}\} \\ &\qquad - I_{r1}^*\,I_{r2}\frac{Y_{12}}{Y_{22}} - I_{r1}\,I_{r2}^*\left(\frac{Y_{12}}{Y_{22}}\right)^* \end{aligned} \tag{8.84}$$

In Gl. (8.84) hebt sich der Term $2\,k\,T\,\mathrm{Re}(Y_{11})$ auf beiden Seiten weg, so dass man schließlich den folgenden Ausdruck erhält:

$$\begin{aligned} I_{r1}^*\,I_{r2}\frac{Y_{12}}{Y_{22}} + I_{r1}\,I_{r2}^*\left(\frac{Y_{12}}{Y_{22}}\right)^* = \left|\frac{Y_{12}}{Y_{22}}\right|^2 2\,k\,T \cdot \mathrm{Re}(Y_{22}) + \\ 2\,k\,T \cdot \mathrm{Re}\left\{\frac{Y_{12}\,Y_{21}}{Y_{22}}\right\}. \end{aligned} \tag{8.85}$$

Eine ganz ähnliche Gleichung, aber mit den Indizes 1 und 2 vertauscht, erhält man, wenn man die gleiche Betrachtung für das Tor ② durchführt, also einen Leerlauf an Tor ① einführt.

Dieses lineare Gleichungssystem lässt sich nach einiger Rechnung nach $I_{r1}^* I_{r2}$ auflösen. Man erhält:

$$I_{r1}^*\,I_{r2} = w_{r12} = k\,T \cdot \left(Y_{12}^* + Y_{21}\right) \tag{8.86}$$

oder für ein $N$-Tor bei Betrachtung der Tore $i$ und $j$

$$w_{rij} = k\,T \cdot \left(Y_{ij}^* + Y_{ji}\right). \tag{8.87}$$

Diese sehr einfachen Beziehungen gelten allerdings nur für den Fall homogener Temperatur, dann allerdings auch für den Fall passiver nichtreziproker Schaltungen. Wie man der Gleichung (8.86) entnimmt, verschwindet die Korrelation für entkoppelte Vierpole. Wenn umgekehrt ein passiver Vierpol die Gleichung (8.86) erfüllt, dann dürfen wir ihn durch *eine* Temperatur beschreiben, was häufig zu einer besonders einfachen Darstellung führt.

**Übungsaufgabe 8.10**

Leiten Sie die Gleichung (8.86) her.

### 8.4.3 Korrelationseigenschaften eines Vierpols homogener Temperatur, dargestellt durch Streumatrizen

Eine in der Hochfrequenztechnik besonders gebräuchliche und einer Leitungsstruktur besonders gut angepasste Matrixdarstellung ist diejenige mit Streumatrizen. Auch diese Darstellung lässt sich auf rauschende Vierpole anwenden. Außer den auf den Vierpol zulaufenden Rauschwellen $A$ und den vom Vierpol austretenden Wellen $B$ führen wir Rauschersatzwellen $X$ ein, die über die folgenden Gleichungen definiert und an dem Ersatzschaltbild (Bild 8.24) illustriert werden:

$$\begin{aligned} B_1 &= S_{11}\,A_1 + S_{12}\,A_2 + X_1 \\ B_2 &= S_{21}\,A_1 + S_{22}\,A_2 + X_2\ , \end{aligned} \tag{8.88}$$

oder in Matrixkurzform

$$[B] = [S][A] + [X]\ . \tag{8.89}$$

Im thermodynamischen Gleichgewicht und bei Abschluss mit dem Wellenwiderstand $Z_0$

$$Z_1 = Z_2 = Z_0$$

ist

$$|A_1|^2 = |B_1|^2 = |A_2|^2 = |B_2|^2 = k\,T\ . \tag{8.90}$$

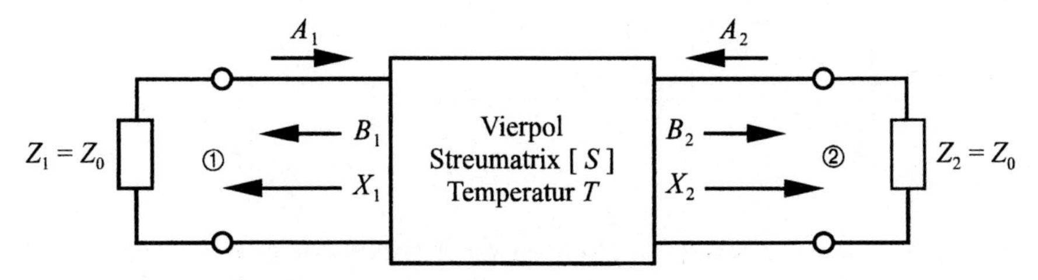


*Bild 8.24 Zur Definition der Rauschwellen bei einer Streumatrix-Darstellung*

Die Rauschwellen $A_1$ und $A_2$ sind untereinander unkorreliert, weil sie aus verschiedenen Abschlusswiderständen stammen. Ebenfalls unkorreliert sind $A_1$ und $A_2$ mit $X_1$ und $X_2$, weil sie in verschiedenen Bereichen generiert werden. Für die Betragsquadrate der Rauschersatzwellen $X_1$ und $X_2$ erhält man daher für einen Vierpol homogener Temperatur:

$$\begin{aligned} |B_1|^2 &= B_1\, B_1^* = \left(S_{11}\, A_1 + S_{12}\, A_2 + X_1\right)\left(S_{11}^*\, A_1^* + S_{12}^*\, A_2^* + X_1^*\right) \\ &= |S_{11}|^2\, |A_1|^2 + |S_{12}|^2\, |A_2|^2 + |X_1|^2 \end{aligned} \tag{8.91}$$

und daraus

$$|X_1|^2 = k\,T\left[1 - |S_{11}|^2 - |S_{12}|^2\right]$$

und ebenso

$$|X_2|^2 = k\,T\left[1 - |S_{22}|^2 - |S_{21}|^2\right]. \tag{8.92}$$

Schließlich interessiert uns das Kreuzspektrum zwischen $X_1$ und $X_2$, $w_{12}$, also der Ausdruck $X_1^*\, X_2$. Hier bietet sich ein Weg ganz ähnlich wie für die Leitwertmatrix an. Man betrachtet etwa die Fälle Leerlauf und Kurzschluss an Tor ②, berechnet etwa $|B_1|^2$ für diese beiden Fälle und gewinnt durch Gleichsetzen eine Gleichung. Den Widerstand $Z_1$ kann man dabei als rauschfrei annehmen, also $A_1 = 0$. Eine zweite Gleichung gewinnt man durch Vertauschen der Tore ① und ②. Hier soll jedoch ein etwas anschaulicherer Weg beschritten werden, um $X_1^* X_2$ zu berechnen.

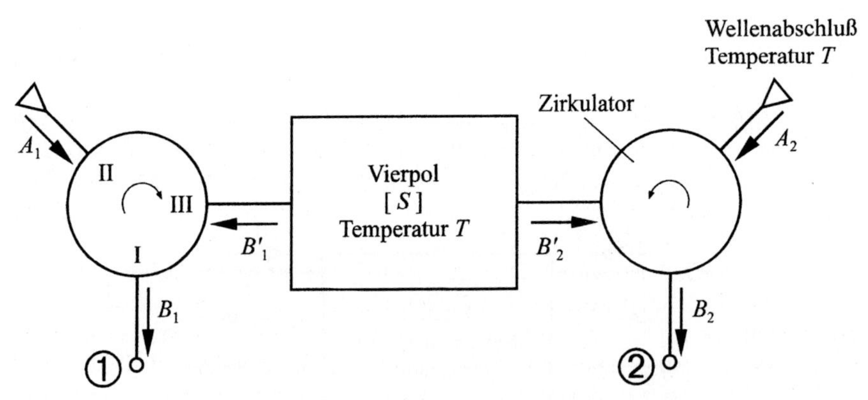


*Bild 8.25: Gedankenmodell zur Ableitung der Korrelationseigenschaften eines thermisch rauschenden Vierpols homogener Temperatur*

Aus Gl. (8.86) können wir den Schluss ziehen, dass ein entkoppelter Vierpol, also ein Vierpol mit $Y_{12}=Y_{21}=0$ , auch unkorrelierte Rauschwellen $I_{r1}$ und $I_{r2}$ aufweist.
Nehmen wir an, dass der betrachtete Vierpol nicht nur entkoppelt, sondern auch angepasst ist, dann gilt für diesen Vierpol

$$B_1^* B_2 = 0 , \tag{8.93}$$

weil für diesen Vierpol $B_1 \sim I_{r1}$ und $B_2 \sim I_{r2}$ gilt. Gemäß der Schaltung in Bild 8.25 betrachten wir einen Vierpol $[S]$, der zwischen zwei idealen Zirkulatoren eingebettet ist, die zugleich der Trennung der Wellen $A$ und $B$ dienen. Die gesamte Schaltung betrachten wir als einen neuen Vierpol, der sich außerdem auf homogener Temperatur $T$ befinden soll, weil auch die Wellenabschlüsse die gleiche Temperatur $T$ wie der untersuchte $[S]$-Vierpol aufweisen sollen.

Auf die angegebene Schaltung trifft infolgedessen die Gl. (8.93) zu, weil die Schaltung zwischen den Toren ① und ② entkoppelt ist und weil sie sich auf homogener Temperatur befindet:

$$B_1^* B_2 = 0 = \left(S_{11}^* A_1^* + S_{12}^* A_2^* + X_1^*\right)\left(S_{21} A_1 + S_{22} A_2 + X_2\right) \tag{8.94}$$

und daraus

$$X_1^* X_2 = -\left(S_{11}^* S_{21} + S_{12}^* S_{22}\right) \cdot kT . \tag{8.95}$$

Die Überlegung, die zu Gleichung (8.95) geführt hat, lässt sich leicht auf einen $N$-Pol erweitern, wobei dann für das Kreuzspektrum der Elemente $i, j$ gilt

$$X_i^* X_j = k\,T\,N_{ij} , \tag{8.96}$$

mit $N_{ij}$ als Elemente der Matrix

$$[N] = [1] - \left[S^*\right][S]^T . \tag{8.97}$$

Der hochgestellte Index $T$ bezeichnet die transponierte Matrix.
Die Korrelation verschwindet bei einem Vierpol für den entkoppelten Fall. Das ist nicht weiter verwunderlich, weil wir es bereits in den Ansatz gesteckt haben. Das interessante neue Ergebnis ist jedoch, dass die Korrelation auch für den Fall der Anpassung verschwindet, also für $S_{11} = S_{22} = 0$ .

Als Beispiel nehmen wir ein Dämpfungsglied, das auf beiden Seiten angepasst sein soll. Das Kreuzspektrum der Rauschwellen $X_1$ und $X_2$ verschwindet, wenn die Temperatur des Dämpfungsgliedes homogen ist. Außerdem wurde angenommen, dass von den Ausgangswiderständen keine Rauschwellen auf den Vierpol einfallen, dass also $A_1 = A_2 = 0$ ist. Bei einer Messung kann trotzdem eine Korrelation auftreten, weil die Vorverstärker am Eingang Rauschwellen auf den Vierpol aussenden, die vom Vierpol transmittiert werden, vom jeweils anderen Vorverstärker verstärkt werden und deshalb mit dem Verstärker-Ausgangsrauschen korreliert sein können. Zwei Isolatoren zwischen Vierpol und Vorverstärker, auf gleicher Temperatur wie der zu messende Verstärker, können Abhilfe schaffen.

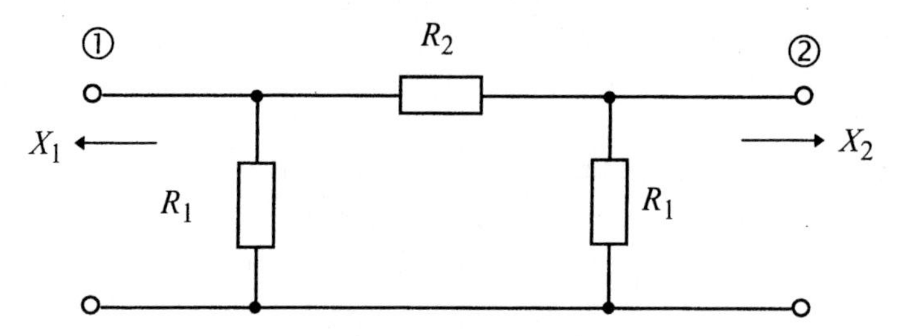


*Bild 8.26 Dämpfungsglied auf homogener Temperatur*

---

**Übungsaufgabe 8.11**

Für ein angepasstes Dämpfungs-T-Glied soll durch direkte Rechnung gezeigt werden, dass die Korrelation zwischen $X_1$ und $X_2$, d. h. $X_1{}^*X_2$ dann zu Null wird, wenn sich die drei Widerstände der Schaltung auf gleicher Temperatur $T_0$ befinden.
Es sei noch die Anmerkung erlaubt, dass ein Verstärker kein passiver Vierpol homogener Temperatur ist. Deshalb wird im Allgemeinen eine Korrelation zwischen den Eingangs- und Ausgangs-Rauschwellen auftreten.

---

**Übungsaufgabe 8.12**

In vielen Rauschmessproblemen ist es wünschenswert, Verstärker mit unkorrelierten Eingangs- und Ausgangs-Rauschwellen zur Verfügung zu haben, weil dadurch eine Messung oftmals übersichtlicher wird. Dies leistet die nebenstehende Schaltung, in der zwei möglichst identische und gut angepasste Verstärker über zwei 90°-3 dB-Koppler parallel geschaltet werden.

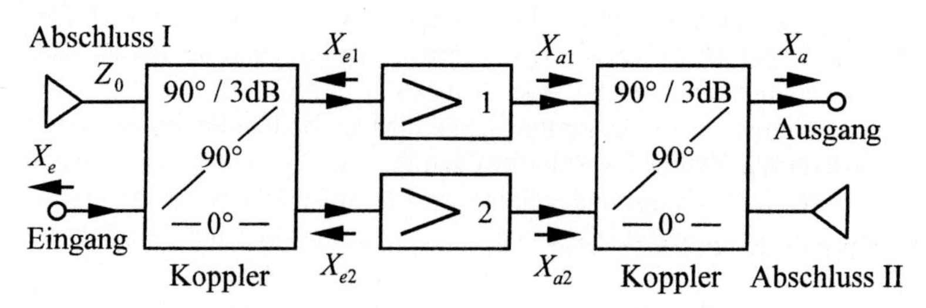


Die Koppler sollen verlustfrei sein. Es soll das Kreuzspektrum $X_e{}^*X_a$ berechnet und gezeigt werden, dass es für identische Verstärker zu Null wird.

---

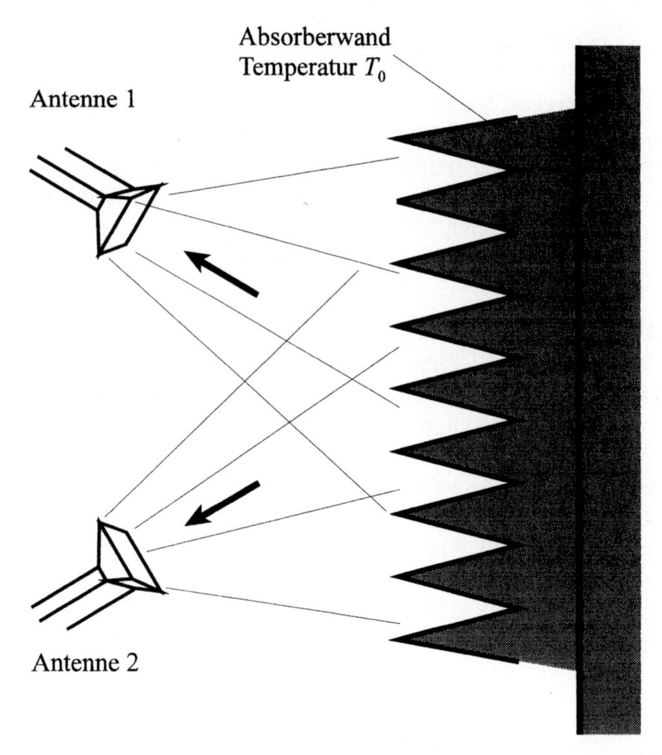


*Bild 8.27: Zwei Antennen empfangen Rauschen aus einer Absorberwand*

Als ein weiteres Beispiel seien zwei Antennen vorgegeben, deren Antennenkeulen den *gleichen* Bereich ausleuchten. Trotzdem ist das Rauschen, das die beiden Antennen von dem Absorber empfangen, unkorreliert, weil die beiden Antennen bei einem gut angepassten Absorber, der sich auf homogener Temperatur $T_A$ befindet, auch entkoppelt sind (abgesehen von einem Übersprecher aufgrund der endlichen Nebenzipfeldämpfung). Eine andere Erklärung ist, dass der Absorber in verschiedene Raumwinkel strahlt, wodurch die Korrelation aufgehoben wird.

Ein Korrelations-Messverfahren kann man dazu benutzen, um die Rauschtemperatur eines Zweipols zu bestimmen. Der Vorteil gegenüber dem Dicke-Radiometer ist vor allem darin zu sehen, dass beim Korrelationsradiometer keine Schalter vor dem ersten Verstärker benötigt werden.

### 8.4.4 Ein Korrelationsradiometer

Gemäß der Schaltung in Bild 8.28 werden ein angepasstes Dämpfungsglied, welches als Zweipol vorliegt und die Temperatur $T_{obj}$ aufweist und ein angepasster

Referenzzweipol mit der Temperatur $T_{ref}$ über einen verlustlosen 180°-Koppler zusammengeführt.

Die Ausgänge des 180°-Kopplers werden einzeln verstärkt und die Ausgangssignale der Verstärker werden miteinander korreliert. Das Verstärkerrauschen in Richtung auf den Koppler ist ohne Bedeutung, weil wegen der Anpassung an Tor ③ und Tor ④ die Tore ① und ② des 180°-Kopplers entkoppelt sind. Deshalb muss die Korrelation am Korrelator gleich Null werden, wenn gilt:

$$T_{obj} = T_{ref} \,. \tag{8.98}$$

Macht man $T_{ref}$ variabel, dann lässt sich über einen Nullabgleich am Korrelator die Bedingung Gl. (8.98) erfüllen. Es lassen sich eine Reihe ähnlicher Schaltungen ausdenken. Der Hauptvorteil des Korrelationsradiometers ist, dass vor den ersten Verstärkern keine Schalter benötigt werden, die vor allem wegen der Schaltspitzen, die sie verursachen können, unangenehm sein können. Die Verstärkungen der beiden Verstärker $V_1$ und $V_2$ müssen nicht genau gleich sein.

Die oben angegebene Schaltung lässt sich auch einfach direkt berechnen. Die Wirkung des 180°-Kopplers ist, die Summe und Differenz der Eingangsspannungen zu bilden. Die Phase von $V_1$ und $V_2$ möge der Einfachheit halber gleich sein. Dies ist aber für den korrekten Betrieb keine Notwendigkeit. Wenn angenommen wird, dass zwischen $A_{obj}$ und $A_{ref}$ keine Korrelation besteht, erhält man für das Kreuzspektrum

$$\begin{aligned} U_1{}^* U_2 &= \frac{1}{2} V_1{}^* \left(A_{obj}{}^* - A_{ref}{}^*\right) \cdot V_2 \cdot \left(A_{obj} + A_{ref}\right) \\ &= \frac{1}{2} V_1{}^* V_2 \left\{ \left|A_{obj}\right|^2 - \left|A_{ref}\right|^2 \right\} \\ &= \frac{1}{2} \left|V_1\right| \left|V_2\right| k \left(T_{obj} - T_{ref}\right). \end{aligned} \tag{8.99}$$

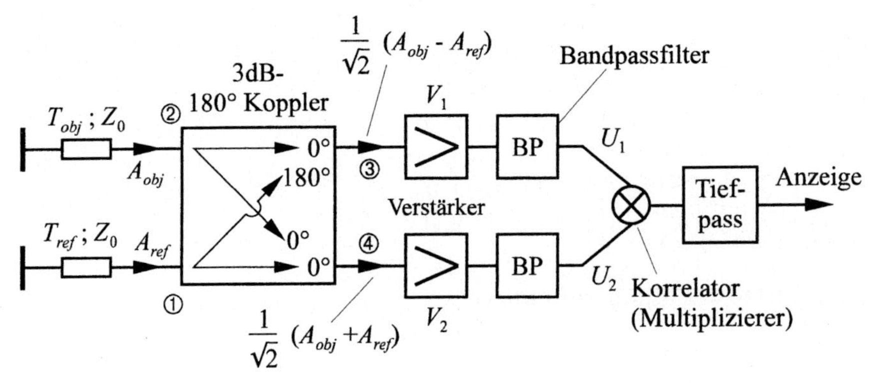


*Bild 8.28: Prinzipschaltung eines Korrelationsradiometers mit 180°-Koppler*

Die Anzeige am Korrelator ist also der Temperaturdifferenz proportional. Man kann zeigen, dass die Grenzempfindlichkeit des Korrelationsradiometers vergleichbar ist mit derjenigen des Dicke-Radiometers. Weil ein Multiplizierer im Allgemeinen eine endliche Gleichspannung („off-set") an seinem Ausgang aufweist, ist es zweckmäßig, hinter *einem* Verstärker des Korrelationsradiometers in Bild 8.28 einen 180°-Umschalter anzubringen, der periodisch die Polarität umtastet, z. B. im Takt von 1 kHz. Am Ausgang des Multiplizierers (Korrelators) wird dieses Wechselsignal von 1 kHz verstärkt und zur Anzeige gebracht. Durch diese Maßnahme bleibt ein Gleichspannungs-Offset des Multiplizierers ohne Bedeutung. Auch ein Korrelationsradiometer lässt sich unter Zuhilfenahme eines Zirkulators oder Ferritisolators derart aufbauen, dass eine Fehlanpassung des Messobjektes kompensiert wird.

---

**Übungsaufgabe 8.13**

Die Schaltung eines Korrelationsradiometers in Bild 8.28 soll mit Hilfe eines Zirkulators derart erweitert werden, dass eine Fehlanpassung des Messobjektes kompensiert wird. Außerdem soll gezeigt werden, dass auch die Schaltung aus Übungsaufgabe 8.6 für ein Korrelationsradiometer und fehlangepasste Messobjekte geeignet ist.

---

**Übungsaufgabe 8.14**

Statt eines 180°-Kopplers in Bild 8.28 steht ein 3-dB-90°-Koppler zur Verfügung. Wie kann man damit ein Korrelationsradiometer aufbauen?

---

Weiterhin ist für die richtige Funktionsweise eines Korrelationsradiometers (und ebenso für ein Dicke-Radiometer) von Bedeutung, dass angepasste Dämpfungsglieder oder angepasste aber nicht gänzlich verlustfreie Koppler oder auch angepasste nichtreziproke passive Bauelemente wie Richtungsleitungen nicht zur Korrelation beitragen, wie wir in Kapitel 8.4.3 gesehen haben. Außerdem ist es im Allgemeinen günstig, Verstärkereingänge auf die Temperatur $T_0$ der passiven Komponenten zu legen, z. B. durch einen vorgeschalteten passiven Isolator. Weiterhin ist für die richtige Funktionsweise eines Korrelationsradiometers (und ebenso für ein Dicke-Radiometer) von Bedeutung, dass angepasste Dämpfungsglieder oder angepasste aber nicht gänzlich verlustfreie Koppler oder auch angepasste nichtreziproke passive Bauelemente wie Richtungsleitungen nicht zur Korrelation beitragen, wie wir in Kapitel 8.4.3 gesehen haben. Außerdem ist es im Allgemeinen günstig, Verstärkereingänge auf die Temperatur $T_0$ der passiven Komponenten zu legen, z. B. durch einen vorgeschalteten passiven Isolator.

## 8.5 Die Rauschzahl linearer Vierpole

Die Rauschzahl $F$ eines Vierpols ist ein Maß für das zusätzliche Rauschen, das in einem Vierpol entsteht. Ist $F = 1$, dann bedeutet dies, dass der Vierpol rauschfrei ist. Es gibt mehrere äquivalente Definitionen für die Rauschzahl, von denen wir hier drei aufführen wollen. Die Rauschleistungen $P$ sind entsprechend zu den Spektren definiert.

*1. Definition:*
Es sei $W_2$ das einseitige Leistungsspektrum am Lastwiderstand $Z_l$ bei rauschendem Vierpol und $W_{20}$ das einseitige Leistungsspektrum am Lastwiderstand $Z_l$ bei rauschfreiem Vierpol. Der Lastwiderstand wird aber selbst als rauschfrei angenommen.

$$\begin{aligned} F &= \frac{W_2 \text{ bei rauschendem Vierpol}}{W_{20} \text{ bei rauschfreiem Vierpol}} \\ &= \frac{P_2 \text{ bei rauschendem Vierpol}}{P_{20} \text{ bei rauschfreiem Vierpol}} \end{aligned} \tag{8.100}$$

Weil bei der Definition der Rauschzahl nur Verhältnisse von Leistungen eingehen, kann man anstelle des einseitigen Leistungsspektrums ebenso gut das zweiseitige Spektrum verwenden, weil sich der unterschiedliche Faktor zwei herauskürzt. Es wird bei der Definition der Rauschzahl angenommen, dass der Quellwiderstand bzw. der Generator-Innenwiderstand $Z_l$ thermisch rauscht, wobei zumeist von Zimmertemperatur (290 K) ausgegangen wird.

*2. Definition:*
Weiterhin sei $S_1$ die Signalleistung am Eingang, $S_2$ die Signalleistung am Ausgang, $S_2/S_1 = G_p$ der Gewinn des Vierpols und $W_{10}$ das Rauschleistungsspektrum am Eingang des Vierpols. Dann ist $W_{20} = G_p W_{10}$ das Rauschleistungsspektrum am Ausgang bei rauschfreiem Vierpol.

$$\begin{aligned} F &= \frac{\text{Signal - /Rauschleistung am Eingang}}{\text{Signal - /Rauschleistung am Ausgang}} \\ &= \frac{S_1 / W_{10}}{S_2 / W_2} = \frac{S_1}{S_2}\frac{W_2}{W_{10}} = \frac{1}{G_p}\frac{W_2}{W_{10}} = \frac{W_2}{W_{20}} = \frac{P_2}{P_{20}} \end{aligned} \tag{8.101}$$

Bei dieser Definition wird also die Verschlechterung des Signal-/Rauschverhältnisses herangezogen. Die Definition 2 ist mit der Definition 1 identisch.

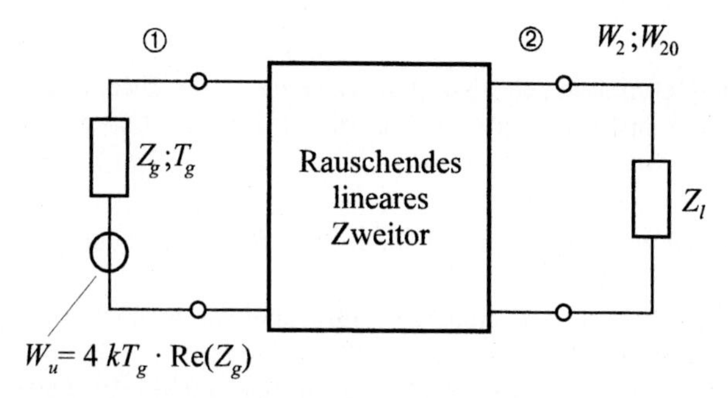


*Bild 8.29: Zur Definition der Rauschzahl*

*3. Definition:*
Schließlich können wir auch schreiben:

$$F = 1 + \frac{\Delta W_2}{W_{20}} = 1 + \frac{\Delta P_2}{P_{20}} \tag{8.102}$$

Wobei $\Delta W_2$ das im Vierpol zusätzlich erzeugte Rauschen ist, welches mit $W_{20}$ unkorreliert ist.

$$W_2 = \Delta W_2 + W_{20}$$

$$P_2 = \Delta P_2 + P_{20} \tag{8.103}$$

## 8.5.1 Gewinndefinitionen

Mit dem Gewinn $G_p$ soll das Verhältnis von Wirkleistung $P_2$ am Lastwiderstand zu verfügbarer Generatorleistung $P_g$ bzw. das Verhältnis von Spektrum am Lastwiderstand $W_2$ zu verfügbarem Generatorspektrum $W_g$ bezeichnet werden. Spektrum und Wirkleistung unterscheiden sich nur um die Bandbreite $\Delta f$, also $P = W\,\Delta f$.

$$\textit{Gewinn:}\quad G_p = \frac{P_2}{P_g} = \frac{W_2}{W_g}. \tag{8.104}$$

Mit dem verfügbaren Gewinn $G_{av}$ soll das Verhältnis von verfügbarer Ausgangsleistung $P_{2av}$ zu verfügbarer Generatorleistung $P_g$ bzw. das Verhältnis von verfügbarem Ausgangsspektrum $W_{2av}$ zu verfügbarem Generatorspektrum $W_g$ bezeichnet werden. Die verfügbare Ausgangsleistung $P_{2av}$ beziehungsweise das verfügbare Ausgangsspektrum $W_{2av}$ erhält man, wenn man durch Wahl des Lastwiderstandes $Z_l$ für konjugiert komplexe Anpassung, d. h. Leistungsanpassung, am Ausgang sorgt.

*Verfügbarer Gewinn:* $G_{av} = \dfrac{P_{2av}}{P_g} = \dfrac{W_{2av}}{W_g}$ (8.105)

Wie man sieht, sind diese Definitionen für den Gewinn keine reinen Zweitorgrößen, sondern von der Beschaltung des Zweitores abhängig.

*Maximaler Gewinn:* $G_m$

Maximaler Gewinn stellt sich ein, wenn man sowohl eingangs- als auch ausgangsseitig für Leistungsanpassung sorgt.
Der maximale Gewinn $G_m$ ist damit eine reine Zweitorgröße, die nicht von der Beschaltung des Zweitores abhängt.
Mit der Definition des Gewinns $G_p$ nach Gl. (8.104) kann man für die Leistung $P_{20}$ bzw. das Spektrum $W_{20}$ am Lastwiderstand bei rauschfreiem Vierpol auch schreiben:

$$P_{20} = G_p \cdot P_g = G_p \cdot k \cdot T_0 \, \Delta f$$

oder

$$W_{20} = G_p \, W_g = G_p \cdot k \cdot T_0 \; . \tag{8.106}$$

Dabei ist $W_g = k \; T_0$ das verfügbare Spektrum des Generators. Für die Rauschzahl $F$ erhält man damit in einer weiteren Schreibweise

$$\begin{aligned} F &= \frac{P_2}{G_p \cdot k \cdot T_0 \, \Delta f} = 1 + \frac{\Delta P_2}{G_p \, k \, T_0 \, \Delta f} \\ &= \frac{W_2}{G_p \, k \, T_0} = 1 + \frac{\Delta W_2}{G_p \, k \, T_0} \; . \end{aligned} \tag{8.107}$$

Dabei sind $\Delta P_2$ bzw. $\Delta W_2$ das im Messvierpol zusätzlich erzeugte Rauschen.

### 8.5.2 Berechnung der Rauschzahl aus Ersatzschaltungen

Wir können die Rauschzahl linearer Zweitore bei vorgegebener Ersatzschaltung mit Hilfe der symbolischen Schreibweise berechnen, wenn wir die Beträge der einzelnen Ersatzrauschquellen und ihre Korrelation untereinander kennen. Für grundsätzliche Überlegungen bedient man sich gern der Ersatzschaltung mit Strom- und Spannungsquelle am Eingang (Bild 8.30), deren Rauschzahl beispielhaft berechnet werden soll.

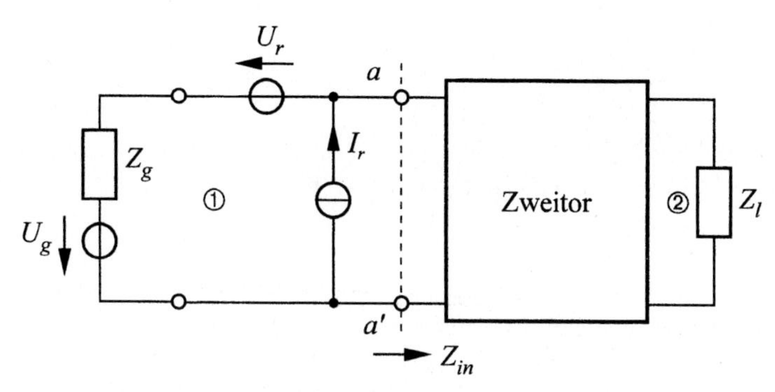


*Bild 8.30: Ersatzschaltung mit Strom- und Spannungsquelle zur Berechnung der Rauschzahl eines Vierpols*

Weil das Zweitor selbst als rauschfrei angenommen wird, können wir die Rauschzahl bereits für die Ebene $a$-$a'$ vor dem Zweitor bestimmen, denn ein nachgeschaltetes rauschfreies Zweitor verändert die Gesamtrauschzahl nicht. Wir wollen für diese Schaltung die Rauschzahl $F$ berechnen. Zunächst wandeln wir die Stromquelle $I_r$ nach den üblichen Regeln in eine Spannungsquelle um (Bild 8.31).

Man beachte, dass die Zählpfeile der Strom- und Spannungsquellen zwar zunächst frei gewählt werden können, bei anschließenden Umwandlungen und Rechnungen müssen jedoch die Zählpfeilregeln konsequent befolgt werden. Anderenfalls kann man Kreuzspektren mit falschem Vorzeichen erhalten. Aus Bild 8.31 ergibt sich für die Spannung $U_1$ bzw. $U_{10}$ für ein rauschfreies Zweitor und damit für die Rauschzahl $F$:

$$U_1 = \left(U_g + U_r + Z_g \cdot I_r\right) \cdot \frac{Z_{in}}{Z_{in} + Z_g}; \quad U_{10} = U_g \cdot \frac{Z_{in}}{Z_{in} + Z_g}, \tag{8.108}$$

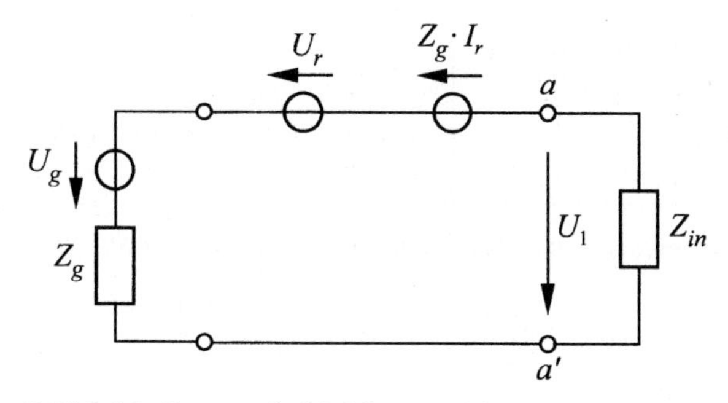


*Bild 8.31: Ersatzschaltbild von Bild 8.30 mit Spannungsquelle statt Stromquelle*

$$F = \frac{|U_1|^2}{|U_{10}|^2} = \frac{|U_g + U_r + Z_g \cdot I_r|^2}{|U_g|^2}$$
$$= \frac{|U_g|^2 + |U_r|^2 + |Z_g|^2 \cdot |I_r|^2 + 2 \cdot \mathrm{Re}\left(Z_g \cdot U_r^* \cdot I_r\right)}{|U_g|^2} . \tag{8.109}$$

Führt man anstelle der Strom- und Spannungszeiger Spektren ein, und zwar gemäß

$$W_g = |U_g|^2 = 4k \cdot T_0 \cdot \mathrm{Re}\left(Z_g\right),$$
$$W_u = |U_r|^2 , \quad W_i = |I_r|^2 , \quad W_{ui} = U_r^* \cdot I_r , \tag{8.110}$$

dann erhält man für die Rauschzahl schließlich

$$F = 1 + \frac{W_u + |Z_g|^2 \cdot W_i + 2\,\mathrm{Re}\left(Z_g \cdot W_{ui}\right)}{4k \cdot T_0 \cdot \mathrm{Re}\left(Z_g\right)} . \tag{8.111}$$

Der Wert des Lastwiderstandes $Z_l$ bzw. $Z_{in}$ geht in die Berechnung nicht ein, während der Generator-Innenwiderstand $Z_g$ sehr wohl die Rauschzahl beeinflusst. Die Rauschzahl ist deshalb keine reine Zweitorgröße, aber vom Lastwiderstand unabhängig. Als ein weiteres Beispiel für die Berechnung einer Rauschzahl aus einer Ersatzschaltung sei diejenige mit je einer Stromquelle am Eingang und am Ausgang betrachtet (Bild 8.32).

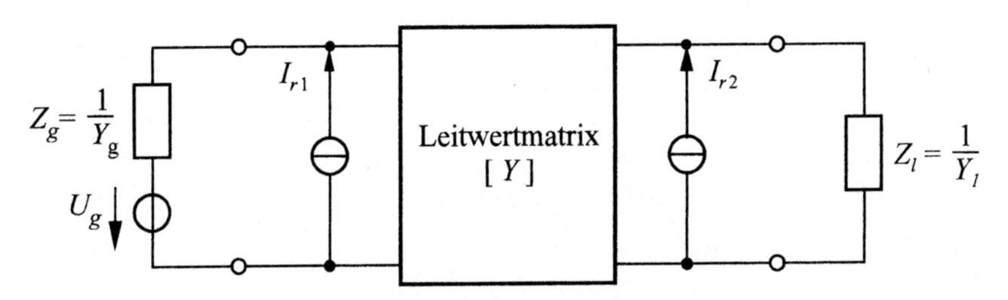


*Bild 8.32: Berechnung der Rauschzahl für eine Ersatzschaltung mit zwei Stromquellen*

Mit $W_{r1} = |I_{r1}|^2$, $W_{r2} = |I_{r2}|^2$, $W_{r12} = I_{r1}^* \cdot I_{r2}$ erhält man

$$F = 1 + \frac{|Y_{21}|^2 \cdot W_{r1} + |Y_{11} + Y_g|^2 \cdot W_{r2} - 2 \cdot \mathrm{Re}\left[Y_{21}^* \cdot \left(Y_{11} + Y_g\right) \cdot W_{r12}\right]}{|Y_{21}|^2 \cdot 4k \cdot T_0 \cdot \mathrm{Re}\left(Y_g\right)} \tag{8.112}$$

---

**Übungsaufgabe 8.15**

Leiten Sie die Gleichung (8.112) ab.

---

### 8.5.3 Die Rauschzahl thermisch rauschender Zweitore

Besonders übersichtliche Verhältnisse für die Rauschzahl ergeben sich bei thermisch rauschenden Vierpolen homogener Temperatur. Das Zweitor muss nicht notwendigerweise an den Toren angepasst sein und auch der Generator- und Lastwiderstand muss nicht unbedingt gleich dem Bezugswiderstand $Z_0$ sein. Weil die Rauschzahl nicht vom Lastwiderstand $Z_l$ abhängt, nehmen wir zur Vereinfachung der folgenden Überlegung konjugiert komplexe Anpassung bzw. Leistungsanpassung am Ausgang bzw. Lastwiderstand an.

Wenn die Temperatur des Zweitores zunächst $T_0$ beträgt, dann ist die Rauschleistung $P_2$ am Lastwiderstand $Z_l$ gerade $P_2 = k \cdot T_0 \cdot \Delta f$. Es sei $G_{av}$ der verfügbare Gewinn des Messzweitores. Der Anteil $P_{20} = G_{av} \cdot k \cdot T_0 \cdot \Delta f$ stammt dabei aus dem Generator, der Anteil $\Delta P_2 = P_2 - P_{20} = (1 - G_{av}) \cdot k \cdot T_0 \cdot \Delta f$ stammt aus dem Zweitor. Der letztere Anteil wird $\Delta P_2 = (1 - G_{av}) \cdot k \cdot T_1 \cdot \Delta f$, wenn die Temperatur des Zweitores $T_1$ ist. Damit erhält man für die Rauschzahl

$$F = \frac{P_2}{P_{20}} = 1 + \frac{\Delta P_2}{P_{20}} = 1 + \frac{\left(1 - G_{av}\right)}{G_{av}} \frac{T_1}{T_0} \; . \tag{8.113}$$

Ist die homogene Temperatur eines passiven Zweitores, reziprok oder nichtreziprok, gleich der Bezugstemperatur, also $T_1 = T_0$, dann folgt aus Gl. (8.113) für die Rauschzahl der einfache Ausdruck

$$F = \frac{1}{G_{av}} \; . \tag{8.114}$$

In der Übungsaufgabe 8.16 soll durch direkte Rechnung an einem Beispiel die Gl. (8.114) bestätigt werden.

**Übungsaufgabe 8.16**

Für die unten stehende Ersatzschaltung soll die Rauschzahl berechnet werden. Es soll gezeigt werden, dass die Rauschzahl unabhängig vom Lastwiderstand ist und Gl. (8.114) erfüllt wird. Es seien $R_1$, $R_2$ und $Z_g$ reell.

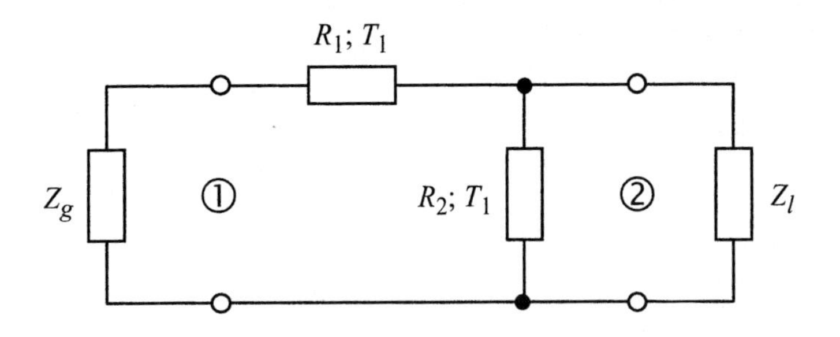


## 8.5.4 Kaskadenschaltung für hintereinandergeschaltete Zweitore

Die folgende Betrachtung soll für die Hintereinanderschaltung von zwei Zweitoren durchgeführt werden. Die Erweiterung auf mehr als zwei Stufen ist dann jedoch ebenfalls ersichtlich. Generator- und Lastwiderstand sind beliebig. Man beachte jedoch, dass bei der Messung bzw. Definition der Rauschzahl einer einzelnen Stufe die Generatorimpedanz gegenüber der Kettenschaltung nicht verändert werden darf. Es seien $\Delta P_{r1}$ und $\Delta P_{r2}$ die Rauschleistungen am Ausgang der beiden einzelnen Stufen, hervorgerufen durch ihr Eigenrauschen (Bild 8.33) und $P_g$ die verfügbare Generatorleistung.
Es gelten für die Einzelrauschzahlen $F_1$ bzw. $F_2$ der ersten und zweiten Stufe, wenn $G_1$ bzw. $G_2$ der Gewinn der ersten bzw. zweiten Stufe ist (Bild 8.33), die folgenden Gleichungen:

$$F_1 = 1 + \frac{\Delta P_{r1}}{G_1 \cdot P_g}, \qquad F_2 = 1 + \frac{\Delta P_{r2}}{G_2 \cdot P_g}. \tag{8.115}$$

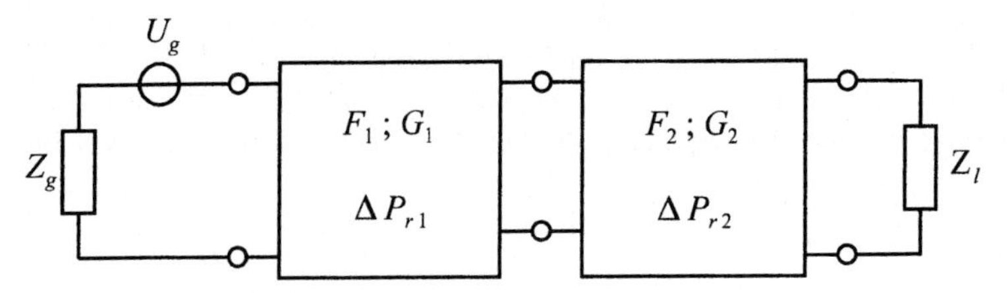


*Bild 8.33: Zur Kaskadenformel bei fehlangepassten Zweitoren*

Wie erwähnt gilt es zu beachten, dass bei der Einzelbestimmung von $G_2$ und $F_2$ der Generatorwiderstand der gleiche ist wie in der Kettenschaltung. Der Gewinn der Kettenschaltung ist im Allgemeinen nicht gleich dem Produkt der Einzelgewinne.

Ziel ist im Folgenden, einen Zusammenhang zwischen der Gesamtrauschzahl $F_t$ und den Rauschzahlen der einzelnen Stufen herzuleiten. Für die Gesamtrauschzahl $F_t$ kann man den folgenden Ausdruck angeben, wenn der Index $av$ die verfügbare Leistung bezeichnet.

$$F_t = \frac{G_2 \cdot \left(G_1 \cdot P_g\right)_{av} + G_2 \cdot \left(\Delta P_{r1}\right)_{av} + \Delta P_{r2}}{G_2 \cdot \left(G_1 \cdot P_g\right)_{av}} = 1 + \underbrace{\frac{\left(\Delta P_{r1}\right)_{av}}{\left(G_1 \cdot P_g\right)_{av}}}_{F_1} + \frac{\Delta P_{r2}}{G_2 \cdot \left(G_1 \cdot P_g\right)_{av}} \tag{8.116}$$

Wir erkennen, dass der Ausdruck über der geschweiften Klammer in Gl. (8.116) gleich der Rauschzahl $F_1$ ist. Weil nämlich die Rauschzahl nicht vom Lastwiderstand abhängt, kann als Lastwiderstand auch derjenige gewählt werden, welcher Leistungsanpassung am Ausgang bewirkt. Der zweite Summand in Gl. (8.116) lässt sich umformen, indem man den verfügbaren Gewinn einführt. Es gilt entsprechend der Definition des verfügbaren Gewinns der Zusammenhang:

$$\left(G_1 \cdot P_g\right)_{av} = G_{1av} \cdot P_g \ . \tag{8.117}$$

Damit wird aus Gl. (8.116)

$$F_t = F_1 + \frac{\Delta P_{r2}}{G_{1av} \cdot G_2 \cdot P_g} = F_1 + \frac{F_2 - 1}{G_{1av}} \ . \tag{8.118}$$

Damit haben wir den gesuchten Zusammenhang zwischen der Gesamtrauschzahl $F_t$ und den einzelnen Rauschzahlen $F_1$ und $F_2$ gefunden. Der Einfluss der Rauschzahl der zweiten Stufe ist um den Gewinn der ersten Stufe vermindert. Verursacht die zweite Stufe jedoch Dämpfung, dann ist $G_{1av}$ kleiner als eins und der Einfluss der zweiten Stufe wird groß.

Die Gesamtrauschzahl $F_{t3}$ einer dreistufigen Anordnung kann man finden, wenn man $F_t$ aus Gl. (8.118) als erste Stufe auffasst und für den Einfluss von $F_3$ die Gl. (8.118) noch einmal anwendet. Man erhält, wenn $G_{12av}$ der verfügbare Gewinn der ersten beiden Stufen ist:

$$F_{t3} = F_1 + \frac{F_2 - 1}{G_{1av}} + \frac{F_3 - 1}{G_{12av}} \ . \tag{8.119}$$

Es gilt aber, wie man zeigen kann, dass der verfügbare Gewinn der hintereinander geschalteten zwei Stufen gleich dem Produkt der einzelnen verfügbaren Gewinne ist:

$$G_{12av} = G_{1av} \cdot G_{2av} \, . \tag{8.120}$$

Damit lautet die Rauschzahlformel einer mehrstufigen Kaskade:

$$F_t = F_1 + \frac{F_2 - 1}{G_{1av}} + \frac{F_3 - 1}{G_{1av} \cdot G_{2av}} + \frac{F_4 - 1}{G_{1av} \cdot G_{2av} \cdot G_{3av}} + \dots \, . \tag{8.121}$$

Schaltet man ein passives Netzwerk mit der homogenen Temperatur $T_0$ und dem verfügbaren Gewinn $G_{av}$ vor einen Verstärker mit der Rauschzahl $F_2$, dann erhält man gemäß der Kaskadenformel für die Gesamtrauschzahl $F_t$:

$$F_t = \frac{1}{G_{av}} + \frac{F_2 - 1}{G_{av}} = \frac{F_2}{G_{av}} \, . \tag{8.122}$$

Drückt man die Rauschzahl in dB aus, dann erhöht ein vorgeschaltetes verlustbehaftetes passives Zweitor die Rauschzahl um den dB-Wert des verfügbaren Gewinns dieses Zweitors. Handelt es sich bei dem Zweitor um ein angepasstes Dämpfungsglied, dann erhöht sich die Rauschzahl in dB um den dB-Wert der Dämpfung. Für ein unsymmetrisches passives Netzwerk ist der verfügbare Gewinn im Allgemeinen richtungsabhängig. Die Gesamtrauschzahl kann sich daher ändern, wenn man das passive Zweitor umdreht. Außerdem hängt die Rauschzahl $F_2$ des Verstärkers im Allgemeinen vom Ausgangswiderstand des vorgeschalteten Zweitores ab.

### 8.5.5 Rauschanpassung

Für ein vorgegebenes rauschendes Zweitor hängt die Rauschzahl nur noch von dem Generatorwiderstand $Z_g$ ab. Eine Wahl des Generatorwiderstandes $Z_g$ derart, dass die Rauschzahl minimal wird, nennt man Rauschanpassung. Kann man den Generatorwiderstand $Z_g$ nicht direkt beeinflussen, dann wird man eine geeignete, möglichst verlustfreie Transformationsschaltung vorsehen, welche $Z_g$ in den optimalen Wertebereich transformiert. Die Transformation kann mit Transformatoren, Blindwiderständen oder Leitungselementen erfolgen. Die Rauschanpassung ist im Allgemeinen nicht mit einer Leistungsanpassung identisch. Bei hohen Frequenzen und breitbandigen Verstärkern wird man jedoch häufig die Schaltung auf eine Leistungsanpassung hin auslegen. Wir wollen die Rauschanpassung anhand der Ersatzschaltung in Bild 8.34 mit Strom- und Spannungsquelle am Eingang diskutieren.

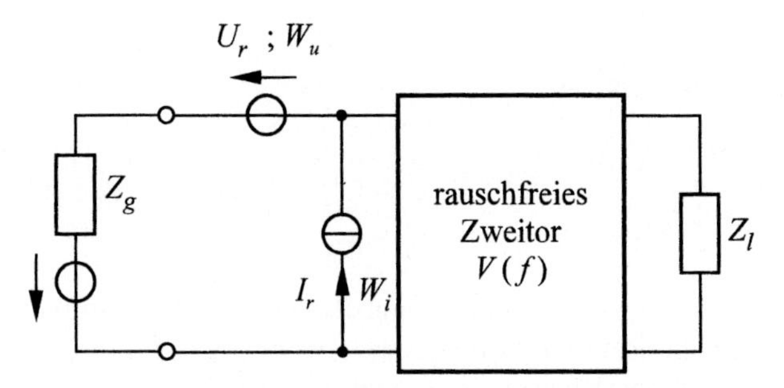


*Bild 8.34: Zur Diskussion der Rauschanpassung*

Wir übernehmen die Diskussion aus Abschnitt 8.5.2 und die Gl. (8.111). Mit den Definitionen

$$Z = Z_g = |Z|\, e^{j\Phi} \ ; \ W_{ui} = |W_{ui}|\, e^{j\Psi} \tag{8.123}$$

erhält man aus Gl. (8.111) für die Rauschzahl $F$:

$$F = 1 + \frac{W_u + |Z|^2 \cdot W_i + 2 \cdot |Z| \cdot |W_{ui}| \cdot \cos(\Phi + \Psi)}{4k \cdot T_0 \cdot |Z| \cos\Phi} \ . \tag{8.124}$$

Wir suchen die minimale Rauschzahl in Abhängigkeit von $Z = Z_g$ und bilden von $F$ die partiellen Ableitungen nach $|Z|$ und $\Phi$. Bei Rauschanpassung gilt:

$$\frac{\partial F(|Z|, \Phi)}{\partial |Z|} = 0 \ . \tag{8.125}$$

Daraus folgt für die optimale Generatorimpedanz $Z_{opt}$:

$$|Z_{opt}|^2 \cdot W_i = W_u$$

oder

$$|Z_{opt}| = \sqrt{\frac{W_u}{W_i}} \ . \tag{8.126}$$

Der optimale Betrag $|Z_{opt}|$ hängt also nicht von der Korrelation bzw. $W_{ui}$ ab. Aus

$$\frac{\partial F(|Z|, \Phi)}{\partial \Phi} = 0 \tag{8.127}$$

ergibt sich mit $|Z| = |Z_{opt}|$ aus Gl. (8.126)

$$\sin\Phi_{opt} = \frac{|W_{ui}|}{\sqrt{W_u \cdot W_i}} \sin\Psi = |k_{ui}| \sin\Psi \tag{8.128}$$

$$\text{mit } k_{ui} = \frac{W_{ui}}{\sqrt{W_u \cdot W_i}} \quad \text{und } \Phi_{opt} \leq \frac{\pi}{2} .$$

Der Winkel des optimalen Generatorwiderstandes hängt also nur von der Korrelation ab. Man erhält die optimale Rauschzahl $F_{min}$, wenn man in Gl. (8.124) für den Generatorwiderstand $Z_g$ den optimalen Generatorwiderstand $Z_{opt}$ einsetzt:

$$F_{\min} = 1 + \frac{\sqrt{W_u \cdot W_i}}{2k \cdot T_0} \left[ |k_{ui}| \cdot \cos\Psi + \sqrt{1 - |k_{ui}|^2 \sin^2\Psi} \right] . \tag{8.129}$$

Für den Grenzfall verschwindender Korrelation, also $k_{ui} = 0$ wird daraus

$$F_{\min} = 1 + \frac{\sqrt{W_u \cdot W_i}}{2k \cdot T_0} . \tag{8.130}$$

Für den Fall vollständiger Korrelation, also $|k_{ui}| = 1$, und mit $|\Psi| \geq \pi/2$ erhält man aus Gl. (8.129) das Ergebnis $F_{min} = 1$. Dies bedeutet, dass sich die vollständig korrelierten Rauschquellen gerade auch vollständig kompensieren können.

Ebenfalls beobachten wir, dass für $W_u = 0$ oder $W_i = 0$ die optimale Rauschzahl $F_{min} = 1$ sein kann. Allerdings wird dann die erforderliche Impedanztransformation extrem, weil wegen Gl. (8.126) $Z_{opt}$ entweder gegen null oder gegen unendlich strebt. Bei passiven thermisch rauschenden Zweitoren homogener Temperatur ist die Rauschzahl gleich dem reziproken Wert des verfügbaren Gewinns [Gl. (8.114)]. Die Rauschzahl wird daher minimal, wenn der verfügbare Gewinn gleich dem maximal verfügbaren Gewinn $G_m$ ist, also eingangs- und ausgangsseitig Leistungsanpassung vorgesehen wird. Dies gilt auch, wenn die homogene Temperatur des Zweitores von $T_0$ abweicht [Gl. (8.113)].

Für passive Zweitore mit mehreren Temperaturgebieten, also inhomogener Temperaturverteilung, muss beidseitige Leistungsanpassung jedoch nicht notwendigerweise mit Rauschanpassung zusammenfallen. Bei einem passiven thermisch rauschenden Zweitor *homogener* Temperatur fallen beidseitige Leistungsanpassung und Rauschanpassung zusammen. Daraus ergibt sich der optimale Generatorwiderstand $Z_g = Z_{opt}$ direkt. Die durch die Wahl von $Z_{opt}$ erreichbare minimale Rauschzahl wird allerdings nicht verändert, wenn anschließend der Lastwiderstand verändert wird, weil die Rauschzahl ganz allgemein nicht vom Lastwiderstand abhängt. Für eine Wahl des Lastwiderstandes abweichend von der ausgangsseitigen Leistungsanpassung wird im Allgemeinen auch die eingangsseitige Leistungsanpassung aufgehoben sein. Eine nur eingangsseitige Leistungsanpassung muss daher bei einem passiven Zweitor homogener Temperatur nicht notwendigerweise mit minimaler Rauschzahl (Rauschanpassung) zusammenfallen.

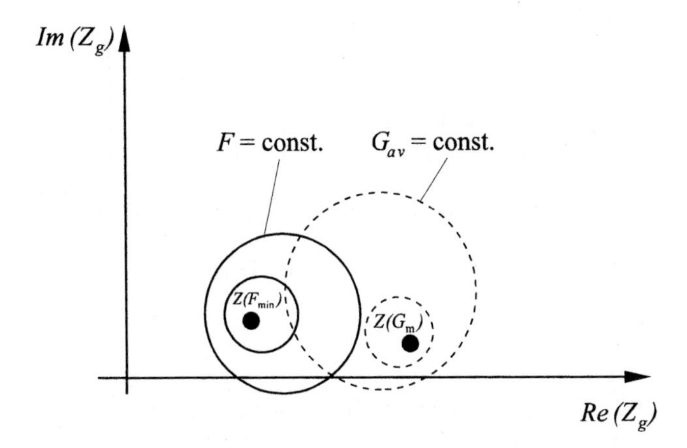


*Bild 8.35: Die Konturen (Kreise) konstanter Rauschzahl und konstanten verfügbaren Gewinns in der komplexen Ebene des Generatorwiderstandes* $Z_g$

Wie man zeigen kann, liegen für ein gegebenes rauschendes Zweitor (nicht notwendigerweise passiv) die Orte konstanter Rauschzahl in der komplexen Ebene des Generatorwiderstandes $Z_g$ auf - nicht notwendigerweise konzentrischen - Kreisen (Bild 8.35), welche die minimale Rauschzahl $F_{min}$ einschließen. Das Gleiche gilt für die Orte konstanten verfügbaren Gewinns in Abhängigkeit vom Generatorwiderstand $Z_g$. Auch diese Konturen sind Kreise, welche den maximalen verfügbaren Gewinn einschließen. Diese Kreise liegen im Allgemeinen nicht konzentrisch.

Für einen geringen Einfluss der zweiten Stufe in einer Kaskadenschaltung sollte der verfügbare Gewinn der ersten Stufe möglichst groß sein. Daher sollte man $Z_g$ so wählen, dass die Rauschzahl möglichst niedrig wird, ohne dass der verfügbare Gewinn zu klein wird. Es sollte also $Z_g$ in der Nähe sowohl von $Z(F_{min})$ als auch $Z(G_m)$ liegen.
Es sei noch erwähnt, dass die Rauschanpassung sich ebenso über die Darstellung mit Rausch-wellen diskutieren lässt.

## 8.6 Messung der Rauschzahl

Die Messung der Rauschzahl fußt entsprechend der Definition auf einer Veränderung der Generatorrauschleistung und einer Messung der entsprechenden Veränderung der Ausgangsrauschleistung.

### 8.6.1 Die 3 dB-Methode

Bei der 3 dB-Methode benötigen wir einen einstellbaren und kalibrierten Rauschgenerator, dessen eingestellte Temperatur $T_g$ ablesbar sein soll (Bild 8.36).

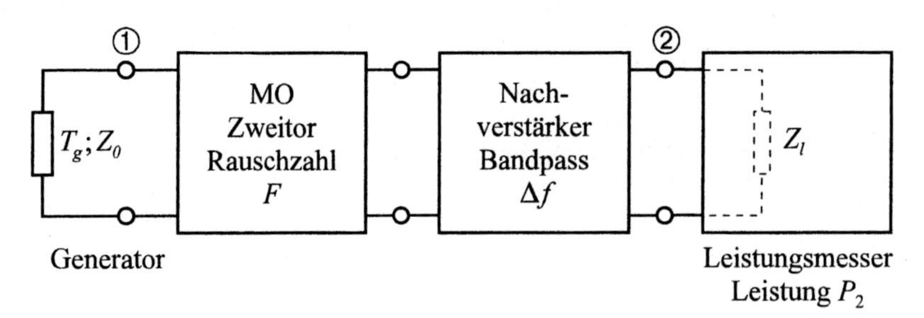


*Bild 8.36: Prinzip der Rauschzahlmessung*

Die Messmethode besteht darin, die Generator-Rauschtemperatur solange zu erhöhen, bis die Rauschleistung $P_2$ am Ausgang des zu messenden Zweitores bzw. Nachverstärkers sich verdoppelt hat. Die verdoppelte Rauschleistung sei $P_2'$. Der Rauschbeitrag des Zweitores auf den Ausgang sei $\Delta P_2$ . Der Rauschbeitrag des kalten Generators mit der Umgebungstemperatur $T_0$ auf den Ausgang sei $P_{20}$.

$$\begin{aligned} P_2 &= \Delta P_2 + P_{20} \\ P_2' &= \Delta P_2 + P_{20} \cdot \frac{T_g}{T_0} \\ &= 2\left(\Delta P_2 + P_{20}\right). \end{aligned} \tag{8.131}$$

Wir lösen Gl. (8.131) nach $\Delta P_2$ auf,

$$\Delta P_2 = P_{20}\left[\frac{T_g}{T_0} - 2\right], \tag{8.132}$$

und setzen in die Beziehung Gl. (8.102) ein:

$$F = 1 + \frac{\Delta W_2}{W_{20}} = 1 + \frac{\Delta P_2}{P_{20}} = \frac{T_g}{T_0} - 1 = \frac{T_{ex}}{T_0} . \tag{8.133}$$

Der Ausdruck $T_g$-$T_0$ wird auch Übertemperatur $T_{ex}$ genannt (engl.: excess temperature). Die Rauschzahl ist also proportional zu der auf $T_0$ bezogenen Übertemperatur des Rauschgenerators, die zur Verdopplung der Rauschleistung am Ausgang eingestellt werden musste. Anstelle einer Leistungserhöhung um 3 dB hätten wir auch einen beliebigen anderen Wert einstellen können. Die Generatorimpedanz muss im kalten und im heißen Zustand gleich sein, sie darf sich nicht mit der Schalterstellung ändern. Die Rauschzahl wird bei der Mittenfrequenz $f_0$ des Bandpassfilters gemessen, streng genommen als mittlere Rauschzahl innerhalb der Bandbreite $\Delta f$ des Filters. Die Rauschzahl wird immer einschließlich des nachgeschalteten ersten Vorverstärkers gemessen. Will man nur die Rauschzahl des Messzweitores selbst messen, dann muss man über die Kaskadenformel den Beitrag der Rauschzahl des ersten Vorverstärkers eliminieren. Dies ist nicht erforderlich, wenn das Messobjekt selbst ein Verstärker ist und eine genügend hohe Verstärkung aufweist. Dann ist der Rauschbeitrag der nachfolgenden Stufe vernachlässigbar. Man kann die Rauschleistungen am Ausgang des Messzweitores auch direkt mit Hilfe eines Radiometers messen. In diesem Fall geht der Rauschbeitrag der nachfolgenden Stufe nicht in das Messergebnis ein, man misst unmittelbar die Rauschzahl des Messobjektes.

### 8.6.2 Die *Y*-Faktor-Methode

Bei der *Y*-Faktor-Methode verwendet man einen Rauschgenerator mit einer festen Übertemperatur $T_{ex} = T_{g0} - T_0$ , die man ein und ausschalten kann. Im ausgeschalteten Zustand weist der Rauschgenerator die Umgebungstemperatur $T_0$ auf. Eine solche Rauschquelle kann bspw. durch eine ein- und auszuschaltende Avalanche-Diode mit einem angepassten Dämpfungsglied realisiert werden. Ein üblicher Wert für $T_{g0}/T_0$ ist 16 dB.

Bei eingeschaltetem Rauschgenerator mit der Temperatur $T_{g0}$ sei die verstärkte Rauschleistung am Ausgang $P_2{}'$. Mit ausgeschaltetem Rauschgenerator der Temperatur $T_0$ sei die Rauschleistung am Ausgang $P_2$. Die Generatorimpedanz darf sich für diese beiden Zustände nicht ändern. Das Verhältnis von $P_2{}'$ und $P_2$ nennt man den *Y*-Faktor:

$$Y = \frac{P_2{}'}{P_2} . \tag{8.134}$$

Mit den Gln. (8.131) und (8.134) und bekanntem *Y* erhält man für die Rauschzahl:

$$F = \frac{T_{g0} / T_0 - 1}{Y - 1} = \frac{T_{ex}}{T_0 (Y - 1)} . \tag{8.135}$$

Es ist sehr nützlich, ein Rauschzahlmessgerät zu besitzen, bei dem die Messauswertung genügend schnell und automatisch erfolgt, weil dann ein experimenteller Abgleich eines Messobjektes auf geringe Rauschzahl möglich ist. Bei einem automatischen Gerät wird der Rauschgenerator im Allgemeinen periodisch ein- und ausgeschaltet. Die zugehörigen Ausgangsleistungen $P_2$ und $P_2{}'$ werden gemessen, der Messwert wird digitalisiert und die weitere Messwertverarbeitung gemäß Gl. (8.135) erfolgt in einem Rechner, der häufig mittels D/A-Wandlung auch eine analoge Anzeige für die Rauschzahl liefert. Bei älteren Geräten erfolgte die Auswertung im Allgemeinen vollständig analog. Auch eine Rauschzahl lässt sich in endlicher Messzeit und bei endlicher Bandbreite nicht beliebig genau messen, weil quadratische Mittelwerte von Rauschsignalen bestimmt werden müssen. Allerdings ist der hierbei entstehende Messfehler zumeist kleiner als die übrigen Messfehler.

Neuere Rauschzahlmessgeräte geben außer der Rauschzahl des Messobjektes oft auch den Gewinn des Messobjektes an.

## 8.7 Messung der minimalen Rauschzahl und der optimalen Generatorimpedanz

Häufig möchte man nicht nur die aktuelle Rauschzahl messen, sondern darüber hinaus die minimale Rauschzahl $F_{min}$ und die optimale Generatorimpedanz $Z_{opt}$. Ein möglicher Weg dahin besteht in der Verwendung eines möglichst verlustarmen Tuners zwischen Rauschgenerator und Messobjekt. Es wird solange an dem Tuner gestellt, bis sich eine minimale Rauschzahl einstellt. Die dann eingestellte Generatorimpedanz wird mit einem Netzwerkanalysator gemessen. Allerdings wird ein Tuner im Allgemeinen Verluste aufweisen, wodurch sich die heiße Temperatur des Rauschgenerators verändern wird. Durch Messung aller Zweitorparameter des Tuners und damit auch der Verluste lässt sich die veränderte Temperatur der heißen Quelle zwar berechnen, es sind aber große Unsicherheiten in Kauf zu nehmen, wenn man extreme Impedanzen realisieren will, bspw. einen Kurzschluss. Eine weitere praktische Schwierigkeit besteht darin, dass sich mit einem Tuner - mechanisch oder elektrisch abstimmbar - im Allgemeinen nur ein begrenzter Wertebereich abdecken lässt, der möglicherweise zumindest in einem gewissen Frequenzbereich nicht die optimale Generatorimpedanz einzustellen gestattet. Um diese Schwierigkeiten zu umgehen, geht man praktisch einen anderen und sehr eleganten wenn auch indirekteren Weg, um die minimale Rauschzahl und die optimale Generatorimpedanz zu bestimmen.

### 8.7.1 Darstellung mit Generator-Leitwert $Y_g$

Das rauschende Messzweitor soll wiederum mit eingangsbezogener Strom- und Spannungsquelle beschrieben werden, der rauschende Generator jedoch durch eine Stromquelle mit komplexem Innenleitwert $Y_g$ (Bild 8.37).
Die angegebene Ersatzschaltung wird häufig für die Beschreibung von rauschenden Zweitoren verwendet.

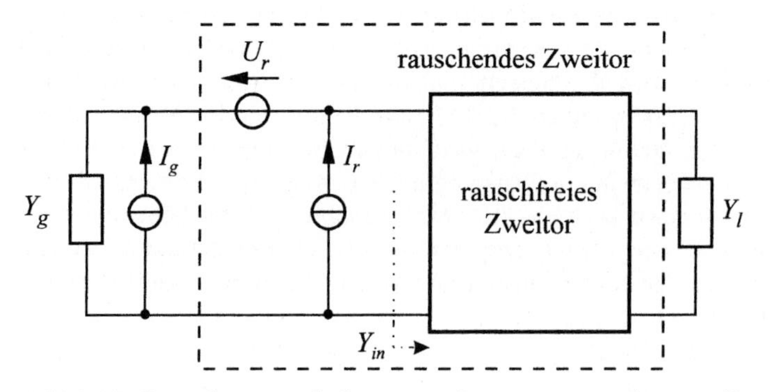


*Bild 8.37: Rauschersatzschaltung mit Generatorinnenleitwert $Y_g$*

Mit den Definitionen

$$\begin{aligned} Y_g &= G_g + jB_g \\ W_u &= \left|U_r\right|^2 \\ W_i &= \left|I_r\right|^2 \\ W_{ui} &= U_r{}^* I_r = C_r + jC_i \end{aligned} \qquad (8.136)$$

erhält man für die Rauschzahl der Ersatzschaltung in Bild 8.37

$$F_e = 1 + \frac{\left(G_g^2 + B_g^2\right) \cdot W_u + W_i + 2\,G_g \cdot C_r + 2\,B_g \cdot C_i}{4\,k\,T_0 \cdot G_g} \,. \qquad (8.137)$$

Bildet man die partiellen Ableitungen von $F_e$ nach $G_g$ und $B_g$, setzt diese zu null und anschließend in Gl. (8.137) ein, dann erhält man die minimale Rauschzahl $F_{min}$:

$$F_{min} = 1 + \frac{W_i + G_{opt} \cdot C_r - B_{opt}{}^2 \cdot W_u}{2\,k\,T_0 \cdot G_{opt}} \qquad (8.138)$$

mit

$$B_{opt} = -\frac{C_i}{W_u} \;; \qquad \left|Y_{opt}\right|^2 = G_{opt}{}^2 + B_{opt}{}^2 = \frac{W_i}{W_u} \,. \qquad (8.139)$$

---

**Übungsaufgabe 8.17**

Rechnen Sie die Gleichungen (8.137) bis (8.139) nach.

---

Ein rauschendes Messzweitor wird vollständig durch die vier reellen Parameter $W_u$, $W_i$, $C_r$ und $C_i$ beschrieben. Kennt man diese vier Rauschparameter, dann kann man daraus die minimale Rauschzahl $F_{min}$ und den optimalen Generatorleitwert $Y_{opt}$ aus den Gleichungen (8.138) und (8.139) eindeutig bestimmen, sofern man davon ausgehen kann, dass der Realteil des optimalen Generatorleitwertes $G_{opt}$ größer als null ist. Außerdem kann man aus der Gleichung (8.137) die aktuelle Rauschzahl $F_e$ bestimmen, sofern man den zugehörigen Generatorleitwert $Y_g$ kennt. Schließlich kann man die Vierterm-Rauschdarstellung in beliebige andere Darstellungen umrechnen. Dazu muss man jedoch außerdem die Streuparameter des Zweitores kennen.

### 8.7.2 Bestimmung der vier Rauschterme durch Rauschzahlmessungen

Es werden mindestens vier Rauschzahl-Messungen $F_{ej}$ mit mindestens vier unterschiedlichen aber bekannten Generator-Innenleitwerten $Y_{gj} = G_{gj} + B_{gj}$ mit $j = 1, 2, 3, 4, \ldots$ durchgeführt. Gleichung (8.137) etwas umgeschrieben lautet:

$$4\,k\,T_0 G_{gj} \cdot \left(F_{ej} - 1\right) = \left|Y_{gj}\right|^2 \cdot W_u + W_i + 2G_{gj} \cdot C_r + 2B_{gj} \cdot C_i \,. \qquad (8.140)$$

Wertet man mit Hilfe von vier Rauschzahlmessungen $F_{ej}$ und vier voneinander verschiedenen aber bekannten $Y_{gj}$, $j = 1, 2, 3, 4$, vier lineare Gleichungen des Typs Gl. (8.140) mit den vier unbekannten Rauschtermen $W_u$, $W_i$, $C_r$ und $C_i$ aus, dann sind diese vier Rauschterme damit bekannt und die minimale Rauschzahl $F_{min}$ und der optimale Generatorinnenleitwert $Y_{opt}$ können aus den Gln. (8.138) und (8.139) bestimmt werden. Auf diese Weise kann man die minimale Rauschzahl $F_{min}$ und den optimalen Generatorleitwert messen, ohne dass man mit dem Tuner genau diesen Leitwert jemals eingestellt haben müsste. Wie bereits erwähnt, kann es aber gewisse Schwierigkeiten bereiten, für die verschiedenen mit einem Tuner eingestellten Generatorleitwerte $Y_{gj}$ die zugehörigen heißen Generatortemperaturen $T_{gj}$ genügend genau zu kennen. Im Allgemeinen hat man nur einen angepassten Rauschstandard zur Verfügung, dessen heiße Temperatur genau bekannt ist. Kennt man jedoch alle Vierpolparameter des passiven Tuners einschließlich seiner Verluste, dann kann man die mit Tuner und Rauschstandard erzeugten heißen Temperaturen $\mathrm{T}_{gj}$ berechnen. Allerdings sind damit extreme Impedanzen wie etwa ein Kurzschluss nicht anwendbar. Bei extremen Impedanzen wird außerdem die aus Vierpolmessungen gerechnete Generatortemperatur $\mathrm{T}_{gj}$ mit großen Unsicherheiten behaftet sein. Bei Verwendung von passiven Tunern bleibt die kalte Generatortemperatur jedoch stets exakt $T_0$, sofern sich auch der Tuner auf der homogenen Temperatur $T_0$ befindet. Den aktuell eingestellten Generator-Leitwert $Y_{gj}$ wird man wie die Vierpolparameter des Tuners durch Messungen mit einem Netzwerkanalysator gewinnen. Um die Messgenauigkeit zu erhöhen, kann man mehr als vier bekannte Generatorleitwerte $Y_{gj}$ einstellen und mehr als vier zugehörige Rauschzahlen $F_{ej}$ messen und mit Hilfe einer Ausgleichsrechnung die Anzahl der linearen Gleichungen auf genau vier reduzieren.

### 8.7.3 Bestimmung der vier Rauschterme durch Leistungsmessungen

Will man Schwierigkeiten mit der Bereitstellung mehrerer heißer Rauschgeneratoren umgehen, beschränkt man sich auf *eine* angepasste heiße Quelle und benutzt im übrigen kalte Quellen, die auf $T_0$ liegen. Dann stehen nicht paarweise Leistungsmessungen für heiße und kalte Quellen bei gleicher Generatorimpedanz zur Verfügung, sondern fast jede Ausgangsleistung gehört zu einem anderen Generatorleitwert $Y_g$. Wir beziehen uns wiederum auf die Ersatzschaltung in Bild 8.37 und erhalten quantitativ für die verstärkte Ausgangsleistung $P_j$:

$$P_j = \frac{\kappa \cdot \Delta f}{\left|Y_{gj} + Y_{in}\right|^2} \cdot \left( 4\,k\,T_{gj} \cdot \mathrm{Re}\,Y_{gj} + W_u \cdot \left|Y_{gj}\right|^2 \right.$$
$$\left. + W_i + 2\,C_r \cdot \mathrm{Re}\,Y_{gj} + 2\,C_i \cdot \mathrm{Im}\,Y_{gj} \right) \cdot \mathrm{Re}\,Y_l \tag{8.141}$$

In Gl. (8.141) bezeichnet $Y_{in}$ den im Allgemeinen komplexen Eingangsleitwert in das Messzweitor hinein (Bild 8.37), welches für dieses Verfahren bekannt sein muss. Üblicherweise wird man den Eingangsleitwert $Y_{in}$ mit einem Netzwerkanalysator ausmessen. Die Größe $\kappa$ bezeichnet die Leistungsverstärkung zwischen Eingang und Ausgang der Messkette, sie hängt nicht von dem Generatorleitwert $Y_{gj}$ ab und sollte während der Dauer der Messung konstant sein. Indem man mindestens fünf Leistungen $P_j$ misst, mit $j = 1, 2, 3, 4, 5....$, bei jeweils verschiedenen aber bekannten Generatorleitwerten $Y_{gj}$ und Generatortemperaturen $T_{gj}$, kann man beliebige Verhältnisse von gemessenen Ausgangsleistungen $P_{gj}$ bilden, um auf diese Weise die Unbekannte $\kappa$ zu eliminieren. Es verbleiben wiederum vier lineare Gleichungen in den vier unbekannten Rauschtermen $W_u$, $W_i$, $C_r$ und $C_i$, nach denen man auflösen kann. Es muss mindestens eine Generatortemperatur heiß sein, während die vier anderen Generatortemperaturen gleich der Umgebungstemperatur $T_0$ sein können. Es ist günstig, nur *eine* Generatortemperatur heiß zu wählen, weil diese eine Temperatur die meist vorhandene angepasste Standard-Rauschquelle sein kann. Von den fünf Generatorleitwerten dürfen nur diejenigen für gemeinsame heiße und kalte Messungen gleich sein. Bei nur einer heißen Messung müssen mindestens vier verschiedene bekannte Generatorimpedanzen Verwendung finden. Zur Verbesserung der Genauigkeit können wiederum mehr als fünf Leistungsmessungen durchgeführt werden. Durch eine Ausgleichsrechnung kann man die Anzahl der linearen Gleichungen anschließend auf genau vier reduzieren. Bei dem Verfahren mit Leistungsmessungen kann man auch mit Vorteil extreme Generatorleitwerte zulassen, wie z. B. Leerlauf und Kurzschluss.

Werden mindestens sechs Leistungsmessungen durchgeführt, dann kann man auch den Eingangsleitwert $Y_{in}$ als weitere Unbekannte einführen und etwa durch Nullsetzen der Koeffizientendeterminante eines homogenen Gleichungssystems vorausbestimmen.

Nach erfolgreicher Bestimmung der vier Rauschterme sowie der Eingangsadmittanz der Verstärkerkette kann man auch ein Eintor-Messobjekt mit unbekannter Rauschtemperatur $T_m$ und unbekanntem Innenleitwert $Y_m$ vermessen. Dazu wird wiederum ein Tuner zwischen Eintor-Messobjekt und Verstärkerkette eingefügt. Die Streuparameter dieses passiven Tuners auf der Temperatur $T_0$ sollen in sämtlichen Schalterstellungen durch einen Netzwerkanalysator vermessen worden sein. Durch erneute Messung der Ausgangsleistung der Verstärkerkette in mindestens vier verschiedenen Schaltzuständen des Tuners kann man hinreichend viele Gleichungen gewinnen, um die drei reellen Unbekannten $T_m$, Re $Y_m$ und Im $Y_m$ zu bestimmen. Die vierte Schalterstellung des Tuners wird benötigt, um den unbekannten Gewinn der Verstärkerkette zu eliminieren. Anstelle dieser vierten Schalterstellung darf man auch eine der Leistungsbeziehungen innerhalb der 4-

Term Rauschkalibrierung der Verstärkerkette verwenden, um den Gewinn zu eliminieren.

Damit hat man eine weitere Lösung für ein Kompensations-Radiometer gefunden, s. Abschn. 8.2.2. Die so gewonnene Lösung stellt keine besonderen Erfordernisse wie Dekorrelation und definierte Eingangstemperatur mehr an den verwendeten rauscharmen Messverstärker.

### 8.7.4 Parabolische Rauschzahl-Beziehung

Eine besonders anschauliche Abhängigkeit der Rauschzahl von der Generatoradmittanz $Y_g$ liefert die Beziehung

$$F_e = F_{min} + \frac{R_n}{G_g} \cdot \left| Y_{opt} - Y_g \right|^2 , \tag{8.142}$$

welche mit derjenigen in Gl. (8.137) identisch ist, sofern man den Rauschwiderstand $R_n$ zu

$$R_n = \frac{1}{4\,k\,T_o} \cdot W_u \tag{8.143}$$

wählt und $F_{min}$ gemäß Gl. (8.138).

---

**Übungsaufgabe 8.18**

Zeigen Sie die Gleichwertigkeit von Gl. (8.142) und Gl. (8.137) mit den Gln. (8.138) und (8.139).

---

Auch die parabolische Beziehung Gl. (8.142) enthält gerade vier reelle Rauschterme, nämlich $F_{min}$, $R_n$, $G_{opt}$ und $B_{opt}$. Sie eignet sich jedoch weniger gut für eine Bestimmung der Rauschterme, weil sich die Rauschzahl nichtlinear in diesen Termen darstellt. Vielmehr wird man die Rauschterme $W_u$, $W_i$, $C_r$ und $C_i$ nach den Verfahren der Abschnitte 8.7.2 bzw. 8.7.3 bestimmen und dann die Rauschterme $F_{min}$ bis $B_{opt}$ nach den Gleichungen (8.138), (8.139) und (8.143) berechnen.

Häufig werden die Rauscheigenschaften von Verstärkern oder anderen rauschenden Vierpolen über die Rauschterme $F_{min}$, $R_n$ und $Y_{opt}$ dargestellt. Bild 8.38 zeigt als Beispiel diese gemessenen Rauschterme in Abhängigkeit von der Frequenz für einen Verstärker mit GaAs-Feldeffekttransistoren.

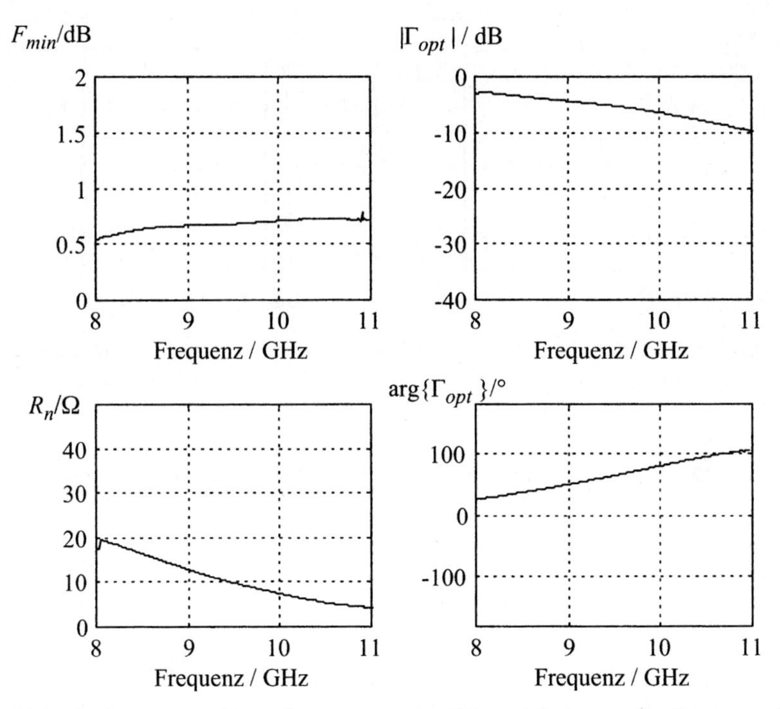


*Bild 8.38: Gemessene Rauschparameter in Abhängigkeit von der Frequenz für einen zweistufigen Verstärker mit GaAs-Feldeffekttransistoren mit*

$$\Gamma_{opt} = \frac{1 - Y_{opt}}{1 + Y_{opt}}$$

## 8.7.5 Isolierung der Rauschterme des Messobjektes

Die Verstärkung des Messobjektes ist im Allgemeinen nicht ausreichend groß, um die zu messenden Rauschleistungen zur Anzeige zu bringen. Üblicherweise verwenden Rauschzahlmessplätze eine Kette von rauscharmen Verstärkern, die, das Messobjekt eingeschlossen, eine ausreichend hohe Gesamtverstärkung gewährleisten (Bild 8.39).

Das Rauschen der zusätzlichen Verstärkerkette wird durch die eingangsbezogenen Rauschquellen $U_k$ und $I_k$ beschrieben. Für den Gesamtvierpol bestehend aus Messobjekt und Verstärker lassen sich ebenfalls eingangsbezogene Rauschquellen angeben (Bild 8.40).

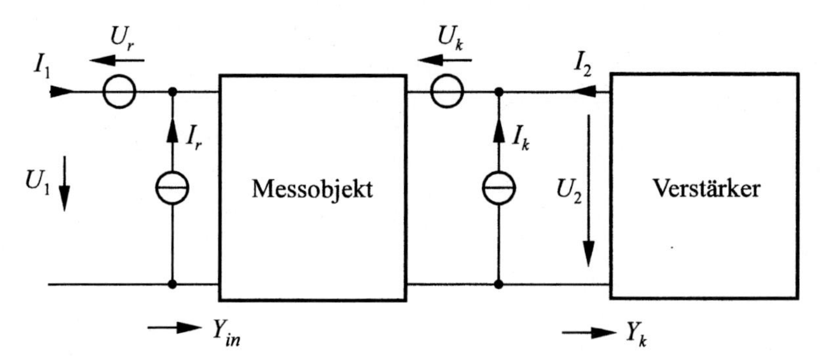


*Bild 8.39: Rauschersatzschaltung eines Vierpols mit unbekannten Rauschquellen und nachgeschalteter Verstärkerkette mit bekannten Rauschquellen*

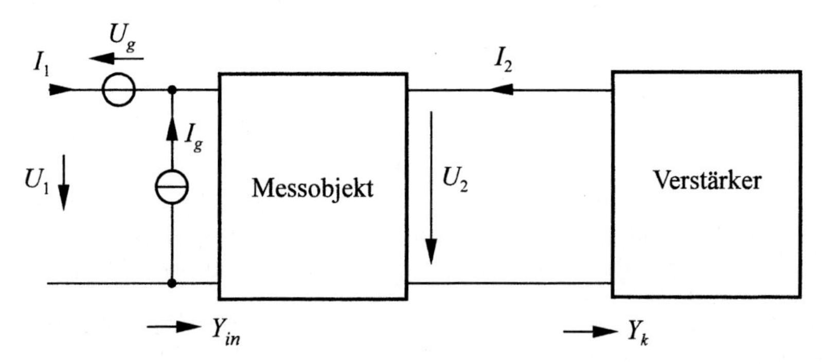


*Bild 8.40: Rauschersatzschaltung mit eingangsbezogenen Rauschquellen der Kettenschaltung aus Messobjekt und Verstärkerkette*

Offensichtlich können mit den in Abschn. 8.7.2 und 8.7.3 beschriebenen Methoden die Rauschquellen $U_r$ und $I_r$ des Messobjektes nicht direkt bestimmt werden, sondern zunächst nur die Rauschquellen $U_g$ und $I_g$ der Gesamtschaltung und die Rauschquellen $U_k$ und $I_k$ der Verstärkerkette ohne Messobjekt. Um aber dennoch auf die Rauschterme des Messobjektes schließen zu können, werden die Darstellungen der Bilder 8.39 und 8.40 zunächst ineinander umgerechnet. Hierzu ist die Kenntnis der Admittanzparameter erforderlich, die z. B. aus Streuparametermessungen gewonnen werden können. Man kann auch sagen, dass die Rauschquellen $U_k$ und $I_k$ des nachgeschalteten Verstärkers an den Eingang des Messobjektes transformiert werden und sich dessen Rauschquellen $U_r$ und $I_r$ zu den Gesamtrauschquellen $U_g$ und $I_g$ überlagern.
Die Admittanzgleichungen der Ersatzschaltung in Bild 8.39 lauten

$$
\begin{aligned}
I_1 &= Y_{11} \cdot (U_1 + U_r) + Y_{12} \cdot (U_2 - U_k) - I_r \\
I_2 &= Y_{21} \cdot (U_1 + U_r) + Y_{22} \cdot (U_2 - U_k) - I_k \\
\begin{bmatrix} I_1 \\ I_2 \end{bmatrix} &= [Y] \cdot \begin{bmatrix} U_1 \\ U_2 \end{bmatrix} + \begin{bmatrix} Y_{11}U_r - Y_{12}U_k - I_r \\ Y_{21}U_r - Y_{22}U_k - I_k \end{bmatrix},
\end{aligned}
\tag{8.144}
$$

diejenigen der Ersatzschaltung in Bild 8.40

$$
\begin{aligned}
I_1 &= Y_{11} \cdot (U_1 + U_g) + Y_{12} \cdot U_2 - I_g \\
I_2 &= Y_{21} \cdot (U_1 + U_g) + Y_{22} \cdot U_2 \\
\begin{bmatrix} I_1 \\ I_2 \end{bmatrix} &= [Y] \cdot \begin{bmatrix} U_1 \\ U_2 \end{bmatrix} + \begin{bmatrix} Y_{11}U_g - I_g \\ Y_{21}U_g \end{bmatrix}.
\end{aligned}
\tag{8.145}
$$

Ein Koeffizientenvergleich der einander äquivalenten Gleichungen (8.144) und (8.145) führt auf

$$
\begin{aligned}
U_r &= \frac{Y_{21}U_g + Y_{22}U_k + I_k}{Y_{21}} \\
I_r &= I_g + \frac{\Delta Y}{Y_{21}} U_k + \frac{Y_{11}}{Y_{21}} I_k
\end{aligned}
\tag{8.146}
$$

Dabei wurde die Determinante $\Delta Y = Y_{11}Y_{22} - Y_{12}Y_{21}$ zur Abkürzung verwendet. Die Rauschterme der Gesamtschaltung berechnen sich dann aus (8.146) zu:

$$
\begin{aligned}
|U_g|^2 &= |U_r|^2 + \frac{|Y_{22}|^2 |U_k|^2 + |I_k|^2 + 2\,\mathrm{Re}\{Y_{22}^* U_k^* I_k\}}{|Y_{21}|^2} \\
|I_g|^2 &= |I_r|^2 + \frac{|\Delta Y|^2 |U_k|^2 + |Y_{11}|^2 |I_k|^2 + 2\,\mathrm{Re}\{\Delta Y^* Y_{11} U_k^* I_k\}}{|Y_{21}|^2} \\
U_g^* I_g &= U_r^* I_r + \frac{Y_{22}^* \Delta Y |U_k|^2 + Y_{11} |I_k|^2 + Y_{22}^* Y_{11} U_k^* I_k + \Delta Y U_k I_k}{|Y_{21}|^2}
\end{aligned}
\tag{8.147}
$$

Kreuzkorrelationen der Parameter des Messobjektes mit den Parametern des Verstärkers treten nicht auf.

Sind die Rauschterme der nachgeschalteten Verstärkerkette, $|U_k|^2$, $|I_k|^2$ und $U_k^* I_k$, bekannt, weil sie z. B. durch vorherige Messung einmal bestimmt wurden, lassen sich aus einer Messung der Rauschterme $|U_g|^2$, $|I_g|^2$ und $U_g^* I_g$ der Gesamtkette die gesuchten Rauschterme $|U_r|^2$, $|I_r|^2$ und $U_r^* I_r$ des Messobjektes berechnen, indem man die Gleichungen (8.147) nach ihnen umstellt:

$$
\begin{aligned}
|U_r|^2 &= |U_g|^2 - \frac{|Y_{22}|^2 |U_k|^2 + |I_k|^2 + 2\,\mathrm{Re}\{Y_{22}^* U_k^* I_k\}}{|Y_{21}|^2} \\
|I_r|^2 &= |I_g|^2 - \frac{|\Delta Y|^2 |U_k|^2 + |Y_{11}|^2 |I_k|^2 + 2\,\mathrm{Re}\{\Delta Y^* Y_{11} U_k^* I_k\}}{|Y_{21}|^2} \\
U_r^* I_r &= U_g^* I_g - \frac{Y_{22}^* \Delta Y |U_k|^2 + Y_{11} |I_k|^2 + Y_{22}^* Y_{11} U_k^* I_k + \Delta Y U_k I_k}{|Y_{21}|^2}
\end{aligned}
\tag{8.148}
$$

Auf diesem Wege können die Rauschquellen des Messobjektes von denen des Messverstärkers isoliert vermessen werden. Man spricht auch vom so genannten *De-embedding* des in die Verstärkerkette eingebetteten Messobjektes.

## 8.8 Messung des Frequenzrauschens von Oszillatoren

Ein Oszillator schwingt im Allgemeinen nicht exakt auf einer Frequenz, sondern weist unregelmäßige Phasen- bzw. Frequenzschwankungen auf. Außerdem wird auch seine Amplitude unregelmäßigen Schwankungen unterworfen sein. Diese unregelmäßigen Schwankungen der Amplitude und insbesondere der Phase bzw. der Frequenz erweisen sich bei vielen Anwendungen von Oszillatoren als störender Effekt und häufig wird davon die Grenzempfindlichkeit eines Messsystems bestimmt. Es ist deshalb erforderlich, die durch Rauschen bewirkten Amplituden- und Phasenschwankungen eines Oszillators quantitativ durch Messungen zu erfassen.

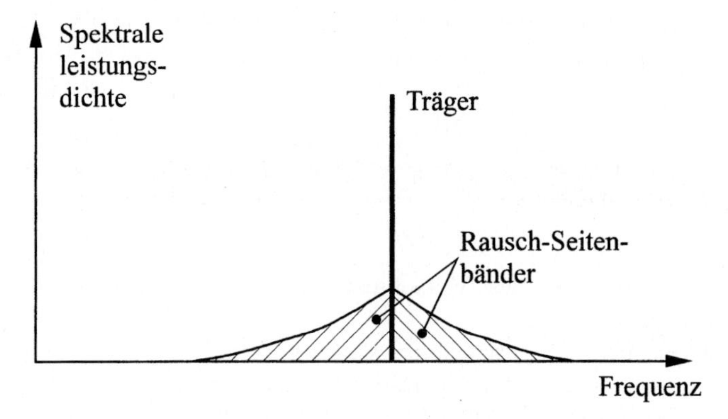


*Bild 8.41: Schematische Darstellung eines Trägersignals mit Rauschseitenbändern*

Die unregelmäßigen Amplituden- und Phasenschwankungen bewirken, dass das Spektrum des Oszillators verbreitert wird und dass außer dem Trägersignal zusätzliche Rauschseitenbänder auftreten. Bild 8.41 zeigt schematisch das Spektrum eines Oszillators mit Frequenzrauschen.

Amplitudenschwankungen von Oszillatoren spielen im Allgemeinen nur eine untergeordnete Rolle. Man kann ihre Wirkung häufig durch die Verwendung von balancierten Mischern (vgl. Abschn. 3.3) vollständig aufheben. Wir wollen uns im Folgenden deshalb nur mit den Frequenz- bzw. Phasenschwankungen beschäftigen.

Die Phasenschwankungen von Oszillatoren sind im Allgemeinen klein, die spektrale Energie in z. B. 1 Hz Bandbreite kann durchaus 120 dB unterhalb der Leistung des Trägers liegen. Deshalb ist es oft nicht möglich, das Spektrum eines Oszillators, also Träger einschließlich Seitenbänder, mit einem Spektrumanalysator auszumessen, weil der Spektrumanalysator nicht die geforderte Dynamik und Frequenzselektivität aufweist. Dann muss man zu Messverfahren übergehen, die speziell diesem Problem angepasst sind. Ein geeignetes und empfindliches Messverfahren zur Bestimmung des Frequenzrauschens von Oszillatoren soll im Folgenden beschrieben werden.

Häufig spricht man statt von Frequenzrauschen auch von der Kurzzeitstabilität eines Oszillators und unterscheidet dann die Kurzzeit- von der Langzeitstabilität. Die Langzeitstabilität kann man mit einem digitalen Frequenzzähler bestimmen.

### 8.8.1 Vierpolübertragung eines amplituden- und phasenmodulierten Trägersignals

Ein Signal $a(t)$ weise Amplitudenschwankungen $\Delta A(t)$ und Phasenschwankungen $\Delta\Phi(t)$ auf.

$$a(t) = \left[A_0 + \Delta A(t)\right]\cos\left[\Omega t + \Phi_0 + \Delta\Phi(t)\right] \tag{8.149}$$

In Gl. (8.149) beschreibt $A_0$ die Trägeramplitude, $\Omega$ die Trägerfrequenz, $\Delta A(t)$ und $\Delta\Phi(t)$ sind kleine Schwankungen der Amplitude bzw. der Phase. Also gilt:

$$\frac{\Delta A(t)}{A_0} << 1;\ \Delta\Phi(t) << 1 \text{ und } e^{j\Delta\Phi(t)} \cong 1 + j\Delta\Phi(t)\,. \tag{8.150}$$

Außerdem nehmen wir an, dass das Produkt der kleinen Schwankungsgrößen von höherer Ordnung klein ist und daher gänzlich vernachlässigt werden kann.

$$\frac{\Delta A(t)}{A_0}\Delta\Phi(t) \cong 0 \tag{8.151}$$

Mit diesen Annahmen können wir für die Gl. (8.149) auch schreiben:

$$a(t) = \mathrm{Re}\left\{A_0\left(1 + \frac{\Delta A(t)}{A_0}\right)e^{j\left[\Omega t + \Phi_0 + \Delta\Phi(t)\right]}\right\}$$

$$= \mathrm{Re}\left\{ A_0 \left( 1 + \frac{\Delta A(t)}{A_0} + j\Delta\Phi(t) \right) e^{j[\Omega t + \Phi_0]} \right\} \tag{8.152}$$

Wir führen für die Schwankungsgrößen $\Delta A(t)$ und $\Delta\Phi(t)$ ebenfalls eine Phasorendarstellung mit der Kreisfrequenz $\omega$ ein. Im Allgemeinen wird $\omega << \Omega$ gelten, weil die wichtigsten Schwankungsfrequenzen klein gegen die Trägerfrequenz sind.

$$\Delta\Phi(t) = \frac{1}{2}\left[ \Delta\Phi e^{j\omega t} + \Delta\Phi^* e^{-j\omega t} \right] \quad \Delta A(t) = \frac{1}{2}\left[ \Delta A e^{j\omega t} + \Delta A^* e^{-j\omega t} \right] \tag{8.153}$$

Die Größen $\Delta\Phi$ und $\Delta A$ in Gl. (8.153) sind komplexe Zeiger, die Rauschgrößen oder sonstige kohärente Signale kennzeichnen. Einen allgemeinen Zeitverlauf für $\Delta A(t)$ und $\Delta\Phi(t)$ kann man durch eine lineare Überlagerung von Phasoren unterschiedlicher Amplitude und Frequenz herstellen.

Mit der Gl. (8.153) können wir Gl. (8.152) auch in der folgenden Form schreiben:

$$a(t) = \mathrm{Re}\left\{ A_0 e^{j(\Omega t + \Phi_0)} + \frac{A_0}{2}\left( \frac{\Delta A}{A_0} + j\Delta\Phi \right) e^{j[(\Omega + \omega)t + \Phi_0]} \right.$$

$$\left. + \frac{A_0}{2}\left( \frac{\Delta A^*}{A_0} + j\Delta\Phi^* \right) e^{j[(\Omega - \omega)t + \Phi_0]} \right\} . \tag{8.154}$$

In Gl. (8.154) wird ein verrauschtes Trägersignal als Überlagerung eines idealen Trägersignals mit oberen und unteren Rauschseitenbändern beschrieben.

Durch die Übertragung des Signals $a(t)$ über ein lineares Netzwerk mit der komplexen Übertragungsfunktion $H(f)$ möge das Signal $b(t)$ entstehen. Wir wollen die Schwankungsgrößen von $b(t)$ aus denen von $a(t)$ berechnen. Um dieses zu erreichen, wollen wir zunächst für $b(t)$ einen Ansatz wie für $a(t)$ in Gl. (8.154) einführen.

$$b(t) = \mathrm{Re}\left\{ B_0 e^{j(\Omega t + \Psi_0)} + \frac{B_0}{2}\left( \frac{\Delta B}{B_0} + j\Delta\Psi \right) e^{j[(\Omega + \omega)t + \Psi_0]} \right. \tag{8.155}$$

$$\left. + \frac{B_0}{2}\left( \frac{\Delta B^*}{B_0} + j\Delta\Psi^* \right) e^{j[(\Omega - \omega)t + \Psi_0]} \right\}$$

Die je drei komplexen Zeiger der Gl. (8.154) und (8.155) sind gemäß der Übertragungsfunktion $H(f)$ miteinander verknüpft.

$$B_0 e^{j(\Omega t + \Psi_0)} = H(j\Omega) A_0 e^{j(\Omega t + \Phi_0)}$$

$$\frac{B_0}{2}\left(\frac{\Delta B}{B_0}+j\Delta\Psi\right)e^{j[(\Omega+\omega)t+\Psi_0]}=H(j\Omega+j\omega)\frac{A_0}{2}\left(\frac{\Delta A}{A_0}+j\Delta\Phi\right)e^{j[(\Omega+\omega)t+\Phi_0]}$$

$$\frac{B_0}{2}\left(\frac{\Delta B^*}{B_0}+j\Delta\Psi^*\right)e^{j[(\Omega-\omega)t+\Psi_0]}=$$

$$H(j\Omega-j\omega)\frac{A_0}{2}\left(\frac{\Delta A^*}{A_0}+j\Delta\Phi^*\right)e^{j[(\Omega-\omega)t+\Phi_0]} \qquad (8.156)$$

Mit den Abkürzungen

$$H_0=H(j\Omega)\;;\;H_1=H(j\Omega+j\omega)\;;\;H_{-1}=H(j\Omega-j\omega) \qquad (8.157)$$

folgt aus Gl. (8.156) die Gl. (8.158)

$$H_0\left(\frac{\Delta B}{B_0}+j\Delta\Psi\right)=H_1\left(\frac{\Delta A}{A_0}+j\Delta\Phi\right)$$

$$H_0\left(\frac{\Delta B^*}{B_0}+j\Delta\Psi^*\right)=H_{-1}\left(\frac{\Delta A^*}{A_0}+j\Delta\Phi^*\right)\,. \qquad (8.158)$$

Die Gl. (8.158) lassen sich nach $\Delta B/B_0$ und $\Delta\Psi$ auflösen und man erhält:

$$\frac{\Delta B}{B_0}=\frac{1}{2}\left(\frac{H_1}{H_0}+\frac{H_{-1}^*}{H_0^*}\right)\frac{\Delta A}{A_0}+\frac{j}{2}\left(\frac{H_1}{H_0}-\frac{H_{-1}^*}{H_0^*}\right)\Delta\Phi$$

$$\Delta\Psi=-\frac{j}{2}\left(\frac{H_1}{H_0}-\frac{H_{-1}^*}{H_0^*}\right)\frac{\Delta A}{A_0}+\frac{1}{2}\left(\frac{H_1}{H_0}+\frac{H_{-1}^*}{H_0^*}\right)\Delta\Phi\,. \qquad (8.159)$$

---

**Übungsaufgabe 8.19**

Leiten Sie Gleichung (8.159) her.

---

Gl. (8.159) verknüpft die Phasen- und Amplitudenschwankungen am Ausgang eines Vierpols mit den Phasen- und Amplitudenschwankungen am Eingang des Vierpols. Diese Beziehungen können daher dazu benutzt werden, um eine Phasenamplituden-(PM-AM) oder Amplitudenphasen (AM-PM)-Konversion in einem linearen Netzwerk zu berechnen. Außerdem kann man diese Beziehungen mit Vorteil auf die Berechnung von Frequenzdiskriminatoren anwenden, wie wir gleich sehen werden.

### 8.8.2 Frequenzdiskriminatoren

Eine verhältnismäßig allgemeine Schaltung für einen Frequenzdiskriminator ist in Bild 8.42 gezeigt.

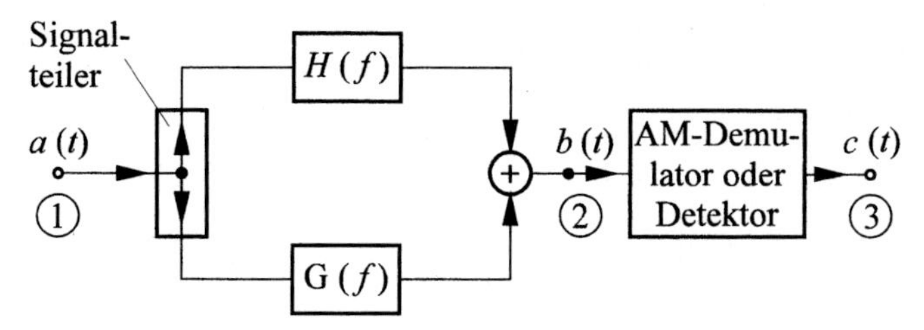


*Bild 8.42: Prinzipschaltbild eines FM-Demodulators*

Ein Trägersignal $a(t)$ mit Frequenz- bzw. Phasenrauschen wird mit einem Signalteiler auf die beiden Netzwerke $H(f)$ und $G(f)$ aufgeteilt und anschließend in einem linearen Summierer wieder zusammengeführt. Mit einem Detektor bzw. Amplitudendemodulator misst man die Amplitudenschwankungen, die aus den Phasenschwankungen entstanden sind. Die Übertragungsfunktion von Tor ① nach Tor ② ist $G+H$. Es soll $a(t)$ zunächst keine Amplitudenschwankungen aufweisen, also $\Delta A = 0$ sein. Dann gilt nach Gl. (8.159) für die Amplitudenschwankungen von $b(t)$ an Tor ②:

$$\frac{\Delta B}{B_0} = \frac{j}{2}\left( \frac{G_1 + H_1}{G_0 + H_0} - \frac{G_{-1}^* + H_{-1}^*}{G_0^* + H_0^*} \right) \Delta\Phi \ . \tag{8.160}$$

Die Amplitudenschwankungen $\Delta B$, welche den Phasenschwankungen $\Delta\Phi$ proportional sind, werden mit einem Detektor, der im einfachsten Fall aus einer Schottky-Diode besteht, gemessen. Wir wollen im Folgenden einige Beispiele von Frequenzdiskriminatoren besprechen.

### 8.8.3 Ein Frequenzdiskriminator mit einem Reflexionsresonator

Es sei $G(f)$ ein idealer Phasenschieber mit der Übertragungsfunktion $e^{j\Theta}$ und $H(f)$ ein bei der Mittenfrequenz $\Omega = \Omega_0$ angepasster Reflexionsresonator mit einem idealen Zirkulator (Bild 8.43).
Infolge dessen ist

$$G_1 = G_{-1} = G_0 ; \ H_0 = 0 ; \ H_1 = H_{-1}^* \ . \tag{8.161}$$

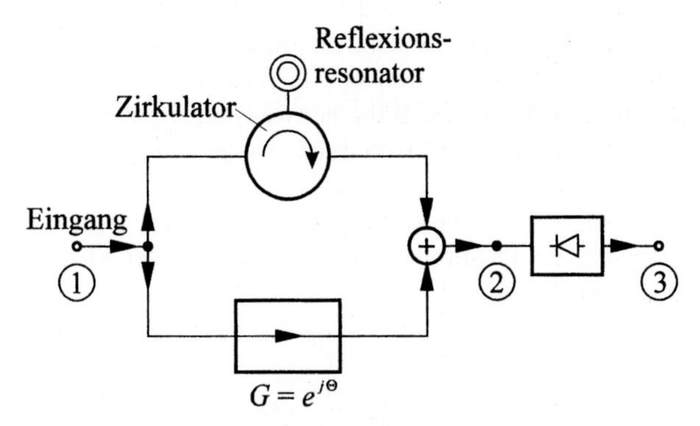


*Bild 8.43: Frequenzdiskriminator mit Zirkulator und Reflexionsresonator*

Damit erhält man aus Gl. (8.160):

$$\frac{\Delta B}{B_0} = \frac{j}{2}\left\{\left(1 + H_1 e^{-j\Theta}\right) - \left(1 + H_1 e^{+j\Theta}\right)\right\}\Delta\Phi = H_1 \sin\Theta\Delta\Phi \; . \qquad (8.162)$$

Für die Betragsquadrate oder Spektren gilt dann:

$$\left|\frac{\Delta B}{B_0}\right|^2 = \left|H_1\right|^2 \sin^2\Theta \, |\Delta\Phi|^2 \; . \qquad (8.163)$$

Die Übertragungsgröße $\left|H_1\right|^2$ hat prinzipiell den in Bild 8.44 skizzierten Verlauf. In der Bandmitte ist $\left|H_1\right| = 0$, außerhalb der Resonanz ist $\left|H_1\right| = 1$.

Die Phase $\Theta$ wird man für einen optimalen Konversionswirkungsgrad zu 90° wählen. Der Diskriminierungswirkungsgrad nimmt mit wachsendem $\omega$, also wachsendem Abstand vom Träger, zu und zwar gilt für kleine $\omega$, dass $|H_1|$ proportional zu $\omega$ anwächst.

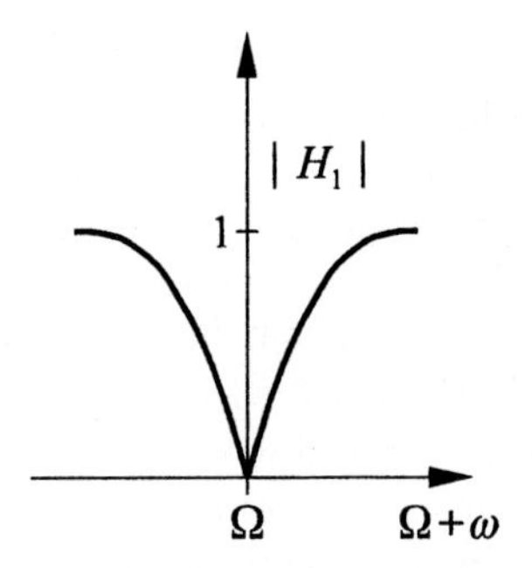


*Bild 8.44: Prinzipieller Verlauf von $\left|H_1\right|$ bei einem in Bandmitte angepassten Reflexionsresonator mit Zirkulator*

Bei einem frequenzmodulierten Signal mit kleinem Frequenzhub $\Delta f$, der aber konstant und unabhängig von der Modulationsfrequenz $\omega$ sein soll, nimmt der Phasenhub $\Delta\Phi \sim 1/\omega$ ab. Man wird daher in der Nähe der Resonanzfrequenz des Diskriminators in diesem Fall ein konstantes Demodulationssignal unabhängig von $\omega$ beobachten.

Für ein kleines $\omega$ ist der Diskriminierungswirkungsgrad um so höher, je größer die Leerlaufgüte $Q_0$ des Resonators ist. Quantitativ gilt für einen bei der Mittenfrequenz $\Omega_0$ angepassten Reflexionsresonator:

$$H_1 = H\left[j(\Omega_0 + \omega)\right] = \frac{-j\dfrac{\omega}{\Omega_0}Q_0}{1 + j\dfrac{\omega}{\Omega_0}Q_0} \approx -j\frac{\omega}{\Omega_0}Q_0 \text{ für } \frac{\omega}{\Omega_0}Q_0 \ll 1. \tag{8.164}$$

Gl. (8.163) besagt, dass mit einem Phasendiskriminator Phasenschwankungen in Amplitudenschwankungen überführt werden können, die dann mit einem Detektor angezeigt werden. Anstelle von $|\Delta\Phi|^2$ und $|\Delta B|^2$ kann man auch die entsprechenden Spektren $w_\Phi$ und $w_B$ einführen und für die Gl. (8.163) schreiben:

$$w_B(f_m) = B_0{}^2 \left|H_1\right|^2 \sin^2\Theta\, w_\Phi(f_m)\,. \tag{8.165}$$

Dabei ist

$$f_m = \frac{1}{2\pi}\omega \tag{8.166}$$

die so genannte Modulationsfrequenz, die typisch von $f_m = 0$ bis in den Bereich von Zwischenfrequenzen, also einige MHz, von Interesse ist. Häufig spricht man statt von dem Phasenspektrum $w_\Phi$ von dem Frequenzspektrum $w_f$. Diese beiden Spektren sind über die Beziehung

$$w_f = f_m{}^2\, w_\Phi \tag{8.167}$$

miteinander verknüpft.

Das Frequenzspektrum wird häufig auch durch einen effektiven Frequenzhub $\Delta f_{eff}$ beschrieben, wobei man die folgende Definition trifft:

$$\left(\Delta f_{eff}\right)^2 = W_f B \quad \text{mit} \quad W_f = 2 w_f\,. \tag{8.168}$$

Dabei ist $B$ die Bandbreite, die man zu Grunde legt. $W_f$ und $w_f$ bzw. $W_\Phi$ und $w_\Phi$ bezeichnen die ein- bzw. zweiseitigen Spektren. Der effektive Frequenzhub hat die Dimension Hz und ist der Wurzel aus der Bandbreite $B$ proportional. Um aber auf eine von der Bandbreite unabhängige Angabe des Frequenzhubes zu kommen, rechnet man auf 1 Hz Bandbreite um und verdeutlicht dies durch die Einheit für $\Delta f_{eff}$ in $\mathrm{Hz}/\sqrt{\mathrm{Hz}}$ bzw. $\sqrt{\mathrm{Hz}}$.

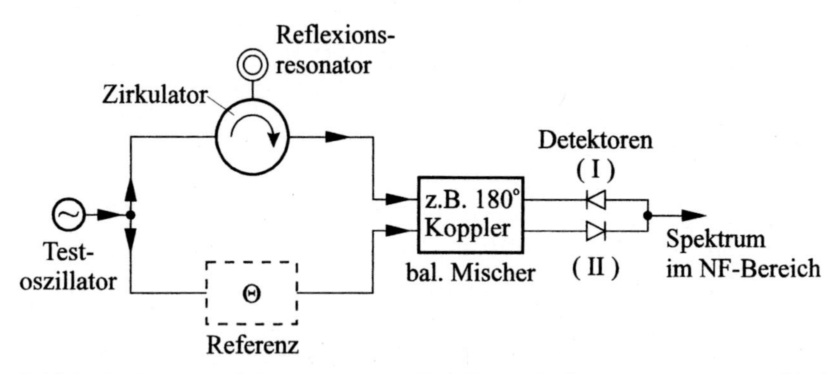


*Bild 8.45: Frequenzdiskriminator mit Zirkulator, Reflexionsresonator und balanciertem Mischer*

Ist der effektive Frequenzhub unabhängig von der Modulationsfrequenz konstant, dann ist wegen der Gleichungen (8.164) bis (8.168) für niedrige Modulationsfrequenzen $f_m = (1/2\pi) \cdot \omega$ auch das Signal am Ausgang des Diskriminators und Detektors unabhängig von der Modulationsfrequenz konstant. Zieht man das Phasenspektrum zur Charakterisierung der Rauscheigenschaften des Oszillators heran, dann ist es üblich, das Rauschspektrum in einer bestimmten Bandbreite, z. B. 1 Hz, in dB unter dem Trägersignal oder in dBc (engl.: carrier) anzugeben.

In der bisherigen Betrachtung wurde angenommen, dass der zu vermessende Oszillator keine Amplitudenschwankungen aufweist. Ist dieses aber bei einem realen Oszillator der Fall, dann wird man die Schaltung gemäß Bild 8.43 modifizieren und den Detektor durch einen balancierten Mischer ersetzen (Bild 8.45). Wie man zeigen kann, lässt sich dadurch der Einfluss des Amplitudenrauschens in der Frequenzdiskriminatorschaltung eliminieren.

---

**Übungsaufgabe 8.20**

Es soll gezeigt werden, dass bei der Frequenzdiskriminatorschaltung nach Bild 8.45 mit einem balancierten Mischer ein eventuelles Amplitudenrauschen des Testoszillators eliminiert wird.

---

### 8.8.4 Kalibrierung eines Frequenzdiskriminators

Der Diskriminatorwirkungsgrad hängt von der Güte des Resonators, von dem Umsetzungswirkungsgrad des Detektors oder Mischers und einigen weiteren Faktoren ab. Es ist daher am günstigsten, Kalibriermessungen durchzuführen, um den Gesamtwirkungsgrad des Frequenzdiskriminators zu bestimmen.

Dazu kann man einen gut definierten abstimmbaren Oszillator verwenden, z. B. einen abstimmbaren YIG-Oszillator. Diesen Kalibrieroszillator moduliert man sinusförmig und mit kleinem Hub in der Frequenz, und zwar bei der gewünschten

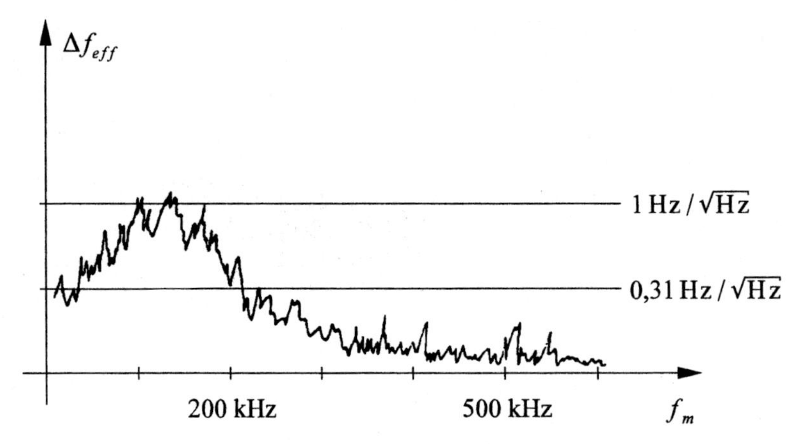


*Bild 8.46: Frequenzrauschen eines resonatorstabilisierten Oszillators mit Kalibrierlinien*

Modulationsfrequenz. Den Frequenzhub stellt man definiert ein, z. B. mit Hilfe eines kalibrierten Spektrumanalysators und einer weiteren bekannten Abschwächung des Modulationssignals. Die Modulationsfrequenz verändert man langsam in dem gewünschten Bereich. Indem man am Ausgang des Frequenzdiskriminators bzw. Detektors selektiv bei der jeweils eingestellten Modulationsfrequenz empfängt, kann man Eichlinien mit definiertem effektivem Frequenzhub schreiben. Indem man die kohärenten Eichsignale in sehr kleiner Bandbreite aufzeichnet (z. B. in 10 Hz) und das Frequenzrauschen eines Testoszillators in größerer Bandbreite (z. B. 1 kHz) aufzeichnet, kann man sogar Eichlinien unterhalb des Frequenzrauschens aufnehmen. Der Eich- und der Testoszillator sollten die gleiche Frequenz und Leistung aufweisen.

Statt einer Frequenzmodulation eines Kalibrieroszillators kann man auch den Diskriminierungsresonator geringfügig frequenzmodulierbar gestalten. Tatsächlich kommt es nur auf die relative Frequenzbewegung von Oszillator und Resonator an. Bild 8.46 zeigt das mit einer Schaltung wie in Bild 8.45 gemessene Frequenzrauschen eines resonatorstabilisierten Oszillators zusammen mit gemessenen Kalibrierlinien.

---

**Übungsaufgabe 8.21**

Auch eine Verzögerungsleitung kann zum Aufbau eines Frequenzdiskriminators herangezogen werden. Es soll der Wirkungsgrad eines solchen Diskriminators berechnet werden.

---

Oft realisiert man in einem Hochfrequenzsystem einen Frequenzdiskriminator unfreiwillig, z. B. über Verzögerungsleitungen, Umwegleitungen, Filter oder dergleichen. Insbesondere wenn der verwendete Oszillator nicht sehr stabil ist, kann dann in einem Basisband oder bei einer Zwischenfrequenz ein beachtlicher Rauschpegel entstehen, den man sich über die Rauschzahlen der eingesetzten Verstärker nicht erklären kann. Abhilfe lässt sich meist schaffen, sobald man die Rauschursache erkannt hat.

### 8.8.5 Messung des Frequenzrauschens mit einem Spektrumanalysator

Falls das Frequenzrauschen des zu vermessenden Oszillators größer als das Rauschen der internen Oszillatoren des Spektrumanalysators ist und falls das Amplitudenrauschen vernachlässigt werden kann, ist man in der Lage, sehr bequem einen Spektrumanalysator für eine Rauschmessung einzusetzen. Bild 8.47 zeigt als Beispiel das gemessene Spektrum eines YIG-Oszillators. Wie man in Bild 8.47 erkennt, zeigt ein Marker das Frequenzrauschen zu $-108{,}5$ dBc bei 10 kHz Abstand vom Träger an. Diesen Wert kann man mit Hilfe von Gl. (8.167) auch in einen effektiven Frequenzhub umrechnen.

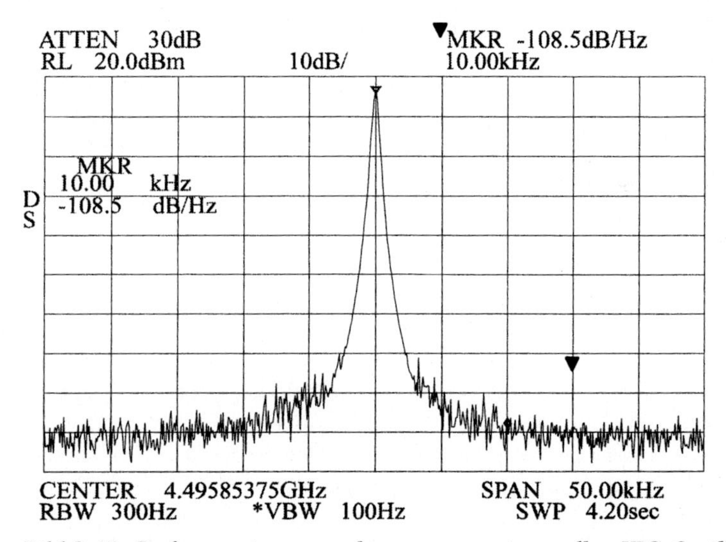


*Bild 8.47: Spektrum eines rauscharmen, experimentellen YIG-Oszillators bei 4,5 GHz*

# Studienziele

Nach dem Durcharbeiten dieses Kapitels sollten Sie

- mit den wichtigsten Berechnungsverfahren für lineare Rauschersatzschaltungen vertraut sein;
- Begriffe wie Autokorrelation, Kreuzkorrelation, Rauschtemperatur und Leistungsspektrum kennen;
- eingesehen haben, worin die Schwierigkeiten bei einer Rauschtemperaturmessung bestehen;
- verstanden haben, dass bei Rauschrechnungen eine Kenntnis über die Korrelation der Rauschgrößen erforderlich ist;
- behalten haben, dass die Rauschquellen von angepassten Vierpolen homogener Temperatur unkorreliert sind;
- die wichtigsten Messverfahren für die Messung einer Rauschzahl sowie der minimalen Rauschzahl erklären können;
- Messverfahren beschreiben können, die es erlauben, die Rauschtemperatur eines Zweipols unabhängig von seiner Impedanz zu messen.

# Anhang

## Lösungen der Übungsaufgaben

# Lösungen zu Kapitel 1

## Übungsaufgabe 1.1

Es gilt:

$$b_1 = \Sigma_{11} \cdot a_2 + \Sigma_{12} \cdot b_2 \tag{1}$$

$$a_1 = \Sigma_{21} \cdot a_2 + \Sigma_{22} \cdot b_2 \; . \tag{2}$$

Diese Gleichung versuchen wir auf die Form der Streumatrixbeziehungen zu bringen. Gleichung (2) müssen wir dazu nur etwas umschreiben:

$$b_2 = \frac{1}{\Sigma_{22}} \cdot a_1 - \frac{\Sigma_{21}}{\Sigma_{22}} \cdot a_2 \; . \tag{3}$$

Ein Koeffizientenvergleich liefert dann:

$$S_{21} = \frac{1}{\Sigma_{22}} \quad \text{und} \quad S_{22} = -\frac{\Sigma_{21}}{\Sigma_{22}} \; .$$

Anschließend setzen wir Gl. (3) in Gl. (1) ein:

$$b_1 = \frac{\Sigma_{12}}{\Sigma_{22}} \cdot a_1 + \left( \Sigma_{11} - \frac{\Sigma_{12} \cdot \Sigma_{21}}{\Sigma_{22}} \right) \cdot a_2 \; .$$

Auch hier ergibt ein Koeffizientenvergleich das gewünschte Ergebnis:

$$S_{11} = \frac{\Sigma_{12}}{\Sigma_{22}} \quad \text{und} \quad S_{12} = \frac{\Sigma_{11}\,\Sigma_{22} - \Sigma_{12}\Sigma_{21}}{\Sigma_{22}} = \frac{\Delta_\Sigma}{\Sigma_{22}} \; .$$

Ebenso erhält man Gl. (1.6).

## Übungsaufgabe 1.2

Wir setzen Gl. (1.10) in Gl. (1.8) ein und erhalten

$$a_1 + b_1 = A \cdot (a_2 + b_2) - B \cdot (a_2 - b_2)$$

$$a_1 - b_1 = C \cdot (a_2 + b_2) - D \cdot (a_2 - b_2) \; .$$

Wir bilden die Summe der Gleichungen und ordnen um:

$$2a_1 = \left(A - B + C - D\right)\cdot a_2 + \left(A + B + C + D\right)\cdot b_2$$

oder

$$b_2 = \frac{2}{A + B + C + D}\cdot a_1 + \frac{-A + B - C + D}{A + B + C + D}\cdot a_2 .$$

Koeffizientenvergleich mit der Definition der Streumatrix liefert:

$$S_{21} = \frac{2}{A + B + C + D} \quad \text{und} \quad S_{22} = \frac{-A + B - C + D}{A + B + C + D} .$$

Weiterhin multiplizieren wir die erste der obigen Gleichungen mit C + D, die zweite mit A + B und subtrahieren die beiden Gleichungen voneinander.

$$\left(C + D - A - B\right)a_1 + \left(C + D + A + B\right)b_1$$
$$= \left[\left(A - B\right)\left(C + D\right) - \left(C - D\right)\left(A + B\right)\right]a_2$$

oder

$$b_1 = \frac{A + B - C - D}{A + B + C + D}\cdot a_1 + \frac{2AD - 2BC}{A + B + C + D}\cdot a_2 .$$

Koeffizientenvergleich liefert dann:

$$S_{11} = \frac{A + B - C - D}{A + B + C + D} \quad \text{und} \quad S_{12} = \frac{2\Delta_A}{A + B + C + D} .$$

Ebenso erhält man Gl. (1.12).

## Übungsaufgabe 1.3

Für den Vierpol mit dem Längswiderstand $R$ gelten die beiden Gleichungen

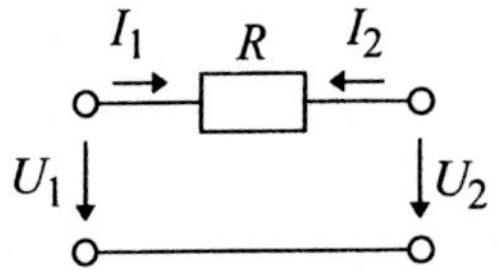

$$I_1 = -I_2 \quad \text{und}$$

$$U_1 = U_2 - R I_2$$

oder entsprechend der Definitionsgleichung der Kettenmatrix geschrieben und auf $\sqrt{Z_0}$ normiert:

$$\frac{U_1}{\sqrt{Z_0}} = \frac{U_2}{\sqrt{Z_0}} - \frac{R}{Z_0} I_2 \sqrt{Z_0}\,,$$

$$I_1 \sqrt{Z_0} = 0 - I_2 \sqrt{Z_0}\,.$$

Ein Koeffizientenvergleich liefert die gesuchte Kettenmatrix

$$\begin{bmatrix} A & B \\ C & D \end{bmatrix} = \begin{bmatrix} 1 & R/Z_0 \\ 0 & 1 \end{bmatrix}.$$

## Übungsaufgabe 1.4

Wir fassen das Dämpfungs-π-Glied als Hintereinanderschaltung von

- einem Vierpol mit Querleitwert $G_1$,
- einem Vierpol mit Längswiderstand $R_2$ und
- einem Vierpol mit Querleitwert $G_1$ auf.

Die gesamte Kettenmatrix ergibt sich als Matrizenprodukt aus den Einzelmatrizen.

$$[M'] = \begin{bmatrix} A' & B' \\ C' & D' \end{bmatrix} = \begin{bmatrix} 1 & 0 \\ G_1 Z_0 & 1 \end{bmatrix} \cdot \begin{bmatrix} 1 & R_2/Z_0 \\ 0 & 1 \end{bmatrix} \cdot \begin{bmatrix} 1 & 0 \\ G_1 Z_0 & 1 \end{bmatrix} \tag{1}$$

Ausgerechnet ergibt sich

$$\begin{aligned} A' &= 1 + R_2 G_1 & B' &= R_2/Z_0 \\ C' &= 2 G_1 Z_0 + R_2 G_1^2 Z_0 & D' &= 1 + R_2 G_1\,. \end{aligned} \tag{2}$$

Anpassung, also $S_{11} = S_{22} = 0$, erfordert $B' = C'$ und daraus folgt

$$\frac{R_2}{Z_0} = \frac{2 G_1 Z_0}{1 - (G_1 Z_0)^2}\,. \tag{3}$$

Die Transmissionsdämpfung soll 10 dB betragen, also ist

$$S_{21} = \sqrt{0{,}1} = \frac{2}{A + B + C + D}\,. \tag{4}$$

$B' = C' = R_2/Z_0$ in Gl. (4) eingesetzt und unter Verwendung der Gl. (3) ergibt sich:

$$S_{21} = \frac{1}{1 + R_2 G_1 + R_2/Z_0} = \frac{1}{1 + R_2/Z_0 \left(1 + G_1 Z_0\right)}$$
$$= \frac{1}{1 + \dfrac{2 G_1 Z_0}{1 - G_1 Z_0}} = \frac{1 - G_1 Z_0}{1 + G_1 Z_0} . \tag{5}$$

Damit erhält man schließlich

$$G_1 Z_0 = \frac{1 - S_{21}}{1 + S_{21}} = \frac{1 - \sqrt{0{,}1}}{1 + \sqrt{0{,}1}} = 0{,}5195$$

und

$$\frac{R_2}{Z_0} = \frac{2 G_1 Z_0}{1 - \left(G_1 Z_0\right)^2} = 1{,}423 .$$

## Übungsaufgabe 1.5

Die Gesamt-Kettenmatrix ergibt sich als Produkt von drei Einzelmatrizen, nämlich dem kapazitiven Blindleitwert am Anfang und Ende der Leitung und einem Stück Leitung dazwischen.

$$\begin{bmatrix} A & B \\ C & D \end{bmatrix} = \begin{bmatrix} 1 & 0 \\ j\omega C Z_0 & 1 \end{bmatrix} \cdot \begin{bmatrix} \cos\beta l & j\dfrac{Z_1}{Z_0} \sin\beta l \\ j\dfrac{Z_0}{Z_1} \sin\beta l & \cos\beta l \end{bmatrix} \cdot \begin{bmatrix} 1 & 0 \\ j\omega C Z_0 & 1 \end{bmatrix}$$

Anpassung erfordert $B = C$, also

$$j\frac{Z_1}{Z_0} \sin\beta l = j\frac{Z_0}{Z_1} \sin\beta l + 2 j \omega C Z_0 \cos\beta l - j\left(\omega C\right)^2 Z_0 Z_1 \sin\beta l$$

oder

$$\cot\beta l = \frac{Z_1^2 - Z_0^2 + \left(\omega C\right)^2 Z_0^2 Z_1^2}{2 \omega C Z_0^2 Z_1} .$$

## Übungsaufgabe 1.6

Für gleich-(⊕)und gegenphasige (⊖) Anregung an den Toren ① und ④ zerfällt das Viertor in zwei Teilzweitore.

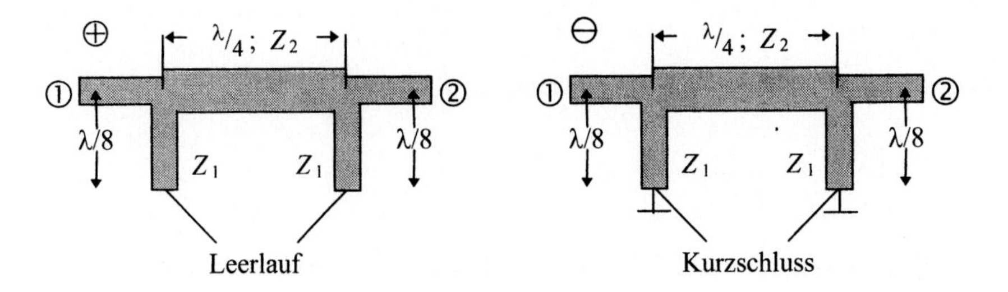


Die Teilvierpole bestehen aus Leitungen, die mit Stichleitungen belastet sind. Für die gleichphasige Anregung entstehen in der Symmetrieebene fiktive Leerläufe, weil in der Symmetrieebene kein Strom fließt. Bei der gegenphasigen Anregung entstehen in der Symmetrieebene fiktive Kurzschlüsse, weil die zu- und abfließenden Ströme gleich sind. Eine am Ende leerlaufende oder kurzgeschlossene $\lambda/8$-Stichleitung hat den Eingangsblindleitwert $\pm j\, 1/Z_1 = \pm jY_1$. Damit erhält man die Teilmatrizen $M^{\pm}$ als Produkt von je 3 Einzelmatrizen $M_1{}^{\pm}$, $M_2$ und $M_3{}^{\pm}$.

$$\left[M^{\pm}\right] = \left[M_1{}^{\pm}\right]\cdot\left[M_2\right]\cdot\left[M_3{}^{\pm}\right]$$

$$= \begin{bmatrix} 1 & 0 \\ \pm j\, Y_1\, Z_0 & 1 \end{bmatrix} \cdot \begin{bmatrix} 0 & j\, Z_2/Z_0 \\ j\, Z_0/Z_2 & 0 \end{bmatrix} \cdot \begin{bmatrix} 1 & 0 \\ \pm j\, Y_1\, Z_0 & 1 \end{bmatrix}$$

$$= \begin{bmatrix} \mp Y_1\, Z_2 & j\, Z_2/Z_0 \\ j\, Z_0/Z_2 - j\, Y_1^2\, Z_2\, Z_0 & \mp Y_1\, Z_2 \end{bmatrix}$$

Wir verlangen Anpassung an Tor ① und Tor ④, außerdem Entkopplung an Tor ④, woraus folgt:

$$S_{11}^{+} = S_{11}^{-} = 0 \quad \text{bzw.} \quad M_{12}^{\pm} = M_{21}^{\pm} .$$

Dies liefert die erste Bedingungsgleichung für $Z_2$ und $Y_1$:

$$\left(\frac{Z_2}{Z_0}\right)^2 = \frac{1}{1 + (Y_1 Z_0)^2} .$$

3 dB-Kopplung erfordert $|S_{21}| = |S_{31}|$, woraus eine zweite Bedingungsgleichung folgt, nämlich

$$\frac{Z_2}{Z_0} = Y_1 Z_2 .$$

Damit erhält man schließlich

$$Z_1 = Z_0 \quad \text{und} \quad Z_2 = \frac{1}{\sqrt{2}} Z_0 .$$

Ein solcher Ringkoppler weist eine nutzbare Bandbreite von ca. 15 % auf.

## Übungsaufgabe 1.7

Wir betrachten eine gleich- und eine gegenphasige Anregung an den Toren ② und ③. Sind beide für sich angepasst, dann sind die Tore ② und ③ auch entkoppelt. Dies folgt aus den Gln. (1.28). Die gegenphasige Anregung ist angepasst, wenn der Transformator das Windungsverhältnis $1/\sqrt{2}$ aufweist. Die gleichphasige Anregung ist angepasst, wenn der Abschlusswiderstand an Tor ④ $Z_0/2$ beträgt, wenn also zwei $Z_0$-Widerstände parallel geschaltet sind.

Solche Transformatorkoppler werden bis etwa 1 GHz gebaut mit Bandbreiten von typisch zwei Dekaden.

## Übungsaufgabe 1.8

Wie in der Aufgabe 1.7 tritt beim 0°-Koppler Entkopplung der Arme ② und ③ dann ein, wenn die gleich- und die gegenphasige Anregung an ② und ③ je für sich angepasst ist. Eine Anpassung der gleichphasigen Anregung erreicht man durch die Wahl $Z_1 = \sqrt{2}\, Z_0$ . Bei gegenphasiger Anregung erhält man ein Teil-Ersatzschaltbild, wie im folgenden Bild skizziert:

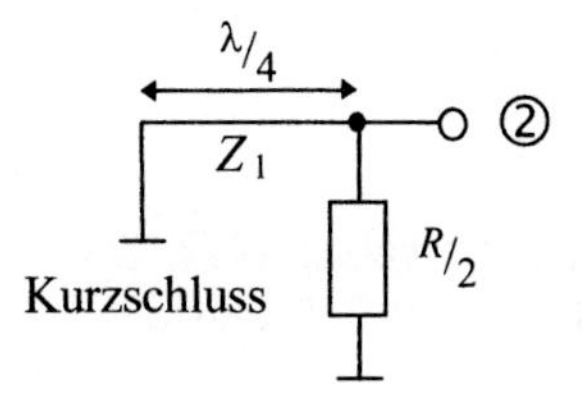


Zu einem $R/2$-Widerstand ist eine am Ende kurzgeschlossene $\lambda/4$-Leitung parallel geschaltet. Diese zeigt am Eingang einen Leerlauf und belastet den Widerstand $R/2$ nicht. Für eine perfekte Anpassung muss daher $R/2 = Z_0$ gewählt werden.

Die Entkopplung ist nur bei der Mittenfrequenz perfekt. Außerhalb der Mittenfrequenz nimmt die Entkopplung ab, weil weder die gleich- noch die gegenphasige Anregung exakt angepasst sind. Mit Hilfe der Teil-Ersatzschaltbilder lässt sich die Entkopplung $|S_{23}|$ über der Frequenz berechnen. Etwa für eine Bandbreite von 20 % ist die Entkopplung besser als 20 dB.

## Übungsaufgabe 1.9

Speist man an Tor ② ein (Bild 1.20), dann muss man das Messobjekt an Tor ① anbringen. An Tor ③, dem zunächst entkoppelten Arm, misst man die Reflexion des Messobjektes. Die Grunddämpfung beträgt 2 · 3 dB = 6 dB.

## Übungsaufgabe 1.10

In die Maschengleichung für die Gleichspannung am Detektor (Gl. (1.50)) führen wir die Reihenentwicklung für die Exponentialfunktion und die modifizierte Bessel-Funktion ein. Wir erhalten:

$$-G_L\, U_0 = I_{SS} \left\{ \left[ 1 + \frac{U_0}{U_T} + \frac{1}{2}\left(\frac{U_0}{U_T}\right)^2 + \ldots \right] \cdot \left[ 1 + \frac{1}{4}\left(\frac{\hat{U}_1}{U_T}\right)^2 + \ldots \right] - 1 \right\}$$

oder

$$-\left(G_L + G_j\right) U_0 = I_{SS} \left\{ \frac{1}{4}\left(\frac{\hat{U}_1}{U_T}\right)^2 + \underbrace{\frac{1}{2}\left(\frac{U_0}{U_T}\right)^2 + \frac{1}{4}\frac{U_0}{U_T}\left(\frac{\hat{U}_1}{U_T}\right)^2 + \ldots}_{\text{Korrekturterme}} \right\}$$

oder mit $G_L = G_j$

$$-\left(\frac{U_0}{U_T}\right) = \frac{1}{8}\left(\frac{\hat{U}_1}{U_T}\right)^2 + \frac{1}{4}\left(\frac{U_0}{U_T}\right)^2 + \frac{1}{8}\left(\frac{U_0}{U_T}\right)\left(\frac{\hat{U}_1}{U_T}\right)^2 + \dots$$

Es ist $1/G_j = 2{,}5\,\mathrm{k\Omega}$. Diese $2{,}5\,\mathrm{k\Omega}$ parallel mit $Z_0 = 50\,\Omega$ ergeben $49\,\Omega$. Daraus entwickelt sich ein Spannungsspitzenwert $U_1$ bei - 30 dBm $\hat{=}$ $10^{-6}$ W Leistung von

$$\frac{\hat{U}_1^2}{2 \cdot 49\,\Omega} = 10^{-6}\,\mathrm{W} \quad \Rightarrow \quad \hat{U}_1 = 9{,}9\,\mathrm{mV}\,.$$

Die Temperaturspannung $U_T$ beträgt bei Zimmertemperatur ungefähr 25,9 mV. Damit werden die Temperaturterme bezogen auf den quadratischen Nutzterm $\frac{1}{8}\left(\hat{U}_1/U_T\right)^2 \approx -\left(U_0/U_T\right)$

$$\frac{2\left(\frac{U_0}{U_T}\right)^2 + \left(\frac{U_0}{U_T}\right)\cdot\left(\frac{\hat{U}_1}{U_T}\right)^2}{\left(\frac{\hat{U}_1}{U_T}\right)^2} = \frac{0{,}00067 - 0{,}00267}{0{,}1461} \;\hat{=}\; -1{,}4\,\%\,.$$

## Übungsaufgabe 1.11

Es gilt für die Brückenschaltung

$$E_1 = E_2\left[\frac{2\,R_{th}}{R + 2\,R_{th}} - \frac{1}{2}\right].$$

Der Thermistorwiderstand $R_{th}$ nimmt mit wachsender Spannung $E_2$ und damit wachsender Temperatur ab. Für $E_2$ gleich Null ist zunächst auch $E_1 = 0$. Mit wachsendem $E_2$ nimmt zunächst auch $E_1$ zu. Für $2\,R_{th} = R$ ist $E_1$ wiederum Null. Dazwischen nimmt es ein Maximum an. Damit sieht der prinzipielle Verlauf von $E_1 = f(E_2)$ wie im nachstehenden Bild aus.

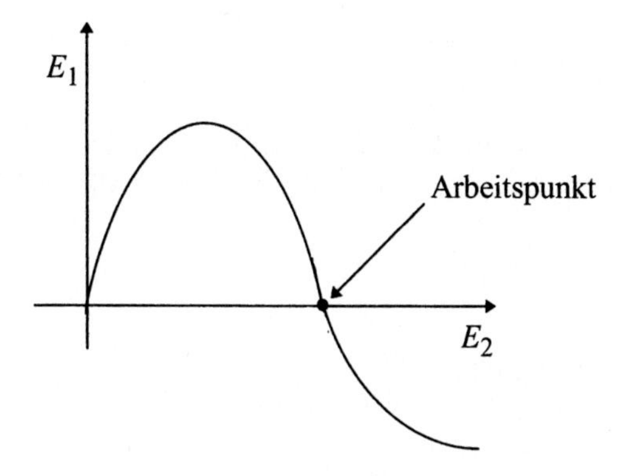


## Übungsaufgabe 1.12

Das thermische Rauschen bei Zimmertemperatur in 1 Hz-Bandbreite beträgt -174 dBm. Die detektierte Gleichspannung beträgt bei -70 dBm Hochfrequenzleistung

$$|U_0| = \frac{1}{8} U_T \left( \frac{\hat{U}_1}{U_T} \right)^2 = \frac{1}{8} U_T \frac{2 \cdot 50\Omega \cdot 10^{-10}\,\text{W}}{{U_T}^2} = 48{,}3\,\text{nV}\,.$$

Das ist eine Gleichstromleistung $P_0$ an 2,5 kΩ von

$$P_0 = \frac{(48{,}3\,\text{nV})^2}{2{,}5\,\text{k}\Omega} = 9{,}32 \cdot 10^{-19}\,\text{W} \mathrel{\hat{=}} -150{,}3\,\text{dBm}\,.$$

Der Abstand zum thermischen Rauschen in 1 Hz-Bandbreite beträgt also noch

$$174\,\text{dBm} - 150{,}3\,\text{dBm} = 23{,}7\,\text{dBm}\,.$$

## Übungsaufgabe 1.13

Es ist

$$\begin{aligned} I_d &= G_0 U_p F_1(V_d) \\ &= G_0 U_p \left( V_d - \frac{2}{3} {V_d}^{3/2} - V_g + \frac{2}{3} {V_g}^{3/2} \right). \end{aligned} \tag{1}$$

Aus Bild 1.38a ergibt sich:

$$V_d = V_g + \frac{\hat{U}_1 \cos(\omega t)}{\hat{U}_p} + \frac{U_0}{U_p}$$
$$= V_g + \hat{V}_1 \cos(\omega t) + V_0 \ ,$$

mit den Abkürzungen

$$\hat{V}_1 = \frac{\hat{U}_1}{U_p} \quad \text{und} \quad V_0 = \frac{U_0}{U_p} \ .$$

Eingesetzt in (1) erhalten wir für den Drainstrom

$$I_d = G_0 U_p \left( \left[ V_g + \hat{V}_1 \cos(\omega t) + V_0 \right] - \frac{2}{3} \left[ V_g + \hat{V}_1 \cos(\omega t) + V_0 \right]^{3/2} - V_g + \frac{2}{3} V_g^{3/2} \right) .$$

Wir wollen den Gleichanteil $I_0$ des Stromes $I_d$ bestimmen. Unter Verwendung der Reihenentwicklung von $f(x) = x^{3/2}$ um $x_0$

$$f(x) = x_0^{3/2} + \frac{3}{2} x_0^{1/2} \left( x - x_0 \right) + \frac{3}{8} x_0^{-1/2} \left( x - x_0 \right)^2 - \ldots$$

bestimmen wir $I_0$. Wir setzen

$$x - x_0 = \hat{V}_1 \cos(\omega t) + V_0$$
$$\left( x - x_0 \right)^2 = \frac{1}{2} \hat{V}_1^2 + V_0^2 + 2 \hat{V}_1 V_0 \cos(\omega t) + \frac{1}{2} \hat{V}_1^2 \cos(2\omega t) ,$$

bzw. die zeitlichen Mittelwerte

$$\overline{x - x_0} = V_0$$
$$\overline{\left( x - x_0 \right)^2} = \frac{1}{2} \hat{V}_1^2 + V_0^2$$

und bestimmen daraus

$$\left[ V_g + \hat{V}_1 \cos(\omega t) + V_0 \right]^{3/2} \approx V_g^{3/2} + \frac{3}{2} V_g^{1/2} V_0 + \frac{3}{8} V_g^{-1/2} \left( \frac{1}{2} V_1^2 + V_0^2 \right) .$$

Unter der Annahme, dass $V_0^2$ von höherer Ordnung klein ist, erhalten wir

$$I_0 = G_0 U_p \left( V_g + V_0 - \frac{2}{3} V_g^{3/2} - V_g^{1/2} V_0 - \frac{1}{8} V_g^{-1/2} V_1^2 - V_g + \frac{2}{3} V_g^{3/2} \right)$$

$$= G_0 U_p \left( V_0 \left( 1 - \sqrt{V_g} \right) - \frac{1}{8} \frac{V_1^2}{\sqrt{V_g}} \right).$$

Mit

$$I_0 = -U_0 G_L$$

folgt

$$-U_0 G_L = G_0 \left[ U_0 \left( 1 - \sqrt{V_g} \right) - \frac{1}{8} \frac{U_1^2}{U_p \sqrt{V_g}} \right]$$

$$U_0 \left[ G_L + G_0 \left( 1 - \sqrt{V_g} \right) \right] = \frac{1}{8} \frac{U_1^2 G_0}{U_p \sqrt{V_g}}$$

$$U_0 = \frac{U_1^2}{8 U_p \sqrt{V_g} \left( 1 + \frac{G_L}{G_0} - \sqrt{V_g} \right)} .$$

Für die größtmögliche Ausgangsleistung gilt:

$$P_0 = U_0^2 G_L .$$

Wir führen die Abkürzung

$$P_0 = \frac{G_L}{(c G_L + d)^2}$$

ein und differenzieren partiell nach $G_L$:

$$\frac{\partial P_0}{\partial G_L} = \frac{(c + d G_L)^2 - G_L 2c (c G_L + d)}{(c G_L + d)^4}$$

$$= \frac{d^2 - c^2 G_L^2}{(c G_L + d)^4} .$$

Durch Nullsetzen der partiellen Ableitung ergibt sich für den optimalen Belastungsfall

$$G_L{}^2 = \frac{d^2}{c^2}$$

$$= \frac{\left(1-\sqrt{V_g}\right)^2}{\dfrac{1}{G_0{}^2}}$$

$$\Rightarrow G_L = G_0\left(1-\sqrt{V_g}\right).$$

Dies ist gerade der Kanalleitwert. Es ist also Leistungsanpassung einzustellen.

## Übungsaufgabe 1.14

Für die Berechnung mit Rückführung an das Gate werden

$$V_g = V_{g0} - a \cdot \hat{V}_1 \cdot \cos(\omega t)$$

$$V_d = V_{g0} + (1-a) \cdot \hat{V}_1 \cdot \cos(\omega t) + V_0$$

gesetzt. Nach einer entsprechend zu Aufgabe 1.13 verlaufenden Rechnung erhält man schließlich

$$U_0 = (1-2a) \cdot \frac{U_1{}^2}{8U_p\sqrt{V_{g0}}\left(1+\dfrac{G_L}{G_0}-\sqrt{V_{g0}}\right)}. \tag{1}$$

Für $a = 1$ ergibt sich z. B. die gleiche Spannung $U_0$ wie für $a = 0$, jedoch mit anderem Vorzeichen. $a = 1$ lässt sich durch einen Koppelkondensator zwischen Drain und Gate realisieren. Für den Detektor mit 180°-Phasenschieber wie in Bild 1.40 gilt $a < 0$. Auch eine Berechnung über die selbstgesteuerte Gleichrichtung hätte zu dem selben Ergebnis (1) geführt.

# Lösungen zu Kapitel 2

## Übungsaufgabe 2.1

Die zu untersuchenden Tore bleiben offen, die übrigen Tore müssen mit $Z_0$ gegen Masse abgeschlossen werden. Für die Tore ① und ② ergibt sich:

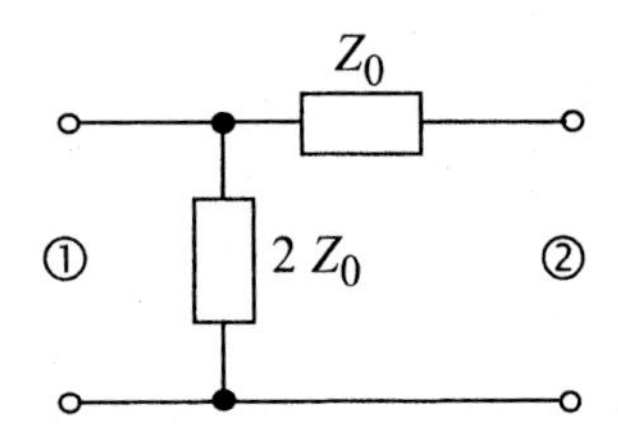


Mit Gl. (1.13), (1.14) und (1.11) lassen sich die Elemente $S_{12}$, $S_{21}$, $S_{11}$ und $S_{22}$ aus der Kettenmatrix berechnen:

$$\mathbf{K} = \begin{bmatrix} 1 & 0 \\ 1/2 & 1 \end{bmatrix} \begin{bmatrix} 1 & 1 \\ 0 & 1 \end{bmatrix} = \begin{bmatrix} 1 & 1 \\ 1/2 & 3/2 \end{bmatrix},$$

$$S_{12} = \frac{2\left(3/2 - 1/2\right)}{3/2 + 1 + 1/2 + 1} = 1/2,$$

$$S_{21} = \frac{2}{3/2 + 1 + 1/2 + 1} = 1/2,$$

$$S_{11} = \frac{1 + 1 - 1/2 - 3/2}{3/2 + 1 + 1/2 + 1} = 0,$$

$$S_{22} = \frac{-1 + 1 - 1/2 + 3/2}{3/2 + 1 + 1/2 + 1} = 1/4.$$

Für die Tore ① und ③ ergibt sich aus Symmetriegründen ebenfalls:

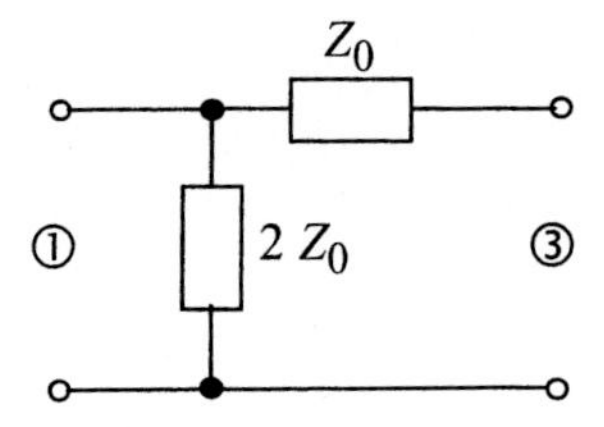


und daraus

$$[K] = \begin{bmatrix} 1 & 0 \\ 1/2 & 1 \end{bmatrix} \begin{bmatrix} 1 & 1 \\ 0 & 1 \end{bmatrix} = \begin{bmatrix} 1 & 1 \\ 1/2 & 3/2 \end{bmatrix},$$

$$S_{13} = S_{12} = 1/2\,,$$

$$S_{31} = S_{21} = 1/2\,.$$

Für die Tore ② und ③ ergibt sich:

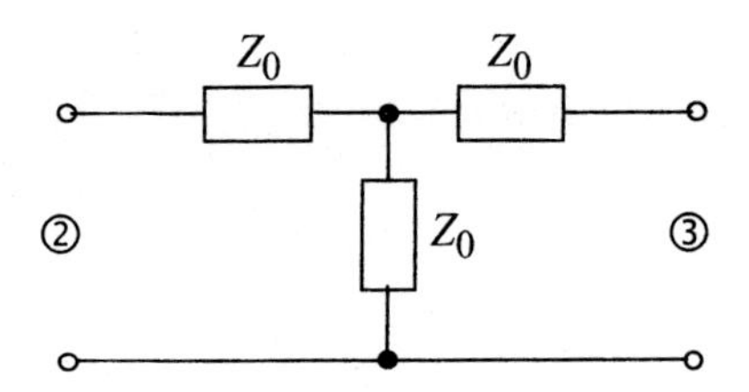


und daraus

$$[K] = \begin{bmatrix} 1 & 1 \\ 0 & 1 \end{bmatrix} \begin{bmatrix} 1 & 0 \\ 1 & 1 \end{bmatrix} \begin{bmatrix} 1 & 1 \\ 0 & 1 \end{bmatrix} = \begin{bmatrix} 2 & 3 \\ 1 & 2 \end{bmatrix},$$

$$S_{23} = \frac{2(4-3)}{2+3+1+2} = 1/4\,,$$

$$S_{32} = \frac{2}{2+3+1+2} = 1/4\,,$$

$$S_{33} = \frac{-2+3-1+2}{2+3+1+2} = 1/4\,.$$

Das betrachtete Dreitor hat die Streumatrix:

$$[S] = \begin{bmatrix} 0 & \frac{1}{2} & \frac{1}{2} \\ \frac{1}{2} & \frac{1}{4} & \frac{1}{4} \\ \frac{1}{2} & \frac{1}{4} & \frac{1}{4} \end{bmatrix}.$$

Aus der Formel

$$b = [S]\, a$$

ist sofort ersichtlich, dass die beiden Gleichungen, die die Wellen $b_2$ und $b_3$ beschreiben, identisch sind.

## Übungsaufgabe 2.2

Zu zeigen ist:

$$Z_{in}\big|_{u_1=0} = \left(\tfrac{3}{2} Z_0 \parallel 3 Z_0\right) = Z_0 \quad \text{bzw.}$$

$$N_{11} - N_{12} = 0, \quad \text{(Gl. (2.7)):}$$

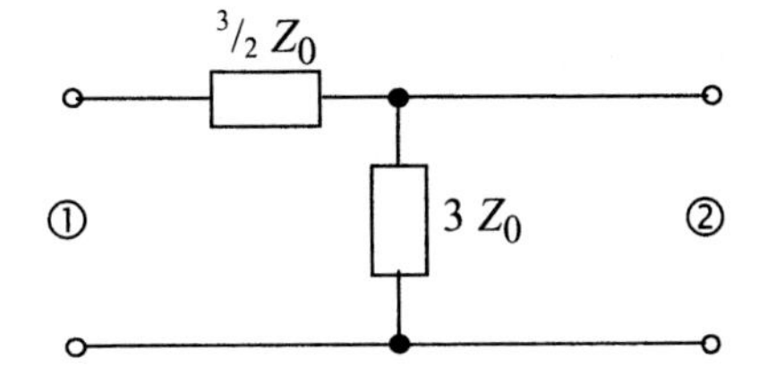


$$[K] = \begin{bmatrix} 1 & \frac{3}{2} \\ 0 & 1 \end{bmatrix} \begin{bmatrix} 1 & 0 \\ \frac{1}{3} & 1 \end{bmatrix} = \begin{bmatrix} \frac{3}{2} & \frac{3}{2} \\ \frac{1}{3} & 1 \end{bmatrix},$$

$$\Rightarrow \; N_{11} = N_{12} = \tfrac{3}{2}.$$

## Übungsaufgabe 2.3

Weil die Schaltung für alle drei Tore symmetrisch sein soll, lautet der Lösungsansatz:

$$Z_1 = Z_2 = Z_3 = Z.$$

Außerdem muss gelten:

$$Z + \frac{Z + Z_0}{2} = Z_0 \quad \Rightarrow \quad Z = \frac{Z_0}{3}.$$

In einem 50-Ohm-System ist dann $Z = 16\,^2/_3\,\Omega$.
In Analogie zur Aufgabe 2.2 berechnet sich die Entkopplung zwischen Tor ② und ③ über die Kettenmatrix zu – 6 dB.

## Übungsaufgabe 2.4

Fall 1: $R_1 = R_2 = Z_0$
nach Gl. (1.43) errechnet sich der Empfindlichkeitsverlust zu 2·6 dB = 12 dB.

Fall 2: $R_1 = Z_0/\sqrt{2}$ und $R_2 = Z_0\sqrt{2}$

nach Gl. (1.43) errechnet sich der Empfindlichkeitsverlust zu 12,3 dB.
Die Durchgangsdämpfung beträgt im 1. Fall 6 dB, während sie im 2. Fall nur noch 4,65 dB beträgt. Durch die Wahl der Widerstände $R_1$ und $R_2$ im 2. Fall wird also die Durchgangsdämpfung deutlich vermindert, während die Reflexionsdämpfung nicht erheblich zunimmt.

## Übungsaufgabe 2.5

Für Bild 2.16 lässt sich folgendes Ersatzschaltbild angeben:

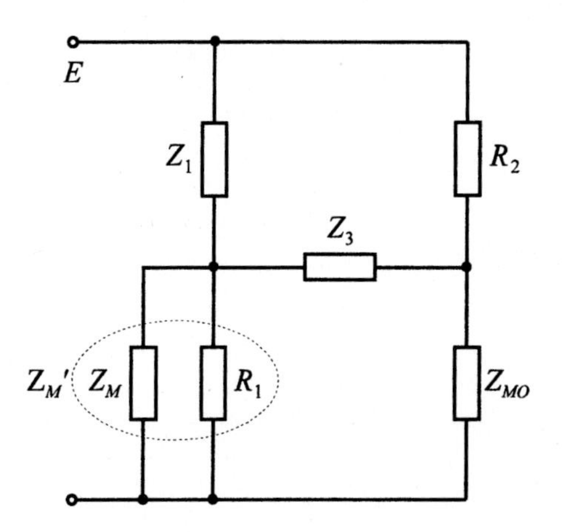


Dabei stellt $Z_M$ die Mantelimpedanz da. Sie wird mit dem parallelen Widerstand $R_1$ zu $Z_M'$ zusammengefasst. Aus den Grundlagen für die Berechnung von Brükkenschaltungen leitet sich für diese Schaltung folgender Zusammenhang ab:

$$I_3 = E \frac{Z_{MO} Z_1 - Z_M{}' R_2}{\left(Z_M{}' + Z_1\right)\left(Z_{MO} R_2 + Z_3\left(Z_{MO} + R_2\right)\right) + Z_M{}' Z_1 \left(R_2 + Z_{MO}\right)} .$$

Daraus erhält man für $U_3$:

$$U_3 = Z_3 E \frac{Z_{MO} Z_1 - Z_M{}' R_2}{\left(Z_M{}' + Z_1\right)\left(Z_{MO} R_2 + Z_3\left(Z_{MO} + R_2\right)\right) + Z_M{}' Z_1 \left(R_2 + Z_{MO}\right)} .$$

Mit $Z_{MO} = Z_0 \dfrac{1+\Gamma}{1-\Gamma}$ ergibt sich daraus:

$$U_3 = Z_3 E \frac{Z_1 Z_0 - Z_M{}' R_2 + \Gamma\left(Z_1 Z_0 + Z_M{}' R_2\right)}{\underbrace{Z_M{}'\left(Z_0 R_2 + Z_3 Z_0 + Z_3 R_2 + Z_1 Z_0 + Z_1 R_2\right) + Z_1 Z_0 R_2 + Z_1 Z_3 Z_0 + Z_1 Z_3 R_2}_{K} + \ldots} \ldots$$

$$\ldots \overline{\Gamma\left(Z_M{}'\left(Z_0 R_2 + Z_3 Z_0 + Z_1 Z_0 - Z_1 R_2 - R_2 Z_3\right) + Z_1 Z_0 R_2 + Z_1 Z_3 Z_0 - Z_1 Z_3 R_2\right)}$$

$$U_3 = E \frac{\dfrac{Z_3\left(Z_1 Z_0 - Z_M{}' R_2\right)}{K} + \Gamma \dfrac{Z_3\left(Z_1 Z_0 + Z_M{}' R_2\right)}{K}}{1 + \Gamma \dfrac{\left(Z_M{}'\left(Z_0 R_2 + Z_3 Z_0 + Z_1 Z_0 - Z_1 R_2 - R_2 Z_3\right) + Z_1 Z_0 R_2 + Z_1 Z_3 Z_0 - Z_1 Z_3 R_2\right)}{K}}$$

Die Gültigkeit von Gleichung 2.9 ist damit nachgewiesen, die Systemparameter $C_1$, $C_2$ und $C_3$ lassen sich ablesen.
Damit $U_3$ proportional zu $\Gamma$ wird, müssen folgende Bedingungen erfüllt werden:

$C_1 = 0 \quad \rightarrow \quad Z_M{}' = Z_0$, $Z_1 = R_2$ (entspricht perfekter Direktivität)

$C_3 = 0 \quad \rightarrow \quad$ entspricht Anpassung des Messobjektes an das Reflektometer

$C_3$ entspricht dem Eingangsreflexionsfaktor, den das Messobjekt in das Reflektometer hineinsieht, wie man durch nachrechnen zeigen kann.

## Übungsaufgabe 2.6

Für konjugiert komplexe Anpassung ($\Gamma_l = \Gamma_g{}^*$) wird, wie man Gl. (2.15) entnimmt, $P_1 = P_{av}$. Die stärkste Fehlmessung tritt auf, wenn $\Gamma_l \cdot \Gamma_g$ negativ reell ist. Dann erhält man für das angegebene Zahlenbeispiel

$$P_1 = \frac{\left(1 - 0{,}01\right)\left(1 - 0{,}01\right)}{\left|1 + 0{,}01\right|^2} P_{av}$$

$$\approx \frac{1 - 2 \cdot 0{,}01}{1 + 2 \cdot 0{,}01} P_{av}$$

$$P_1 \approx 0{,}96\, P_{av}\,.$$

Dies entspricht einer Abweichung von 0,18 dB.

## Übungsaufgabe 2.7

Die Hintereinanderschaltung von $R$-, $S$- und $T$-Matrizen in Bild 2.17 ergibt den Gesamtvierpol $W$. Um von dem Gesamtvierpol das Element $W_{21}$ zu berechnen, bestimmen wir zunächst die Gesamt-$\Sigma$-Matrix $\Sigma = \Sigma_R \Sigma_S \Sigma_T$.

$$\begin{aligned}\Sigma &= \Sigma_R\, \Sigma_S\, \Sigma_T \\ &= \frac{1}{R_{21}\, S_{21}\, T_{21}} \begin{bmatrix} -\Delta_R & R_{11} \\ -R_{22} & 1 \end{bmatrix} \begin{bmatrix} -\Delta_S & S_{11} \\ -S_{22} & 1 \end{bmatrix} \begin{bmatrix} -\Delta_T & T_{11} \\ -T_{22} & 1 \end{bmatrix} \\ &= \frac{1}{R_{21}\, S_{21}\, T_{21}} \begin{bmatrix} \Delta_R\, \Delta_S - R_{11}\, S_{22} & R_{11} - \Delta_R\, S_{11} \\ R_{22}\, \Delta_S - S_{22} & 1 - R_{22}\, S_{11} \end{bmatrix} \begin{bmatrix} -\Delta_T & T_{11} \\ -T_{22} & 1 \end{bmatrix}\end{aligned}$$

Weil wir nur das Element $W_{21}$ benötigen, brauchen wir von der Gesamt-$\Sigma$-Matrix auch nur das Element $\Sigma_{22}$.

$$W_{21} = \frac{1}{\Sigma_{22}} = \frac{1}{\left[\Sigma_R\, \Sigma_S\, \Sigma_T\right]_{22}} = \frac{R_{21}\, S_{21}\, T_{21}}{1 - R_{22}\, S_{11} - S_{22}\, T_{11} + T_{11}\, R_{22}\, \Delta_S}$$

Hieraus erhalten wir $V_{21}$, wenn wir den Messvierpol $S$ zu $S_{12} = S_{21} = 1$, $S_{11} = S_{22} = 0$ und $\Delta_S = -1$ annehmen, also überbrücken. Dann ergibt sich, wie in Gl. (2.13):

$$V_{21} = \frac{R_{21}\, T_{21}}{1 - R_{22}\, T_{11}}\,.$$

Damit erhalten wir die gesuchte fehlerbehaftete Einfügungsdämpfung

$$\begin{aligned}\left|\hat{S}_{21}\right|^2 &= \frac{\left|W_{21}\right|^2}{\left|V_{21}\right|^2} = \left|\frac{1 - R_{22}\, T_{11}}{1 - R_{22}\, S_{11} - S_{22}\, T_{11} + T_{11}\, R_{22}\, \Delta_S}\right|^2 \left|S_{21}\right|^2 \\ &= \frac{\left|1 - \Gamma_g\, \Gamma_l\right|^2}{\left|\left(1 - \Gamma_g\, S_{11}\right)\left(1 - \Gamma_l\, S_{22}\right) - S_{21}\, S_{12}\, \Gamma_g\, \Gamma_l\right|^2} \left|S_{21}\right|^2,\end{aligned}$$

also das Ergebnis von Gl. (2.17).
Der Messvierpol soll gemäß der Aufgabenstellung eine Transmissionsdämpfung von 10 dB aufweisen. Also ist

$$\left|S_{21}\right| = \left|S_{12}\right| \approx 1/\sqrt{10} \quad \text{und außerdem}$$

$$|\Gamma_g| = |\Gamma_l| = |S_{11}| = |S_{22}| \approx 0{,}1 .$$

Dann wird unter ungünstigen Verhältnissen:

$$|\hat{S}_{21}|^2 = \frac{(1 \pm 0{,}1 \cdot 0{,}1)^2}{\left|(1 \mp 0{,}1 \cdot 0{,}1)^2 \mp \frac{1}{\sqrt{10}} \frac{1}{\sqrt{10}} 0{,}1 \cdot 0{,}1\right|^2} \cdot |S_{21}|^2 ,$$

oder mit der bekannten Näherung $(1 + X)^2 \approx 1 + 2X$ für $X << 1$ :

$$|\hat{S}_{21}|^2 \approx \frac{(1 \pm 0{,}02)}{[(1 \mp 0{,}02) \mp 0{,}001]^2} |S_{21}|^2 ,$$

oder

$$|\hat{S}_{21}|^2 \approx \frac{1 \pm 0{,}02}{1 \mp 0{,}04} |S_{21}|^2 ,$$

$$|\hat{S}_{21}|^2 \approx (1 \pm 0{,}06) |S_{21}|^2 .$$

Dies entspricht einem maximalen Fehler von $\pm 0{,}27$ dB.

## Übungsaufgabe 2.8

Gemäß Gl. (2.38) betragen die maximalen Fehler bei der Betragsmessung des Reflexionsfaktors $\Gamma$

$$1 \pm \frac{|D|}{|\Gamma|} = 1 \pm \frac{0{,}01}{0{,}01} = 1 \pm 1 .$$

Dies bedeutet, dass für $|\Gamma|$ Werte zwischen -40 dB + 6 dB = -34 dB und $-\infty$ dB gemessen werden können.

## Übungsaufgabe 2.9

Gemäß Gl. (2.41) gilt für den Verlauf des Feldstärkequadrats $|e|^2$ in der Nähe des Minimums:

$$|e|^2 = |a|^2 \{1 + |S_{11}|^2 + 2\,|S_{11}| \cos(\pi + 2\beta\Delta x)\} ,$$

wobei die Länge $\Delta x$ wie im Bild 2.24 vom Minimum aus gezählt wird. Den cos-Ausdruck in der obigen Gleichung können wir in eine Reihe entwickeln:

$$\cos\left(\pi + 2\beta\,\Delta x\right) = -1 + \frac{\left(2\beta\,\Delta x\right)^2}{2} + \ldots$$

Die Größe $\beta\,\Delta x$ ergibt sich aus der Bedingung, dass nach einer Verschiebung der Detektorsonde um $\Delta x$ aus dem Minimum sich das Betragsquadrat der Feldstärke verdoppelt haben soll. Daraus folgt:

$$|a|^2 \left\{1 + |S_{11}|^2 + 2|S_{11}|\left(-1 + \frac{\left(2\beta\,\Delta x\right)^2}{2}\right)\right\} = 2\,|a|^2 \left\{1 + |S_{11}|^2 - 2\,|S_{11}|\right\}$$

oder

$$2|S_{11}|\frac{\left(2\beta\,\Delta x\right)^2}{2} = |S_{11}|^2 - 2|S_{11}| + 1$$

oder

$$2\beta\,\Delta x = \frac{1 - |S_{11}|}{\sqrt{|S_{11}|}} \approx 1 - |S_{11}| \qquad \textit{für} \quad |S_{11}| \approx 1\,.$$

Damit erhält man das Ergebnis der Gl. (2.46).

## Übungsaufgabe 2.10

Zunächst werden aus Reflexionsmessungen $S_{11}$ und $S_{22}$ des Vierpols bestimmt, indem das jeweils andere Tor des Messvierpols mit dem Wellenwiderstand abgeschlossen wird. Weiterhin überlegen wir uns den Eingangsreflexionsfaktor $\rho$ eines Vierpols mit der Streumatrix $[S]$, der an dem anderen Tor mit dem Reflexionsfaktor $\Gamma$ abgeschlossen ist (s. Bild).

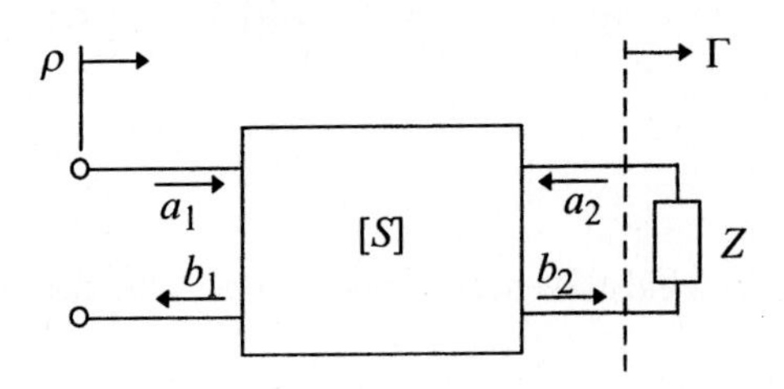


Mit Hilfe Gl. (1.1) und

$$\rho = \frac{b_1}{a_1} \qquad \text{und} \qquad \Gamma = \frac{a_2}{b_2}$$

bestimmen wir $\rho$ zu

$$\rho = S_{11} + \frac{S_{12}\, S_{21}\, \Gamma}{1 - S_{22}\, \Gamma}\,.$$

Für bekannte $\rho$, $\Gamma$, $S_{11}$, $S_{22}$ und mit $S_{12} = S_{21}$ können wir aus dieser Gleichung $S_{21}$ berechnen:

$$S_{21} = \sqrt{(\rho - S_{11})\left(\frac{1}{\Gamma} - S_{22}\right)}\,.$$

Als $\Gamma$ wird man z. B. einen Kurzschluss mit $\Gamma = -1$ wählen.

## Übungsaufgabe 2.11

Man verfolgt zunächst, in welcher Weise sich die Wellen $a$ und $b$ an den verschiedenen Leistungsmessern überlagern. Dazu nimmt man an, dass die Koppler ideal sind und alle Zuleitungen gleich lang sind. Man erhält:

$$P_1 = \left|\frac{\sqrt{3}\,\sqrt{2}}{4}\,a - j\,\frac{\sqrt{3}}{2}\,b\right|^2,$$

$$P_2 = \left|-j\,\frac{\sqrt{3}}{2}\,b\right|^2,$$

$$P_3 = \left|-j\,\frac{\sqrt{3}}{4}\,a + \frac{\sqrt{3}\,\sqrt{2}}{4}\,b - j\,\frac{\sqrt{3}\,\sqrt{2}}{4}\,b\right|^2,$$

$$P_4 = \left|-\frac{\sqrt{3}}{4}\,a + \frac{\sqrt{3}\,\sqrt{2}}{4}\,b - j\,\frac{\sqrt{3}\,\sqrt{2}}{4}\,b\right|^2.$$

Die Betragsquadrate rechnet man aus und wendet die Identitätsformel

$$x\,y^* + (x\,y^*)^* = 2\,\mathrm{Re}(x)\,\mathrm{Re}(y) + 2\,\mathrm{Im}(x)\,\mathrm{Im}(y)$$

an.
Unter Zuhilfenahme von

$$\mathrm{Re}\left(x \cdot y^*\right) = \mathrm{Re}(x) \cdot \mathrm{Re}(y) + \mathrm{Im}(x) \cdot \mathrm{Im}(y)$$

und

$$\mathrm{Im}\left(x \cdot y^*\right) = \mathrm{Im}(x) \cdot \mathrm{Re}(y) - \mathrm{Re}(x) \cdot \mathrm{Im}(y)$$

kommen wir auf die Form:

$$P_1 = \frac{3}{4}|b|^2 - \frac{3}{4}\sqrt{2}\,\mathrm{Im}(ab^*) + \frac{3}{8}|a|^2 ,$$

$$P_2 = \frac{3}{4}|b|^2 ,$$

$$P_3 = \frac{3}{4}|b|^2 + \frac{3\sqrt{2}}{8}\mathrm{Re}(a\,b^*) + \frac{3\sqrt{2}}{8}\mathrm{Im}(a\,b^*) + \frac{3}{16}|a|^2 ,$$

$$P_4 = \frac{3}{4}|b|^2 - \frac{3\sqrt{2}}{8}\mathrm{Re}(a\,b^*) + \frac{3\sqrt{2}}{8}\mathrm{Im}(a\,b^*) + \frac{3}{16}|a|^2 .$$

Ein Koeffizientenvergleich liefert die $D$-Matrix. Aus der Invertierung der $D$-Matrix erhält man dann die $C$-Matrix. Zur Kontrolle kann man prüfen, ob $[C]\,[D] = 1$ ist und ob Gl. (2.56) erfüllt ist.

## Übungsaufgabe 2.12

Der nachfolgend abgebildete Koppler koppelt von ① nach ② mit 0° und von ① nach ③ mit +90°.

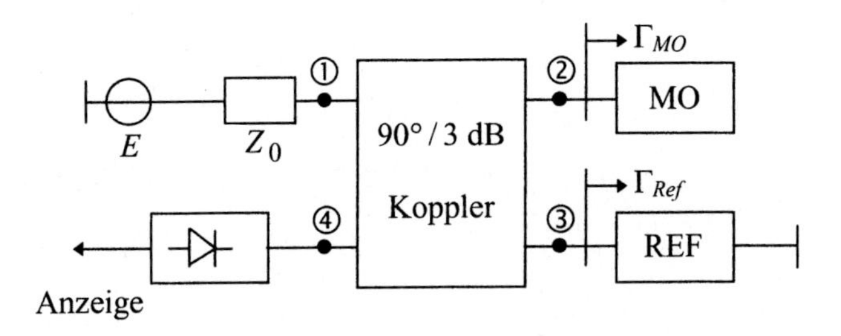


Der Koppler soll die übliche Symmetrie aufweisen. An Tor ① wollen wir den Generator anbringen. Dann muss am Tor ④, dem ursprünglich entkoppelten Arm, der Detektor angebracht werden. Messobjekt und Referenz werden an Tor ② und ③ (oder umgekehrt) angebracht. Nach einem Nullabgleich am Tor ④ sind die Beträge von $\Gamma_{MO}$ und $\Gamma_{Ref}$ gleich, die Phasen unterscheiden sich aber um 180°.

# Lösungen zu Kapitel 3

## Übungsaufgabe 3.1

Fasst man die Widerstände $R_b$ als äußere Beschaltung des Vierpols mit der Leitwertmatrix $[G]$ auf, so erhält man aus

$$\begin{bmatrix} I_s \\ I_i \end{bmatrix} = [G] \begin{bmatrix} U_s' \\ U_i' \end{bmatrix} \quad \text{mit} \quad U_s' = U_s - I_s R_b \quad \text{und} \quad U_i' = U_i - I_i R_b$$

nach einiger Rechnung:

$$\begin{bmatrix} I_s \\ I_i \end{bmatrix} = \frac{1}{(1 + G_0 R_b)^2 - G_1^2 R_b^2} \begin{bmatrix} R_b\left(G_0^2 - G_1^2\right) + G_0 & G_1 \\ G_1 & R_b\left(G_0^2 - G_1^2\right) + G_0 \end{bmatrix} \begin{bmatrix} U_s \\ U_i \end{bmatrix}$$

$$= [G'] \begin{bmatrix} U_s \\ U_i \end{bmatrix} . \quad (1)$$

Durch Erweiterung von $[G']$ um $Y_s$ und $Y_i$ erhält man eine Matrix $\left[\tilde{G}'\right]$. Hieraus lässt sich das Verhältnis $U_i / I_{sg}$ bestimmen:

$$\frac{U_i}{I_{sg}} = -\frac{G_1}{\det\left[\tilde{G}'\right]} \cdot \frac{1}{(1 + G_0 R_b)^2 - G_1^2 R_b^2} .$$

Daraus folgt für den Gewinn:

$$G_p = \frac{4\,\mathrm{Re}(Y_s) \cdot \mathrm{Re}(Y_i) \cdot G_1^2}{\left|\det\left[\tilde{G}'\right]\right|^2} \cdot \frac{1}{\left[(1 + G_0 R_b)^2 - G_1^2 R_b^2\right]^2} . \quad (2)$$

Mit der nur um den Generatorleitwert erweiterten Matrix $\left[G_e'\right]$ erhält man für den Eingangsleitwert:

$$Y_{ei} = \frac{I_i}{U_i} = \frac{\det\left[G_e'\right]}{\left[G_e'\right]_{11}} .$$

Einsetzen von $Y_i = Y_{ei}^*$ in (2) liefert einen Ausdruck für den verfügbaren Gewinn. Für eingangs- und ausgangsseitige Leistungsanpassung gilt:

$$Y_s = \frac{\det\left[G_e{}'\right]}{\left[G_e{}'\right]_{11}} .$$

Nach kurzer Rechnung erhält man daraus:

$$Y_s{}^2 = \frac{\left[R_b\left(G_0{}^2 - G_1{}^2\right) + G_0\right]^2 - G_1{}^2}{\left[\left(1 + G_0 R_b\right)^2 - G_1{}^2 R_b{}^2\right]^2} .$$

Einsetzen in (2) liefert nach einiger Rechnung für den maximal verfügbaren Gewinn:

$$G_m = \frac{G_1{}^2}{\left(R_b\left(G_0{}^2 - G_1{}^2\right) + G_0\right)^2} \left( \frac{1}{1 + \sqrt{1 - \frac{G_1{}^2}{\left(R_b\left(G_0{}^2 - G_1{}^2\right) + G_0\right)^2}}} \right)^2 . \tag{3}$$

Dieses Ergebnis hätte man auch direkt durch Vergleich von (1) mit der Gl. (3.11) ableiten können. Ersetzt man nämlich in Gl. (3.26) $G_0$ durch

$$R_b\left(G_0{}^2 - G_1{}^2\right) + G_0 ,$$

so erhält man (3).

## Übungsaufgabe 3.2

Das für den Gewinn benötigte Verhältnis $U_i / I_{sg}$ lässt sich aus der um $Y_s$, $Y_i$ und $Y_{sp}$ erweiterten Matrix $G$ berechnen. Wegen

$$I_{sg} = Y_s U_s + I_s \; ; \quad 0 = Y_i U_i + I_i \; ; \quad 0 = Y_{sp}{}^* U_{sp}{}^* + I_{sp}{}^*$$

gilt:

$$\begin{bmatrix} I_{sg} \\ 0 \\ 0 \end{bmatrix} = \begin{bmatrix} G_0 + Y_s & G_1 & G_2 \\ G_1 & G_0 + Y_i & G_1 \\ G_2 & G_1 & G_0 + Y_{sp}{}^* \end{bmatrix} \begin{bmatrix} U_s \\ U_i \\ U_{sp}{}^* \end{bmatrix}$$

und damit:

$$\frac{U_i}{I_{sg}} = \left[\tilde{G}\right]_{21}^{-1} = \frac{G_1\left(Y_{sp}{}^* + G_0\right) - G_1 G_2}{\det\left[\tilde{G}\right]} .$$

Mit Gl. (3.18) erhält man für den Gewinn:

$$G_p = \left| \frac{G_1 \left( Y_{sp}^* + G_0 \right) - G_1 \, G_2}{\det \left[ \tilde{G} \right]} \right|^2 \cdot 4 \operatorname{Re}\left( Y_s \right) \cdot \operatorname{Re}\left( Y_i \right). \tag{1}$$

Zur Berechnung des verfügbaren Gewinns muss der Eingangsleitwert auf der Zwischenfrequenzseite berechnet werden. Dazu wird die Matrix $[G]$ lediglich um $Y_s$ und $Y_{sp}^*$ erweitert:

$$\begin{bmatrix} 0 \\ I_i \\ 0 \end{bmatrix} = \begin{bmatrix} G_0 + Y_s & G_1 & G_2 \\ G_1 & G_0 & G_1 \\ G_2 & G_1 & G_0 + Y_{sp}^* \end{bmatrix} \begin{bmatrix} U_s \\ U_i \\ U_{sp}^* \end{bmatrix}.$$

Damit gilt für den gesuchten Eingangsleitwert:

$$Y_{ei} = \frac{1}{\left[ G_e \right]_{22}^{-1}} = \frac{\det \left[ G_e \right]}{\left( G_0 + Y_s \right)\left( G_0 + Y_{sp}^* \right) - G_2^2}.$$

Einsetzen von $Y_i = Y_{ei}^*$ in Gl. (1) liefert einen Ausdruck für den verfügbaren Gewinn.

## Übungsaufgabe 3.3

Bei einem 180°-Koppler liegen an den beiden Mischerdioden diese Signale an:

Diode I: $\hat{U}_s \cos\left(\omega_s t + 180° + \varphi_s\right) + \hat{U}_p \cos\left(\omega_p t\right)$

Diode II: $\hat{U}_s \cos\left(\omega_s t + \varphi_s\right) + \hat{U}_p \cos\left(\omega_p t\right)$.

Damit erhält man die Zwischenfrequenzsignale:

Diode I: $u_i^{\mathrm{I}}(t) \sim G_1 \hat{U}_s \cos\left(\omega_i t + 180° + \varphi_s\right)$ für $\omega_s > \omega_p$

und wegen der Umpolung von Diode II

Diode II: $u_i^{\mathrm{II}}(t) \sim -G_1 \hat{U}_s \cos\left(\omega_i t + \varphi_s\right) = G_1 \hat{U}_s \cos\left(\omega_i t + \varphi_s + 180°\right)$.

Also sind auch beim 180°-Koppler die Zwischenfrequenzsignale an den beiden Dioden in Phase. Der Unterschied zwischen dem 90°- und dem 180°-Koppler ist folgender:

Bei gleichartigen, aber fehlangepassten Dioden sind beim 90°-Koppler der Signalzweig und der Mischoszillatorzweig nicht entkoppelt, dafür sind aber beide Zweige angepasst. Beim 180°-Koppler hingegen sind diese beiden Zweige entkoppelt, die Anpassung ist allerdings schlechter.

Daher muss von Fall zu Fall entschieden werden, welcher Koppler vorteilhafter ist.

## Übungsaufgabe 3.4

Zu zeigen ist:

$$i = f(u_{RF} + u_{LO}) + f(-u_{RF} - u_{LO}) - f(u_{RF} - u_{LO}) - f(-u_{RF} + u_{LO}) \approx k \cdot u_{RF}\, u_{LO} \,.$$

Dazu kann $f(x)$ als Potenzreihe geschrieben werden, die nach der 3. Potenz abgebrochen wird:

$$f(x) = C_0 + C_1 x + C_2 x^2 + C_3 x^3 + \ldots$$

oder für $x$ und $y$ entsprechend $u_{RF}$ und $u_{LO}$:

$$f(x+y) = C_0 + C_1(x+y) + C_2(x+y)^2 + C_3(x+y)^3 + \ldots \,.$$

Damit erhält man:

$$\begin{aligned} f(u_{RF} + u_{LO}) &= C_0 + C_1(u_{RF} + u_{LO}) + C_2(u_{RF} + u_{LO})^2 \\ &\quad + C_3(u_{RF} + u_{LO})^3 + \ldots \\ &= C_0 + C_1(u_{RF} + u_{LO}) + C_2(u_{RF}^2 + 2u_{RF}u_{LO} + u_{LO}^2) \\ &\quad + C_3(u_{RF}^3 + 3u_{RF}^2 u_{LO} + 3u_{RF}u_{LO}^2 + u_{LO}^3) + \ldots \,. \end{aligned}$$

Setzt man diesen Ansatz in die erste Gleichung ein so erhält man nach einigen Rechenschritten das gewünschte Ergebnis:

$$\begin{aligned} i = {} & C_0 + C_1(u_{RF} + u_{LO}) + C_2(u_{RF}^2 + 2u_{RF}u_{LO} + u_{LO}^2) \\ & + C_3(u_{RF}^3 + 3u_{RF}^2 u_{LO} + 3u_{RF}u_{LO}^2 + u_{LO}^3) + \ldots \\ & + C_0 - C_1(u_{RF} + u_{LO}) + C_2(u_{RF}^2 + 2u_{RF}u_{LO} + u_{LO}^2) \\ & - C_3(u_{RF}^3 + 3u_{RF}^2 u_{LO} + 3u_{RF}u_{LO}^2 + u_{LO}^3) + \ldots \\ & -[C_0 + C_1(u_{RF} - u_{LO}) + C_2(u_{RF}^2 - 2u_{RF}u_{LO} + u_{LO}^2) \\ & + C_3(u_{RF}^3 - 3u_{RF}^2 u_{LO} + 3u_{RF}u_{LO}^2 - u_{LO}^3) + \ldots] \\ & -[C_0 + C_1(-u_{RF} + u_{LO}) + C_2(u_{RF}^2 - 2u_{RF}u_{LO} + u_{LO}^2) \\ & + C_3(-u_{RF}^3 + 3u_{RF}^2 u_{LO} - 3u_{RF}u_{LO}^2 + u_{LO}^3) + \ldots] \\ \approx {} & 4 \cdot C_2 \cdot 2u_{RF}\, u_{LO} \\ \approx {} & 8 \cdot C_2 \cdot u_{RF}\, u_{LO} \,. \end{aligned}$$

Bis auf einen konstanten Faktor handelt es sich bei einem idealen doppelt balancierten Mischer also um einen Multiplizierer, sofern die Potenzreihenentwicklung nach dem kubischen Term abgebrochen werden kann.

## Übungsaufgabe 3.5

Ein Thermoelement ist ein nichtlineares Bauelement und deshalb zum Mischen geeignet. Seine Eingangsimpedanz sei $Z_0 = 50\,\Omega$. Das Thermoelement zeigt die mittlere Leistung $P$ in der Form einer langsam veränderlichen Gleichspannung $U_0$ an.

$$U_0 = \tilde{\eta}\, P$$

Zwei Signale mögen in der Frequenz nahe beieinander liegen und werden gemeinsam auf das Thermoelement gegeben:

$$U = \hat{U}_1 \cos(\Omega_1 t) + \hat{U}_2 \cos(\Omega_2 t)\ ,\ \ \Omega_1 \cong \Omega_2\,.$$

Der langsam zeitlich veränderliche Anteil der Leistung $P$ an $Z_0$ ist:

$$P = \frac{1}{Z_0}\left[\hat{U}_1 \cos(\Omega_1 t) + \hat{U}_2 \cos(\Omega_2 t)\right]^2$$

$$\approx \frac{1}{Z_0}\left[\frac{1}{2}\cdot 2\hat{U}_1 \hat{U}_2 \cos(\Omega_1 - \Omega_2)t + \frac{1}{2}\left(\hat{U}_2^{\,2} + \hat{U}_2^{\,2}\right)\right].$$

Wenn die Differenzfrequenz $\Omega_1$ - $\Omega_2$ niedriger ist als die reziproke Zeitkonstante $\tau$ des Thermoelementes, aber $\Omega_1$ , $\Omega_2 >> 1/\tau$ gilt, dann folgt $U_0$ dieser Differenzfrequenz, was der Wirkung eines Mischers entspricht.

$$U_0(t) = \tilde{\eta} P = \tilde{\eta}\frac{1}{Z_0}\hat{U}_1\hat{U}_2 \cos(\Omega_1 - \Omega_2)t = \tilde{\eta}\frac{1}{Z_0}\hat{U}_1\hat{U}_2 \cos(\omega_i)t$$

Für einen Gleichstrom-Lastwiderstand $R_L = Z_0 = 50\,\Omega$ ergibt ein Koeffizientenvergleich:

$$\tilde{G}_1 = \tilde{\eta}\frac{1}{Z_0}\hat{U}_1\,.$$

Mit $\tilde{\eta} = \dfrac{0{,}16\,\text{mV}}{\text{mW}}$ und $P = 1\,\text{mW}$ an 50 $\Omega$, das entspricht $\hat{U}_1 = 0{,}316\,\text{V}$ und $Z_0 = 50\,\Omega$ wird $L = \dfrac{1}{\tilde{G}_1^{\,2}} \approx 30\,\text{dB}$.

## Übungsaufgabe 3.6

Gemäß den Regeln von De Morgan gilt :

$$\overline{ABC} = \overline{A} + \overline{B} + \overline{C}$$

und

$$\overline{A+B+C} = \overline{A}\,\overline{B}\,\overline{C}\,.$$

Damit lässt sich Gleichung (3.70) umformen zu:

$$Y = \overline{R}V + R\overline{V} = \overline{\overline{\overline{R}V}\;\overline{R\overline{V}}}\,.$$

Eine Realisierung mit NAND-Gattern sieht dann wie folgt aus:

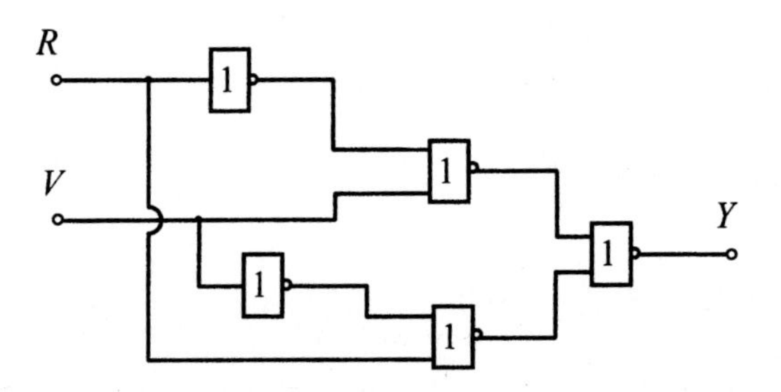


## Übungsaufgabe 3.7

Die KV-Diagramme und die Schaltfunktionen lauten:

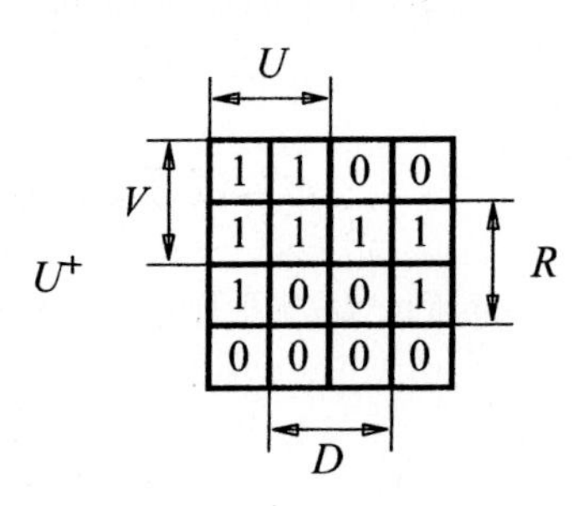


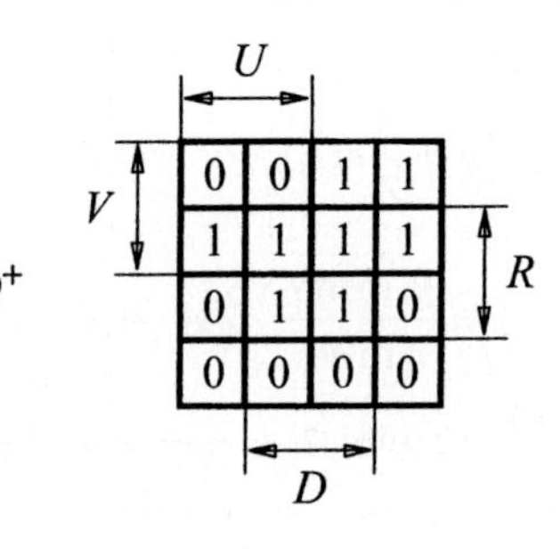


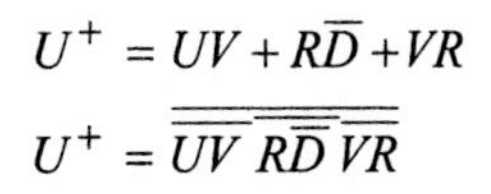

$$U^+ = UV + R\overline{D} + VR$$

$$U^+ = \overline{\overline{UV}\;\overline{R\overline{D}}\;\overline{VR}}$$

$$D^+ = \overline{U}V + RD + VR$$

$$D^+ = \overline{\overline{\overline{U}V}\;\overline{RD}\;\overline{VR}}$$

Eine Realisierung ohne Speicherelemente und nur mit Rückkopplungen ist möglich, wenn man zeigen kann, dass die zeitlich auf $U^+$ bzw. $D^+$ folgenden Zustände $U^{++}$ bzw. $D^{++}$ mit den Zuständen $U^+$ bzw. $D^+$ übereinstimmen, wenn $R$ und $V$ nicht geändert werden. Dann ist die Schaltung stabil.

$$U^{++} = U^+V + R\overline{D}^+ + VR$$

Mit $U^+$ und $D^+$ wie oben angegeben erhält man:

$$\begin{aligned}
U^{++} &= \left(UV + R\overline{D} + VR\right)V + R\left(\overline{\overline{U}V + RD + VR}\right) + VR \\
&= UVV + R\overline{D}V + VRV + R\left(\overline{\overline{U}V}\,\overline{RD}\,\overline{VR}\right) + VR \\
&= UV + R\overline{D}V + VR + R\left[\left(U + \overline{V}\right)\left(\overline{R} + \overline{D}\right)\left(\overline{V} + \overline{R}\right)\right] + VR \\
&= UV + R\overline{D}V + VR + R\left[\left(U\overline{R} + U\overline{D} + \overline{V}\,\overline{R} + \overline{V}\,\overline{D}\right)\left(\overline{V} + \overline{R}\right)\right] + VR \\
&= UV + R\overline{D}V + VR + RU\overline{R}\,\overline{V} + RU\overline{R}\,\overline{R} + RU\overline{D}\,\overline{V} + RU\overline{D}\,\overline{R} + R\overline{V}\,\overline{R}\,\overline{V} + \\
&\quad R\overline{V}\,\overline{R}\,\overline{R} + R\overline{V}\,\overline{D}\,\overline{V} + R\overline{V}\,\overline{D}\,\overline{R} + VR \\
&= UV + R\overline{D}V + RU\overline{D}\,\overline{V} + R\overline{D}\,\overline{V} + VR \\
&= UV + R\overline{D}V + R\overline{D}\,\overline{V} + VR \\
&= UV + R\overline{D} + VR
\end{aligned}$$

Da also $U^{++} = U^+$, ist die Schaltung stabil.
Ebenso verläuft der Beweis für $D^{++}$.
Eine Realisierung mit NAND-Gattern sieht so aus:

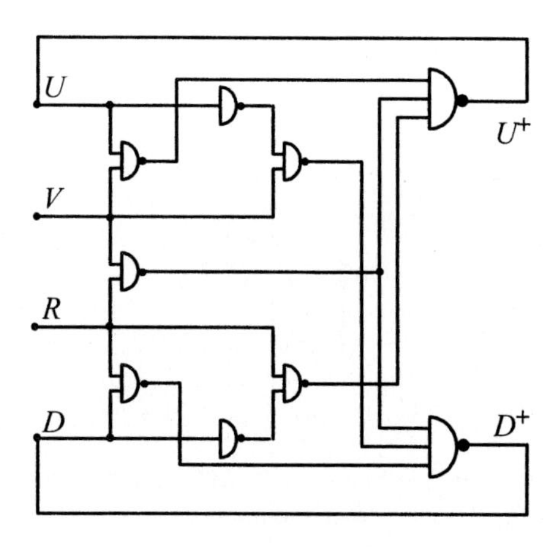

## Übungsaufgabe 3.8

Für $f_{ref}{}^{II} = 20\,\mathrm{MHz}$ und eine Vorteilung des ZF-Signals durch 16 ergibt sich eine ZF-Frequenz von 320 MHz. Um diese am Ausgang des Mischers zu erreichen, muss bei einer LO-Frequenz $f_{ref}{}^{I} = 2680\,\mathrm{MHz}$ und der Bedingung, dass der VCO auf dem oberen Seitenband einrasten soll, $f_{VCO} = 3\,\mathrm{GHz}$ betragen:

$$f_{VCO} = f_{ref}{}^{I} + f_{ZF} \;.$$

Für eine möglichst große Regelgeschwindigkeit wird zunächst $\omega_n$ möglichst groß festgelegt, z. B.:

$$\omega_n = 2\pi \cdot 10^5\ \mathrm{Hz} \;.$$

Ausserdem wählen wir $\varsigma$, z. B.:

$$\varsigma = \frac{\sqrt{2}}{2} \;.$$

Mit Gl. (3.50) ergibt sich für die Zeitkonstante $\tau_2$ :

$$\tau_2 = 2\frac{\varsigma}{\omega_n} = \frac{\sqrt{2}}{2\pi}10^{-5} s \cong 2{,}3\,\mu\ \mathrm{s} \;.$$

Wegen der Teilung von $f_{ZF}$ durch 16 erhält man für die Abstimmsteilheit:

$$K_v = 2\pi\frac{100}{16}\frac{\mathrm{MHz}}{\mathrm{V}} \;.$$

Die Zeitkonstante $\tau_1$ berechnet sich mit Gl. (3.50) zu:

$$\begin{aligned}\tau_1 &= \frac{K_v K_d}{\omega_n{}^2} \\ &= \frac{2\pi \cdot 10^8\,\mathrm{Hz} \cdot 5\mathrm{V}}{16\mathrm{V} \cdot (2\pi)^3 \cdot 10^{10}\,\mathrm{Hz}^2} \\ &= \frac{5}{16}\frac{1}{(2\pi)^2}10^{-2}\,\mathrm{s} \\ &\cong 80\,\mu\mathrm{s} \;.\end{aligned}$$

Die Kapazität $C$ kann noch frei gewählt werden, sie betrage $C = 1\,\mathrm{nF}$. Dann erhält man mit Gl. (3.47) schließlich die Werte für die zwei Widerstände:

$$R_1 = \frac{\tau_1}{C} = \frac{5}{16}10^{-2} \cdot 10^9 \Omega = 79{,}2\,\text{k}\Omega\,,$$

$$R_2 = \frac{\tau_2}{C} = \frac{\sqrt{2}}{2\pi}10^{-5} \cdot 10^9 \Omega = 2{,}3\,\text{k}\Omega\,.$$

Der Phasen-Frequenz-Diskriminator muss mindestens im Bereich

$$\frac{2680-2500}{16}\text{MHz} = 11{,}25\text{ MHz} \qquad \text{bis} \qquad \frac{3500-2680}{16}\text{MHz} = 51{,}25\text{ MHz}$$

arbeitsfähig sein. Der 4 mal 4-Vorteiler vergrößert den Fangbereich des Phasen-Frequenz-Diskriminators.

## Übungsaufgabe 3.9

Nach Gleichung (3.60) ist die grösstmögliche Abstimmrate

$$\Delta\dot{\omega}_{\max} = \pi\omega_n{}^2\,.$$

Die Abstimmrate beträgt

$$\Delta\dot{\omega}_{\max} = 2\pi \cdot 2\text{ GHz} \cdot 50\text{ Hz} = 2\pi \cdot 10^{11}(\text{Hz})^2\,.$$

Aus

$$\omega_n{}^2 = \frac{\Delta\dot{\omega}_{\max}}{\pi}$$

ergibt sich schliesslich:

$$\omega_n = \frac{\sqrt{\Delta\dot{\omega}_{\max}}}{\sqrt{\pi}} = \sqrt{2} \cdot \sqrt{10} \cdot 10^5\,\text{Hz} = 447\text{ kHz}$$

Die erste ZF sollte deutlich grösser gewählt werden als der berechnete minimale Wert, z. B. zu 700 kHz.

## Übungsaufgabe 3.10

Bei Auftreten eines Überlaufs in den einzelnen Integratorstufen erzeugen diese an ihrem Ausgang einen Impuls. In der ersten Stufe wird dieser direkt auf den Ausgang gegeben und entspricht $y_1$. In der zweiten und dritten Stufe wird dieser Impuls einfach bzw. zweifach differenziert und erscheint in Form von $y_2$ bzw. $y_3$ am Ausgang. In der z-Transformationsebene lassen sich diese Differentiationen der einzelnen Stufen wie in der folgenden Tabelle angeben. Durch Rücktransformationen mit Hilfe der inversen z-Transformation in den Zeitbereich erhält man die zugehörigen Impulsantworten $h(n)$.

| Stufe | $H(z)$ | $h(n)$ |
|---|---|---|
| 1 | $(1-z^{-1})^0 = 1$ | $\delta[n]$ |
| 2 | $(1-z^{-1})^1 = 1-z^{-1}$ | $\delta[n] - \delta[n-1]$ |
| 3 | $(1-z^{-1})^2 = 1-2z^{-1}+z^{-2}$ | $\delta[n] - 2\delta[n-1] + \delta[n-2]$ |

Mit dem Hub soll der Wert bezeichnet werden, um den der Teilungsfaktor $N$ angehoben bzw. abgesenkt wird. In Abbildung 1 sind die Hübe der einzelnen Stufen dargestellt.

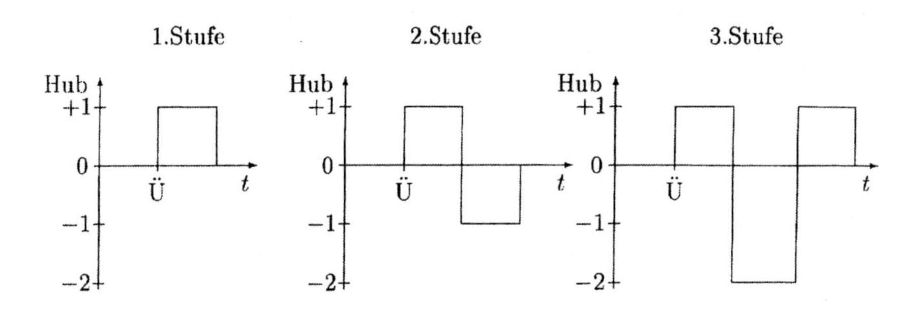


Beispielsweise bewirkt die dritte Stufe bei Auftreten des Integratorüberlaufs $\ddot{U}$ zunächst eine Anhebung von $N$ um +1, im darauf folgenden Takt eine Absenkung um –2 und im nächsten Takt wiederum eine Anhebung um +1. Da die Überläufe in Abhängigkeit des einzustellenden Fraktionalteils in den einzelnen Stufen zusammen und zeitlich versetzt auftreten können, kann in der dreistufigen Anordnung der Hub maximal +4 betragen. Dieser Fall tritt auf, wenn gleichzeitig in allen drei Stufen ein Überlauf auftritt und zusätzlich ein Überlauf in der dritten Stufe bereits zwei Takte zurückliegt. Den minimalen Hub erhält man einen Takt nachdem mindestens die zweite und dritte Stufe einen Überlauf angezeigt haben und gleichzeitig keine der Stufen in den Überlauf kommt. Er ergibt sich aus der Addition von –1 und –2 zu –3.

## Übungsaufgabe 3.11

Vergleicht man die Kettenschaltung (Bild 3.50) mit der Kaskadenschaltung (Bild 3.47), so stellt man fest, dass sich beide Blockschaltbilder in eine gemeinsame Form überführen lassen. Dazu werden die Wichtungsfaktoren in den Rückkopplungszweigen der Kettenschaltung zu eins gesetzt:

$$K_1 = K_2 = K_3 = 1 \ .$$

Damit lässt sich die Kettenschaltung mit in einigen Schritten stark vereinfachen, wie folgende Bilder zeigen.

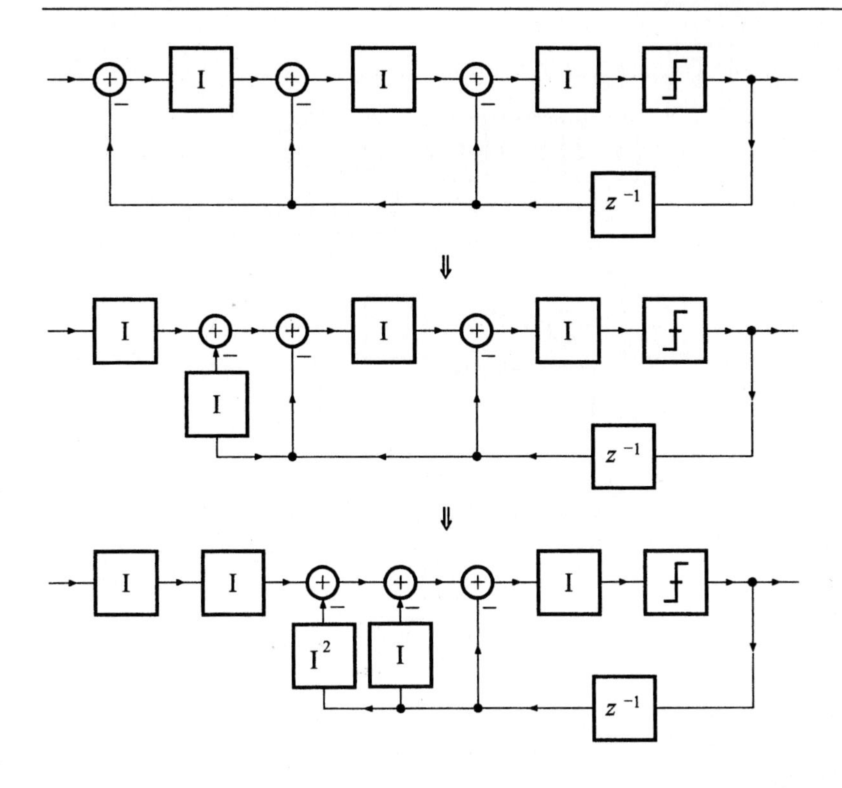


Die zurückgekoppelten Daten sind quantisiert und bleiben dies auch nach den Verzögerungs- und Integrationsgliedern. Unter der Annahme unendlich breiter Quantisierer, welche praktisch jedoch nicht realisierbar sind, passieren diese Daten die Quantisierer, ohne mit einem weiteren Quantisierungsfehler beaufschlagt zu werden. Für bereits einmal quantisierte Daten können die Quantisierer also als wirkungslos angesehen werden. Die Rückkopplungszweige können daher theoretisch auch direkt hinter die Quantisierer geschaltet werden. Dies wird im folgenden Schritt ausgenutzt.

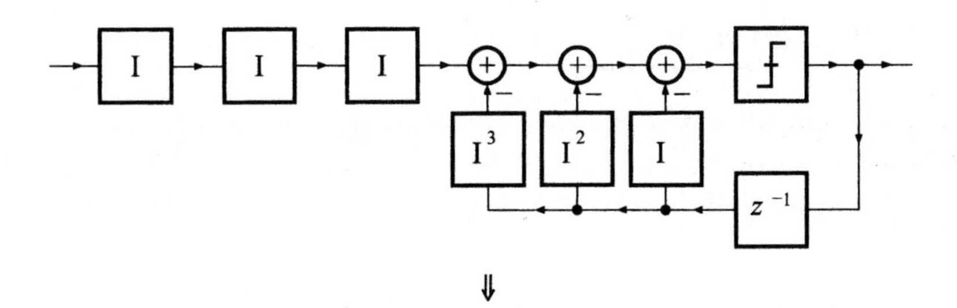


⇓

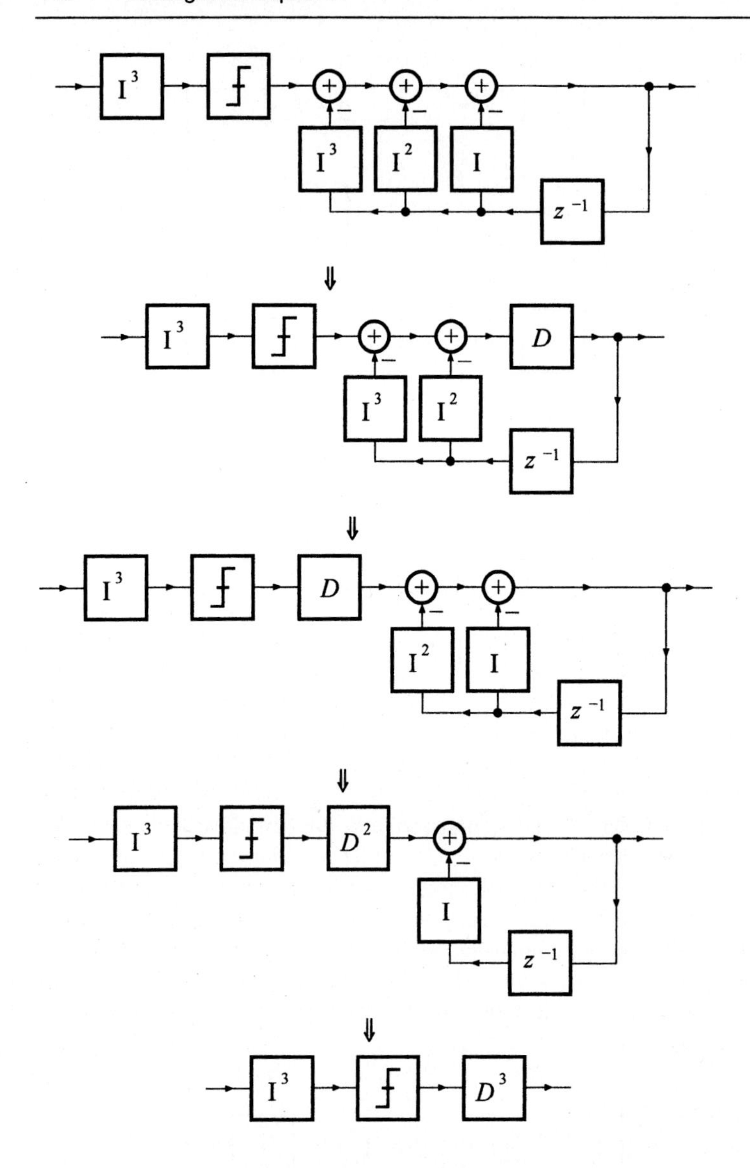


Nun soll die Kaskadenschaltung vereinfacht werden. Dazu wird zunächst die erste Stufe betrachtet.

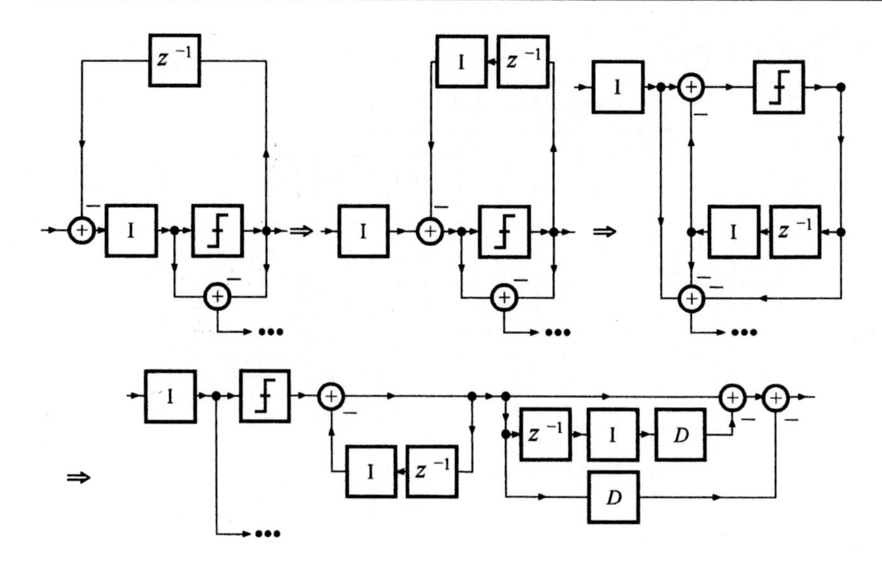


Bemerkenswert bei dieser Umformung ist, dass bereits quantisierte Signale von der jeweils folgenden Integrationsstufe mit dem Faktor eins übertragen werden. Somit gelangen die von der ersten auf die zweite Stufe geführten quantisierten Signale direkt auf den am Ausgang der zweiten Stufe befindlichen Differenzierer und entsprechend auf die dritte Stufe geführten Signale direkt auf den quadratischen Differenziere. Nach mehreren, im folgenden gezeigten Vereinfachungsschritten erhält man auch bei der Kaskadenschaltung das gleiche einfache Blockdiagramm wie bei der Kettenschaltung.

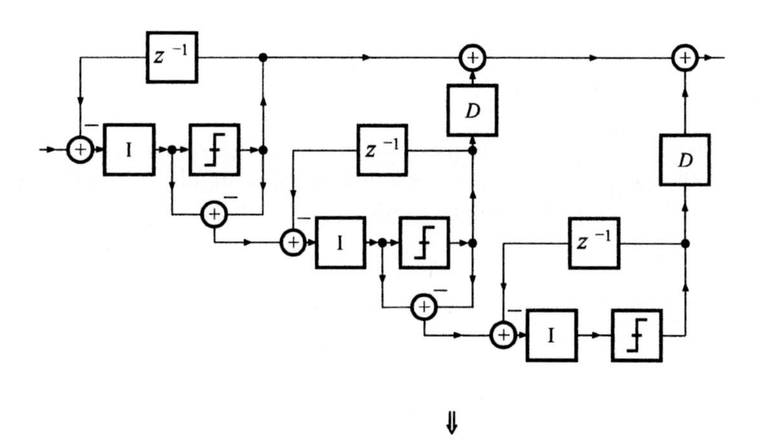

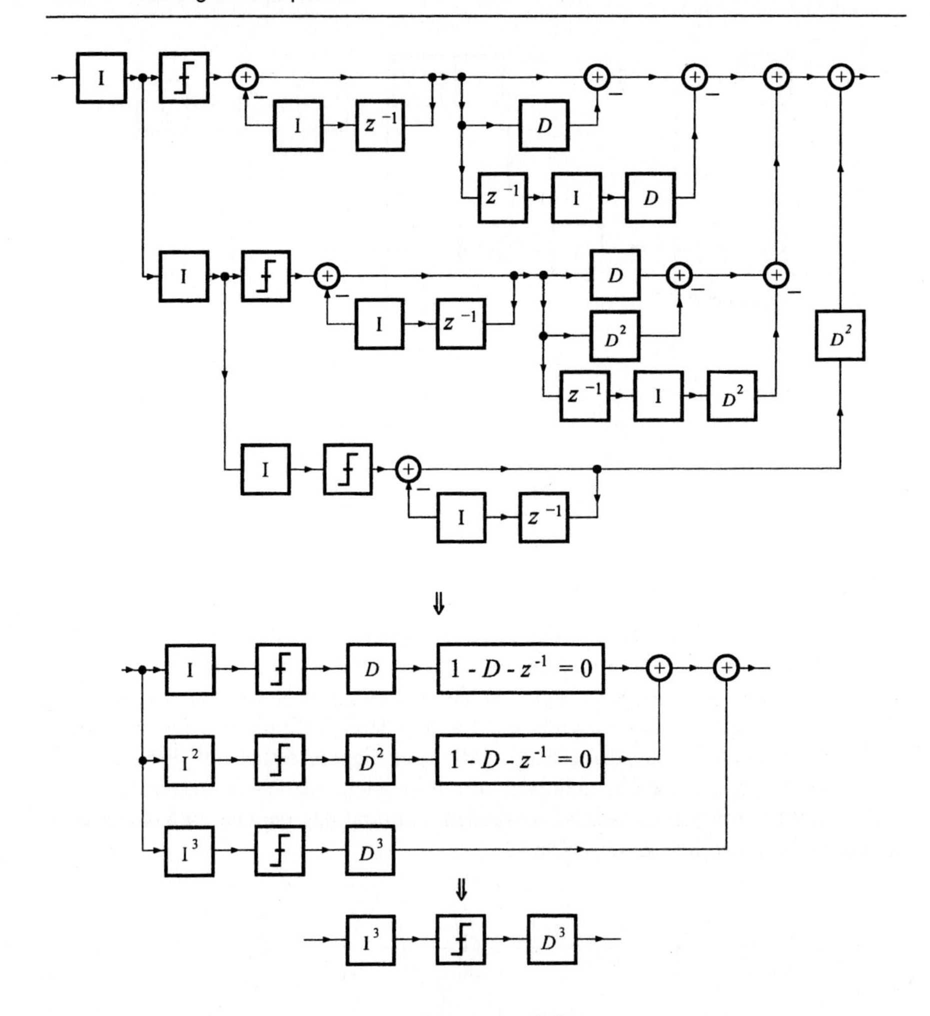


Auch diese ist aber praktisch nicht realisierbar. Damit ist gezeigt, dass beide Konzepte theoretisch ineinander überführt werden können, wenn die Wichtungsfaktoren der Kettenschaltung zu eins gesetzt werden.

# Lösungen zu Kapitel 4

## Übungsaufgabe 4.1

Ohne Verlust an Allgemeingültigkeit kann man $a_2$ und $a_4$ zu Null annehmen, indem denkbare Reflexionen an den Toren ② und ④ bereits in das Fehlerviertor mit der Streumatrix $[K]$ eingebracht werden. Ausgehend von der Gleichung (4.3) löst man die zweite Zeile nach $a_1$ auf

$$a_1 = \frac{1}{K_{21}} b_2 - \frac{K_{23}}{K_{21}} a_3$$

und setzt diesen Ausdruck für $a_1$ in die dritte und vierte Gleichung ein:

$$b_3 = K_{31}\left[\frac{1}{K_{21}} b_2 - \frac{K_{23}}{K_{21}} a_3\right] + K_{33} a_3$$

$$b_4 = K_{41}\left[\frac{1}{K_{21}} b_2 - \frac{K_{23}}{K_{21}} a_3\right] + K_{43} a_3 \ .$$

Diese Ausdrücke bringen wir nach Einführung der Beziehungen aus den Gleichungen (4.5) in die Form der Gleichung (4.6):

$$m_r = \frac{\eta_4}{\eta_2} \frac{K_{41}}{K_{21}} m_f + \left(K_{43} - \frac{K_{23}}{K_{21}} K_{41}\right) a_3 \cdot \eta_4$$

$$b_3 = \frac{K_{31}}{\eta_2 \cdot K_{21}} m_f + \left(K_{33} - \frac{K_{23}}{K_{21}} K_{31}\right) a_3 \ .$$

Ein Koeffizientenvergleich mit der Gleichung (4.6) zeigt, dass $R_{12}$ im Allgemeinen von $R_{21}$ verschieden ist.

## Übungsaufgabe 4.2

Gl. (4.15) stellt man wie folgt um:

$$\mu_v = R_{11} + \frac{R_{12} R_{21} \Gamma_v}{1 - R_{22} \Gamma_v}$$

$$\mu_v \left(1 - R_{22} \Gamma_v\right) = R_{11}\left(1 - R_{22} \Gamma_v\right) + R_{12} R_{21} \Gamma_v \qquad (1)$$

$$R_{11} + \mu_v \Gamma_v R_{22} - \Delta R \Gamma_v = \mu_v \quad \text{mit} \quad \Delta R = R_{11} R_{22} - R_{12} R_{21} \, .$$

Dies ist für $\nu = 1,\ 2,\ 3$ ein lineares Gleichungssystem in den Variablen $R_{11}, R_{22}$ und $\Delta R$ mit den Lösungen

$$R_{11} = \frac{\mu_3\Gamma_1\Gamma_2(\mu_2 - \mu_1) + \mu_1\Gamma_2\Gamma_3(\mu_3 - \mu_2) + \mu_2\Gamma_1\Gamma_3(\mu_1 - \mu_3)}{\det A},$$

$$R_{22} = \frac{-\Gamma_3(\mu_2 - \mu_1) - \Gamma_1(\mu_3 - \mu_2) - \Gamma_2(\mu_1 - \mu_3)}{\det A},$$

$$\Delta R = \frac{-\mu_3\Gamma_3(\mu_2 - \mu_1) - \mu_1\Gamma_1(\mu_3 - \mu_2) - \mu_2\Gamma_2(\mu_1 - \mu_3)}{\det A},$$

mit

$$\det A = \Gamma_1\Gamma_2(\mu_2 - \mu_1) + \Gamma_2\Gamma_3(\mu_3 - \mu_2) + \Gamma_1\Gamma_3(\mu_1 - \mu_3) .$$

Daraus berechnet man das Produkt $R_{12}R_{21}$ zu:

$$R_{12}R_{21} = R_{11}R_{22} - \Delta R ,$$

was mit Gl. 4.17 identisch ist.
$T_{11}$ wird durch Äquivalenzumformung von Gl. (4.12) bestimmt.

$$\mu_4 - R_{11} = \frac{R_{12}R_{21}T_{11}}{1 - R_{22}T_{11}}$$

$$\Leftrightarrow (\mu_4 - R_{11})(1 - R_{22}T_{11}) = R_{12}R_{21}T_{11}$$

$$\Leftrightarrow \frac{1}{T_{11}} - R_{22} = \frac{R_{12}R_{21}}{\mu_4 - R_{11}}$$

$$\Leftrightarrow T_{11} = \left(\frac{R_{12}R_{21}}{\mu_4 - R_{11}} + R_{22}\right)^{-1}$$

Schließlich folgt aus Gl. (4.13) noch $R_{21}T_{21}$:

$$R_{21}T_{21} = \mu_5(1 - R_{22}T_{11}) .$$

## Übungsaufgabe 4.3

Für den Fall, dass der Reflexionsfaktor $\Gamma$ nicht exakt Null ist, gilt nach Gl. (4.12) für die Reflexionsmessung:

$$\mu_4 = \frac{R_{11} - \Delta R \cdot \Gamma}{1 - R_{22} \cdot \Gamma} .$$

Durchläuft $\Gamma$ in der $\Gamma$-Ebene einen Kreis, dann erhält man auch in der $\mu$-Ebene einen Kreis als Ortskurve. Dies wird in der Theorie der konformen Abbildungen gezeigt, wobei obige Gleichung als bilineare Transformation bezeichnet wird, die gewährleistet, dass Kreise wiederum als Kreise abgebildet werden.
Diese Aussage gilt im Allgemeinen jedoch nicht für die Mittelpunkte der Kreise, d. h. die Mittelpunkte werden nicht ineinander abgebildet. Bei der hier gestellten Messaufgabe kann $\Gamma$ jedoch als klein vorausgesetzt werden. Dann gilt näherungsweise:

$$\begin{aligned}\mu_4 &\cong (R_{11} - \Delta R \cdot \Gamma)(1 + R_{22} \cdot \Gamma) \\ &\cong R_{11} + (R_{11} R_{22} - \Delta R) \cdot \Gamma = R_{11} + R_{12} R_{21} \cdot \Gamma .\end{aligned}$$

Dieses Ergebnis kann man unmittelbar interpretieren. Ein Kreis in der $\Gamma$-Ebene wird als Kreis in die $\mu$-Ebene transformiert, dessen Mittelpunkt verschoben und dessen Radius verändert ist. Der Mittelpunkt dieses Kreises in der $\mu$-Ebene, gegeben durch $R_{11}$, entspricht jedoch $\Gamma = 0$.

## Übungsaufgabe 4.4

Gleichung (4.115) liefert den Schlüssel zum Ergebnis: Man wählt für $Z_1$ und $Z_x$ die Leitungen, für $Z_2$ einen Leerlauf und für $Z_3$ einen Kurzschluss. Es ergibt sich:

$$\frac{Z_x - Z_1}{Z_x} = \mu_{tot} \quad \Rightarrow \quad Z_x = \frac{Z_1}{1 - \mu_{tot}}$$

$$\Rightarrow \tan \beta l = \frac{\tan 2\beta l}{1 - \mu_{tot}} .$$

Mit einem Additionstheorem für $\tan 2\beta l$ folgt:

$$\begin{aligned}\tan \beta l &= \frac{2 \tan \beta l}{(1 - \tan^2 \beta l)(1 - \mu_{tot})} \Leftrightarrow \\ 1 - \tan^2 \beta l &= \frac{2}{1 - \mu_{tot}} \Leftrightarrow \\ \tan^2 \beta l &= 1 - \frac{2}{1 - \mu_{tot}} \\ &= \frac{\mu_{tot} + 1}{\mu_{tot} - 1} \Leftrightarrow \\ \tan \beta l &= \pm \sqrt{\frac{\mu_{tot} + 1}{\mu_{tot} - 1}} .\end{aligned}$$

Für die Bestimmung des Vorzeichens benötigt man a priori Informationen über die ungefähre Länge der Leitung.

## Übungsaufgabe 4.5

Zuerst werden die Gleichungen (4.41) und (4.43) miteinander multipliziert, (4.40) und (4.41) sowie (4.42) und (4.43) jeweils durcheinander dividiert.

$$y_2 y_4 S_{12} S_{21} = \left(1 - T_{11}{}' S_{22}\right)\left(1 - R_{22}{}'' S_{11}\right) \qquad (1)$$

$$\frac{y_1}{y_2} = \frac{S_{11} - T_{11}{}' \Delta S}{1 - T_{11}{}' S_{22}}$$

$$= \frac{S_{11} - T_{11}{}'\left(S_{11} S_{22} - S_{12} S_{21}\right)}{1 - T_{11}{}' S_{22}}$$

$$= \frac{S_{11}\left(1 - T_{11}{}' S_{22}\right) + T_{11}{}' S_{12} S_{21}}{1 - T_{11}{}' S_{22}}$$

$$= S_{11} + \frac{T_{11}{}' S_{12} S_{21}}{1 - T_{11}{}' S_{22}} \qquad (2)$$

Nun multipliziert man Gleichung (1) mit (2) und erhält die Lösung für $S_{11}$:

$$y_2 y_4 S_{12} S_{21}\left(\frac{y_1}{y_2} - S_{11}\right) = \left(1 - T_{11}{}' S_{22}\right)\left(1 - R_{22}{}'' S_{11}\right)\frac{T_{11}{}' S_{12} S_{21}}{1 - T_{11}{}' S_{22}}$$

$$\Leftrightarrow y_2 y_4\left(\frac{y_1}{y_2} - S_{11}\right) = \left(1 - R_{22}{}'' S_{11}\right) T_{11}{}'$$

$$\Leftrightarrow y_1 y_4 - y_2 y_4 S_{11} = T_{11}{}' - R_{22}{}'' T_{11}{}' S_{11}$$

$$\Leftrightarrow y_1 y_4 - T_{11}{}' = S_{11}\left(y_2 y_4 - R_{22}{}'' T_{11}{}'\right)$$

$$\Leftrightarrow S_{11} = \frac{y_1 y_4 - T_{11}{}'}{y_2 y_4 - R_{22}{}'' T_{11}{}'} .$$

Eine identische Rechnung ergibt nach Multiplikation von Gleichung (1) und dem Quotienten $\frac{y_3}{y_4}$ den Ausdruck für $S_{22}$:

$$S_{22} = \frac{y_2 y_3 - R_{22}{}''}{y_2 y_4 - R_{22}{}'' T_{11}{}'} .$$

Durch Umformung von Gl. (4.41) und Gl. (4.43) erhält man die Gleichungen:

$$S_{21} = \frac{1 - T_{11}{}' S_{22}}{y_2}$$

$$S_{12} = \frac{1 - R_{22}{}'' S_{11}}{y_4} .$$

## Übungsaufgabe 4.6

Wenn gilt $[A] = [B]^{-1}[C][B]$, dann ist $\det[A] = \det[C]$ und $\text{spur}[A] = \text{spur}[C]$, wobei die Spur einer Matrix als die Summe ihrer Hauptdiagonalelemente definiert ist.

Mit $[A] = \begin{bmatrix} A_{11} & A_{12} \\ A_{21} & A_{22} \end{bmatrix}$, $[B] = \begin{bmatrix} B_{11} & B_{12} \\ B_{21} & B_{22} \end{bmatrix}$ und $[C] = \begin{bmatrix} C_{11} & C_{12} \\ C_{21} & C_{22} \end{bmatrix}$ gilt:

$$spur\left\{[B]^{-1}[C][B]\right\}$$

$$= spur\left\{\begin{bmatrix} B_{11} & B_{12} \\ B_{21} & B_{22} \end{bmatrix}^{-1} \begin{bmatrix} C_{11} & C_{12} \\ C_{21} & C_{22} \end{bmatrix} \begin{bmatrix} B_{11} & B_{12} \\ B_{21} & B_{22} \end{bmatrix}\right\}$$

$$= spur\left\{\frac{1}{B_{11}B_{22} - B_{12}B_{21}} \begin{bmatrix} B_{22} & -B_{12} \\ -B_{21} & B_{11} \end{bmatrix} \begin{bmatrix} C_{11}B_{11} + C_{12}B_{21} & C_{11}B_{12} + C_{12}B_{22} \\ C_{21}B_{11} + C_{22}B_{21} & C_{21}B_{12} + C_{22}B_{22} \end{bmatrix}\right\}$$

$$= spur\left\{\frac{1}{B_{11}B_{22} - B_{12}B_{21}} \begin{bmatrix} B_{22}\left(C_{11}B_{11} + C_{12}B_{21}\right) - B_{12}\left(C_{21}B_{11} + C_{22}B_{21}\right) & \text{Element wird nicht benötigt} \\ \text{Element wird nicht benötigt} & -B_{21}\left(C_{11}B_{12} + C_{12}B_{22}\right) + B_{11}\left(C_{21}B_{12} + C_{22}B_{22}\right) \end{bmatrix}\right\}$$

$$= \frac{B_{22}\left(C_{11}B_{11} + C_{12}B_{21}\right) - B_{12}\left(C_{21}B_{11} + C_{22}B_{21}\right)}{B_{11}B_{22} - B_{12}B_{21}} - \frac{B_{21}\left(C_{11}B_{12} + C_{12}B_{22}\right) + B_{11}\left(C_{21}B_{12} + C_{22}B_{22}\right)}{B_{11}B_{22} - B_{12}B_{21}}$$

$$= \frac{\left(B_{11}B_{22} - B_{12}B_{21}\right)\left(C_{11} + C_{22}\right)}{B_{11}B_{22} - B_{12}B_{21}}$$

$$= C_{11} + C_{22}$$

$$= spur[C] \quad \text{q.e.d.}$$

## Übungsaufgabe 4.7

Mit Gl. (4.65) ergibt sich folgendes Gleichungssystem:

$$\begin{pmatrix} -m_{11} & -1 & S_{11}m_{11} & S_{11} & 0 & S_{12}m_{21} & 0 & 0 \\ -m_{12} & 0 & S_{11}m_{12} & 0 & S_{12} & S_{12}m_{22} & 0 & 0 \\ 0 & 0 & S_{21}m_{11} & S_{21} & 0 & S_{22}m_{21} & 0 & -m_{21} \\ 0 & 0 & S_{21}m_{12} & 0 & S_{22} & S_{22}m_{22} & -1 & -m_{22} \end{pmatrix} \cdot \begin{pmatrix} G_{11} \\ G_{12} \\ G_{21} \\ G_{22} \\ H_{11} \\ H_{12} \\ H_{21} \\ H_{22} \end{pmatrix} = 0$$

Mit den Streumatrizen des TMR-Standards

$$S_T = \begin{pmatrix} 0 & 1 \\ 1 & 0 \end{pmatrix} \quad S_M = \begin{pmatrix} 0 & 0 \\ 0 & 0 \end{pmatrix} \quad S_R = \begin{pmatrix} \rho & 0 \\ 0 & \rho \end{pmatrix}$$

ergibt sich bei den drei Messungen:

$$\begin{pmatrix} -m_{11}{}^T & -1 & 0 & 0 & 0 & m_{21}{}^T & 0 & 0 \\ -m_{12}{}^T & 0 & 0 & 0 & 1 & m_{22}{}^T & 0 & 0 \\ 0 & 0 & m_{11}{}^T & 1 & 0 & 0 & 0 & -m_{21}{}^T \\ 0 & 0 & m_{12}{}^T & 0 & 0 & 0 & -1 & -m_{22}{}^T \\ -m_{11}{}^M & -1 & 0 & 0 & 0 & 0 & 0 & 0 \\ 0 & 0 & 0 & 0 & 0 & 0 & -1 & -m_{22}{}^M \\ -m_{11}{}^R & -1 & \rho m_{11}{}^R & \rho & 0 & 0 & 0 & 0 \\ 0 & 0 & 0 & 0 & \rho & \rho m_{22}{}^R & -1 & -m_{22}{}^R \end{pmatrix} \cdot \begin{pmatrix} G_{11} \\ G_{12} \\ G_{21} \\ G_{22} \\ H_{11} \\ H_{12} \\ H_{21} \\ H_{22} \end{pmatrix} = 0$$

Von dieser Matrix ist die Determinante zu bilden.

$$D_m = \begin{vmatrix} -m_{11}{}^T & -1 & 0 & 0 & 0 & m_{21}{}^T & 0 & 0 \\ -m_{12}{}^T & 0 & 0 & 0 & 1 & m_{22}{}^T & 0 & 0 \\ 0 & 0 & m_{11}{}^T & 1 & 0 & 0 & 0 & -m_{21}{}^T \\ 0 & 0 & m_{12}{}^T & 0 & 0 & 0 & -1 & -m_{22}{}^T \\ -m_{11}{}^M & -1 & 0 & 0 & 0 & 0 & 0 & 0 \\ 0 & 0 & 0 & 0 & 0 & 0 & -1 & -m_{22}{}^M \\ -m_{11}{}^R & -1 & \rho m_{11}{}^R & \rho & 0 & 0 & 0 & 0 \\ 0 & 0 & 0 & 0 & \rho & \rho m_{22}{}^R & -1 & -m_{22}{}^R \end{vmatrix} = 0$$

Im ersten Schritt erfolgt die Reduktion z. B. durch Entwickeln nach der 5. Spalte. Die Determinante $D_m$ dieses Gleichungssystems ergibt sich nach mehreren Reduktionen schließlich mit $\Delta m^T = m_{11}{}^T m_{22}{}^T - m_{21}{}^T m_{12}{}^T$ zu:

$$D_m = m_{21}{}^T m_{12}{}^T \left(m_{22}{}^R - m_{22}{}^M\right)\left(m_{11}{}^T - m_{11}{}^M\right)$$
$$+ \rho^2 \left\{\left(\Delta m^T + m_{11}{}^T m_{22}{}^R + m_{11}{}^M m_{22}{}^T - m_{11}{}^M m_{22}{}^R\right) \cdot \left(-\Delta m^T - m_{11}{}^T m_{22}{}^M + m_{11}{}^R m_{22}{}^M - m_{11}{}^R m_{22}{}^T\right)\right\}$$

Dies ist eine quadratische Gleichung für den unbekannten Reflexionsfaktor $\rho$.

## Übungsaufgabe 4.8

Mit Gl. (4.113) ergibt sich:

$$\text{I: } \mu_1 + \mu_1 C_3 \Gamma_1 = C_1 + C_2 \Gamma_1$$
$$\text{II: } \mu_2 + \mu_2 C_3 \Gamma_2 = C_1 + C_2 \Gamma_2$$
$$\text{III: } \mu_3 + \mu_3 C_3 \Gamma_3 = C_1 + C_2 \Gamma_3$$
$$\text{IV: } \mu_x + \mu_x C_3 \Gamma_x = C_1 + C_2 \Gamma_x \,.$$

Durch Bildung der Differenz von Gl. II und Gl. I wird $C_1$ eliminiert:

$$\mu_2 - \mu_1 + \mu_2 C_3 \Gamma_2 - \mu_1 C_3 \Gamma_1 = C_2 \left(\Gamma_2 - \Gamma_1\right)$$
$$\left(\mu_2 - \mu_1\right) + \mu_2 C_3 \Gamma_2 - \mu_1 C_3 \Gamma_1 + \mu_2 C_3 \Gamma_1 - \mu_2 C_3 \Gamma_1 = C_2 \left(\Gamma_2 - \Gamma_1\right)$$
$$\left(\mu_2 - \mu_1\right) + C_3 \Gamma_1 \left(\mu_2 - \mu_1\right) + \mu_2 C_3 \left(\Gamma_2 - \Gamma_1\right) = C_2 \left(\Gamma_2 - \Gamma_1\right)$$
$$1 + C_3 \Gamma_1 + \mu_2 C_3 \frac{\left(\Gamma_2 - \Gamma_1\right)}{\left(\mu_2 - \mu_1\right)} = C_2 \frac{\left(\Gamma_2 - \Gamma_1\right)}{\left(\mu_2 - \mu_1\right)}$$
$$\frac{1}{C_3} + \Gamma_1 + \mu_2 \frac{\left(\Gamma_2 - \Gamma_1\right)}{\left(\mu_2 - \mu_1\right)} = \frac{C_2}{C_3} \frac{\left(\Gamma_2 - \Gamma_1\right)}{\left(\mu_2 - \mu_1\right)}$$
$$C + \Gamma_1 + \mu_2 \alpha_{21} = B \alpha_{21} \qquad (1)$$

mit den Abkürzungen:

$$C = \frac{1}{C_3}; \quad \alpha_{21} = \frac{\left(\Gamma_2 - \Gamma_1\right)}{\left(\mu_2 - \mu_1\right)}; \quad B = \frac{C_2}{C_3} \,.$$

Mit der gleichen Umformung erhält man:

$$\text{II} - \text{III:} \quad C + \Gamma_3 + \mu_2 \alpha_{23} = B \alpha_{23} \qquad (2)$$
$$\text{IV} - \text{III:} \quad C + \Gamma_3 + \mu_x \alpha_{x3} = B \alpha_{x3} \qquad (3)$$
$$\text{IV} - \text{I:} \quad C + \Gamma_1 + \mu_x \alpha_{x1} = B \alpha_{x1} \qquad (4)$$

(1) – (4) und (2) – (3) ergibt:

$$\mu_2 \alpha_{21} - \mu_x \alpha_{x1} = B(\alpha_{21} - \alpha_{x1})$$
$$\mu_2 \alpha_{23} - \mu_x \alpha_{x3} = B(\alpha_{23} - \alpha_{x3})$$

$$\frac{\mu_2 \alpha_{21} - \mu_x \alpha_{x1}}{\alpha_{21} - \alpha_{x1}} = \frac{\mu_2 \alpha_{23} - \mu_x \alpha_{x3}}{\alpha_{23} - \alpha_{x3}}$$

$$(\mu_2 \alpha_{21} - \mu_x \alpha_{x1})(\alpha_{23} - \alpha_{x3}) = (\mu_2 \alpha_{23} - \mu_x \alpha_{x3})(\alpha_{21} - \alpha_{x1})$$

$$\mu_2 \alpha_{21} \alpha_{23} - \mu_2 \alpha_{21} \alpha_{x3} - \mu_x \alpha_{x1} \alpha_{23} + \mu_x \alpha_{x1} \alpha_{x3} =$$
$$\mu_2 \alpha_{23} \alpha_{21} - \mu_2 \alpha_{23} \alpha_{x1} - \mu_x \alpha_{x3} \alpha_{21} + \mu_x \alpha_{x3} \alpha_{x1}$$

$$\mu_2 \alpha_{21} \alpha_{x3} + \mu_x \alpha_{x1} \alpha_{23} = \mu_2 \alpha_{23} \alpha_{x1} + \mu_x \alpha_{x3} \alpha_{21}$$

$$\alpha_{21} \alpha_{x3} (\mu_2 - \mu_x) = \alpha_{23} \alpha_{x1} (\mu_2 - \mu_x)$$

$$\alpha_{21} \alpha_{x3} = \alpha_{23} \alpha_{x1} .$$

Setzt man die eingeführten Abkürzungen wieder ein und formt um, so erhält man das gesuchte Ergebnis:

$$\frac{(\Gamma_2 - \Gamma_1)}{(\mu_2 - \mu_1)} \frac{(\Gamma_x - \Gamma_3)}{(\mu_x - \mu_3)} = \frac{(\Gamma_2 - \Gamma_3)}{(\mu_2 - \mu_3)} \frac{(\Gamma_x - \Gamma_1)}{(\mu_x - \mu_1)}$$

$$\frac{(\mu_2 - \mu_3)}{(\mu_2 - \mu_1)} \frac{(\mu_x - \mu_1)}{(\mu_x - \mu_3)} = \frac{(\Gamma_2 - \Gamma_3)}{(\Gamma_2 - \Gamma_1)} \frac{(\Gamma_x - \Gamma_1)}{(\Gamma_x - \Gamma_3)} .$$

# Lösungen zu Kapitel 5

## Übungsaufgabe 5.1

Bei idealen Bauelementen erhält man nach der Addition der Signale nach den Modulatoren und damit vor dem Messobjekt:

$$u(t) = A\cos(\Omega + \omega)t \ .$$

Da aber die Amplitude und die Phase der von den Modulatoren kommenden Signale nicht exakt gleich sind, wird das Spiegelsignal ($\Omega-\omega$) nicht vollständig unterdrückt. Somit liegt am Messobjekt folgendes Signal an:

$$u(t) = A_N \cos((\Omega + \omega)t + \varphi_N) + A_{St} \cos((\Omega - \omega)t + \varphi_{St}) \,.$$

$N$ = Nutzsignal, $St$ = Störsignal.
Das Signal erfährt durch das Messobjekt eine zusätzliche Amplitudenänderung $\alpha$, sowie eine Phasenänderung $\varphi$. An den balancierten Mischern stehen nach dem 3 dB/90°-Koppler folgende Signale an:

$$u_1(t) = k\alpha A_N \cos((\Omega + \omega)t + \varphi_N + \varphi) + k\alpha A_{St} \cos((\Omega - \omega)t + \varphi_{St} + \varphi) \,.$$

$$u_2(t) = k\alpha A_N \cos((\Omega + \omega)t + \varphi_N + \varphi + 90°) \\ + k\alpha A_{St} \cos((\Omega - \omega)t + \varphi_{St} + \varphi + 90°) \,.$$

Diese Signale werden mit dem Lokaloszillatorsignal ($LO$) $A_0\cos(\Omega t)$ gemischt. An den jeweiligen Mischerausgängen erhält man nach Tiefpassfilterung (Signale mit $2\Omega$ werden unterdrückt) somit folgende Zwischenfrequenzsignale($ZF$):

$$u_{ZF1}(t) = k\alpha\kappa A_N \cos(\omega t + \varphi_N + \varphi) + k\alpha\kappa A_{St} \cos(\omega t - \varphi_{St} - \varphi) \,.$$

$$u_{ZF2}(t) = k\alpha\kappa A_N \cos(\omega t + \varphi_N + \varphi + 90°) + k\alpha\kappa A_{St} \cos(\omega t - \varphi_{St} - \varphi - 90°) \,.$$

In $k$ sind die Verluste des Kopplers und in $\kappa$ die Konversionsverluste des Mischers enthalten.
Nach dem 90°-Phasenschieber wird die Zwischenfrequenz $ZF_1$ so geändert, dass das Nutzsignal gleichphasig und das Störsignal gegenphasig am Addierer anliegt. Man erhält somit eine nochmalige Unterdrückung des Störsignals.

$$u_{ZF}(t) = k\alpha\kappa A_N \left[\cos(\omega t + \varphi_N + \varphi + 90°) + \cos(\omega t + \varphi_N + \varphi + 90°)\right] \\ + k\alpha\kappa A_{St} \underbrace{\left[\cos(\omega t - \varphi_{St} - \varphi + 90°) + \cos(\omega t - \varphi_{St} - \varphi - 90°)\right]}_{=0} \,.$$

## Übungsaufgabe 5.2

Im Idealfall wird das Spiegelsignal vollständig unterdrückt. Da die Modulatoren jedoch nicht exakt gleich sind, gelangt auch das Störsignal (Spiegelsignal) in die Zwischenfrequenz (s. Übungsaufgabe 5.1):

$$u(t) = A_N \cos((\Omega + \omega)t + \varphi_N) + A_{St} \cos((\Omega - \omega)t + \varphi_{St}).$$

Analog zu Übungsaufgabe 5.1:

$$u_1(t) = k\alpha A_N \cos((\Omega + \omega)t + \varphi_N + \varphi) + k\alpha A_{St} \cos((\Omega - \omega)t + \varphi_{St} + \varphi).$$

$$\begin{aligned} u_2(t) = {} & k\alpha A_N \cos((\Omega + \omega)t + \varphi_N + \varphi + 90°) \\ & + k\alpha A_{St} \cos((\Omega - \omega)t + \varphi_{St} + \varphi + 90°). \end{aligned}$$

Diese Signale werden mit dem Lokaloszillatorsignal (*LO*) $A_0\cos(\Omega t)$ gemischt und tiefpassgefiltert:

$$u_{ZF1}(t) = B_{N1} \cos(\omega t + \varphi_N + \varphi) + B_{St1} \cos(\omega t - \varphi_{St} - \varphi).$$

$$u_{ZF2}(t) = B_{N2} \cos(\omega t + \varphi_N + \varphi + 90°+\delta) + B_{St2} \cos(\omega t - \varphi_{St} - \varphi - 90°-\delta).$$

In $B_i$ sind die Verluste des Kopplers und die Konversionsverluste des Mischers enthalten. $\alpha$ berücksichtigt das nichtideale Verhalten des Kopplers.
Nach dem Phasenschieber $(90°+\beta)$ und einer Amplitudengewichtung $a$ für die Zwischenfrequenz $ZF_1$ erhält man nach Addition des 2. ZF-Signals eine vollständige Unterdrückung des Spiegelsignals, wenn das Störsignal gerade null wird:

$$\begin{aligned} u_{ZF} &= a \cdot u_{ZF1}(\beta) + u_{ZF2} \\ &= aB_{N1} \cos(\omega t + \varphi_N + \varphi + 90°+\beta) + B_{N2} \cos(\omega t + \varphi_N + \varphi + 90°+\delta) \\ &\quad + \underbrace{aB_{St1} \cos(\omega t - \varphi_{St} - \varphi + 90°+\beta) + B_{St2} \cos(\omega t - \varphi_{St} - \varphi - 90°-\delta)}_{=0}. \end{aligned}$$

Also

$$aB_{St1} \sin(\omega t - \varphi_{St} - \varphi + \beta) = B_{St2} \sin(\omega t - \varphi_{St} - \varphi - \delta).$$

Daraus ergibt sich eine Amplituden- und eine Phasenbedingung, die man erfüllen muss:

$$a = \frac{B_{St2}}{B_{St1}} \quad \text{und} \quad \beta = -\delta.$$

## Übungsaufgabe 5.3

Um den erforderlichen Phasenhub $2\Delta\Phi(t)$ zu berechnen, muss die Gleichung (5.13) ausgewertet werden. Es folgt aus dem Aufgabentext, dass für $\Phi(t)$ gilt:

$$\Phi(t) = a\frac{t}{T} = \frac{\Delta\Phi}{x}\frac{t}{T} \text{ für } 0 \le t \le xT \quad ; \quad x = 0{,}9$$

$$\text{und} \quad \Phi(t) = b + c\frac{t}{T} = \frac{\Delta\Phi}{1-x} - \frac{\Delta\Phi}{1-x}\frac{t}{T} \qquad \text{für } xT \le t \le T$$

Außerdem ist $\Phi(t)$ eine ungerade Funktion, also $\Phi(t) = -\Phi(t)$. Damit wird aber $\cos(\omega t + \Phi(t))$ eine gerade Funktion, so dass wir für die Gleichung (5.13) auch schreiben können:

$$0 = \int_0^x \cos\left(\pi\frac{t}{T} + a\frac{t}{T}\right) d\left(\frac{t}{T}\right) + \int_x^1 \cos\left(\pi\frac{t}{T} + b + c\frac{t}{T}\right) d\left(\frac{t}{T}\right)$$

oder mit $\frac{t}{T} = y$

$$0 = \int_0^x \cos(\pi y + a y)dy + \int_x^1 \cos(\pi y + b + c y)dy$$

Damit gilt weiterhin:

$$0 = \frac{1}{\pi + a}\sin(\pi y + a y)\Big|_0^x + \frac{1}{\pi + c}\sin(\pi y + b + c y)\Big|_x^1$$

oder

$$0 = \frac{1}{\pi + a}\sin\left[(\pi + a)x\right] + \frac{1}{\pi + c}\left\{\sin(\pi + c + b) - \sin\left[(\pi + c)x + b\right]\right\}$$

$$\Leftrightarrow \quad 0 = \frac{1}{\pi + \frac{\Delta\phi}{x}}\sin(\pi x + \Delta\Phi) + \frac{1}{\pi - \frac{\Delta\phi}{1-x}}\left\{\left\{\sin\left(\pi - \frac{\Delta\Phi}{1-x} + \frac{\Delta\Phi}{1-x}\right)\right\}\right.$$

$$\left. - \sin\left(\pi x + \Delta\Phi\left(\frac{1}{1-x} - \frac{x}{1-x}\right)\right)\right\}$$

$$\Leftrightarrow \quad 0 = \frac{1}{\pi + \frac{\Delta\Phi}{x}}\sin(\pi x + \Delta\Phi) - \frac{1}{\pi - \frac{\Delta\Phi}{1-x}}\sin(\pi + \Delta\Phi)$$

Damit erhalten wir die Lösungen

$$\sin(\pi x + \Delta\Phi) = 0 \qquad \text{bzw.} \quad \pi x + \Delta\Phi = \pm n\pi \quad , \quad n = 1, 2, 3...$$

Diejenige Lösung, welche dem idealen Sägezahn besonders nahe kommt, erhält man für $n = 2$ :

$$\Delta\Phi = (2 - x)\pi = 1{,}1\pi \quad bzw. \quad \Delta\Phi = 2{,}2\pi$$

Die Amplitude des oberen Seitenbandes $\hat{U}_{+1}$ ergibt sich aus

$$\begin{aligned}
\hat{U}_{+1} &= \hat{U}\frac{1}{2}(c_1 + b_1) \\
&= \frac{1}{2}\hat{U}\,2\frac{1}{\pi}\int_0^{\pi}\cos(\omega t - \Phi(t))\,d\,\omega t \\
&= \hat{U}\frac{1}{\pi}\pi\left\{\int_0^{x}\cos\left(\pi\frac{t}{T} - a\frac{t}{T}\right)d\left(\frac{t}{T}\right) + \int_x^{1}\cos\left(\pi\frac{t}{T} - b - c\frac{t}{T}\right)d\left(\frac{t}{T}\right)\right\} \\
&= \hat{U}\left\{\int_0^{x}\cos(\pi y - a y)\,dy + \int_x^{1}\cos(\pi y - b - c y)\,dy\right\} \\
&= \hat{U}\left\{\frac{1}{\pi - a}\sin(\pi y - a y)\Big|_0^{x} + \frac{1}{\pi - c}\sin(\pi y - b - c y)\Big|_x^{1}\right\} \\
&= \hat{U}\left\{\frac{1}{\pi - a}\sin(\pi - a)x + \frac{1}{\pi - c}\Big(\sin(\pi - b - c) - \sin[(\pi - c)x - b]\Big)\right\} \\
&= \hat{U}\left\{\frac{1}{\pi - \dfrac{\Delta\Phi}{x}}\sin(\pi x - \Delta\Phi) - \frac{1}{\pi + \dfrac{\Delta\Phi}{1 - x}}\sin\left(\pi x + \frac{\Delta\Phi x}{1 - x} - \frac{\Delta\Phi}{1 - x}\right)\right\} \\
&= \hat{U}\left\{\frac{1}{\pi - \dfrac{\Delta\Phi}{x}} - \frac{1}{\pi + \dfrac{\Delta\Phi}{1 - x}}\right\}\sin(\pi x - \Delta\Phi)
\end{aligned}$$

Für $x = 0{,}9$ und $\Delta\Phi = 1{,}1\pi$ wird daraus:

$$\hat{U}_{+1} = \hat{U}\,0{,}8575 \mathrel{\hat{=}} -1{,}33\,\text{dB}$$

Die Abschwächung des Nutzseitenbandes relativ zum eingespeisten Träger beträgt damit 1,33 dB. Dabei wurde angenommen, dass der Phasenschieber selbst verlustfrei ist.

## Übungsaufgabe 5.4

Gemäß Aufgabenstellung seien drei Phasenschalter aktiviert. Es wird der Ansatz gemacht, dass $U_t$ eine gewichtete Messspannung $U_1$ bis $U_8$ ist, wenn die drei

Phasenschalter in die acht möglichen Schaltzustände gebracht werden. Mit den Wichtungsfaktoren $b_1$, $b_2$ und $b_3$ lautet dieser Ansatz:

$$U_t = U_1 + b_1 U_2 + b_2 U_3 + b_3 U_4 + b_1 b_2 U_5 + b_1 b_3 U_6 + b_2 b_3 U_7 + b_1 b_2 b_3 U_8$$

Führt man die Ausdrücke für die Spannungen $U_1$ bis $U_8$ aus den Gleichungen (5.15) bis (5.22) in die obige Gleichung ein, dann erhält man:

$$\begin{aligned} U_t &= \frac{1}{2} F_0 \big(1 + b_1 \mu_1 + b_2 \mu_2 + b_3 \mu_3 + b_1 b_2 \mu_1 \mu_2 + b_1 b_3 \mu_1 \mu_3 + b_2 b_3 \mu_2 \mu_3 \\ &\quad + b_1 b_2 b_3 \mu_1 \mu_2 \mu_3\big) + \frac{1}{2} F_0^* \big(1 + b_1 \mu_1^* + b_2 \mu_2^* + b_3 \mu_3^* + b_1 b_2 \mu_1^* \mu_2^* \\ &\quad + b_1 b_3 \mu_1^* \mu_3^* + b_2 b_3 \mu_2^* \mu_3^* + b_1 b_2 b_3 \mu_1^* \mu_2^* \mu_3^*\big) \\ &= \frac{1}{2}\Big[F_0 (1 + b_1 \mu_1)(1 + b_2 \mu_2)(1 + b_3 \mu_3) \\ &\quad + F_0^* (1 + b_1 \mu_1^*)(1 + b_2 \mu_2^*)(1 + b_3 \mu_3^*)\Big] \end{aligned}$$

Wählt man die Wichtungsfaktoren $b_1$, $b_2$ und $b_3$ so, dass die Faktoren vor $F_0^*$ null werden, also

$$b_1 = -\frac{1}{\mu_1^*} \quad , \quad b_2 = -\frac{1}{\mu_2^*} \quad , \quad b_3 = -\frac{1}{\mu_3^*}$$

dann ist $U_t$ proportional zu $F_0$ bzw. zur Übertragungsfunktion $H_m$ des Messobjektes. Obige Gleichung kann man auch schreiben

$$S = F_0 B_u + F_0^* B_l \ ,$$

wobei

$$B_u = (1 + b_1 \mu_1)(1 + b_2 \mu_2)(1 + b_3 \mu_3)$$

$$B_l = (1 + b_1 \mu_1^*)(1 + b_2 \mu_2^*)(1 + b_3 \mu_3^*)$$

als äquivalente Amplituden des oberen bzw. unteren Seitenbandes bezeichnet werden. Da man durch die Wahl der $b_i$ die Seitenbandamplitude $B_u$ oder $B_l$ zu Null machen kann, wird tatsächlich nur ein Seitenband detektiert und das andere mit

$$S = \frac{B_u}{B_l}$$

unterdrückt. Sind die Phasenschaltercharakteristiken $\mu_i$ exakt bekannt, so wird eine völlige Unterdrückung des unerwünschten Seitenbandes erreicht und das System arbeitet ohne Messfehler. In der Praxis führt die unvermeidbare Unsicherheit bei der Bestimmung der $\mu_i$ aber zu einer endlichen Seitenbandunterdrückung $S$ und damit zu Messfehlern. Diese ergeben sich zu

$$\delta_A = \frac{1}{|S|}, \quad \delta_\Theta = \arcsin\frac{1}{|S|},$$

mit $\delta_A$ als Amplitudenfehler und $\delta_\Theta$ als Phasenfehler.

## Übungsaufgabe 5.5

Die vier kaskadierten Phasenschalter (PS) weisen ungefähr die folgenden Schaltwerte auf:

$$\text{PS I} \rightarrow \mu_0 = e^{j180°}$$
$$\text{PS II} \rightarrow \mu_1 = e^{j90°}$$
$$\text{PS III} \rightarrow \mu_2 = e^{j45°}$$
$$\text{PS IV} \rightarrow \mu_3 = e^{j22,5°}$$

Mit den Gleichungen (5.28) erhält man die vier Wichtungsfaktoren

$$b_0 = \frac{1}{\mu_0^*} = e^{j180°},$$
$$b_1 = -\frac{1}{\mu_1^*} = -e^{j90°},$$
$$b_2 = -\frac{1}{\mu_2^*} = -e^{j45°},$$
$$b_3 = -\frac{1}{\mu_3^*} = -e^{j22,5°}.$$

Mit dem Ansatz

$$\begin{aligned} U_t &= \sum_{i=1}^{16} \vartheta_i U_i \\ &= U_1 + b_0 U_2 + b_1 U_3 + b_2 U_4 + b_3 U_5 + b_0 b_1 U_6 + b_0 b_2 U_7 + b_0 b_3 U_8 \\ &\quad + b_1 b_2 U_9 + b_1 b_3 U_{10} + b_2 b_3 U_{11} + b_0 b_1 b_2 U_{12} + b_0 b_1 b_3 U_{13} + b_0 b_2 b_3 U_{14} \\ &\quad + b_1 b_2 b_3 U_{15} + b_0 b_1 b_2 b_3 U_{16} \end{aligned}$$

erhält man für die Beiwerte

$$\vartheta_1 = e^{j0°}, \quad \vartheta_2 = e^{-j180°}, \quad \vartheta_3 = e^{-j90°}, \quad \vartheta_4 = e^{-j135°}$$

$$\vartheta_5 = e^{-j157,5°}, \quad \vartheta_6 = e^{-j270°}, \quad \vartheta_7 = e^{-j315°}, \quad \vartheta_8 = e^{-j337,5°}$$

$$\vartheta_9 = e^{-j225°} \;, \vartheta_{10} = e^{-j247,5°} \;, \vartheta_{11} = e^{-j292,5°} \;, \vartheta_{12} = e^{-j45°}$$

$$\vartheta_{13} = e^{-j67,5°} \;, \vartheta_{14} = e^{-j112,5°} \;, \vartheta_{15} = e^{-j22,5°} \;, \vartheta_{16} = e^{-j202,5°} \;.$$

Für eine monoton abnehmende Phase ergibt sich folgende Reihung:

$$U_1 \to U_{15} \to U_{12} \to U_{13} \to U_3 \to U_{14} \to U_4 \to U_5 \to U_2 \to U_{16} \to U_9 \to U_{10} \to U_6 \to U_{11} \to U_7 \to U_8 \;,$$

und folgende Zeitdiagramme für die Phasenschalteransteuerung:

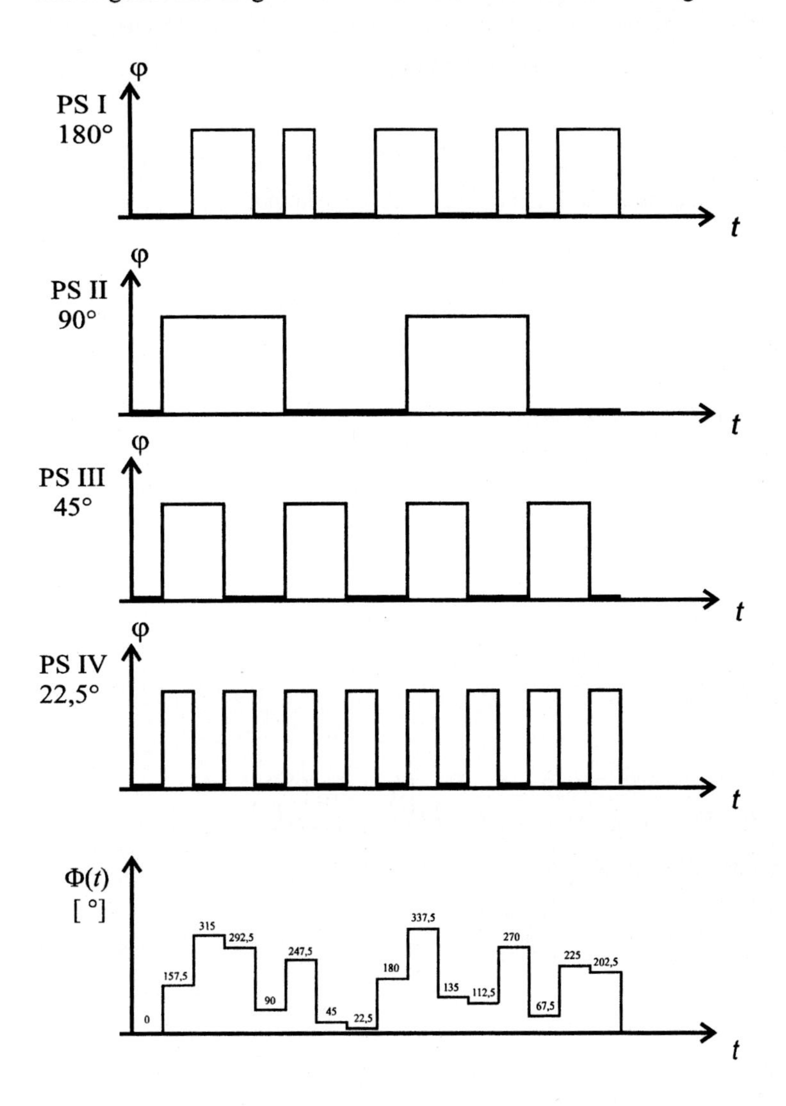

## Übungsaufgabe 5.6

Zunächst erweitert man Gl. (5.37) mit $b{\cdot}R_4$ und führt die Beziehung $a = \Gamma{\cdot}b$ sowie die Abkürzungen

$$\alpha_1 = R_1/R_4\,,\ \beta_1 = Q_1/R_4 \ \text{ und } \ \gamma = Q_4/R_4$$

ein.
Die komplexen Konstanten $\alpha_2$, $\alpha_3$, $\beta_2$ und $\beta_3$ ergeben sich auf analoge Weise. Formt man nun Gl. (5.37) um, so ergibt sich

$$m(1+\gamma\Gamma) = \alpha_1 + \beta_1\Gamma\,,$$

und daraus der Reflexionsfaktor des Messobjektes

$$\Gamma = \frac{\alpha_1 - m}{m\gamma - \beta_1}\ .$$

Setzt man diesen Ausdruck für $\Gamma$ in Gl. (5.39) ein, so bekommt man

$$\frac{P_2}{P_4} = \left|\frac{\alpha_2 + \beta_2\dfrac{\alpha_1 - m}{m\gamma - \beta_1}}{1+\gamma\dfrac{\alpha_1 - m}{m\gamma - \beta_1}}\right|^2 = \left|\frac{m(\gamma\alpha_2 - \beta_2) - \alpha_2\beta_1 + \alpha_1\beta_2}{\gamma\alpha_1 - \beta_1}\right|^2$$

$$= \left|\frac{\gamma\alpha_2 - \beta_2}{\gamma\alpha_1 - \beta_1}\right|^2 \left|m - \frac{\alpha_2\beta_1 - \alpha_1\beta_2}{\gamma\alpha_2 - \beta_2}\right|^2$$

$$= |\xi_1|^2 |m - w_1|^2\ ,$$

also für

$$\xi_1 = \frac{\gamma\alpha_2 - \beta_2}{\gamma\alpha_1 - \beta_1} = \frac{1}{\gamma\alpha_1 - \beta_1}\begin{bmatrix}\gamma & -1\end{bmatrix}\begin{bmatrix}\alpha_2\\ \beta_2\end{bmatrix}$$

$$w_1 = \frac{\alpha_2\beta_1 - \alpha_1\beta_2}{\gamma\alpha_2 - \beta_2}$$

$$\xi_1 w_1 = \frac{\gamma\alpha_2 - \beta_2}{\gamma\alpha_1 - \beta_1}\cdot\frac{\alpha_2\beta_1 - \alpha_1\beta_2}{\gamma\alpha_2 - \beta_2} = \frac{1}{\gamma\alpha_1 - \beta_1}\begin{bmatrix}\beta_1 & -\alpha_1\end{bmatrix}\begin{bmatrix}\alpha_2\\ \beta_2\end{bmatrix}.$$

Es ergibt sich der gesuchte Zusammenhang

$$\begin{bmatrix}\xi_1\\ \xi_1 w_1\end{bmatrix} = \frac{1}{\gamma\alpha_1 - \beta_1}\begin{bmatrix}\gamma & -1\\ \beta_1 & -\alpha_1\end{bmatrix}\begin{bmatrix}\alpha_2\\ \beta_2\end{bmatrix}.$$

Zur Kontrolle:

$$\begin{bmatrix} \alpha_1 & -1 \\ \beta_1 & -\gamma \end{bmatrix}^{-1} = \frac{1}{\gamma\alpha_1 - \beta_1} \begin{bmatrix} \gamma & -1 \\ \beta_1 & -\alpha_1 \end{bmatrix}.$$

Ebenso erhält man das zweite Gleichungssystem:

$$\begin{bmatrix} \xi_2 \\ \xi_2 w_2 \end{bmatrix} = \frac{1}{\gamma\alpha_1 - \beta_1} \begin{bmatrix} \gamma & -1 \\ \beta_1 & -\alpha_1 \end{bmatrix} \begin{bmatrix} \alpha_3 \\ \beta_3 \end{bmatrix}.$$

## Übungsaufgabe 5.7

Mit den komplexen Größen $Y_i$ kann man Gl. (5.47) auch schreiben:

$$m = \frac{1}{P_4} \cdot \sum_{i=1}^{4} Y_i P_i = \frac{Y_4}{P_4} \cdot \left( P_4 + \sum_{i=1}^{3} \frac{Y_i P_i}{Y_4} \right)$$

$$= Y_4 \left( 1 + \sum_{i=1}^{3} y_i p_i \right),$$

mit $y_i = Y_i / Y_4$ und $p_i = P_i / P_4$. Man definiert ein $m'$ und bildet dessen Betragsquadrat:

$$m' = 1 + \sum_{i=1}^{3} y_i p_i$$

$$|m'|^2 = \left( 1 + \sum_{i=1}^{3} y_i p_i \right) \left( 1 + \sum_{i=1}^{3} y_i^* p_i \right)$$

$$= 1 + 2p_1 \operatorname{Re} y_1 + 2p_2 \operatorname{Re} y_2 + 2p_3 \operatorname{Re} y_3 + p_1^2 |y_1|^2 + p_2^2 |y_2|^2$$

$$+ p_3^2 |y_3|^2 + 2p_1 p_2 \operatorname{Re} y_1 y_2^* + 2p_1 p_3 \operatorname{Re} y_1 y_3^* + 2p_2 p_3 \operatorname{Re} y_2 y_3^*$$

$$= 1 + 2\frac{P_1}{P_4} \operatorname{Re} y_1 + 2\frac{P_2}{P_4} \operatorname{Re} y_2 + 2\frac{P_3}{P_4} \operatorname{Re} y_3 + \frac{P_1^2}{P_4^2} |y_1|^2 + \frac{P_2^2}{P_4^2} |y_2|^2$$

$$+ \frac{P_3^2}{P_4^2} |y_3|^2 + 2\frac{P_1 P_2}{P_4^2} \operatorname{Re} y_1 y_2^* + 2\frac{P_1 P_3}{P_4^2} \operatorname{Re} y_1 y_3^* + 2\frac{P_2 P_3}{P_4^2} \operatorname{Re} y_2 y_3^* .$$

Durch einfaches Umstellen kommt man auf eine Gleichung, in welcher der Zusammenhang zwischen den $Y_i$ und $A_i$ (s. Gl. (5.48)) unmittelbar ersichtlich ist:

$$-\frac{P_1^2}{P_4^2}=\frac{1}{|y_1|^2}\left[1+|y_2|^2\frac{P_2^2}{P_4^2}+|y_3|^2\frac{P_3^2}{P_4^2}+2\,\mathrm{Re}\left(y_1y_2^*\right)\frac{P_1P_2}{P_4^2}\right.$$

$$+2\,\mathrm{Re}\left(y_1y_3^*\right)\frac{P_1P_3}{P_4^2}+2\,\mathrm{Re}\left(y_2y_3^*\right)\frac{P_2P_3}{P_4^2}+\left(2\,\mathrm{Re}\left(y_1\right)-\frac{1}{|Y_4|^2}\right)\frac{P_1}{P_4}$$

$$\left.+2\,\mathrm{Re}\left(y_2\right)\frac{P_2}{P_4}+2\,\mathrm{Re}\left(y_3\right)\frac{P_3}{P_4}\right].$$

Da $m$ nur bis auf einen konstanten Faktor bekannt ist, kann man ein $Y$ festlegen, z. B. kann man $Y_4 = 1$ wählen und im Übrigen $Y_4$ dem Fehlernetzwerk hinzufügen, so dass es durch die Kalibrierung erfasst wird. Man erhält somit für das Betragsquadrat von $Y_1$

$$|Y_1|^2=\frac{|Y_4|^2}{A_1}\ .$$

Den Realteil von $Y_1$ bekommt man aus folgender Gleichung:

$$A_7=\frac{|Y_4|^2}{|Y_1|^2}\left(2\,\mathrm{Re}\frac{Y_1}{Y_4}-\frac{1}{|Y_4|^2}\right)\ .$$

Bei der Bestimmung des Imaginärteils aus bekanntem Betrag und Realteil benötigt man noch eine Vorzeicheninformation, die man über eine Vorabinformation erhält. Die Ermittlung der $Y_i$ aus den $A_i$ sollte damit keine Schwierigkeiten mehr bereiten.

## Übungsaufgabe 5.8

Ausgehend von Gl. (5.50) erhält man durch Bildung des Betragsquadrates:

$$|b_2|^2=\left(\sigma_{11}b_1+\sigma_{12}b_4\right)\left(\sigma_{11}b_1+\sigma_{12}b_4\right)^*$$

$$=|\sigma_{11}|^2|b_1|^2+2\,\mathrm{Re}\left\{\sigma_{11}^*\sigma_{12}\right\}\mathrm{Re}\left\{b_1b_4^*\right\}$$

$$+2\,\mathrm{Im}\left\{\sigma_{11}^*\sigma_{12}\right\}\mathrm{Im}\left\{b_1b_4^*\right\}+|\sigma_{12}|^2|b_4|^2$$

$$|b_3|^2=|\sigma_{21}|^2|b_1|^2+2\,\mathrm{Re}\left\{\sigma_{21}^*\sigma_{22}\right\}\mathrm{Re}\left\{b_1b_4^*\right\}$$

$$+2\,\mathrm{Im}\left\{\sigma_{21}^*\sigma_{22}\right\}\mathrm{Im}\left\{b_1b_4^*\right\}+|\sigma_{22}|^2|b_4|^2\ .$$

Die $|b_i|^2$ sind den gemessenen Leistungen $P_i$ proportional. Führen wir nun zur leichteren Rechnung einige Substitutionen ein:

$$A = 2\,\mathrm{Re}\left\{\sigma_{11}^{*}\sigma_{12}\right\}$$
$$B = 2\,\mathrm{Im}\left\{\sigma_{11}^{*}\sigma_{12}\right\}$$
$$C = 2\,\mathrm{Re}\left\{\sigma_{21}^{*}\sigma_{22}\right\}$$
$$D = 2\,\mathrm{Im}\left\{\sigma_{21}^{*}\sigma_{22}\right\}.$$

Durch einfaches Umformen erhält man aus den obigen Gleichungen

$$\mathrm{Im}\left\{b_1 b_4^{*}\right\} = \frac{1}{X}\left(\left|\sigma_{12}\right|^2 - \frac{C}{A}\left|\sigma_{11}\right|^2\right)\left|b_1\right|^2 + \frac{C}{AX}\left|b_2\right|^2 + \frac{1}{X}\left|b_3\right|^2 + \frac{1}{X}\left(\left|\sigma_{22}\right|^2 - \frac{C}{A}\left|\sigma_{12}\right|^2\right)\left|b_4\right|^2$$

$$\mathrm{Re}\left\{b_1 b_4^{*}\right\} = \left[\frac{B}{AX}\left(\frac{C}{A}\left|\sigma_{11}\right|^2 - \left|\sigma_{12}\right|^2\right) - \frac{\left|\sigma_{11}\right|^2}{A}\right]\left|b_1\right|^2 + \left(\frac{1}{A} - \frac{BC}{A^2 X}\right)\left|b_2\right|^2 - \frac{B}{AX}\left|b_3\right|^2 + \left[\frac{B}{AX}\left(\frac{C}{A}\left|\sigma_{12}\right|^2 - \left|\sigma_{22}\right|^2\right) - \frac{\left|\sigma_{12}\right|^2}{A}\right]\left|b_4\right|^2 ,$$

wobei

$$X = D - \frac{BC}{A}$$

ist.

Führt man Real- und Imaginärteil zusammen, so kommt man auf die folgende Darstellung

$$\begin{aligned} b_1 b_4^{*} &= \mathrm{Re}\left\{b_1 b_4^{*}\right\} + j\cdot\mathrm{Im}\left\{b_1 b_4^{*}\right\} \\ &= Y_{11}\left|b_1\right|^2 + Y_{12}\left|b_2\right|^2 + Y_{13}\left|b_3\right|^2 + Y_{14}\left|b_4\right|^2 \\ &\quad + j\cdot\left(Y_{21}\left|b_1\right|^2 + Y_{22}\left|b_2\right|^2 + Y_{23}\left|b_3\right|^2 + Y_{24}\left|b_4\right|^2\right). \end{aligned}$$

Daraus lässt sich die gesuchte Etabliergleichung ableiten:

$$m = \frac{b_1}{b_4} = \frac{b_1 b_4^{*}}{b_4 b_4^{*}} = \frac{b_1 b_4^{*}}{P_4} = \frac{\left[\sum_{i=1}^{4} Y_{1i} P_i + j\cdot\sum_{i=1}^{4} Y_{2i} P_i\right]}{P_4}.$$

# Lösungen zu Kapitel 6

## Übungsaufgabe 6.1

Das in der Frequenz zu zählende Signal $A(t)$ besteht aus zwei Sinusschwingungen mit den Frequenzen $\omega_1$ und $\omega_2$ und den Amplituden $A_1$ und $A_2$:

$$A(t) = A_1 \cos\omega_1 t + A_2 \cos\omega_2 t = A_1(t) + A_2(t) \ .$$

Es möge zunächst $\omega_1 \approx \omega_2$ sein, d. h. $A(t)$ habe die Form einer Schwebung. Dann wird für eine Messzeit $\tau$, die deutlich größer ist als die reziproke Schwebungsfrequenz, also

$$\tau >> \left| \frac{2\pi}{\omega_1 - \omega_2} \right| ,$$

die Frequenz $\omega_1 / 2\pi$ gemessen, sofern $A_1 > A_2$ und $\omega_2 < \omega_1$ (bzw. $\omega_2 / 2\pi$, sofern $A_2 > A_1$ und $\omega_1 < \omega_2$), denn das jeweils kleinere Signal verursacht keine neuen Nullstellen und verändert deshalb nicht das Zählerergebnis. Das jeweils kleinere Signal verursacht hingegen eine Phasenmodulation.

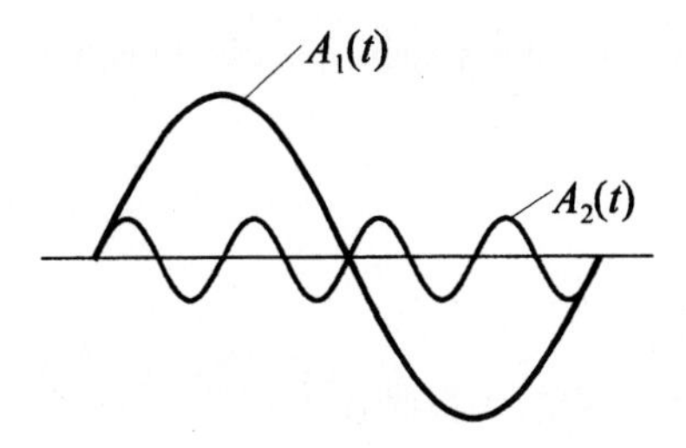


Ist jedoch $\omega_2 > \omega_1$, dann können auch für $A_2 < A_1$ durch das kleinere Signal $A_2(t) = A_2 \cos\omega_2 t$ zusätzliche Nullstellen verursacht werden. Wie man dem oben stehenden Bild entnimmt, vermeidet man zusätzliche Nullstellen, wenn die Steigung von $A_2(t)$ im Nulldurchgang kleiner bleibt als die Steigung von $A_1(t)$ im Nulldurchgang, wenn also gilt:

$$\omega_2 A_2 < \omega_1 A_1 \quad \text{bzw.} \quad \frac{A_1}{A_2} > \frac{\omega_2}{\omega_1} .$$

Damit lässt sich das folgende Diagramm zeichnen:

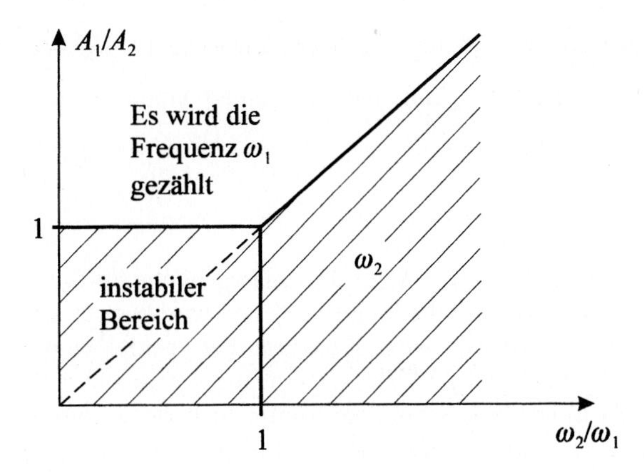


## Übungsaufgabe 6.2

Die Frequenz $f$ soll linear mit der Zeit $t$ anwachsen:

$$f = f_0 + at \ .$$

Es soll die Frequenz $f_0$ zum Zeitpunkt $t = 0$ bestimmt werden. Wir zählen von $t_1 = 0$ bis $t_2 = 3\tau/2$ und $t_3 = 2\tau$ bis $t_4 = 5\tau/2$ und ziehen die Ergebnisse voneinander ab. Die Anzahl $N$ der gezählten Perioden beträgt dann:

$$N = \int_{t_1}^{t_2} (f_0 + at)dt - \int_{t3}^{t4} (f_0 + at)dt = \int_{0}^{3\tau/2} (f_0 + at)dt - \int_{4\tau/2}^{5\tau/2} (f_0 + at)dt$$

$$= \tau f_0 + \frac{a}{2}\tau^2 \left[ \left(\frac{3}{2}\right)^2 - \left(\frac{5}{2}\right)^2 + \left(\frac{4}{2}\right)^2 \right]$$

$$= \tau f_0$$

Das Zählergebnis hängt also nicht von der Steigung $a$ ab und ist der Anfangsfrequenz $f_0$ proportional.

## Übungsaufgabe 6.3

Zunächst wollen wir annehmen, dass das zweite Bandpassfilter eine vernachlässigbar geringe Bandbreite aufweist. Es sollen Signale bei der Mittenfrequenz $f_m$ des Bandpasses in das zweite Bandpassfilter umgesetzt werden. Die Mittenfrequenz $f_m$ liegt bei $f_m = \frac{1}{2}(f_3 - f_2)$. Damit die Spiegelfrequenz um mindestens

100 dB unterdrückt wird, sollte die zweite Mischoszillatorfrequenz $f_{p2}$ bei $f_{p2} = \frac{1}{2}(f_4 - f_m)$ liegen. Die zweite Zwischenfrequenz $f_{i2}$ beträgt dann

$$\begin{aligned} f_{i2} &= f_{p2} - f_m \\ &= \frac{1}{4}(f_4 - f_1). \end{aligned}$$

In dem gegebenen Zahlenbeispiel sind dies 125 MHz. Das massgebliche Spiegelsignal, welches angezeigt wird, fällt dann auf die Frequenz $f_4$ und wird bereits um die geforderten 100 dB gedämpft. Weist das zweite Bandpassfilter ebenfalls eine endliche Bandbreite auf, im Zahlenbeispiel 20 MHz, dann überlegt man sich auf gleiche Weise, dass die erste Zwischenfrequenz um ein Viertel auch dieser Bandbreite erhöht werden muss, in dem gegebenen Beispiel auf 130 MHz. Aus praktischen Erwägungen heraus wird man jedoch die zweite Mischoszillatorfrequenz $f_{p2}$ höher legen, z. B. $f_{p2} = f_4$ wählen, damit dieses Signal $f_{p2}$ durch das verwendete erste Bandpassfilter eine möglichst hohe Dämpfung erfährt. In dem gegebenen Zahlenbeispiel würde die zweite Zwischenfrequenz dann bei 250 MHz liegen.

## Übungsaufgabe 6.4

Der Verlauf der Übertragungskurve des Netzwerkanalysator-Filters im logarithmischen Massstab soll, wie im unten stehenden Bild skizziert, bereichsweise linearisiert werden.

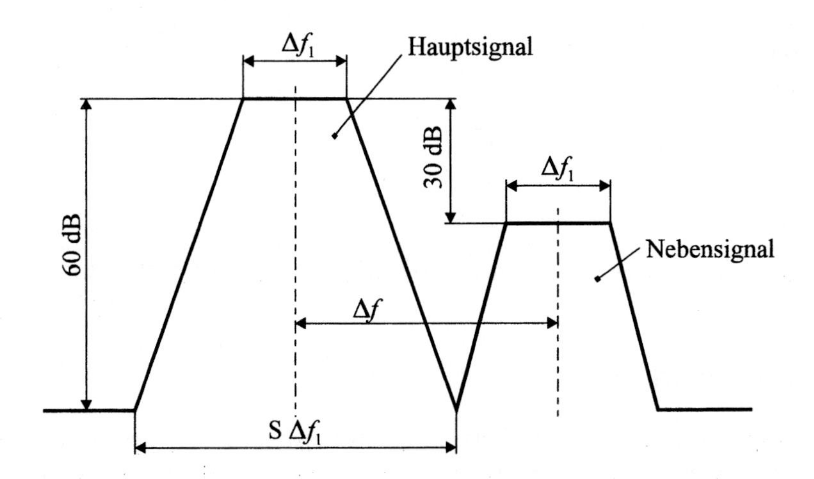


Mit einer gewissen Willkür wollen wir annehmen, dass das Nebensignal dann als aufgelöst angesehen werden kann, wenn die linke (rechte) Flanke des Nebensignals mit der rechten (linken) Flanke des Hauptsignals bei -60 dB gerade zusammenstößt. Wie man der Zeichnung entnimmt, benötigt man dazu einen Frequenzversatz $\Delta f$ von:

$$\begin{aligned}\Delta f &= \frac{1}{2} S\Delta f_1 + \frac{1}{2}\cdot\frac{1}{2}(S-1)\Delta f_1 + \frac{1}{2}\Delta f_1 \\ &= \frac{3}{4} S\Delta f_1 + \frac{1}{4}\Delta f_1 \\ &= \frac{3}{4}\left(S + \frac{1}{3}\right)\Delta f_1 \,.\end{aligned}$$

## Übungsaufgabe 6.5

Wir tragen in ein Diagramm als Funktion des Eingangspegels $P_0$ sowohl den transmittierten Trägerpegel $P_1$ als auch den Pegel der Seitenbänder $P_2$ ein.

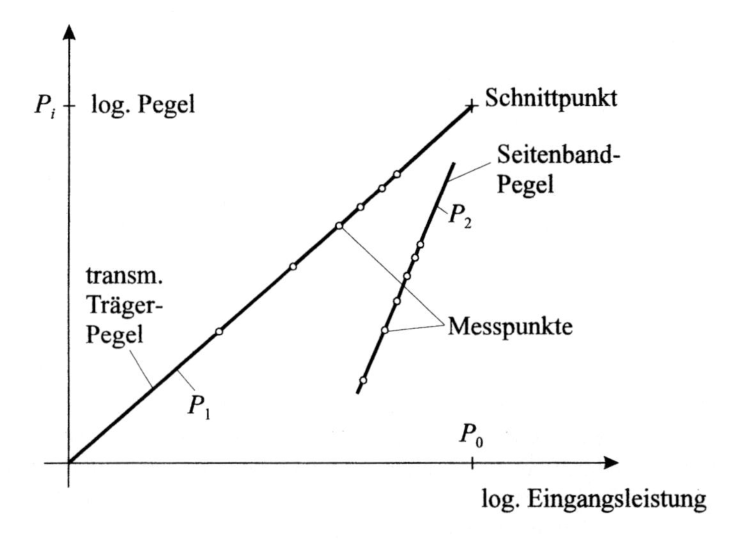


Für $P_0$, $P_1$ und $P_2$ gilt:

$$P_0 = \tfrac{1}{2}\hat{U}_1^{\,2}/Z_0\,,\; P_1 = \tfrac{1}{2}Z_0\left(a_1\hat{U}_1\right)^2,\; P_2 = \tfrac{1}{2}Z_0\left(\tfrac{3}{4}a_3\hat{U}_1^{\,3}\right)^2 .$$

Wir nehmen an, dass der zu vermessende nichtlineare Vierpol eingangs- und ausgangsseitig mit $Z_0$ abgeschlossen ist. Alle Pegel werden logarithmisch in das Diagramm eingetragen. Die Seitenbänder (Intermodulationsprodukte) wachsen mit der dreifachen Steigung an. Der Schnittpunkt (engl.: intercept point), den man durch Extrapolation der beiden Geraden gewinnt und den man aber im Allgemeinen nicht durch Messung bestimmen kann, möge bei einer Leistung $P_i$ auftreten. $P_i$ wird in dBm angegeben. Es gilt:

$$P_i = \frac{1}{2} Z_0 \left(a_1 \hat{U}_{1i}\right)^2 = \frac{1}{2} Z_0 \left(\frac{3}{4} a_3 \hat{U}_{1i}{}^3\right)^2 .$$

Daraus folgt:

$$\frac{3}{4}\frac{a_1}{a_3} = \hat{U}_{1i}{}^2 = \frac{2P_i}{Z_0 a_1{}^2} \qquad \text{bzw.} \qquad a_3 = \frac{2a_1{}^3 Z_0}{3 \cdot P_i} .$$

## Übungsaufgabe 6.6

Unter Berücksichtigung des Frequenzplanes eines Spektrumanalysators mit Oberwellenmischung aus Bild 6.21 können folgende Frequenzbereiche am Eingang des Oberwellenmischers auf die ZF von 4 GHz umgesetzt werden:

$$f_s = N \cdot 4...8 \text{ GHz} \pm 4 \text{ GHz} \quad ; \quad N = 1, 2, 3, ...$$

| +/- | N | $f_s$ [GHz] | $f/t$ [GHz/T] |
|---|---|---|---|
| - | 1 | 0 - 4 | 4 |
| + | 1 | 8 - 12 | 4 |
| - | 2 | 4 - 12 | 8 |
| + | 2 | 12 - 20 | 8 |
| - | 3 | 8 - 20 | 12 |
| + | 3 | 16 - 28 | 12 |
| - | 4 | 12 - 28 | 16 |
| + | 4 | 20 - 36 | 16 |

Durch das mitlaufende schmalbandige YIG-Filter wird die Oberwellenmischung eindeutig. Zu beachten ist nur, dass die Abstimmgeschwindigkeit des LO-Signals mit steigender Ordnungszahl $N$ der Oberwellen verringert werden muss, um ein lineares Durchlaufen des Frequenzbandes zu gewährleisten. Die beiden folgenden Bilder veranschaulichen zwei mögliche Lösungsansätze.

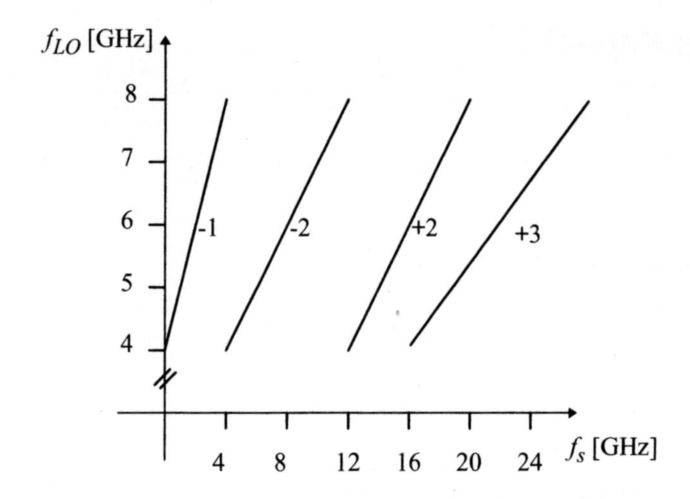
$f_{LO}$ [GHz]
8
7
6
5
4
-1
-2
+2
+3
4
8
12
16
20
24
$f_s$ [GHz]

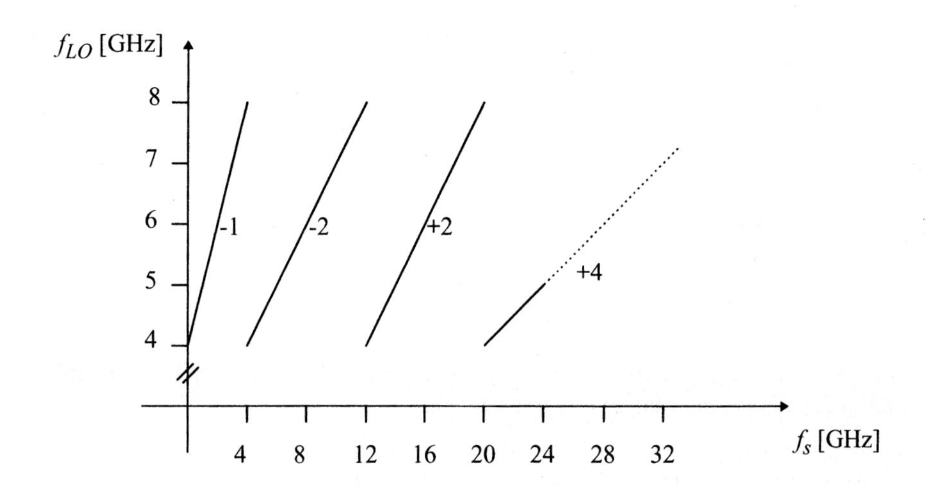
$f_{LO}$ [GHz]
8
7
6
5
4
-1
-2
+2
+4
4
8
12
16
20
24
28
32
$f_s$ [GHz]

# Lösungen zu Kapitel 7

## Übungsaufgabe 7.1

Es gilt nach Gl. (7.16):

$$e_{sp}(\tau) = \int_{-\infty}^{+\infty} e_s(t)\, q(t-\tau)\, dt \ .$$

Wir bilden zunächst auf beiden Seiten die Fouriertransformierte:

$$E_{sp}(f) = \int_{-\infty}^{+\infty} e_{sp}(\tau)\, e^{-j2\pi f\tau}\, d\tau = \int_{-\infty}^{+\infty}\int_{-\infty}^{+\infty} e_s(t)\, e^{-j2\pi f\tau}\, q(t-\tau)\, dt\, d\tau \ .$$

Diese Gleichung wird erweitert:

$$E_{sp}(f) = \int_{-\infty}^{+\infty}\int_{-\infty}^{+\infty} e_s(t)\, e^{-j2\pi ft}\, q(t-\tau)\, e^{j2\pi f(t-\tau)}\, dt\, d\tau \,.$$

Mit $u = t - \tau, \quad du = -d\tau$ ergibt sich:

$$E_{sp}(f) = -\int_{+\infty}^{-\infty}\int_{-\infty}^{+\infty} e_s(t)\, e^{-j2\pi ft}\, q(u)\, e^{j2\pi fu}\, dt\, du \,.$$

Man beachte, dass sich die Integrationsgrenzen durch die Substitution verändern. Durch Aufspalten der Integrale ergibt sich dann:

$$E_{sp}(f) = -\int_{-\infty}^{+\infty} e_s(t)\, e^{-j2\pi ft}\, dt \int_{+\infty}^{-\infty} q(u)\, e^{j2\pi fu}\, du \,.$$

Durch Vertauschen der Integrationsgrenzen des Integrals über $u$ erreichen wir die Umkehrung des Vorzeichens:

$$E_{sp}(f) = \int_{-\infty}^{+\infty} e_s(t)\, e^{-j2\pi ft}\, dt \int_{-\infty}^{+\infty} q(u)\, e^{j2\pi fu}\, du \,.$$

Aus dieser Gleichung ergibt sich als Endergebnis:

$$E_{sp}(f) = E_s(f)\, Q^*(f) \,.$$

Für die Beträge gilt dann:

$$\left|E_{sp}(f)\right| = \left|E_s(f)\right| \left|Q(f)\right|.$$

## Übungsaufgabe 7.2

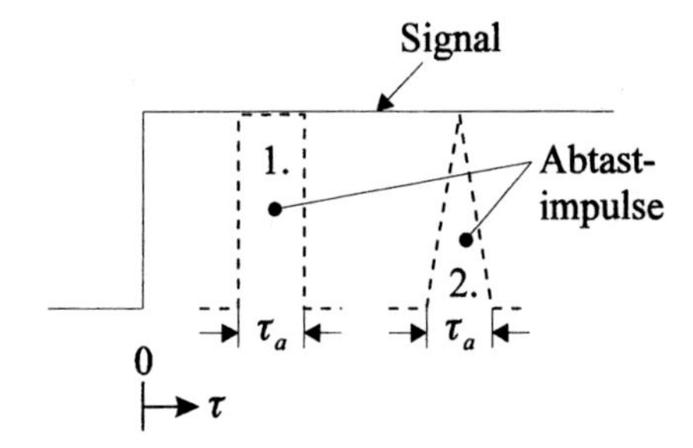


Die Auswertung des Integrals von Gl. (7.16) kann für diese Verhältnisse am einfachsten graphisch durchgeführt werden. Für $\tau > 0$ ist das Ergebnis der Multiplikation und Integration konstant und unabhängig von $\tau$. Für $\tau < -\tau_a$ ist das Ergebnis Null. Dazwischen erfolgt ein monotoner Anstieg, linear für den Rechteckimpuls und parabolisch für den Dreiecksimpuls. Damit erhält man das unten skizzierte Ergebnis für das vom Abtastoszillographen nach der Abtastung regenerierte Signal.

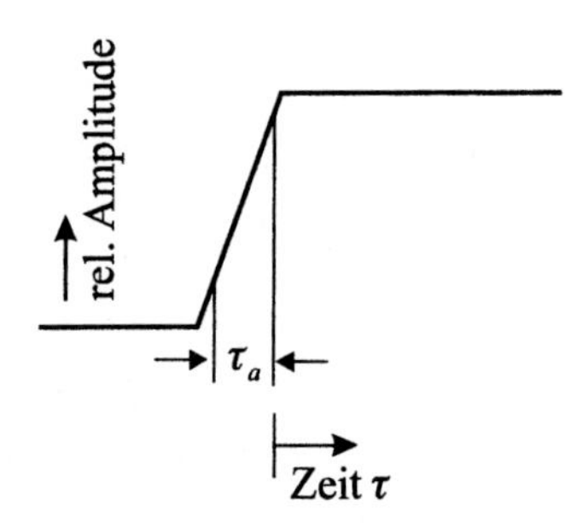


Abtastimpuls rechteckig (1.)

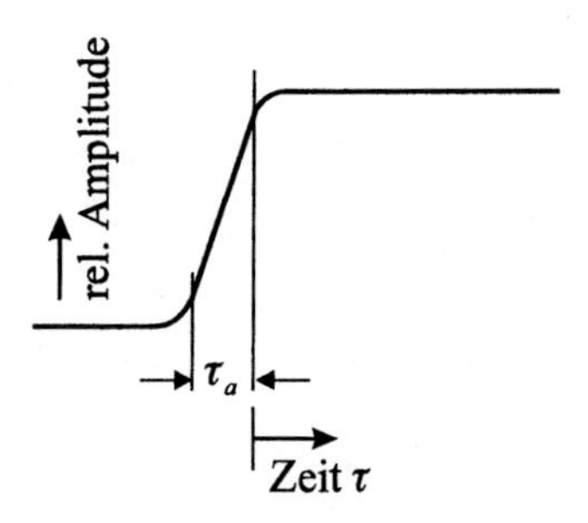


Abtastimpuls dreieckig (2.)

## Übungsaufgabe 7.3

Es ist:

$$i_1 = C\dot{u}_1 = \frac{u_k - u_1}{R} \Rightarrow u_1 + RC\dot{u}_1 = u_k \,, \tag{1}$$

$$i_2 = C\dot{u}_2 = \frac{u_k - u_2}{R} \Rightarrow u_2 + RC\dot{u}_2 = u_k \,. \tag{2}$$

Daraus folgt:

$$u_1 - u_2 + RC(\dot{u}_1 - \dot{u}_2) = 0 \,. \tag{3}$$

Ferner gilt:

$$u_a(t) = \frac{1}{\tau}\int_0^t V\left[u_1(t') - u_2(t')\right]dt' + u_a(t=0)$$

bzw. nach Differenziation

$$\dot{u}_a(t) = \frac{V}{\tau}\left[u_1(t) - u_2(t)\right]. \tag{4}$$

Aus (3) und (4) folgt:

$$\frac{\tau}{V}\dot{u}_a + RC\frac{\tau}{V}\ddot{u}_a = 0 \Rightarrow \ddot{u}_a + \frac{1}{RC}\dot{u}_a = 0 \,. \tag{5}$$

Zur Lösung der Differenzialgleichung (5) macht man den folgenden allgemeinen Lösungsansatz:

$$u_a = c_1 e^{p_1 t} + c_2 e^{p_2 t} \,. \tag{6}$$

Für $p_{1,2}$ folgt aus

$$p^2 + \frac{1}{RC}p = 0 \tag{7}$$

$$\Rightarrow p_1 = 0 \,, \; p_2 = -\frac{1}{RC} \,. \tag{8}$$

Damit folgt für (6):

$$u_a(t) = c_1 + c_2 e^{-t/RC} \,. \tag{9}$$

$c_1$ und $c_2$ erhält man aus den Anfangsbedingungen:

$$u_a(t=0) = u_0 \,. \tag{10}$$

Mit (4) folgt daraus:

$$\dot{u}_a(t=0) = \frac{V}{\tau}\left[u_1(t=0) - u_2(t=0)\right]$$

$$\Leftrightarrow \quad \dot{u}_a(t=0) = \frac{V}{\tau}\left[u_0 + \Delta u - u_0\right] = \Delta u \frac{V}{\tau}. \tag{11}$$

Aus (9), (10) und (11) folgt:

$$c_1 + c_2 = u_0 \;, \quad -\frac{c_2}{RC} = \Delta u \frac{V}{\tau}. \tag{12}$$

Damit ergibt sich:

$$\begin{aligned} c_2 &= -RC\frac{V}{\tau}\Delta u \\ c_1 &= u_0 + RC\frac{V}{\tau}\Delta u \,. \end{aligned} \tag{13}$$

Für $u_a(t)$ ergibt sich somit

$$u_a(t) = u_0 + V\frac{RC}{\tau}\left(1 - e^{-t/RC}\right)\Delta u \,. \tag{14}$$

Bestimmung des Grenzwertes für $t \to \infty$:

$$\lim_{t\to\infty} u_a(t) = u_0 + V\frac{RC}{\tau}\Delta u \,. \tag{15}$$

Nach Abklingen aller Ausgleichsvorgänge verschwinden die Ströme $i_1$, $i_2$ und $i$. Daraus folgt, dass für $t \to \infty$ die Spannungen $u_1$ und $u_2$ gegen denselben Grenzwert konvergieren wie $u_a(t)$:

$$u_1(t\to\infty) = u_2(t\to\infty) = u_a(t\to\infty) = u_0 + V\frac{RC}{\tau}\Delta u \,. \tag{16}$$

Die Abtastverstärkung $V_a$ der Schaltung beträgt daher:

$$V_a = \frac{u_a(\infty) - u_0}{\Delta u} = V\frac{RC}{\tau}. \tag{17}$$

Es fällt auf, dass der Verlauf von $u_a(t)$ unabhängig vom Widerstand $R'$ ist. $R'$ beeinflusst lediglich $u_1(t)$ und $u_2(t)$. Die Berechnung dieser Spannungen ist allerdings etwas komplizierter, da man nicht zu einer so einfachen Differenzialgleichung kommt wie bei $u_a(t)$.

## Übungsaufgabe 7.4

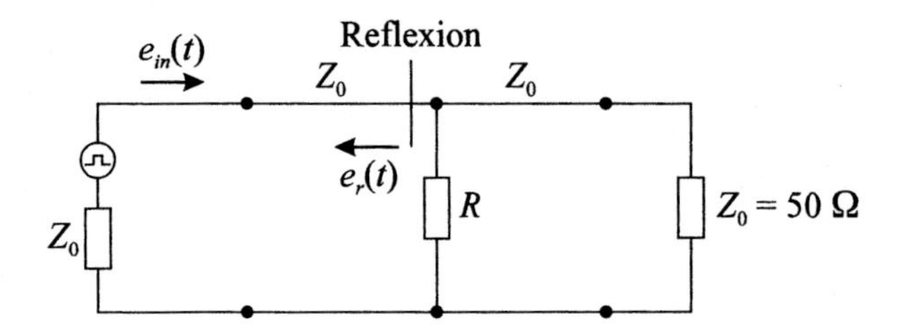


Der reflektierte Impuls $e_r(t)$ hat die gleiche Form wie der einfallende Impuls $e_{in}(t)$, weil der Reflexionsfaktor unabhängig von der Frequenz ist. Der reflektierte Impuls wird um den Reflexionsfaktor $r$

$$r = \frac{R' - Z_0}{R' + Z_0} \quad \text{mit} \quad R' = \frac{R\,Z_0}{R + Z_0}$$

in seiner Größe reduziert:

$$e_r(t) = r \cdot e_{in}(t)\,.$$

Da $R' < Z_0$ ist, weist der reflektierte Impuls das entgegengesetzte Vorzeichen wie der einfallende Impuls auf.
Ist der Reflexionsfaktor frequenzabhängig, $r = r(f)$, dann können wir die Rechnung im Frequenzbereich durchführen, indem wir zunächst mit den Fouriertransformierten von $e_r(t)$ und $e_{in}(t)$, nämlich $E_r(f)$ und $E_{in}(f)$, rechnen.
Dann gilt:

$$E_r(f) = r(f)\; E_{in}(f)$$

und

$$e_r(t) = \mathcal{F}^{-1}\left(E_r(f)\right) = \mathcal{F}^{-1}\left[r(f)\; E_{in}(f)\right].$$

Häufig kann man jedoch die Rechnung auch einfach im Zeitbereich durchführen.

## Übungsaufgabe 7.5

In dem vorliegenden Fall sind die Abtastfunktionen für positive und negative Frequenzen nicht mehr identisch, so dass die abzutastende Übertragungsfunktion $H(f)$ in einen Anteil $H_+(f)$ bei positiven Frequenzen und einen Anteil $H_-(f)$ bei negativen Frequenzen aufgespalten werden muss. Zunächst wird dann die wiederholte Impulsantwort $s_{+d}(t)$ berechnet, die anschließend in linearer Superposition mit $s_{-d}(t)$ zum Ergebnis $s_p(t)$ führt.

Die Übertragungsfunktion $H_+(f)$ sei mit einer äquidistanten Folge von Dirac-Impulsen auf den Frequenzen $k \cdot \Delta f + f_0$ abgetastet. Das Resultat ist die frequenzdiskretisierte Übertragungsfunktion $H_{+d}(f)$

$$H_{+d}(f) = H_+(f) \cdot \sum_{k=-\infty}^{+\infty} \delta(f - k \cdot \Delta f - f_0) \,. \tag{1}$$

Die Folge von Dirac-Impulsen kann in eine Fourierreihe mit den Fourierkoeffizienten $V_m$ entwickelt werden:

$$D(f) = \sum_{k=-\infty}^{+\infty} \delta(f - k \cdot \Delta f - f_0) = \sum_{m=-\infty}^{+\infty} V_m \cdot e^{jm2\pi f T} \tag{2}$$

mit $T = 1 / \Delta f$ und mit den Fourierkoeffizienten

$$\begin{aligned} V_m &= \frac{1}{\Delta f} \cdot \int_{-\Delta f/2}^{\Delta f/2} D(f) \cdot e^{-jm2\pi f T} df \\ &= \frac{1}{\Delta f} \cdot \int_{-\Delta f/2}^{\Delta f/2} \left[ \sum_{k=-\infty}^{+\infty} \delta(f - k \cdot \Delta f - f_0) \right] \cdot e^{-jm2\pi fT} df \,. \end{aligned} \tag{3}$$

Weil die meisten Summenterme außerhalb des Integrationsintervalles liegen, gilt:

$$\begin{aligned} V_m &= \frac{1}{\Delta f} \cdot \int_{-\Delta f/2}^{\Delta f/2} \delta(f - f_0) \cdot e^{-jm2\pi fT} df \\ &= \frac{1}{\Delta f} \cdot e^{-jm2\pi f_0 T} \,. \end{aligned} \tag{4}$$

Durch Einsetzen in Gl. (1) erhalten wir für die diskretisierte Übertragungsfunktion

$$H_{+d}(f) = \frac{1}{\Delta f} \cdot H_+(f) \cdot \sum_{m=-\infty}^{+\infty} e^{jm2\pi fT} e^{-jm2\pi f_0 T} \,. \tag{5}$$

Damit liegt ein Ausdruck vor, der aus der kontinuierlichen Übertragungsfunktion $H_+(f)$ und einer Summe von Exponentialtermen besteht. Jeder der Summanden für sich ergibt nach einer inversen Fouriertransformation eine Summe von zeitverschobenen Impulsantworten $s_+(t)$, wobei $s_+(t)$ die rückwärtige Fouriertransformation von $H_+(f)$ darstellt.

Die Rücktransformierte $s_{+d}(t)$ der diskretisierten Übertragungsfunktion $H_{+d}(f)$ wird somit

$$\begin{aligned}
s_{+d}(t) &= \int_{-\infty}^{+\infty} H_{+d}(f)\cdot e^{j2\pi ft}df \\
&= \frac{1}{\Delta f}\cdot\sum_{m=-\infty}^{+\infty}\underbrace{\int_{-\infty}^{+\infty} H_{+}(f) e^{jm2\pi fT}e^{j2\pi ft}df}_{s_{+}(t+mT)}\cdot e^{-jm2\pi f_0 T} \qquad (6)\\
&= \frac{1}{\Delta f}\cdot\sum_{m=-\infty}^{+\infty} s_{+}(t-mT)\cdot e^{jm2\pi f_0 T}\ .
\end{aligned}$$

Dabei wurde $m$ durch $-m$ ersetzt. Der Anteil $H_{-}(f)$ ist die konjugiert komplexe Fortsetzung von $H_{+}(f)$ auf der negativen Frequenzachse. Es gilt also

$$H_{-}(f) = H_{+}^{*}(-f) \qquad (7)$$

und damit

$$s_{-d}(t) = s_{+d}^{*}(t)\,. \qquad (8)$$

Weiterhin folgt $s_d(t)$ aus der Überlagerung der Anteile bei positiven und bei negativen Frequenzen:

$$\begin{aligned}
s_d(t) &= s_{+d}(t) + s_{-d}(t) \\
&= s_{+d}(t) + s_{+d}^{*}(t) \qquad (9)\\
&= 2\cdot \mathrm{Re}\{s_{+d}(t)\}
\end{aligned}$$

Unter Verwendung von Gl. (6) folgt schließlich:

$$s_d(t) = \frac{2}{\Delta f}\cdot\sum_{m=-\infty}^{+\infty}\mathrm{Re}\left\{s_{+}(t-mT)\cdot e^{jm2\pi f_0 T}\right\}. \qquad (10)$$

Für den Spezialfall der bandbegrenzten idealen Störstelle gilt:

$$\begin{aligned}
&H_{+}(f) = A_1\cdot e^{-j2\pi f\tau_1} \quad \text{für } F_0 - \frac{\Delta F}{2} \le f \le F_0 + \frac{\Delta F}{2} \\
&H_{+}(f) = 0 \quad \text{sonst}\ .
\end{aligned} \qquad (11)$$

Eine rückwärtige Fouriertransformation ergibt

$$\begin{aligned}
s_{+}(t) &= \int_{-\infty}^{+\infty} H_{+}(f)\cdot e^{j2\pi ft}df \\
&= \int_{F_0-\Delta F/2}^{F_0+\Delta F/2} A_1\cdot e^{j2\pi f(t-\tau_1)}df \\
&= \Delta F\cdot A_1\cdot \mathrm{si}\left[\pi\Delta F(t-\tau_1)\right]\cdot e^{j2\pi F_0(t-\tau_1)}, \qquad (12)
\end{aligned}$$

was, eingesetzt in (10) auf das Ergebnis führt:

$$\begin{aligned} s_d(t) &= 2A_1 \frac{\Delta F}{\Delta f} \cdot \sum_{m=-\infty}^{\infty} \mathrm{si}\left[\pi \Delta F(t - mT - \tau_1)\right] \cdot \mathrm{Re}\left\{e^{j2\pi F_0 (t-mT-\tau_1)} \cdot e^{jm2\pi f_0 T}\right\} \\ &= 2A_1 \frac{\Delta F}{\Delta f} \cdot \sum_{m=-\infty}^{\infty} \mathrm{si}\left[\pi \Delta F(t - mT - \tau_1)\right] \cdot \cos\left[2\pi F_0 (t - mT - \tau_1) + m2\pi f_0 T\right]. \end{aligned} \tag{13}$$

Für $f_0 = 0$ ist jede Periode identisch bis auf die Zeitverschiebung um $mT$. Für $f_0 \neq 0$ kommt eine Phasenverschiebung der Trägerschwingung hinzu, die durch die Perioden „wandert".

Auch für nichtideale Störstellen lässt sich eine bandbegrenzte Impulsantwort als eine Impulsform darstellen, wie hier der si-Impuls, die einem Träger der Mittenfrequenz $F_0$ aufmoduliert ist. Somit gilt für allgemeine, bandbegrenzt vermessene Übertragungsfunktionen $H(f)$ qualitativ das gleiche Ergebnis, nämlich dass nur die Trägerfrequenz in der wiederholten Impulsantwort $s_d(t)$ einen Phasenterm $m \cdot 2\pi f_0 \cdot T$ erhält, während die Hüllkurve für $f_0 \neq 0$ unverändert bleibt.

## Übungsaufgabe 7.6

Unter dem Integral in Gl. (7.31) tritt zusätzlich eine Gewichtsfunktion $g(f)$ auf. Es gilt:

$$g(f) = \frac{1}{2} + \frac{1}{2}\cos\left(\pi \frac{f}{F_2}\right).$$

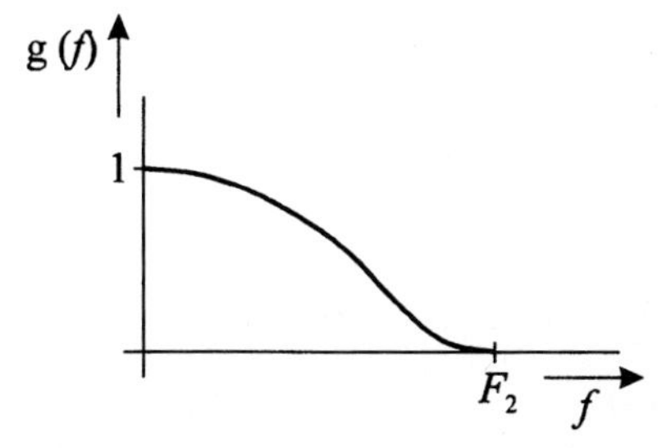


Damit lautet das auszuwertende Integral anstelle der Gl. (7.31):

$$\begin{aligned} R(\tau_1) &= A_1 \int_{-F_2}^{+F_2} \left[\frac{1}{2} + \frac{1}{2}\cos\left(\pi \frac{f}{F_2}\right)\right] \cdot e^{j2\pi f (t-\tau_1)}\, df \\ &= A_1 \int_{-F_2}^{+F_2} \frac{1}{2} \cdot e^{j2\pi f (t-\tau_1)}\, df + A_1 \int_{-F_2}^{+F_2} \frac{1}{2}\cos\left(\pi \frac{f}{F_2}\right) \cdot e^{j2\pi f (t-\tau_1)}\, df . \end{aligned}$$

Mit den Abkürzungen $a = j2\pi(t-\tau_1)$, $b = \pi / F_2$ und unter Verwendung einer Integraltafel wird daraus:

$$R(\tau_1) = \frac{1}{2} A_1 \left\{ \frac{1}{a} e^{af} \Big|_{-F_2}^{+F_2} + \frac{a}{a^2+b^2} \cos(bf) e^{af} \Big|_{-F_2}^{+F_2} \right\}.$$

(Der entsprechende sin-Term ist nicht aufgeführt, weil er ohnehin Null wird.)

$$R(\tau_1) = \frac{1}{2} A_1 \left\{ \frac{1}{a} e^{aF_2} - \frac{a}{a^2+b^2} e^{aF_2} - \frac{1}{a} e^{-aF_2} + \frac{a}{a^2+b^2} e^{-aF_2} \right\}$$

$$= \frac{1}{2} A_1 \left\{ \frac{1}{a} \left[ 1 - \frac{a^2}{a^2+b^2} \right] e^{aF_2} - \frac{1}{a} \left[ 1 - \frac{a^2}{a^2+b^2} \right] e^{-aF_2} \right\}$$

$$= A_1 \frac{b^2}{a^2+b^2} \left[ \frac{1}{2} \frac{e^{aF_2} - e^{-aF_2}}{aF_2} \right] F_2$$

Damit erhält man als Ergebnis:

$$R(\tau_1) = A_1 F_2 \frac{1}{1 - \left[2(t-\tau_1)F_2\right]^2} \operatorname{si}\left[2\pi F_2 (t-\tau_1)\right].$$

Gegenüber dem Ergebnis nach Gl. (7.31) tritt zusätzlich der gewichtende Faktor

$$\frac{1}{1 - \left[2(t-\tau_1)F_2\right]^2}$$

auf. Dieser gewichtende Faktor weist bei $2(t-\tau_1)F_2 = 1$ eine Polstelle auf, die gerade die Nullstelle der *si*-Funktion bei dem gleichen Argument aufhebt. Im unten stehenden Bild ist die Impulsantwort noch einmal gewichtet und ungewichtet gezeichnet.

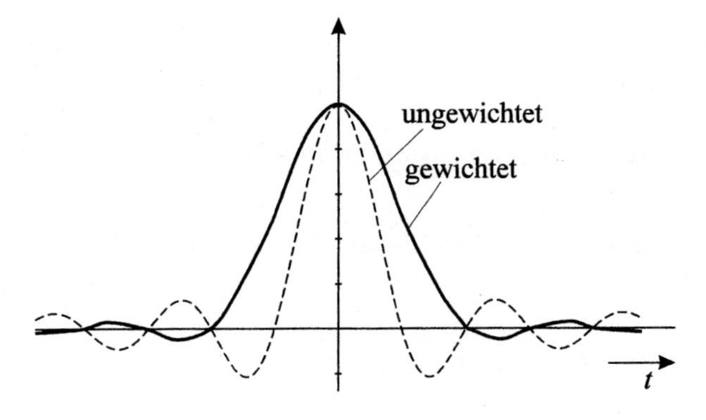


Die gewichtete Impulsantwort ist zwar breiter, weist aber ein geringeres Überschwingen auf.

## Übungsaufgabe 7.7

Die Ausmultiplikation des Ausdrucks (7.70) ergibt mit den Abkürzungen (7.72):

$$y = N \cdot E_s + N\frac{A^2 + B^2}{2} + \frac{A^2 - B^2}{2} \cdot F_{(2\tau)}\{I_k\} \\ - 2\,A\,\mathrm{Re}\,F_{(\tau)}\{s_k\} - 2\,B\,\mathrm{Im}\,F_{(\tau)}\{s_k\} \tag{1}$$

Ein Mischterm in $A \cdot B$ wird zu Null, da $N$ ungerade gewählt wurde. Die Minimierung der Fehlerquadrate nach $A$ und $B$ stellt sich wie folgt dar. Die partiellen Ableitungen werden zu Null gesetzt:

$$\frac{\partial y}{\partial A} = N \cdot A + A \cdot F_{(2\tau)}\{I_k\} - 2\,\mathrm{Re}\,F_{(\tau)}\{s_k\} = 0 \\ \frac{\partial y}{\partial B} = N \cdot B - B \cdot F_{(2\tau)}\{I_k\} - 2\,\mathrm{Im}\,F_{(\tau)}\{s_k\} = 0 \tag{2}$$

und man erhält

$$A = \frac{2\,\mathrm{Re}\,F_{(\tau)}\{s_k\}}{N + F_{(2\tau)}\{I_k\}} \quad \text{und} \quad B = \frac{2\,\mathrm{Im}\,F_{(\tau)}\{s_k\}}{N - F_{(2\tau)}\{I_k\}}. \tag{3}$$

Einsetzen von $A$ und $B$ in Gleichung (1) führt schließlich auf das gesuchte Ergebnis

$$y = N \cdot E_s - 2\frac{\mathrm{Re}^2\,F_{(\tau)}\{s_k\}}{N + F_{(2\tau)}\{I_k\}} - 2\frac{\mathrm{Im}^2\,F_{(\tau)}\{s_k\}}{N - F_{(2\tau)}\{I_k\}}. \tag{4}$$

# Lösungen zu Kapitel 8

## Übungsaufgabe 8.1

Den Gesamtwiderstand $R_i$ der Schaltung erhält man durch die Berechnung der Parallelschaltung von $R_3$ mit der Reihenschaltung aus $R_1$ und $R_2$ zu

$$R_i = \frac{R_3(R_1 + R_2)}{R_1 + R_2 + R_3} \; .$$

Damit lässt sich direkt die resultierende Rauschersatzschaltung angeben:

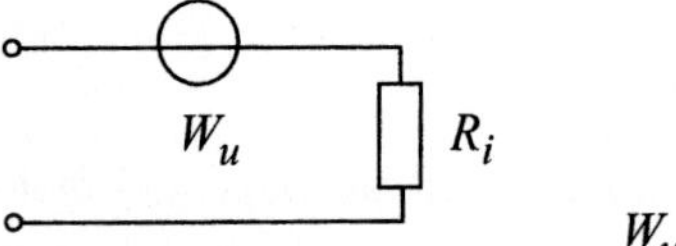


$$W_u = 4kT_0 R_i \; .$$

Will man zunächst die resultierende Ersatzrauschquelle bestimmen, so muss man für jeden Widerstand einzeln die Rauschersatzschaltung angeben:

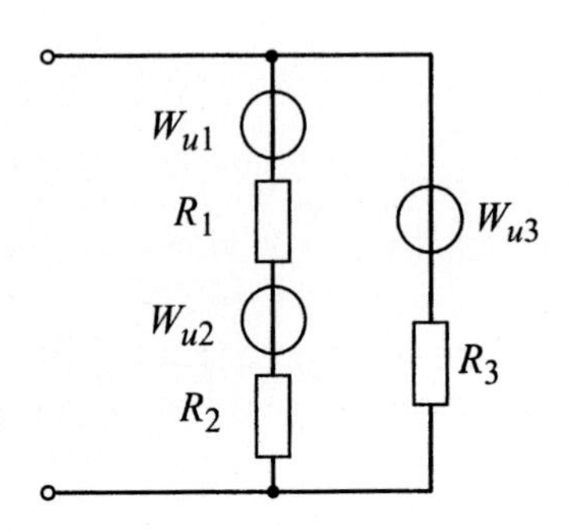


$$W_{u1} = 4kT_1 R_1$$

$$W_{u2} = 4kT_2 R_2$$

$$W_{u3} = 4kT_3 R_3 \; .$$

Zur Bestimmung der resultierenden Rauschersatzquelle muss jede Quelle an den Eingang transformiert werden. Die transformierten Quellen ergeben sich durch Kurzschließen aller anderen bis auf die betrachtete. Es ist zu beachten, dass sich die Spektren wie die Spannungsbetragsquadrate verhalten:

$$W_{u1}' = W_{u1}\left(\frac{R_3}{R_1 + R_2 + R_3}\right)^2 ,$$

$$W_{u2}' = W_{u2}\left(\frac{R_3}{R_1 + R_2 + R_3}\right)^2 ,$$

$$W_{u3}' = W_{u3}\left(\frac{R_1 + R_2}{R_1 + R_2 + R_3}\right)^2 .$$

Durch Addition der transformierten Quellen ergibt sich die resultierende Ersatzquelle:

$$W_u = W_{u1}' + W_{u2}' + W_{u3}'$$
$$= \frac{4k\left[T_1 R_1 R_3^2 + T_2 R_2 R_3^2 + T_3 R_3 (R_1 + R_2)^2\right]}{(R_1 + R_2 + R_3)^2} .$$

Bis hierher ist die Rechnung auch für unterschiedliche Temperaturen $T_j$ durchführbar. In unserem speziellen Fall, also für $T_j = T_0$ , ergibt sich jedoch das bekannte Ergebnis:

$$W_u = 4kT_0 \frac{R_3(R_1 + R_2)}{R_1 + R_2 + R_3} .$$

## Übungsaufgabe 8.2

Gesucht ist die in jeder Impedanz verbrauchte Teilwirkleistung $P_j$ bezogen auf die insgesamt verbrauchte Wirkleistung $P_t$ . Für die Wirkleistung gilt allgemein:

$$P = \mathrm{Re}\left(U \cdot I^*\right) = |U|^2 \cdot \mathrm{Re}\, Y .$$

Damit gilt für jeden Koeffizienten $\beta_j$ :

$$\beta_j = \frac{P_j}{P_t} = \frac{\left|U_j\right|^2 \cdot \mathrm{Re}\, Y_j}{\left|U_g\right|^2 \cdot \mathrm{Re}\, Y_i} .$$

Mit Gl. (8.12) lässt sich dann die äquivalente Temperatur $T_r$ berechnen. Für die Schaltung in Bild 8.6 gilt, wenn $Z_i$ die resultierende Impedanz der Schaltung darstellt:

$$\frac{U_1}{U_g} = \frac{Z_1}{Z_1 + \frac{Z_2 Z_3}{Z_2 + Z_3}} = \frac{Z_1 \cdot (Z_2 + Z_3)}{Z_1(Z_2 + Z_3) + Z_2 Z_3}$$

$$\frac{U_2}{U_g} = \frac{U_3}{U_g} = \frac{\frac{Z_2 Z_3}{Z_2 + Z_3}}{Z_1 + \frac{Z_2 Z_3}{Z_2 + Z_3}} = \frac{Z_2 Z_3}{Z_1(Z_2 + Z_3) + Z_2 Z_3}$$

$$\beta_j = \left|\frac{U_j}{U_g}\right|^2 \cdot \left|\frac{Z_i}{Z_j}\right|^2 \cdot \frac{\operatorname{Re} Z_j}{\operatorname{Re} Z_i}$$

$$Z_i = Z_1 + \frac{Z_2 Z_3}{Z_2 + Z_3} = \frac{Z_1(Z_2 + Z_3) + Z_2 Z_3}{Z_2 + Z_3}$$

$$\left|\frac{U_1}{U_g}\right|^2 \cdot \left|\frac{Z_i}{Z_1}\right|^2 = \left|\frac{Z_1(Z_2 + Z_3)}{Z_1(Z_2 + Z_3) + Z_2 Z_3}\right|^2 \cdot \left|\frac{Z_1(Z_2 + Z_3) + Z_2 Z_3}{Z_1(Z_2 + Z_3)}\right|^2 = 1$$

$$\Rightarrow \beta_1 = \frac{\operatorname{Re} Z_1}{\operatorname{Re} Z_i}$$

$$\left|\frac{U_2}{U_g}\right|^2 \cdot \left|\frac{Z_i}{Z_2}\right|^2 = \left|\frac{Z_2 Z_3}{Z_1(Z_2 + Z_3) + Z_2 Z_3}\right|^2 \cdot \left|\frac{Z_1(Z_2 + Z_3) + Z_2 Z_3}{Z_2(Z_2 + Z_3)}\right|^2 = \left|\frac{Z_3}{Z_2 + Z_3}\right|^2$$

$$\Rightarrow \beta_2 = \left|\frac{Z_3}{Z_2 + Z_3}\right|^2 \frac{\operatorname{Re} Z_2}{\operatorname{Re} Z_i} \quad \text{und analog}$$

$$\beta_3 = \left|\frac{Z_2}{Z_2 + Z_3}\right|^2 \frac{\operatorname{Re}\ Z_3}{\operatorname{Re}\ Z_i}$$

Somit gilt für $T_r$:

$$T_r = \beta_1 \mathrm{T}_1 + \beta_2 \mathrm{T}_2 + \beta_3 \mathrm{T}_3 \ .$$

## Übungsaufgabe 8.3

Die Eingangstemperatur ist die äquivalente Temperatur der zur Gesamtschaltung gehörenden Ersatzrauschquelle. $T_r$ lässt sich mit Hilfe von Gl. (8.12) berechnen:

$$T_r = \beta_1 T_1 + \beta_2 T_2 + \beta_3 T_3 \ .$$

Nach dem Dissipationstheorem kann man die Koeffizienten $\beta_j$ über die in den verlustbehafteten Gliedern der Schaltung verbrauchte Wirkleistung berechnen. Das Dämpfungsglied mit 6 dB fester Dämpfung verbraucht drei Viertel der eingespeisten Leistung. Von der übrig gebliebenen Leistung wird im variablen Dämpfungsglied das ($1\text{-}\alpha_2$)-fache absorbiert. Der Rest der Wirkleistung entfällt auf die Impedanz $Z_0$. Also gilt für die Eingangstemperatur:

$$T_r = \frac{3}{4} \cdot 77K + \frac{1}{4} \cdot \left(1 - \alpha_2\right) \cdot 300K + \frac{1}{4} \cdot \alpha_2 \cdot 1200K \ .$$

## Übungsaufgabe 8.4

Führt man der Antenne Leistung zu, so wird ein Teil der abgestrahlten Leistung, nämlich das ($1\text{-}|\rho|^2$)-fache, in der Absorberwand in Wärme umgesetzt. Der reflektierte Teil der abgestrahlten Leistung wird vom Hintergrund absorbiert. Nach dem Dissipationstheorem gilt damit für die Rauschtemperatur:

$$T_r = \left(1 - |\rho|^2\right) \cdot T_A + |\rho|^2 \cdot T_{ex} \ .$$

Der in die Antenne zurückfallende Anteil wird als vernachlässigbar klein angenommen.

## Übungsaufgabe 8.5

Mit Gl. (8.23) ergibt sich die gesuchte Temperaturauflösung zu:

$$\Delta T = \frac{T_m + T_e}{\sqrt{B\tau}} = 0{,}06\,K \ .$$

## Übungsaufgabe 8.6

Nach dem Dissipationstheorem setzt sich die Leistung $P_\text{I}$, die im Schaltzustand I zum Verstärker gelangt, wie folgt zusammen:

$$P_\text{I} = k\Delta f \cdot \left[T_0(1-\kappa)\alpha + T_{ref}\kappa\alpha + (1-\alpha)T_0\right] \ .$$

Hierbei stammen die Anteile der Reihe nach aus $Z_0$, der Referenz und dem Dämpfungsglied. Ebenso gilt für den Schalterzustand II:

$$P_{II} = k\Delta f \cdot \left[ T_0\kappa + T_{ref}\kappa(1-\kappa)|\rho|^2 + T_m \cdot \left(1-|\rho|^2\right)(1-\kappa) + T_0(1-\kappa)^2|\rho|^2 \right].$$

Hier müssen also die Anteile aus $Z_0$, der Referenz, dem Messobjekt und aus dem Isolator addiert werden. Die aus dem Isolator stammende Rauschwelle durchläuft zweimal den Koppler und wird zudem am Messobjekt reflektiert.
Es soll mit $P_I = P_{II}$ ein Nullabgleich der gemessenen Leistungen durch die Variation der Temperatur der Referenzrauschquellen eingestellt werden. Berücksichtigt man den Zusammenhang der Leistungsdämpfung des Dämpfungsgliedes mit der Leistungskoppeldämpfung des Kopplers, so erhält man:

$$T_0(1-\kappa)^2 + \kappa T_0 - T_0\kappa = T_m \cdot \left(1-|\rho|^2\right)(1-\kappa) + T_{ref}\kappa(1-\kappa)|\rho|^2$$
$$+ T_0(1-\kappa)^2|\rho|^2 - T_{ref}\kappa(1-\kappa).$$

Kürzen durch $(1\text{-}\kappa)$ liefert:

$$T_0(1-\kappa) = T_m \cdot \left(1-|\rho|^2\right) + T_{ref}\kappa|\rho|^2 + T_0(1-\kappa)|\rho|^2 - T_{ref}\kappa \,.$$

Der Ausdruck $(1\text{-}|\rho|^2)$ kann ausgeklammert und gekürzt werden:

$$T_0(1-\kappa)\left(1-|\rho|^2\right) + T_{ref}\kappa\left(1-|\rho|^2\right) = T_m \cdot \left(1-|\rho|^2\right),$$

und damit:

$$T_m = T_0(1-\kappa) + T_{ref}\kappa \,.$$

In diesen Ausdruck geht der Reflexionsfaktor $\rho$ des Messobjektes nicht ein. Bei bekannter Umgebungstemperatur und bekannter Temperatur der Referenz kann also die Temperatur des Messobjektes bestimmt werden.

## Übungsaufgabe 8.7

Die aus beliebigem Rauschen aus zwei Frequenzbändern bei unterschiedlichen Frequenzen herausgefilterten Rauschsignale sind gemäß der Definition der Korrelation vollständig unkorreliert. Die aus weißem Rauschen herausgefilterten Rauschsignale sind selbst dann unkorreliert, wenn sie durch eine Frequenzumsetzung in dasselbe Frequenzband transformiert werden.

## Übungsaufgabe 8.8

Rechteckig bandbegrenztes weißes Rauschen hat folgendes Leistungsspektrum:

$$w_b(f) = \begin{Bmatrix} w_0 \text{ für } f_1 \le f \le f_2 \text{ und } -f_2 \le f \le -f_1 \\ 0 \text{ sonst} \end{Bmatrix} \quad \text{mit } w_0 > 0, \text{ reell.}$$

Durch Fourier-Rücktransformation erhält man die zugehörige Autokorrelationsfunktion $\rho(\Theta)$:

$$\rho(\Theta) = \int_{-\infty}^{+\infty} w_b(f) \cdot e^{j2\pi f \Theta} df$$

$$= \frac{w_0}{j2\pi\Theta}\left(e^{j2\pi f_2\Theta} - e^{j2\pi f_1\Theta} + e^{-j2\pi f_1\Theta} - e^{-j2\pi f_2\Theta}\right)$$

$$= \frac{w_0}{\pi\Theta}\left(\sin(2\pi f_2\Theta) - \sin(2\pi f_1\Theta)\right)$$

$$= w_0 \Delta f \cdot 2 \cdot \cos(2\pi\Theta f_0) \cdot \mathrm{si}(\pi \Delta f \Theta)$$

$$\text{mit } f_0 = \frac{f_1 + f_2}{2} \text{ und } \Delta f = f_2 - f_1 .$$

## Übungsaufgabe 8.9

Mit Gl. (8.54) erhält man für das Leistungsspektrum des Ausgangsrauschens:

$$w_a(\omega) = \frac{w_0}{1 + \omega^2 R^2 C^2},$$

wobei die Übertragungsfunktion $V(\omega)$ des Tiefpasses

$$V(\omega) = \frac{U_a}{U_e} = \frac{1}{1 + j\omega RC}$$

ist. Um die aus der Fouriertransformation für rechtsseitig exponentiell abklingende Signale abgeleitete Korrespondenz

$$\sigma^2 \frac{2 \cdot k}{k^2 + \omega^2} \quad \bullet\!\!-\!\!\circ \quad \sigma^2 \cdot e^{-k \cdot |\Theta|}$$

verwenden zu können, wird der Ausdruck für $w_a(\omega)$ wie folgt umgeformt:

$$w_a(\omega) = \frac{w_0}{1 + \omega^2 R^2 C^2} = \frac{w_0}{2RC} \frac{2 \cdot \frac{1}{RC}}{\left(\frac{1}{RC}\right)^2 + \omega^2} = \sigma^2 \frac{2k}{k^2 + \omega^2} .$$

Die Autokorrelationsfunktion des Ausgangsrauschens ergibt sich damit zu:

$$\rho_a(\Theta) = \frac{w_0}{2RC} e^{-\frac{|\Theta|}{RC}} .$$

## Übungsaufgabe 8.10

Es gelten die Gleichungen

$$I_{r1}{}^{*} I_{r2} \frac{Y_{12}}{Y_{22}} + I_{r1} I_{r2}{}^{*} \left( \frac{Y_{12}}{Y_{22}} \right)^{*} = \left| \frac{Y_{12}}{Y_{22}} \right|^{2} 2kT \operatorname{Re}(Y_{22}) + 2kT \operatorname{Re}\left\{ \frac{Y_{12} Y_{21}}{Y_{22}} \right\}$$

und

$$I_{r1}{}^{*} I_{r2} \left( \frac{Y_{21}}{Y_{11}} \right)^{*} + I_{r1} I_{r2}{}^{*} \frac{Y_{21}}{Y_{11}} = \left| \frac{Y_{21}}{Y_{11}} \right|^{2} 2kT \operatorname{Re}(Y_{11}) + 2kT \operatorname{Re}\left\{ \frac{Y_{12} Y_{21}}{Y_{11}} \right\}.$$

Dieses Gleichungssystem soll nach $I_{r1}{}^{*} I_{r2}$ aufgelöst werden. Dazu multiplizieren wir die obere Gleichung mit $Y_{21}/Y_{11}$ und die untere mit $(Y_{12}/Y_{22})^{*}$ und bilden die Differenz:

$$\begin{aligned}
& I_{r1}{}^{*} I_{r2} \left\{ \frac{Y_{12} Y_{21}}{Y_{11} Y_{22}} - \left( \frac{Y_{12} Y_{21}}{Y_{11} Y_{22}} \right)^{*} \right\} \\
& \quad = kT \left\{ \frac{Y_{21}}{Y_{11}} \left[ \left| \frac{Y_{12}}{Y_{22}} \right|^{2} \left( Y_{22} + Y_{22}{}^{*} \right) + \frac{Y_{12} Y_{21}}{Y_{22}} + \left( \frac{Y_{12} Y_{21}}{Y_{22}} \right)^{*} \right] \right. \\
& \qquad \left. - \left( \frac{Y_{12}}{Y_{22}} \right)^{*} \left[ \left| \frac{Y_{21}}{Y_{11}} \right|^{2} \left( Y_{11} + Y_{11}{}^{*} \right) + \frac{Y_{12} Y_{21}}{Y_{11}} + \left( \frac{Y_{12} Y_{21}}{Y_{11}} \right)^{*} \right] \right\} \\
& \quad = kT \left\{ \frac{Y_{12} Y_{21}}{Y_{11} Y_{22}} \left[ \frac{Y_{12}{}^{*}}{Y_{22}{}^{*}} \left( Y_{22} + Y_{22}{}^{*} \right) + Y_{21} \right] + \frac{Y_{21} Y_{12}{}^{*} Y_{21}{}^{*}}{Y_{11} Y_{22}{}^{*}} \right. \\
& \qquad \left. - \frac{Y_{12}{}^{*} Y_{21}{}^{*}}{Y_{11}{}^{*} Y_{22}{}^{*}} \left[ \frac{Y_{21}}{Y_{11}} \left( Y_{11} + Y_{11}{}^{*} \right) + Y_{12}{}^{*} \right] - \frac{Y_{12}{}^{*} Y_{12} Y_{21}}{Y_{11} Y_{22}{}^{*}} \right\} \\
& \quad = kT \left\{ \frac{Y_{12} Y_{21}}{Y_{11} Y_{22}} \left[ \frac{Y_{12}{}^{*}}{Y_{22}{}^{*}} Y_{22} + Y_{12}{}^{*} + Y_{21} - \frac{Y_{12}{}^{*}}{Y_{22}{}^{*}} Y_{22} \right] \right. \\
& \qquad \left. - \frac{Y_{12}{}^{*} Y_{21}{}^{*}}{Y_{11}{}^{*} Y_{22}{}^{*}} \left[ Y_{21} + \frac{Y_{21}}{Y_{11}} Y_{11}{}^{*} + Y_{12}{}^{*} - \frac{Y_{21}}{Y_{11}} Y_{11}{}^{*} \right] \right\}
\end{aligned}$$

$$I_{r1}{}^{*} I_{r2} \left\{ \frac{Y_{12} Y_{21}}{Y_{11} Y_{22}} - \frac{Y_{12}{}^{*} Y_{21}{}^{*}}{Y_{11}{}^{*} Y_{22}{}^{*}} \right\} = kT \left( Y_{12}{}^{*} + Y_{21} \right) \left\{ \frac{Y_{12} Y_{21}}{Y_{11} Y_{22}} - \frac{Y_{12}{}^{*} Y_{21}{}^{*}}{Y_{11}{}^{*} Y_{22}{}^{*}} \right\} .$$

Damit erhält man schließlich das Ergebnis der Gl. (8.86):

$$I_{r1}{}^{*} I_{r2} = kT \left( Y_{12}{}^{*} + Y_{21} \right) .$$

## Übungsaufgabe 8.11

Wir führen für die thermisch rauschenden Widerstände Ersatzrauschquellen ein:

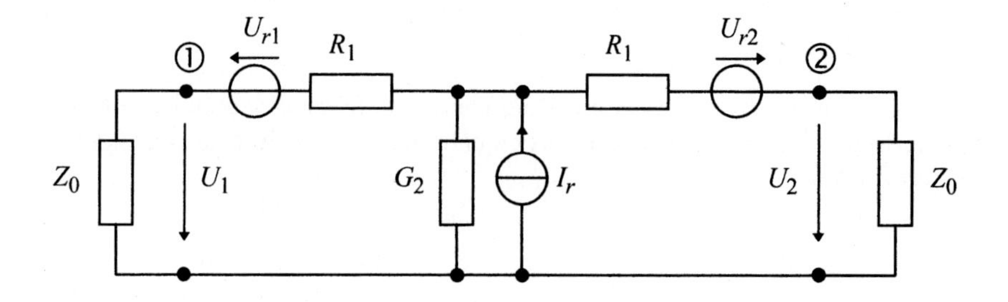


Das Dämpfungsglied ist angepasst und an Tor 1 und Tor 2 mit dem Wellenwiderstand $Z_0$ abgeschlossen. Anpassung erfordert:

$$G_2 = \frac{2R_1}{Z_0^2 - R_1^2} .$$

Für die Betragsquadrate der Rauschkenngrößen gilt:

$$|U_{r1}|^2 = 2kT_0R_1 \quad , \quad |U_{r2}|^2 = 2kT_0R_1 \quad , \quad |I_r|^2 = 2kT_0G_2 .$$

Wir setzen $U_1$ bzw. $U_2$ als lineare Überlagerung der Rauschgrößen an:

$$U_1 = \gamma_1 U_{r1} + \gamma_2 I_r + \gamma_3 U_{r2} ,$$

$$U_2 = \gamma_3 U_{r1} + \gamma_2 I_r + \gamma_1 U_{r2} .$$

Es sind alle Größen in der obigen Gleichung reell. Wir bilden die Korrelation und nutzen aus, dass $U_{r1}$, $U_{r2}$ und $I_r$ untereinander unkorreliert sind.

$$U_1^* U_2 = \gamma_1\gamma_3|U_{r1}|^2 + |\gamma_2|^2|I_r|^2 + \gamma_1\gamma_3|U_{r2}|^2 .$$

Wir wollen zeigen, dass $U_1{}^*U_2$ null wird, wenn alle drei Widerstände die gleiche Temperatur aufweisen.
Weil das Dämpfungsglied angepasst sein soll, also die Eingangsimpedanz $Z_0$ aufweist, wenn es mit $Z_0$ abgeschlossen ist, lesen wir unmittelbar ab ($I_r = 0$; $U_{r2} = 0$):

$$U_1' = -\frac{1}{2}U_{r1}\text{; also gilt } \gamma_1 = -\frac{1}{2} .$$

Mit einer ähnlichen Überlegung gewinnt man den Wert von $\gamma_3$ zu

$$\gamma_3 = \frac{1}{2} V ,$$

wobei $V$ der Spannungsübertragungsfaktor des Dämpfungsgliedes ist:

$$V = \frac{Z_0 - R_1}{Z_0 + R_1} .$$

Die Berechnung von $\gamma_2$ ist etwas umständlicher. Aus Symmetriegründen gilt die unten stehende Ersatzschaltung. Die Stromquelle können wir in eine Spannungsquelle umzeichnen.

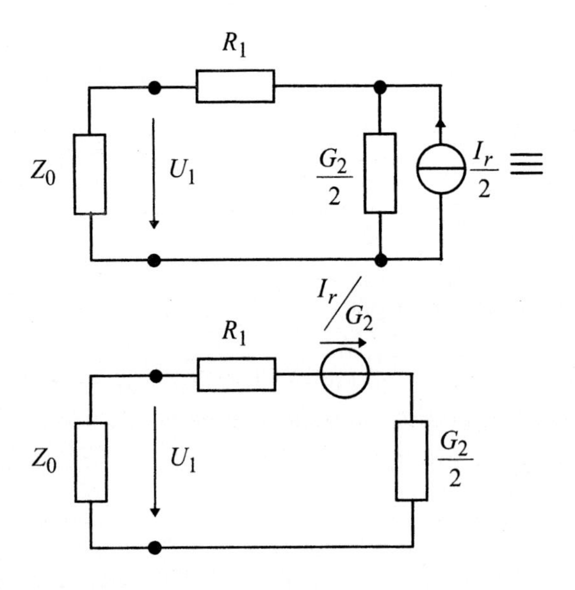


Damit wird

$$U_1'' = \frac{Z_0}{Z_0 + R_1 + \frac{2}{G_2}} \frac{I_r}{G_2} = \frac{Z_0}{G_2(R_1 + Z_0) + 2} I_r .$$

Also ist

$$\gamma_2 = \frac{Z_0}{G_2(R_1 + Z_0) + 2} = \frac{Z_0}{\frac{2R_1}{Z_0 - R_1} + 2} = \frac{Z_0 - R_1}{2} .$$

Damit erhalten wir schließlich für die gesuchte Korrelation:

$$U_1^* U_2 = -2 \cdot \frac{1}{2} \cdot \frac{1}{2} \frac{Z_0 - R_1}{Z_0 + R_1} 2kT_0 R_1 + \left( \frac{Z_0 - R_1}{2} \right)^2 2kT_0 \frac{2R_1}{Z_0^2 - R_1^2}$$

$$= kT_0 \left( -R_1 \frac{Z_0 - R_1}{Z_0 + R_1} + \frac{Z_0 - R_1}{Z_0 + R_1} R_1 \right) = 0 \ .$$

Damit ist auch durch direkte Rechnung gezeigt, dass für ein spezielles angepasstes Dämpfungsglied die Korrelation der an den Ausgängen emittierten Rauschwellen verschwindet, wenn sich das Dämpfungsglied auf homogener Temperatur befindet.

## Übungsaufgabe 8.12

Aufgrund des 90°-Kopplers, der über die Diagonale die Phase um + 90° verändern soll, gilt:

$$X_e = \frac{1}{\sqrt{2}} \left[ jX_{e1} + X_{e2} \right], \ X_a = \frac{1}{\sqrt{2}} \left[ X_{a1} + jX_{a2} \right] .$$

Daraus folgt für das Kreuzspektrum:

$$X_e^* X_a = \frac{1}{2} \left[ -jX_{e1}^* X_{a1} + jX_{e2}^* X_{a2} - jX_{e1}^* jX_{a2} + X_{e2}^* X_{a1} \right] .$$

Es sind jedoch $X_{e1}$ mit $X_{a2}$ und $X_{e2}$ mit $X_{a1}$ unkorreliert, also $X_{e1}^* X_{a2} = 0$ und $X_{e2}^* X_{a1} = 0$, weil es sich um die Rauschwellen von zwei getrennten Verstärkern handelt. Sind die Verstärker darüber hinaus gleich, dann ist

$$X_{e1}^* X_{a1} = X_{e2}^* X_{a2} .$$

Daraus folgt dann, dass

$$X_e^* X_a = 0 .$$

Das Rauschen aus dem Abschluss I (Bild Übungsaufgabe 8.12) gelangt nicht an den Ausgang. Deshalb wird die Gesamtrauschzahl nicht verändert, wenn die Koppler verlustlos sind.

### Übungsaufgabe 8.13

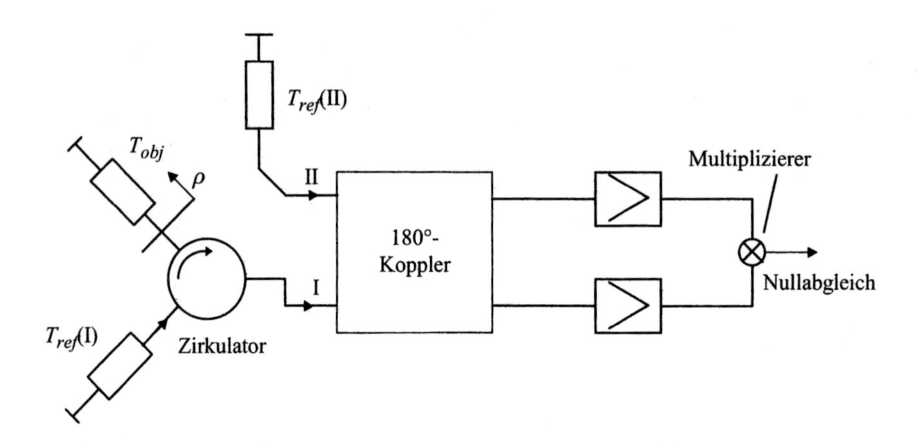


Wie in der oben stehenden Schaltung gezeigt, benötigt man jetzt zweimal eine einstellbare geeichte Referenzrauschquelle. Diese beiden Referenzrauschquellen müssen einen guten Gleichlauf in ihrer Temperatur aufweisen, sollten aber aus praktischen Erwägungen nicht korreliert sein. Ein Nullabgleich am Korrelator bedingt:

$$T_{ref}\,(\mathrm{I})|\rho|^2 + T_{obj}\left(1-|\rho|^2\right) = T_{ref}\,(\mathrm{II})$$

und für

$$T_{ref}\,(\mathrm{I}) = T_{ref}\,(\mathrm{II}) = T_{ref}\ ,$$

$$T_{ref} = T_{obj}\ .$$

Die Schaltung aus Übungsaufgabe 8.6 lässt sich unmittelbar auf ein Korrelationsradiometer übertragen, wenn man die Tore entsprechend verknüpft. Jedoch sollten $T_{ref}$(I) und $T_{ref}$(II) unkorreliert sein.

### Übungsaufgabe 8.14

Der verlustlose 3 dB-90°-Koppler habe Phasenbeziehungen wie im unten stehenden Bild gezeigt.

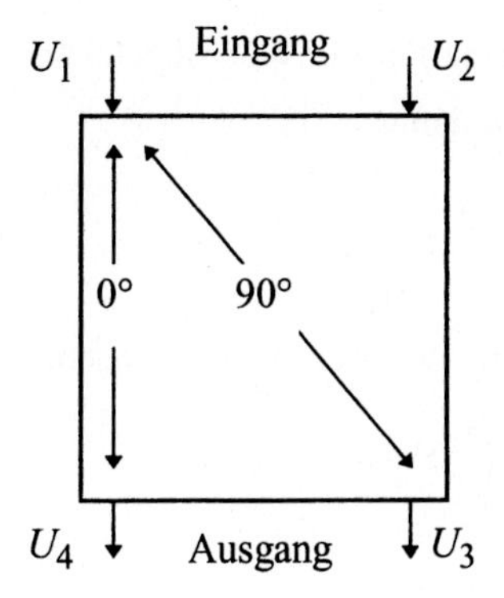


Wir wollen die Korrelation am Ausgang bilden:

$$U_4^* U_3 = \frac{1}{\sqrt{2}}\left(U_1 + jU_2\right)^* \frac{1}{\sqrt{2}}\left(jU_1 + U_2\right)$$
$$= \frac{1}{2} j\left|U_1\right|^2 - \frac{1}{2} j\left|U_2\right|^2 ,$$

weil $U_1$ und $U_2$ unkorreliert sein sollen.

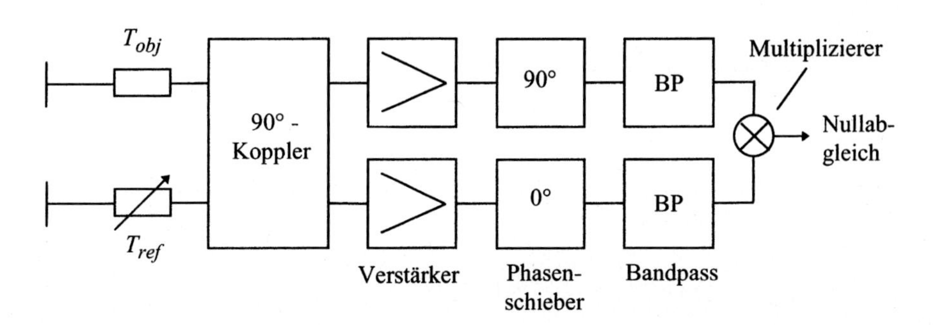


Damit ist gezeigt, dass für ein Korrelationsradiometer mit einem 90°-Koppler der Realteil der Korrelation am Ausgang immer null bleibt und der Nullabgleich im Imaginärteil vorgenommen werden muss. Wie im oben stehenden Bild gezeigt, erfordert dies eine weitere 90°-Phasenverschiebung.

## Übungsaufgabe 8.15

Man wandelt die Generatorquelle aus Bild 8.32 in eine Stromquelle mit $I_g = U_g Y_g$ um und fasst die jetzt am Eingang parallel liegenden Stromquellen $I_g$

und $I_{r1}$ zu einer Stromquelle $I_{r1}' = I_{r1} + I_g$ zusammen. Für die Vierpolgleichungen in Leitwertform und mit einseitigem Spektrum gilt damit:

$$\begin{aligned} I_1 &= Y_{11}U_1 + Y_{12}U_2 - I_{r1}' \\ I_2 &= Y_{21}U_1 + Y_{22}U_2 - I_{r2} \, . \end{aligned} \tag{1}$$

Für die gegebene Beschaltung besteht der folgende Zusammenhang zwischen Strömen und Spannungen am Ein- bzw. Ausgang:

$$I_1 = -Y_g U_1 \quad , \quad I_2 = -Y_l U_2 \, .$$

Einsetzen in (1) und Auflösen nach $U_2$ liefert:

$$U_2 = -\frac{Y_{21}}{\det[Y']} I_{r1}' + \frac{Y_{11}'}{\det[Y']} I_{r2} \quad \text{mit} \quad Y_{11}' = Y_{11} + Y_g \, . \tag{2}$$

Dabei ist $\det[Y']$ die Determinante der Matrix

$$[Y'] = \begin{bmatrix} Y_{11} + Y_g & Y_{12} \\ Y_{21} & Y_{22} + Y_l \end{bmatrix} .$$

Nach den Regeln der symbolischen Rechnung wird von (2) das Betragsquadrat durch Multiplikation mit dem konjugiert Komplexen gebildet:

$$|U_2|^2 = \frac{1}{|\det[Y']|^2} \Big( |Y_{21}|^2 \cdot |I_{r1}'|^2 + |Y_{11}'|^2 \cdot |I_{r2}|^2 \\ - Y_{11}' Y_{21}^* I_{r2} I_{r1}'^* - Y_{11}'^* Y_{21} I_{r2}^* I_{r1}' \Big) .$$

Damit ist die Rauschleistung am Lastleitwert bestimmt. Durch Übergang auf die Spektren erhält man:

$$W_{u2} = \frac{1}{|\det[Y']|^2} \left( |Y_{21}|^2 \cdot W_{r1}' + |Y_{11}'|^2 \cdot W_{r2} - Y_{11}' Y_{21}^* W_{r12}' - Y_{11}'^* Y_{21} W_{r21}' \right) .$$

Mit Hilfe von Gl. (8.69) kann man außerdem schreiben:

$$W_{u2} = \frac{1}{|\det[Y']|^2} \left( |Y_{21}|^2 \cdot W_{r1}' + |Y_{11}'|^2 \cdot W_{r2} - 2\,\mathrm{Re}\left\{ Y_{11}' Y_{21}^* W_{r12}' \right\} \right)$$

Die Quellen $I_{r1}$ und $I_g$ sind unkorreliert. Daher gilt für das Rauschspektrum am Eingang $W_{r1}'$:

$$W_{r1}' = W_{r1} + W_g \, .$$

Hier ist das thermische Rauschen des Leitwerts $Y_g$ zudem vollkommen unkorreliert mit $I_{r2}$. Somit erhält man für das Spektrum am Lastleitwert $Y_l$:

$$W_{u2} = \frac{1}{|\det[Y']|^2}\Big(|Y_{21}|^2 \cdot \left(W_{r1} + 4kT_0 \operatorname{Re} Y_g\right)$$
$$+ \left|Y_{11}'\right|^2 \cdot W_{r2} - 2\operatorname{Re}\left\{Y_{11}' Y_{21}^* W_{r12}\right\}\Big). \tag{3}$$

Um nun die Rauschzahl zu berechnen, benötigt man auch noch das allein durch $Y_g$ am Ausgang verursachte Rauschen $W_{u20}$. Dieses Spektrum erhält man, indem man den Vierpol als rauschfrei annimmt, also $W_{r1}$, $W_{r2}$ und $W_{r12}$ in (3) zu null wählt. Man erhält:

$$W_{u20} = \frac{1}{|\det[Y]|^2} \cdot |Y_{21}|^2 \cdot 4kT_0 \operatorname{Re} Y_g \ . \tag{4}$$

Für die Rauschzahl gilt:

$$F = \frac{W_{u2}}{W_{u20}} \ .$$

Durch Einsetzen der Gleichungen (3) und (4) ergibt sich Gl. (8.112).

## Übungsaufgabe 8.16

Fasst man die gesamte Schaltung ($R_1$, $R_2$, $Z_g$, $Z_l$) als ein Widerstandsnetzwerk mit zwei Temperaturgebieten auf, so erhält man für das über $Z_l$ allein durch $Z_g$ verursachte Strom-Spektrum $W_{20}$:

$$W_{20} = 4kT_0 Z_g \left|\frac{R_2 \| Z_l}{R_1 + Z_g + R_2 \| Z_l}\right|^2 .$$

$Z_l$ wird als rauschfrei angenommen. Durch die Addition der Rauschanteile aus $R_1$, $R_2$ und $Z_g$ erhält man das Spektrum $W_2$ :

$$W_2 = 4kT_1 R_1 \left|\frac{R_2 \| Z_l}{R_1 + Z_g + R_2 \| Z_l}\right|^2 + 4kT_1 R_2 \left|\frac{Z_l \| \left(Z_g + R_1\right)}{R_2 + Z_l \| \left(Z_g + R_1\right)}\right|^2$$
$$+ 4kT_0 Z_g \left|\frac{R_2 \| Z_l}{R_1 + Z_g + R_2 \| Z_l}\right|^2$$

Setzt man die erhaltenen Größen ins Verhältnis, so ergibt sich nach einiger Umrechnung für die Rauschzahl $F$:

$$F = 1 + \frac{T_1}{T_0}\left(\frac{(R_1 + Z_g)(R_2 + R_1 + Z_g)}{Z_g R_2} - 1\right).$$

Damit ist bereits gezeigt, dass die Rauschzahl unabhängig vom Wert des Lastwiderstandes ist. Um nun die Gültigkeit von Gl. (8.114) zu zeigen, muss der verfügbare Gewinn direkt ausgerechnet werden. $G_{av}$ ist definiert als das Verhältnis von verfügbarer Ausgangsleistung $P_{2av}$ zu verfügbarer Generatorleistung $P_g$. Es gilt:

$$P_g = \frac{|U_g|^2}{4Z_g}$$

und

$$P_{2av} = \frac{|U_{20}|^2}{4 \cdot Z_l} \quad \text{für} \quad Z_l = (Z_g + R_1) \| R_2$$

$$P_{2av} = \frac{|U_g|^2}{(Z_g + R_1) \| R_2} \cdot \left(\frac{(Z_g + R_1) \| R_2/2}{Z_g + R_1 + (Z_g + R_1) \| R_2/2}\right)^2$$

$$= \frac{|U_g|^2}{4} \cdot \frac{R_2}{(Z_g + R_1)(Z_g + R_1 + R_2)}$$

$$P_{2av} = \frac{|U_{20}|}{4Z_l} = \frac{|U_g|^2 \left(\frac{R_2}{R_1 + R_2 + Z_g}\right)^2}{4\left[R_2 \| (R_1 + Z_g)\right]}.$$

Setzt man beide Größen ins Verhältnis, so erhält man nach kurzer Rechnung:

$$\frac{1}{G_{av}} = \frac{P_g}{P_{2av}} = \frac{(R_1 + Z_g)(R_2 + R_1 + Z_g)}{Z_g R_2} = F\Big|_{T_1 = T_0},$$

und damit Gl. (8.114).

## Übungsaufgabe 8.17

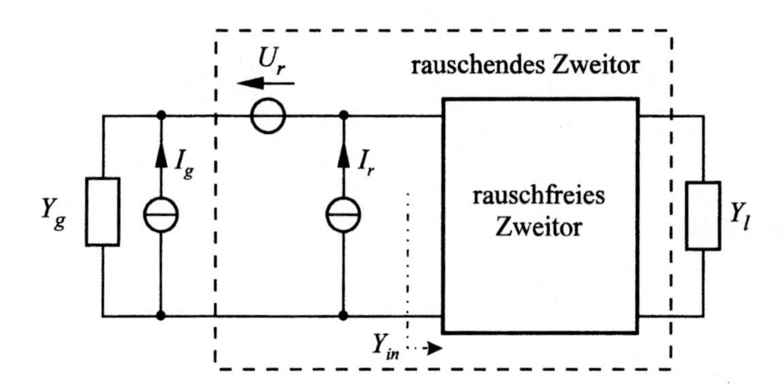


Analog zur Gl. (8.109) erhält man für die Rauschzahl:

$$F = \frac{|I_1|^2}{|I_{10}|^2} = \frac{|I_g + I_r + U_r Y_g|^2}{|I_g|^2} = \frac{|I_g|^2 + |U_r|^2 |Y_g|^2 + |I_r|^2 + 2\,\mathrm{Re}\left(Y_g^* U_r^* I_r\right)}{|I_g|^2}. \tag{1}$$

Setzt man die Definitionen aus Gl. (8.136) in (1) ein, ergibt sich das Ergebnis der Gl. (8.137):

$$F = 1 + \frac{\left(G_g^2 + B_g^2\right) \cdot W_u + W_i + 2G_g \cdot C_r + 2B_g \cdot C_i}{4kT_0 \cdot G_g} .$$

Diese Gleichung leitet man partiell nach $G_g$ und $B_g$ ab:

$$\frac{\partial F}{\partial G_g} = \frac{2G_g W_u + 2C_r}{4kT_0 G_g} - \frac{4kT_0\left[\left(G_g^2 + B_g^2\right)W_u + W_i + 2G_g C_r + 2B_g C_i\right]}{\left(4kT_0 G_g\right)^2}$$

$$\frac{\partial F}{\partial B_g} = \frac{2B_g W_u + 2C_i}{4kT_0 G_g} .$$

Setzt man diese Ableitungen zu null, ergibt sich:

$$B_g = B_{opt} = -\frac{C_i}{W_u} \quad \text{und} \quad G_{opt}^2 = \frac{W_i}{W_u} - \frac{C_i^2}{W_u^2} \quad \text{und schließlich}$$

$$\left|Y_{opt}\right|^2 = G_{opt}^2 + B_{opt}^2 = \frac{W_i}{W_u} .$$

Diese Optimalwerte setzt man in Gl. (8.137) ein und erhält:

$$F_{min} = 1 + \frac{2W_i + 2G_{opt}C_r + 2B_{opt}C_i}{4kT_0G_{opt}} = 1 + \frac{W_i + G_{opt}C_r - B_{opt}^2 W_u}{2kT_0G_{opt}} .$$

## Übungsaufgabe 8.18

Wir gehen von Gl. (8.137) aus:

$$F = 1 + \frac{W_u\left(G_g^2 + B_g^2\right) + W_i + 2G_gC_r + 2B_gC_i}{4kT_0G_g} .$$

Aus Gl. (8.143) folgt unmittelbar:

$$W_u = 4kT_0R_n . \tag{1}$$

Aus Gl. (8.139) ergeben sich folgende Zusammenhänge:

$$W_i = W_u\left|Y_{opt}\right|^2 = 4kT_0R_n\left|Y_{opt}\right|^2 \tag{2}$$

$$C_i = -W_uB_{opt} = -4kT_0R_nB_{opt} \tag{3}$$

Stellt man Gl. (8.138) nach $C_r$ um, erhält man:

$$C_r = 2kT_0(F_{\min} - 1) - \frac{W_i}{G_{opt}} + \frac{{B_{opt}}^2 W_u}{G_{opt}}$$

$$C_r = 2kT_0(F_{\min} - 1) - \frac{4kT_0R_n\left(\left|Y_{opt}\right|^2 - {B_{opt}}^2\right)}{G_{opt}}$$

$$C_r = 2kT_0(F_{\min} - 1 - 2R_nG_{opt}). \tag{4}$$

Setzt man diese vier Gleichungen in Gl. (8.137) ein, erhält man:

$$F = 1 + \frac{\left(G_g^2 + B_g^2\right)4kT_0R_n + \left|Y_{opt}\right|^2 4kT_0R_n - 8kT_0R_nB_gB_{opt}}{4kT_0G_g}$$

$$+ \frac{4kT_0G_g(F_{\min} - 1 - 2R_nG_{opt})}{4kT_0G_g}$$

$$= F_{\min} + \frac{R_n}{G_g}\left(\left|Y_{opt}\right|^2 + \left|Y_g\right|^2 - 2B_gB_{opt} - 2G_gG_{opt}\right)$$

$$= F_{\min} + \frac{R_n}{G_g}\left|Y_{opt} - Y_g\right|^2$$

Damit ist gezeigt, dass die Darstellungen Gl. (8.137) und Gl. (8.142) gleichwertig sind.

## Übungsaufgabe 8.19

Wir bilden das konjugiert Komplexe der zweiten Gleichung von (8.158) ($A_0$ und $B_0$ sind reell!)

$$H_0^*\left(\frac{\Delta B}{B_0} - j\Delta\Psi\right) = H_{-1}^*\left(\frac{\Delta A}{A_0} - j\Delta\Phi\right)$$

und lösen nach $j\Delta\Psi$ auf:

$$j\Delta\Psi = \frac{\Delta B}{B_0} - \frac{H_{-1}^*}{H_0^*}\left(\frac{\Delta A}{A_0} - j\Delta\Phi\right).$$

Das Ergebnis setzen wir in die erste Gleichung von (8.158) ein und erhalten:

$$2\frac{\Delta B}{B_0} - \frac{H_{-1}^*}{H_0^*}\left(\frac{\Delta A}{A_0} - j\Delta\Phi\right) = \frac{H_1}{H_0}\left(\frac{\Delta A}{A_0} + j\Delta\Phi\right)$$

oder

$$2\frac{\Delta B}{B_0} = \left(\frac{H_{-1}^*}{H_0^*} + \frac{H_1}{H_0}\right)\frac{\Delta A}{A_0} + j\left(\frac{H_1}{H_0} - \frac{H_{-1}^*}{H_0^*}\right)\Delta\Phi$$

oder

$$\frac{\Delta B}{B_0} = \frac{H_1H_0^* + H_0H_{-1}^*}{2H_0H_0^*}\frac{\Delta A}{A_0} + j\frac{H_1H_0^* - H_0H_{-1}^*}{2H_0H_0^*}\Delta\Phi ,$$

also das Ergebnis der Gl. (8.159). Ebenso leitet sich die zweite Gleichung von (8.159) ab.

## Übungsaufgabe 8.20

Es soll der Reflexionsresonator bei der Mittenfrequenz wiederum exakt angepasst sein und die Referenzleitung die Phasenlänge $\theta$ aufweisen. Also gilt:

$$H_0 = 0; \quad H_1 = H_{-1}^*; \quad G_0 = e^{j\theta} = G_1 = G_{-1}$$

Der 180°-Koppler bildet an einem Ausgang die Summe (Detektor I) $H + G_0 = H + e^{j\theta}$, am anderen Ausgang die Differenz $H - G_0 = H - e^{j\theta}$ (Detektor II). Damit wird nach Gl. (8.159):

$$\frac{\Delta B}{B_0} = \frac{1}{2}\left[\frac{G_0 \pm H_1}{G_0} + \frac{G_0^* \pm H_1}{G_0^*}\right]\frac{\Delta A}{A_0} + \frac{j}{2}\left[\frac{G_0 \pm H_1}{G_0} - \frac{G_0^* \pm H_1}{G_0^*}\right]\Delta\Phi \ .$$

Detektor I:

$$\frac{\Delta B_1}{B_0} = \frac{1}{2}\left[1 + H_1 e^{-j\theta} + 1 + H_1 e^{j\theta}\right]\frac{\Delta A}{A_0} + \frac{j}{2}\left[1 + H_1 e^{-j\theta} - 1 - H_1 e^{j\theta}\right]\Delta\Phi$$

$$= \left[1 + H_1 \cos\theta\right]\frac{\Delta A}{A_0} + \left(H_1 \sin\theta\right)\Delta\Phi$$

Detektor II:

$$\frac{\Delta B_2}{B_0} = \left[1 - H_1 \cos\theta\right]\frac{\Delta A}{A_0} - \left(H_1 \sin\theta\right)\Delta\Phi \ .$$

Indem wir die Differenz der Detektorsignale bilden, nämlich $\Delta B_1 - \Delta B_2$, bzw. die Summe bei einer umgepolten Detektordiode, erkennen wir, das sich das Amplitudenrauschen mit $\Delta A$ heraushebt, sofern $\theta$ = 90° gewählt wird. Dies Ergebnis bleibt für alle Modulationsfrequenzen gültig.

## Übungsaufgabe 8.21

Statt eines Reflexionsresonators kann man auch eine Verzögerungsleitung für die Diskriminierung verwenden. Die Verzögerungsleitung weise die Dämpfungskonstante $a$ auf, die Länge $l = \dfrac{n 2\pi v_{ph}}{\Omega}$ und die Phasengeschwindigkeit $v_{ph}$. Damit gilt für die Übertragungsfunktion $H$ der Verzögerungsleitung:

$$H(\Omega + \omega) = e^{-\alpha l} \exp\left(-j\frac{\omega}{v_{ph}} l\right)$$

und

$$H_0 = e^{-\alpha l}; \quad H_1 = H_{-1}^* = e^{-\alpha l} e^{-j\Theta} \text{ mit } \Theta = \frac{\omega}{v_{ph}} l \ .$$

Die Referenzleitung möge wiederum eine frequenzunabhängige Phase von 90° aufweisen, also $G_0 = G_1 = G_{-1} = j$.
Das Testsignal soll der Einfachheit halber frei von Amplitudenschwankungen sein. Dann gilt nach Gl. (8.160):

$$\frac{\Delta B}{B_0} = \frac{j}{2}\left(\frac{j+H_1}{j+H_0} - \frac{-j+H_1}{-j+H_0}\right)\Delta\Phi = \frac{j}{2}\frac{2jH_0 - 2jH_1}{1+H_0{}^2}\Delta\Phi = \frac{H_1 - H_0}{1+H_0{}^2}\Delta\Phi \ .$$

Für die Betragsquadrate gilt:

$$\left|\frac{\Delta B}{B_0}\right|^2 = \frac{e^{-2\alpha l}}{\left(1+e^{-2\alpha l}\right)^2} 4\sin^2\frac{\Theta}{2}|\Delta\Phi|^2 = \left|\frac{\sin\frac{\Theta}{2}}{\cosh\alpha l}\right|^2 |\Delta\Phi|^2 \ .$$

Für eine feste Modulationsfrequenz $\omega$ und bei vorgegebener Dämpfungskonstante $a$ gibt es eine optimale Länge $l_{opt}$, für die der Diskriminierungswirkungsgrad optimal wird. Für kleine Modulationsfrequenzen, also $\sin\frac{\Theta}{2} \sim l$, beträgt $\alpha\, l_{opt} \cong 1$. Dabei wird $e^{\alpha l} >> e^{-\alpha l}$ gesetzt.

# Literaturverzeichnis


[1] OLIVER, B. M./ CAGE, J. M., *Electronic measurements and instrumentation*, McGraw-Hill, New York, 1947

[2] VAN DER ZIEL, *Noise*, Chapman and Hall, 1955

[3] GINZTON, E. L., *Microwave measurement*, McGraw-Hill, New York, 1957

[4] DAVENPORT/ ROOT, *An introduction to the theory of random signal and noise*, McGraw-Hill, New York, 1958

[5] SUCHER, M., *Handbook of microwave measurements*, John Wiley & Sons, New York, 1963

[6] LANCE, A., *Introduction to microwave theory and measurements*, McGraw-Hill, New York, 1964

[7] MATTHAEI, G. L., YOUNG, L., JONES, E. M. T., *Microwaves filters, Impedance matching networks and coupling structures*, McGraw-Hill, New York, 1964

[8] BEERENS, A. C., *Meßgeräte und Meßmethoden in der Elektronik*, N. V. Philips, Eindhoven, 1965

[9] GARDNER, F. M., *Phaselock techniques*, John Wiley & Sons, New York, 1967

[10] GROLL, H., *Mikrowellenmeßtechnik*, Friedrich Vieweg, Braunschweig, 1969

[11] MEYER, E./ POTTEL, R., *Physikalische Grundlagen der Hochfrequenztechnik*, Friedrich Vieweg Verlag, Braunschweig, 1969

[12] MÜLLER, R., *Rauschen*, Springer Verlag, Berlin, 1969

[13] COOPER, W. D., *Electronic instrumentation and measurement techniques*. Prentice-Hall, Englewood Cliffs, N. J., USA, 1970

[14] SCHWARZ, *Information, transmission, modulation and noise*, McGraw-Hill, New York, 1970

[15] BRAND, H., *Schaltungslehre linearer Mikrowellennetze*, Hirzel, Stuttgart, 1970

[16] BITTEL, H. / STORM, L., *Rauschen. Eine Einführung zum Verständnis elektrischer Schwankungserscheinungen,*. Springer Verlag, Berlin, 1971

[17] HERRICK, C. N., *Instruments and measurement for electronics*, McGraw-Hill, New York, 1972

[18] UNGER, H. G./ HARTH, W., *Hochfrequenz-Halbleiterelektronik*, Hirzel Verlag, Stuttgart, 1972

[19] ZINKE, O./ BRUNSWIG, H., *Lehrbuch der Hochfrequenztechnik*, Springer Verlag, Berlin 1973

[20] MÄUSL, R., *Hochfrequenzmeßtechnik, Meßverfahren und Meßgeräte*, Hüthig Verlag, Heidelberg, 1974

[21] BLANCHARD, A., *Phase-locked loops: application to coherent receiver design*, John Wiley & Sons, New York, 1976

[22] GRIVET, P., *Microwave circuits and amplifiers*, Academic Press, London, 1976

[23] LAVERGHETTA, T., *Microwave measurements and techniques*, Artech House, Dedham, Mass., 1976

[24] WARNER, F. L., *Microwave attenuation measurements*, Peter Peregrinus Verlag, London, 1977

[25] PAPAOULIS, *Probability, random variables and stochastic processes*, McGraw-Hill, New York, 1977

[26] PROFOS, P., *Handbuch der industriellen Meßtechnik*, Vulkan Verlag, Essen, 1978

[27] KING, R. J., *Microwave homodyne systems*, Peter Peregrinus Verlag, London, 1978

[28] HOCK, A., *Hochfrequenzmeßtechnik*, Lexika Verlag, Grafenau, 1979

[29] KRAUS, A., *Einführung in die Hochfrequenzmeßtechnik*, Pflaum Verlag, München, 1980

[30] EGAN, W.F., *Frequency synthesis by phase lock*, John Wiley & Sons, New York, 1981

[31] LANDSTORFER / GRAF, *Rauschprobleme der Nachrichtentechnik*, Oldenbourg, München, 1981

[32] SCHLEIFER, W. D., *Hochfrequenz- und Mikrowellenmeßtechnik in der Praxis*, Hüthig Verlag, Heidelberg, 1981

[33] GEDERSEN, P., *Hochfrequenzmeßtechnik. Meßgeräte und Meßverfahren*, B. G. Teubner, Stuttgart, 1982

[34] ROHDE, U. L., *Digital PLL-frequency sythesiser, theory and design*, Prentice-Hall, Englewood Cliffs, N. J., USA, 1983

[35] SCHIEK, B., *Meßsysteme der Hochfrequenztechnik*, Hüthig Verlag, Heidelberg, 1984

[36] STIRNER, E., *Antennen, Band 3: Meßtechnik*, Hüthig Verlag, Heidelberg, 1985

[37] VOGES, E., *Hochfrequenztechnik*, Hüthig Verlag, Heidelberg, 1986

[38] SCHUON, H./ WOLF, H., *Nachrichten-Meßtechnik*, Springer Verlag, Heidelberg, 1987

[39] BRYANT, G. H., *Principles of microwave measurements*, Peter Peregrinus Verlag, London, 1988

[40] BAILEY, A. E., *Microwave measurements*, Peter Peregrinus Verlag, London, 1989

[41] CHANG, K., *Handbook of Microwave and Optical Components*, Wiley, New York, 1989

[42] KUMMER, M., *Grundlagen der Mikrowellentechnik, Kapitel 9*, VEB Verlag Technik, Berlin, 1989

[43] SKOLNIK, M. I., *Radar handbook*, McGraw-Hill, New York, 1990

[44] SCHIEK, B./ SIWERIS, H.-J., *Rauschen in Hochfrequenzschaltungen*, Hüthig Verlag, Heidelberg, 1990

[45] KÄS, G./ PAULI, P., *Mikrowellentechnik*, Franzis Verlag, München, 1991

[46] MEINKE, H., GRUNDLACH, F., *Taschenbuch der Hochfrequenztechnik*, Springer-Verlag, Berlin, Heidelberg, 1992

[47] UNBEHAUEN, R., *Synthese elektrischer Netzwerke und Filter*, Oldenbourg, München, 1993

[48] MAAS, S. A., *Microwave mixers*, Artech House, London, 1993

[49] MAAS, S. A., *Nonlinear microwave circuits*, Artech House, London, 1993

[50] BLUM, A., *Elektronisches Rauschen*, Teubner, Stuttgart, 1996

[51] HOFFMANN, *Hochfrequenztechnik*, Springer-Verlag, Berlin, Heidelberg, 1997

[52] THUMM/WIESBECK/KERN, *Hochfrequenzmeßtechnik*, B. G. Teubner, Stuttgart, 1997

# Sachwortverzeichnis

Springer
1842

Druck: Mercedes-Druck, Berlin
Verarbeitung: Stein+Lehmann, Berlin